Lecture Notes in Mathematics

Edited by A. Dold and B. Eckmann

Series: Institut de Mathématique, Université de Strasbourg

Adviser: P. A. Meyer

581

Séminaire de Probabilités XI

Université de Strasbourg

Edité par

C. Dellacherie, P. A. Meyer, M. Weil

Springer-Verlag

Berlin · Heidelberg · New York 1977

Editors
C. Dellacherie
P. A. Meyer
Département de Mathématique
Université Louis Pasteur de Strasbourg
7, rue René Descartes
67084 Strasbourg/France

M. Weil
Département de Mathématique
Université de Besançon
2500 Besançon/France

AMS Subject Classifications (1970): 28A05, 31-XX, 60-XX, 60GXX, 60JXX

ISBN 3-540-08145-3 Springer-Verlag Berlin · Heidelberg · New York
ISBN 0-387-08145-3 Springer-Verlag New York · Heidelberg · Berlin

Printed in Germany
Printing and binding: Beltz Offsetdruck, Hemsbach/Bergstr. 2141/3140-543210

TABLE des MATIERES

Première Partie

Seconde Partie

Martingales et intégrales stochastiques

EXPOSES SUPPLEMENTAIRES

Université de Strasbourg
Séminaire de Probabilités

Mai 1976

DISTRIBUTIONS HARMONIQUES D'ORDRE INFINI ET L'ANALYTICITE (REELLE) LIEE A L'OPERATEUR LAPLACIEN ITERE

par

Vazgain AVANISSIAN.

A la suite des travaux de S. Bernstein de nombreux mathématiciens ont étudié l'analyticité des fonctions d'une variable réelle en faisant des hypothèses sur le signe des dérivées successives [Bernstein (S.) ; Boas (R.P.)-Polya (G.) ; Widder (D.V.) Dans le cas de plusieurs variables, on obtient quelques énoncés analogues en faisant des hypothèses sur le signe de laplacien itéré ; par exemple (Th. 1.2.4), soit $f \in C^{\infty}(\Omega)$, Ω ouvert de $\mathbb{R}^N$. Si $\Delta^m f(x) \geq 0$, $m = 0,1,2,\ldots$, $x \in \Omega$, f est analytique dans Ω (extension à $\mathbb{R}^N$ d'un résultat bien connu sur la droite). L'un des premiers travaux dans le cas de plusieurs variables est dû à P. Lelong qui étend un énoncé de Widder (D.V.) à $\mathbb{R}^N$ $(N \geq 2)$: si $(-1)^m \Delta^m f(x) \geq 0$, $m = 0,1,2,\ldots$, $x \in \Omega$, f est analytique dans Ω . Faisons deux remarques : tout d'abord la démonstration de P. Lelong donnée pour $N \geq 2$, peut être adaptée au cas $N = 1$ à condition d'utiliser la représentation (de Green) :

$$f(x) = Ax + B - \frac{1}{2} \int_a^b f''(t)\, G(x,t)dt$$

où G est la fonction de Green de l'intervalle $]a,b[$ (cf. 3.1) ; ensuite la méthode utilisée permet d'établir un résultat d'Ovčarenko (cf. th. 3.1.4). D'une manière générale ce travail utilise les propriétés des distributions harmoniques d'ordre infini [3] ; cela permet d'unifier différents procédés employés jusqu'à présent et de simplifier certaines démonstrations.

Institut de Recherche Mathématique Avancée, Laboratoire Associé au C.N.R.S.,
7, rue René Descartes, 67084 STRASBOURG Cédex

ANALYTICITÉ LIÉE À L'OPÉRATEUR LAPLACIEN ITÉRÉ

1.1. GÉNÉRALITÉS.

1.1.1. L'espace $\mathbb{R}^N$ de N variables réels $x = (x_1,\ldots,x_N)$ est considéré comme un sous-espace fermé de l'espace $\mathbb{C}^N$ de N variables complexes

$$z = (z_1,\ldots,z_N)\ (z_j = x_j + iy_1\ ,\ 1 \le j \le N)\ ; \mathbb{R}^N = \{z \in \mathbb{C}^N \mid y_j = 0\ ,\ 1 \le j \le N\}\ .$$

Soit Ω un ouvert de $\mathbb{R}^N$, on note $C^\infty(\Omega)$ l'ensemble des fonctions $\Omega \to \mathbb{C}$, indéfiniment dérivables ; $\mathcal{Q}(\Omega)$ désigne le sous-ensemble de $C^\infty(\Omega)$ constitué par les fonctions analytiques réelles.

a) La fonction $f \in C^\infty(\Omega)$ appartient à $\mathcal{Q}(\Omega)$ si, et seulement si, pour tout compact $K \subset \Omega$, il existe une constante finie $M_1(K)$ telle que pour tout $\alpha = (\alpha_1,\ldots,\alpha_N) \in \mathbb{N}^N$

$$\sup_{x \in K} |D^\alpha f(x)| \le M_1^{|\alpha|+1}(K)\alpha! \tag{1}$$

$$D^\alpha = \left(\frac{\partial}{\partial x_1}\right)^{\alpha_1}\cdots\left(\frac{\partial}{\partial x_N}\right)^{\alpha_N},\ |\alpha| = \alpha_1 + \ldots + \alpha_N\ ,\ \alpha! = \alpha_1!\ldots\alpha_N!\ .$$

La condition (1) équivaut à la condition suivante [1], [2] : pour tout compact $K \subset \Omega$, il existe une constante $M(K) \ge 0$ telle que

$$\sup_{x \in K}\left[\frac{|\Delta^m f(x)|}{(2m)!}\right]^{\frac{1}{m}} \le M(K)\ ,\ m = 1,2,\ldots \tag{2}$$

où

$$\Delta^0 = I\ ,\ \Delta^m = \left(\frac{\partial^2}{\partial x_1^2} + \ldots + \frac{\partial^2}{\partial x_N^2}\right)^m$$

est l'opérateur laplacien itéré m fois : $\Delta^m = \Delta(\Delta^{m-1})$.

b) Contrairement au cas analytique complexe, la série de Taylor au point $x \in \Omega$ d'une fonction $f \in \mathcal{C}(\Omega)$ ne converge pas en général dans toute boule ouverte de centre x et d'adhérence compacte dans Ω, la convergence a lieu seulement dans un certain voisinage de x. Par exemple [5], si $f(z) = \sum_{n=0}^{\infty} a_n z^n = A(x,y) + iB(x,y)$ a son rayon de convergence $0 < R < \infty$, la fonction harmonique $A(x,y) = \operatorname{Re} f(z)$ est analytique réelle dans le disque de centre 0 et de rayon R de $\mathbb{R}^2$ mais sa série de Mac-Laurin à l'origine converge absolument dans le rectangle $\{(x,y) \mid |x| + |y| < R\}$ et uniformément sur tout compact de celui-ci mais elle diverge en tout point $x \neq 0$, $y \neq 0$ extérieur à ce rectangle.

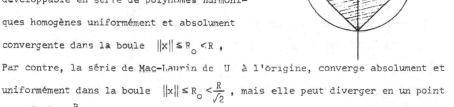

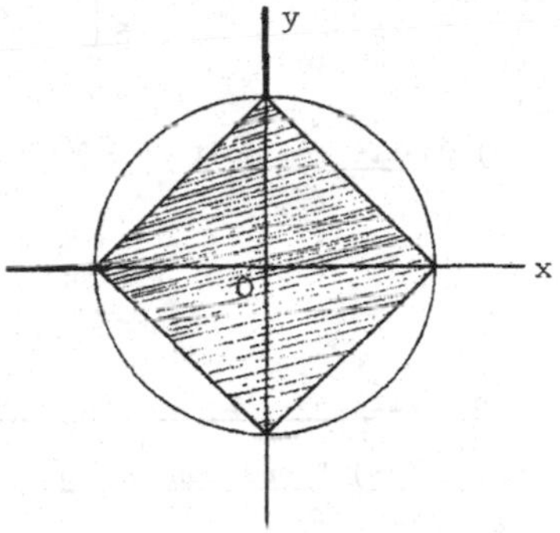

De même, on sait qu'une fonction harmonique $U(x_1, \ldots, x_N)$ dans la boule ouverte de centre 0 et de rayon R de $\mathbb{R}^N$, est développable en série de polynômes harmoniques homogènes uniformément et absolument convergente dans la boule $\|x\| \leq R_0 < R$,
Par contre, la série de Mac-Laurin de U à l'origine, converge absolument et uniformément dans la boule $\|x\| \leq R_0 < \frac{R}{\sqrt{2}}$, mais elle peut diverger en un point x_0, $\|x_0\| = \frac{R}{\sqrt{2}}$.

1.2. CLASSE $\mathcal{H}_\infty(\Omega)$.

Le théorème suivant a été démontré dans [3].

1.2.1. THEOREME. *Soit f une distribution dans l'ouvert $\Omega \subset \mathbb{R}^N$. Les énoncés suivants sont équivalents :*

a) *f est une fonction de la classe $C^\infty(\Omega)$ et sur tout compact $k \subset \Omega$, on a :*

(3) $$\lim_{m \to \infty} \left(\sup_{x \in K} \left[\frac{|\Delta^m f(x)|}{(2m)!} \right] \right)^{\frac{1}{m}} = 0$$

pour tout compact K et tout $\varepsilon > 0$, il existe alors une constante $M(K,\varepsilon)$ telle que

(3')
$$\sup_K |\Delta f^m(x)| \leq M(K,\varepsilon)\ \varepsilon^{2m}(2m)!\ .$$

b) f est une fonction de la classe $C^\infty(\Omega)$ et pour tout compact $K \subset \Omega$, on a :

(4)
$$\lim_{m\to\infty} \left[\frac{\int_K |\Delta^m f(x)|dx}{(2m)!}\right]^{\frac{1}{m}} = 0\ .$$

c) Quelle que soit $\varphi \in \mathcal{D}(\Omega)$, la distribution f vérifie :

(5)
$$\limsup_{m\to\infty} \left[\frac{< \Delta^m f,\varphi >}{(2m)!}\right]^{\frac{1}{m}} = 0$$

une fonction vérifiant l'un des énoncés a , b , c est appelée[1] (selon la terminologie de Aronszajn) "fonction harmonique d'ordre infini" leur ensemble est noté $\mathcal{H}_\infty(\Omega) \subset \mathcal{Q}(\Omega)$.

Remarquons que l'énoncé c) peut être remplacé sans difficulté par :

c') Pour tout compact $K \subset \Omega$ et tout $\varepsilon > 0$, il existe une constante $M(K,\varepsilon)$ telle que :

(6)
$$\forall\ \varphi \in \mathcal{D}(K)\ ,\ |< \Delta^m T,\varphi >| \leq M(K,\varepsilon)\ \varepsilon^{2m}(2m)\ !\ .$$

1.3. EXEMPLES ET APPLICATIONS.

1.3.1. La classe $\mathcal{H}_\infty(\Omega)$ contient les fonctions harmoniques, polyharmoniques de tout ordre m (i.e. $\Delta^m f = 0$). Si $f \in \mathcal{H}_\infty(\Omega)$, f est analytique réelle mais la réciproque est inexacte. La fonction

---

(1) L'énoncé a) est la définition d'Aronszajn [1] ; l'équivalence (a) ⇔ (b) a été démontrée d'abord par P.Lelong ; mais cela peut être obtenu immédiatement de l'équivalence (a) ⇔ (c) [3].

$$f(x) = \frac{1}{1-(x_1+\dots+x_N)}$$

est analytique sans $\Omega = \mathbb{R}^N \setminus \{x \mid x_1+\dots+x_N = 1\}$ mais elle n'est pas de la classe $\mathcal{H}_\infty(\Omega)$. En effet,

$$\frac{\Delta^m f(x)}{(2m)!} = \frac{N^m}{[1-(x_1+\dots+x_N)]^{2m+1}}$$

et la condition a) n'est pas vérifiée.

1.3.2. Soit f une fonction analytique réelle dans tout $\mathbb{R}^N$ trace sur $\mathbb{R}^N$ d'une fonction analytique complexe F dans tout $\mathbb{C}^N$; alors $f \in \mathcal{H}_\infty(\mathbb{R}^N)$. En effet, si $a = (a_1,\dots,a_N) \in \mathbb{R}^N$ et $M(a,r) = \underset{\substack{|z_j - a_j| \le r \\ 1 \le j \le N}}{\operatorname{Max}} |F(z_1,\dots,z_n)|$ l'inégalité de Cauchy donne :

$$|\Delta^m f(a)| = |\Delta^m F(a)| \le (2m)!\ N^m (2\pi)^{-N}\ r^{-2m}\ M(a,r)$$

si a décrit un compact $K \subset \mathbb{R}^N$, $\sup_{a \in K} M(a,r) = M(K,r) < \infty$. Donc,

(7) $$\lim_{m\to\infty} \Big[\sup_{a \in K} \Big|\frac{\Delta^m f(a)}{(2m)!}\Big|\Big]^{\frac{1}{m}} \le \frac{1}{r^2}.$$

r peut être choisi arbitrairement grand d'où la condition a).

1.3.3. <u>Remarque</u> : Une fonction analytique réelle dans tout $\mathbb{R}^N$ n'appartient pas en général à $\mathcal{H}_\infty(\mathbb{R}^N)$, par exemple,

$$f(x) = \frac{1}{1+x^2} \in \mathcal{A}(\mathbb{R})$$

$$\frac{\Delta^m f(x)}{(2m)!} = \frac{f^{(2m)}(x)}{(2m)!} = \frac{i}{2}\,\frac{(x-i)^{2m+1} - (x+i)^{2m+1}}{(x^2+1)^{2m+1}}$$

$$= \frac{\sum_{k=0}^{m} \binom{2m+1}{2k+1} (-1)^k\, x^{2(n-k)}}{(x^2+1)^{2m+1}}$$

$\left|\dfrac{f^{(2m)}(0)}{(2m)!}\right| = 1$ et la condition a) n'est pas vérifiée.

Cela est dû au fait que la série de Mac-Laurin de $f(x)$ en 0 ne converge pas pour tout x, donc sans l'inégalité (7), r ne peut être choisi arbitrairement grand, ou encore le complexifié de $f : z \mapsto \frac{1}{1+z^2}$ n'est pas analytique complexe dans tout le plan (i.e. $f(x)$ n'est pas la trace sur $\mathbb{R}$ d'une fonction entière dans $\mathbb{C}$).

Signalons que pout tout $V(\mathbb{R}^N)$ voisinage ouvert de $\mathbb{R}^N$ dans $\mathbb{C}^N$, on peut trouver une fonction analytique $f(x)$ dans tout $\mathbb{R}^N$ qui soit la trace sur $\mathbb{R}^N$ d'une fonction analytique $F(z)$ dans un voisinage ouvert $V'(\mathbb{R}^N) \subset V(\mathbb{R}^N)$ de $\mathbb{R}^N$ et non prolongeable comme fonction analytique en dehors de V'. Cela résulte d'un énoncé de H. Cartan en vertu duquel il existe un système fondamental de voisinages ouverts de $\mathbb{R}^N$ dans $\mathbb{C}^N$ dont chacun est un domaine d'holomorphie ([4], prop. 1).

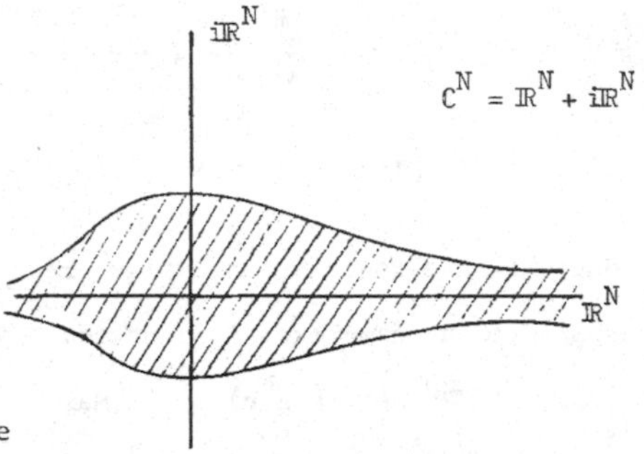

1.3.4. L'énoncé c) montre immédiatement que $\mathcal{H}_\infty(\Omega)$ est un espace vectoriel stable par dérivation :

$$\forall \varphi \in \mathcal{D}(\Omega) \ , \ < \Delta^m(D^\alpha f), \varphi > = < \Delta^m f, D^\alpha \varphi > .$$

Si $f \in \mathcal{H}_\infty(\Omega)$, $D^\alpha f$ vérifie l'énoncé c).

Par contre, $\mathcal{H}_\infty(\Omega)$ n'est pas stable par produit en général, de même, si $f \in \mathcal{H}_\infty(\Omega)$, $f \neq 0$, en général $\frac{1}{f} \notin \mathcal{H}_\infty(\Omega)$.

Remarquons que le théorème de Paley-Wiener montre que la transformée de Fourier d'une fonction $\varphi \in \mathcal{D}$ est dans $\mathcal{H}_\infty(\mathbb{R}^N)$.

Signalons d'autre part une particularité remarquable dans le cas $N = 1$. La série de Mac-Laurin d'une fonction $f \in \mathcal{H}_\infty(]a,b[)$ en un point de l'intervalle $]a,b[$ converge pour tout $x \in \mathbb{R}$; autrement dit, la classe $\mathcal{H}_\infty(]a,b[)$ coïncide avec la classe des fonctions entières[(1)]. En effet, soit f de la classe $\mathcal{H}_\infty$

(1) Dans l'introduction de [3], page 2, ligne 1, il faut lire : ... fonctions analytiques réelles dans tout $\mathbb{R}^N$ prolongeable comme fonctions analytiques complexes dans tout $\mathbb{C}^N$.

dans un voisinage V de 0 , la série de Mac-Laurin de f :

$$\sum_{n=0}^{\infty} \frac{f^{(m)}(0)}{m!} x^m$$

a un rayon de convergence infini ; car pour tout $\varepsilon > 0$ et tout compact $K \subset V$, il existe une constante $M(K,\varepsilon)$ telle que :

$$\sup_{x \in K} \left| \frac{f^{(2m)}(x)}{(2m)!} \right| \leq M(K,\varepsilon)\varepsilon^{2m} .$$

Or, $f' = \frac{df'}{dx}$ est aussi dans la classe $\mathcal{H}_\infty(V)$, donc

$$\sup_{x \in K} \left| \frac{d^{2m} f'(x)}{dx^{2m}(2m)!} \right| = \sup_{x \in K} \left| \frac{f^{(2m+1)}(x)}{(2m+1)!} \frac{2m+1}{2m} \right| \leq M_1(K,\varepsilon)\varepsilon^{2m} .$$

Il en résulte que

$$\left| \frac{f^{(m)}(0)}{m!} \right| \leq M_2(K,\varepsilon)\varepsilon^{2E[\frac{m}{2}]} \qquad (E[x] = \text{partie entière de } x)$$

et $\limsup_{m \to \infty} \frac{1}{m} \operatorname{Log} \left| \frac{f^{(m)}(0)}{m!} \right| = \operatorname{Log} \frac{1}{R} = -\infty$.

1.3.5. PROPOSITION. <u>Soit</u> $(f_n)_{n \geq 1}$ <u>une suite d'éléments de</u> $\mathcal{H}_\infty(\Omega)$ <u>si</u> f_n <u>converge vers</u> f <u>dans l'espace des distributions</u> $\mathcal{D}(\Omega)$ <u>et si</u> $\Delta^m f_n \xrightarrow{\mathcal{D}'(\Omega)} \Delta^m f$ <u>uniformément en</u> m , <u>alors</u> $f \in \mathcal{H}_\infty(\Omega)$.

La convergence uniforme signifie ici que pour tout $\varepsilon > 0$ et $\varphi \in \mathcal{D}(\Omega)$, il existe $n_0(\varepsilon,\varphi)$ tel que :

$$|< \Delta^m f_n - \Delta^m f, \varphi >| < \varepsilon \qquad (n > n_0(\varepsilon,\varphi)) .$$

La proposition résulte immédiatement de la propriété c) du théorème 1.2.1.

2.1. <u>L'ÉCART ENTRE</u> $f \in \mathcal{H}_\infty(\Omega)$ <u>ET SA MOYENNE PÉRIPHÉRIQUE ITÉRÉE.</u>

Il est bien connu que si $f \in \mathcal{C}^{2p}(\Omega)$, pour toute boule $B(x_0,R)$ d'adhérence $\overline{B(x_0,R)}$ compacte dans Ω , on a le développement (cf. [7]) :

(8) $$\lambda_s[f,x_o,R] = f(x_o) + \sum_{m=1}^{p-1} a_m\left(\frac{N}{N+2m}\right)^s R^{2m}\,\Delta^m f(x_o)$$

$$+\ a_p\left(\frac{N}{N+2p}\right)^s R^{2p}\,\Delta^p f(\xi)$$

où

$$\lambda[f,x_o,R] = \lambda_o[f,x_o,R] = \frac{1}{\omega_N(1)}\int_{\|a\|=1} f(x_o+R\vec{a})\,d\sigma(a)$$

et la moyenne périphérique de f sur la sphère $\{x\,|\,\|x-x_o\|=1\} = S(0,1)$, $\omega_N(1)$ est la mesure de $S(0,1)$ et $(\lambda_s)_{s\in\mathbb{N}^*}$ la suite :

$$\lambda_s(f,x_o,R) = \frac{N}{R^N}\int_0^R t^{N-1}\,\lambda_{s-1}(f,x_o,t)\,dt \qquad (s\geq 1)$$

(λ_1 est la moyenne spatiale de f sur $B(x_o,R)$).

ξ étant un certain point de la boule $B(x_o,R)$

(9) $$a_m = \frac{\Gamma(\frac{N}{2})}{2^{2m}m!\;\Gamma(m+\frac{N}{2})} = \frac{1}{2^m m!\;N(N+2)\dots(N+2m-2)}$$

si $N=1$, $s=0$,

$$\lambda_o[f,x_o,R] = \frac{f(x_o+R)+f(x_o-R)}{2}\ ,\quad a_m = \frac{1}{(2m)!}\ .$$

2.1.1. PROPOSITION. a) Si $f\in\mathcal{H}_\infty(\Omega)$, pour toute boule ouverte $B(x_o,R)$ d'adhérence compacte dans Ω , on a :

(10) $$\lambda_s[f,x_o,R] = \sum_{m=0}^{\infty}\frac{\Gamma(\frac{N}{2})}{4^m m!\;\Gamma(m+\frac{N}{2})}\left(\frac{N}{N+2m}\right)^s \Delta^m f(x_o)\,R^{2m}$$

la convergence est uniforme en $(x_o,R)\in K\times[0,R_o]$, où R_o < distance du compact K à $\complement\,\Omega = \delta(K)$.

b) Si f est seulement analytique, (10) est valable pour R assez petit.

En effet, pour tout couple (K,ε) , il existe une constante $M(K,\varepsilon)$ telle que

$$|\Delta^m f(x)| \le M(K,\varepsilon)\ \varepsilon^{2m}(2m)!$$

si $K = \overline{B(x_o,R)}$, $\sup_{x\in K} |a_m||\Delta^m f(x)|R^{2m} \le \frac{\Gamma(\frac{N}{2})(2m)!\ M(K,\varepsilon)}{2^{2m}m!\ \Gamma(m+\frac{N}{2})} (\varepsilon R)^{2m}$. Or $m! \sim \sqrt{2\pi}\, m^{m+\frac{1}{2}}\, e^{-m}$ $(m\to\infty)$

$$\Gamma(m+\tfrac{N}{2}) \sim \Gamma(m)m^{\frac{N}{2}} \sim \sqrt{2\pi}(m-1)^{m-\frac{1}{2}}.m^{\frac{N}{2}}.e^{-(m-1)} .$$

Donc,

$$\frac{(2m)!}{2^{2m}m!\ \Gamma(m+\frac{N}{2})} \sim \frac{1}{\sqrt{\pi}\, m^{\frac{N-1}{2}}} \quad (m\to\infty) .$$

Dans (8), le reste est majoré pour p suffisamment grand par

(11) $$\Gamma(\tfrac{N}{2})\ M(K,\varepsilon)\Big(\frac{1}{2^s\sqrt{\pi}\, p^{\frac{N-1}{2}+s}} + \varepsilon'\Big)\ (\varepsilon^2R^2)^p \qquad (p>p_o(\varepsilon')) .$$

Quelle que soit $\overline{B(x,R)} \subset \Omega$, on peut choisir ε tel que $\varepsilon R_o < 1$ alors l'expression (11) tend vers zéro si $p\to\infty$.

Pour une fonction analytique, on aura le même résultat mais pour R suffisamment petit.

La convergence uniforme pour $(x,R)\in K\times[0,R_o]$ résulte de la convergence de la série (11) avec $R=R_o$.

2.1.2. Application aux distributions α-métaharmoniques.

Soit $\alpha\in\mathbb{R}$, une distribution $T\in\mathcal{D}'(\Omega)$ est dite α-métaharmonique si elle vérifie

(12) $$(\Delta+\alpha)T = 0$$

d'après (12), $<\Delta^m T,\varphi> = (-\alpha)^m <T,\varphi>$ pour tout $\varphi\in\mathcal{D}(\Omega)$. Donc, T vérifie l'énoncé c) de 1.2.1. Par conséquent, une distrubition α-métaharmonique est un élément de $\mathcal{H}_\infty(\Omega)$ d'où le développement :

$$(13) \qquad \lambda[T,x_o,R] = \left(\sum_{m=0}^{\infty} \frac{\Gamma(\frac{N}{2})(-1)^m \alpha^m R^{2m}}{4^m m!\ \Gamma(m+\frac{N}{2})}\right) T(x_o)$$

$$= \dot{J}_\alpha(R)\ T(x_o)$$

$(\overline{B(x_o,R)} \subset \Omega)$.

On retrouve ainsi la relation bien connue entre une fonction α-métaharmonique et sa moyenne périphérique (voir par exemple [9]). Montrons que réciproquement une fonction u continue dans Ω , vérifiant pour toute boule $\overline{B(x_o,R)} \subset \Omega$ la relation (13) est α-métaharmonique dans Ω . En effet, si $\theta_r(x) \geq 0$ est une fonction de la classe C^∞ dans $\mathbb{R}^N$, ne dépendant que de $\|x\|$, à support $B(0,r)$ et de l'intégrale 1, on a :

$$(u * \theta_r)(x) = N\omega_N \int_0^r \lambda[u,x,t]\ \theta_r(t) t^{N-1} dt$$

$$= N\omega_N(1)\left[\int_0^r \dot{J}_\alpha(t)\ \theta_r(t) t^{N-1} dt\right] u(x)$$

le premier membre est de la classe $C^\infty(\Omega)$ donc $u \in C^\infty(\Omega)$. D'autre part,

$$\frac{\lambda[U,x,r] - U(x)}{r^2} = \frac{J_\alpha(r) - 1}{r^2} u(x)$$

d'où

$$\Delta u(x) = \lim_{r\to 0} 2N \frac{\lambda[U,x,r] - u(x)}{r^2} = \lim_{r \to 0} \left[2N \frac{\dot{J}_\alpha(r) - 1}{r^2}\right] U(x)$$

$$= -\alpha\ U(x) .$$

Cette démonstration simplifie celle donnée dans [9].

2.1.3. <u>Remarque</u> : La fonction

$$\dot{J}_\alpha(R) = \sum_{m=0}^{\infty} \frac{\Gamma(\frac{N}{2})(-1)^m \alpha^m R^{2m}}{4^m m!\ \Gamma(m+\frac{N}{2})}$$

est liée à la fonction de Bessel $J_{\frac{N}{2}-1}$ par :

$$\dot{J}_\alpha(R) = \frac{2^{\frac{N}{2}-1}\,\Gamma(\frac{N}{2})}{R^{\frac{N}{2}-1}\,\lambda^{\frac{N}{4}-\frac{1}{2}}}\,J_{\frac{N}{2}-1}(\sqrt{\alpha}\,R)\,.$$

Rappelons que dans le cas $\alpha > 0$:

- $\dot{J}_\alpha(R)$ est décroissante pour R assez petit,
- la fonction $\sqrt{R^{N-1}}\,\dot{J}_\alpha(R)$ est équivalente à un polynôme trigonométrique si $R \to \infty$,
- une fonction métaharmonique ≥ 0 dans tout $\mathbb{R}^N$ est identiquement nulle,
- impossibilité d'un minimum local (resp. maximum local) en un point x_0 où la fonction métaharmonique est >0 (resp. <0).

2.1.4. Extention à $N \geq 1$ variable d'un théorème de Bernstein.

Soient $f \in C^\infty(]-a,a[)$ à valeurs réelles et $f^{(2n)}(x) \geq 0$ sur $]a,b[$; alors f est analytique sur $]-a,a[$ et sa série de Mac-Laurin en 0 converge pour tout $|x| < a$. C'est le théorème de Bernstein. Pour $N \geq 1$, on a :

THEOREME. Si $f \in C^\infty(\Omega)$ à valeurs réelles (Ω ouvert connexe $\subset \mathbb{R}^N$) vérifie

$$\Delta^m f(x) \geq 0\,, \quad m = 0,1,2,\ldots \qquad (x \in \Omega)$$

alors f est analytique dans Ω.

En effet, considérons le développement (8) pour p arbitraire et $s = 0$. Tous les termes de ce développement sont ≥ 0 ; donc, pour tout m,

$$(14) \qquad a_m\,\Delta^m f(x)\,R^{2m} \leq \lambda[f,x,R] \qquad (\overline{B(x,R)} \subset \Omega)\,.$$

Supposons que x décrit un compact $K \subset \Omega$ et que $R \leq R_0 <$ distance de K à $\complement\Omega$ soit fixé ; la fonction $x \to \lambda[f,x,R]$ étant continue, on a :

$$\sup_{x\in K} \Delta^m f(x) \leq \sup_{x \in K} \lambda[f,x,R] \times \frac{1}{a_m R^m} = \frac{\theta(K,R)}{a_m R^m}\,.$$

Donc,

$$[\sup_K \frac{\Delta^m f(x)}{(2m)!}]^{\frac{1}{m}} \leq \frac{\theta^{\frac{1}{m}}(K,R)}{R} \; \frac{1}{[(2m)!\ a_m]^{\frac{1}{m}}} .$$

Or,

$$(2m)!\ a_m \sim \Gamma(\tfrac{N}{2}) \times \frac{1}{\sqrt{\pi}\ m^{\frac{N-1}{2}}}$$

le premier membre de (14) est alors majoré par une constante $M(K,R)$ quel que soit m , d'où l'analyticité de f d'après (2).

3.1. FONCTIONS Δ-COMPLETEMENT CONVEXES.

3.1.1. En 1942, D.V. Widder a démontré que si $f \in C^\infty(]a,b[)$ vérifie $(-1)^n f^{(2n)}(x)$ $(-1)^n\ f^{(2n)}(x) \geq 0$, $n = 0,1,2$. Alors f est analytique ; ce résultat fut généralisé par P. Lelong a $N \geq 2$ variables [6] . La démonstration de D.V. Widder [10] est basée sur l'étude des polynômes de Lidstone :

$$\Lambda_o(x) = x$$

$$\Lambda_n(x) = \int_0^1 G_n(x,t)\ G_{n-1}(y,t)dy$$

où $G_1(x,t) = G(x,t) = \begin{cases} (x-1)t & 0 \leq t < x \leq 1 \\ (t-1)x & 0 \leq x \leq t \leq 1 \end{cases}$.

Or, on peut remarquer que la fonction génératrice G n'est autre que la fonction de Green (à un coefficient près) de l'intervalle $]0,1[$, cela conduit à utiliser la formule de Green et ce procédé a l'avantage d'être généralisé à plusieurs variables.

3.1.2. Nous dirons qu'une fonction $f \in C^\infty(\Omega)$ (Ω ouvert connexe de $\mathbb{R}^N$ $(N \geq 1)$) est complètement Δ-convexe si f est à valeurs réelles et

$$(-1)^m \Delta^m f(x) \geq 0 \quad \text{si} \quad N \geq 2$$

$$(-1)^m f^{(2m)}(x) \geq 0 \quad \text{si} \quad N = 1 .$$

3.1.3. THEOREME [6]. Une fonction f complètement Δ-convexe dans un domaine $\Omega \subset \mathbb{R}^N$ est de la classe $\mathcal{H}_\infty(\Omega)$, (donc analytique). Si $N=1$, $\Omega =]a,b[$, f est une fonction entière de $x \in \mathbb{R}$.

Démonstration : Si $N \geq 2$, soient Ω^* un domaine de Green d'adhérence compacte dans Ω (i.e. Ω^* a une fonction de Green $G(x,y)$; $\Omega^* =]a,b[$ si $N=1$).

On a la formule de Green :

$$f(x) = \frac{1}{C_N}\int_{\partial\Omega^*} f(y)\,\frac{\partial G}{\partial n_{int}}(x,y)d\sigma(y) - \frac{1}{C_N}\int_{\Omega^*} \Delta f(y)\; G(x,y)d\tau(y) \tag{15}$$

$$C_N = \begin{cases}(N-2)\omega_N, & N = 3\\ 2\pi, & N = 2\end{cases}.$$

Si $N = 1$,

$$f(x) = Ax + B - \tfrac{1}{2}\int_a^b f''(t)\; G(x,t)dt . \tag{16}$$

Rappelons que dans (15) l'intégrale

$$\frac{1}{C_N}\int_{\partial\Omega^*} f(y)\,\frac{\partial G(x,y)}{\partial n_{int}}\,d\sigma(y) = H_0(x)$$

est la fonction harmonique qui coïncide avec f sur $\partial\Omega^*$; dans (16), la fonction affine $Ax+B$ est égale à $f(a)$ pour $x = a$ et à $f(b)$ si $x = b$. La fonction de Green G de $]a,b[$ est représentée dans la figure ci-dessous :

$$G(x,t) = -|x-t| + \ell_a^b(x,t)$$

$\ell_a^b(x,t)$ = fonction affine par rapport à t telle que

$$\ell_a^b(x,a) = \ell_a^b(x,b) = 0 .$$

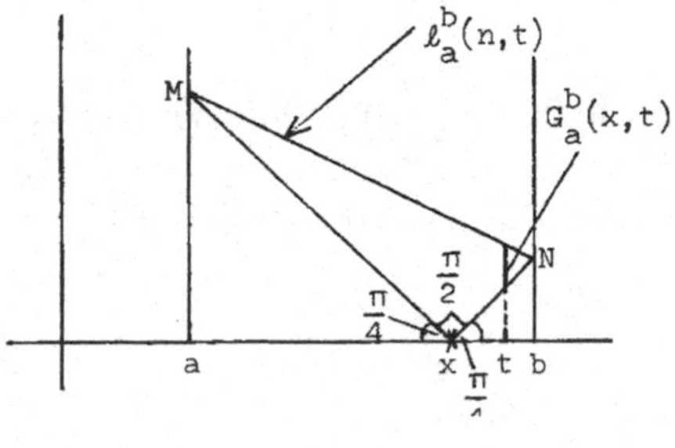

On a

$$G_a^b(x,t) = \begin{cases} \dfrac{2(b-x)(x-a)}{b-a}, & a \le t \le x \le b \\[2ex] \dfrac{2(b-t)(x-a)}{b-a}, & a \le x \le t \le b \,. \end{cases}$$

Donnons la démonstration du théorème 3.1.3.dans le cas $N \geq 2$. Le cas $N = 1$ se démontre d'une manière tout à fait analogue en utilisant la représentation (16) et la fonction de Green $G_a^b(x,t)$. Posons

$$G_n(x,y) = \int_{\Omega^*} G_{n-1}(x,t)\ G(t,y)d\tau(t) \ , \ n \geq 2$$

$$G_2(x,y) = \int_{\Omega^*} G(x,t)\ G(t,y)d\tau(y)$$

(i.e. G_n est la n-ième puissance de second espace de G selon la terminologie de Voltera). Si K est un compact du Ω^* d'intérieur non vide, on a d'après les propriétés de la fonction de Green :

$$\inf_{x,y \in K} G(x,y) = \gamma(K) > 0 \,.$$

donc

$$G_n(x,y) \geq \gamma^n[\text{Mes } K]^{n-1} \qquad (x,y \in K) \,. \tag{17}$$

Notons $H_0, H_1, \ldots, H_n$, les fonctions harmoniques dans G^* qui coïncident respectivement avec $f, \Delta f, \ldots, \Delta^n f, \ldots$ sur $\partial\Omega^*$. Appliquons (15) à Δf ; cela donne :

$$f(x) = H_o(x) - c\int_{\Omega^*} H_1(y)G(x,y)d\tau(y) + (-1)^2c^2 \int_{\Omega^*}\int_{\Omega^*} \Delta^2 f(t)G(y,t)G(x,y)d\tau(t)d\tau(y)$$

$$f(x) = H_o(x) - c\int_{\Omega^*} H_1(y)G(x,y)d\tau(y) + (-1)^2c^2 \int_{\Omega^*} \Delta^2 f(t)G_2(x,t)d\tau(t) \qquad (c = C_N^{-1}) .$$

En itérant n fois, on obtient :

$$f(x) = H_o(x) + \sum_{p=2}^{n-1} (-1)^{p-1} c^{p-1} \int_{\Omega^*} H_{p-1}(y)\, G_{p-1}(x,y)d\tau(y) \tag{18}$$

$$+ (-1)^n c^n \int_{\Omega^*} \Delta^n f(y)\, G_n(x,y)d\tau(y) \ , \ x \in \Omega^* .$$

L'hypothèse $(-1)^n \Delta^n f(x) \geq 0$ implique que tous les termes de (18) sont ≥ 0.

Donc,

$$|(-1)^n c^n \int_{\Omega^*} \Delta^n f(y)\, G_n(x,y)d\tau(y)| \leq f(x) \quad , \ x \in \Omega^*$$

$$\int_{\Omega^*} |\Delta^n f(y)| G_n(x,y)d\tau(y) \leq C_N f(x) \ , \ x \in \Omega^* .$$

D'après (17), on déduit en particulier

$$\int_K |\Delta^n f(y)| d\tau(y) \leq C_N \operatorname{Max}_K |f(x)| \ \gamma^{-n} [\text{Mes } K]^{-(n-1)} .$$

Finalement, sur tout compact $K \subset \Omega$:

$$\lim_{n \to \infty} \left[\frac{\int_K |\Delta^n f(y)| d\tau(y)}{(2n)!} \right]^{\frac{1}{n}} = 0 .$$

D'après le théorème 1.2.1, $f \in \mathcal{H}_\omega(\Omega)$.

La méthode utilisée permet d'obtenir un résultat d'Ovčarenko I.E. [8] :

3.1.4. THEOREME. <u>Soit</u> f <u>à valeurs réelles de la classe</u> $C^{2(E[\frac{N}{2}]+1)}(\mathbb{R}^N)$

($E(x)$ = <u>partie entière de</u> x) <u>où</u> $N \geq 3$. <u>Si</u>

$$(-1)^p \Delta^p f(x) \geq 0 \ , \ p = 0,1,\dots,E[\tfrac{N}{2}]+1 .$$

<u>Alors</u> f = cte . (<u>Le résultat est inexact en général si</u> $N \leq 2$ <u>ou bien si</u> $\Omega \neq \mathbb{R}^N$.)

<u>Démonstration</u> : Reprenons la représentation (18) avec Ω^* = la boule de centre 0 et de rayon R . Si $x \in B(0,R)$:

$$(19)\qquad f(x)+H_o(x)+\sum_{p=2}^{E[\frac{N}{2}]}(-1)^{p-1}c^{p-1}\int_{B(0,R)}H_{p-1}(y)\,G_{p-1}(x,y)d\tau(y)$$

$$+(-1)^{E[\frac{N}{2}]+1}c^{[\frac{N}{2}]+1}\int_{B(0,R)}\Delta^{E[\frac{N}{2}]+1}f(y)\,G_{E[\frac{N}{2}]+1}\,d\tau(y)\;.$$

1.3.11. LEMME. Si $G(x,y)=G^R(x,y)$ est la fonction de Green de la boule $B(0,R)$, on a :

$$\inf_{\substack{\|x\|\le\frac{R}{2}\\ \|y\|\le\frac{R}{2}}} G^R(x,y)\ge\frac{A}{R^{N-2}}\qquad (N\ge 3\;,\;A=\text{cte})\;.$$

En effet, $G^R(x,y)$ pour x fixé dans $B(0,\frac{R}{2})$ est surharmonique dans $B(0,R)$, donc, pour x fixé dans $B(0,\frac{R}{2})$,

$$\inf_{\|y\|\le\frac{R}{2}} G^R(x,y)=\inf_{\|y\|=\frac{R}{2}} G^R(x,y)\;.$$

Or,

$$G^R(x,y)=[\|x\|^2-2\|x\|\|y\|\cos\theta+\|y\|^2]^{1-\frac{N}{2}}$$

$$-\;[R^2-2\|x\|\|y\|\cos\theta+\frac{\|x\|^2\|y\|^2}{R^2}]^{1-\frac{N}{2}}$$

un calcul élémentaire montre l'existence d'une constante $A>0$ telle que

$$\inf_{\|x\|\le\frac{R}{2}}\Big[\inf_{\|y\|=\frac{R}{2}} G^R(x,y)\Big]\ge\frac{A}{R^{N-2}}\;.$$

Dans les développements (19), tous les termes sont ≥ 0, quel que soit R donc

$$(20)\quad (-1)^{p-1}c^{p-1}\int_{B(0,R)}H_{p-1}(y)\,G_{p-1}(x,y)d\tau(y)\le f(x)\;,\quad p=2,\dots,E[\tfrac{N}{2}]\;,\quad x\in B(0,R)\;.$$

Or, d'après (17) et le lemme 1.3.11 :

$$\inf_{x,y\in B(0,\frac{R}{2})} G_{p-1}(x,y)\ge\Big(\frac{A}{R^{N-2}}\Big)^{p-1}[\text{Mes }B(0,\tfrac{R}{2})]^{p-2}\ge B\,R^{2p-2-N}\;,\quad B=\text{cte}.$$

En particulier,

$$\inf_{x,y \in B(0,\frac{R}{2})} G_{E[\frac{N}{2}]+1}(x,y) \geq B\, R^{2(E[\frac{N}{2}]+1)-N} .$$

D'après (20),

$$c\, R^{2p-2-N} \int_{B(0,\frac{R}{2})} (-1)^{p-1}\, H_{p-1}(y)d\tau(y) \leq f(x) \ , \ (|x| \leq \tfrac{R}{2}) .$$

Or, $(-1)^{p-1}\, H_{p-1}(y)$ est harmonique ≥ 0 et que l'intégrale ci-dessus est à un facteur près sa moyenne spatiale. Il résulte

$$A' R^{2p-2}\, (-1)^{p-1}\, H_{p-1}(0) \leq f(x) \ , \ (A' = \text{cte})$$

x fixé sans $B(0,\frac{R}{2})$. Cela est impossible si $H_{p-1}(0) \neq 0$. D'où $H_{p-1}(0) = 0$ donc $H_{p-1} \equiv 0$, $p = 2,\ldots E[\frac{N}{2}]$.

De même,

$$(21) \quad B\, R^{2(E[\frac{N}{2}]+1)-N} \int_{B(0,\frac{R}{2})} (-1)^{E[\frac{N}{2}]+1}\, \Delta^{E[\frac{N}{2}]+1} f(y)d\tau(y) \leq f(x) \ , \ \|x\| < R .$$

Comme $2(E[\frac{N}{2}]+1)-N \geq 0$, l'intégrale (21) est nécessairement nulle sinon pour R assez grand, (21) est en défaut. Finalement $f(x) = H_o(x)$; $H_o(x)$ étant harmonique > 0 dans $B(0,R)$ est nécessairement la restriction à $B(0,R)$ d'une fonction harmonique > 0 dans tout $\mathbb{R}^N$ donc est constante.

3.2. DEVELOPPEMENT EN SERIE DE FONCTIONS POLYHARMONIQUES D'ORDRE CROISSANTS.

3.2.1. Soient Ω un ouvert de $\mathbb{R}^N$ $(N \geq 3)$ et Ω^* un domaine borné de Green de Ω . Si $U,V \in C^{2p}(\Omega)$, de la formule de Green

$$\int_{\Omega^*} (U\Delta V - V\Delta U)d\tau = -\int_{\partial\Omega^*} (U \frac{\partial}{\partial n_{int}} V - V \frac{\partial}{\partial n_{int}} U)d\sigma ,$$

on en déduit

$$\int_{\Omega^*} (U\Delta^2 V - V\Delta^2 U)d\tau = -\int_{\partial\Omega} (U \frac{\partial}{\partial n_{int}}\Delta V - V \frac{\partial}{\partial n_{int}}\Delta U)d\sigma$$

$$-\int_{\partial\Omega} (\Delta U \frac{\partial V}{\partial n_{int}} - \Delta V \frac{\partial U}{\partial n_{int}})d\sigma .$$

Par itération, on trouve la formule dite de Gutzmer :

$$\text{(22)} \qquad \int_{\Omega^*} (U\Delta^p V - V\Delta^p U)d\tau = -\sum_{k=0}^{p-1} \int_{\partial\Omega} (\Delta^k U . \frac{\partial}{\partial n_{int}}\Delta^{p-k-1}V - \Delta^{p-k-1}V . \frac{\partial \Delta^k U}{\Delta n_{int}})d\sigma ,$$

$p = 1,2,\ldots$.

Posons $\alpha_{p-1} = [2^{p-1}(4-N)(6-N)\ldots(2p-N)](p-1)!$

$$V = \frac{1}{\alpha_{p-1}} \|y-x\|^{2p-N} , \ r = \|x-y\| , \ (x,y \in \mathbb{R}^N) ,$$

pour x fixé :

$$\Delta^k \|y-x\|^{2p-N} = \frac{\alpha_{p-1}}{\alpha_{p-k-1}} \|y-x\|^{2p-2k-N} .$$

En appliquant (22) à $\Omega^* - B(x,\rho)$ et puis en faisant tendre $\rho \to 0$, on trouve :

$$\text{(23)} \qquad (N-2)\ \omega_N(1)\ U(x) = \sum_{k=0}^{p-1} \frac{1}{\alpha_k} \int_{\partial\Omega^*} (\Delta^k U \frac{\partial}{\partial n_{int}} r^{2k+2-N} - r^{2k+2-N} \frac{\partial}{\partial n_{int}}\Delta^k U)d\sigma$$

$$- \frac{1}{\alpha_{p-1}} \int_{\Omega^*} r^{2p-N}\ \Delta^p U\ d\tau .$$

3.2.2. Soit $u \in \mathcal{H}_\infty(\Omega)$. Dans (23), le reste

$$R_p(x) = \frac{1}{\alpha_{p-1}} \int_{\Omega^*} r^{2p-N}(x,y)\ \Delta^p u(y)d\tau(y)$$

est majoré d'après (3') de 1.2.1 par

$$\frac{1}{\alpha_{p-1}} \int_{\Omega^*} r^{2p-N}(x,y)\,|\Delta^p u(y)|\,d\tau(y) \le \frac{1}{\alpha_{p-1}} M(\overline{\Omega^*},\varepsilon)\ \varepsilon^{2p}(2p)! \int_{\Omega^*} r^{2p-N}(x,y)d\tau(y)$$

$$\le \frac{1}{\alpha_{p-1}} M(\overline{\Omega^*},\varepsilon)\ \varepsilon^{2p}(2p)!\ \delta^{2p-N}\ \text{Mes}\ \Omega^*$$

(δ = le diamètre de Ω^*). Il en résulte que $R_p(x) \to 0$ si $p \to \infty$ uniformément sur tout compact de Ω^*. On en déduit [1] :

— Une fonction $u \in \mathcal{H}_\infty(\Omega)$ est développable dans tout domaine de Green $\Omega^* \subset \Omega$ en une série de fonctions polyharmoniques :

(24)
$$u(x) = \sum_{k=0}^{\infty} u_k(x) \ , \ (x \in \Omega^*)$$

avec $\Delta^{k+1} u_k = 0$. La série converge absolument dans Ω^* et uniformément sur tout compact de Ω^*.

Le développement (24) est aussi valable pour une fonction analytique à cette différence près que la série converge uniformément au voisinage de tout point de Ω^*.

On peut énoncer une réciproque de l'énoncé ci-dessus :

3.2.3. THEOREME. Soit dans l'ouvert $\Omega \subset \mathbb{R}^N$ une suite de distributions $(T_n)_{n \geq 1}$ avec pour tout n, $\Delta^{n+1} T_n = 0$. Alors, si la série $\sum_{n=1}^{\infty} T_n$ converge dans $\mathcal{D}'(\Omega)$ sa somme T est dans $\mathcal{H}_\infty(\Omega)$.

En effet, pour une série convergente de distribution $(T_k)_{k \geq 1}$, on a quel que soit $m \in \mathbb{N}$:

$$< \Delta^m T, \varphi > = \sum_{k=1}^{\infty} < \Delta^m T_k, \varphi > .$$

La série numérique du second membre étant convergente pour tout $\varepsilon > 0$, il existe $m_o(\varepsilon, \varphi)$ tel que

$$\left| \sum_{k=m}^{\infty} < \Delta^m T_k, \varphi > \right| < \varepsilon \quad \text{si} \quad m \geq m_o(\varepsilon, 0) .$$

L'hypothèse $\Delta^{n+1} T_n = 0$ pour tout n implique :

$$|< \Delta^m T, \varphi >| = \left| \sum_{k=m}^{\infty} < \Delta^m T_k, \varphi > \right| < \varepsilon \ , \ m > m_o(\varepsilon, \varphi)$$

donc, la condition c du théorème 1.2.1 est vérifiée d'où $T \in \mathcal{H}_\infty(\Omega)$.

BIBLIOGRAPHIE

[1] ARONSZAJN N. Sur la décomposition des fonctions analytiques uniformes.
Acta. Math. t. 65 (1935).

[2] ARONSZAJN N. Colloque International C.N.R.S. sur les équations aux dérivées partielles linéaires.
Orsay (1972).

[3] AVANISSIAN V., FERNIQUE X. Sur l'analycité des distributions harmoniques d'ordre infini.
Inst. Fourier, t. XVIII, fas. 2 (1969).

[4] CARTAN H. Variété analytique réelle et variété analytique complexe.
Bull. Soc. Math. France, t. 85 (1957).

[5] HAYMANN W.K. Power series expansions for harmonic functions.
Bull. London Math. Soc. 2 (1970).

[6] LELONG P. Sur les fonctions indéfiniment dérivables de plusieurs variables.
Duke Math. J., vol. 14, n° 1 (1947).

[7] NICOLESCU M. Sur les fonctions de n variables, harmoniques d'ordre p.
Bull. Soc. Math., t. LX (1932).

[8] OVCARENKO On multiply superharmonic functions.
Uspehi. Mat. Nauk. 16, n° 3 (99) (1961).

[9] SCHWARTZ L. Séminaire 2me année 1954/55.

[10] WIDDER D.V. Completely convexe functions and Lidstone series.
Trans. Am. Math. Soc., vol. 5 (1942).

Université de Strasbourg
Séminaire de Probabilités 1975/76

APPLICATION D'UN THEOREME DE G. MOKOBODZKI A LA THEORIE DES FLOTS

A. Benveniste.

G. Mokobodzki vient de démontrer le résultat suivant, qui fournit, dans certains cas, une limite médiale borélienne (cf.[3]) pour une suite de fonctions; pour une démonstration de ce théorème, le lecteur pourra se reporter à l'article "SUR UN THEOREME DE MOKOBODZKI" de P.A. MEYER dans ce volume.

THEOREME 1: *soit* $(\Omega,\underline{\underline{F}},\mathbb{P})$ *un espace probabilisé complet, muni d'une filtration* $(\underline{\underline{F}}_t)$ *satisfaisant aux conditions habituelles. Soit* Y^n *une suite de processus optionnels, uniformément bornée. On suppose que, pour tout temps d'arrêt* T, $\mathbb{E}(Y^n_T.1_{\{T<\infty\}})$ *admet une limite. Il existe alors un processus optionnel* Y *tel que* $Y^n_T.1_{\{T<\infty\}}$ *converge faiblement dans* L^1 *vers* $Y_T.1_{\{T<\infty\}}$ *pour tout temps d'arrêt* T. *On a le même résultat en remplaçant"optionnel" par "prévisible", ou par "mesurable".*

Le but de ce papier est de donner l'application de ce résultat à la théorie des flots, à un problème qui a été précisément à l'origine de la question posée à Mokobodzki. L'application est d'ailleurs beaucoup moins intéressante que le théorème lui-même. Les notations seront celles de [2]. L'objet de ce travail est de définir en théorie des flots l'analogue des projections coprévisibles et cooptionnelles définies par AZEMA [1] en théorie des processus de Markov. Les objets que nous définirons ont toutes les bonnes propriétés de ceux qui sont définis par Azema, mais tout cela ne semble conduire à aucune théorie fructueuse sur le retournement du temps.

Nous désignerons par $(\Omega,\underline{\underline{F}},\underline{\underline{F}}_t,\theta_t,\mathbb{P})$ un flot filtré: $(\theta_t)_{t\in\mathbb{R}}$ est un groupe mesurable d'automorphismes de l'espace probabilisé $(\Omega,\underline{\underline{F}},\mathbb{P})$, et $(\underline{\underline{F}}_t)$ un filtration satisfaisant à $\underline{\underline{F}}_{t+s} = \theta_t^{-1}\underline{\underline{F}}_s$. Nous supposons que la tribu $\underline{\underline{F}}_0$ ainsi que la tribu $\underline{\underline{F}}$ sont engendrées par une famille de fonctions f continues sur les trajectoires du flot, ce qui signifie que $t \to f(\theta_t\omega)$ est continue pour tout ω; pour simplifier, nous supposons que $\underline{\underline{F}} = \underline{\underline{F}}_{+\infty}$. Nous supposons également que ce flot filtré est <u>propre</u>, ce qui signifie qu'il n'existe aucun ensemble I appartenant à $\underline{\underline{F}}$, invariant par θ_t, non négligeable, et sur lequel $A = \theta_t A$ pour tout réel t et tout $A\in\underline{\underline{F}}$.

Nous rappelons qu'un processus (X_t) est dit <u>stationnaire</u> s'il est de la forme $X_t = f\circ\theta_t$ pour une fonction $\underline{\underline{F}}$-mesurable f; nous dirons qu'un processus (Z_t) est <u>additif</u> (dans [2] , on disait "<u>hélice</u>", ce qui n'est pas très évocateur) s'il est continu à droite et limité à gauche, nul en 0, et s'il satisfait identiquement à $Z_{t+s}-Z_t = Z_s\circ\theta_t$.

THEOREME 2: *(i) soit* X *un processus borné tel que* $\lim \frac{1}{t-s}\,\mathbb{E}\int_s^t X_u dZ_u$ *existe lorsque* s *et* t *convergent respectivement vers* $\pm\infty$ *pour tout processus additif croissant* Z *tel que* $\mathbb{E}(Z_1)<\infty$ *; il existe alors un processus stationnaire borné* ${}^sX$ *, unique à un ensemble évanescent près, tel que*

$$\lim \frac{1}{t-s}\,\mathbb{E}\int_s^t X_u dZ_u = \lim \frac{1}{t-s}\,\mathbb{E}\int_s^t {}^sX_u dZ_u = \mathbb{E}\int_0^1 {}^sX_u dZ_u$$

pour tout processus additif croissant Z *tel que* $\mathbb{E}(Z_1)<\infty$*. Nous dirons que* X *est* *__presque stationnaire__, et que* ${}^sX$ *est sa* *__projection stationnaire__.*

(ii) soit A *un processus croissant tel que* $\mathbb{E}(A_t-A_s)<\infty$*pour tous* s *et* t *finis, et tel que* $\lim \frac{1}{t-s}\,\mathbb{E}\int_s^t X_u dA_u$ *existe lorsque* s *et* t *convergent respectivement vers* $\pm\infty$ *pour tout processus* X *, stationnaire et borné; il existe alors un processus croissant additif* A^s*, tel que* $\mathbb{E}(A_1^s)<\infty$ *, et tel que*

$$\lim \frac{1}{t-s}\,\mathbb{E}\int_s^t X_u dA_u = \lim \frac{1}{t-s}\,\mathbb{E}\int_s^t X_u dA_u^s = \mathbb{E}\int_0^1 X_u dA_u^s$$

pour tout processus stationnaire et borné X*. Nous dirons que* A *est* *__presque additif__* *et que* A^s *est sa* *__projection duale additive__.*

(iii) si X *est presque stationnaire et optionnel (resp. prévisible), sa projection stationnaire est également optionnelle (resp. prévisible); on a le même résultat concernant les processus croissants presque additifs, et leurs projections duales additives.*

En quoi s'agit-il bien de coprojections? Examinons la notion de "projection" en théorie générale des processus d'un point de vue heuristique: la projection prévisible d'un processus se définit comme le processus prévisible qui, regardé "en moyenne" à l'aide de tous les processus croissants prévisibles, a le même comportement que le processus initial, ce qui se traduit par la formule $\mathbb{E}\int_0^\infty X_s dA_s = \mathbb{E}\int_0^\infty {}^3X_s dA_s$ pour tout processus croissant prévisible A. Si nous voulons définir la notion duale en théorie des flots, "prévisible" doit être remplacé par "stationnaire" et "additif", tandis que "regardé en moyenne" se traduit exactement par les formules du théorème 2. Malheureusement, contrairement à ce qui se passe pour les processus de markov transients, les coprojections ne peuvent être définies pour tous les processus.

REMARQUES 1/ l'ensemble des processus presque stationnaires est un espace vectoriel qui contient les processus stationnaires (pour lesquels les intégrales définies au théorème 2 sont toutes égales, quels que soient s et t), mais aussi les processus constants dans le temps, c'est-à-dire de la forme $X_u(\omega) = f(\omega)$, où $f\in\underline{\underline{F}}$, puisque l'on aalors $\frac{1}{t-s}\int_s^t X_u\circ\theta_{-u}du = \frac{1}{t-s}\int_s^t f\circ\theta_{-u}du$, qui converge en dehors d'un ensemble invariant $\mathbb{P}$-négligeable en vertu du théorème ergodique; nous verrons au cours de la démonstration du théorème, que cette propriété suffit à assurer la presque stationnarité.

2/ Si Y est presque stationnaire, il en est de même pour le processus $\bar{\theta}_t Y$ défini par $\bar{\theta}_t Y(\omega,u) = Y(\theta_t\omega,u-t)$, et l'on a ${}^sY = {}^s(\bar{\theta}_t Y)$.

3/ Si Y est presque stationnaire, il en est de même pour le translaté $\tau_t Y$ défini par $\tau_t Y(\omega,u) = Y(\omega,t+u)$, et pour $\theta_t Y$ défini par $\theta_t Y(\omega,u) = Y(\theta_t\omega,u)$, et l'on a ${}^s(\tau_t Y) = {}^s(\theta_t Y) = \tau_t({}^sY)$.

4/ en généralisant la remarque 1, nous pouvons dire que, si toutes les trajectoires $t \to Y(\theta_{-t}\omega,t)$ sont des fonctions presque périodiques en dehors d'un ensemble invariant $\mathbb{P}$-négligeable, alors, Y est presque stationnaire.

DEMONSTRATION: (i) rappelons que, si Z est un processus additif croissant, on a la formule suivante, où X est un processus positif arbitraire:

(1) $$\mathbb{E}\int_{\mathbb{R}} X_u \circ \theta_u \, dZ_u = \mu \otimes dt(X), \qquad \text{(dt, mesure de Lebesgue)}$$

où μ est une mesure positive σ-finie sur la tribu $\underline{\underline{F}}$; cette mesure est bornée si et seulement si $\mathbb{E}(Z_1)<\infty$. Par conséquent, si nous posons $f_{s,t}(\omega) = \frac{1}{t-s}\int_s^t X(\theta_{-u}\omega,u)du$, il vient $\frac{1}{t-s}\mathbb{E}\int_s^t X_u dZ_u = \mu(f_{s,t})$, μ désignant la mesure bornée associée à Z par la formule (1), dite <u>mesure de Palm</u> de Z. La condition (i) du théorème 2 exprime donc que la suite de fonctions $\underline{\underline{F}}$-mesurables $f_{s,t}$ converge faiblement dans $L^1(\mu)$ pour toute mesure de Palm bornée μ. Il nous reste donc à savoir si l'ensemble des mesures de Palm sur $\underline{\underline{F}}$, qui sont associées à un processus additif croissant, peut se ramener à un ensemble de mesures définies à l'aide de temps d'arrêt, comme au théorème 1; c'est ce que nous allons faire rapidement à l'intérieur d'un paragraphe situé entre crochets, et dont la lecture peut être omise.

[[Les notations sont celles de [2]. Le flot étant propre, le théorème d'Ambrose nous donne l'existence d'un sous-ensemble Ξ de Ω (noté X dans [2]), appartenant à $\underline{\underline{F}}$, et effectuant une <u>section</u> de Ω au sens suivant: si $N_t(\omega) = \Sigma_0^t 1_\Xi\circ\theta_u(\omega)$ [1] pour t>0, avec une définition symétrique pour t<0, alors, $N_t(\omega)$ est fini pour tout t fini et tout ω, $N_{\pm\infty}(\omega) = \pm\infty$, et N est un processus additif croissant de mesure de Palm bornée ν. Posons $F(x) = \inf\{t>0 \mid \theta_t x \in \Xi\}$, où x désigne un point arbitraire de Ξ; F est une variable aléatoire $\underline{\underline{F}}$-mesurable, et il est montré dans [2] la formule suivante

(2) $$\mu(f) = \int_\Xi \nu(dx) \int_0^{F(x)} f(\theta_s x)\, dZ_s(x) \ ,$$

[1]: Σ_s^t signifie que la somme est prise sur $s<u\leq t$.

où Z est un processus additif croissant de mesure de Palm μ, et f une fonction $\underline{\underline{F}}$-mesurable et positive sur Ω; cette formule est un cas particulier d'une autre formule obtenue récemment par NEVEU[4]. La formule (2), jointe à la définition des fonctions $f_{s,t}$, montre que la condition (i) du théorème 2 peut s'exprimer ainsi

$$\int_{\underline{\underline{\Xi}}} \nu(dx) \int_0^\infty 1_{]0,F]}(x,u)\ f_{s,t}(\theta_u x)\ dZ_u(x) \quad \text{converge lorsque s et t}$$

(3) tendent vers $\pm\infty$, pour tout processus croissant intégrable défini sur l'espace $(\Xi,\underline{\underline{\Xi}},\nu)$, où $\underline{\underline{\Xi}}$ est la restriction à Ξ de $\underline{\underline{F}}$.

C'est exactement la situation du théorème 1, dans la mesure où la formule bien connue $\int_{\Xi}\nu(dx) \int_0^\infty g(x,u)\ dZ_u(x) = \int_0^\infty du \int_{\Xi} g(c_u(x),x)\ \nu(dx)$, où $c_u = \inf(s|Z_s>u)$ permet de ramener le calcul sur les processus croissants au calcul sur les variables aléatoires. Notons $f(x,u)$ la limite faible au sens du théorème 1, des fonctions $f_{s,t}(\theta_u x)\cdot 1_{]0,F]}(x,u)$ lorsque s et t tendent vers $\pm\infty$; c'est une fonction $\underline{\underline{\Xi}}\times\underline{\underline{\mathbb{R}}}_+$-mesurable sur $\Xi\times\mathbb{R}_+$, portée par l'intervalle stochastique $]0,F]$; mais il est alors connu que l'application $(x,u) \to \theta_u x$ définit un isomorphisme des espaces mesurables $\{]0,F],\ \underline{\underline{\Xi}}\times\underline{\underline{\mathbb{R}}}_+|_{]0,F]}\}$ et $\{\Omega,\underline{\underline{F}}\}$.]]

Finalement, la fonction f ainsi transportée sur Ω satisfait à $\mu(f_{s,t}) \to \mu(f)$ lorsque s et t tendent vers $\pm\infty$ pour toute mesure de Palm bornée μ, et la formule (1) montre alors clairement que le processus stationnaire cherché en (i) est ${}^sX_t = f\circ\theta_t$. Pour obtenir l'unicité à une évanescence près du processus ${}^sX$, il nous suffit d'invoquer le théorème de section des ensembles aléatoires stationnaires montré dans [2], qui affirme que tout sous-ensemble $\underline{\underline{F}}$-mesurable non polaire de Ω (un ensemble A de $\underline{\underline{F}}$ est dit <u>polaire</u> si le processus $1_A\circ\theta_t$ est évanescent) est chargé par une mesure de Palm bornée.

(ii) C'est une conséquence immédiate du théorème de Vitali-Hahn-Saks, qui se présente donc ici comme étant le résultat "dual" du théorème de Mokobodzki. Le processus croissant A étant fixé, on définit la famille $\mu_{s,t}$ de mesures positives bornées sur $\underline{\underline{F}}$ par la formule

(4) $$\mu_{s,t}(f) = \frac{1}{t-s}\ \mathbb{E} \int_s^t f\circ\theta_u\ dA_u\ , \text{ où f est } \underline{\underline{F}}\text{-mesurable et positive.}$$

La condition (ii) permet d'affirmer que la suite $\mu_{s,t}$ converge au sens du théorème de Vitali-Hahn-Saks vers une mesure positive bornée que nous notons μ. Il est clair que μ ne charge pas les ensembles polaires, et la caractérisation des mesures de Palm bornées donnée au théorème (3.8) de [2] nous dit alors que μ est la mesure de Palm d'un processus croissant additif A^s unique, qui est le processus cherché.

(iii) Nous regardons uniquement le cas des processus stationnaires prévisibles, les autres se traitant exactement de la même manière. Si X est un processus presque stationnaire prévisible, on a $\mathbb{E}\int_s^t X_u dZ_u = \mathbb{E}\int_s^t X_u dZ_u^3$, où Z est un processus additif croissant de mesure de Palm bornée, Z^3 désignant le processus additif croissant qui est une version de la projection duale prévisible du processus croissant Z; en passant à la limite, on aura donc $\mathbb{E}\int_0^1 {}^sX_u dZ_u = \mathbb{E}\int_0^1 {}^sX_u dZ_u^3$ pour tout processus croissant additif Z de mesure de Palm bornée, ce qui suffit, d'après [2, prop 3.7] , pour assurer que le processus stationnaire ${}^sX$ est prévisible.

Nous donnons maintenant le résultat qui exprime que les projections stationnaire et prévisible, ou stationnaire et optionnelle, commutent; dans le travail d'Azema sur les processus de Markov, ce résultat est la clef du théorème sur le retournement du temps.

THEOREME 3: *Soit X un processus presque stationnaire; alors,* ${}^3X$ *est également presque stationnaire, et l'on a* ${}^s({}^3X) = {}^3({}^sX)$. *Le même résultat est valable si l'on remplace la projection prévisible par la projection optionnelle, et il est aussi valable pour les processus croissants presque stationnaires et leurs projections duales.*

DEMONSTRATION: le fait que ${}^3X$ soit presque stationnaire provient de l'égalité $\mathbb{E}\int_s^t {}^3X_u dZ_u = \mathbb{E}\int_s^t X_u dZ_u^3$ pour tout processus additif croissant Z de mesure de Palm bornée. Comme la projection prévisible d'un processus stationnaire est encore stationnaire, nous savons que le processus ${}^3({}^sX)$ est stationnaire; par conséquent, pour avoir l'égalité ${}^s({}^3X) = {}^3({}^sX)$, il nous suffit de montrer

$$(5) \qquad \lim \frac{1}{t-s}\,\mathbb{E}\int_s^t {}^3X_u\, dZ_u = \lim \frac{1}{t-s}\,\mathbb{E}\int_s^t {}^3({}^sX)_u\, dZ_u = \mathbb{E}\int_0^1 {}^3({}^sX)_u\, dZ_u$$

pour tout processus additif croissant Z de mesure de Palm bornée; or, on a les égalités suivantes:

$$\lim \frac{1}{t-s}\,\mathbb{E}\int_s^t {}^3X_u dZ_u = \lim \frac{1}{t-s}\,\mathbb{E}\int_s^t X_u dZ_u^3 = \lim \frac{1}{t-s}\,\mathbb{E}\int_s^t {}^sX_u dZ_u^3 = \lim \frac{1}{t-s}\,\mathbb{E}\int_s^t {}^3({}^sX)_u dZ_u$$

pour tout processus additif croissant de mesure de Palm bornée, ce qui montre le théorème.

Il y a une différence de nature entre les notions de projection prévisible en théorie générale des processus et de projection stationnaire en théorie des flots: la notion de projection prévisible est en fait une notion locale, comme le montre les théorèmes de Mertens (la projection prévisible d'un processus continu à gauche est un processus continu à gauche), tandis que la notion de projection stationnaire est une notion globale qui ne préserve pas les propriétés de continuité des processus (elle préserve néanmoins les propriétés de continuité <u>uniforme</u> en t et en ω).

REFERENCES.

[1] J. AZEMA: Théorie générale des processus et retournement du temps; Ann. Sc. Ecole Normale Sup., série 4, T.6, fasc4, pp. 459-519, 1973.

[2] A. BENVENISTE: Processus stationnaires et mesures de Palm du flot spécial sous une fonction; Sém. Proba. IX; Lect. Notes in M., 1974.

[3] P.A. MEYER: Limites médiales, d'après Mokobodzki; Sém. Proba. VII; Lect. Notes in M., vol 321, 1971.

[4] J. NEVEU: Sur les mesures de Palm de deux processus ponctuels stationnaires; Z. für W., Band 34, Heft 3, 1976, pp.199-204.

A;Benveniste
IRIA (LABORIA)
Domaine de Voluceau, Rocquencourt
78150 LE CHESNAY

Université de Strasbourg
Séminaire de Probabilités 1975/76

PEDAGOGIC NOTES ON THE BARRIER THEOREM

by Kai Lai Chung*

Let D be an open bounded set in R^d, $d \geq 1$; ∂D its boundary. Given $z \in \partial D$, a function f defined in D is called a barrier at z iff

(i) f is superharmonic and > 0 in D;

(ii) $\lim_{D \ni x \to z} f(x) = 0$.

Let $\{X_t, t \geq 0\}$ be the standard Brownian motion in R^d. For any Borel subset B of R^d, let S_B denote the first exit time from B:

$$S_B = \inf\{t > 0: \ X_t \notin B\}.$$

D being fixed, we write S for S_D below. A point x is regular iff $P^x\{S = 0\} = 1$; otherwise $P^x\{S > 0\} = 1$ by the zero-one law.

Proposition 1. Let f be superharmonic in D and ≥ 0 in D. Extend f to $\bar{D}$ (= closure of D) as follows: for each $z \in \partial D$,

$$f(z) = \varliminf_{D \ni x \to z} f(x). \tag{1}$$

Then for each $x \in D$ we have

$$f(x) \geq E^x\{f(X(S))\}. \tag{2}$$

Proof. Let K_n be compact, $K_n \subset K^o_{n+1}$ (= interior of K_{n+1}) $\subset D$ such that $\bigcup_n K_n = D$. Then

*Research supported in part by NSF grant MPS74-00405-A01 at Stanford University.

(3) $$S_{K_n} < S, \qquad S_{K_n} \uparrow S.$$

For each n, the process

(4) $$\{f(X_{t \wedge S_{K_n}});\ 0 \le t < \infty\}$$

is a supermartingale for each P^x, $x \in K_n^o$ (see Doob's lecture notes[1] for the latest proof of this result). Letting $t \to \infty$ and using Fatou's lemma, we deduce that

(5) $$f(x) \ge E^x\{f(X(S_{K_n}))\}, \qquad x \in K_n^o.$$

Letting $n \to \infty$, $X(S_{K_n}) \to X(S) \in \partial D$, hence by the extended definition of f we have

$$\varliminf_{n \to \infty} f(X(S_{K_n})) \ge f(X(S)).$$

Since $f \ge 0$ in $\overline{D}$, it follows from Fatou's lemma that

$$f(x) \ge E^x\{\varliminf_{n \to \infty} f(X(S_{K_n}))\} \ge E^x\{f(X(S))\}.$$

This is true if $x \in K_n^o$, for every n; hence it is also true if $x \in D$.

<u>Proposition 2</u>. Let B_1 and B_2 be two open subsets of R^d, $B_1 \subset B_2$. Then for every $z \in \overline{D}$,

(6) $$E^z\{S_{B_2} < S;\ f(X(S_{B_2}))\} \le E^z\{S_{B_1} < S;\ f(X(S_{B_1}))\}.$$

1. See p.7 below for an alternative proof that doesn't use this result.

Proof. Writing S_1 for S_{B_1}, S_2 for S_{B_2}, we have

$$E^z\{S_1 < S;\ E^{X(S_1)}[S_2 < S;\ f(X(S_2))]\}$$

$$(7) \qquad = E^z\{S_1 < S;\ E^{X(S_1)}[S_2 < S;\ f(X(S_2 \wedge S))]\}$$

$$\leq E^z\{S_1 < S;\ E^{X(S_1)}[f(X(S_2 \wedge S))]\}$$

because $X(S_2 \wedge S) \in \overline{D}$ and $f \geq 0$ in $\overline{D}$. Now $X(S_1) \in B_2 \cap D$ on $\{S_1 < S\}$, hence we may apply Prop. 1 with D replaced by $B_2 \cap D$ to obtain

$$f(X(S_1)) \geq E^{X(S_1)}[f(X(S_{B_2 \cap D}))]$$

$$= E^{X(S_1)}[f(X(S_2 \wedge S))].$$

Substituting this into the last term of (7), we obtain (6).

<u>Theorem 1</u>. If there exists a barrier at $z \in \partial D$, then z is regular.

Proof. Let f be the barrier, extend it to $\overline{D}$ as in (1). Apply Prop. 2 with B_1 and B_2 two balls centered at z. Suppose z is not regular, so that $P^z\{S > 0\} = 1$. Since $S_{B_2} \downarrow 0$ as B_2 shrinks to z, we may choose B_2 so that

$$P^z\{S_{B_2} < S\} > 0.$$

Since $X(S_{B_2}) \in D$ on $\{S_{B_2} < S\}$, and $f > 0$ in D, we have

(8) $$E^z\{S_{B_2} < S;\ f(X(S_{B_2}))\} > 0 .$$

Now fix B_2 and let B_1 shrink to z. Then $X(S_{B_1}) \to z$, and on $\{S_{B_1} < S\}$, $X(S_{B_1}) \in D$; hence $f(X(S_{B_1})) \to 0$ by property (ii) of a barrier. Replacing f by $f \wedge 1$, which preserves (i) and (ii), we may assume that f is bounded. Hence by bounded convergence,

(9) $$E^z\{S_{B_2} < S;\ f(X(S_{B_2}))\} \to 0 .$$

The relations (6), (8) and (9) are incompatible. Hence z must be regular.

Remark. Theorem 1 is true for any continuous, strongly Markovian process in a nice topological space, provided that the definition of a "superharmonic function" will imply (5) above. This is essentially Dynkin's generalization (see [1], p. 35 ff.). The observation that Prop. 2 follows from Prop. 1 is due to R. Durrett.

Next, we define f in R^d as follows:

(10) $$f(x) = E^x\{S\} .$$

<u>Proposition 3</u>. f is bounded in R^d and continuous in D.

Proof. $\{\|X_t\|^2 - dt,\ t \geq 0\}$ is a martingale, where $\|x\|^2 = \sum_{j=1}^{d} x_j^2$. Hence for any $x \in R^d$ and $n \geq 1$,

$$E^x\{\|X_{S \wedge n}\|^2 - d(S \wedge n)\} = \|x\|^2 .$$

Letting $n \to \infty$, since $\|X_{S\wedge n}\|^2$ is bounded we obtain

$$E^x\{\|X_S\|^2\} - dE^x\{S\} = \|x\|^2. \tag{11}$$

The first term in (11) is the stochastic solution to the Dirichlet problem for the domain D and the boundary function $x \to \|x\|^2$. Hence it is harmonic in D and therefore is in $C^\infty(D)$; hence so is f.

Let B be an open ball with center 0 and radius r. Apply (11) to S_B we obtain

$$E^x\{S_B\} = \frac{r^2 - \|x\|^2}{d}, \qquad x \in D.$$

Choose r so large that $\overline{D} \subset B$. It follows that $f \leq r^2/d$ in $\overline{D}$, hence in R^d because $f = 0$ in $R^d - \overline{D}$.

<u>Proposition 4</u>. The f in (10) is upper semi-continuous in R^d.

Proof. Let D_n be open bounded such that $D_n \supset \overline{D}_{n+1} \supset D$ and $\bigcap_n \overline{D}_n = \overline{D}$. Then for each $x \in R^d$, we have

$$S_{D_n} \downarrow S \qquad P^x\text{-a.s.} \tag{12}$$

For each n, define f_n in R^d as follows:

$$f_n(x) = E^x\{S_{D_n}\}.$$

By Prop. 3, f_n is continuous in D_n. It follows from (12) and the boundedness of f_1 (by Prop. 3) that

(13) $$f_n(x) \downarrow f(x), \qquad x \in R^d.$$

The continuity of f_n in D_n, the fact that D_n is an open neighborhood of $\overline{D}$, and the relation (13) together imply that

(14) $$f(x) \geq \overline{\lim_{y \to x}} f(y), \qquad x \in R^d.$$

Theorem 2. Let $z \in \partial D$ and z be regular. Then the function f in (10), restricted to D, is a bounded continuous barrier at z.

Proof. This function is superaveraging over surfaces of closed balls in D, by a standard argument. It is bounded and continuous in D by Prop. 3. Hence it is superharmonic in D by the usual definition. It is clearly > 0 in D. Since z is regular, $f(z) = 0$. By Prop. 4, we have

$$\overline{\lim_{x \to z}} f(x) \leq f(z) = 0$$

even if x is not restricted to D. Hence f is a barrier at z.

Remark. To generalize Theorem 2 to a continuous, strongly Markovian process we need only to have Prop. 4. As its proof shows, it is sufficient to have the function f in (10) upper semi-continuous in D. (This will force f to be continuous in D if by "superharmonic" we include "lower semi-continuous" as habitually done.) If X has the strong Feller property, then $E^x\{S \circ \theta_t\}$ is continuous in D. Since

$$E^x\{S\} = \lim_{t \downarrow 0} \downarrow E^x\{t + S \circ \theta_t\}, \qquad x \in D,$$

the left member is upper semi-continuous. This is Dynkin's generalization.

Here is the alternative proof mentioned on p.2 (communicated by J.L.Doob).

Let $B(x)$ be the open ball with center x and radius half the distance from x to ∂D. Define $T_0 = 0$ and let T_{n+1} be the hitting time after T_n of $\partial B(X(T_n))$. Then T_n is optional and $\{X(T_n), \mathfrak{F}(T_n), n \geq 0\}$ is a Markov process with stationary transition probabilities. The transition distribution from x is the uniform distribution on $\partial B(x)$. It follows trivially that if f is positive and superharmonic the process $\{f(X(T_n)), \mathfrak{F}(T_n)\}$ is a positive supermartingale and that $T_n \longrightarrow S$ a.s.. Hence $f(x) \geq E^x[f(X(T_n))]$. By (1) this f is lower semicontinuous on $\overline{D}$ and so Fatou's lemma gives (2).

Université de Strasbourg
Séminaire de Probabilités 1976/77

LES DERIVATIONS EN THEORIE DESCRIPTIVE DES ENSEMBLES et LE THEOREME DE LA BORNE

par C.Dellacherie

L'exemple fondamental de dérivation (au sens ou nous entendons ce mot ici) est celle des temps d'arrêt sur $\mathbb{N}^{\mathbb{N}}$, soit encore, dans un autre langage, celle des arbres sur $\mathbb{N}$. Cependant, comme introduction, nous considérerons un exemple sans doute plus familier à la plupart des lecteurs : la dérivation de Cantor.

LA DERIVATION DE CANTOR

Soit E l'ensemble des compacts d'un espace métrisable compact (le compact vide $\emptyset$ inclus) muni de la topologie de Hausdorff, et de la structure d'ordre habituelle : nous écrirons " $x \leqq y$" pour "x est inclus dans y" . L'espace E est métrisable compact $(E,\leqq)$ est une lattice complète, et $\leqq$ est une relation compacte (i.e. le graphe de $\leqq$ dans $E \times E$ est compact ; nous identifierons toujours une relation avec son graphe).

Considérons la <u>dérivation de Cantor</u> δ sur E , i.e. l'application de E dans E qui à $x \in E$ associe son <u>dérivé</u> $\delta(x)$ défini par

$$\delta(x) = \text{l'ensemble des points non isolés de } x$$

C'est une application borélienne (en fait, de 2ème classe de Baire) qui vérifie les propriétés suivantes

$$\forall x \quad \delta(x) \leqq x \qquad\qquad \forall x,y \quad x \leqq y \rightarrow \delta(x) \leqq \delta(y)$$

et $x \in E$ est dit <u>parfait</u> si $\delta(x) = x$. Désignant par I l'ensemble des ordinaux dénombrables, on définit alors la <u>suite transfinie des dérivés successifs</u> $(x^i)_{i \in I}$ de $x \in E$, par récurrence transfinie, comme suit

$$x^0 = x$$

$$x^j = \inf_{i<j} \delta(x^i)$$

puis l'<u>indice</u> $j(x)$ de x par

$$j(x) = \inf \{i \in I : x^i = \emptyset\} \quad \text{si} \quad \{\ldots\} \text{ n'est pas vide}$$

$$j(x) = \omega_1 \quad \text{si} \quad \{\ldots\} \text{ est vide}$$

où ω_1 est le premier ordinal non dénombrable (si on adopte la définition des ordinaux de Von Neumann, ω_1 n'est autre que I, ensemble des ordinaux dénombrables).

Posons enfin

$$C = \{x \in E : j(x) = \omega_1\} \qquad D = \{x \in E : j(x) < \omega_1\}$$

On a alors les résultats suivants

1) $x \in C$ ssi x contient un parfait $\neq \emptyset$
2) D est coanalytique,[*)] et n'est pas borélien si $\sup_{x \in D} j(x) = \omega_1$
3) si A est une partie analytique de E contenue dans D, on a $\sup_{x \in A} j(x) < \omega_1$
4) les relations de préordre sur E

$$x \in D \text{ et } j(x) \leq j(y) \qquad x \in D \text{ et } j(x) < j(y)$$

sont coanalytiques (autrement dit, $j(.)$ est une norme coanalytique sur D, au sens des logiciens).

Le point 1) est un résultat classique de Cantor ; le point 2) est dû à Hurewicz. Les points 3) et 4) sont établis dans la thèse de 3e cycle de Hillard.

Or, considérons la relation R sur E définie par

$$x R y \quad \text{ssi} \quad y \neq \emptyset \text{ et } y \subseteq \delta(x)$$

puis, pour tout $x \in E$, la relation R_x sur E définie par

$$y R_x z \quad \text{ssi} \quad x R y \text{ et } y R z$$

Comme δ est une application borélienne, la relation R et les relations R_x sont boréliennes, et on a (la définition des termes entre guillemets est rappelée plus loin)

----

*) " coanalytique " = " complémentaire d'analytique "

$x \in D$ ssi R_x est une relation " bien fondée " , et alors

$j(x) = 1 + i(x)$, où $i(x)$ est la " longueur " de R_x

Par conséquent, les ensembles C , D et la fonction indice j(.) peuvent se définir en terme de la seule relation R . D'où l'idée de partir d'une relation analytique R sur un espace polonais E et d'étudier si on a les analogues des points 2) , 3) , 4) vus plus haut en définissant C , D et j(.) à partir de R .

Nous allons voir, à l'aide du théorème de Kunen-Martin sur les relations analytiques bien fondées, que les points 2) et 3) se généralisent bien. Le point 4) , faux en général, semble plus délicat à étudier. Nous définirons ensuite une notion générale de dérivation, illustrée par des exemples variés, et, grâce à " la relation" attachée à chaque dérivation, nous étendrons les points 1) , 2) , 3) à toute dérivation.

THEOREME DE KUNEN-MARTIN ET APPLICATION [1)]

D'abord quelques rappels. Soient E un ensemble et R une relation sur E , i.e. une partie de $E \times E$. On dit que R est une relation <u>bien fondée</u> si elle vérifie l'une des assertions équivalentes suivantes :

1) pour toute partie non vide F de E , il existe $y \in F$ tel que

$$\forall x \in F \quad \text{non } x R y$$

2) il N'existe PAS de suite infinie (x_n) dans E telle que

$$\ldots R x_{n+1} R x_n R \ldots R x_2 R x_1$$

Si R est une relation bien fondée sur E , on définit, par récurrence transfinie sur tous les ordinaux j , l'ensemble R(j) des $x \in E$ de <u>rang</u> $\geq j$ par

$$R(0) = E$$

$$R(j) = \{ y \in E : \forall i < j \ \exists x \in R(i) \ \ x R y \}$$

puis, pour tout $x \in E$, on définit le <u>rang</u> r(x) de x par

$$r(x) = \inf \{ j : x \notin R(j+1) \} = \sup \{ j : x \in R(j) \}$$

La fonction r(.) est alors une application de E sur un segment d'ordinaux, et l'ordinal $\inf \{ j : R(j) = \emptyset \} = \sup_{x \in E} (r(x) + 1)$ est appelé la <u>longueur</u> de R . Evidemment,

1) Nous nous expliquons sur le nom donné à ce théorème dans l'appendice.

la longueur de la relation bien fondée R est toujours strictement majorée par le cardinal successeur du cardinal de E.

Voici maintenant le théorème de Kunen-Martin. Afin de ne pas rompre l'unité du discours, nous avons renvoyé en appendice sa démonstration qui, sans être très difficile, nécessite cependant un peu plus de connaissances et de virtuosité que le reste.

THEOREME 1 (en bourbachique).- Soient E un espace topologique séparé et R une relation bien fondée sur E. Si R est souslinienne, la longueur de R est $< \omega_1$.

Nous nous donnons maintenant

- un espace polonais E (comme seule la structure mesurable interviendra, on pourrait aussi bien prendre E lusinien, ou E métrisable compact)
- une relation analytique R sur E.

Pour tout $x \in E$, on définit la relation R_x sur E par

$$y R_x z \quad \text{ssi} \quad x R y \text{ et } y R z$$

puis les sous-ensembles C et D de E par

$$C = \{x : R_x \text{ n'est pas bien fondée}\} \qquad D = \{x : R_x \text{ est bien fondée}\}$$

et on pose, pour tout $x \in D$,

$$i(x) = \text{la longueur de la relation bien fondée } R_x$$

Pour tout $x \in E$, la relation R_x est analytique, et on a

THEOREME 2.- a) C est analytique ; D est coanalytique.

b) Pour tout $x \in D$, on a $i(x) < \omega_1$.

c) Si A est une partie analytique de E contenue dans D, on a $\sup_{x \in A} i(x) < \omega_1$.

En particulier, si $\sup_{x \in D} i(x) = \omega_1$, alors D n'est pas borélien.

D/ a) résulte de l'équivalence

$$x \in C \quad \text{ssi} \quad \exists (x_n)\ \forall n\ (x_n \in E \text{ et } x R x_n \text{ et } x_{n+1} R x_n)$$

b) résulte du théorème de Kunen-Martin, et c) aussi, en appliquant le théorème à la relation analytique, bien fondée R_A sur $E \times E$ définie par

$$(x,y) R_A (x',z) \quad \text{ssi} \quad x = x' \text{ et } x \in A \text{ et } x R y \text{ et } y R z$$

THEORIE GENERALE DES DERIVATIONS

On se donne maintenant un espace polonais E muni d'une relation d'ordre <u>analytique</u> $\leqq$, pour laquelle E a un plus petit élément noté $\emptyset$, et telle que toute suite décroissante admette une borne inférieure. Une application δ de E dans E sera appelée une <u>dérivation</u> si on a

$$\forall x \in E \quad \delta(x) \leqq x \qquad \forall x,y \in E \quad x \leqq y \rightarrow \delta(x) \leqq \delta(y)$$

et une dérivation δ sera dite <u>analytique</u> si la relation d'ordre R définie par

$$x R y \quad \text{ssi} \quad y \neq \emptyset \text{ et } y \leqq \delta(x)$$

est analytique : c'est en particulier le cas si δ est une application borélienne.

On se donne désormais une dérivation analytique δ sur E . On peut alors définir, pour tout $x \in E$, la suite transfinie $(x^i)_{i \in I}$ des dérivés successifs de x , indexée par l'ensemble des ordinaux dénombrables I , en posant

$$x^0 = x$$

$$x^j = \inf_{i<j} \delta(x^i)$$

puis définir l'<u>indice</u> de Lusin-Sierpinski $j(x)$ de x par

$$j(x) = \inf \{ j : x^j = \emptyset \} \quad \text{si } \{\ldots\} \text{ n'est pas vide}$$

$$j(x) = \omega_1 \quad \text{si } \{\ldots\} \text{ est vide}$$

THEOREME 3.- <u>Pour tout</u> $x \in E$, <u>soit</u> R_x <u>la relation sur</u> E <u>définie par</u>

$$y R_x z \quad \text{ssi} \quad z \neq \emptyset \text{ et } z \leqq \delta(y) \text{ et } y \leqq \delta(x)$$

<u>On a</u> $j(x) < \omega_1$ <u>ssi</u> R_x <u>est bien fondée, et alors on a</u> $j(x) = 1 + i(x)$ <u>, où</u> $i(x)$ <u>est la longueur de la relation bien fondée</u> R_x .

<u>D</u>/ Supposons d'abord $j(x) < \omega_1$. Alors R_x est bien fondée. En effet, sinon, il existerait une suite infinie (y_n) telle que $y_{n+1} R_x y_n$ pour tout n ; alors, par récurrence transfinie, on aurait aussi $y_{n+1} R_{x^i} y_n$ pour tout n et tout $i \in I$, et donc $x^i \neq \emptyset$ pour tout $i \in I$. Réciproquement, si R_x est bien fondée, sa longueur est $< \omega_1$ d'après le théorème de Kunen-Martin, la relation R_x étant analytique ; de plus, on vérifie aisément, par récurrence transfinie, que, pour $i \geqq 1$, on a

$$R_x(i) = \{z : z \neq \emptyset \text{ et } z \leqq x^{1+i}\}$$

où $R_x(i)$ designe l'ensemble des $z \in E$ de rang $\geqq i$ pour R_x. On en déduit que l'on a $j(x) = 1 + i(x)$. On aurait obtenu exactement $j(x) = i(x)$ en définissant R_x un peu différemment, i.e. en posant $y R_x z$ ssi $z \neq \emptyset$ et $z \leqq \delta(y)$ et $y \leqq x$, mais on aurait perdu le bénéfice de pouvoir définir R_x simplement en terme de R.

Posons finalement, comme précédemment,

$$C = \{x : j(x) = \omega_1\} = \{x : R_x \text{ n'est pas bien fondée}\}$$

$$D = \{x : j(x) < \omega_1\} = \{x : R_x \text{ est bien fondée}\}$$

On a alors

THEOREME 4.- a) C est analytique ; D est coanalytique.

b) Si A est une partie analytique de E contenue dans D, on a $\sup_{x \in A} j(x) < \omega_1$. En particulier, si $\sup_{x \in D} j(x) = \omega_1$, alors D n'est pas borélien.

c) Supposons que, pour $\leqq$, toute suite croissante admette une borne supérieure, ou que toute suite transfinie décroissante admette une borne inférieure. Alors on a

$$x \in C \quad \text{ssi} \quad \exists y \quad y \neq \emptyset \text{ et } y \leqq x \text{ et } y = \delta(y)$$

D/ a) et b) résultent immediatement des théorèmes 2 et 3. Démontrons c). On a $x \in C$ ssi il existe une suite infinie (y_n) telle que $y_{n+1} R_x y_n$ pour tout n. Si toute suite croissante pour $\leqq$ admet une borne supérieure, il suffit de prendre pour y la borne supérieure des y_n ; si toute suite transfinie décroissante pour $\leqq$ admet une borne inférieure, on peut définir la suite transfinie (x^i) des dérivés successifs de x pour tous les ordinaux : la suite transfinie (x^i) est alors constante à partir d'un certain ordinal k, et on peut alors prendre $y = x^k$, qui est $\neq \emptyset$ puisqu'il majore les y_n.

Remarque (en bourbachique) : Les théorèmes 3 et 4 s'étendent sans difficultés (soit directement, soit par plongement) au cas où on suppose seulement que E est souslinien. Bien entendu, dans ce cas, la partie coanalytique D de E n'est pas en général cosouslinienne.

EXEMPLES

1) D'abord l'exemple fondamental, que nous décrirons en termes d'arbres pour changer. Soit S l'ensemble des suites finies d'entiers ; nous écrirons $u \prec v$ pour signifier que u est une section commencante de v , différente de v . On prend alors pour E l'ensemble des arbres, i.e. l'ensemble des parties x de S telles que l'on ait $v \in x$ et $u \prec v \to u \in x$, que l'on munit de la topologie suivante : la famille filtrante (x_t) converge vers x ssi, pour tout $u \in x$ (resp $u \notin x$) , on a $u \in x_t$ (resp $u \notin x_t$) pour t suffisamment grand ; E est alors un espace métrisable compact. On prend pour ordre $\leqq$ l'inclusion, qui est compacte, et pour dérivation δ l'application de 1ère classe de Baire définie par $\delta(x) = \{u \in S : \exists v\ v \in x \text{ et } u \prec v\}$. L'ensemble D est alors l'ensemble coanalytique des arbres n'ayant pas de branches infinies, et on retrouve le théorème classique de bornitude de l'indice sur les analytiques contenus dans D . On sait, par ailleurs, que j(.) définit ici une norme coanalytique sur D .

2) Nous présentons maintenant une généralisation de la dérivation de Cantor. Soit X un espace polonais, que nous plongeons dans un espace métrisable compact Y . Identifions tout fermé de X à son adhérence dans Y , et munissons l'ensemble E des fermés de X de la topologie induite par la topologie de Hausdorff sur l'ensemble des fermés de Y : E est alors un espace polonais, dont la tribu borélienne, appelée <u>tribu d'Effros</u>, ne dépend pas du plongement considéré. L'ordre considéré $\leqq$ est toujours l'inclusion, qui est fermée, et la dérivation δ est la dérivation de Cantor <u>dans</u> X . Ici, l'application δ n'est pas borélienne en général : si, par exemple, X est l'ensemble des irrationnels de $[0,1]$, l'ensemble $\{x : \delta(x) = \emptyset\}$ est coanalytique, non borélien. La relation $x R y$ ssi $y \neq \emptyset$ et $y \leqq \delta(x)$ est cependant toujours analytique. L'ensemble C est l'ensemble des fermés contenant un parfait non vide, et l'ensemble D est l'ensemble des fermés dénombrables. On retrouve le théorème de bornitude de l'indice, établi par Hillard ; mais ici, en général, j(.) ne définit pas une norme coanalytique sur D .

3) Pour terminer, voici un exemple " probabiliste " . Nous prenons ici les notations habituelles en probabilités, qui seront parfois en conflit avec les notations utilisées précédemment. Soit $E^* = E \cup \{\delta\}$ un espace lusinien métrisable, augmenté d'un point isolé δ comme à l'accoutumée, et désignons par Ω l'ensemble des trajectoires continues à droites, à durée de vie, dans E : $\omega \in \Omega$ ssi ω est une application continue à droite de $T = [0,\infty]$ dans E^* telle que $\omega(\infty) = \delta$ et que $\omega(t) = \delta$ si on a $\omega(s) = \delta$ pour un $s < t$; nous désignerons par $[\delta]$ l'application constante valant δ. Définissons, comme d'habitude, pour tout $t \in T$, les applications coordonnées (X_t) par $X_t(\omega) = \omega(t)$ et les opérateurs de translation (θ_t) par $X_s(\theta_t(\omega)) = X_{t+s}(\omega)$ pour tout $s \in T$, et munissons Ω de la tribu $\underline{\underline{F}}$ engendrée par les X_t : les applications $(t,\omega) \to X_t(\omega)$ et $(t,\omega) \to \theta_t(\omega)$ sont alors mesurables pour les tribus convenables évidentes. Considérons par ailleurs l'ensemble W des applications des rationnels >0 dans E^*, muni de la topologie de la convergence simple : c'est un espace lusinien métrisable, donc isomorphe pour sa structure borélienne à un espace polonais, et, si on identifie de manière évidente Ω à un sous-ensemble de W , on sait que Ω devient une partie coanalytique de W et que la tribu $\underline{\underline{F}}$ est alors la trace sur Ω de la tribu borélienne de W . Définissons une relation $\underline{\underline{<}}$ sur $T \times W$ par

$$(s,\omega) \underline{\underline{<}} (t,w) \quad \text{ssi} \quad w \notin \Omega \ \text{ou} \ [w \in \Omega \ \text{et} \ s \geq t \ \text{et} \ \omega = \theta_{s-t}(w)]$$

où $\theta_{s-t}(w) = [\delta]$ si $s = \infty$. C'est une relation de préordre, dont les éléments maximaux, tous comparables, sont les points de $T \times (W - \Omega)$; $(\infty, [\delta])$ en est l'unique élément minimal, et toute suite décroissante admet une borne inférieure. D'autre part, c'est une relation analytique. En effet, comme θ est une application mesurable de $T \times \Omega$ dans Ω , donc de $T \times \Omega$ dans W , il existe une application borélienne $\lambda : (t,w) \to \lambda_t(w)$ de $T \times W$ dans W telle que θ soit égale à la restriction de λ à $T \times \Omega$; on a alors

$$(s,\omega) \underline{\underline{<}} (t,w) \quad \text{ssi} \quad w \notin \Omega \ \text{ou} \ [s \geq t \ \text{et} \ \omega = \lambda_{s-t}(w)]$$

Le fait que $\underline{\underline{<}}$ soit seulement un préordre sur $T \times W$ ne sera pas bien gênant pour la suite, car la restriction de $\underline{\underline{<}}$ à $T \times \Omega$ est un ordre, et les éléments de $T \times (W - \Omega)$ seront tous parfaits pour les dérivations que nous allons définir. Voyons maintenant justement comment définir ces dérivations. Soit S une fonction de W dans T , nulle sur $(W-\Omega)$, que nous supposerons <u>coanalytique</u>, i.e. telle que $\{(t,w) : S(w) \leq t\}$ soit analytique : par exemple, on peut prendre pour S le début d'une partie mesurable H de $T\times\Omega$ $\left(S(\omega) = \inf \{t : (t,\omega)\in H\}\right.$ avec $\left.\inf \emptyset = \infty\right)$, prolongé par 0 sur $(W-\Omega)$. Nous définissons maintenant une dérivation analytique $\underline{\theta}_S$ sur $T\times W$ en posant

$$\text{si } w\notin\Omega \quad \underline{\theta}_S(t,w) = (t,w)$$

$$\text{si } w\in\Omega \quad \underline{\theta}_S(t,w) = (t+S(w),\ \theta_{S(w)}(w))$$

Si on définit comme d'habitude la suite transfinie $(S^i)_{i\in I}$ des itérés successifs de S par $S^0 = 0$, $S^1 = S$, ... , $S^{i+1} = S^i + S\circ\theta_{S^i}$, ... , $S^j = \sup_{i<j} S^i$ si j est limite , ... alors, pour $w\in\Omega$, le ième dérivé de (t,w) est égal à $(t+S^i(w),\ \theta_{S^i(w)}(w))$. Si on identifie maintenant W à $\{0\}\times W$, alors $D_0 = D\cap W$ est égal à $\{\omega\in\Omega : \exists i\ S^i(\omega) = \infty\}$. Considérons par exemple une distance d sur E compatible avec sa topologie, et, pour tout entier n , définissons un temps d'arrêt S_n sur Ω par

$$S_n(\omega) = \inf \{t : d(X_0(\omega), X_t(\omega)) > 1/n\}$$

Pour tout n , l'ensemble D_0 est ici Ω tout entier, et le théorème de bornitude de l'indice nous dit que, pour toute partie souslinienne de Ω (i.e. toute partie analytique de W contenue dans Ω), il existe un ordinal dénombrable j tel que tous les temps d'arrêt S_n^j , n parcourant les entiers, soient infinis sur cette partie : on retrouve un résultat de Hillard, qui a aussi montré dans sa thèse de 3ème cycle qu'on pouvait définir ainsi une norme coanalytique sur Ω .

Les exemples que nous avons donnés ici sont essentiellement illustratifs. Dans un autre exposé de ce volume du séminaire[1], Hillard montre comment la théorie de la dérivation permet de donner des démonstrations simples du théorème classique de Lusin sur la structure des analytiques à coupes dénombrables dans un espace polonais produit et du théorème récent de Saint-Raymond sur la structure des boréliens à coupes K_σ dans un espace polonais produit.

---

1) En fait, pour des raisons de santé, Hillard n'a pu rédiger à temps son exposé, qui paraîtra dans le prochain volume du séminaire.

A P P E N D I C E

Nous devons d'abord justifier le nom que nous avons donné au théorème sur la longueur des relations bien fondées souslininennes. Pour les logiciens, il s'agit en fait d'un résultat "classique", et le théorème démontré effectivement par Kunen et Martin en est, en quelque sorte, une extension (il permet par exemple d'affirmer que toute relation bien fondée et PCA est de longueur < $aleph_2$). Or, s'il est vrai que Sierpinski et Lusin ont établi, dès 1918, une forme classique du théorème de la borne en fondant la théorie des constituants, je n'ai jamais vu - fut ce évoqué - le résultat général sur les relations bien fondées chez les auteurs "classiques". Par ailleurs, si l'énoncé du théorème de Kunen et Martin fait intervenir une généralisation de la notion de schéma de Souslin, sa démonstration (dont le principe vaut pour le résultat "classique") repose sur un codage ingénieux, mais simple et naturel pour qui est familier avec ce genre de choses ; c'est sans doute pour cela que les logiciens ne considèrent le résultat "classique" bien différent de ce qui avait été effectivement établi par Sierpinski, Lusin et autres. Tout compte fait, je pense qu'il revient aux logiciens d'avoir découvert le simple et général sous les travaux classiques, et c'est pourquoi j'ai appelé "théorème de Kunen-Martin" le résultat "classique".

Rappelons-en l'énoncé, en langage bourbachique

THEOREME.- Soient E un espace topologique séparé et R une relation bien fondée sur E. Si R est souslinienne, sa longueur est < $aleph_1$.

La démonstration que nous en donnerons, après réduction au cas où $E = \mathbb{N}^{\mathbb{N}}$, est adaptée de celle du cours manuscrit de Kechris à MIT (1973-74). Comme elle fera intervenir d'une manière essentielle la notion d'arbre (que l'on peut remplacer par celle de temps d'arrêt, mais nous ne le ferons pas aujourd'hui...), nous commençons par quelques "rappels" à ce sujet.

ARBRES

Soient X un ensemble, et S(X) l'ensemble des suites finies (suite vide $\emptyset$ comprise) d'éléments de X. Pour u, v $\in$ S(X), la notation $u \dashv v$ signifie que v "commence" par u et que $v \neq u$. Un <u>arbre</u> A <u>sur</u> X est alors un sous-ensemble de S(X) tel que l'on ait :

$$u \dashv v \text{ et } v \in A \Rightarrow u \in A$$

Un arbre A est dit <u>bien fondé</u> si la relation R_A sur S(X) définie par

$$v R_A u \Leftrightarrow v \in A \text{ et } u \dashv v$$

est bien fondée, soit encore ssi il n'existe pas de chemin infini dans A, i.e. de suite infinie w d'éléments de X dont toutes les sections commençantes appartiennent à A. Si A est un arbre bien fondé, nous appellerons <u>indice de</u> A l'ordinal i(A) égal à la longueur de la relation bien fondée associée. L'ensemble des $v \in A$ de rang 0 sont les "bouts pendants" de l'arbre, et l'indice de A peut se définir à l'aide d'une dérivation, le dérivé A' de A étant l'arbre $\{u \in A : \exists v \in A \;\; u \dashv v\}$. Par ailleurs, si R est une relation sur X, on lui associe un arbre A sur X comme suit : la suite finie $u = x_1, \dots, x_n$ appartient à A ssi u est de longueur 0 ou 1, ou si $x_n R x_{n-1}$ et ... et $x_2 R x_1$. On vérifie alors sans peine que R est bien fondée ssi A est bien fondé, et que la longueur de R est alors égale à l'indice de A (longueur qui est certainement $<$ aleph_1 si X est dénombrable). Enfin, si A est un arbre sur X, B un arbre sur Y, et si f est une application de A dans B telle que $u \dashv v \Rightarrow f(u) \dashv f(v)$ (sans qu'il y ait nécessairement conservation de la longueur), on voit aisément que, si B est bien fondé, alors A l'est aussi et on a $i(A) \leq i(B)$.

Nous avons maintenant toutes les connaissances requises sur les arbres pour exposer la démonstration du théorème.

DEMONSTRATION DU THEOREME

Soit H le "champ" de R, i.e. l'ensemble $\{x\in E : \exists y\ xRy \text{ ou } yRx\}$; H est souslinien, et donc est l'image de $\Omega = \mathbb{N}^{\mathbb{N}}$ par une application continue h. Définissons une relation S sur Ω par

$$\omega S w \iff h(\omega) R h(w)$$

Alors S est souslinienne, bien fondée, et de même longueur que R. Quitte à remplacer R par S, on peut donc supposer que $E = \Omega$.

Maintenant R, partie analytique de $\Omega \times \Omega$, est la projection sur $\Omega \times \Omega$ d'une fermé F de $(\Omega \times \Omega) \times \Omega$. On a donc

$$\omega R w \iff \exists \Psi \in \Omega\ (\omega, w, \Psi) \in F$$

Pour tout (ω, w) tel $\omega R w$, nous choisissons un tel Ψ en prenant

$\Psi(\omega, w)$ = le plus petit Ψ, pour l'ordre lexicographique sur Ω, tel que $(\omega, w, \Psi) \in F$

mais, en fait, la "régularité" du choix n'a pas d'importance pour la suite.

Ceci fait, on associe à notre relation bien fondée R sur Ω un arbre, bien fondé, A sur Ω comme indiqué précédemment : la suite $u = \omega_1, \ldots, \omega_n$ appartient à A ssi la longueur de u vaut 0 ou 1, ou si on a $\omega_n R \omega_{n-1}$ et ... et $\omega_2 R \omega_1$. Et nous allons montrer que l'on a $i(A) < \text{aleph}_1$ en construisant, à l'aide de notre fonction $\Psi(\omega, w)$, un arbre B sur $\mathbb{N}$, bien fondé, et une application f de A dans B tels que l'on ait la propriété (°)

$$u, v \in A \text{ et } u \dashv v \Rightarrow f(u) \dashv f(v)$$

En fait, nous n'allons pas décrire tout l'arbre B, mais plutôt construire l'application f vérifiant (°) : pour $u \in A$, nous allons dire ce qu'est f(u), et B sera l'arbre engendré par f(A).

L'idée est simple : si $u = \omega_1, \ldots, \omega_n$, f(u) va contenir des sections commençantes des suites infinies ω_i, $1 \leq i \leq n$ et $\Psi(\omega_{i+1}, \omega_i)$, $1 \leq i \leq n-1$, ces sections commençantes étant d'autant plus longues que u est longue. Mais cela peut être pénible à écrire : aussi choisirons nous notre f en privilégiant plutôt sa facilité d'écriture que son économie (i.e. , notre f(u) sera plutôt longue, contenant beaucoup de redondances). Nous introduirons encore deux notations avant de nous y mettre : si ω est une suite infinie et n un entier, $\omega|n$ désigne la suite finie, de longueur n , commençant ω ; si s et t sont deux suites finies d'entiers, $s \circ t$ sera la suite obtenue en écrivant t à la droite de s : "$\circ$" est l'opération (associative) de concaténation.

On pose d'abord, ce qui n'est pas fatigant,

$$f(\emptyset) = \emptyset \qquad\qquad f(\omega) = \omega|1$$

puis, si $u = \omega_1,\ldots,\omega_n$ appartient à A avec $n \geq 2$, et si $f(\omega_1,\ldots,\omega_{n-1})$ est déjà défini, on pose

$$f(\omega_1,\ldots,\omega_n) = f(\omega_1,\ldots,\omega_{n-1}) \circ \omega_1|n \circ \omega_2|n \circ \ldots \circ \omega_{n-1}|n \circ \omega_n|n \circ \Psi(\omega_n,\omega_{n-1})|n \circ \ldots \circ \Psi(\omega_2,\omega_1)|n$$

Il est clair que la connaissance de f(u) permet de retrouver, de manière unique, $\omega_1|n,\ldots,\omega_n|n,\Psi(\omega_n,\omega_{n-1})|n,\ldots,\Psi(\omega_2,\omega_1)|n$, et que la fonction f ainsi construite par récurrence vérifie la propriété ($\circ$). Il ne nous reste plus qu'à vérifier que l'arbre B , engendré par f(A), est bien fondé. Raisonnons par l'absurde. S'il n'en était pas ainsi, il existerait un chemin infini w dans B , et donc, vu la construction de f , une suite infinie (u_k) d'éléments de A , de longueur n_k tendant en croissant vers l'infini, telle que

$$f(u_1) \dashv f(u_2) \dashv \ldots \dashv f(u_k) \dashv \ldots \dashv w$$

Posons, pour tout k , $u_k = \omega_1^k,\ldots,\omega_{n_k}^k$. D'après la construction de f, il est facile de voir que, pour i fixé, $\lim_k \omega_i^k = \omega_i$ existe ainsi que $\lim_k \Psi(\omega_{i+1}^k,\omega_i^k) = \overline{\Psi}(\omega_{i+1},\omega_i)$. Mais, puisque F est fermé, on a, pour tout i , $(\omega_{i+1},\omega_i,\overline{\Psi}(\omega_{i+1},\omega_i)) \in F$ et donc $\omega_{i+1} R \omega_i$: ce qui contredit le fait que R est bien fondée. C'est fini.

Université de Strasbourg
Institut de Mathématique
Séminaire de Probabilités 1975/76

DEUX REMARQUES SUR LA SEPARABILITE OPTIONNELLE

par C. Dellacherie

Doob a récemment relancé l'intérêt de la notion de séparabilité d'un processus en l'élargissant de sorte que tout processus mesurable soit séparable. Nous n'avons pas l'intention de revenir ici en détail là-dessus : nous renvoyons pour cela le lecteur à l'article de Doob (paru aux Annales de l'Institut Fourier) ou à l'exposé de Benveniste, dans le volume X de notre séminaire. Nous voulons simplement faire ici deux choses : préciser le rôle des théorèmes de section dans l'affaire, et montrer que la nouvelle notion peut se ramener à l'ancienne à l'aide d'un changement de temps. Nous nous limiterons à considérer le cas des processus optionnels, en nous plaçant toutefois sous les conditions "inhabituelles" - i.e. la famille $(\underline{\underline{F}}_t)$ peut n'être ni continue à droite, ni complétée d'une manière ou d'une autre : on sait que la plupart des théorèmes de la théorie générale des processus, en particulier les théorèmes de section, sont encore valables dans ce cadre (voir la nouvelle édition des chapitres I à IV de "Probabilités et Potentiel").

SUR L'USAGE DU THÉORÈME DE SECTION

Rappelons qu'un processus réel $X = (X_t)$ est dit <u>optionnellement séparable</u> s'il existe un <u>séparateur optionnel</u> H pour X, i.e. un ensemble optionnel H tel que

1) il existe une suite de t.d'a. (S_n) dont H est la réunion des graphes

2) pour presque tout w , l'ensemble des $(t,X_t(w))$, où t parcourt la coupe H(w) de H selon w, est dense dans le graphe de la trajectoire $t \Rightarrow X_t(w)$.

Notons que l'on peut toujours supposer que les graphes des t.d'a. constants, à valeurs rationnelles, sont contenus dans H, ce qui permet en particulier de supposer que les t.d'a. S_n "décrivant" H sont finis.

Et l'on démontre, à l'aide du théorème de section optionnelle, que tout processus optionnel est optionnellement séparable.

Il est facile de voir (considérer le cas où X est une indicatrice, et raisonner comme ci-dessous) que démontrer le résultat précédent équivaut à démontrer le théorème de section optionnelle : il n'est donc pas question de trouver une démonstration "élémentaire" de l'existence d'un séparateur optionnel pour tout processus optionnel. Là où je veux placer ma remarque, c'est quand on étudie un processus optionnel, dont on connait un séparateur optionnel "par voie élémentaire", en voulant faire l'économie du théorème de section : si H est le séparateur optionnel de notre processus X , il est trivial (cf les lignes suivantes) que tout ensemble optionnel A contenu dans H vérifie le théorème de section, et il n'y a donc aucune raison de ne pas utiliser ce dernier. En effet, d'abord notre A est la réunion des graphes d'une suite de t.d'a. (T_n) - prendre pour T_n la "restriction" de S_n à $\{S_n < \infty , Y_{S_n} = 1\}$, où Y est l'indicatrice de A - , et, si $T = \inf T_n$, la projection de A sur Ω est égale à $\{T<\infty\}$: pour $\epsilon>0$ donné, il existe un entier n tel que $\inf(T_1,\dots,T_n)$ fournisse une section de A à ϵ près.

OÙ L'ON FAIT DU NEUF AVEC DU VIEUX...

Soit H un candidat comme séparateur optionnel, i.e. un ensemble réunion des graphes d'une suite de t.d'a. (S_n) telle que, pour se simplifier la vie, les S_n soient finis et que, pour tout w, les $S_n(w)$ forment un ensemble dense dans $[0,+\infty]$.

Voici le petit miracle

THEOREME.- <u>Il existe un changement de temps continu</u> (T_t) <u>de</u> $(\underline{F}_t)$ <u>tel que</u>

1) <u>les</u> T_t <u>sont finis pour</u> $t<1$ <u>et infinis pour</u> $t\geq 1$

2) <u>l'ensemble</u> H <u>soit égal à la réunion des graphes des</u> T_d , <u>où</u> d <u>parcourt l'ensemble</u> D <u>des nombres dyadiques contenus dans</u> $(0,1)$.

D/ Mettons une masse 2^{-n} au point $S_n(w)$ pour tout n et tout w (il n'est pas exclu que les graphes des S_n se coupent : on somme alors les masses mises au même point) et considérons le processus croissant optionnel $A = (A_t)$ correspondant :

$$A_t = \sum_{S_n \leqq t} 2^{-n}$$

Les trajectoires de A sont continues à droite, strictement croissantes, à valeurs dans $[0,1[$, et A_∞ vaut 1 (tandis que A_0 ne vaut pas forcément 0) . Considérons le changement temps (T_t) associé à (A_s) , pour $t \in (0,+\infty)$

$$T_t = \inf\{s : A_s > t\} = \inf\{s : A_s \geqq t\}$$

la deuxième égalité provenant du fait que A est strictement croissant et que A_∞ vaut 1 . Les T_t sont des t.d'a. de $(\underline{\underline{F}}_{t+})$ - sans complétion - à cause de la première égalité, et finalement de $(\underline{\underline{F}}_t)$ à cause de la seconde ; ils sont finis pour $t<1$ et infinis pour $t \geqq 1$; enfin, le processus (T_t) a ses trajectoires continus, toujours à cause de la croissance stricte. Il nous reste à montrer que H est la réunion des graphes des T_d , d parcourant D . D'abord, il est clair que, pour tout n et tout w , $A(.,w)$ a un saut en $S_n(w)$, ce qui permet d'affirmer que $S_n(w)$ apparait parmi les $T_d(w)$, $d \in D$, car D est dense dans $[0,1]$: H est donc contenu dans la réunion des graphes des T_d , et cela nous suffirait pour la suite car, si H est séparateur pour un X , la réunion des graphes des T_d l'est a fortiori. Poursuivons cependant en montrant que, pour tout d et tout w , $T_d(w)$ apparait parmi les $S_n(w)$, $n \in \mathbb{N}$. Ecrivons d sous forme de fraction irreductible, désignons par p l'exposant de 2 au dénominateur, et par q le plus petit entier tel que $\sum_{n \geqq q} 2^{-n} < 2^{-p}$ (on a $q>1$ puisque T_d est fini) : alors, $T_d(w)$ est égal à l'un des nombres $S_1(w), S_2(w), \ldots, S_{q-1}(w)$.

REMARQUES. 1) On a un résultat analogue si les S_n ne sont pas supposes finis, mais alors les T_d ne sont pas forcément finis.

2) En fait, on peut donner explicitement la valeur des T_d en fonction des S_n , et la construction que nous allons donner marche que les S_n soient finis ou non, et que les $S_n(w)$ soient denses ou non dans $[0,\infty[$: on obtient alors une espèce de réarrangement totalement ordonné des S_n . Voici comment l'on peut procéder.

Ecrivons d sous forme d'un développement dyadique (1/2 s'écrit 1 ; 1/4 s'écrit 01 ; 3/4 s'écrit 11 etc) , soit $d = a_1a_2\ldots a_n$ où les a_i sont des 0 ou des 1 . Alors, la construction de T_d fait intervenir les t.d'a. $S_1,S_2,\ldots,S_n$ et les 0 et 1 du développement de d forment un codage des inf et sup à prendre dans cette construction : pour $i=1,2,\ldots,n-1$, a_i symbolise $\inf(S_i,.)$ si $a_i=0$ et $\sup(S_i,.)$ si $a_i=1$; la présence de a_n , qui vaut 1 , signifie simplement que S_n est présent. Ainsi, si d = 010011 , alors

$$T_d = \inf(S_1,\sup(S_2,\inf(S_3,\inf(S_4,\sup(S_5,S_6)))))$$

Voici, pour finir, un théorème qui ramène la nouvelle notion de séparabilité à l'ancienne. Sa démonstration est laissée au lecteur.

THEOREME.- Soit $X = (X_t)$ un processus réel. Alors X est optionnellement séparable si et seulement s'il existe un changement de temps continu (T_t) de $(\underline{\underline{F}}_t)$ tel que les T_t croissent de 0 à $+\infty$ avec t et que le processus changé de temps (X_{T_t}) soit séparable au sens ancien.

Ceci n'enlève rien, bien entendu, à la valeur de la notion de séparabilité optionnelle, que l'on verra d'ailleurs apparaitre dans le tome 2 de la nouvelle édition de "Probabilités et Potentiel". Mais ceci prouve une fois de plus (cf l'exposé de Stricker et moi-même) que la théorie générale des processus, c'est l'étude des notions invariantes par changement de temps.

Stopping times with given laws

by R. M. Dudley[1] and Sam Gutmann

Abstract. Given a stochastic process X_t, $t \in T \subset R$, and $s \in R$, then a) iff b): a) For every probability measure μ on $]s,\infty]$, there is a stopping time τ for X_t with law $\mathcal{L}(\tau) = \mu$; b) If $\mathcal{A}_t$ is the smallest σ-algebra for which X_u are measurable for all $u \le t$, then P restricted to $\mathcal{A}_t$ is nonatomic for all $t > s$.

This note began with a question of G. Shiryaev, connected with the following example. Let W_t be a standard Wiener process, $t \in T = [0,\infty]$. Any exponential distribution on $]0,\infty]$ will be shown to be the law of a stopping time. Using this, one can obtain a standard Poisson process P_t from W_t by a non-anticipating transformation, $P_t = g(\{X_s: s \le t\})$.

Definitions. A probability space $(\Omega,\mathcal{A},P)$, or $\mathcal{A}$ (for P), is nonatomic iff for every $A \in \mathcal{A}$ and $0 < p < P(A)$ there is a $B \subset A$, $B \in \mathcal{A}$, with $P(B) = p$.

A stochastic process (here) is a map $X: (t,\omega) \longrightarrow X_t(\omega)$, $t \in T \subset R$, $\omega \in \Omega$, where $(\Omega,\mathcal{A},P)$ is a complete probability space. Each X_t has values in some measurable space (S_t, F_t) where S_t is a set, F_t is a σ-algebra of subsets of S_t, and X_t is measurable from A to F_t. Let A_t be the smallest sub-σ-algebra of A for which X_s is measurable for all $s \leq t$ and for which $A \in A_t$ whenever $A \subset B$ and $P(B) = 0$. Let $NA(X) := \inf\{t: A_t$ is nonatomic$\}$.

<u>Note</u>. X_t is said to be nonatomic if F_t is nonatomic for $P \circ X_t^{-1}$. Then if X_t (or any other A_t-measurable random variable) is nonatomic, A_t is nonatomic. After R. Dudley proved Theorem 2 below, and a weaker form of Theorem 1 considering only nonatomicity of individual X_t, S. Gutmann found the present Theorem 1.

A <u>stopping time</u> for the process X_t is a random variable τ on Ω with values in $]-\infty,\infty]$ such that for any $t \in T$, $\{\omega: \tau(\omega) < t\} \in A_t$.

<u>Theorem 1</u>. For any stochastic process X_t and $s \in R$, $s \geq NA(X)$ iff for every Borel probability measure (law) μ on $]s,\infty]$, there is a stopping time τ for X_t with $L(\tau) = \mu$. If $s \in T$ and A_s is nonatomic, the same holds for any μ on $[s,\infty]$.

<u>Proof</u>. If A_s is nonatomic, and μ is any law on $[s,\infty]$, then there is an A_s-measurable random variable g with $L(g) = \mu$, as follows. We take a nonatomic countably generated sub-σ-algebra

$\mathcal{B}$ of $\mathcal{A}_s$. Then there is a measure-preserving map ϕ of $(\Omega, \mathcal{B}, P)$ into $[0,1]$ with Lebesgue measure (Halmos, 1950, p. 173). Its range has outer measure 1. Let $F_\mu(t) := \mu(]-\infty,t])$, $F_\mu^{-1}(x) := \inf\{t: F_\mu(t) \geq x\}$. Then $g = F_\mu^{-1} \circ \phi$ is as desired.

Now $\{\omega: g(\omega) < t\}$ is empty for $t \leq s$, and belongs to $\mathcal{A}_s \subset \mathcal{A}_t$ for $t > s$. Thus, g is a stopping time, as desired. If for all $\epsilon > 0$ there is a stopping time τ with uniform distribution on $(s, s+\epsilon)$ then τ is $\mathcal{A}_{s+\epsilon}$-measurable, hence $\mathcal{A}_{s+\epsilon}$ is nonatomic and $s \geq NA(X)$.

Now suppose $\mathcal{A}_s$ has an atom, $t(n) \downarrow s$ with $\mathcal{A}_{t(n)}$ nonatomic, and μ is any law on $]s,\infty]$. Let $t(0) = +\infty$, $p_n := \mu(]t(n), t(n-1)])$, $n = 1,2,\ldots$. By assumption, $\Sigma_{n\geq 1} p_n = 1$. Suppose there is a stopping time $\mathcal{J}$ with $P(\mathcal{J} = t(n)) = p_n$ for all n, and $\{\mathcal{J} = t(n)\} \in \mathcal{A}_{t(n)}$.

Whenever $p_n > 0$, the conditional law of P restricted to $\mathcal{A}_{t(n)}$, given $\mathcal{J} = t(n)$, is nonatomic. Thus for each n there is a real $\mathcal{A}_{t(n)}$-measurable random variable g_n such that

$$P(g_n \in A \mid \mathcal{J} = t(n)) = \mu(A \cap]t(n), t(n-1)])/p_n.$$

Let $\tau := g_n$ iff $\mathcal{J} = t(n)$. Then τ is measurable and $\mathcal{L}(\tau) = \mu$. If $t \in T$ and $t \leq s$, $\{\tau < t\}$ is empty. If $t > s$,

$$\{\tau < t\} = (\textstyle\bigcup_n \{\mathcal{J} = t(n) < t(n-1) < t\}) \cup \{\mathcal{J} = t(n) < t \leq t(n-1) \text{ and } g_n < t\} \in \textstyle\bigcup_{t(n)<t} \mathcal{A}_{t(n)} \subset \mathcal{A}_t.$$

Then τ is a stopping time with law μ. The problem is now reduced to the case $T = \{t(n)\}$ or equivalently where T is the set of negative integers and all A_t are nonatomic. This will be treated in the following Lemma and Theorem 2.

<u>Lemma</u>. Given a nonatomic probability space (Ω, A, P) and events A, B, D with $A \subset B$, $P(B) > 0$ and $P(D) > 0$, there is an event $C \subset D$ such that $P(C|D) = P(A|B)$ and $P(C \Delta A) \leq 2P(B \Delta D)$, where $C \Delta A := (C \setminus A) \cup (A \setminus C)$.

<u>Proof</u>. Let $p := P(D)P(A)/P(B)$, $E := A \cap D$. If $p \leq P(E)$, choose $C \subset E$ with $P(C) = p$. Then $P(C \Delta A) = P(A \setminus C)$ $= P(A) - p \leq P(B \setminus D)$ since $P(A)P(B) \leq P(A)P(D) + P(A)P(B \setminus D)$.

$$\leq P(A)P(D) + P(B)P(B \setminus D).$$

If $p > P(E)$, choose C with $E \subset C \subset D$ and $P(C) = p$. Then $P(A \Delta C) = P(A \setminus D) + p - P(E)$.

We need to prove

$P(A \setminus D)P(B) + P(A)P(D) \leq P(B)P(E) + 2P(B)P(B \Delta D)$. Now $P(A \setminus D) \leq P(B \setminus D)$, and $P(A)P(D) \leq P(A)P(B) + P(A)P(D \setminus B)$

$$\leq P(B)P(E) + P(B)P(A \setminus D) + P(B)P(D \setminus B)$$

$$\leq P(B)P(E) + P(B)P(B \Delta D),$$ as desired. In either case $C \subset D$ and $P(C|D) = P(A|B)$, Q.E.D.

<u>Note</u>. If $B = \Omega$ and $A = B \setminus D$, then $P(C \Delta A) = P(A) + P(D)P(A)$ $= 2P(A) - P(A)^2 \sim 2P(B \Delta D)$ as $P(A) \longrightarrow 0$. In this case, the constant 2 is best possible.

Theorem 2. Given a probability space (Ω, A, P) and non-increasing sub-σ-algebras A_n, $n = 1,2,\ldots$, $A \supset A_1 \supset A_2 \supset \cdots$, such that P is nonatomic on each A_n, and given any $p_n \geq 0$ with $\Sigma_{n\geq 1} p_n = 1$, there exist disjoint $A_n \in A_n$ with $P(A_n) = p_n$.

Proof. Let $n(0) := 1$, choose $n(1)$ large enough so that $r_1 := \Sigma_{j<n(1)} p_j > 0$, and let $n(k) \uparrow +\infty$ fast enough so that $\Sigma_{n\geq n(k)} p_n \leq 4^{-k}$ for all $k \geq 2$. Let $r_k := \Sigma_{n(k-1)\leq n<n(k)} p_n$. If we can find disjoint $B_k \in A_{n(k)}$ with $P(B_k) = r_k$ for all k, then we can choose A_n for $n(k-1) \leq n < n(k)$ as disjoint subsets of B_k with $P(A_n) = p_n$, $A_n \in A_{n(k)} \subset A_n$. Thus, we may assume $p_1 > 0$ and $\Sigma_{n\geq 1} 3^n p_n < \infty$.

Let $\pi_n := p_n / \Sigma_{1\leq j\leq n} p_j$. Take $A_{n1} \in A_n$ with $P(A_{n1}) = \pi_n$ for each n. Given A_{nj} for all n and for $j < k$, let $B_{n1} := \Omega$ and for $k \geq 2$ let $B_{nk} := \Omega \setminus \bigcup_{1\leq j<k} A_{n+j,k-j}$. We choose A_{nk} for each n by the Lemma so that $A_{nk} \in A_n$, $A_{nk} \subset B_{nk}$, $P(A_{nk} | B_{nk}) = \pi_n$ (or if $P(B_{nk}) = 0$, $A_{nk} = \phi$), and

$$P(A_{nk} \Delta A_{n,k-1}) \leq 2\rho_{nk} := 2P(B_{nk} \Delta B_{n,k-1}). \quad \text{Then}$$

$$(*) \qquad \rho_{nk} \leq \pi_{n+k-1} + \Sigma_{1\leq j<k-1} 2\rho_{n+j,k-j}.$$

Claim: $\rho_{nk} \leq 3^{k-2} \pi_{n+k-1}$ for all $k \geq 2$.

This will be proved by induction on k. For $k = 2$, (*) gives $\rho_{n2} \leq \pi_{n+1}$ as desired. For the induction step, (*) gives

$$p_{n,k+1} \le \pi_{n+k} + 2\Sigma_{1\le j<k} 3^{k-j-1}\pi_{n+k}$$
$$= \pi_{n+k}[1 + 2(1 + 3 + \cdots + 3^{k-2})]$$
$$= \pi_{n+k}[1 + 2(3^{k-1} - 1)/(3-1)] = 3^{k-1}\pi_{n+k},$$

proving the Claim.

Now $\Sigma 3^n \pi_n \le \Sigma 3^n p_n/p_1 < \infty$. So A_{nk} converges to some event A_n as $k \longrightarrow \infty$, specifically

$$P(A_n \Delta A_{nk}) \le \Sigma_{j>k} P(A_{nj} \Delta A_{n,j-1})$$
$$\le 2\Sigma_{j>k} 3^{j-2}\pi_{n+j-1} = 2\Sigma_{i\ge k}\, 3^{i-1}\pi_{n+i}.$$

Since A_{nk} is disjoint from $A_{n+j,k-j}$ for all $j < k$, we can let $k \longrightarrow \infty$ for fixed j to obtain $P(A_n \cap A_{n+j}) = 0$ for all $j \ge 1$. Thus, we may take all the A_n to be disjoint. Let $B_n := \Omega \setminus \bigcup_{m>n} A_m$. Then

$$P(B_n \Delta B_{nk}) \le (\Sigma_{1\le j<k} P(A_{n+j} \Delta A_{n+j,k-j})) + \Sigma_{j\ge k} P(A_{n+j})$$
$$\le 2\Sigma_{1\le j<k}\Sigma_{i\ge k-j} 3^{i-1}\pi_{n+j+i} + \Sigma_{j\ge k}\pi_{n+j}$$
$$\le \Sigma_{j\ge k}\pi_{n+j} + 2\Sigma_{r\ge k}\pi_{n+r}\Sigma_{1\le j<k} 3^{r-j-1}$$
$$\le \Sigma_{j\ge k}\pi_{n+j} + \Sigma_{r\ge k} 3^{r-1}\pi_{n+r} \longrightarrow 0 \text{ as } k \longrightarrow \infty.$$

Thus, $B_{nk} \longrightarrow B_n$. For each n, $P(A_n) \le \pi_n$. So, at least for n large enough, $P(B_n) > 0$ and

$$P(A_n | B_n) = \lim_{k\longrightarrow\infty} P(A_{nk} | B_{nk}) = \pi_n.$$

For such n, $P(A_n) = \pi_n(1 - \Sigma_{k>n}P(A_k))$. Then for $m \geq n$, $P(B_m|B_{m+1}) = 1 - \pi_{m+1}$ and

$$P(A_n|B_m) = \pi_n\Pi_{n<j\leq m}(1 - \pi_j) = p_n/(p_1+\cdots+p_m).$$

Thus

$$P(A_n) = p_n(1 - \Sigma_{k>m}P(A_k))/(p_1+\cdots+p_m).$$

Letting $m \to \infty$ gives $P(A_n) = p_n$ for n large. Then, since $p_1 > 0$, $P(B_n) > 0$ for all n and the above holds for all n (by induction downward). Thus, Theorem 2 is proved.

Letting $A_n = A_{t(n)}$ and $A_n = \{\mathcal{T} = t(n)\}$ Theorem 1 is also proved.

<u>Example</u>. It may happen that for every law μ on the closed interval $[0,\infty]$, there is a stopping time with law μ, even though A_0 is trivial. Let $T = [0,1]$ and $X_t(\omega) := \omega t$ where ω is uniformly distributed on $[0,1]$. Let $\omega \to g(\omega)$ have law μ. The identity $\omega \to \omega$ is measurable from $(\Omega, \bigcap_{t>0}A_t)$ into R, so g is a stopping time.

<u>Proposition</u>. There is a stopping time τ with any law μ on $[s,\infty]$ iff both a) $s \geq NA(X)$ and b) for any $p \in (0,1)$ there is an event $A \in \bigcap_{t>s}A_t$ with $P(A) = p$.

<u>Proof</u>. By Theorem 1, a) is necessary. To show b) necessary, pick a law μ with $p = \mu\{s\}$ and let $A = \{\tau = s\}$. Conversely,

given a law μ with $\mu\{s\} = p < 1$, choose A as in b) and apply Theorem 1 to $\mu'(\cdot) = \mu(\cdot\,|\,(s,\infty])$ and $P'(\cdot) = P(\cdot\,|A^c)$. This proves the proposition.

If C is a σ-algebra generated by atoms of size 2^{-n}, $n = 1,2,\ldots$, then C contains A with $P(A) = p$ for each $p \in (0,1)$, although C is purely atomic.

REFERENCE

Halmos, P. (1950), Measure Theory (Princeton, Van Nostrand).

Footnote

1. This research was partially supported by the Danish Natural Science Council and by the U.S. National Science Foundation, Grant no. MCS76-07211.

Université de Strasbourg
Séminaire de Probabilités 1975/76

UNE REMARQUE SUR LES BIMESURES

par Joseph Horowitz

Soient $(E,\mathcal{E})$, $(F,\mathcal{F})$ deux espaces mesurables, $\mathcal{E} \times \mathcal{F}$ le produit cartésien de $\mathcal{E}$ et de $\mathcal{F}$ (à distinguer de la tribu produit notée $\mathcal{E} \otimes \mathcal{F}$). Une <u>bimesure</u> est une fonction $\mu : \mathcal{E} \times \mathcal{F} \to \overline{\mathbb{R}}$ telle que

i) $A \to \mu(A,B)$ est une fonction σ-additive sur $\mathcal{E}$ pour tout $B \in \mathcal{F}$

ii) $B \to \mu(A,B)$ est une fonction σ-additive sur $\mathcal{F}$ pour tout $A \subset \mathcal{E}$.

Les bimesures positives (i.e. ≥ 0) ont été introduites par Kingman [3] dans son travail sur les mesures de Poisson, et je crois qu'elles seraient utiles dans les applications au "monde réel" . Dellacherie et Meyer disent [1, III.74] que la notion de bimesure "n'est pas d'une importance..." ; bien sûr, il est aussi possible que le monde réel n'ait pas d'importance. De toute façon, c'est la conclusion principale de (1) et (4) ci-dessous, parce qu'une bimesure est en réalité <u>une mesure</u>.

Etant donnée une bimesure positive μ, Kingman [3] a énoncé (sans démonstration, dans le cas où $(F,\mathcal{F})$ est $\mathbb{R}$ muni de sa tribu borélienne) l'assertion suivante :

(1) <u>Il existe une mesure</u> M <u>sur</u> $\mathcal{E} \otimes \mathcal{F}$ <u>telle que</u> $M(A\times B)=\mu(A,B)$ <u>pour tout</u> $(A,B) \in \mathcal{E} \times \mathcal{F}$.

Cette assertion a été prouvée par Morando [4] sous les hypothèses

(2a) μ <u>est positive et</u> $\mu(E,F) < \infty$.

(2b) $\mathcal{F}$ <u>contient une classe compacte</u> $\mathcal{K}$ <u>telle que</u>

$$\text{pour tout } (A,B) \in \mathcal{E}\times\mathcal{F} \quad \mu(A,B) = \sup_{\substack{K\in\mathcal{K} \\ K\subset B}} \mu(A,K)$$

Le même genre de théorème paraît dans le livre [1] sous une hypothèse un peu plus forte que (2b) :

(2c) E,F <u>sont des espaces métriques séparables</u>, μ <u>est une mesure tendue en chacun de ses arguments, l'autre étant fixé</u>.

La conclusion aussi est un peu plus forte : M est une mesure tendue.

Remarquons ici que les hypothèses (2a) et (2b) peuvent être remplacées par les suivantes (μ étant toujours supposée positive)

(3a) F <u>est un sous-espace universellement mesurable d'un espace métrique compact</u>, $\mathcal{F}$ <u>est sa tribu borélienne</u>.

(3b) $A \to \mu(A,F)$ <u>est une mesure</u> σ-<u>finie sur</u> E .

Il suffit de prendre une suite (A_n) d'éléments disjoints de $\mathcal{E}$, tels que $\mu(A_n,F) < \infty$, $\cup_n A_n = E$, et d'appliquer le théorème de Morando sur chaque $A_n \times F$. Mais voici une autre méthode. Pour f bornée $\mathcal{F}$-mesurable, soit $\mu(A,f) = \int \mu(A,dy)f(y)$. Alors on voit que $\mu(.,f)$ est une mesure absolument continue par rapport à $\mu(.,F)$ dont la densité $h(.,f)$ est essentiellement bornée, et $h(.,1)= 1$ $\mu(.,F)$-p.s.. L'application $f \to h(.,f)$ est alors " presque markovienne" au sens de [2], et il existe donc un noyau markovien $H(x,dy)$ tel que $H(.,f)=h(.,f)$ $\mu(.,F)$-p.s.. La mesure M est alors donnée par

$$M(g) = \iint_{EF} g(x,y)H(x,dy)\mu(dx,F) \text{ si } g \text{ est } \mathcal{E}\otimes\mathcal{F}\text{-mesurable} \geqq 0.$$

Nous allons maintenant étudier le cas où μ est une bimesure <u>finie</u>, mais <u>non nécessairement positive</u>. Nous gardons l'hypothèse (3a), et nous avons :

(4) THEOREME. <u>Il existe une mesure finie</u> (<u>signée</u>) M <u>sur</u> $\mathcal{E} \otimes \mathcal{F}$ <u>telle que</u> $\mu(A,B)=M(A\times B)$ <u>si et seulement si</u>

$$(5) \qquad \sup \Sigma_i |\mu(A_i,B_i)| < \infty$$

<u>le sup étant pris sur toutes les familles finies</u> $(A_i,B_i)_{i\in I}$ <u>d'éléments de</u> $\mathcal{E} \times \mathcal{F}$, <u>telles que les rectangles</u> $A_i \times B_i$ <u>soient disjoints</u>.

La condition est évidemment nécessaire, car s'il existe une mesure M comme dans l'énoncé, l'expression (5) est plus petite que la variation totale de M. Inversement, supposons que (5) ait lieu. Définissons pour

$A \in \mathcal{E}$

$$\nu(A) = \sup \sum_{i\in I} |\mu(A_i,B_i)|$$

où $\{A_i \times B_i,\ i\in I\}$ parcourt l'ensemble des familles finies de rectangles disjoints tels que $A_i \subset A$. Alors $0 \leqq \nu(A) < \infty$. <u>Montrons que</u> ν <u>est une mesure sur E</u>. Soit C_n une suite disjointe d'éléments de $\mathcal{E}$. Alors

$$\begin{aligned}\nu(\bigcup_n C_n) &= \sup \Sigma_i\ |\mu(A_i,B_i)| \quad (\text{ avec } A_i \subset \bigcup_n C_n\ ) \\ &= \sup \Sigma_i\ |\ \Sigma_n\ \mu(A_i \cap C_n,B_i)| \\ &\leqq \sup \Sigma_i \Sigma_n\ |\mu(A_i \cap C_n,B_i)| \leqq \Sigma_n\ \nu(C_n)\ .\end{aligned}$$

Etant donné $\varepsilon>0$ choisissons pour tout n une famille finie de rectangles disjoints $A_i^n \times B_i^n$ ($i=1,\ldots,N_n$) telle que $A_i^n \subset C_n$ et

$$\sum_{i=1}^{N_n} |\mu(A_i^n,B_i^n)| > \nu(C_n) - \varepsilon/2^n$$

alors

$$\sum_n \sum_{i=1}^{N_n} |\mu(A_i^n,B_i^n)| > \sum_n \nu(C_n) - \varepsilon$$

et par conséquent, pour N assez grand

$$\sum_{n=1}^{N} \sum_{i=1}^{N_n} |\mu(A_i^n,B_i^n)| > \sum_n \nu(C_n) - \varepsilon\ .$$

Mais la "grande famille" $\{\ A_i^n \times B_i^n,\ 1 \leqq n \leqq N\ ,\ 1 \leqq i \leqq N_n\}$ est finie, disjointe et $A_i^n \subset \bigcup_n C_n$; donc $\nu(\bigcup_n C_n) \geqq \sum_n \nu(C_n) - \varepsilon$, d'où l'assertion.

Définissons pour f bornée $\mathcal{F}$-mesurable $\mu(A,f) = \int_F \mu(A,dy)f(y)$. Soit $\mu'(A,.)$ la mesure variation totale de la mesure $\mu(A,.)$ sur $\mathcal{F}$

$$\mu'(A,B) = \sup_{\Sigma B_i = B} \Sigma_i\ |\mu(A,B_i)|$$

Alors $\mu'(A,B) \leqq \nu(A)$, et on voit aussitôt que $|\mu(A,f)| \leqq \|f\|\mu'(A,F) \leqq \|f\|\nu(A)$ (où $\|f\| = \sup_y |f(y)|$). Par conséquent, $\mu(.,f)$ est une mesure absolument continue par rapport à ν, dont la densité $h(.,f)$ est essentiellement bornée par $\|f\|$. L'opération $f \to h(.,f)$ est aussi "presque linéaire" , c'est à dire que $h(.,af+bg)= ah(.,f)+b(.,g)$ ν-p.s. (f,g $\mathcal{F}$-mesurables bornées, $a,b \in \mathbb{R}$) et en fait $h(.,\Sigma_n f_n)=\Sigma_n\ h(.,f_n)$ p.s. si les f_n sont positives et $\Sigma_n f_n$ est bornée. Nous allons montrer dans un instant qu'il existe deux applications <u>positives</u> $f \to h^{\pm}(.,f)$ possédant les mêmes propriétés, telles que $h(.,f)=h^+(.,f)-h^-(.,f)$ - c'est un résultat général sans doute bien connu, mais je trouve plus facile de le démontrer que de le chercher dans Bourbaki . D'après [2], il existe deux noyaux (sous)-markoviens $H^{\pm}(x,dy)$ tels que $h^{\pm}(.,f)= \int H^{\pm}(.,dy)f(y)$ p.s., et alors si l'on pose pour f $\mathcal{E}\otimes\mathcal{F}$-mesurable bornée

$$M^{\pm}(f) = \iint_{EF} f(x,dy)H^{\pm}(x,dy)\nu(dx)$$

la mesure cherchée est $M=M^+-M^-$.

Voici le théorème dont nous avons besoin. Nous écrivons hf au lieu de h(.,f).

(6) THEOREME. Soit $f \to hf$ une application de l'espace $b(\mathcal{F})$ des fonctions $\mathcal{F}$-mesurables bornées dans l'espace $L^{\infty}(E,\mathcal{E},\nu)$, telle que

i) $|hf| \leq \|f\|$ p.s. .

ii) $h(af+bg) = ahf + bhg$ p.s. ($a,b \in \mathbb{R}$, $f,g \in b(\mathcal{F})$)

iii) $h(\Sigma_n f_n) = \Sigma_n hf_n$ ($f_n \geqq 0$, $\Sigma_n f_n \in b(\mathcal{F})$)

Alors il existe deux applications $h^{\pm}$ possédant les mêmes propriétés et de plus

iv) $f \geqq 0 \Rightarrow h^{\pm}f \geqq 0$ p.s.

et telles que $h = h^+-h^-$.

Rappelons rapidement la définition du supremum essentiel d'une famille quelconque $(f_i)_{i\in I}$ de fonctions mesurables, disons uniformément bornée en valeur absolue (voir [5, p.43] pour le cas général) sur l'espace mesuré fini $(E,\mathcal{E},\nu)$. Posons

$$\alpha = \sup_J \int(\sup_{i\in J} f_i)d\nu$$

J parcourant l'ensemble des parties dénombrables de I. Il existe alors un J tel que $\alpha= \int(\sup_{i\in J} f_i)d\nu$, et l'on pose alors

$$\operatorname{sup.ess}_{i\in I} f_i = \sup_{i\in J} f_i \qquad \text{p.s. .}$$

D'autre part, il suffit de définir h^+f pour $f\geqq 0$ et de vérifier (i)-(iii) dans ce cas (avec $a,b \geqq 0$). On définira alors h^+f pour $f\in b(\mathcal{F})$ comme $h^+(f^+)-h^+(f^-)$, où $f^+ = f\vee 0$, $f^-=(-f)\vee 0$ comme d'habitude.

Définissons pour $f \geqq 0$

(7) $$h^+f = \operatorname{sup.ess}_{0\leqq g\leqq f} hg$$

Alors h^+ satisfait à la condition iv) parce que $h(0)=0$ p.s., et l'on a

$h^+(af) = ah^+f$ pour $a \geqq 0$.

1°) $h^+(f_1+f_2) = h^+(f_1)+h^+(f_2)$ $(f_1, f_2 \geqq 0)$

Nous avons

$$h^+(f_1+f_2) = \underset{0 \leqq g \leqq f_1+f_2}{\text{sup.ess}}\ hg$$

Pour une telle g soit $g_1 = f_1 \wedge g$, $g_2 = g - g_1$. Alors $g = g_1 + g_2$, $g_i \leqq f_i$ (i=1,2) et ainsi

$$h^+(f_1+f_2) = \underset{0 \leqq g \leqq f_1+f_2}{\text{sup.ess}}\ (hg_1+hg_2) \leqq h^+f_1 + h^+f_2 \, .$$

Soient ensuite $\{g_i^1\}, \{g_j^2\}$ des familles dénombrables telles que $0 \leqq g_i^1 \leqq f_1$, $0 \leqq g_j^2 \leqq f_2$ et

$$h^+f_1 = \sup_i hg_i^1 \quad , \quad h^+f_2 = \sup_j hg_j^2$$

Alors

$$h^+f_1 + h^+f_2 = \sup_{i,j} (hg_i^1 + hg_j^2) = \sup_{i,j} h(g_i^1 + g_j^2) \text{ p.s.}$$
$$\leqq h^+(f_1+f_2)$$

et 1°) est démontré.

2°) $h^+(\Sigma_n f_n) = \Sigma_n h^+f_n$ ($f_n \geqq 0$, $\Sigma_n f_n \in b(\mathcal{F})$)

D'abord $h^+(\Sigma_1^\infty f_n) \geqq h^+(\Sigma_1^N f_n) = \Sigma_1^N h^+f_n$ pour tout N d'après 1°), donc $h^+(\Sigma_n f_n) \geqq \Sigma_n h^+f_n$.

Etant donnée g telle que $0 \leqq g \leqq \Sigma_n f_n$, on peut trouver des g_n telles que $0 \leqq g_n \leqq f_n$, $g = \Sigma_n g_n$. Je vais le démontrer dans un instant, mais en utilisant ce fait nous avons

$$h^+(\Sigma_n f_n) = \underset{0 \leqq g \leqq \Sigma_n f_n}{\text{sup.ess}}\ hg = \underset{0 \leqq g \leqq \Sigma_n f_n}{\text{sup.ess}}\ \Sigma_n hg_n \leqq \Sigma_n h^+f_n$$

i.e. le résultat cherché. Enfin, pour construire les g_n, soit

$$g_n = \left(g - \sum_1^{n-1} f_i \right) I_{\left[\sum_1^{n-1} f_i \leqq g < \sum_1^n f_i\right]} + f_n I_{\left[g \geqq \sum_1^n f_i\right]}$$

Finalement, on voit grâce à (7) que $h^+f \geqq hf$ pour toute f positive, donc $h^-f = h^+f - hf$ satisfait à iv) et le théorème 6 est démontré.

REFERENCES

1. C. Dellacherie et P.A. Meyer. Probabilités et Potentiels (2e dition)

2. R. Getoor. On the construction of kernels. Sém. de Prob. IX, Lecture Notes in Math. n° 465, Springer-Verlag.

3. J.F.C. Kingman. Completely random measures. Pacific J. Math. 21, 1967, p. 59-79.

4. Ph. Morando. Mesures aléatoires. Sém. de Prob. III, Lecture Notes in Math. n°88, Springer-Verlag.

5. J. Neveu. Bases mathématiques du calcul des probabilités. Masson.

Université de Strasbourg
Séminaire de Probabilités 1975/76

LES CHANGEMENTS DE TEMPS EN THEORIE GENERALE DES PROCESSUS

par Nicole El Karoui et P.A. Meyer

Cet exposé reprend un exposé oral fait par Nicole Karoui au séminaire de Strasbourg de Juin 75, avec diverses améliorations techniques dues à de longues discussions entre les deux auteurs. Il ne s'agit ici que de changements de temps associés à un processus croissant continu. Le cas général sera traité dans un autre travail ([1]). De même, un autre article consacré au cas des processus de Markov - et qui en fait a précédé celui-ci - sera publié ailleurs par N. Karoui ([ ]). Cet exposé-ci ne contient donc que la théorie des changements de temps que tout le monde croît connaître, sans qu'aucune référence raisonnablement complète existe dans la littérature.

1. RAPPELS SUR LES ENSEMBLES ALEATOIRES

$(\Omega, \mathcal{F}, P, (\underline{F}_t)_{t\geq 0})$ désigne un espace probabilisé filtré satisfaisant aux conditions habituelles. Nous prenons $\underline{F}_{\infty} = \bigvee_t \underline{F}_t$, et nous nous donnons une tribu supplémentaire $\underline{F}_{0-}$ permettant de définir proprement la prévisibilité en 0.

Dans ce paragraphe, on va"rappeler" certains résultats sur les ensembles aléatoires fermés (dus essentiellement à Maisonneuve pour le cas des processus de Markov). Nous nous donnons donc un ensemble aléatoire formé optionnel M. Nous convenons que M contient toute la demi-droite négative, ce qui pour nous (qui ne regardons que $\mathbb{R}_+$) se traduit ainsi : 0 appartient à M, et 0 n'est pas compté parmi les points isolés de M.

Dans les applications, M sera sans point isolé, mais nous ne ferons pas cette hypothèse au départ.

Comme d'habitude, on désigne par $M^{\rightarrow}$ ($M^{\leftarrow}$) l'ensemble des extrémités gauches (droites) d'intervalles contigus à M. On pose $G=M\setminus M^{\leftarrow}$, de sorte que $I_G(t,\omega) = \limsup_{s\uparrow\uparrow t} I_M(s,\omega)$; c'est un ensemble prévisible contenant 0 (en vertu de la convention faite plus haut). Nous conviendrons que $+\infty$ appartient à G si M est non borné.

On désigne par R la réunion de l'ensemble $M\setminus M^{\rightarrow}$ et de l'ensemble I des points isolés de M. C'est un ensemble progressif, mais en général non optionnel (cf. plus loin).

Les notations suivantes sont familières en théorie des ensembles aléatoires :

(1) $D_t(\omega) = \inf \{ s>t : (s,\omega)\in M \}$

(2) $\ell_t(\omega) = \sup \{ s<t : (s,\omega)\in M \}$ ($\ell_0=0$ par convention).

D_t est un début d'ensemble optionnel, donc un t.d'a. de la famille $(\underline{\underline{F}}_t)$. Dans ces conditions, nous introduisons la famille de tribus, très importante

(3) $\underline{\underline{G}}_t = \underline{\underline{F}}_{D_t}$ ($\underline{\underline{G}}_{0-} = \underline{\underline{F}}_{0-}$; $\underline{\underline{G}}_\infty = \bigvee_t \underline{\underline{G}}_t$)

Le but de ce premier paragraphe est l'étude de la famille $(\underline{\underline{G}}_t)$. Auparavant, nous introduisons une notion qui n'a famais été explicitée en "théorie générale", mais qui est familière en théorie du renouvellement.

Comme d'habitude,* on peut décomposer l'ensemble à coupes dénombrables $M^{\rightarrow}$ en $M_0^{\rightarrow}$, qui est une réunion dénombrable de graphes de temps d'arrêt, et $M_\pi^{\rightarrow}$, qui est progressif et ne contient aucun graphe de t.d'a.. Soit alors

(4) $R^o = R\cup M_\pi^{\rightarrow} = (M\setminus M_0^{\rightarrow})\cup I$ (I, points isolés de M)

ensemble optionnel d'après sa seconde représentation. D'après la première, la projection optionnelle de $R^o\setminus R = M_\pi^{\rightarrow}$ est nulle. Donc si un processus optionnel Z est nul sur R, ZI_R a une projection nulle, ZI_{R^o} aussi, et ZI_{R^o} étant optionnel est indistinguable de 0, et finalement Z est nul sur R^o. Autrement dit, si Z optionnel est connu sur R, il l'est sur R^o, c.à.d. sur $M_\pi^{\rightarrow}$. De quelle manière[1] ?

Nous dirons que R^o est l'<u>enveloppe optionnelle</u> de R.

ETUDE DES TRIBUS $(\underline{\underline{G}}_t)$

Ici et dans toute la suite, nous utilisons les abréviations suivantes : processus $\underline{\underline{F}}$-optionnel, $\underline{\underline{F}}$-prévisible ; $\underline{\underline{F}}$-t.a., $\underline{\underline{F}}$-t.a.p. pour signifier processus optionnel par rapport à la famille $(\underline{\underline{F}}_t)$, prévisible ; temps d'arrêt de la famille $(\underline{\underline{F}}_t)$, temps d'arrêt prévisible. Cela, parce que nous changerons de famille, et que nous aurons aussi les $\underline{\underline{G}}$-t.a., les $\underline{\underline{\bar{F}}}$-t.a., etc.

LEMME 1. <u>Si</u> S <u>est un</u> $\underline{\underline{F}}$-<u>t.a.</u>, D_S <u>est un</u> $\underline{\underline{F}}$-<u>t.a. et l'on a</u> $\underline{\underline{G}}_S=\underline{\underline{F}}_{D_S}$.

DEMONSTRATION. D_S est le début de $\{(s,\omega) : s>S(\omega), (s,\omega)\in M\}$, ensemble $\underline{\underline{F}}$-optionnel. Donc D_S est un $\underline{\underline{F}}$-t.a. (pour S=t, c'était déjà implicite dans la définition (3)).

---

1. Je pense qu'il y a dans les bons cas des "noyaux de prolongement", que l'on n'a jamais écrits explicitement.

*. Voir p.14.

Soit $A\in\underline{\underline{F}}_{D_S}$; on a $A\cap\{D_S\leq D_t\}\in\underline{\underline{F}}_{D_t}=\underline{\underline{G}}_t$ pour tout t, donc par intersection avec $\{S\leq t\}\subset\{D_S\leq D_t\}$ qui appartient à $\underline{\underline{G}}_t$, $A\cap\{S\leq t\}\in\underline{\underline{G}}_t$. Compte tenu de l'égalité $\underline{\underline{F}}_\infty=\underline{\underline{G}}_\infty$, on voit que $\underline{\underline{F}}_{D_S}\subset\underline{\underline{G}}_S$.

En sens inverse, montrons que $\underline{\underline{G}}_{S-}\subset\underline{\underline{F}}_{D_S}$, après quoi on appliquera cela à $S+\varepsilon$ et on fera $\varepsilon\downarrow 0$. Soit $A=B\cap\{t<S\}$ un générateur de $\underline{\underline{G}}_{S-}$, avec $B\in\underline{\underline{G}}_t=\underline{\underline{F}}_{D_t}$. Alors $A=B\cap\{D_t\leq D_S\}\cap\{t\leq S\}$; or $B\cap\{D_t\leq D_S\}\in\underline{\underline{F}}_{D_S}$, et $\{t<S\}\in\underline{\underline{F}}_{D_t}$, donc $\{t<S\}=\{t<S\}\cap\{D_t\leq D_S\}\in\underline{\underline{F}}_{D_S}$.

Le lemme suivant est la suite du lemme 1 : a) étend le lemme 1 aux $\underline{\underline{G}}$-temps d'arrêt , et tout $\underline{\underline{F}}$-t.a. est un $\underline{\underline{G}}$-t.a. puisque $\underline{\underline{F}}_t\subset\underline{\underline{G}}_t$.

LEMME 2. a) *Soit* S *un* $\underline{\underline{G}}$-*t.a.. Alors* D_S *est un* $\underline{\underline{F}}$-*t.a. et* $\underline{\underline{G}}_S=\underline{\underline{F}}_{D_S}$.
b) *Pour que* $S\geq 0$ *soit un* $\underline{\underline{G}}$-*t.a., il faut et il suffit que* $D_S=T^S$ *soit un* $\underline{\underline{F}}$-*t.a., et que* S *soit* $\underline{\underline{F}}_T$-*mesurable*.

DEMONSTRATION. Lorsque $S=t_A$, $A\in\underline{\underline{G}}_t=\underline{\underline{F}}_{D_t}$, on a $D_S=(D_t)_A$, et D_S est bien un $\underline{\underline{F}}$-t.a.. On passe de là au cas où S est étagé par inf finis, puis au cas général par suites décroissantes. La vérification que $\underline{\underline{G}}_S=\underline{\underline{F}}_{D_S}$ est alors la même que pour le lemme 1.

b) Si S est un $\underline{\underline{G}}$-t.a., on vient de voir que $T=D_S$ est un $\underline{\underline{F}}$-t.a., et S est mesurable sur $\underline{\underline{G}}_S=\underline{\underline{F}}_T$. La condition est donc nécessaire. Inversement, supposons que T soit un $\underline{\underline{F}}$-t.a. et S $\underline{\underline{F}}_T$-mesurable. Alors $\{S\leq t\}\in\underline{\underline{F}}_T$, donc $\{S\leq t\}\cap\{T\leq D_t\}\in\underline{\underline{F}}_{D_t}$, soit $\{S\leq t\}\cap\{D_S\leq D_t\}=\{S\leq t\}\in\underline{\underline{G}}_t$, et S est un $\underline{\underline{G}}$-t.a..

Une conséquence très simple : si M est sans points isolés[1]

LEMME 3. *Si* Z *est un processus* $\underline{\underline{G}}$-*optionnel* ($\underline{\underline{G}}$-*prévisible*), *il existe* Y $\underline{\underline{F}}$-*optionnel* ($\underline{\underline{F}}$-*prévisible*) *tel que* Y=Z *sur* R (*sur* G).

DEMONSTRATION. Il suffit de vérifier cela pour des générateurs des tribus optionnelle et prévisible :
Tribu optionnelle : si $Z=I_{[0,S[}$ où S est un $\underline{\underline{G}}$-t.a., on peut prendre $Y=I_{[0,D_S[}$.
Tribu prévisible : si $Z=I_{\{0\}\times A}$, $A\in\underline{\underline{G}}_{0-}$, on peut prendre Z=Y. Si $Z=I_{]0,S]}$ où S est un $\underline{\underline{G}}$-t.a., on peut prendre $Y=I_{]0,D_S]}$.

Dans le cas optionnel, noter que Y=Z non seulement sur R, mais sur l'enveloppe optionnelle R^o. Nous revenons à l'ensemble M :

LEMME 4. *Soit* S *un* $\underline{\underline{G}}$-*t.a.. La v.a.* $L_S(\omega)=\sup\{s\leq S(\omega) : s\in M(\omega)\}$ *est un* $\underline{\underline{G}}$-*t.a.. On a* $\underline{\underline{G}}_{L_S}=\underline{\underline{G}}_S$.

1. Hypothèse nécessaire pour la partie optionnelle.

DEMONSTRATION. Soit $T=D_{L_S}=D_S$; T est un $\underline{\underline{F}}$-t.a., et la v.a.

$$L_S \begin{cases} = \ell_T \text{ sur } \{S<T\}, \ \underline{\underline{F}}_T\text{-mesurable puisque S l'est} \\ = L_T \text{ sur } \{S=T\} \end{cases}$$

est $\underline{\underline{F}}_T$-mesurable, donc L_S est un $\underline{\underline{G}}$-t.a. On a $\underline{\underline{G}}_{L_S}=\underline{\underline{F}}_{D_{L_S}} = \underline{\underline{F}}_{D_S}=\underline{\underline{G}}_S$.

Remarque. Un raisonnement analogue montre que ℓ_S est un $\underline{\underline{G}}$-t.a. . On a $D_{\ell_S}=D_S\wedge S_B$, où $B = \{S\in M^{\leftarrow}\} \in \underline{\underline{G}}_S$.

COROLLAIRE. $M^{\rightarrow}$ et R sont $\underline{\underline{G}}$-optionnels.

DEMONSTRATION. $M^{\rightarrow}$ est la réunion des graphes de $\underline{\underline{G}}$-t.a. $L_{(u_A)}$, où u parcourt l'ensemble des rationnels >0, et $A=\{u\notin M\}\in\underline{\underline{F}}_u$. Lorsque M n'a pas de points isolés, $R=M\setminus M^{\rightarrow}$. Lorsqu'il y en a, il faut rajouter les points isolés, le lecteur regardera les détails.

LEMME 5. Supposons que M soit sans point isolé. Tout $\underline{\underline{G}}$-t.a. U dont le graphe passe dans $M^{\leftarrow}$ est un $\underline{\underline{G}}$-t.a.p., et un $\underline{\underline{F}}$-t.a., et l'on a $\underline{\underline{G}}_{U-} = \underline{\underline{F}}_U$.

DEMONSTRATION. En l'absence de points isolés (excepté peut être 0), si U est un $\underline{\underline{G}}$-t.a. dont le graphe passe dans $M^{\leftarrow}$, $D_U=U$ est un $\underline{\underline{F}}$-t.a., et l'on a $\underline{\underline{G}}_U=\underline{\underline{F}}_{D_U}=\underline{\underline{F}}_U$. Nous pouvons donc supposer que U est un $\underline{\underline{F}}$-t.a., et à partir de maintenant nous pouvons à nouveau admettre des points isolés.

Soit $U_n= (U-1/n)\vee\ell_U$; $D_{U_n}=U$ est un $\underline{\underline{F}}$-t.a., et U_n est $\underline{\underline{F}}_U$-mesurable, donc U_n est un $\underline{\underline{G}}$-t.a.. Comme la suite (U_n) annonce U sur $\{0<U<\infty\}$, U est prévisible.

Soit $A\in\underline{\underline{F}}_U$; alors U_A est un $\underline{\underline{F}}$-t.a. dont le graphe passe dans $M^{\leftarrow}$, donc un $\underline{\underline{G}}$-t.a.p., et cela entraîne $A\cap\{U<\infty\} \in \underline{\underline{G}}_{U-}$. Inversement, les ensembles de la forme $A=B\cap\{t<U\}$ $(B\in\underline{\underline{G}}_t=\underline{\underline{F}}_{D_t})$ engendrent $\underline{\underline{G}}_{U-}$. Comme le graphe de U passe dans $M^{\leftarrow}$, $t<U \Rightarrow D_t\leq U$, et A s'écrit $(B\cap\{D_t\leq U\})\cap\{t<U\}\in\underline{\underline{F}}_U$.

Noter que si M est sans point isolé, on a $D_U=U$, $\underline{\underline{G}}_U=\underline{\underline{F}}_{D_U}=\underline{\underline{F}}_U=\underline{\underline{G}}_{U-}$; U n'est donc pas un temps de discontinuité de la famille $(\underline{\underline{G}}_t)$.

COROLLAIRE. $M^{\leftarrow}$ est $\underline{\underline{G}}$-prévisible (qu'il y ait ou non des points isolés).

En effet, $M^{\leftarrow}$ est réunion de graphes de $\underline{\underline{F}}$-t.a.. $M=G\cup M^{\leftarrow}$ est aussi $\underline{\underline{G}}$-prév.!

LEMME 6. Soit S un $\underline{\underline{G}}$-t.a.p. dont le graphe passe dans G. Alors S est aussi un $\underline{\underline{F}}$-t.a.p., et $\underline{\underline{G}}_{S-}=\underline{\underline{F}}_{S-}$.

DEMONSTRATION. Soit (S_n) une suite de $\underline{\underline{G}}$-t.a. annonçant S. Alors les $\underline{\underline{F}}$-t.a. D_{S_n} annoncent S, et $\underline{\underline{G}}_{S-}= \bigvee_n \underline{\underline{G}}_{S_n} = \bigvee_n \underline{\underline{F}}_{D_{S_n}} = \underline{\underline{F}}_{S-}$.

COROLLAIRE. $M_\pi^{\rightarrow}$ est réunion dénombrable de graphes de $\underline{\underline{G}}$-t.a. totalement inaccessibles.

DEMONSTRATION. Nous prouvons un peu mieux . Nous savons que $M_\pi^{\rightarrow}$, contenu dans G, à coupes dénombrables, est aussi $\underline{\underline{G}}$-optionnel (c'est $M^{\rightarrow}\setminus M_o^{\rightarrow}$). C'est donc une réunion de graphes de $\underline{\underline{G}}$-t.a.. Nous prouvons :

<u>Si un graphe</u> [S] <u>de</u> $\underline{\underline{G}}$-<u>t.a. passe dans</u> G, <u>et est disjoint de tout graphe de</u> $\underline{\underline{F}}$-<u>t.a.p.</u>, S <u>est totalement inaccessible pour</u> $(\underline{\underline{G}}_t)$.

En effet, si T est un $\underline{\underline{G}}$-t.a.p. et si $P\{S=T<\infty\}>0$, si $A=\{T\in G\}$, on a $A\in\underline{\underline{G}}_{T-}$ et T_A est $\underline{\underline{G}}$-prévisible. D'après le lemme 6 il est aussi $\underline{\underline{F}}$-prévisible, et l'on a $P\{S=T<\infty\}=P\{S=T_A<\infty\}=0$.

2. CHANGEMENTS DE TEMPS (P.C. CONTINU)

Maintenant, nous nous donnons un processus croissant adapté à $(\underline{\underline{F}}_t)$, <u>continu</u>, nul en 0 (mais non nécessairement fini ni strictement croissant). Nous le désignons par (C_t), et nous désignons par i et j respectivement son inverse à gauche et son inverse à droite :

$$(5) \qquad i_t = \sup\{s : C_s<t\} \qquad j_t = \inf\{s : C_s>t\}$$
$$= \inf\{s : C_s\geqq t\} \qquad = \sup\{s : C_s\leqq t\}$$

Nous posons aussi

$$(6) \qquad z = \inf\{t : C_t=+\infty\} \quad , \ \overline{z} = C_\infty \quad ; \ j_\infty = i_\infty = z \ .$$

M désignant le parfait aléatoire des points de croissance de C (le support de la mesure dC ; pour que la demi-droite négative appartienne à M conformément à notre convention, on peut convenir que $C_t=t$ pour $t<0$), et les notations étant celles du paragraphe 1, on a

$$(7) \qquad C_{i_t} = C_{j_t} = t\wedge\overline{z} \quad , \ j_{C_t}=D_t\wedge z \ , \ i_{C_t} = \ell_t \ .$$

Nous avons tout de suite un petit résultat :

LEMME 7. <u>Pour tout</u> t, j_t <u>est un</u> $\underline{\underline{F}}$-<u>t.a.</u>, <u>et</u> i_t <u>un</u> $\underline{\underline{F}}$-<u>t.a.p.</u>.

Il est clair que i_t et j_t sont des débuts d'ensembles optionnels, donc ce sont des t.a. - on utilise ici la continuité à droite de la famille $(\underline{\underline{F}}_t)$. En fait, on a une démonstration élémentaire pour j_t : $\{j_t<a\} = \{C_a>t\}$ (continuité de C !) $\in \underline{\underline{F}}_a$, et on en déduit que i_t est un t.a. du fait que $i(t)=j(t-)$ pour $t>0$. Aucun problème pour $i_0=0$.

D'autre part, i_t est le début de l'ensemble $\{(s,\omega) : C_s(\omega)\geqq t\}$, fermé à droite, et prévisible du fait que C est continu. Donc i_t est prévisible. On peut en donner une démonstration élémentaire très simple : en effet $i_t = \lim_n j_{t-1/n}$ pour $t>0$, et la continuité de C entraîne que j est strictement croissant sur $[0,\overline{z}]$. La suite $j_{t-1/n}$ annonce donc i_t sur $\{t\leqq\overline{z}\}$, qui contient $\{i_t<\infty\}$. Donc la suite $n\wedge j_{t-1/n}$ annonce i_t .

(Mais la démonstration non élémentaire s'applique au cas où C est prévisible non continu, ce qui peut être intéressant).

Nous définissons alors la famille de tribus transformée de $(\underline{\underline{F}}_t)$ par le changement de temps, famille qu'on va étudier en détail

$$(8) \qquad \overline{\underline{\underline{F}}}_t = \underline{\underline{F}}_{j_t} \qquad (\overline{\underline{\underline{F}}}_{0-} = \underline{\underline{F}}_{0-})$$

Quant à $\overline{\underline{\underline{F}}}_\infty$, on remarque que $z= \sup_t j_t$, avec $j_t<z$ sur $\{z<\infty\}$, de sorte que z est $\underline{\underline{F}}$-prévisible . On a $\overline{\underline{\underline{F}}}_{\infty-} = \bigvee_t \overline{\underline{\underline{F}}}_t = \underline{\underline{F}}_{z-}$. Il est commode de prendre $\overline{\underline{\underline{F}}}_\infty = \underline{\underline{F}}_z$, permettant ainsi un temps de discontinuité à l'infini.

Pour finir, nous introduisons deux notations : si $(Z_t)_{0\leq t\leq\infty}$ est un processus réel, nous pouvons le transformer de deux manières par changement de temps :

(9) $$\overline{Z}_t^+ = Z_{j_t} \quad , \quad \overline{Z}_t^- = Z_{i_t}$$

Si l'on a affaire à un processus défini seulement sur $[0,\infty[$, on conviendra toujours que $Z_\infty = 0$. Nous avons un premier résultat évident

PROPOSITION 8. <u>Si</u> Z <u>est</u> $\underline{\underline{F}}$<u>-optionnel,</u> $\overline{Z}^+$ <u>est</u> $\overline{\underline{\underline{F}}}$<u>-optionnel. Si</u> Z <u>est</u> $\underline{\underline{F}}$<u>-prévisible,</u> $\overline{Z}^-$ <u>est</u> $\overline{\underline{\underline{F}}}$<u>-prévisible.</u>

DEMONSTRATION. Il suffit de remarquer que si Z est $\underline{\underline{F}}$-adapté càdlàg. (resp. càg.), $\overline{Z}^+$ est $\overline{\underline{\underline{F}}}$-adapté càdlàg. ($\overline{Z}^-$ $\overline{\underline{\underline{F}}}$-adapté càg.).

REMARQUE. Reprenons la famille $(\underline{\underline{G}}_t)$ du paragraphe 1, relative à l'ensemble aléatoire M. Comme (C_t) est aussi $\underline{\underline{G}}$-adapté, nous pouvons définir la famille correspondante $(\overline{\underline{\underline{G}}}_t)$, associée au changement de temps (C_t) et à $(\underline{\underline{G}}_t)$. Or $\overline{\underline{\underline{G}}}_t = \underline{\underline{G}}_{j_t} = \underline{\underline{F}}_{D_{j_t}}$ (lemme 2) $= \underline{\underline{F}}_{j_t} = \overline{\underline{\underline{F}}}_t$. Ainsi <u>les familles</u> $\overline{\underline{\underline{F}}}$ <u>et</u> $\overline{\underline{\underline{G}}}$ <u>sont identiques</u>. Cela illustre la perte d'information dans le changement de temps, due à l'écrasement de tout ce qui se passe dans les intervalles de constance de C.

LEMME 9 . $\overline{z}$ <u>est un</u> $\overline{\underline{\underline{F}}}$<u>-t.a., et l'on a</u>

(10) $$\overline{\underline{\underline{F}}}_{\overline{z}} = \overline{\underline{\underline{F}}}_\infty = \underline{\underline{F}}_z$$

<u>Le</u> $\overline{\underline{\underline{F}}}$<u>-t.a.</u>

(11) $$\overline{z}' = \overline{z}_{\{i_{\overline{z}}=+\infty\}} = \overline{z}_{\{C_t<C_\infty \text{ pour tout } t\}}$$

<u>est</u> $\overline{\underline{\underline{F}}}$<u>-prévisible.</u>

DEMONSTRATION. Soit $Z_t = I_{\{t<\infty\}}$. Alors $\overline{Z}^+$ est l'indicatrice de $[0,\overline{z}[$ (je devrais mettre des $[\![\, ,[\![$! Je pense que tout le monde comprend comme çà, et j'économise l'énergie), de sorte que $\overline{z}$ est un $\overline{\underline{\underline{F}}}$-t.a.. On a $\overline{\underline{\underline{F}}}_{\overline{z}} \subset \overline{\underline{\underline{F}}}_\infty = \underline{\underline{F}}_z$. Inversement, si $K\in\underline{\underline{F}}_z$ on a $K\cap\{j_t=\infty\}\in\underline{\underline{F}}_{j_t}$, ou $K\cap\{\overline{z}\leq t\}\in\underline{\underline{F}}_{j_t}$, et comme $K\in\overline{\underline{\underline{F}}}_\infty$ cela entraîne $K\in\overline{\underline{\underline{F}}}_{\overline{z}}$. D'où (10).

Pour voir (11), nous remarquons que C_t est un $\overline{\underline{\underline{F}}}$-t.a. (si Z est l'indicatrice de $[0,t[$, $\overline{Z}^+$ est l'indicatrice de $[0,C_t[$), et que $\overline{z} = C_\infty = \sup_t C_t$. Ainsi $\overline{z}' = C_\infty$ sur l'ensemble où les C_t annoncent C_∞ , et $+\infty$ sinon : il est annoncé sur l'ensemble $\{\overline{z}'<\infty\}$, donc $\overline{\underline{\underline{F}}}$-prévisible.

Toujours une conséquence du même résultat évident :

LEMME 10 . <u>Si</u> T <u>est un</u> $\underline{\underline{F}}$-<u>t.a.</u>, C_T <u>est un</u> $\overline{\underline{\underline{F}}}$-<u>t.a.</u>. (S'applique aussi aux $\underline{\underline{G}}$-t.a. puisque $\overline{\underline{\underline{G}}}_t=\overline{\underline{\underline{F}}}_t$) .

DEMONSTRATION. Si Z est l'indicatrice de $[0,T[$, $\underline{\underline{F}}$-optionnel, $\overline{Z}^+$ est l'indicatrice de $[0,C_T[$, $\overline{\underline{\underline{F}}}$-optionnel.

REMARQUES. a) Il n'y a pas de résultat analogue pour les t.a.p., ni de réciproque (celle ci ne pourrait d'ailleurs concerner que la famille $(\underline{\underline{G}}_t)$; il est <u>vrai</u> que si C_T est un $\underline{\underline{F}}$-t.a., $j_{C_T}=D_T$ est un $\underline{\underline{F}}$-t.a., cf. ci-dessous, mais cela ne suffit pas pour que T soit un $\underline{\underline{G}}$-t.a. (lemme 2, b)).

b) Soit $A\in\underline{\underline{F}}_T$; alors T_A est un $\underline{\underline{F}}$-t.a., donc $C_{(T_A)} = C_T I_A+\overline{z}I_{A^c}$ est un $\overline{\underline{\underline{F}}}$-t.a., donc $\{C_{(T_A)}\leq C_T\} = A\cup\{C_T=\overline{z}\}$ appartient à $\overline{\underline{\underline{F}}}_{C_T}$.

Supposons alors $T\leq z$. On a $A\in\underline{\underline{F}}_z=\overline{\underline{\underline{F}}}_{\overline{z}}$ et de même pour A^c, donc $A^c\cap\{C_T=\overline{z}\}\in\overline{\underline{\underline{F}}}_{C_T}$. par différence on obtient que $A\in\overline{\underline{\underline{F}}}_{C_T}$. Ainsi <u>avec les notations du lemme 10, si</u> $T\leq z$ <u>on a</u> $F_T\subset\overline{\underline{\underline{F}}}_{C_T}$.

Encore un lemme sur les temps d'arrêt, mais en sens inverse :

LEMME 11 . <u>Si</u> S <u>est un</u> $\overline{\underline{\underline{F}}}$-<u>t.a.</u>, j_S <u>est un</u> $\underline{\underline{F}}$-<u>t.a.</u>, <u>et</u> $\overline{\underline{\underline{F}}}_S=\underline{\underline{F}}_{j_S}$.
<u>Si</u> S <u>est un</u> $\overline{\underline{\underline{F}}}$-<u>t.a.p.</u>, i_S <u>est un</u> $\underline{\underline{F}}$-<u>t.a.p.</u>, <u>et</u> $\overline{\underline{\underline{F}}}_{S-}=\underline{\underline{F}}_{i_S-}$.

DEMONSTRATION. Traitons d'abord le cas où $S=t_B$, $B\in\overline{\underline{\underline{F}}}_t$. Dans ce cas, $j_S=j_t$ sur B , $j_\infty=z$ sur B^c , ou encore $j_S=(j_t)_B\wedge z$; c'est bien un $\underline{\underline{F}}$-t.a.

La tribu $\overline{\underline{\underline{F}}}_S$ consiste en les $A\in\overline{\underline{\underline{F}}}_\infty=\underline{\underline{F}}_z$ tels que $A\cap B\in\overline{\underline{\underline{F}}}_t=\underline{\underline{F}}_{j_t}$. De l'autre côté, nous utilisons une petite remarque de Doob, incroyablement triviale et utile, et qui ne figure dans aucun livre : si U et V sont deux $\underline{\underline{F}}$-t.a., $\underline{\underline{F}}_{U\wedge V}=\underline{\underline{F}}_U\cap\underline{\underline{F}}_V$ (démonstration : si $A\in\underline{\underline{F}}_U\cap\underline{\underline{F}}_V$, A est réunion des deux ensembles $A\cap\{U\leq U\wedge V\}$ et $A\cap\{V\leq U\wedge V\}$, qui sont dans $\underline{\underline{F}}_{U\wedge V}$). Ici $\underline{\underline{F}}_{j_S}=\underline{\underline{F}}_{(j_t)_B\wedge z}$ consiste en les $A\in\underline{\underline{F}}_z$ tels que $A\cap B\in\underline{\underline{F}}_{j_t}$. C'est bien la même chose.

Ce cas élémentaire étant traité, on passe au cas où S est un inf fini de $\overline{\underline{\underline{F}}}$-t.a. élémentaires, en appliquant la remarque de Doob comme ci-dessus, i.e. on a le cas où S est étagé. Puis le cas général comme d'habitude.

Soit S un $\overline{\underline{\underline{F}}}$-t.a.p. ; l'ensemble $\{S=0\}$ appartient à $\overline{\underline{\underline{F}}}_{0-}=\underline{\underline{F}}_{0-}$. Quitte à se placer sur son complémentaire, on peut supposer $S>0$. Soit alors (S_n) une suite de $\overline{\underline{\underline{F}}}$-t.a. annonçant S. Les $\underline{\underline{F}}$-t.a. j_{S_n} annoncent $j_{S-}=i_S$ sur l'ensemble $\{i_S<\infty\}$: ils l'annoncent en effet sur $\{S\leq\overline{z}\}$, qui contient $\{i_S<\infty\}$ (mais peut être plus grand). Donc i_S est prévisible.

Enfin, prenant des S_n finis dans le raisonnement précédent, nous avons $\overline{\underline{\underline{F}}}_{S-} = \bigvee_n \overline{\underline{\underline{F}}}_{S_n} = \bigvee_n \underline{\underline{F}}_{j_{S_n}}$. Comme les j_{S_n} annoncent j_S sur $\{S<\infty\}$, et comme $\underline{\underline{F}}_{\infty} = \underline{\underline{F}}_{\infty-}$, nous avons $\underline{\underline{F}}_{j_S-} = \bigvee_n \underline{\underline{F}}_{j_{S_n}}$, et le théorème est établi.

REMARQUES. a) Nous avons supposé au départ que $\underline{\underline{F}}_{\infty} = \underline{\underline{F}}_{\infty-}$, et cette hypothèse n'est pas préservée par le changement de temps, puisque nous aboutissons à $\overline{\underline{\underline{F}}}_{\infty} = \underline{\underline{F}}_{z}$, qui peut être différent de $\overline{\underline{\underline{F}}}_{\infty-} = \underline{\underline{F}}_{z-}$ (néanmoins, $z=\infty$ dans la plupart des applications). J'ai buté sur la démonstration de la dernière assertion du théorème (plus précisément, sur la démonstration même du fait que $\overline{\underline{\underline{F}}}_{\infty} = \underline{\underline{F}}_{z-}$), sans l'hypothèse que $\underline{\underline{F}}_{\infty} = \underline{\underline{F}}_{\infty-}$, et il ne m'a pas semblé que cela valait la peine d'être fouillé davantage.

b) Lorsque S est un $\overline{\underline{\underline{F}}}$-t.a., non nécessairement prévisible, on sait que j_S est un $\underline{\underline{F}}$-t.a., et on a $i_S = L_{j_S}$, donc i_S est un $\underline{\underline{G}}$-t.a. (lemme 4).

Nous tirons maintenant quelques conséquences de ces lemmes.

PROPOSITION 12. a) Soit $S \geq 0$, $\overline{\underline{\underline{F}}}_{\infty}$-mesurable. S est un $\overline{\underline{\underline{F}}}$-t.a.p. si et seul^{t} s'il existe un $\underline{\underline{F}}$-t.a.p. T dont le graphe passe dans G, tel que $C_T = S\wedge\bar{z}$. Ou encore : S est un $\overline{\underline{\underline{F}}}$-t.a.p. si et seulement si i_S est un $\underline{\underline{F}}$-t.a.p..

b) Avec les mêmes notations, S est un $\overline{\underline{\underline{F}}}$-t.a. si et seulement s'il existe un $\underline{\underline{F}}$-t.a. T dont le graphe passe dans $R\cup[z]$, tel que $C_T = S\wedge\bar{z}$. Ou encore : S est un $\overline{\underline{\underline{F}}}$-t.a. si et seulement si j_S est un $\underline{\underline{F}}$-t.a..

S est un $\overline{\underline{\underline{F}}}$-t.a. totalement inaccessible si et seulement si, de plus, $S \leq \bar{z}$, et le graphe de i_S est disjoint de tout graphe de $\underline{\underline{F}}$-t.a.p..

DEMONSTRATION. D'après le lemme 11, si S est un $\overline{\underline{\underline{F}}}$-t.a.p., i_S est prévisible, son graphe passe dans G, et on a $C_{i_S} = S\wedge\bar{z}$.

Inversement, soit T un $\underline{\underline{F}}$-t.a.p. dont le graphe passe dans G, et soit (T_n) une suite annonçant T : comme G est l'ensemble des points de croissance à gauche de C (nous laissons de côté la petite nuance en 0), la suite des $\overline{\underline{\underline{F}}}$-t.a. C_{T_n} (lemme 10) annonce C_T, qui est donc prévisible. Ainsi, s'il existe T comme dans l'énoncé, $S\wedge\bar{z}$ est un $\overline{\underline{\underline{F}}}$-t.a.p.. Comme $\overline{\underline{\underline{F}}}_{\infty} = \overline{\underline{\underline{F}}}_{\bar{z}}$, $S = S_{\{S\leq\bar{z}\}} \wedge S_{\{S>\bar{z}\}}$ est un inf de deux $\overline{\underline{\underline{F}}}$-t.a.p., c'est un t.a.p..

Enfin, on conclut en remarquant que i_S est la seule v.a. U dont le graphe passe dans G, et telle que $C_U = S\wedge\bar{z}$, ce qui restreint la portée du "il existe".

Le cas optionnel est plus facile encore, nous le laissons de côté. Enfin, dire que S est un $\bar{\underline{\underline{F}}}$-t.a. totalement inaccessible signifie que, de plus, [S] est disjoint de tout graphe de $\bar{\underline{\underline{F}}}$-t.a.p.. Cela entraîne d'abord que $S\leq\bar{z}$, car toutes les v.a. $\bar{\underline{\underline{F}}}_{\infty}$-mesurables et $>\bar{z}$ sont des $\bar{\underline{\underline{F}}}$-t.a.p. Compte tenu de la caractérisation des $\bar{\underline{\underline{F}}}$-t.a.p. donnée en a), on obtient alors aisément la dernière affirmation de l'énoncé.

Nous montrons ensuite comment on peut caractériser les processus $\bar{F}$-optionnels et $\bar{F}$-prévisibles. Mais l'énoncé suivant <u>n'est pas le meilleur possible</u> : l'étude des projections donnera un théorème plus plaisant (le corollaire 15 plus bas). Nous n'avons conservé celui-ci qu'en raison de la simplicité de la méthode.

LEMME 13. <u>Soit</u> $(Z_t)_{0\leq t<\infty}$ <u>un processus</u> $\bar{\underline{\underline{F}}}$<u>-optionnel. Il existe un processus</u> $\underline{\underline{F}}$<u>-optionnel</u> $(Y_t)_{0\leq t<\infty}$, <u>nul hors de</u> R^o, <u>tel que</u> $Z_t=Y_{j_t}$ <u>pour</u> $0\leq t<\bar{z}$, <u>et</u> Y <u>est alors unique</u>.

b) <u>Soit</u> $(Z_t)_{0\leq t\leq\infty}$ <u>un processus</u> $\bar{\underline{\underline{F}}}$<u>-prévisible. Il existe un processus</u> $\underline{\underline{F}}$<u>-prévisible</u> $(Y_t)_{0\leq t\leq\infty}$, <u>nul hors de</u> G, <u>tel que</u> $Z_t=Y_{i_t}$ <u>pour</u> $0\leq t\leq\bar{z}$, <u>et</u> Y <u>est alors unique</u>.

DEMONSTRATION. Soit f l'application $(t,\omega)\mapsto(j_t(\omega),\omega)$ de $[0,\bar{z}[$ dans $\mathbb{R}_+\times\Omega$. Nous désignons par $\underline{\underline{O}}$ la tribu $\underline{\underline{F}}$-optionnelle sur $\mathbb{R}_+\times\Omega$, par $\bar{\underline{\underline{O}}}$ la tribu trace de la tribu $\bar{\underline{\underline{F}}}$-optionnelle sur l'ensemble ($\bar{\underline{\underline{F}}}$-optionnel) $[0,\bar{z}[$. On a $f^{-1}(\underline{\underline{O}})\subset\bar{\underline{\underline{O}}}$ (prop. 8). Pour vérifier que $f^{-1}(\underline{\underline{O}})=\bar{\underline{\underline{O}}}$ aux évanescents près, il suffit de vérifier que tout intervalle stochastique $[0,S[$ appartient à $f^{-1}(\underline{\underline{O}})$, où S est un $\bar{\underline{\underline{F}}}$-t.a., $S\leq\bar{z}$. Or $[0,S[=f^{-1}([0,j_S[)$ (si $s\leq\bar{z}$, $r<s \iff j_r<j_s$).

Comme R est l'ensemble des j_s, $s<\bar{z}$, la connaissance de Y_{j_s} pour tout s détermine Y sur R, donc sur l'enveloppe optionnelle R^o. Celle ci étant optionnelle par définition, on peut remplacer Y par 0 hors de R^o, et c'est fini.

Pour b), le raisonnement est tout analogue.

Nous allons mettre ce résultat en relation avec les résultats du § 1. En effet, si l'on cherche un processus Y tel que $Z_t=Y_{j_t}$ ou Y_{i_t}, le plus naturel est de tenter de prendre $Y=\underline{\underline{C}}(Z)$, défini par

$$Y_t=\underline{\underline{C}}(Z)_t=Z_{C_t} \tag{13}$$

Malheureusement, si Z est $\bar{\underline{\underline{F}}}$-optionnel (prévisible), $\underline{\underline{C}}(Z)$ n'est pas tout à fait $\underline{\underline{F}}$-optionnel (prévisible).

LEMME 14. <u>Si</u> Z <u>est</u> <u>$\overline{\underline{F}}$-prévisible</u>, $\underline{C}(Z)$ <u>est</u> <u>$\underline{F}$-prévisible</u> ; <u>si</u> Z <u>est</u> <u>$\overline{\underline{F}}$-optionnel</u>, $\underline{C}(Z)$ <u>est</u> <u>$\underline{G}$-optionnel</u>.

DEMONSTRATION. Cas prévisible . Si Z est l'indicatrice de $\{0\}\times A$, $A\in\overline{\underline{F}}_{0-}$, $\underline{C}(Z)$ est le processus prévisible $I_A(\omega)I_{[0,j_0]}(t,\omega)$. Si Z est l'indicatrice de $]0,S]$, où S est un $\overline{\underline{F}}$-t.a., $\underline{C}(Z)$ est l'indicatrice de $]j_0,j_S]$, et on applique le lemme 11, 1e partie.

Cas optionnel. Si Z est l'indicatrice de $[0,S[$, où S est un $\overline{\underline{F}}$-t.a., $\underline{C}(Z)$ est l'indicatrice de $[0,i_S[$, et i_S est un $\underline{G}$-t.a. d'après la remarque b) après le lemme 12.

On passe ensuite des générateurs aux tribus, de la manière accoutumée.

Pour obtenir une nouvelle démonstration du théorème 13, il reste dans le cas optionnel à appliquer le lemme 3, puis à remplacer $\underline{C}(Z)$ par 0 sur R^{oc} ou G^c suivant le cas.

PROJECTIONS ET PROJECTIONS DUALES

Nous arrivons maintenant aux résultats vraiment importants de l'exposé. En voici l'idée. Donnons nous un processus mesurable Z (resp. un processus croissant intégrable non adapté H, nul en 0). Nous désirons calculer la projection optionnelle $\overline{Z}^o$ ou prévisible $\overline{Z}^p$ de Z sur $(\overline{\underline{F}}_t)$, et de même la projection duale optionnelle ${}^o\overline{H}$ ou prévisible ${}^p\overline{H}$ de H sur $(\overline{\underline{F}}_t)$. En gros, on peut s'attendre à une recette de calcul du genre suivant :

- former le processus Z_{C_t} ou H_{C_t}
- calculer la projection ou projection duale voulue de ce processus relativement à $(\underline{F}_t)$
- revenir à $(\overline{\underline{F}}_t)$ par le changement de temps i_t ou j_t convenable.

Nous verrons que,en effet, on a quelque chose de ce genre, mais avec une nuance importante dans le cas de la projection duale optionnelle.

THEOREME 14. <u>Soit</u> $(Z_t)_{0\leq t\leq\infty}$ <u>un processus $\overline{\mathcal{F}}_\infty\times\mathcal{B}(\mathbb{R})$-mesurable</u>, <u>positif ou borné</u>, <u>arrêté à l'instant</u> $\overline{z}$. <u>Sa projection</u> <u>$\overline{\underline{F}}$-optionnelle</u> $\overline{Z}^o$ <u>s'obtient ainsi</u> : <u>on forme le processus</u> $Y_t=Z_{C_t}$, <u>sa projection</u> <u>$\underline{F}$-optionnelle</u> $X_t=Y_t^o$, <u>et l'on a enfin</u> $\overline{Z}_t^o = X_{j_t}$. <u>De même pour la projection prévisible</u>, <u>en remplaçant</u> o <u>par</u> p, j <u>par</u> i.

DEMONSTRATION. Traitons le cas prévisible. Nous posons donc $Y_t=Z_{C_t}$, de sorte que $Z_{t\wedge\overline{z}} = Y_{i_t}=Y_{j_t}$, et cela vaut aussi Z_t puisque Z est arrêté à $\overline{z}$. Soient alors S un $\overline{\underline{F}}$-t.a.p. et A un élément de $\overline{\underline{F}}_{S-}$; d'après le lemme 11 on sait que i_S est un $\underline{F}$-t.a.p. et que $A\in\underline{F}_{i_S-}$. Alors

$E[Z_S I_A]=E[Y_{i_S} I_A]=E[X_{i_S} I_A]$ (définition de la proj. $\underline{\underline{F}}$-prévisible)
et on remarque que le processus (X_{i_t}) est $\underline{\underline{F}}$-prévisible (prop. 8).
Le cas optionnel est exactement semblable.

COROLLAIRE 15. <u>Si</u> Z <u>est</u> $\underline{\underline{F}}$<u>-optionnel</u> (<u>prévisible</u>) <u>arrêté à</u> $\overline{z}$, <u>il existe</u> Y $\underline{\underline{F}}$<u>-optionnel</u> (<u>prévisible</u>) <u>tel que</u> $Z_t=Y_{j_t}$ ($Z_t=Y_{i_t}$).

DEMONSTRATION. Z est sa propre projection $\underline{\underline{F}}$-optionnelle (prévisible).
Le lecteur retrouvera aisément les détails du lemme 13 quant à l'unicité, etc.

Pour traiter le cas des projections duales, nous aurons besoin d'un lemme sur les fonctions de variables réelles, dû à Getoor-Sharpe. Soit c(t) une fonction croissante sur $\mathbb{R}_+$, continue à droite, finie ou non, avec $c(0)\geq 0$; on définit son inverse à droite j(t), son inverse à gauche i(t) ($i(t)=\sup\{s : c(s)<t\}$, $j(t)=\inf\{s : c(s)>t\}$). Soit h(t) une fonction croissante et continue à droite. Alors si $y\geq 0$ est borélienne

(14) $\int_{]0,\infty[} y(i(s))dh(s) = \int_{]0,\infty[} y(s)dh(c(s))$ $(y(+\infty)=0$ par convent.)

vérification : il suffit de prendre $y=I_{]0,t]}$, les deux côtés valent $h(c(t)-h(c(0))$.
On a d'ailleurs aussi <u>lorsque</u> c <u>est continue</u>

(15) $\int_{]0,\infty[} y(c(s))dh(s) = \int_{]0,\infty[} y(s)dh(j(s))$

C'est la même formule, en réalité, appliquée à j, fonction croissante dont l'inverse à gauche est c.
Maintenant, regardons la mesure dh(c(s)), en supposant toujours c continue. Soit [u,v] un intervalle contigu à l'ensemble M, ensemble des points de croissance de c ; posant $d\lambda(s)=dh(c(s))$, nous avons

$$\lambda(]u,v[)=0\ ,\ \lambda(v)=\lim_\varepsilon(h(c(v+\varepsilon))-h(c(v-\varepsilon)))=\underbrace{\lim_\varepsilon(h(c(v+\varepsilon))-h(c(v)))}_{=0}$$

et de même $\lambda(u)=\lim_\varepsilon(h(c(u))-h(c(u-\varepsilon)))=\Delta h(c(u))$

ainsi, sur la mesure λ, la masse de dh en la valeur palier c(u)=c(v) est venue se placer au point u, extrémité <u>gauche</u> de l'intervalle contigu [u,v]. Nous définissons maintenant une nouvelle mesure μ en <u>transportant cette masse au point</u> v , nous dirons que μ, ou sa fonction de répartition $\ell(t)$ s'obtient en <u>ramenant sur</u> R la mesure dh(c(t)). Nous avons alors

(16) $\int_{]0,\infty[} y(j(s))dh(s) = \int_{]0,\infty[} y(s)d\ell(s)$

Noter que la masse située éventuellement au point sup M s'est perdue à l'infini dans l'opération.

Ceci étant, on a le théorème sur les projections duales :

THEOREME 16. Soit (H_t) un processus croissant intégrable, sans condition d'adaptation, ne chargeant pas 0, ni $]\overline{z},\infty]$ (ni $+\infty$). La projection duale $\overline{\underline{\underline{F}}}$-prévisible ${}^p\overline{H}$ s'obtient ainsi : on forme le processus croissant intégrable $K_t=H_{C_t}$; on prend sa projection duale $\underline{\underline{F}}$-prévisible ${}^pK_t$; enfin ${}^p\overline{H}_t={}^pK_{j_t}={}^pK_{i_t}$. De plus, ${}^pK$ est porté par G .

De même pour la projection duale $\overline{\underline{\underline{F}}}$-optionnelle ${}^o\overline{H}$: on forme $K_t=H_{C_t}$ comme ci-dessus, puis L_t en ramenant la masse sur R, puis la projection duale $\underline{\underline{F}}$-optionnelle ${}^oL_t$, enfin ${}^o\overline{H}_t={}^oL_{j_t}$. De plus, ${}^oL$ est porté par R.

DEMONSTRATION. Soit U un processus $\overline{\underline{\underline{F}}}$-prévisible borné, et soit Z le processus $\overline{\underline{\underline{F}}}$-prévisible obtenu par arrêt de U à l'instant $\overline{z}$. Comme Z est sa propre projection $\overline{\underline{\underline{F}}}$-prévisible, si l'on forme $Y_t=Z_{C_t}$, puis sa projection $\underline{\underline{F}}$-prévisible Y^p_t , on a $Z_t=Y^p_{i_t}$.

Alors $E[\int_{]0,\infty[}U_s dH_s]=E[\int_{]0,\infty[}Z_s dH_s]$ (H ne charge pas $]\overline{z},\infty[$)

$$=E[\int_{]0,\infty[}Y^p_{i_s}dH_s]=E[\int_{]0,\infty[}Y^p_s dK_s] \text{ (formule 14)}$$

$$=E[\int_{]0,\infty[}Y^p_s d^pK_s] \text{ (définition de la proj. duale } \underline{\underline{F}}\text{-prévisible)}$$

La mesure dK_s est portée par l'ensemble $\underline{\underline{F}}$-prévisible G, il en est donc de même de sa projection $\underline{\underline{F}}$-prévisible duale d^pK_s. Or sur G on a $s=i_{C_s}$, et l'on peut poursuivre les égalités

$$=E[\int_{]0,\infty[}Y^p_{i_{C_s}}d^pK_s]=E[\int Z_{C_s}d^pK_s]=E[\int Z_s d^pK_{j_s}] \text{ (fle (15).}$$

Comme ${}^pK$ est porté par G, on a en fait ${}^pK_{j_s}={}^pK_{i_s}$ pour tout s, ce qui prouve (prop. 8) que le processus croissant ${}^pK_{j_t}$ est continu à droite et $\overline{\underline{\underline{F}}}$-prévisible. Comme il ne charge manifestement pas $]\overline{z},\infty]$, on peut remplacer Z par U, et on a obtenu alors la propriété caractéristique d'une projection duale $\overline{\underline{\underline{F}}}$-prévisible.

Traitons de même, plus rapidement, le cas optionnel. Soit donc $\underline{\underline{U}}$ $\overline{\underline{\underline{F}}}$-optionnel ; son arrêté à $\overline{z}$ est Z $\overline{\underline{\underline{F}}}$-optionnel, qui s'écrit $Y^o_{j_t}$ par le même raisonnement que ci-dessus. On a alors

$$E[\int U_s dH_s]\underset{\text{arrêt à } \overline{z}}{=}E[\int Z_s dH_s]=E[\int Y^o_{j_s}dH_s]\underset{\text{fle (16)}}{=}E[\int Y^o_s dL_s]=E[\int Y^o_s d^oL_s]$$

Maintenant, la mesure dL est portée par R, donc d^oL est portée par l'enveloppe optionnelle R^o. Comme $R^o=R\cup M^{\rightarrow}_{\pi}$, et que ce dernier ensemble n'est chargé par aucun processus croissant $\underline{\underline{F}}$-optionnel, d^oL est portée par R. Sur R on a $s=j_{C_s}$, et la chaîne d'égalités continue

$$=E[\int Y^o_{j_{C_s}} d^oL_s]=E[\int Z_{C_s} d^oL_s] = E[\int Z_s d^oL_{j_s}]$$

le processus $^oL_{j_t}$ ne charge pas $]\overline{z},\infty]$, donc on peut remplacer Z par U et le tour est joué.

<u>Note à la page 2</u>. << Comme d'habitude >> est un peu abusif, car une telle décomposition n'a été faite que dans le cas markovien. C'est heureusement très simple. Soit un ensemble mesurable à coupes dénombrables, que nous noterons ici H (p.2, on a $H=M^{\leftarrow}$) . On sait que H est une réunion dénombrable de graphes de v.a. positives U_n , ce qui entraîne que la mesure sur $\mathbb{R}_+\times\Omega$ $\mu=\int P(d\omega)\Sigma_{t\in H(\omega)}\varepsilon_t$ est σ-finie. Soit alors H_o la réunion μ-essentielle de tous les graphes de temps d'arrêt contenus dans H ; H_o est une réunion dénombrable de graphes de temps d'arrêt, donc un ensemble optionnel, et si T est un temps d'arrêt on a $P\{\omega :(T(\omega),\omega) \in H\setminus H_o\} = 0$. Lorsque H est progressif, on pose $H\setminus H_o=H_\pi$, c'est un ensemble progressif dont la projection optionnelle est évanescente.

BIBLIOGRAPHIE.

[1]. Théorie générale et changement de temps, par N. El KAROUI et G. WEIDENFELD, dans ce volume.

[2]. Article à paraître.

Université de Strasbourg
Séminaire de Probabilités 1975/76

Théorie générale et changement de temps

par Nicole EL KAROUI
Gérard WEIDENFELD

Ce travail prolonge une étude faite par le premier des auteurs sur la théorie générale par rapport aux tribus changées de temps par l'inverse d'un processus croissant adapté, continu, et exposée par MEYER dans le présent volume.

L'essentiel de la généralisation au cas d'un processus adapté quelconque a été fait par le second des auteurs. Toutefois la rédaction de cet article a été commune.

Cet article est divisé en trois parties d'importance inégale. La première n'a rien de probabiliste et essaye de décrire de façon minutieuse les propriétés de l'inverse à droite j_t, d'un processus croissant continu à droite, limité à gauche, défini sur R^+, C_t. C'est assez fastidieux, mais indispensable.

Dans la deuxième partie, on suppose que C_t est un processus croissant aléatoire adapté à une famille $\underline{\underline{F}}_t$, satisfaisant aux conditions habituelles.

Il est alors aisé de montrer que j_t est un $\underline{\underline{F}}_t$ temps d'arrêt. On est alors en mesure de décrire les opérations de projection par rapport aux tribus $\underline{\underline{F}}_{j_t}$, des processus et des mesures aléatoires, en fonction des mêmes opérations par rapport aux tribus $\underline{\underline{F}}_t$. Le corollaire en est évidemment la description de tous les processus $\underline{\underline{F}}_{j_t}$ optionnels et prévisibles, ainsi que de tous les processus croissants $\underline{\underline{F}}_{j_t}$ optionnels et prévisibles.

Dans la troisième partie, on applique l'étude précédente au processus croissant adapté $L_t = \sup\{s \leq t , (\omega, s) \in M\}$, où M est un fermé optionnel, dont l'inverse à droite est $D_t = \inf\{s > t ; (\omega, s) \in M\}$, ce qui permet de préciser l'étude commencée par B. MAISONNEUNE dans [3] sur les tribus $\underline{\underline{F}}_{D_t}$.

I - Changements de temps sur R^+.

On considère une fonction de répartition , C_t , définie sur R+ , à valeurs dans $\overline{R}$+ croissante (non strictement nécessairement) et continue à droite. On prolonge C à $\overline{R}_+$ en posant

$$C_\infty = \lim_{s \uparrow \infty} C_s \ ,$$

mais on n'exige pas que C_o soit nul, ni que C soit partout finie.

z désignera le premier instant à partir duquel C est infinie, c.à.d.

(1) (1) $z = \inf \{ t \ ; \ t \in R_+ \ , \ C_t = \infty \}$. On a alors $C_z = C_\infty$

La fonction C_t^- définie par $C_t^- = \lim_{\substack{s \uparrow t \\ s < t}} C_s$, pour $t > o$

dans R_+, sera notée B_t , et prolongée en zéro en posant $B_o = o$. B_t est alors croissante, continue à gauche, pour laquelle $B_\infty = C_\infty$ mais pas nécessairement $B_z = C_z$.

Nous allons associer à C deux changements de temps: le premier j_t est l'inverse à droite de C . Il est défini par :

(2) $j_t = \inf \{ s \ ; \ C_s > t \}$ si t est fini

j_t est alors une fonction croissante, continue à droite, définie sur R_+.

(3) mais prolongée à l'infini, en posant $j_\infty = \lim_{s \uparrow \infty} j_s = z$

(bien faire attention à la convention : j_∞ n'est pas défini à partir de la formule (2). Il serait alors toujours infini). Le second i_t est l'inverse à gauche de C . Il est défini par

(4) $i_t = \sup \{ s \ ; \ C_s < t \}$ si $t \in \overline{R}_+^*$, et $i_o = o$

i_t est une fonction croissante, continue à gauche sur $\overline{R}_+$.

L'identité suivante sera d'un usage fréquent :

(5) $a \leq C_b \iff i_a \leq b \qquad (a \in R_+ \ , \ b \in \overline{R}_+)$

Elle montre en particulier que i_t peut aussi être défini par :

(6) $i_t = \inf \{ s \mid C_s \geq t \}$ $(t \in R_+)$, ce qui entraîne l'égalité

$$i_\infty = z = j_\infty$$

Une conséquence importante de cette relation est que

$i_t = \lim_{s \nearrow t} j_t$ $(t \in \overline{R}_+^*)$, et que j_t s'interprète alors

pour t fini comme le $\sup \{ s \mid C_s \leq t \}$

Le couple (i, j) jouit donc de propriétés analogues au couple (B, C). La similitude de notation aidera peut-être à s'en souvenir : i est à la "gauche" de j, de même que B est à gauche de C.

Si l'on étudie à leur tour les inverses de j, on remarque que

(7) $C_t = \inf \{ s \mid j_s > t \}$ est l'inverse à droite de j

(8) $B_t = \inf \{ s \mid j_s \geq t \}$ est l'inverse à gauche de j.

Nous essaierons d'exploiter au maximum cette dualité. En particulier, notons que :

(9) si $\overline{z} = \inf \{ t \mid t \in R_+ , j_t = +\infty \}$, $j_{\overline{z}} = j_\infty = z$ et $\overline{z} = B_\infty = C_\infty$

j_t est fini si et seulement si $t < \overline{z}$.

Par contre la caractérisation de $\{ t \mid i_t < \infty \}$ est moins aisée, car il faut tenir compte de l'extrémité gauche du palier éventuel de C_∞ , à savoir $i_{\overline{z}}$:

(10) $\{i_t < \infty\} = \{t < \overline{z}\} \cup \{t = \overline{z}\} \cap \{i_{\overline{z}} < \infty\}$

Quant à l'identité (5), elle se traduit par :

(11) $a \leq j_b \iff B_a \leq b$, ou encore $j_a < b \iff B_b > a$

Il est clair que les inverses que nous venons d'introduire ne sont pas de véritables fonctions inverses. Nous allons préciser ce fait, en étudiant leurs compositions.

(12) $D_t = jC_t = \begin{cases} \inf \{s \mid C_s > C_t\} & \text{si } t < z \\ z & \text{si } t \geqslant z \end{cases}$

D_t est le premier instant de croissance de C après t, arrêté en z.

(13) $z \geqslant D_t \geqslant t \wedge z \quad (t \in \overline{R}_+)$, et pour que D_t soit fini, il faut et il suffit que z soit fini ou que si z est infini $C_t < C_\infty$
La fonction D_t est continue à droite, limitée à gauche, arrêtée en z.

Regardons maintenant ce qui se passe sur la gauche en définissant :

(14) $\ell_t = i_{B_t} = \sup \{s \mid C_s < B_t\}$

$= \inf \{s \mid C_s \geqslant B_t\}$

C'est une fonction continue à gauche, qui satisfait à la relation :

(15) $\ell_t \leqslant t \wedge z \quad$ avec égalité si $t > z$

ℓ_t désigne l'extrémité gauche du palier de C en t : $C_{\ell_t} = C_t$

Que représente l'ensemble $\{D_t > t \wedge z\}$?

D'une part t appartient à un palier de C (nécessairement fini) ; d'autre part, puisque $i_{C_t} = \inf \{s \mid C_s \geqslant C_t\}$ est toujours inférieur à $t \wedge z$, t satisfait à $t < z$ et $jC_t > t \geqslant iC_t$.
C_t est donc un saut de j (lorsque de plus $C_t = \overline{z}$, alors z est un saut de C et $D_t = z$). Nous pouvons résumer ceci dans la relation :

(16) $$1_{\{D_t > t \wedge z\}} = \sum_{s \in R_+} 1_{\{i_s \leq t < j_s\}}$$

Notons que si $t \in [i_s, j_s[$, $D_t = j_s$

De même $\{\ell_t < t \wedge z\} = \{i_{B_t} < t \wedge z \leq j_{B_t}\}$ et

(17) $$1_{\{\ell_t < t \wedge z\}} = \sum_{s \in R_+} 1_{\{i_s < t \leq j_s\}}$$ et si $i_s < t \leq j_s$,

$\ell_t = i_s$.

Notons que les paliers de C correspondent aux sauts de j et réciproquement.

Nous introduisons maintenant deux fonctions $R_t = D_t - t \wedge z$ et $S_t = z \wedge t - \ell_t$ qui mesurent, respectivement, la longueur du palier de C (arrêtée en z) qu'il reste à parcourir après t, et celle parcourue avant t. Pour que R_t soit fini il faut et il suffit que z soit fini ou que $t < i(C_\infty)$ si z est infini. Par contre S_t est fini pour tout t fini. En utilisant la dualité de C et j , il est naturel d'introduire les processus duaux de D, ℓ, R, S :

(18) $$\overline{D}_t = C_{j_t} = \begin{cases} \inf \{s \mid j_s > j_t\} & \text{si } t < \overline{z} \\ = \overline{z} & \text{sinon} \end{cases}$$

(19) $$\overline{z} \geq \overline{D}_t > t \wedge \overline{z} \qquad (t \in \overline{R}_+)$$

(20) $$\overline{\ell}_t = B_{i_t} = \begin{cases} \sup \{s \mid j_s < i_t\} & \text{si } i_t > 0 \\ 0 & \text{sinon} \end{cases}$$

(21) $$\overline{\ell}_t \leq t \wedge \overline{z} \quad \text{avec égalité si } t > \overline{z}$$

L'ensemble $\{\overline{D}_t > t \wedge \overline{z}\}$ se décrit aisément comme

$\bigcup_{s \in \overline{R}_+} \{B_s \leq t < C_s\}$ et l'ensemble $\{\overline{\ell}_t < t \wedge \overline{z}\}$ s'exprime comme

$\bigcup_{s \in \overline{R}_+} \{B_s < t \leq C_s\}$.

Les fonctions $\overline{R}_t$ et $\overline{S}_t$ sont définis respectivement par $\overline{R}_t = \overline{D}_t - t\wedge\overline{z}$ et $\overline{S}_t = \overline{z}\wedge t - \ell_t$. Pour que $\overline{R}_t$ soit fini, il faut et il suffit que t soit strictement inférieur à B_z si $\overline{z} = +\infty$

Si M désigne l'ensemble (fermé) des points de croissance de C , c'est à dire le support de C , on peut encore interpréter les ensembles $\{D_t = t\wedge z\}$ et $\{\ell_t = t\wedge z\}$:

$\{\ell_t = t\wedge z\} = G =$ l'ensemble des points de M, qui sont points d'accumulation à gauche de points de M .

$\{D_t = t\wedge z\} = R =$ l'ensemble des points de M, qui sont points d'accumulation à droite de points de M .

De même on définit $\overline{M}$, $\overline{G}$, $\overline{R}$ à partir de j . Les relations suivantes sont alors immédiates :

$$(22)\qquad t \in R \Rightarrow C_t \in \overline{R} \quad , \quad t \in \overline{R} \Rightarrow j_t \in R$$

$$(23)\qquad t\wedge z \in G \Rightarrow B_{t\wedge z} \in \overline{G} \quad , \quad t\wedge\overline{z} \in \overline{G} \Rightarrow i_{t\wedge\overline{z}} \in G$$

<u>Remarque</u> : Le lecteur familier de la théorie des ensembles "aléatoires" admettra que nos notations sont justifiées par le fait que :

$$D_t = \inf \{s \mid s > t \text{ , } s\in M\} \wedge z$$

$$\ell_t = \sup \{s \mid s < t \text{ , } s\in M\} \wedge z$$

Nous allons maintenant étudier les effets des changements de temps sur les mesures. Si μ est une mesure positive sur $(R_+^*, B_{R_+^*})$ de fonction de répartition k_t , nous lui associons deux mesures sur $(R_+^*, B_{R_+^*})$ définies par les relations :

$$(24)\qquad \mu_d(f) = \int_{]o,\infty[} f(j_t)\; 1_{\{o\leq j_t<\infty\}}\; dk_t \qquad (f\in b\; B_{R_+^*})$$

$$(25)\qquad \mu_g(f) = \int_{]o,\infty[} f(i_t)\; 1_{\{o<i_t<\infty\}}\; dk_t \qquad (f\in b\; B_{R_+^*})$$

Nous nous proposons de déterminer les fonctions de répartition k^d et k^g de μ_d et μ_g. Utilisant la relation (5), on obtient :

$$(26) \qquad k^g(t) = \int_{]o,\infty[} 1_{\{o<i_s\leq t\}} dk_s = \int_{]o,\infty[} 1_{\{C_o<s\leq C_t\}} dk_s = k_{C_t} - k_{C_o}$$

La relation (26) équivaut alors à la formule de changement de variable :

$$(27) \qquad \int_{]o,\infty[} f(i_t)\, 1_{\{o<i_t<\infty\}} dk_t = \int_{]o,\infty[} f(t)\, d(k_C)_t \quad . \quad f\in (B_{R_+^*})$$

Pour déterminer k^d, on a d'après la relation (12)

$$\mu_d([o,\ t[\,) = \int_{]o,\infty[} 1_{\{o\leq j_s<t\}} dk_s = \int 1_{\{o\leq s<B_t\}} dk_s = k_{B_t}^-$$

$$(28) \text{ et } \qquad k_t^d = \lim_{s\searrow t} (k_{B_s}^-) = k_{C_t}^- \, 1\{D_t > t\wedge z\} + k_{C_t}\, 1\{D_t = t\wedge z\}$$

est la relation (24) se réécrit

$$(29) \qquad \int_{]o,\bar{z}[} f(j_t) dk_t = \int_{]o,z[} f(t) dk_t^d \qquad (f \in b\ B_{R_+^*})$$

Enfin par la dualité de C et j, on obtient aussi les relations :

$$(30) \qquad \int_{]o,\infty[} f(B_t)\, 1_{\{o<B_t<\infty\}} dk_t = \int_{]o,\infty[} f(t)\, d(k_j)_t \qquad (f\in B_{R_+^*})$$

et

$$(31) \qquad \int_{[o,z[} f(C_t) dk_t = \int_{[o,\bar{z}[} f(t) d\widetilde{k}_t \qquad \text{où}$$

$$\widetilde{k}_t = \lim_{s\searrow t} (k_{i_s}^-) = k_{j_t}^- \, 1\{\bar{D}_t > t\wedge \bar{z}\} + k_{j_t}\, 1\{D_t = t\wedge \bar{z}\}$$

Il résulte des relations (23) et (24) que l'on peut parfois préciser le support des mesures déduites de k, connaissant le support de k. En particulier nous utiliserons plus tard le fait que :

(33) Si k a son support inclus dans $G_\wedge]]o, z]]$, $k_t = k_{D_t}$ et le processus k_j a son support inclus dans $\bar{G}_\wedge]]o, \bar{z}]]$. Il satisfait donc à $k_{j_{\bar{D}_t}} = k_{j_t}$.

En effet, si k est à support dans $G_\wedge]]o, z]]$, ℓ étant l'inverse à gauche de D , l'ensemble $\{s ; \quad t < s \leq D_t\}$ est identique à $\{s ; \ell_s \leq t < s\}$ et n'est donc pas chargé par k .

Le processus $k_{j_t} = \bar{k}_t$ a son support inclus dans $\bar{G}_\wedge]]o, \bar{z}]]$ et satisfait donc à $\bar{k}_t = \bar{k}_{\bar{D}_t}$.

En effet $\displaystyle\int 1_{\bar{G}_\wedge]o,\bar{z}]^c}(s)\, dk_{j_s} = \int 1_{\bar{G}_\wedge]o,\bar{z}]^c}(B_s)\, dk_s$

or si $s \in G_\wedge]]o, z]]$, $B_s \in \bar{G}_\wedge]]o, \bar{z}]]$

donc ces intégrales sont nulles.

(34) De même si k a son support inclus dans $R_\wedge [[o, z[[$, $k_{\bar{t}} = k_{\bar{\ell}_t}$ et le processus $\bar{k}^d_t = \lim\limits_{s \downarrow t} k_{i_s}^-$ a son support inclus dans $\bar{R}_\wedge [[o, \bar{z}[[$ et satisfait donc a $k_{i_t}^- = k_{i_{\bar{\ell}_t}}^-$

La démonstration est analogue à condition de remplacer $\bar{G}$ et B par ($\bar{R}$ et C).

II - Théorie générale du processus changé de temps.

Nous considérons comme donné une fois pour toutes un espace $(\Omega, \underline{\underline{F}}, P)$, muni d'une filtration $(\underline{\underline{F}}_t)_{t \in \bar{R}_+}$ satisfaisant aux conditions habituelles, à laquelle nous adjoignons une tribu supplémentaire permettant de définir la prévisibilité en o , $\underline{\underline{F}}_{o^-}$.

Si C_t est un processus croissant, continu à droite, $\underline{\underline{F}}$ adapté, tous les résultats de la première partie subsistent, en remplaçant toutes les fonctions qu'on y a définies par des fonctions aléatoires dont nous allons maintenant préciser la mesurabilité.

Tout d'abord, les va $\underline{z\ ,\ j_t\ \text{et}\ i_t}$ sont des temps d'arrêts des tribus $(\underline{\underline{F}}_t)$ (ce que nous noterons $\underline{\underline{F}}$ t. a.) puisque débuts d'ensembles progressivement mesurables.

On peut alors définir les tribus $\underline{\underline{F}}_z$, $\underline{\underline{F}}_{j_t}$ et $\underline{\underline{F}}_{i_t}$. Nous poserons $\overline{\underline{\underline{F}}}_t = \underline{\underline{F}}_{j_t}$ et $\overline{\underline{\underline{F}}}_\infty = V\,\underline{\underline{F}}_t$. La famille $\overline{\underline{\underline{F}}}_t$ est croissante c.a.d. et complète. Notons que puisque $j_t \leq z$, $\overline{\underline{\underline{F}}}_\infty \subseteq \underline{\underline{F}}_z$.

Le processus j_t est un processus croissant $\overline{\underline{\underline{F}}}$ adapté, c'est donc un processus $\overline{\underline{\underline{F}}}$ optionnel.

De même le processus i_t est $\overline{\underline{\underline{F}}}$ adapté cag, donc $\overline{\underline{\underline{F}}}$ prévisible. Si nous appliquons la dualité de C et j , on constate que $\bar{z}$, C_t et B_t sont des $\overline{\underline{\underline{F}}}$ temps d'arrêts et que $\underline{\underline{G}}_t$ définie par $\overline{\underline{\underline{F}}}_{C_t}$ est une famille croissante continue à droite et complète de sous tribus de $\underline{\underline{F}}_\infty$, de plus $\underline{\underline{F}}_t \subseteq \underline{\underline{G}}_t$ $\forall t \in \bar{R}$.

La va D_t est le début de l'ensemble $\underline{\underline{F}}$ progressivement mesurable $\{C_s > C_t\}$, c'est donc un $\underline{\underline{F}}$ t a . Mais le processus croissant D_t n'est pas $\underline{\underline{F}}$- adapté, il est seulement $\underline{\underline{G}}$- adapté.

De même, $\overline{D}_t$ est un $\overline{\underline{\underline{F}}}$ t.a et le processus croissant $\overline{D}_t = C_{j_t}$ est lui $\overline{\underline{\underline{F}}}$-adapté.

Le processus croissant ℓ_t est $\underline{\underline{F}}$-adapté cag , donc $\underline{\underline{F}}$-prévisible ; et de même $\overline{\ell}_t$ est $\overline{\underline{\underline{F}}}$- prévisible.

L'ensemble M des points de croissance de C est un fermé aléatoire progressivement mesurable donc $\underline{\underline{F}}$ optionnel.

L'ensemble $G = \{(\omega, t) \mid \ell_t = t \wedge z\}$ est lui - $\underline{\underline{F}}$ - prévisible Par contre, l'ensemble $R = \{(\omega, t) \mid D_t = t \wedge z\}$ est $\underline{\underline{G}}$ - optionnel mais seulement $\underline{\underline{F}}$-progressif.

Dans [ ], MEYER a montré qu'il existait un ensemble R^o contenant R, tel que $R^o - R$ ne contienne aucun graphe de temps d'arrêt. Ce qui entraîne en particulier, que tout processus $\underline{\underline{F}}$ - optionnel, nul sur R, est nul sur R^o.

L'ensemble $\bar{M}$ des points de croissance de j est $\bar{\underline{\underline{F}}}$-optionnel.

L'ensemble $\bar{G} = \{(\omega, t), \bar{\ell}_t = t \wedge \bar{z}\}$ est $\bar{\underline{\underline{F}}}$-prévisible et l'ensemble $\bar{R} = \{(\omega, t), \bar{D}_t = t \wedge \bar{z}\}$ est $\bar{\underline{\underline{F}}}$-optionnel, car $\bar{D}_t$ est un processus $\bar{\underline{\underline{F}}}$-optionnel.

Nour sommes maintenant en mesure de "faire de la théorie générale" par rapport aux tribus $\bar{\underline{\underline{F}}}_t$.

---

* Nous remercions P.A. MEYER de nous avoir signalé et aidé à corriger une erreur des précédentes versions, qui utilisaient implicitement le fait que R était optionnel.

Première partie : Projection des processus.

Comme d'habitude en théorie générale nous appelerons $\underline{\underline{O}}$ la tribu des processus $\underline{\underline{F}}$ optionnels (resp $\overline{\underline{\underline{O}}}$ celle des processus $\overline{\underline{\underline{F}}}$ optionnels) et $\underline{\underline{P}}$ la tribu des processus $\underline{\underline{F}}$ prévisibles (resp. $\overline{\underline{\underline{P}}}$ celle des processus $\overline{\underline{\underline{F}}}$ prévisibles). La projection d'un processus z, mesurable, $\underline{\underline{F}}$- optionnelle est notée z^o (resp. $\overline{\underline{\underline{F}}}$ optionnelle : $z^{\overline{o}}$), celle $\underline{\underline{F}}$- prévisible sera notée z^p (reps $\overline{\underline{\underline{F}}}$- prévisible : $z^{\overline{p}}$).

Remarquons tout de suite, que si z est un processus dépendant d'un paramètre réel u, $z(\omega, t, u)$, $B(R^+) \otimes \underline{\underline{F}} \otimes B(R^+)$ mesurable, il existe un unique processus $B(R^+) \otimes \underline{\underline{O}}$ mesurable, $z^o(\omega, t, u)$, (resp. $B(R_+) \otimes \underline{\underline{P}}$ mesurable, $z^p(\omega, t, u)$), qui est pour tout u, la projection $\underline{\underline{F}}$- optionnelle (resp. $\underline{\underline{F}}$ prévisible) de $z(., ., u)$.

En effet, ces propriétés sont évidentes si z est de la forme $g(u)y(t,\omega)$ et s'étendent aisemment par classe monotone à tous les processus.

Nous introduirons encore une notation : si $(r_t)_{t\leq\infty}$ est un processus croissant à valeurs $\mathbb{R}_+$, pour tout processus $(Z_t)_{t\leq\infty}$ nous désignerons par $r \circ Z$ le processus Z_{r_t} et par $r^u \circ Z$ le processus $Z_{(r_t - u)^+}$

Commençons par établir le petit lemme suivant :

Lemme 1 : a) si z est $\underline{\underline{F}}$- optionnel, $j \circ z$ est $\overline{\underline{\underline{F}}}$- optionnel

b) si z est $\underline{\underline{F}}$- prévisible, $i \circ z$ est $\overline{\underline{\underline{F}}}$- prévisible

c) en particulier, si M est une martingale bornée càdlàg telle que $M_0^- = 0$, les processus $(i \circ M)^-$ et $(j \circ M)^-$, définis respectivement par $(i \circ M^-)_t = M^-_{i(t)}$ et $(j \circ M)^-_t = \begin{cases} \lim\limits_{s \nearrow t} M_{js} & \text{si } t > 0 \\ 0 & t = 0 \end{cases}$

$$(joM)^-_t = \sum_u 1_{\{B_u < t \leq C_u\}} M_u + M^-_{i_t} 1_{\{t \notin \cup]B_u, C_u]\}}$$

$$= M_{i_t} 1_{\{\bar{\ell}_t < t \wedge \bar{z}\}} + M^-_{i_t} 1_{\{\bar{\ell}_t = t \wedge \bar{z}\}}$$

sont $\bar{\underline{\underline{F}}}$ prévisibles.

Ces processus peuvent être distincts car i n'est pas strictement croissant.

Démonstration :

a) la tribu $\underline{\underline{\mathcal{O}}}$ étant engendrée par les processus z cadlag adaptés, le processus joz est $\bar{\underline{\underline{F}}}$ adapté et cadlag donc appartient à $\bar{\underline{\underline{\mathcal{O}}}}$

b) De même la tribu $\underline{\underline{P}}$ étant engendrée par les processus. Z cag adaptés, ioz est $\bar{\underline{\underline{F}}}$ adapté et cag puisque i l'est, donc $ioz \in \bar{\underline{\underline{P}}}$.

c) Il en résulte que ioM^- est $\bar{\underline{\underline{F}}}$ prévisible et puisque joM est $\bar{\underline{\underline{F}}}$ adapté cadlag, le processus $(joM)^-$ est $\bar{\underline{\underline{F}}}$ prévisible. Il est alors naturel de se demander si tous les processus $\bar{\underline{\underline{F}}}$-optionnels (resp. $\bar{\underline{\underline{F}}}$-prévisibles) sont de la forme joz $(z \in \underline{\underline{\mathcal{O}}})$ (resp. ioz, $z \in \underline{\underline{P}}$).

Dans le cas général la réponse est négative.

En effet, le processus identité sur R^+, qui est à la fois $\bar{\underline{\underline{F}}}$-prévisible et $\bar{\underline{\underline{F}}}$-optionnel ne peut s'écrire sous la forme $z_{j(t)}$ si j n'est pas strictement croissant.

D'autre part, le fait que i_t ne soit pas strictement croissant montre, si on se refère au lemme 1.c), que les processus de $\bar{\underline{\underline{P}}}$ ne s'expriment pas uniquement à l'aide de ceux de $\underline{\underline{P}}$. Nous allons voir qu'on peut toutefois décrire complètement les tribus $\bar{\underline{\underline{\mathcal{O}}}}$ et $\bar{\underline{\underline{P}}}$.

Les propriétés suivantes des temps d'arrêts des tribus $\bar{\underline{\underline{F}}}$ sont fondamentales.

Proposition 2 :

a) Si $\overline{T}$ est un $\underline{\underline{F}}$ ta, $j_{(\overline{T})}$ est un $\underline{\underline{F}}$-ta et $\overline{T}$ est $\underline{\underline{F}}_{j_{\overline{T}}}$ mesurable.

b) Si $\overline{T}$ est un $\overline{\underline{\underline{F}}}$ ta prévisible, $i_{\overline{T}}$ est un $\underline{\underline{F}}$-ta, (ce qui n'est pas nécessairement lecas si $\underline{\underline{T}}$ n'est pas prévisible) et $\overline{T}$ est $F_{i_{\overline{T}}}$ - mesurable.

Le ta. défini par $\overline{T}_1 = \begin{cases} \overline{T} & \text{si } S_{\overline{T}} = o \\ +\infty & \text{sinon} \end{cases}$, est $\overline{\underline{\underline{F}}}$-prévisible et $i_{\overline{T}_1}$ est prévisible.

c) Si T est un $\underline{\underline{C}}$-ta, C_T est un $\overline{\underline{\underline{F}}}$ ta et T est $\overline{\underline{\underline{F}}}_{C_T}$ mesurable.

Si T est un $\underline{\underline{G}}$-ta prévisible ou seulement un $\underline{\underline{F}}$ ta, B_T est un $\overline{\underline{\underline{F}}}$ ta.

Le ta $T_1 = \begin{cases} T & \text{si } S_T = o \\ +\infty & \text{sinon} \end{cases}$ est $\underline{\underline{G}}$ prévisible si T est $\underline{\underline{C}}$ prévisible

et alors B_{T_1} est $\overline{\underline{\underline{F}}}$ prévisible.

Démonstration :

Seuls les points a) et b) sont à justifier. Si $\overline{T}$ est un temps fixe a) et b) ont déjà été énoncés.

Supposons $\overline{T}$ étagé : $\overline{T} = \begin{cases} \sum_{i=1}^{n} \alpha_i 1_{\overline{A}_i} & \text{si } \omega \in \cup \overline{A}_i \ , \ \overline{A}_i \in \overline{\underline{\underline{F}}}_{\alpha_i} \\ +\infty & \text{sinon} \end{cases}$

$j_{\overline{T}} = \begin{cases} \sum_{i=1}^{n} j_{\alpha_i} 1_{\overline{A}_i} & \text{si } \omega \in \cup \overline{A}_i \\ z & \text{sinon} \end{cases}$ est un $\underline{\underline{F}}$ ta et la va $j_{\overline{T}}$

est $F_{j_{\overline{T}}}$ mesurable car $\overline{\underline{\underline{F}}}_{\alpha_i} \subseteq \underline{\underline{F}}_z \ \forall i$

Soit maintenant une suite de ta étagés $\bar{T}_n$, qui décroit vers $\bar{T}$: $j_{\bar{T}_n}$ décroit vers $j_{\bar{T}}$, qui est donc un $\bar{\underline{\underline{F}}}$ ta et la propriété de mesurabilité est conservée, par suite de la continuité à droite des tribus $\underline{\underline{F}}_t$.

Il reste à montrer b) : Soit $\bar{S}_n$ une suite de $\bar{\underline{\underline{F}}}$ ta annonçant $\bar{T}$, $i(\bar{T}) = \lim\limits_{n\to\infty} j_{\bar{S}_n}$ est un $\underline{\underline{F}}$ ta et $\bar{T} = \lim \bar{S}_n$ est donc $= \underline{\underline{F}}_{i_{\bar{T}}}$ - mesurable.

Supposons maintenant que $\bar{S}_{\bar{T}} = o$, $\bar{T}$ est alors point d'accumulation de points de croissance à gauche de j sur $\{\bar{T} \leqslant \bar{z}\}$, ce qui entraîne que $j_{\bar{S}_n} < i_{\bar{T}}$ et $i_{\bar{T}} = \lim j_{\bar{S}_n}$ sur l'ensemble $\{\bar{T} \leqslant \bar{z}\} \cap \{\bar{T} < \infty\}$

qui d'après l'égalité (11) contient $\{i(\bar{T}) < \infty\}$. Ceci prouve le résultat énoncé.

Corollaire 3 :

Si Y_t est un processus $\underline{\underline{F}}$ adapté, $\sum\limits_n Y_{T_n} 1_{]B_{T_n}(t), C_{T_n}]}$ est $\bar{\underline{\underline{F}}}$ prévisible, et $\sum\limits_n Y_{T_n} 1_{[B_{T_n}, C_{T_n}[}(t)$ est $\bar{\underline{\underline{F}}}$ optionnel.

En effet, d'après la relation (12) si $A \in \underline{\underline{F}}_{T_n}$

$A \cap \{B_{T_n} < s\} = A \cap \{T_n < j(s)\} \in \bar{\underline{\underline{F}}}_s$. Donc Y_{T_n} est $\bar{F}_{B_{T_n}}$ mesurable.

Corollaire 4 :

a) Une condition nécessaire et suffisante pour qu'une v.a. $\bar{T}$ $\bar{\underline{\underline{F}}}_\infty$ mesurable soit un $\bar{\underline{\underline{F}}}$ t.a. est que $j_{\bar{T}}$ soit un $\underline{\underline{F}}$ t.a. et que $\bar{T}$ soit $\underline{\underline{F}}_{j_{\bar{T}}}$ mesurable.

b) Une condition nécessaire et suffisante pour qu'une v.a. $\bar{T}$, $\bar{\underline{\underline{F}}}_\infty$ mesurable, inférieure à $\bar{z}$, soit un $\bar{\underline{\underline{F}}}$ t.a. prévisible est que :

1) $i_{\bar{T}}$ soit un $\underline{\underline{F}}$.t.a., tel que $\bar{T}$ soit $\underline{\underline{F}}_{i_{\bar{T}}}$ mesurable.

2) le t.a. S défini par $i_{\bar{T}}$ si $\bar{\ell}_{\bar{T}} = \bar{T} \wedge \bar{z}$, z si $\bar{\ell}_T < T \wedge \bar{z}$ est $\underline{\underline{F}}$- prévisible.

Démonstration :

Les conditions nécessaires résultent immédiatement de la proposition 2. Etablissons les conditions suffisantes.

a) On a $1_{\{\bar{T}\leq t\}} = 1_{\{j_{\bar{T}}\leq t\}}\,1_{\{\bar{R}_{\bar{T}}=o\}} + \sum_n 1_{\{\bar{T}\leq t\}}\,1_{]B_{T_n},\,C_{T_n}]}(\bar{T})$

et d'après le corollaire 3, le processus $1_{\{\bar{T}\leq t\}}$ est $\underline{\underline{F}}$ optionnel.

b) Soit (U_n) une suite de $\underline{\underline{F}}$.t.a annonçant S . La suite C_{U_n} croit strictement vers $B_{i_{\bar{T}}}$ sur l'ensemble $\ell_{\bar{T}} = \bar{T}$, car alors $i_{\bar{T}}$ est point d'accumulation à gauche de points de M . Mais sur cet ensemble $B_{i_{\bar{T}}} = \bar{T}$. Par suite, la suite de $\underline{\underline{F}}$.t.a C_{U_n} croit strictement vers $\bar{T}$ sur $\overline{\ell_{\bar{T}} = \bar{T}}$. Par ailleurs :

$$1\{\bar{\ell}_{\bar{T}} < \bar{T}\} = \sum_n 1\{B_{T_n} < \bar{T} \leq C_{T_n}\}$$

$$= \sum_n 1\{i_{\bar{T}} = \bar{T}_n\}\, 1\{B_{T_n} < \bar{T} \leq C_{T_n}\}$$

$\bar{T}$ étant $F_{i_{\bar{T}}}$ mesurable, il existe un processus optionnel Y F.q $Y_{i_{\bar{T}}} = \bar{T}$

Par suite le processus :

$1\{\bar{\ell}_{\bar{T}} < \bar{T} \leq t\} = \sum_n 1\{B_{T_n} < Y_{T_n} \leq C_{T_n}\}\, 1\{Y_{T_n} \leq t\}$ est $\underline{\underline{\bar{F}}}$ prévisible,

d'après le corollaire 3, ce qui prouve que la v.a T_2, définie par $T_2 = \bar{T}$ si $\ell_{\bar{T}} < \bar{T}$, $= +\infty$ sinon, est un $\underline{\underline{\bar{F}}}$.t.a prévisible. Il existe donc une suite $(\bar{T}_n)$ qui annonce T_2, en croissant strictement vers $\bar{T}$ sur $\ell_{\bar{T}} < \bar{T}$

La suite $C_{U_n} 1\{\bar{\ell}_{\bar{T}} = \bar{T}\} + \bar{T}_n\, 1\{\bar{\ell}_{\bar{T}} < \bar{T}\}$ annonce donc $\bar{T}$ qui est bien $\underline{\underline{\bar{F}}}$ prévisible.

Corollaire 5 :

Une condition nécessaire et suffisante pour qu'une v.a $\bar{T}$ $\underline{\underline{F}}_{\infty}$ mesurable, inférieure à $\bar{z}$ soit un $\underline{\underline{\bar{F}}}$.t.a totalement inacessible est que :

a) le graphe de $i_{\bar{T}}$ soit disjoint de tout graphe de temps d'arrêt $\underline{\underline{F}}$-prévisible.

b) $\{\ell_{\bar{T}} < \bar{T}\}$ est vide p.s.

Démonstration :

Il suffit d'établir la condition nécessaire b), le reste découlant de la caractérisation des F t.a. prévisibles du corollaire 4.

Or $1_{\{\ell_{\bar T} < \bar T\}} = \sum_n 1_{]B_{T_n}, C_{T_n}]}(\bar T)$ et si $P\{\ell_{\bar T} < \bar T\} > o$,

il existe n tel que $P\{B_{T_n} < \bar T \leqslant C_{T_n}\} > o$; C_{T_n} étant $\underline{\underline{\bar F}}$-prévisible on aurait aussi $P\{B_{T_n} < T < C_{T_n}\} > o$ et $U = T$ sur $\{B_{T_n} < T < C_{T_n}\}$

$+\infty$ sinon

serait un $\underline{\underline{\bar F}}$ t.a. prévisible tel que $P(T = U) > o$,

car U est F_{i_U}-mesurable : en effet, $i_U = j_U = j_T$, sur $j_T < z$ et T est F_{j_T}-mesurable.

Théorème 6 :

Considérons un processus Z positif, $B(R^+) \otimes \underline{\underline{\bar F}}_\infty$ mesurable arrêté à z, défini pour $\{t = \infty\}$

a) Pour obtenir la projection $\underline{\underline{\bar F}}$-optionnelle de Z, $Z^{\bar o}$, on peut procéder de la manière suivante :

On construit le processus $y(\omega, t, u) = (Z_{(C_{t-u}) v B t})(\omega)$ si $t<z(\omega)$

$= Z_{(B_{t+u}) \wedge C_t}$ si $t \geqslant z(\omega)$

puis on prend sa projection $\underline{\underline{F}}$ optionnelle, $y°(\omega, t, u)$

Le processus $y°(., j_t, R_t) 1\{j_t<z\} + y°(.j_t, t\wedge C_z - B_z) 1\{t\wedge C_z \geqslant B_z\}$ est la projection $\underline{\underline{\bar F}}$ optionnelle de Z.

De plus, tout processus Z , $\overline{\underline{\underline{F}}}$ optionnel , nul sur $t \geqslant \bar{z}$, se représente à l'aide d'un unique processus y, $\underline{\underline{O}}\otimes B(R^+)$ - mesurable, nul si $t > z$, satisfaisant aux conditions suivantes :

Le processus $y(., t, o)$ est nul sur le complémentaire de R° enveloppe optionelle de l'ensemble $R = \{D_t = t \wedge z\}$, ainsi que sur $t \geqslant z$.

Le processus $y(\omega, t, u)$, pour $u > o$ est nul sur l'ensemble $\{(\omega, t) ; \Delta C_t(\omega) < u\}$

b) Pour obtenir la projection $\overline{\underline{\underline{F}}}$ prévisible, on procède de même : on forme le processus

$$X(\omega,t,u) = (Z_{C_{t\wedge}(B_t+u)})(\omega) \qquad \text{si } t \leqslant z(\omega)$$
$$= Z_{C_\infty}(\omega) \qquad \text{si } t > z(\omega)$$

puis on prend ses projections $\underline{\underline{F}}$-optionnelle X° et $\underline{\underline{F}}$-prévisible X^p

Le processus $X^p(.i_t,o)\ 1\{\bar{S}_t = o\} + X^\circ(.i_t,\bar{S}_t)\ 1\{\bar{S}_t > o\}$ est la projection $\overline{\underline{\underline{F}}}$-prévisible de Z.

De plus, tout processus Z , $\overline{\underline{\underline{F}}}$ prévisible, nul si $t > \bar{z}$, se représente à l'aide d'un unique processus $B(R^+)\otimes \underline{\underline{F}}_z \otimes B(R^+)$ mesurable y satisfaisant aux conditions suivantes :

$y(.t,o)$ est $\underline{\underline{F}}$- prévisible, nul sur $\{\ell_t < t \wedge z\}$

$y(.t,u)$ est $\underline{\underline{F}}$ - optionnel, nul sur $\{\Delta C_t \leqslant u\}$ si u est strictement positif.

<u>Démonstration</u> :

Remarquons tout d'abord qu'il suffit d'établir le théorème (sauf pour l'unicité) lorsque Z est de la forme $f(t \wedge \bar{z})M$, où $M \in b\overline{\underline{\underline{F}}}_\infty$ et $f \in bB(R^+)$, le théorème de classe monotone permettant alors de conclure.

Nous notons M_t la version cadlag de $E(M/\underline{\underline{F}}_t)$ et M_t^- sa version cag.

a) Le processus $y(\omega,t,u)$ vaut alors :

$$y(\omega\ t,u) = f(C_t - u \vee B_t)\ M \qquad \text{si } t < z$$

$$= f(B_t + u \wedge C_t)\ M \qquad \text{si } t \geqslant z$$

et $y^\circ(\omega,t,u) = f(C_t - u \vee B_t) M_t\ 1\{t<z\} + f(B_t + u \wedge C_\infty) M\ 1\{t \geqslant z\}$

car $B_t\ 1\{t \geqslant z\}$, C_∞ et M sont $\underline{\underline{F}}_z$ mesurable. Plus précisément, il existe un processus que nous noterons M°_t tel que $M = M^\circ_z$

Le processus

$$y^\circ(\omega,j_t,\bar{R}_t) = f(C_{j_t} - \bar{R}_t \vee B_t) M_{j_t} = f(t \wedge \bar{z}) M_{j_t} \qquad \text{si } j_t < z$$

$$y^\circ(\omega,j_t,t \wedge C_z - B_z) = f(B_{j_t} + (t \wedge C_z - B_z) \wedge C_\infty) M = f(t \wedge C_z) M \qquad \text{si } j_t = z$$

est manifestement $\bar{F}$ - optionnel.

De plus si T est un $\underline{\underline{\bar{F}}}$ - t.a , $T \wedge \bar{z}$ est $\underline{\underline{F}}_{j_t}$ mesurable.

$$E(T<+\infty f(T \wedge \bar{z}) M) = E[j_T < z\ ; f(T \wedge z) M_{j_t}] + E[B_z \leqslant T < C_\infty ;\ f(t \wedge \bar{z}) M] + E[C_\infty \leqslant T < +\infty\ f(C_\infty) M]$$

$$= E[T<+\infty\ \ y^\circ(\omega,j_t,\bar{R}_t)]$$, où on convient que

$\bar{R}_t = t \wedge \bar{z} - B_z$ si $B_z \leqslant t < C_\infty$, ce qui prouve le résultat.

b) La projection $\underline{\underline{\bar{F}}}$ - prévisible du processus Z est égale à

$$f(t \wedge \bar{z}) \lim_{s \uparrow t} M^\circ_{j_s} = f(t \wedge \bar{z})\ M^p_{i_t}\ 1\{\bar{S}_t = o\} + f(t \wedge \bar{z}) M^\circ_{i_t}\ 1\{\bar{S}_t > o\} \qquad \text{si } t \leqslant \bar{z}$$

$$= f(\bar{z})\ M \qquad \text{si } t > \bar{z}.$$

ce qui s'écrit encore

$$\bar{Z}^p_t = f(B_{i_t} + o \wedge C_{i_t}) M^p_{i_t}\ 1\{\bar{S}_t = o\} + f(B_{i_t} + \bar{S}_t \wedge C_{i_t}) M^\circ_{i_t}\ 1\{\bar{S}_t > o\} \qquad \text{si } i_t \leqslant z$$

$$= f(C_z) M^\circ_z\ 1\{z < i_t\}$$

Le résultat sur la projection prévisible est alors établi.

c) Il reste à établir les résultats d'unicité.

Dans le cas optionnel, formons $(\omega,(C_t-u)vB_t)$ si $t < z$. C'est un processus de la forme $y[\omega, j_{B_t}, C_{j_{B_t}} - (C_t-u)vB_t]$ où y est $\underline{\underline{O}}\otimes B(R^+)$ - mesurable.

Le processus $y(\omega,t,o)\, 1\{D_t=t\}\, 1\{u=o\} + y(\omega,j_{B_t}, u)\, 1\{\Delta C_t > u\}$ est égal à $1\{u=o\}1\{D_t=t\}\, Z(\omega,C_t) + 1\{\Delta C_t \geq u > o\}\, Z[\omega, C_t - u]$ est unique, car si deux processus optionnels coïncident sur $\{D_t = t\}$ ils coïncident sur $R°$. Il satisfait aux conditions du théorème car

$$1\{C_{j_t}=t\}\, Z(\omega,C_{j_t})\, 1\{j_{C_{j_t}}=j_t\} + 1\{C_{j_t}>t\}\quad 1\{C_{j_t}>C_{j_t}-t+B_{j_t}\}Z(\omega,t)=Z(\omega,t)$$

si $j_t < z$

Si $t = z$ $\quad j_{B_{z+u\wedge C_z}} = z$ et $z(\omega,B_z+u\wedge C_z) = y°(\omega,z,B_z + u\wedge C_z - B_z)$

De même la v.a. $y°(\omega,z,\ u)\, 1\{\Delta C_z \geq u\}$ égale à $z(\omega,u+B_z)$ satisfait à $1\{j_t=z\}\, y°(\omega,z,t\wedge\bar{z} - B_z)\, 1\{\Delta C_z \geq t\wedge\bar{z} - B_z\} = z(\omega,t)\, 1\{j_t = z\}$

La démonstration dans le cas prévisible est tout à fait analogue, bien que plus simple.

<u>Corollaire 7</u> :

a) Si T est un $\bar{\underline{\underline{F}}}$ t.a. les tribus $\bar{\underline{\underline{F}}}_{T\wedge\bar{z}}$ et $\underline{\underline{F}}_{j_T}$ sont égales

b) Si T est un $\underline{\underline{G}}$ t.a. les tribus $\underline{\underline{G}}_{T\wedge z}$ et $\bar{\underline{\underline{F}}}_{C_T}$ coïncident c.a.d. $\underline{\underline{G}}_T = \underline{\underline{F}}_{D_T}$.

<u>Démonstration</u> :

Tout élément de la tribu $\underline{\underline{F}}_{j_T}$ est de la forme Z_{j_T} où Z est optionnel arrêté à z, car $j_T \leq z.$, et tout élément de $\bar{\underline{\underline{F}}}_T$ est de la forme $y(\omega,j_T\,.C_{j_T}-T\wedge\bar{z})\, 1\{j_T < z\} + y(\omega,z,T\wedge\bar{z} - B_z)\, 1\{j_T \geq z\}$ v.a. qui est manifestement $\underline{\underline{F}}_{j_T}$ mesurable car $T\wedge\bar{z}$ est $\underline{\underline{F}}_{j_T}$ mesurable.

Corollaire 8 :

a) Si T est $\underline{\underline{\overline{F}}}$ t.a. prévisible, inférieur ou égal à $\overline{z}$, de graphe contenu dans $\{\ell_T = T\}$ les tribus $\underline{\underline{\overline{F}}}_T^-$ est $\underline{\underline{F}}_{i_T}^-$ coïncident.

b) Si S est un $\underline{\underline{G}}$ t.a. prévisible inférieur ou égal à z de graphe contenu dans $\{\ell_T = T\}$, les tribus $\underline{\underline{\overline{F}}}_{B_S}^-$ et G_S^- coïncident, ce qui entraîne que $\underline{\underline{G}}_S^- = \underline{\underline{F}}_{\ell_S}$

Démonstration :

Si T est un $\underline{\underline{\overline{F}}}$ t.a. prévisible, tout élément de $\underline{\underline{\overline{F}}}_T^-$ est de la forme, $\overline{Z}_T$ où $\overline{Z} \in b\underline{\underline{\mathcal{P}}}$ si de plus $\{\overline{\ell}_T = T_\wedge \overline{z}\}$, alors il existe $y \in b\underline{\underline{\mathcal{P}}}$.t.q. $\overline{Z}_T = y_{i_T}$

La tribu $\underline{\underline{\overline{F}}}_T^-$ est donc incluse dans $\underline{\underline{F}}_{i_T}^-$

La réciproque est évidente.

Remarque :

On a toujours $\underline{\underline{\overline{F}}}_T^- \subseteq \underline{\underline{F}}_{i_T}$ si T est un $\underline{\underline{\overline{F}}}$.t.a. prévisible.

Projection duale des mesures dont le support est inclus dans l'ensemble $\{\overline{S}_t > o\}$ ou $\{\overline{R}_t > o\}$

Nous nous intéressons maintenant aux projections duales des processus croissants par rapport aux tribus $\underline{\underline{\overline{F}}}_t$.

Tous les processus considérés satisfaisant à $\overline{K}_{\overline{z}} = \overline{K}_{\overline{z}}^- = \overline{K}_\infty$

Dans un premier théorème, nous étudierons les projections prévisibles (resp. optionnelles) des processus croissants dont le support est inclus dans $\{\overline{\ell}_s = s\wedge\overline{z}\}$ (resp. $\overline{D}_s = s\wedge\overline{z}$).

Théorème 9 :

a) Si $\overline{K}_t$ est un processus croissant, satisfaisant à $\overline{K}_{\bar{z}} = \overline{K}_\infty$, $\overline{K}_o = o$, qui ne croit que sur l'ensemble $\{\ell_S = S\} = \overline{G}$, la projection duale $\overline{\underline{F}}$-prévisible de $\overline{K}$, notée $^p\overline{K}$ s'obtient de la manière suivante : on regarde le processus croissant $K_t = \overline{K}_{C_t}$ qui satisfait identiquement à $K_t = K_{D_t}$ (cf. (33)). Sa projection duale $\underline{F}$-prévisible, ^pK_t, satisfait à la même relation. Le processus croissant $^pK_{j_t}$ est alors égal au processus $^pK_{i_t}$. Il est donc $\overline{\underline{F}}$-prévisible et c'est la projection prévisible duale de $\overline{K}_t$.

b) Si $\overline{K}_t$ ne croit que sur l'ensemble $\{\overline{D}_t = t\}$, on regarde le processus croissant continu à gauche $\overline{K}_{B_t^-}$. Appelant K, le processus rendu continu à droite, et $°K$ sa projection optionnelle, on vérifie que $°K_t^- = °K_{\ell_t}^-$. Le processus $°K_{i_t}^-$, égal à $°K_{j_t}^-$, rendu continu à droite est la projection duale $\overline{\underline{F}}$ - optionnelle de $\overline{K}$.

Démonstration :

a) La projection duale $\overline{\underline{F}}$ prévisible d'un processus croissant $\overline{K}$ est l'unique processus croissant $\overline{\underline{F}}$ prévisible, $^p\overline{K}$, satisfaisant pour tout $\overline{\underline{F}}$.t.a. $\overline{T}$, à

$$E(\overline{K}_\infty - \overline{K}_{\overline{T}}^-) = E(^p\overline{K}_\infty - {}^p\overline{K}_{\overline{T}}^-)$$

Or $\overline{K}_{\overline{T}}^- = \overline{K}_{\overline{D}_T}^- = \overline{K}_{C_{j_{\overline{T}}}}^-$, à cause de l'hypothèse sur le support de $\overline{K}$

$E(\overline{K}_\infty - \overline{K}_{\overline{T}}^-) = E(\overline{K}_\infty - \overline{K}_{C_{j(\overline{T})}}^-) = E(K_\infty - K_{j(\overline{T})})$ où $K_t = \overline{K}_{C_t}$

$j(\overline{T})$ est un $\underline{F}$.t.a., par suite, $= E(^pK_\infty - {}^pK_{j_T})$

or $K_t = \overline{K}_{C_t} = \overline{K}_{C_{j_{C_t}}} = \overline{K}_{C_{D_t}} = K_{D_t}$

D_t étant un $\underline{F}$.t.a., on a encore $^pK_t = {}^pK_{D_t}$, car $E\int_{]t.D_t]} d^pK_S = E\int_{]t.D_t]} dK_S = 0$

et $^pK_{j_t} = {}^pK_{j_{C_{j_t}}} = {}^pK_{j_{C_{i_t}}} = {}^pK_{i_t}$ car $t \leqslant C_{i_t} \leqslant C_{j_t}$

Le processus $^pK_{j_t} = {}^pK_{i_t}$ est donc $\overline{\underline{F}}$-prévisible, et satisfait à

$E(\overline{K}_\infty - \overline{K}_{\overline{T}}^-) = E(^pK_{j_\infty} - {}^pK_{j_{\overline{T}}}^-)$.

b) La projection $\underline{\underline{F}}$ optionnelle duale d'un processus croissant est l'unique processus croissant $\overline{\underline{\underline{F}}}$-adapté satisfaisant pour tout $\overline{\underline{\underline{F}}}$.t.a. , $\overline{T}$, à :

$$E(\bar{K}_\infty - \bar{K}_{\bar{T}}^-) = E(°\bar{K}_\infty - °\bar{K}_{\bar{T}}^-)$$

Or d'après l'hypothèse faite sur les supports $\bar{K}_t^- = \bar{K}_{\bar{\ell}_t}^- = \bar{K}_{B_{i_t}}^- = \bar{K}_{B_{j_t}}^-$

car $B_{j_t} \leq t$ d'où $E(\bar{K}_\infty - \bar{K}_{\bar{T}}^-) = E(\bar{K}_\infty - \bar{K}_{B_{i(\bar{T})}}^-) = E(\bar{K}_\infty - \bar{K}_{B_{j(\bar{T})}}^-)$

Une difficulté certaine apparait ici, du fait que $i_{\bar{T}}$ n'est par un $\underline{\underline{F}}$.t.a. en général. Comme $i_{\bar{T}}$ est majoré par le $\underline{\underline{F}}$-temps d'arrêt $j_{\bar{T}}$, nous introduisons le temps d'arrêt S, défini comme le P-ess inf de tous les temps d'arrêt qui majorent i_T, le processus $1\{S \leq t\}$ est est alors manifestement la projection optionnelle de $1\{i_T \leq t\}$ et $E(\bar{K}_\infty - \bar{K}_{B_{i_{\bar{T}}}}^-) = E(\bar{K}_\infty - \bar{K}_{B_S}^-) = E(\bar{K}_\infty - \bar{K}_{B_{j_{\bar{T}}}}^-)$.

Notons $°H$ la projection duale optionnelle du processus croissant H, défini par $H_t^- = \bar{K}_{B_t}^-$

$$E(\bar{K}_\infty - \bar{K}_{B_{i_{\bar{T}}}}^-) = E(°H_\infty - °H_S^-) = E(°H_\infty - °H_{j_{\bar{T}}}^-) = E(°H_\infty - °H_{i_{\bar{T}}}^-)$$

car $\{S \leq t\}$ est la projection optionnelle de $\{i_T \leq t\}$.

Le processus croissant $°\bar{K}$ défini par $°\bar{K}_t^- = °H_{i_t}$ est alors la projection duale $\overline{\underline{\underline{F}}}$-optionnelle de $\bar{K}$ et satisfait manifestement à $°\bar{K}_{\ell_t}^- = °\bar{K}_t^-$

Il reste à étudier les projections des processus croissants, dont les mesures associées ont un support inclus dans $\{\bar{\ell}_t < t \wedge \bar{z}\}$ ou $\{\bar{D}_t > t \wedge \bar{z}\}$.

Théorème 10 :

a) Si $\bar{K}_t$ est un processus croissant, satisfaisant à $\bar{K}_{\bar{z}}^- = \bar{K}_\infty$ et $\bar{K}_0 = 0$, qui ne croit que sur l'ensemble $\{\bar{\ell} < \wedge \bar{z}\}$

On considère les processus croissants

$$K_t^u = \sum_n 1\{T_n \leq t\} (\bar{K}_{C_{T_{n\wedge u}}} - \bar{K}_{B_{T_{n\wedge u}}}).$$

Les projections optionnelles des processus $(\bar{K}_{C_{t\wedge u}} - \bar{K}_{B_{t\wedge u}})$ permettent de définir une mesure de transition $N(\omega,t,du)$ de $\underline{\underline{\mathcal{O}}}$ vers $B(R^+)$ de support contenu dans $]]B_t, C_t]]$ telle que les processus

$\sum_n 1\{T_n \leq t\}\, N(\omega, T_n,]o,u])$ soient les projections optionnelles duales de K_t^u. La projection duale prévisible de $\bar{K}_t$ est alors égale à

$$^{p}\bar{K}_t = \sum_n N[\omega, T_n,]B_{T_{n\wedge t}}, C_{T_{n\wedge t}}]]$$

b) De même pour le cas optionnel, si $\bar{K}$ ne charge que $\{\bar{D}_t > t\wedge \bar{z}\}$

$H_t^{u-} = \sum_n 1\{T_n < t\}\, (\bar{K}^-_{C_{T_{n\wedge u}}} - \bar{K}^-_{B_{T_{n\wedge u}}})$, admet une projection duale $\underline{F}$-optionnelle définie par $\sum_n 1\{T_n < t\}\, N(\omega, T_n,]o,u])$, où N est une transition de $\underline{\underline{O}}'$ vers $B(R^+)$ de support inclus dans $[B_t, C_t[$

Le processus $^{o}\bar{K}_t^-$ est alors égal à

$$^{o}\bar{K}_t^- = \sum_n N(\omega, T_n, [B_{T_{n\wedge t}}, C_{T_{n\wedge t}}[)$$

<u>Démonstration</u> :

Tous les processus prévisibles sur $\{\bar{Z}_t < t\wedge \bar{z}\}$ sont de la forme

$$\bar{Z}_t = \sum_n 1_{]B_{T_n}, C_{T_n}]}\, Z(\omega, T_n, t - B_{T_n}) \quad \text{où } Z \in \underline{\underline{O}}' \otimes B(R^+)$$

Par suite si $\bar{\mu}_{\bar{K}}$ désigne la mesure sur les $\bar{\underline{F}}$-prévisibles associées à $\bar{K}$, elle induit sur $\underline{\underline{O}}' \otimes B(R^+)$ une mesure $\mu_{\bar{K}}$ définie par

$$\bar{\mu}_{\bar{K}}(Z) = \sum_n E \int Z(\omega, T_n, t - B_{T_n})\, 1_{]B_{T_n}, C_{T_n}]}(t)\, d\bar{K}_t = \mu_{\bar{K}}(Z)$$

Considérons pour u fixé, les mesures aléatoires

$$K_t^u = \sum_n 1\{T_n \leq t\}\, (K_{C_{T_{n\wedge u}}} - K_{B_{T_{n\wedge u}}})$$

T_n étant une suite de $\underline{F}$.t.a., la projection duale optionnelle de cette mesure est égale à $^{o}K_t^u = \sum_n 1\{T_n \leq t\}\, \Psi_{T_n}^u$

$$\text{ou } \Psi_t^u = (K_{C_{t\wedge u}} - K_{B_{t\wedge u}})^{o}.$$

Si u croît, les projections optionnelles sont croissantes et peuvent être choisies continues à droite ; on définit ainsi une mesure de transition de $\underline{\underline{O}}$ vers R^+, notée $N(t, \omega, du)$ satisfaisant à :

$$E[\,N(T,\omega,f)\ ,\ T<+\infty\,] = E\int 1_{]B_T,C_T]}(u)\ f(u)\ dK_u$$, si T est un $\underline{\underline{F}}$. t.a,

et même plus généralement si $Z \in \underline{\underline{O}} \otimes B(R^+)$

$$E(T<+\infty \int Z(T,\omega,u)\ N(T,\omega,du)) = E\{T<+\infty, \int Z(T,\omega,u)\ 1_{]B_T,C_T]}(u)\ dK_u$$

En particulier,

Si $Z(s,\omega,u) = 1\{u \notin]B_s, C_s]$, il vient $E(T<+\infty \int 1_{]B_T,C_T]^c}(u)\ N(T,\omega,du) = 0$

$$\mu_{\bar{K}}(Z) = \sum_n E\int Z(\omega, T_n, t - B_{T_n})\ 1_{]B_{T_n},C_{T_n}]}(t)\ N(T_n,\omega,dt)$$

Le processus croissant, défini par $^p\bar{K}_t = \sum_s N[s,\omega,[o,t]]$

est associé à mesure $\bar{\mu}_{\bar{K}}$.

$$\text{Or}\quad {}^p\bar{K}_t = \sum_n 1_{]B_{T_n} < t \leq C_{T_n}]}\,[N(T_n,\omega,t) - N(T_n,\omega,B_{T_n})]$$

$$+ \sum_{T_n} 1\{C_{T_n} < t\}\,[N(T_n,\omega,C_{T_n}) - N(T_n,\omega,B_{T_n})]$$

est la somme de deux processus prévisibles. Il est prévisible et c'est la projection duale prévisible de $\bar{K}_t$.

b) Le cas optionnel se traite sensiblement de la même façon.

Si Z est un processus $\underline{\underline{F}}$-optionnel, nul sur $\bar{D}_t = t\wedge\bar{z}$, Z se représente de façon unique à l'aide d'un processus $y \in \underline{\underline{O}} \otimes B(R^+)$

$$Z_t = y(\omega, j_t, \bar{R}_t)\,1\{j_t < z\} + y(\omega, z, t\wedge z - B_z\}\ 1\{j_t = z\}$$

Si nous notons encore $\bar{\mu}_{\bar{K}}$, la mesure sur les processus $\underline{\underline{F}}$-optionnels associés à $\bar{K}$, c.à.d.

$$\bar{\mu}_{\bar{K}}(Z) = E(\sum_n \int y(\omega, T_n, C_{T_n} - t\}\ 1\{T_n < z\}\ dK_t\ 1\{B_{T_n} \leq t < C_{T_n}\}$$

$$+ E(\int y(\omega, z, t\wedge\bar{z} - B_z\}\ 1\{B_z \leq t < C_z\}\ dK_t$$

nous définissons ainsi sur $\underline{\underline{O}} \otimes B(R^+)$ une mesure $\mu_{\bar{K}}$

u étant fixé, les processus $H_t^u = \sum_n 1\{T_n \leq t\}\, 1\{T_n < z\}\, (K_{C_{t\wedge u}}^- - K_{B_{t\wedge u}}^-)$

$$+ 1\{z \leq t\}\, (K_{u\wedge z}^- - K_{Bz})$$

ont une projection duale optionnelle égale à

$${}^{o}H_t^u = \sum_n 1\{T_n \leq t\}\, 1\{T_n < z\}\, \Psi_t^u + 1\{z \leq t\}\, \bar{\Psi}_z^u$$

où $\Psi_t^u = (K_{C_{t\wedge u}}^- - K_{B_{t\wedge u}}^-)^\circ$ et $\bar{\Psi}_z^u = (K_{u\wedge z}^- - K_{B_z}^-)^\circ$

Le même procédé de régularisation permet de construire une transition de $\underline{\underline{O}}$ vers $B(R^+)$, $N(t, \omega, du)$, telle que $\Psi_t^u = N(t,\omega,[o,u[)$

On montre alors aimément que

$E(N(T, \omega, f), T < +\infty) = E \int 1_{[B_T(u) C_T[}\, f(u)\, dK_u$, pour tout f t q T,

relation qui s'étend à tous les éléments de $\underline{\underline{O}} \otimes B(R^+)$ et qui permet d'établir que $N(t, \omega, du)$ a son support dans $[B_t, C_t[$ et que

$$\bar{\mu}_{\bar{K}}(\bar{Z}) = \sum_n E \int Z(\omega, T_n, C_{T_n} - t\}\, 1\{B_{T_n} \leq t < C_{T_n}\}\, N(T_n, \omega, dt)$$

$$+ E \int Z(\omega, z, t\wedge z - B_z)\, 1\{B_z \leq t < C_z\}\, N(z, \omega, dt)$$

On conclut alors comme en a) en vérifiant que le processus

${}^{\circ}\bar{K}_t^+ = \sum_s N(., s, [o, t])$ est continu à droite . Or il est égal à

$$= \sum_n 1\{B_{T_n} \leq t < C_{T_n}]\, N(T_n, [B_{T_n}, t])$$

$$+ \sum_n 1\{C_{T_n} \leq t\}\, N(T_n, [B_{T_n}, C_{T_n}[)$$

Cette décomposition prouve donc qu'il est $\underline{\underline{F}}$-adapté.

III - Un exemple important.

La situation que nous allons décrire complète les travaux de B. MAISONNEUVE sur le balayage, dans une optique "théorie générale".

Considérons un fermé aléatoire M optionnel. On pose
$L_t(\omega) = \sup \{s \leq t\ ,\ (s, \omega) \in M\}$ $\qquad L_t$ est fini p t fini.
C'est un processus croissant, $\underline{\underline{F}}$-adapté continu à droite, dont l'inverse à droite est $D_t = \inf \{s\ ;\ L_s > t\} = \inf \{s > t\ ;\ (\omega, s) \in M\}$

Les tribus $\underline{\underline{F}}_{D_t}$ sont encore notées $\underline{\underline{G}}_t$.

Nous pouvons établir tous les résultats de théorie générale par rapport aux tribus $\underline{\underline{G}}_t$ en utilisant l'étude précédente. Remarquons que

$$L_{D_t} = D_t \quad \text{si} \quad D_t < +\infty$$
$$\quad\;\; = L_\infty \quad \text{si} \quad D_t = +\infty$$

Les processus $\ell_t = \sup \{s < t\ ,\ (s, \omega) \in M\}$ est continu à gauche et $L_t^- = \ell_t$. De même l'inverse à gauche de L_s est
$D_t^- = \inf \{s \geq t\ (\omega, s) \in M\}$

Le processus $\ell_{D_t^-} = \sup \{s < D_t^-\ ,\ (\omega, s) \in M\}$ est égal à ℓ_t car si $t < u < D_t^-$, $(\omega, u) \notin M$. On a donc $\overline{D}_t = D_{t \wedge L_\infty}$ et $\overline{\ell}_t = \ell_t$

L'ensemble $\{\overline{D}_t > t \wedge L_\infty\}$ est alors égal à $\bigcup_s [\ell_s, L_s[\ = \bigcup_s [D_{\ell_s}^-, D_{\ell_s}[$

et l'ensemble $\{\ell_t < t\} = \bigcup_s]\ell_s, L_s]$

Les proposition 2 et corollaires 3, 4,5 s'énoncent alors ainsi.

<u>Proposition 11</u> :

Soit T une v.a. $\underline{\underline{G}}_\infty$-mesurable, inférieure à L_∞

a) Une condition nécessaire et suffisante pour que T soit un $\underline{\underline{G}}$.t.a. est que D_T soit un $\underline{\underline{F}}$.t.a. et T soit $\underline{\underline{F}}_{D_T}$ - mesurable.

b) Une condition nécessaire et suffisante pour que T soit $\underline{\underline{G}}$.t.a. prévisible est que :

- D_T^- soit un $\underline{\underline{F}}$.t.a. et T soit $\underline{\underline{F}}_{D_T^-}$-mesurable

- le temps d'arrêt S, défini par $S = T$ si $\ell_T = T$, $+\infty$ sinon est $\underline{\underline{F}}$ prévisible.

c) Une condition nécessaire et suffisante pour que T soit un $\underline{\underline{G}}$.t.a. totalement inacessible est que :

- l'ensemble $[\![T]\!]$ soit disjoint du graphe de tout temps d'arrêt F-prévisible.

- $\{\ell_T = T\}$ p.s.

Théorème 12 :

Soit Z un processus $B(R^+) \otimes \underline{\underline{F}}_\infty$-mesurable, arrêté à L_∞, positif.

a) Pour obtenir la projection $\underline{\underline{G}}$-optionnelle de Z, on construit $y(\omega, t, u) = Z_{L_{t-u} \vee \ell_t}$, puis sa projection $\underline{\underline{F}}$-optionnelle $y°$

Le processus $y°(\omega, D_t, D_t - t)\, 1\{t < L_\infty\} + y°(\omega, L_\infty, t \wedge L_\infty - L_\infty)\, 1\{t \geqslant L_\infty\}$ est la projection $\underline{\underline{G}}$-optionnelle de Z.

De plus si Z est $\underline{\underline{G}}$-optionnel, nul si $t > L_\infty$, $Z(\omega, t) = y°(\omega, D_t, D_t - t)$. Le processus $\underline{\underline{F}}$- optionnel, $y°(\omega, t, o)\, 1_{R°}(t) + y°(\omega, t, u)\, 1\{L_t - \ell_t \geqslant u\}$ est unique.

b) Pour la projection $\underline{\underline{G}}$-prévisible, on forme $X(\omega,t,u) = Z_{(\ell_t+u)\wedge L_t}$ et on regarde sa projection $\underline{\underline{F}}$-prévisible X^p, sa projection $\underline{\underline{F}}$-optionnelle $X°$.

Le processus

$X^p(\omega,\ell_t,o)\ 1\{\ell_t = t\} + X^\circ(\omega,D_t^-, t - \ell_t)\ 1\{t > \ell_t\}$ est la projection.

$\underline{\underline{G}}$-prévisible de Z . Notons que il est $\underline{\underline{F}}$-adapté, et même $\underline{\underline{F}}$-prévisible si $\{\ell_t = t\}$

De plus, si Z est $\underline{\underline{G}}$-prévisible nul si $t > L_\infty$, le processus $X^p(\omega,t,o)\ 1\{\ell_t = t\} + X^\circ(\omega,t,u)\ 1\{L_t - \ell_t > u\}$ est unique.

Théorème 13 :

Soit K un processus croissant $\underline{\underline{G}}$-mesurable satisfaisant à $K_{L_\infty}^- = K_{L_\infty} = K_\infty$.

a) Si K a son support inclus dans l'ensemble $\{t = \ell_t\}$ alors K satisfait à

$$K_t = K_{D_{t\wedge L_\infty}} = K_{D_t} \quad \text{car } K_{L_\infty} = K_\infty$$
$$= K_{L_t} \quad \text{car } D_{L_t} \leqslant D_t$$

La projection duale $\underline{\underline{G}}$-prévisible est alors égale à sa projection duale $\underline{\underline{F}}$-prévisible et est évidemment à support dans $\{t = \ell_t\}$

b) Si K ne croit que sur l'ensemble $\{t\wedge L_\infty = D_{t\wedge L_\infty}\}$ K satisfait à $K_t^- = K_{\ell_t}^- = K_{D_t}^- = K_{D_t^-}^-$ car $\ell_{D_t} \leqslant t$.

Sa projection duale $\underline{\underline{G}}$-optionnelle est alors identique à sa projection duale $\underline{\underline{F}}$-optionnelle et est évidemment à support dans $\{t\wedge L_\infty = D_{t\wedge L_\infty}\}$

c) Si K a sont support inclus dans $\{\ell_s < s\}$

On regarde la projection $\underline{\underline{F}}$-optionnelle du processus $[K_{L_{t\wedge u}} - K_{\ell_{t\wedge u}}]$ qui définit une mesure de transition de $\underline{\underline{\mathcal{O}}}$ vers $B(R^+)$, notée

$N(\omega, t, du)$ à support dans l'ensemble $]\ell_t, L_t]$

Le processus croissant $\sum_s 1\{\ell_s < L_s\}\, N(\omega, s,]\ell_{s\wedge t}, L_{s\wedge t}])$ est la projection duale $\underline{\underline{G}}$-prévisible de K.

d) Si K a son support inclus dans l'ensemble $\{D_{t\wedge L_\infty} > t\wedge L_\infty\}$ (soit encore $\{D_t > t\}$ puisque K ne charge pas $[L_\infty, +\infty[$)

On regarde la projection $\underline{\underline{F}}$-optionnelle du processus $(K^-_{L_{s\wedge u}} - K^-_{\ell_{s\wedge u}})$ qui est un processus croissant en u, continu à gauche permettant de définir une transition N^1 de $\underline{\underline{\mathcal{O}}}$ vers $B(R^+)$ par

$N^1(u, s, [o, u[= (K^-_{L_{s\wedge u}} - K^-_{\ell_{s\wedge u}})^\circ$ de support inclus dans $[\ell_s, L_s[$

La projection duale $\underline{\underline{G}}$-optionnelle de K est alors égale à

$$\bar{{}^\circ K}^-_t = \sum_s N(\omega, s, [\ell_{s\wedge t}, L_{s\wedge t}[)$$

BIBLIOGRAPHIE

(1) C. DELLACHERIE : Capacités et processus stochastiques
Springer_Verlag 1972.

(2) N. EL KAROUI et P.A. MEYER :
Changement de temps en théorie générale
(ce volume.)

(3) B. MAISONNEUVE : Systèmes régénératifs.
Astérisque n° 15 . S.M.F. 1974

(4) B. MAISONNEUVE et P.A. MEYER :
Ensembles aléatoires markoviens homogènes
Séminaire de Probabilités de Strasbourg
Lectures Notes n° 381 .1974

Université de Strasbourg
Séminaire de Probabilités 1975/76

CONVERGENCE FAIBLE DE PROCESSUS, D'APRES MOKOBODZKI

par P.A. Meyer

D'après le théorème de section optionnel, un processus optionnel borné U est uniquement déterminé par les nombres $E[U_T I_{\{T<\infty\}}]$ associés à tous les temps d'arrêt T. En effet, si V est un second processus optionnel tel que $E[U_T I_{\{T<\infty\}}]=E[V_T I_{\{T<\infty\}}]$ pour tout T, un raisonnement familier montre que $E[U_T|\underline{\underline{F}}_T]=E[V_T|\underline{\underline{F}}_T]$ p.s. pour tout T, et alors $U_T=V_T$ p.s., et finalement le théorème de section optionnel montre que U et V sont indistinguables.

Il en résulte que si nous avons des processus optionnels uniformément bornés U^n, et si $E[U_T^n I_{\{T<\infty\}}]$ converge pour tout T, il existe au plus un processus optionnel U tel que $\lim_n E[U_T^n I_{\{T<\infty\}}] = E[U_T I_{\{T<\infty\}}]$ pour tout T. Une telle situation de convergence se rencontre en théorie des surmartingales - mais il s'agit alors de processus croissants, et l'existence de U ne pose aucun problème. Plus récemment, A. BENVENISTE, dans un problème de théorie des flots, a eu affaire à une situation de convergence où l'existence du processus limite U n'était absolument pas évidente. C'est lui qui a posé à MOKOBODZKI le problème de convergence faible dont voici la solution :

THEOREME 1 . Soit $(W,\underline{\underline{G}},P)$ un espace probabilisé complet, muni d'une filtration $(\underline{\underline{G}}_t)$ satisfaisant aux conditions habituelles. Soit (U^n) une suite de processus optionnels, uniformément bornée. On suppose que pour tout temps d'arrêt T, $E[U_T^n I_{\{T<\infty\}}]$ a une limite. Il existe alors un processus optionnel U (unique) tel que $\lim_n E[U_T^n I_{\{T<\infty\}}] = E[U_T I_{\{T<\infty\}}]$ pour tout temps d'arrêt T.

Nous verrons au dernier paragraphe comment on peut affaiblir la condition que la suite soit uniformément bornée. Le théorème suivant se déduit aussitôt du théorème 1, appliqué aux $V^n= U^n/1+|U|^n$:

THEOREME 2. Avec les mêmes notations, si la suite (U^n) est telle que $U_T^n I_{\{T<\infty\}}$ converge en probabilité pour tout T (sans restriction de grandeur), il existe un processus optionnel U tel que $U_T I_{\{T<\infty\}} = \lim_{P\, n} U_T^n I_{\{T<\infty\}}$ pour tout T .

Tout le reste de l'exposé va être consacré à la démonstration du théorème 1.

PREMIERE PARTIE : OÙ L'ON SE RAMENE À UNE SITUATION CANONIQUE

La démonstration du lemme 1 ci-dessous est importante : elle servira à nouveau dans la seconde étape .

La tribu optionnelle est engendrée sur $\mathbb{R}_+\times W$ par les processus adaptés à trajectoires càdlàg.. Il existe donc un processus (Φ_t), défini sur W et adapté, à valeurs dans le cube $\mathbb{I}=\bar{\mathbb{R}}^{\mathbb{N}}$, et à trajectoires càdlàg., tel que chacun des processus U^n soit mesurable par rapport à la tribu engendrée par Φ sur $\mathbb{R}_+\times\Omega$. Soit M une constante majorant en module les U^n. D'après un théorème classique de DOOB (cf. PP[1] I.18), il existe des fonctions boréliennes u^n sur $\mathbb{I}$, bornées par M en module, et telles que

(1) $\quad U^n_t(w) = u^n(\Phi_t(w)) \quad (t,w)\in\mathbb{R}_+\times W$.

Nous désignons par $(\underline{\underline{H}}_t)$ la famille de tribus $\underline{\underline{T}}(\Phi_s,s\leq t)$, complétée et rendue continue à droite de la manière habituelle. Nous montrons alors qu'il suffit de résoudre le problème relativement à $(\underline{\underline{H}}_t)$.

LEMME 1. <u>Supposons qu'il existe un processus</u> V, <u>optionnel par rapport à</u> $(\underline{\underline{H}}_t)$, <u>et tel que</u> $\lim_n E[U^n_T I_{\{T<\infty\}}] = E[V_T I_{\{T<\infty\}}]$ <u>pour tout t.d'a.</u> T <u>de</u> $(\underline{\underline{H}}_t)$. <u>Alors</u> (V est optionnel par rapport à $(\underline{\underline{G}}_t)$ et) $E[V_S I_{\{S<\infty\}}] = \lim_n E[U^n_S I_{\{S<\infty\}}]$ <u>pour tout temps d'arrêt</u> S <u>de</u> $(\underline{\underline{G}}_t)$.

DEMONSTRATION. Le processus croissant $I_{\{t\geq S\}}$ admet une projection duale optionnelle (A_t) sur la famille $(\underline{\underline{H}}_t)$, et l'on a (les U^n étant optionnels par rapport à $(\underline{\underline{H}}_t)$, ainsi que V)

$$E[U^n_S I_{\{S<\infty\}}] = E[\int_0^\infty U^n_s dA_s] \;,\; E[V_S I_{\{S<\infty\}}] = E[\int_0^\infty V_s dA_s]$$

Nous pouvons écrire $E[\int_0^\infty U^n_s dA_s] = E[\int_0^\infty U^n_{c_s} I_{\{c_s<\infty\}} ds]$, où $c_s = \inf\{t : A_t > s\}$ est un temps d'arrêt de $(\underline{\underline{H}}_t)$. Nous intervertissons les intégrations E et $\int ds$: $E[U^n_{c_s} I_{\{c_s<\infty\}}]$ converge vers $E[V_{c_s} I_{\{c_s<\infty\}}]$, avec domination par $MP\{c_s<\infty\}$, dont l'intégrale vaut $ME[A_\infty] \leq M$. Ainsi $E[\int U^n_s dA_s]$ tend vers $E[\int V_s dA_s] = E[V_S I_{\{S<\infty\}}]$. □

NOTATION. Ω <u>est l'ensemble des applications càdlàg.</u> <u>de</u> $\mathbb{R}_+$ <u>dans</u> $\mathbb{I}$, <u>avec ses applications coordonnées</u> ι_t , <u>ses tribus</u> $\underline{\underline{F}}=\underline{\underline{T}}(\iota_s, s\in\mathbb{R}_+)$, $\underline{\underline{F}}^o_t = \underline{\underline{T}}(\iota_s, s\leq t)$.

1. Probabilités et potentiel, nouvelle édition des chap.I-IV .

Nous déménageons sur Ω : soit φ l'application de W dans Ω qui à $w \in W$ associe la trajectoire $\Phi_\cdot(w) \in \Omega$. Elle est $\underline{\underline{G}}/\underline{\underline{F}}$-mesurable, et nous notons λ la mesure image $\varphi(P)$.

Nous désignons par $(\underline{\underline{F}}_t)$ la famille obtenue en augmentant la famille $(\underline{\underline{F}}^\circ_{t+})$ de tous les ensembles λ-négligeables ; elle satisfait aux conditions habituelles. Nous posons

$$(2) \qquad f_t^n(\omega) = f^n(t,\omega) = u^n(\iota_t(\omega))$$

(f^n) est donc un processus défini sur Ω, optionnel par rapport à $(\underline{\underline{F}}_t)$, et tel que $f_t^n(\varphi(w))=U_t^n(w)$. Le lemme suivant, à la fois nous transporte sur l'espace canonique Ω, et nous débarrasse des temps d'arrêt. Nous notons E, à la fois l'espérance $\int dP$ sur W et l'espérance $\int d\lambda$ sur Ω.

LEMME 2. a) Pour toute v.a. $\underline{\underline{F}}$-mesurable S sur Ω à valeurs dans $[0,\infty]$, $E[f_S^n I_{\{S<\infty\}}]$ converge. On peut même affirmer que $f_S I_{\{S<\infty\}}$ converge faiblement dans $L^1(\lambda)$.

b) Supposons qu'il existe un processus mesurable borné (f_t) sur Ω tel que pour toute v.a. S comme ci-dessus, $E[f_S^n I_{\{S<\infty\}}]$ converge vers $E[f_S I_{\{S<\infty\}}]$. Soit (g_t) la projection optionnelle de (f_t) sur la famille $(\underline{\underline{F}}_t)$. Alors le processus $U_t(w)=f_t(\varphi(w))$ sur W satisfait à l'énoncé du théorème 1.

DEMONSTRATION. b) . D'après le lemme 1, il suffit de vérifier que pour tout temps d'arrêt R de $(\underline{\underline{H}}_t)$, $E[U_R^n I_{\{R<\infty\}}]$ tend vers $E[U_R I_{\{R<\infty\}}]$. Or il est très facile de vérifier qu'il existe un emps d'arrêt T de $(\underline{\underline{F}}_t)$ tel que $R=T\circ\varphi$. Alors

$$\begin{aligned} E_P[U_R I_{\{R<\infty\}}] &= E_\lambda[g_T I_{\{T<\infty\}}] \quad (\text{ car } U_R=(g_T)\circ\varphi = \text{ et } \lambda=\varphi(P) \text{ }) \\ &= E_\lambda[f_T I_{\{T<\infty\}}] \quad (\text{ déf. de la proj. optionnelle }) \\ &= \lim_n E_\lambda[f_T^n I_{\{T<\infty\}}] \\ &= \lim_n E_P[U_R^n I_{\{R<\infty\}}] \text{ .} \end{aligned}$$

Pour prouver a), raisonnons en sens inverse : comme $E_P[U_R^n I_{\{R<\infty\}}]$ converge pour tout t.d'a. de $(\underline{\underline{H}}_t)$, $E_\lambda[f_T^n I_{\{T<\infty\}}]$ converge pour tout temps d'arrêt T de $(\underline{\underline{F}}_t)$. Alors $E_\lambda[f_S^n I_{\{S<\infty\}}]$ converge pour toute v.a. positive S : c'est le raisonnement du lemme 1, car celui-ci n'a pas utilisé le fait que S était un temps d'arrêt. La convergence faible dans L^1 s'obtient en remplaçant S par $SI_K+(+\infty)I_{K^c}$, K parcourant $\underline{\underline{F}}$.

Nous allons maintenant oublier la situation de départ.

SECONDE PARTIE : CHOIX DE BONNES TOPOLOGIES

Récapitulons les notations et les hypothèses.

Nous avons un espace mesurable canonique $(\Omega,\underline{\underline{F}})$, muni d'une mesure de probabilité λ. Soit $(X,\underline{\underline{X}}) = \mathbb{R}_+\times\Omega$, muni de la tribu produit. Nous avons une suite uniformément bornée de fonctions mesurables $f^n(t,\omega)$ sur X. Nous conviendrons de poser $f^n(+\infty,\omega)=0$ pour éviter les $I_{\{\ \}}$ à l'avenir. Alors notre hypothèse est

(3) pour toute $S : \Omega \mapsto \overline{\mathbb{R}}_+$, mesurable, $\lim_n \int f^n(S(\omega),\omega)\lambda(d\omega)$ existe .

et notre problème est : <u>existe t'il</u> f <u>mesurable sur</u> X <u>telle que cette limite soit égale</u>, <u>pour tout</u> S, <u>à</u> $\int f(S(\omega),\omega)\lambda(d\omega)$?

Les familles de tribus ont entièrement disparu. Nous adoptons les notations suivantes :

(4) λ_S est la mesure sur X, image de $\lambda I_{\{S<\infty\}}$ par l'application $\omega \mapsto (S(\omega),\omega)$ de $\{S<\infty\}$ dans X ,

(5) $\tilde{f}_S$ est la classe/λ , limite faible des v.a. $f^n(S(\omega),\omega)$ sur Ω .

Nous choisissons maintenant des topologies sur Ω et X.

a) L'espace mesurable $(\Omega,\underline{\underline{F}})$ est lusinien non dénombrable (PP IV.19, p.147), donc isomorphe à l'intervalle [0,1] muni de sa tribu borélienne (PP. III.80, p.249). Nous munissons Ω de la topologie de [0,1] - compacte métrisable - au moyen de cet isomorphisme.

b) En trois étapes, nous munissons X d'une topologie <u>polonaise</u> rendant continues les applications boréliennes f^n , et jouissant de quelques autres propriétés plaisantes .

- Nous munissons d'abord X de la topologie produit de $\mathbb{R}_+\times\Omega$.
- Nous considérons l'application $g(t,\omega)=(f^n(t,\omega))_{n\in\mathbb{N}}$ de X dans l'espace polonais $\mathbb{R}^{\mathbb{N}}$. Le graphe G de g dans $X\times\mathbb{R}^{\mathbb{N}}$ est un borélien du produit (PP I.12, p.15), et l'application $x\mapsto (x,g(x))$ est une bijection de X sur G, donc un isomorphisme borélien entre X et G (PP III.21, p.77). Si nous transportons sur X la topologie de G par cet isomorphisme, nous avons une topologie plus fine que la topologie produit, lusinienne, et rendant continues les applications f^n .
- Nous renforçons cette topologie, pour la rendre polonaise . D'après PP III,79, p.247, il existe un <u>fermé</u> Y de l'espace $\Sigma=\mathbb{N}^{\mathbb{N}}$,

et une application continue bijective q de Y sur X. Notons p la projection $(t,\omega)\mapsto \omega$ de X sur Ω (continue) et h l'application continue $p\circ q$ de Y sur Ω. Soit H le graphe de h ; faisons un dessin (ci-contre).

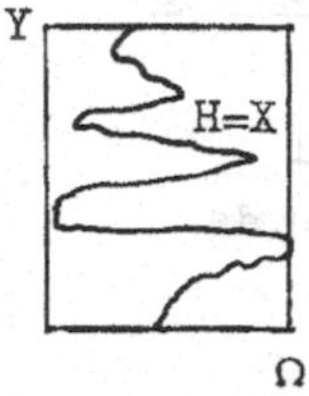

L'application $(y,\omega)\mapsto q(y)$ est une bijection de H sur X, dont la bijection réciproque est $(t,\omega)\mapsto (q^{-1}(t,\omega),\omega)$. Si nous identifions H à X par ces bijections, la topologie de H est plus forte que la topologie de X (seconde étape), donc les f^n sont encore continues. D'autre part, H est fermé dans $Y\times\Omega$ polonais, donc polonais. Ainsi, nous avons sur X une topologie définitive, polonaise, et rendant continues les f^n et p.

Nous établissons maintenant un lemme important :

LEMME 3. Soit $(B_i)_{i\in I}$ une famille quelconque de boréliens de X, telle que pour tout $\omega\in\Omega$ la coupe $B_i(\omega)$ soit fermée dans X. Il existe alors une partie dénombrable J de I telle que, pour λ-presque tout ω, on ait

$$\cap_{i\in I} B_i(\omega) = \cap_{i\in J} B_i(\omega) \quad .$$

DEMONSTRATION. Nous nous sommes débrouillés plus haut de telle manière, que les B_i sont simplement des boréliens à coupes fermées dans $Y\times\Omega$. Imaginons pour un instant que Y soit la demi-droite $\mathbb{R}_+$. Alors un borélien à coupe fermées B est uniquement déterminé par la connaissance des "débuts" après r :

$$D^r(\omega) = \inf \{ t\geqq r : (t,\omega)\in B \} \quad \text{pour } r \text{ rationnel} ,$$

et le théorème est alors classique : pour chaque rationnel r on choisit un ensemble dénombrable J_r tel que (D_i^r désignant le début après r pour B_i) $\inf_{i\in J_r} D_i^r = \operatorname{inf\,ess}_{i\in I} D_i^r$

et on pose $J=\bigcup_r J_r$. Le lemme 4 se démontre alors exactement de la même manière : il faut seulement remplacer les rationnels par un ensemble dénombrable dense dans Y, et les débuts par des débuts lexicographiques dans $Y\subset \mathbb{N}^{\mathbb{N}}$.

Voici le second lemme fondamental. Nous rappelons que si X est polonais, une partie de X est polonaise si et seulement si elle est intersection d'une suite d'ouverts de X (Bourbaki, Top.Gén. chap.IX, § 6, n°1, th.1 - cf. aussi PP III.17, p.73, mais c'est la moitié non démontrée dans PP qui est ici la plus utile).

LEMME 4. Soient F polonais dans X, et $A=p(F)$. Soit $K(F)$ l'ensemble des mesures sur X de la forme λ_S, où S est une application borélienne de Ω dans $\overline{\mathbb{R}}_+$ telle que

$S(\omega)<\infty \Rightarrow (S(\omega),\omega)\in F$ (le graphe de S passe dans F)

$S(\omega)<\infty$ λ-p.p. dans A

Alors K(F) est polonais pour la topologie étroite des mesures bornées sur X .

DEMONSTRATION. Il s'agit d'un résultat déjà ancien de MOKOBODZKI, démontré pour l'essentiel (lorsque $A=\Omega=[0,1]$ et λ est la mesure de Lebesgue) dans PP IV.42-43, p. 174. L'idée est très simple.

Supposons d'abord que F soit compact métrisable , et soit μ la mesure λI_A . Regardons l'ensemble L des mesures $\theta \geqq 0$ sur F dont l'image $p(\theta)$ sur Ω est égale à λI_A : c'est pour la topologie étroite sur F un ensemble convexe compact métrisable, et l'on montre sans peine[1] que l'ensemble des mesures λ_S portées par un graphe de v.a. S est l'ensemble des points extrémaux de L , donc un $\underline{\underline{G}}_\delta$ dans L (PP 1e éd., chap.XI, T.24), donc polonais. On conclut en remarquant que la topologie de L est bien la topologie étroite sur X : en effet (PP III.58, p.115), sur un ensemble de mesures positives portées par F, la topologie étroite de F et celle de X coïncident.

Lorsque F est seulement polonais, c'est un peu plus délicat. Nous nous débrouillons avec des astuces locales, sans chercher une théorie générale (possible, mais plus compliquée). Rappelons que $X\subset Y\times\Omega$: nous plongeons Y dans un compact métrisable $\overline{Y}$, et notons $\overline{F}$ l'adhérence de F dans $\overline{Y}\times\Omega$, qui est compacte. L'ensemble L des mesures sur $\overline{F}$ dont la projection est λI_A est encore compact métrisable convexe, pour la topologie étroite sur $\overline{F}$; K(F) est l'intersection de l'ensemble ∂_L des points extrémaux de L avec l'ensemble des mesures sur $\overline{F}$ portées par F . Mais F est polonais, donc un $\underline{\underline{G}}_\delta$ dans $\overline{F}$, et cet ensemble est donc un $\underline{\underline{G}}_\delta$ dans $\underline{\underline{M}}^+(\overline{F})$ (cf. PP III.60, p.118). Donc K(F) est l'intersection de deux $\underline{\underline{G}}_\delta$, il est polonais dans $\underline{\underline{M}}^+(\overline{F})$, et on revient comme ci-dessus de la topologie étroite sur $\overline{F}$ à celle sur F, puis sur X.

TROISIEME PARTIE : DEMONSTRATION DU THEOREME 1

Rappelons qu'il s'agit de construire une fonction borélienne f sur X connaissant pour chaque v.a. S la classe $\tilde{f}_S$ de la fonction $f(S(\omega),\omega)$ pour la mesure λ . La méthode consiste à construire des solutions approchées dans certaines parties de X, qu'on recollera en une solution approchée à ε près sur tout X, et enfin on fait tendre ε vers 0 .

1. Pour les détails, cf. PP p.175 .

Rappelons une convention faite au début : toute fonction borélienne sur $\mathbb{R}_+\times\Omega = X$ est prolongée en une fonction borélienne sur $\overline{\mathbb{R}}_+\times\Omega$, nulle sur $\{+\infty\}\times\Omega$. En particulier les classes $\tilde{f}_S$ sont nulles sur $\{S=\infty\}$, d'après leur définition comme limites faibles des $f^n(S(\omega),\omega)$. Nous notons $[S]$ le graphe d'une v.a. positive S (finie ou non) : $[S] = \{(t,\omega) : t=S(\omega)<\infty\}$.

DEFINITION. Soient g une fonction borélienne sur X, A une partie borélienne de X. Nous disons que g est une minorante (majorante) dans A si, pour toute v.a. S sur Ω à valeurs dans $\overline{\mathbb{R}}_+$ dont le graphe S est contenu dans A, on a $g(S(\omega),\omega)\leqq \tilde{f}_S(\omega)$ λ-p.s. (resp. $\geqq$).

On dit que g est une solution à ε près dans A si $g-\varepsilon I_A$ est une minorante dans A, $g+\varepsilon I_A$ une majorante dans A .

Il existe toujours des minorantes (majorantes) dans A. D'abord -M et +M, puisque nous sommes dans le cas borné. Mais aussi $\underline{j}_A$ ainsi définie (

$$\underline{j}_A(t,\omega) = \text{inf ess } \tilde{f}_S(\omega) \quad ([S]\subset A \ , \ S \text{ fini p.p. sur } p(A))$$

qui ne dépend que de ω en réalité, et $\overline{j}_A$, le sup ess analogue.

Le lemme suivant est facile.

LEMME 5 . Si g est une majorante dans A, h une minorante dans A, alors pour presque tout ω on a $g(t,\omega)\leqq h(t,\omega)$ pour tout t tel que $(t,\omega)\in A$.

Si des g_n sont des minorantes (majorantes) dans des ensembles A_n disjoints, alors $\Sigma_n g_n I_{A_n}$ est une minorante (majorante) dans $\cup_n A_n$.

DEMONSTRATION. Si l'ensemble $\{(t,\omega)\in A : g(t,\omega)>h(t,\omega)\}$ n'est pas λ-évanescent, il admet une section par une v.a. S non p.s. égale à $+\infty$, et l'on obtient une contradiction.

Soit S une v.a. telle que $[S]\subset A$, et soit $S_n(\omega)=S(\omega)$ si $(S(\omega),\omega)\in A_n$, $S(\omega)=+\infty$ sinon. Alors $g(S_n(\omega),\omega)\leqq \tilde{f}_{S_n}(\omega)$ p.s.. Les ensembles $\{S_n<\infty\}$ étant disjoints, on somme sur n.

DEFINITION. Un borélien $A\subset X$ est ε-adéquat s'il existe dans A une solution à ε près, et si A est un F_σ (réunion dénombrable de fermés) à coupes $A(\omega)$ ouvertes dans $X(\omega)$ (pour la topologie définitive de X).

Nous allons démontrer le lemme crucial suivant :

LEMME 6 . Tout ensemble F polonais dans X, non évanescent, contient un ensemble ε-adéquat A non évanescent.

La démonstration du lemme 6 est une pure merveille. Avant de la donner, montrons comment le lemme 6 entraîne le théorème 1.

Considérons une famille $(A_i)_{i\in I}$ d'ensembles ε-adéquats deux à deux disjoints <u>non évanescents</u>. D'après le lemme 3, il existe une partie dénombrable J de I telle que $\cup_{i\in J} A_i = \cup_{i\in I} A_i$ à ensemble évanescent près. Donc les A_i, $i\in I\setminus J$ sont évanescents, et donc I=J. Autrement dit, I est dénombrable. On a utilisé ici le fait que les coupes des ensembles adéquats sont ouvertes. On utilise maintenant le fait que les ensembles adéquats sont des F_σ , pour dire ceci : le complémentaire F de $\cup_i A_i$ est un $\underline{\underline{G}}_\delta$, donc polonais. S'il n'est pas évanescent, il contient un ensemble ε-adéquat non évanescent (lemme 6) et la famille $(A_i)_{i\in I}$ n'est pas maximale.

Le résultat de dénombrabilité indiqué ci-dessus permet d'appliquer le théorème de Zorn, et d'en déduire l'existence d'une famille maximale $(A_k)_{k\in K}$. D'après ce qui précède, $\cup_k A_k = X$ à ensemble évanescent près. Si g_k est solution à ε près dans A_k , $g_\varepsilon = \Sigma_k\, g_k I_{A_k}$ est solution à ε près dans $\cup_k A_k$, donc dans X . Faisons cela pour tout ε . Comme $g_\varepsilon - \varepsilon$ est une minorante, $g_{\varepsilon'} + \varepsilon'$ une majorante, on a $g_\varepsilon - \varepsilon \leqq g_{\varepsilon'} + \varepsilon'$ à ensemble évanescent près, d'où en intervertissant $|g_\varepsilon - g_{\varepsilon'}| \leqq \varepsilon + \varepsilon'$ à ensemble évanescent près, et lorsque $\varepsilon \to 0$ convergence uniforme, à ensemble évanescent près, vers une fonction f qui résout notre problème.

DEMONSTRATION DU LEMME 6 . Nous supposerons que F=X pour simplifier un peu. Dans le cas général, K(F) a une définition un peu plus compliquée (lemme 4), et ε/4 doit être remplacé par ελ(p(F))/4 dans la formule (6).

Rappelons que l'ensemble K(X) de toutes les mesures λ_S , où S est finie λ-p.p., est un $\underline{\underline{G}}_\delta$ (lemme 4). Les f^n étant continues bornées sur X , la fonction qui à $\lambda_S \in K(X)$ associe $\ell(\lambda_S) = \lim_n \int f^n(S(\omega),\omega)\lambda(d\omega)$ est une limite de fonctions continues sur K(X), donc une fonction de première classe de Baire. D'après le théorème de Baire, IL EXISTE S TELLE QUE λ_S SOIT UN POINT DE CONTINUITE DE ℓ SUR K(X).

Qu'est ce que cela signifie ? Qu'il existe un voisinage de λ_S pour la topologie étroite, tel que si $\lambda_T \in K(X)$ appartient à ce voisinage, on ait

$$(6) \qquad |\ell(\lambda_S) - \ell(\lambda_T)| \leqq \varepsilon/4$$

Un tel voisinage peut toujours être pris de la forme

(7) $\{ \mu\in K(X) : |\mu(c_i)-\lambda_S(c_i)|<1,\ i=1,2,\dots,n \}$

où $c_1,\dots,c_n$ sont des fonctions continues bornées sur X. Soit alors V le "voisinage tubulaire" autour de [S] dans X

(8) $V = \{(t,\omega) : |c_i(t,\omega)-c_i(S(\omega),\omega)|<1\ ,\ i=1,\dots,n \}$.

Si T est finie p.p., avec un graphe passant dans V p.p., λ_T satisfait à (7), donc $|\ell(\lambda_S)-\ell(\lambda_T)| < \varepsilon/4$. Considérons maintenant la fonction sur Ω

(9) $\overline{j}_V(\omega) = \text{sup ess } \tilde{f}_T(\omega)(\ [T]\subset V\ ,\ T \text{ fini p.p. sur } p(V))$

et $\underline{j}_V$ qui se définit de manière analogue. On a $\overline{j}_V \geq \tilde{f}_S$ p.s.. Il existe une suite de graphes $[T_n]$ passant dans V (avec $T_n<\infty$ p.p.) tels que $\overline{j}_V = \sup_n \tilde{f}_{T_n}$ p.s.. Soit $\eta > 0$; utilisant une section convenable de l'ensemble $\cup_n[T_n]$, on construit une v.a. T (finie p.s., à graphe dans V) telle que $\tilde{f}_T \geq \overline{j}_V-\eta$ p.s.. Comme on a $\int\tilde{f}_T d\lambda = \ell(\lambda_T) \leq \ell(\lambda_S)+\varepsilon/4$ $= \int\tilde{f}_S d\lambda +\varepsilon/4$, et comme η est arbitraire, on a

$$\int\overline{j}_V d\lambda \leq \int\tilde{f}_S d\lambda + \varepsilon/4 \quad \text{et de même} \quad \int\tilde{f}_S d\lambda - \varepsilon/4 \leq \int\underline{j}_V d\lambda$$

Donc $\int(\overline{j}_V-\underline{j}_V)d\lambda \leq \varepsilon/2$, et l'ensemble où $\overline{j}_V-\underline{j}_V \leq \varepsilon$ n'est pas évanescent. D'après la propriété de Lusin, il contient un compact L non évanescent <u>sur lequel</u> S <u>est continue</u> , et nous posons $A=V\cap p^{-1}(L)$. C'est l'ensemble ε-adéquat cherché. En effet,

$\overline{j}_V(t,\omega)=\overline{j}_V(\omega)$ est une majorante dans V, donc dans A, et de même $\underline{j}_V(t,\omega)=\underline{j}_V(\omega)$ est une minorante dans A , et ces deux fonctions diffèrent de moins de ε dans A, donc chacune d'elles est solution à ε près.

A est un borélien à coupes ouvertes.

A est un $\underline{\underline{F}}_\sigma$: en effet, V est réunion des ensembles

$$\{(t,\omega) : |c_i(t,\omega)-c_i(S(\omega),\omega)| \leq 1-1/n\ ,\ i=1,\dots,n \}$$

dont l'intersection avec $p^{-1}(L)$ est fermée, du fait que S est continue sur L compact. ▯

QUATRIEME PARTIE : SUITES NON UNIFORMEMENT BORNEES

Il nous faut revenir aux hypothèses du début : suite (U^n) de processus optionnels telle que pour tout t.d'a. T, $U^n_T I_{\{T<\infty\}}$ converge faiblement dans L^1 , et recherche d'un processus optionnel U " recollant" toutes ces limites faibles.

MOKOBODZKI fait une première remarque, qui allège les problèmes d'intégrabilité : les v.a. $U^n_T I_{\{\ \}}$ convergent faiblement, et sont donc uniformément intégrables (PP II.25, p.43 : encore une application du théorème de Baire !). Donc si nous tronquons chaque U^n à n, en le remplaçant par $U^n_t I_{\{|U^n_t|<n\}}$, nous avons encore convergence faible, vers la même limite. On ne perd donc pas de généralité en supposant que chaque processus U^n (chaque fonction f^n) est borné.

Maintenant, il s'offre à nous deux possibilités.

a) La première consiste à reprendre toute la démonstration, et d'abord à établir la convergence de $E[U^n_S I_{\{S<\infty\}}]$ pour toute v.a. S, à la manière des lemmes 1 et 2. Soit A la projection duale optionnelle du processus croissant $I_{\{t\geqq S\}}$. Nous avons avec les notations du lemme 1

$$E[U^n_S I_{\{S<\infty\}}] = \int_0^\infty E[U^n_{c_s} I_{\{c_s<\infty\}}]\, ds$$

Nous avons que $\{c_s<\infty\} = \{A_\infty>s\}$, et que savons nous sur A_∞ ? Que[1] $E[e^{pA_\infty}] < \infty$ pour p<1. Ainsi, pour tout p<1 il existe une constante M_p telle que $P\{c_s<\infty\} \leqq M_p e^{-ps}$. Supposons alors qu'il existe un module d'intégrabilité uniforme pour la famille (U^n) : une fonction croissante φ sur $\mathbb{R}_+$, continue et nulle en 0, telle que pour tout n et tout temps d'arrêt T

$$\int U^n_T I_{\{T<\infty\}} dP \leqq \varphi(P\{T<\infty\})$$

Nous supposons aussi que $\sup_{n,T} E[U^n_T I_{\{T<\infty\}}] \leqq C$. Majorant alors $E[U^n_{c_s} I_{\{c_s<\infty\}}]$ par C sur [0,1], par $\varphi(P\{c_s<\infty\})$ sur $[1,\infty[$, nous aurons le résultat voulu par convergence dominée si nous savons que

$$\int_1^\infty \varphi(M_p e^{-ps}) ds < \infty$$

ou, sous une forme plus agréable, dès que

$$\int_0^1 \varphi(u) \frac{du}{u} < \infty$$

Par exemple, dès que $\sup_{n,T} E[(U^n_T I_{\{T<\infty\}})^r]$ est borné par une constante M pour un r>1, Hölder nous dit que (q étant l'exposant conjugué)

$$E[U^n_T I_{\{T<\infty\}}] \leqq M(P\{T<\infty\})^{1/q}$$

et $\varphi(u)=Mu^{1/q}$ satisfait à la propriété précédente. On pourrait raffiner de bien des manières.

1. $E[A^n_\infty] \leqq n!$. Ce sont des inégalités connues depuis longtemps pour le cas prévisible (PP 1e éd., VII.59). Pour le cas optionnel, cf. le sém.X, cours sur les intégrales stochastiques, chap.V.

On voit que le passage de la première partie aux hypothèses de la seconde partie ne s'effectue pas sans restriction. En revanche, le reste de la démonstration n'exige plus que la suite soit bornée, et s'étend sans changement.

b) Il est plus intéressant de remarquer que la convergence des $E[U_S^n I_{\{S<\infty\}}]$, pour S non optionnel, n'est pas une condition indispensable. Supposons par exemple qu'il existe une martingale uniformément intégrable $Y_t=E[Y|\underline{\underline{F}}_t]$ qui majore tous les $(|U_t^n|)$ - si Y n'appartient pas à $\underline{\underline{H}}^1$, Y_S n'est pas nécessairement intégrable pour S non optionnel.

Quitte à ajouter $\varepsilon > 0$ à la v.a. positive Y, nous pouvons supposer que la mesure Q=YP est équivalente à P. Appliquant alors le théorème 1 aux processus optionnels bornés U_t^n/Y_t et à la mesure Q, nous obtenons une réponse positive à notre problème initial, sans savoir qu'il y a convergence des $E[U_S^n I_{\{S<\infty\}}]$ pour S non optionnel.

Avec un peu plus de travail, on peut avoir le même résultat en supposant simplement que les U^n sont majorés en module par une surmartingale positive Y : il y a une localisation et un recollement à faire.

BIBLIOGRAPHIE

G. MOKOBODZKI. Limite faible d'une suite de fonctions boréliennes. Séminaire de Théorie du Potentiel, Paris, 1975. A paraître .

La référence exacte est : Séminaire de théorie du potentiel de Paris. Volume n°2. p.219-259. Lecture Notes in M. 563. Springer-Verlag 1976.

Université de Strasbourg
Séminaire de Probabilités 1975/76

RESULTATS RECENTS DE BENVENISTE EN THEORIE DES FLOTS

par P.A. Meyer

Nous allons nous occuper ici, non pas de théorie des flots au sens usuel du terme, mais de théorie des flots filtrés , la petite branche de la théorie ergodique dans laquelle on s'efforce de garder présent à l'esprit le rôle du temps. Plus de 150 pages du volume IX du séminaire lui ont été consacrées, il y a deux ans, sous la forme d'exposés de LAZARO-MEYER, intitulés questions de théorie des flots (référence [QF] ci-dessous) et d'un important article de BENVENISTE (référence [B]). Notre motivation en rédigeant [QF] était la recherche d'une méthode permettant de reconnaître si, oui ou non, le flot filtré du mouvement brownien possède un compteur qui soit un processus de Poisson. Nous n'y étions pas parvenus, et c'est le problème que BENVENISTE vient de résoudre, en montrant que le flot brownien contient bien le flot de Poisson en ce sens, et même que tous les flots de processus à accroissements indépendants diffus se contiennent les uns les autres.

Nous commençons par rappeler les définitions et les notations de [QF] et [B], ainsi que les résultats concernant les flots sous une fonction que nous aurons à utiliser. Voici quelques notations spéciales

Beaucoup d'auteurs écrivent maintenant " $f\in\underline{\underline{A}}$ " , ou "$f\in\underline{\underline{A}}/\underline{\underline{B}}$ " pour signifier " f est $\underline{\underline{A}}$-mesurable " ou " f est mesurable de $\underline{\underline{A}}$ vers $\underline{\underline{B}}$ " . Je n'ai pu me résoudre à truquer le sens d'un symbole aussi fondamental que $\in$, mais j'ai satisfait ma conscience en écrivant $f\underline{\in}\,\underline{\underline{A}}$, $f\underline{\in}\,\underline{\underline{A}}/\underline{\underline{B}}$.

Dans toute la suite, l'intervalle $]-\infty,0]$ sera noté $\mathbb{R}_-$, l'intervalle $]0,\infty[$, $\mathbb{R}_+$, et les tribus boréliennes correspondantes s'écriront $\mathcal{R}_-$ et $\mathcal{R}_+$, et bien sûr $\mathcal{R}$ quand il s'agira de $\mathbb{R}$.

Enfin, nous travaillerons avec des tribus non complétées, fait que nous rappellerons, chaque fois que la typographie le permettra, par le petit rond ° usuel.

I. HYPOTHESES . FLOTS DE P.A.I.. FLOTS DIFFUS .

HYPOTHESES 1. $(\Omega,\underline{\underline{F}}^\circ,P)$ est un espace probabilisé (non complet en général), et $(\theta_t)_{t\in\mathbb{R}}$ est un groupe d'automorphismes de cet espace. On suppose que la tribu $\underline{\underline{F}}^\circ$ est engendrée par une suite (f_n) de fonctions continues sur le flot , i.e. telles que $t\longmapsto f_n(\theta_t\omega)$ soit continue pour tout ω .

Ces hypothèses semblent restrictives, et ne le sont pas vraiment. Si l'on a un espace probabilisé complet $(\Omega,\underline{\underline{F}},P)$, avec une tribu $\underline{\underline{F}}$ séparable mod(0), et un flot (Θ_t) mesurable au sens de Lebesgue, alors on peut <u>choisir</u> une tribu $\underline{\underline{F}}^\circ$ engendrant $\underline{\underline{F}}$ mod(0), telle que les hypothèses précédentes soient satisfaites. On pourra consulter [QF], et [B] p. 103-104 et 121 pour le genre de méthodes à employer.

La dernière hypothèse entraîne à la fois la séparabilité de $\underline{\underline{F}}^\circ$, et la mesurabilité de $(t,\omega)\mapsto\Theta_t\omega$ pour $\mathbb{R}\times\underline{\underline{F}}^\circ/\underline{\underline{F}}^\circ$.

Soit I l'ensemble des ω tels que, pour tout n et tout t, on ait $f_n(\Theta_t\omega)=f_n(\omega)$. Alors I est $\underline{\underline{F}}^\circ$ mesurable et invariant, et il ne se passe rien sur I. Le flot est dit <u>propre</u> si $P(I)=0$, et nous supposerons dans toute la suite que le flot est propre (ce n'est pas une vraie restriction, car on peut toujours se placer sur I^c, si $P(I^c)\neq 0$).

HYPOTHESES 2 . $(\underline{\underline{F}}^\circ_t)_{t\in\mathbb{R}}$ est une <u>famille croissante</u> de tribus contenues dans $\underline{\underline{F}}^\circ$, et l'on a $\underline{\underline{F}}^\circ_{s+t}=\Theta_t^{-1}(\underline{\underline{F}}^\circ_s)$. La tribu $\underline{\underline{F}}^\circ_0$ est engendrée par une suite de fonctions continues sur le flot.

Comme plus haut, $\underline{\underline{F}}^\circ_0$ est séparable, et $(t,\omega)\mapsto\Theta_t\omega$ est $\mathbb{R}_-\times\underline{\underline{F}}^\circ_0/\underline{\underline{F}}^\circ_0$ -mesurable.

Si f est continue sur le flot, on a $f=\lim_{t\to 0-} f\circ\Theta_t$. On en déduit que $\underline{\underline{F}}^\circ_0=\underline{\underline{F}}^\circ_{0-}$.

EXEMPLE : LE FLOT D'UN P.A.I.

Soit Ω l'ensemble de toutes les applications ω de $\mathbb{R}$ dans $\mathbb{R}$, telles que $\omega(0)=0$, continues à droite et pourvues de limites à gauche finies. On pose $\omega(t)=Z_t(\omega)$, on définit $\Theta_t\omega$ par $Z_s(\Theta_t\omega)=Z_{s+t}(\omega)-Z_t(\omega)$, et les tribus par

$$\underline{\underline{F}}^\circ=\underline{\underline{T}}(Z_s,s\in\mathbb{R})\ ,\ \underline{\underline{F}}^\circ_0=\underline{\underline{T}}(Z_s,s\leq 0)\ ,\ \underline{\underline{F}}^\circ_t=\underline{\underline{T}}(Z_u-Z_v,\ u\leq t,\ v\leq t)=\Theta_t^{-1}(\underline{\underline{F}}^\circ_0)$$

La loi P est définie de la manière suivante : soit g(u) une fonction de LEVY sur $\mathbb{R}$ (fonction de type négatif). Pour $0\leq s_1\ldots<s_n$, définissons une mesure $\Pi(s_1,dx_1,\ldots.s_n,dx_n)$ sur $\mathbb{R}^n$ par

$$\int e^{iu_1x_1+iu_2(x_2-x_1)+\ldots+iu_n(x_n-x_{n-1})}\Pi(s_1,dx_1,\ldots,s_n,dx_n)$$
$$=e^{-s_1g(u_1)-(s_2-s_1)g(u_2)-\ldots-(s_n-s_{n-1})g(u_n)}$$

La loi P est alors telle que, pour tous les $t_1<t_2\ldots<t_n$ (positifs ou non)

$$(1)\ P\{Z_{t_2}-Z_{t_1}\in I_1,\ldots,Z_{t_n}-Z_{t_{n-1}}\in I_{n-1}\}=\Pi(t_2-t_1,I_1,\ldots t_n-t_{n-1},I_{n-1})\ .$$

L'existence de P, et son invariance par les θ_t , sont des résultats classiques. Le flot ainsi construit est appelé le <u>flot du P.A.I.</u> (processus à accroissements indépendants) <u>de fonction de LEVY g</u> . Ce flot est propre si et seulement si le P.A.I. est distinct d'un processus de translation uniforme (correspondant à g(u)=iau).

Les deux cas particuliers les plus importants sont le <u>flot brownien</u> ($g(u) = \exp(-u^2/2)$) et le <u>flot de Poisson</u> ($g(u)=e^{iu}-1$).

Nous introduisons la définition suivante :

DEFINITION. <u>Un flot</u> $(\Omega,\underline{\underline{F}}^\circ\ldots)$ <u>est dit</u> diffus <u>s'il possède la propriété suivante : il existe une v.a. réelle</u> J, $\underline{\underline{F}}^\circ_0$-<u>mesurable telle que</u>

- <u>pour toute v.a.</u> $\underline{\underline{F}}^\circ_0$-<u>mesurable</u> $T \geq 0$
- <u>pour toute v.a. réelle</u> H $\underline{\underline{F}}^\circ_0$-<u>mesurable</u>

<u>on ait</u> $P\{J\circ\theta_T=H,\ 0<T<\infty\} = 0$.

Cela signifie qu'il est impossible de prédire exactement $J\circ\theta_T$, pour T strictement positif, connaissant $\underline{\underline{F}}^\circ_0$. Si l'on a cela pour une $J\in \underline{\underline{F}}^\circ_0$, on a la même propriété pour toute $\Phi : \Omega\to\mathbb{R}$ engendrant la tribu séparable $\underline{\underline{F}}^\circ_0$. En effet, supposons que l'on ait

$$P\{\Phi\circ\theta_T=K,\ 0<T<\infty\} > 0 \qquad (K\in \underline{\underline{F}}^\circ_0)$$

alors, J s'écrivant $f\circ\Phi$ puisque Φ engendre $\underline{\underline{F}}^\circ_0$, on a aussi $P\{J=f\circ K ,\ 0<T<\infty\} > 0$, en contradiction avec l'hypothèse.

Nous allons déterminer maintenant les flots de P.A.I. qui sont diffus. Pour cela, nous rappellerons certains résultats établis par LAZARO-MEYER dans le séminaire de Strasbourg VI (L.N. 258), p.109 , qui permettent de calculer les prédicteurs d'un P.A.I.. Notons par W^+ (tribu $\underline{\underline{G}}^+$, coordonnées X^+_t) l'ensemble des applications càdlàg. , nulles en 0, de $\mathbb{R}_+$ dans $\mathbb{R}$, et par W^- (tribu $\underline{\underline{G}}^-$, coordonnées X^-_t) l'ensemble des applications càdlàg. nulles en 0 de $\mathbb{R}_-$ dans $\mathbb{R}$. Etant donnés $w^-\in W^-$, $w^+\in W^+$, nous désignons par $w^-|w^+$ l'unique élément ω de Ω tel que

$$Z_t(\omega) = \begin{cases} X^+_t(w^+) & \text{si } t\geq 0 \\ X^-_t(w^-) & \text{si } t\leq 0 \end{cases}$$

Inversement, si $\omega\in\Omega$, il existe w^-, w^+ uniques tels que $\omega=w^-|w^+$. Nous les noterons $h^-(\omega)$, $h^+(\omega)$.

Soit P^+ la mesure sur W^+ pour laquelle le processus (X^+_t) est un P.A.I. de fonction de LEVY g .

LEMME 1 . <u>Nous définissons un noyau markovien</u> ε <u>de</u> $(\Omega,\underline{\underline{F}}^\circ_0)$ <u>dans</u> $(\Omega,\underline{\underline{F}}^\circ)$ <u>en posant , pour</u> f $\underline{\underline{F}}^\circ$-<u>mesurable bornée</u>

$$\varepsilon(\omega,f) = \int_{W^+} f(h^-(\omega)|w^+)P^+(dw^+)$$

<u>et nous posons, pour tout</u> $t \geq 0$, $K_t f = \mathcal{E}(f \circ \Theta_t)$. <u>Alors nous avons</u>

(2) $$\mathcal{E}f = E[f|\underline{\underline{F}}^o_0] \quad \text{p.s.}$$

<u>et pour toute v.a.</u> T, <u>positive</u>, $\underline{\underline{F}}^o_0$<u>-mesurable, finie</u>

(3) $$E[f \circ \Theta_T | \underline{\underline{F}}^o_0] = \int K_{T(.)}(.,d\overline{\omega}) f(\omega,\overline{\omega}) \ .$$

DEMONSTRATION. Pour démontrer (2), il suffit de prendre f de la forme

$$f(\omega) = a(h^-(\omega))b(h^+(\omega))$$

où a et b sont mesurables sur W^- et W^+ respectivement. Alors $E[f|\underline{\underline{F}}^o] = a(h^-(\omega))E^+[b]$, et c'est justement (2).

Il en résulte que $E[f \circ \Theta_t | \underline{\underline{F}}^o] = K_t f$, et on en déduit que (3) a lieu pour T étagée. Pour établir (3) en toute généralité, il nous faut trouver suffisamment de fonctions f telles que l'on puisse démontrer (3) en approchant T, du côté droit, par des v.a. étagées. Nous ne donnerons pas de détails, mais nous indiquerons seulement le choix des f :

$$f(\omega) = a(h^-(\omega))b(h^+(\omega))$$

$$a(w^-) = \int_{-\infty}^{0} e^{\lambda s} u(X^-_s(w^-)) ds \qquad (\lambda > 0, \text{ u continue à support compact dans }]-\infty, 0[\ )$$

$$b(w^+) = \int_{0}^{\infty} e^{-\mu s} v(X^+_s(w^+)) ds \qquad (\mu > 0, \text{ v continue à support compact dans }]0, \infty[\ )$$

Le point intéressant est que, pour de tels choix, a et b sont des fonctions bornées sur W^-, W^+, continues pour la topologie de la convergence compacte. D'autre part, les applications $t \mapsto h^{\pm}(\Theta_t \omega)$ sont continues à droite pour la topologie de la convergence compacte. D'où il résulte que $t \mapsto f(h^-(\Theta_t \omega)|w))$ est, pour ω, w fixés, continue à droite en t puis (th. de Lebesgue) que $\mathcal{E}(\omega, f \circ \Theta_t)$ est continu à droite en t.

Ce théorème s'étend aussitôt par classes monotones : soit $f(\omega,\omega')$ une fonction bornée, $\underline{\underline{F}}^o_0 \times \underline{\underline{F}}^o$-mesurable. Alors [T comme dans (3)]

(4) $$E[f(\omega, \Theta_T \omega)|\underline{\underline{F}}^o_0] = \int K_{T(.)}(.,\omega') f(.,\omega') \quad \text{p.s..}$$

Rappelons qu'on appelle <u>processus de Poisson généralisé</u> un P.A.I. qui garde la valeur 0 pendant un intervalle de temps [0,S[non réduit à 0 (la v.a. S a alors une loi exponentielle : $P\{S>t\} = e^{-\lambda t}$)

PROPOSITION. <u>Un flot de P.A.I. est diffus si et seulement si ce P.A.I. n'est pas un processus de Poisson généralisé.</u>

DEMONSTRATION. a) Soit Ψ une v.a. réelle engendrant la tribu $\underline{\underline{G}}^-$; alors $\Phi = \Psi \circ h^-$ engendre $\underline{\underline{F}}^o_0$. Soit $t>0$. Pour tout $w^- \in W^-$, soit $n_t(w^-)$ défini par

$$X^-_s(n_t w^-) = X^-_{s+t}(w^-) \text{ si } s<-t \quad , \quad X^-_s(n_t w^-) = 0 \text{ si } s \geq -t$$

Si maintenant nous avons $\omega \in \Omega$ et $t<S(\omega)$, nous avons $h^-(\Theta_t \omega) = n_t(h^-(\omega))$,

donc $\Phi(\Theta_t\omega) = \Psi(n_t(h^-(\omega))=H(\omega)$, où $H(\omega)=\Psi\circ n_t\circ h^-$ est $\underline{\underline{F}}^o_0$-mesurable. Alors $P\{\Phi\circ\Theta_t=H\} \geqq e^{-\lambda t}$, et le flot n'est pas diffus.

b) Inversement, supposons que le flot ne soit pas un processus de Poisson généralisé, et montrons qu'il est diffus. Appliquons (4) en prenant (avec les notations suivant la définition des flots diffus)

$$f(\omega,\omega') = I_{\{0<T(\omega)<\infty\}} I_{\{\Phi(\omega')=H(\omega)\}}$$

D'après (4), pour montrer que $E[f(\omega,\Theta_T\omega)]=0$, il nous suffit de montrer que si l'on pose $T(\omega)=t$, $H(\omega)=h$, on a

$$K_t(.,\{\Phi=h\}) = 0$$

Cela vaut aussi $\varepsilon(.,\{\Phi\circ\Theta_t=h\})=0$. Comme Φ engendre $\underline{\underline{F}}^o_0$, les ensembles $\{\Phi=h\}$ sont les atomes de $\underline{\underline{F}}^o_0$, les ensembles $\{\Phi\circ\Theta_t=h\}$ les atomes de $\underline{\underline{F}}^o_t$. Il ne nous reste plus qu'à montrer ceci :

<u>pour tout couple</u> $(\omega,\tilde{\omega})$, <u>la mesure</u> $\varepsilon(\omega,.)$ <u>attribue une masse nulle à l'atome de</u> $\underline{\underline{F}}^o_t$ <u>contenant</u> $\tilde{\omega}$.

Or nous avons calculé explicitement $\varepsilon(\omega,.)$. La mesure de l'atome de $\underline{\underline{F}}^o_t$ contenant $\tilde{\omega}$ est

$$I_{\{\omega^-=\tilde{\omega}^-\}} P^+\{X^+_s(.)=X^+_s(\tilde{\omega}^+) \text{ pour } 0\leqq s\leqq t\}$$

et tout revient à vérifier que P^+ ne charge pas les atomes de $\underline{\underline{G}}^+_t$, ce qui n'est pas difficile - et n'a plus rien à voir, en tout cas, avec la théorie des flots.

II. UTILISATION D'UN COMPTEUR FONDAMENTAL

La définition suivante est bien classique :

DEFINITION. <u>On appelle</u> compteur <u>un processus</u> $(N_t)_{t\in\mathbb{R}}$ <u>tel que</u>

1) $N_0=0$. <u>Les trajectoires</u> $N_.(\omega)$ <u>sont continues à droite, finies, croissantes, purement discontinues</u> , <u>à sauts unité</u>.

2) (N_t) <u>est une hélice du flot filtré</u> : <u>pour</u> $t\geqq0$, <u>on a</u> $N_t\in\underline{\underline{F}}^o_t$ (ou, de manière équivalente[1] pour $t\leqq0$ on a $N_t\in\underline{\underline{F}}^o_0$), <u>et on a</u> $N_{s+t}=N_s+N_t\circ\Theta_s$.

<u>Le compteur</u> (N_t) <u>est dit</u> fondamental <u>si</u> $N_{+\infty}=+\infty$, $N_{-\infty}=-\infty$.

Le théorème classique d'AMBROSE-KAKUTANI, précisé dans [QF] p.24-27 et [B] p. 105 pour les flots filtrés, montre que tout flot propre admet un compteur (N_t) tel que $N_{\pm\infty} = \pm\infty$ p.s.. Si l'on se restreint à l'ensemble invariart, $\underline{\underline{F}}^o$-mesurable et de mesure pleine $\{N_{\pm\infty}=\pm\infty\}$, on a donc un compteur fondamental. <u>Nous désignons par</u> (N_t), <u>dans toute la suite, un tel compteur</u>. Il faut cependant se rappeler que le compteur

1. Equivalente, en vertu de l'identité qui suit : $N_{-t}+N_t\circ\Theta_{-t}=N_0=0$.

fondamental n'est pas l'objet de notre étude, mais un outil pour l'étude des flots filtrés. Nous nous permettrons donc de le modifier plus loin.

NOTATIONS RELATIVES AU COMPTEUR FONDAMENTAL

Nous désignons par X l'ensemble $\{\omega : \Delta N_0(\omega)=1\}=\{\omega : N_{0-}(\omega)=1\}$ (qui appartient à $\underline{\underline{F}}^o_0$). Nous munissons X des tribus

$$\underline{\underline{X}}^o = \underline{\underline{F}}^o|_X \quad , \quad \underline{\underline{X}}^o_t = \underline{\underline{F}}^o_t|_X$$

Nous devons ensuite repérer les sauts du compteur fondamental. Nous le ferons de deux manières (cf. les deux notions de temps d'entrée en théorie des processus de Markov). D'abord, le numérotage

(4) $$V_1(\omega) = \inf \{t>0 : \Delta N_t(\omega)=1\}$$

poursuivi vers l'avant ($V_2(\omega) = \inf\{t>V_1(\omega) : \Delta N_t(\omega)=1\}\ldots$) et vers l'arrière ($V_0(\omega) = \sup\{t\leq 0 : \Delta N_t(\omega)=1\}$ ...). Ensuite,

(5) $$W_0(\omega) = \inf \{ t\geq 0 : \Delta N_t(\omega)=1 \}$$

poursuivi vers l'avant et vers l'arrière ($W_{-1}(\omega)=\sup\{t<0 : \Delta N_t(\omega)=1\}$). Les notations sont choisies de telle sorte que $V_i=W_i$ sur X. D'une importance particulière :

(6) $$\begin{aligned} F(\omega) &= V_1(\omega), \text{ toujours } >0 \text{ , et } \sigma(\omega)=\theta_{F(\omega)}(\omega)\in X \\ G(\omega) &= W_{-1}(\omega), \text{ toujours } <0 \text{ , et } \tau(\omega)= \theta_{G(\omega)}(\omega)\in X \end{aligned}$$

Il faut faire dès maintenant quelques remarques simples.

a) Les V_i et W_i , $i\geq 0$, sont des temps d'arrêt de $(\underline{\underline{F}}^o_t)_{t\geq 0}$, et leurs restrictions à X des temps d'arrêt de $(\underline{\underline{X}}^o_t)_{t\geq 0}$.

b) $(t,\omega)\mapsto\theta_t\omega$ est mesurable $\mathcal{R}\times\underline{\underline{F}}^o/\underline{\underline{F}}^o_0$ et $\mathcal{R}_-\times\underline{\underline{F}}^o_0/\underline{\underline{F}}^o_0$. Il en résulte que σ est mesurable $\underline{\underline{F}}^o/\underline{\underline{F}}^o$, τ mesurable $\underline{\underline{F}}^o/\underline{\underline{F}}^o$ et $\underline{\underline{F}}^o_0/\underline{\underline{F}}^o_0$. D'autre part, sur X nous avons $\sigma\tau=\tau\sigma=Id.$, de sorte que σ et τ sont des automorphismes de $(X,\underline{\underline{X}}^o)$, et que $\tau^{-1}(\underline{\underline{X}}^o)\subset\underline{\underline{X}}^o$. Nous définirons comme d'habitude σ^n,τ^n pour $n\in\mathbb{Z}$, et nous introduirons sur X la filtration discrète

(7) $$\underline{\underline{X}}^0 = \underline{\underline{X}}^o_0 \quad , \quad \underline{\underline{X}}^n = (\sigma^n)^{-1}(\underline{\underline{X}}^0)$$

(il n'y a pas de place ici pour le petit °).

Sur $\mathbb{R}_+\times X$, nous pouvons considérer la tribu prévisible $\underline{\underline{P}}$, engendrée (sans complétion) par les processus $(Y_s(x))_{s>0}$ adaptés à la famille $(\underline{\underline{X}}^o_s)_{s>0}$ et continus à gauche, et la tribu optionnelle, engendrée sans complétion par les processus $(Y_s(x))_{s>0}$, adaptés à $(\underline{\underline{X}}^o_{s+})_{s>0}$ et à trajectoires càdlàg. . Notons les points suivants, presque évidents.

LEMME 2. a) <u>Tout processus prévisible</u> $(Y_s(x))_{s>0}$ <u>est trace sur</u> $\mathbb{R}_+\times X$ <u>d'un processus prévisible</u> $(\overline{Y}_s(\omega))_{s>0}$ <u>sur</u> $\mathbb{R}_+\times\Omega$.

b) <u>Pour que</u> $(Y_s(x))_{s>0}$ <u>soit prévisible, il faut et il suffit qu'il existe</u> $j(s,\omega)\in\mathcal{R}_+\times\underline{\underline{F}}^o_0$ <u>telle que</u> $Y_s(x)=j(s,\theta_s x)$.

DEMONSTRATION. a) est évident, à partir des processus prévisibles élémentaires.

Si $(\overline{Y}_s(\omega))$ est prévisible, nous vérifions que $j(s,\omega)=\overline{Y}_s(\theta_{-s}\omega)$ est $\mathcal{R}_+\times\underline{\underline{F}}^o_0$ - mesurable. Il suffit de traiter le cas où $\overline{Y}_s(\omega)=I_{]a,\infty[}(s)h(\omega)$, où h, $\underline{\underline{F}}^o_a$-mesurable, peut s'écrire $f\circ\theta_a$ $(f\in\underline{\underline{F}}^o_0)$. Prenant alors f continue sur le flot, la démonstration est immédiate. Inversement, pour vérifier que si $j(s,\omega)\in\mathcal{R}_+\times\underline{\underline{F}}^o_0$ on a $j(s,\theta_s\omega)\in\underline{\underline{P}}$, il suffit de traiter le cas où $j(s,\omega) = a(s)f(\omega)$, $f\in\underline{\underline{F}}^o_0$ continue sur le flot, et c'est immédiat.

LEMME 3. <u>On a</u> $\underline{\underline{X}}^1=\underline{\underline{X}}^o_{F-}$ (On rappelle que $F=V_1$ est un temps d'arrêt de $(\underline{\underline{X}}^o_s)_{s>0}$).

DEMONSTRATION. Nous rappelons que $\underline{\underline{X}}^1=\sigma^{-1}(\underline{\underline{X}}^o_0)$ (formule ( )), et que, pour <u>tout</u> temps d'arrêt T, les v.a. $\underline{\underline{X}}^o_{T-}$ - mesurables sont celles qui peuvent s'écrire Y_T, avec un processus $(Y_s)_{s\geq 0}$ prévisible. Compte tenu du lemme 1, ce sont donc celles qui peuvent s'écrire $j(T(x),\theta_T x)$ avec avec $j\in\mathcal{R}_+\times\underline{\underline{F}}^o_0$.

On a alors $j(F(x),\theta_F x) \underset{o}{=} j(-G(\sigma x),\sigma x)$, donc $\underline{\underline{X}}^o_{F-}\subset\sigma^{-1}(\underline{\underline{X}}^o_0)$.

Inversement, si $j(x)\in\underline{\underline{X}}^o_0$, $j\circ\sigma = Y_F$, où $(Y_s)_{s>0}$ est le processus prévisible $(\overline{j}\circ\theta_s)_{s>0}$, $\overline{j}$ étant $\underline{\underline{F}}^o_0$-mesurable et telle que $\overline{j}|_X=j$. Donc $\sigma^{-1}(\underline{\underline{X}}^o_0)\subset\underline{\underline{X}}^o_{F-}$.

REPRESENTATION DU FLOT COMME FLOT SOUS F

Considérons l'espace $\mathbb{R}\times X$, et l'application $(s,x)\underset{i}{\longmapsto}\theta_s x$ de $\mathbb{R}\times X$ dans Ω, qui est mesurable $\mathcal{R}\times\underline{\underline{X}}^o/\underline{\underline{F}}^o$. Cette application est surjective, et deux éléments w,w' de $\mathbb{R}\times X$ ont même image par i si et seulement s'il existe un $n\in\mathbb{Z}$ tel que $\rho^n w = w'$, ρ étant définie par

(8) $\rho(s,x) = (s-G(x),\tau(x))$

On obtient un " domaine fondamental" en bijection avec Ω en posant

(9) $\hat{\Omega} = \{(s,x) : 0<s\leq F(x)\}$ (définition de [B], non de [QF])

L'application inverse de i est alors $\omega\underset{j}{\longmapsto}(-G(\omega),\tau(\omega))$, qui est mesurable $\underline{\underline{F}}^o/\mathcal{R}\times\underline{\underline{X}}^o$, et prend ses valeurs dans $\hat{\Omega}$. Nous allons écrire ci-dessous comment se lisent sur $\hat{\Omega}$ les diverses notions relatives au flot sur Ω (sur $\hat{\Omega}$, on affectera les notations de chapeaux ^).

<u>Tribu</u> $\underline{\underline{F}}^o$: elle se lit suivant la tribu $\hat{\underline{\underline{F}}}^o=\mathcal{R}\times\underline{\underline{X}}^o|_{\hat{\Omega}}$.

Flot Θ_t : si ω correspond à $\hat{\omega}=(s,x)$, $\Theta_t\omega$ correspond à

(10) $\hat{\Theta}_t(s,x) = (s+t-V_n(x), \sigma^n(x))$

où n est déterminé par $V_n(x)<s+t\leqq V_{n+1}(x)$ ([QF] p.12, légèrement modifié pour tenir compte du changement de définition de $\hat{\Omega}$).

Mesure P : elle se lit suivant la mesure

(11) $\hat{P}(ds,dx) = ds\times\mu(dx)|_{\hat{\Omega}}$

où μ est σ-finie, invariante par σ : c'est la mesure de PALM du compteur (cf. [QF] p.16). On a $1=\int P = \int_{\hat{\Omega}}\hat{P} = \int_X F\mu$. La fonction F est partout >0, et $\underline{\underline{X}}^1$-mesurable, donc μ est σ-finie sur $\underline{\underline{X}}^1$. Comme elle est invariante par σ, elle est σ-finie sur $\underline{\underline{X}}^n$ pour tout n .

Filtration : Il suffit de dire comment se lit $\underline{\underline{F}}^o_0$. On a en fait

(12) $\hat{\underline{\underline{F}}}^o_0 = \underline{\underline{P}}|_{\hat{\Omega}}$

Vérifier (12) revient à voir que :

a. Si f est $\underline{\underline{F}}^o_0$-mesurable sur Ω, $(s,x)\mapsto f(\Theta_s x)$ est trace sur $\hat{\Omega}$ d'un processus prévisible. C'est clair : prendre f continue sur le flot.

b. Si $(Y_s(x))_{s>0}$ est prévisible, alors $\omega\mapsto Y_{-G(\omega)}(\tau\omega)$ est $\underline{\underline{F}}^o_0$-mesurable. C'est clair : on choisit $j\in \mathbb{R}_+\times\underline{\underline{F}}^o_0$ telle que $Y_s(x)=j(s,\Theta_s x)$ (lemme 2), et alors la fonction considérée vaut $j(-G(\omega),\omega)$, tandis que $-G\in\underline{\underline{F}}^o_0/\mathbb{R}_+$.

Compteur fondamental : X se lit suivant le graphe de F, et l'on a, par exemple, $\hat{W}_0(s,x) = -s$, $\hat{W}_1(s,x)=F(x)-s$

le compteur $(\hat{N}_t)$ sur $\hat{\Omega}$ comptant les rencontres du graphe de F .

CHOIX D'UN COMPTEUR AMÉLIORÉ

Nous allons modifier le compteur de telle sorte que la v.a. F sur X (qui a priori est $\underline{\underline{X}}^1$-mesurable : lemme 3) soit $\underline{\underline{X}}^{-1}$-mesurable.

Nous partons du compteur fondamental (N^1_t), et nous nous donnons un nombre h>0. A chaque saut V^1_n de ce compteur ($n\in\mathbb{Z}$) nous mettons en route une horloge H_n , que nous arrêtons juste avant l'instant V^1_{n+1}, et qui sonne aux instants V^1_n, V^1_n+h , V^1_n+2h (une sonnerie à l'instant V^1_{n+1} , si par hasard $V^1_{n+1}-V^1_n$ est un multiple de h, ne sera pas comptée pour l'horloge H_n, mais bien sûr H_{n+1} sonne à l'instant V^1_{n+1}).

Le nouveau compteur N^2_t compte toutes les sonneries entendues entre 0 et t . Nous laissons le lecteur vérifier qu'il s'agit bien d'un compteur (cela peut aussi se voir sur la représentation comme flot sous une fonction, donnée plus bas). Il est clair que deux sauts successifs de ce compteur sont séparés par un temps $\leqq h$.

Nous posons ensuite $N_t = N_t^2 \circ \theta_{-2h}$, qui sera notre nouveau compteur fondamental ; ce sera à lui que se réfèreront les notations précédentes : X, V_1 , etc . Ce compteur est adapté à la filtration $(\underline{\underline{G}}_t^o) = (\underline{\underline{F}}_{t-2h}^o)$ pour $t \geq 0$. Alors sur Ω

V_1 , $V_2 = V_1 + V_1 \circ \theta_{V_1}$ sont des t.d'a. de $(\underline{\underline{G}}_t^o)$, donc $V_1, V_2 \in \underline{\underline{G}}_{V_2-}^o$
$V_2 \leq 2h$, donc $\underline{\underline{G}}_{V_2-}^o \subset \underline{\underline{G}}_{2h}^o = \underline{\underline{F}}_0^o$

Par restriction à X , on a que $F, F + F \circ \sigma$ sont $\underline{\underline{X}}^o$-mesurables, donc $F \in \sigma^{-1}(\underline{\underline{X}}^o) = \underline{\underline{X}}^{-1}$.

III. LA CONSTRUCTION DE BENVENISTE

Nous supposons désormais que le compteur fondamental a été choisi comme on vient de le dire, et que le flot est diffus. Nous nous proposons de construire une hélice $(Z_t)_{t\in\mathbb{R}}$ - c'est à dire, rappelons le, un processus càdlàg. réel tel que $Z_0 = 0$, $Z_t \in \underline{\underline{F}}_t^o$ pour $t \leq 0$, $Z_{t+s} = Z_s + Z_t \circ \theta_s$ - admettant même loi que le P.A.I. de fonction de LEVY g, c'est à dire

$$\text{pour } s_1, \ldots, s_n \geq 0 \quad P\{Z_{s_1} \in I_1, \ldots, Z_{s_n} \in I_n\} = \Pi(s_1, I_1, \ldots s_n, I_n) \quad \text{(cf. (1))}$$

Cela signifie que le flot "contient" le flot du P.A.I. considéré.

PREMIERE ETAPE. Elle consiste à se ramener à un problème analogue, mais consistant à construire un processus sur X, non sur Ω .

Supposons que nous ayons pu construire sur X un processus $(Z_t(x))_{t\in\mathbb{R}}$ à trajectoires càdlàg., nul pour t=0, satisfaisant à

$$(13) \qquad \boxed{Z_{t-G(x)}(\tau x) = Z_t(x) - Z_{G(x)}(x)}$$

(ou d'une manière équivalente, si l'on remplace x par σx : $Z_{t+F(x)}(x) = Z_{F(x)}(x) + Z\ (\sigma x)$). Nous pouvons prolonger de manière unique ce processus en un processus $(Z_t(\omega))_{t\in\mathbb{R}}$ satisfaisant à l'identité des hélices. Celle ci nous impose en effet

$$(14) \qquad Z_t(\theta_s x) = Z_{t+s}(x) - Z_s(x)$$

Tout ω se représente de plusieurs manières sous la forme $\theta_s x$, différant par l'application d'une puissance de l'application ρ (formule (8)), et (13) nous dit justement que le second membre de (14) ne dépend pas de la représentation choisie. Après quoi, l'identité des hélices est évidente.

Nous établirons ensuite la propriété

$$(15) \qquad \boxed{Z_{s\wedge F} \in \underline{\underline{X}}^0 \text{ sur } X \text{ , pour tout } s\in\mathbb{R}}$$

(qui entraîne, par continuité à droite, que $(s,x) \mapsto Z_{s\wedge F(x)}(x)$ est

$\mathbb{R}\times\underline{\underline{X}}^0$-mesurable). Montrons que (15) entraîne que <u>pour</u> $t\leq 0$, Z_t <u>est</u> $\underline{\underline{F}}^o_0$ <u>-mesurable sur</u> Ω . Nous avons par (14) ($\omega = \theta_{-G(\omega)}(\tau\omega)$)

$$\begin{aligned} Z_t(\omega) &= Z_{t-G(\omega)}(\tau\omega) - Z_{-G(\omega)}(\tau\omega) \\ &= Z_{(t-G(\omega))\wedge F(\tau\omega)}(\tau\omega) - Z_{F(\tau\omega)}(\tau\omega) \end{aligned}$$

Regardons le premier terme de cette somme (le second s'y réduit pour t=0). Nous l'obtenons par composition de $\omega \mapsto (t-G(\omega),\tau\omega) \in \underline{\underline{F}}^o_0/\mathbb{R}\times\underline{\underline{X}}^0$ et de $(s,x)\mapsto Z_{s\wedge F(x)}(x) \in \mathbb{R}\times\underline{\underline{X}}^0/\mathbb{R}$, d'où la mesurabilité cherchée.

Dernier résultat que nous prouverons sur X : que quels que soient $A\in\underline{\underline{X}}^{-1}$, quels que soient $s_1,\dots,s_n \geq 0$, on a

(16) $$\boxed{\mu\{A, Z_{s_1}\in I_1,\dots,Z_{s_n}\in I_n\} = \mu(A)\Pi(s_1,I_1,\dots,s_n,I_n)}$$

Supposant alors que $0<\mu(A)<\infty$, et considérant la loi de probabilité $\overline{\mu}(B)=\mu(A\cap B)/\mu(A)$, nous remarquons que pour celle ci $(Z_s(x))_{s\geq 0}$ est un P.A.I., de sorte que pour tout s on a aussi

$$\overline{\mu}\{Z_{s+s_1}-Z_s\in I_1,\dots,Z_{s+s_n}-Z_s\in I_n\} = \Pi(s_1,I_1,\dots,s_n,I_n)$$

après quoi on revient à μ. Cette remarque étant faite, rappelons que F est $\underline{\underline{X}}^{-1}$-mesurable, et calculons

$$\begin{aligned} & P\{Z_{s_1}(\omega)\in I_1,\dots,Z_{s_n}(\omega)\in I_n\} \\ = & \int I_{\{Z_{s_1}(\theta_s x)\in I_1,\dots,Z_{s_n}(\theta_s x)\in I_n\}}\hat{P}(ds,dx) \\ = & \int \mu(dx)ds\, I_{\{0<s\leq F(x)\}} I_{\{Z_{s+s_1}(x)-Z_s(x)\in I_1,\dots,Z_{s+s_n}(x)-Z_s(x)\in I_n\}} \\ = & \int_0^\infty ds \int_X \mu(dx) I_{\{F(x)\geq s\}} I_{\{Z_{s+s_1}(x)-Z_s(x)\in I_1,\dots\}} \\ = & \int_0^\infty ds\, \mu\{F\geq s\}\Pi(s_1,I_1,\dots,s_n,I_n) \\ = & \int F\mu \,.\, \Pi(s_1,I_1,\dots,s_n,I_n) \quad = \Pi(s_1,I_1,\dots,s_n,I_n) \end{aligned}$$

Ceci ne concerne que les $s_i\geq 0$, mais comme on sait que $(Z_t(\omega))_{t\in\mathbb{R}}$ est une hélice, la quantité

$$E[\exp(iu_1(Z_{t_2}-Z_{t_1})+iu_2(Z_{t_3}-Z_{t_2})+\dots+iu_n(Z_{t_{n+1}}-Z_{t_n}))]$$

ne dépend que des différences $t_2-t_1,\dots,t_{n+1}-t_n$, et il en résulte aussitôt que l'hélice (Z_t) " reproduit" dans Ω le flot du P.A.I. de fonction de LEVY g, ce qui est le but de l'exposé. Soulignons que (Z_t) n'est pas, pour t positif, un <u>P.A.I. de la famille</u> $(\underline{\underline{F}}^o_t)_{t\geq 0}$. En définitive, on voit que la clef du théorème de BENVENISTE se trouve dans une construction sur X donnant (13), (15) et (16).

SECONDE ETAPE : CONSTRUCTION SUR X .

Nous reprenons la définition des flots diffus : soit Φ une fonction à valeurs dans $[0,1]$, engendrant $\underline{\underline{F}}^o_0$. Nous lui associons sur $\mathbb{R}\times X$ $\hat{\Phi}(s,x) = \Phi(\Theta_s x)$, et sur X $\varphi = \Phi|_X$, qui engendre $\underline{\underline{X}}^0$. Alors $\varphi\circ\sigma$ engendre $\underline{\underline{X}}^1$ et

LEMME 3. <u>Pour toute v.a.</u> H , $\underline{\underline{X}}^0$<u>-mesurable, à valeurs dans</u> $[0,1]$, <u>on a</u>

(17) $$\mu\{\varphi\circ\sigma = H\} = 0$$

DEMONSTRATION. Nous nous plaçons sur $\hat{\Omega}$. La fonction $(s,x)\mapsto H(x)$ est trace sur $\hat{\Omega}$ d'un processus prévisible ; elle est donc $\hat{\underline{\underline{F}}}^o_0$-mesurable. Nous la noterons pour un instant $H(\hat{\omega})$. Par construction, le temps d'arrêt V_1 est $\underline{\underline{F}}^o_0$-mesurable (choix du compteur fondamental, fin du § II). Nous lisons sur $\hat{\Omega}$ $\hat{\Theta}_{V_1}(s,x)=(F(x),x)$, donc $\hat{\Phi}(\hat{\Theta}_{V_1}(s,x))=\hat{\Phi}(F(x),x) = \Phi(\Theta_{F(x)}x) = \varphi(\sigma x)$. Si nous écrivons que le flot est diffus, i.e.

$$P\{\Phi\circ\Theta_{V_1} = H\} = 0 \qquad (\text{ noter que } V_1 \text{ est partout } >0)$$

et que nous lisons cela sur $\hat{\Omega}$, il vient

$$\int\mu(dx)ds\, I_{\{0<s\leq F(x)\}}I_{\{\varphi(\sigma x)=H(x)\}} = 0$$

ce qui nous donne (17).

Construisons alors - la mesure μ étant σ-finie sur $\underline{\underline{X}}^0$ - une fonction $A(x,t)$ sur $X\times[0,1]$, croissante et continue à droite en t, mesurable sur $\underline{\underline{X}}^0\times\underline{\underline{B}}([0,1])$, telle que

$$\text{pour tout } U\in\underline{\underline{X}}^0 \text{ et tout } t\ ,\ \mu\{U,\ \varphi\circ\sigma\leq t\} = \int_U A(x,t)\mu(dx)$$

La condition (17) entraîne que $A(x,.)$ est p.s. continue (prendre pour H le premier saut de $A(x,.)$ d'amplitude $\geq\varepsilon$, ou 0 s'il n'en existe pas). Quitte à remplacer $A(x,t)$ par t sur un ensemble de mesure nulle, nous pouvons supposer que $A(x,.)$ est continue pour tout x, et que pour tout x $A(x,0)=0$, $A(x,1)=1$. Soit alors pour $t\in[0,1]$

$$B(x,t) = \inf\{s : A(x,s)\geq t\}$$

et soit $c(x) = B(x,\varphi\circ\sigma(x))$. Pour tout $U\in\underline{\underline{X}}^0$, pour tout t, nous avons

(18) $$\mu\{U,\ c\leq t\} = t\mu(U)$$

Nous savons que l'intervalle $[0,1]$, muni de la mesure de Lebesgue, est un espace probabilisé suffisamment riche pour que l'on puisse y construire un P.A.I. $(\zeta_s(t))_{s\geq 0}$, à trajectoires càdlàg. , de fonction de LEVY g . Nous poserons sur X

(19) $$\zeta^1_s(x) = \zeta_s(c(x)) \qquad (s\geq 0)$$

Les v.a. ζ^1_s sont toutes $\underline{\underline{X}}^1$-mesurables, puisque $\varphi\circ\sigma$, c , sont $\underline{\underline{X}}^1$-mesurables ; conditionnellement à $\underline{\underline{X}}^0$, le processus (ζ^1_s) est un P.A.I., i.e.

(20) $$\text{si } A\in\underline{\underline{X}}^0 \ , \ \mu\{A, \zeta^1_{s_1}\in I_1,\ldots,\zeta^n_{s_n}\in I_n\}=\mu(A)\Pi(s_1,I_1,\ldots,s_n,I_n)$$

Maintenant, nous définissons $\zeta^0_s(x)=\zeta^1_s(\tau x)$, $\zeta^2_s(x)=\zeta^1_s(\sigma x)$, et ainsi de suite vers l'avant et vers l'arrière. Pour tout n, (ζ^n_s) est un processus nul pour s=0, $\mathcal{R}\times\underline{\underline{X}}^n$-mesurable , indépendant de $\underline{\underline{X}}^{n-1}$, avec une loi conditionnelle par rapport à $\underline{\underline{X}}^{n-1}$ qui est celle d'un P.A.I.. Cela résulte de l'invariance de la mesure μ par σ !

Cette construction étant faite, rien n'est plus facile que de construire le processus $(Z_t(x))_{t\in\mathbb{R}}$. Faisons le pour $t\geq 0$. Rappelons que $V_0(x) = 0$, $V_n(x)=F(x)+F(\sigma x)+\ldots+F(\sigma^{n-1}x)$. Soit n l'entier défini par

$$V_n(x)<t\leq V_{n+1}(x)$$

Nous posons alors

$$Z_t(x) = \zeta^0_{V_1}(x)+\zeta^1_{V_2-V_1}(x)+\ldots+\zeta^{n-1}_{V_n-V_{n-1}}(x)+\zeta^n_{t-V_n(x)}(x)$$

La construction vers l'arrière se fait de même. Il faut se rappeler ici que ζ^0 est $\underline{\underline{X}}^0$-mesurable, V_1 $\underline{\underline{X}}^{-1}$-mesurable, donc V_1 et ζ^0 sont indépendants, et de même ζ^1 est indépendant de V_1, V_2-V_1, ζ^0, etc. Nous laissons alors au lecteur la vérification de (13), (15) et (16), qui ne présente aucun mystère. C'est la propriété de Markov forte des P.A.I. !

CONCLUSION ET PROBLEMES OUVERTS

Nous avons vu que tous les flots diffus contiennent tous les flots de P.A.I.. Par exemple, le flot brownien (coordonnées B_t , $t\in\mathbb{R}$) contient un compteur $(N_t)_{t\in\mathbb{R}}$, tel que

$$\underline{\underline{T}}(N_t, t\leq 0) \subset \underline{\underline{T}}(B_t, t\leq 0)$$

et qui est un compteur de Poisson . Il est facile de voir que l'inclusion des tribus doit être <u>stricte</u> . Mais en revanche, on ignore si l'on peut avoir à l'infini

$$\underline{\underline{T}}(N_t, t\in\mathbb{R}) = \underline{\underline{T}}(B_t, t\in\mathbb{R}) .$$

D'autre part, le problème inverse, de savoir si le flot de Poisson contient une hélice brownienne, n'est pas résolu par la méthode de BENVENISTE, le flot de Poisson n'étant pas diffus.

Université de Strasbourg
Séminaire de Probabilités 1975-76

LE DUAL DE $\underline{\underline{H}}^1(\mathbb{R}^\nu)$: DEMONSTRATIONS PROBABILISTES

par P.A. Meyer

Le séminaire de l'an dernier (volume X) contient quatre exposés consacrés à une démonstration probabiliste des inégalités de LITTLEWOOD PALEY dans $L^p(\mathbb{R}^\nu)$. Le travail qui suit en est le prolongement, puisqu'il s'agit d'étudier le cas limite où p=1. Notre but était de déduire le théorème de FEFFERMAN-STEIN sur la dualité entre $\underline{\underline{H}}^1$ et $\underline{\underline{BMO}}$, ainsi que les résultats sur les transformées de RIESZ , de la forme probabiliste du théorème de FEFFERMAN. Cela peut se faire, mais les démonstrations dépendent malheureusement beaucoup plus d'estimations faites à la main sur le noyau de POISSON que les démonstrations de la théorie de LITTLEWOOD-PALEY, et nous ne parvenons donc pas à dépasser le cas du mouvement brownien.

Les exposés avaient, dans leur première forme, une ambition beaucoup plus vaste : une étude probabiliste des principaux théorèmes sur les fonctions harmoniques dans le demi-espace. Je remercie vivement A. BERNARD d'avoir lu cette première rédaction, et de l'avoir critiquée, en me montrant à quel point certaines considérations parasites (concernant en particulier le retournement du temps) avaient obscurci le plan général de la démonstration. Les exposés ont été entièrement récrits, et le retournement du temps (la "petite" et la " grande" version) a été entièrement rejeté en appendice. Quelques passages entre *...* dans le corps du texte sont inutiles pour la démonstration du théorème de dualité proprement dit, et peuvent être omis par les lecteurs pressés. Enfin, j'ai rejeté en fin d'exposé deux questions qui étaient mélangées au reste dans la première rédaction : la caractérisation de $\underline{\underline{H}}^1$ au moyen des fonctions maximales, et la théorie probabiliste des transformations de RIESZ (où l'on se refuse l'outil des transformations de RIESZ dans l'étude de $\underline{\underline{H}}^1$, la règle du jeu consistant à déduire la théorie de RIESZ des théorèmes de martingales).

Il me paraît évident que ces exposés sont très loin d'épuiser la question, qui ne sera entiérement claire que lorsqu'on sera parvenu à une démonstration purement probabiliste. Les atomes eux mêmes sont encore trop liés à la structure de l'espace euclidien. Il me semble vaguement que l'avenir se trouve du côté des "fonctions spéciales" de NEVEU et de la théorie du potentiel récurrente, où interviennent aussi des estimations pour des fonctions d'intégrale nulle.

BIBLIOGRAPHIE

J'ai utilisé les articles ou livres suivants

[S]. E.M. STEIN. Singular integrals and differentiability properties of functions. Princeton 1970.

[LP]. Exposés sur la théorie de Littlewood-Paley. Séminaire X.

[RR]. H.M. REIMANN et T. RYCHENER. Funktionen beschränkter mittlerer Oszillation. Lecture Notes in M. 487, 1975.

[FS]. Ch. FEFFERMAN et E.M. STEIN . H^p spaces of several variables. Acta Math. 129, 1972, p. 137-193.

[Str]. D.W. STROOCK. Applications of Fefferman-Stein type interpolation to probability theory and analysis. Comm. Pure Appl. M. 26, 1973.

[SV]. D.W. STROOCK et S.R.S. VARADHAN. A probabilistic approach to $H^p(\mathbb{R}^d)$. Trans. Amer. Math. Soc. 192, 1974.

[CW]. R.R. COIFMAN et G. WEISS. Extensions of Hardy spaces and their uses in analysis. A paraître.

[G]. A.M. GARSIA. Martingale inequalities. Seminar notes on recent progress Benjamin, 1973.

Un point général de notation : on a fréquemment affaire dans les calculs à des << constantes dont la valeur importe peu, et qui peuvent changer de ligne en ligne >> . Nous réserverons la lettre θ pour désigner de telles " constantes variables" . Le lecteur est donc prié de se rappeler que $0<\theta<\infty$, mais que par ailleurs $\exp(\theta + 5\sqrt{\theta})=\theta$, etc.

TABLE DES MATIERES

LE DUAL DE $\underline{\underline{H}}^1(\mathbb{R}^\nu)$: DEMONSTRATIONS PROBABILISTES

EXPOSE I : LES DEFINITIONS FONDAMENTALES

I. L'ESPACE BMO CLASSIQUE . THEORIE ELEMENTAIRE

Notre référence principale est ici le remarquable volume de Lecture Notes de REIMANN-RYCHENER (référence [RR] de la bibliographie).

NOTATIONS. $\mathbb{R}^\nu$ est muni de la mesure de Lebesgue, notée tantôt dx, tantôt $\lambda(dx)$ [et non ξ comme dans les exposés [LP] de l'an dernier]. La mesure d'un ensemble A est souvent notée $|A|$.

La notation Q est réservée en principe aux <u>cubes</u> de $\mathbb{R}^\nu$ dont les arêtes sont parallèles aux axes. Si f est localement intégrable, nous écrirons

(1.1) $$f_Q = \frac{1}{|Q|}\int_Q f\lambda \quad = \int f\varepsilon_Q$$

La notation ε_Q pour désigner la mesure "moyenne sur Q" est bien compatible avec la notation ε_x pour désigner la masse unité en x !

DEFINITION. <u>Une fonction</u> f <u>appartient à</u> BMO <u>si elle est localement intégrable et s'il existe une constante</u> c <u>telle que l'on ait, pour tout cube</u> Q

(2.1) $$\int_Q |f-f_Q|\lambda \leq c|Q| \qquad (\text{ ou } \int|f-f_Q|\varepsilon_Q \leq c).$$

<u>La plus petite constante</u> c <u>possédant cette propriété est notée</u> $\|f\|_*$.

On ne modifie pas $\|f\|_*$ si l'on ajoute une constante à f, et la condition $\|f\|_* = 0$ signifie que f est constante p.p. . Il est donc naturel de considérer BMO comme un espace de <u>classes</u> de fonctions localement intégrables modulo les constantes. On vérifie qu'alors BMO est normé par $\| \ \|_*$, et que c'est en fait un espace de Banach. Mais on est aussi peu rigoriste quant à ce passage au quotient qu'en ce qui concerne les L^p, où l'on ne sait jamais si l'on parle de fonctions ou de classes.

EXEMPLE. Dans $\mathbb{R}^\nu$, la fonction $\log|x|$ appartient à BMO. Ce n'est nullement évident ([RR] p.5).

3 LEMME. Soit f localement intégrable. Supposons que pour tout cube Q il existe un nombre a_Q tel que $\int|f-a_Q|\varepsilon_Q \leq c$. Alors on a $\|f\|_* \leq 2c$.

DEMONSTRATION. $|\int f\varepsilon_Q - \int a_Q\varepsilon_Q| \leq \int|f-a_Q|\varepsilon_Q$, donc $|f_Q-a_Q|\leq c$ et $\int|f-f_Q|\varepsilon_Q \leq 2c$.

4 COROLLAIRE. a) Toute f bornée appartient à BMO (prendre $a_Q=0$).
b) Les fonctions lipschitziennes opèrent sur BMO. En particulier, BMO est stable pour les opérations $\wedge$ et $\vee$.

DEMONSTRATION. Soit L(x,y) une fonction lipschitzienne de deux variables, par exemple, et soient f et g deux éléments de BMO. On a en désignant par ℓ la constante de Lipschitz de L

$$|L(f,g) - L(f_Q,g_Q)| \leq \ell(|f-f_Q|+|g-g_Q|)$$

après quoi on intègre par rapport à ε_Q , et on applique le lemme 3.

ESPACE BMO ET MARTINGALES DYADIQUES

5 Nous n'avons pas précisé si les " cubes" figurant dans la définition de BMO sont fermés, ouverts... Pour faire le lien avec la théorie des martingales, il est bon de convenir qu'il s'agit toujours de cubes semi-ouverts, produits d'intervalles de la forme $a^i< x^i\leq a^i+h$ (où x^i désigne la i-ième coordonnée).

Nous pouvons considérer tout cube Q comme un espace probabilisé $(Q,\underline{\underline{F}},\mathbb{P})$, $\underline{\underline{F}}$ étant la tribu borélienne de Q, $\mathbb{P}$ la loi de probabilité ε_Q (considérée ici comme mesure sur Q plutôt que sur $\mathbb{R}^n$). Désignons par $\mathcal{P}_n$ la n-ième partition dyadique de Q (pour former $\mathcal{P}_1$, nous découpons chaque intervalle facteur $a^i< x^i \leq a^i+h$ en deux intervalles semi-ouverts égaux, et formons les produits de tous les intervalles ainsi obtenus ; $\mathcal{P}_1$ comporte donc 2^ν cubes . On itère l'opération pour construire $\mathcal{P}_2,\ldots\mathcal{P}_n$. Nous désignerons par $\underline{\underline{F}}_n$ la tribu engendrée par $\mathcal{P}_n$ ($\underline{\underline{F}}_0$ est réduite à Q entier et à l'ensemble vide).

Soit f une fonction localement intégrable sur $\mathbb{R}^\nu$. La restriction de f à Q (que nous noterons encore f) est $\mathbb{P}$-intégrable, et nous pouvons calculer l'espérance conditionnelle $f_n= E[f|\underline{\underline{F}}_n]$; on a

$$f_n = \Sigma_{U\in\mathcal{P}_n} f_U I_U \tag{5.1}$$

et par conséquent

$$E[|f-f_n||\underline{\underline{F}}_n] = \Sigma_{U\in\mathcal{P}_n} (\int|f-f_U|\varepsilon_U).I_U \tag{5.2}$$

Par conséquent, si f appartient à BMO, nous avons $E[|f-f_n||\underline{\underline{F}}_n] \leq \|f\|_*$. Inversement, si nous avons pour tout cube Q $E[|f-f_n||\underline{\underline{F}}_n] \leq c$, en prenant n=0 nous avons en particulier que $\int|f-f_Q|\varepsilon_Q \leq c$, et f appartient à BMO.

Sur un espace probabilisé $(\Omega,\underline{\underline{F}},P)$ muni d'une famille croissante de tribus $(\underline{\underline{F}}_n)$, on dit qu'une martingale $(X_n) = (E[X|\underline{\underline{F}}_n])$[1] appartient à $\underline{\underline{BMO}}$ s'il existe une constante γ telle que l'on ait pour tout n

(5.3) $\quad E[|X-X_{n-1}||\underline{\underline{F}}_n] \leq \gamma$ (y compris, par convention pour n=0, $E[|X||\underline{\underline{F}}_0] \leq \gamma$)

et la plus petite constante γ possédant cette propriété est la norme de la v.a. X , ou de la martingale (X_n), dans $\underline{\underline{BMO}}$. Plus précisément, il faudrait noter cet espace $\underline{\underline{BMO}}_1$ et $\|\ \|_{\underline{\underline{BMO}}_1}$ la norme correspondante, et définir $\underline{\underline{BMO}}_p$ par l'existence d'une constante γ telle que

(5.4) $\quad E[|X-X_{n-1}|^p|\underline{\underline{F}}_n] \leq \gamma^p$ (y compris, par convention, $E[|X|^p|\underline{\underline{F}}_0] \leq \gamma^p$; on suppose $1\leq p<\infty$)

la plus petite constante possible étant $\|X\|_{\underline{\underline{BMO}}_p}$. Mais l'un des premiers résultats de la théorie probabiliste de $\underline{\underline{BMO}}$ est l'<u>identité</u> des divers espaces $\underline{\underline{BMO}}_p$, et l'<u>équivalence</u> des normes $\|\ \|_{\underline{\underline{BMO}}_p}$ - de sorte que, au moins en ce qui concerne l'espace, la mention de l'exposant p est inutile.

Cependant, si l'on compare (5.3) au résultat obtenu plus haut

(5.5) $\quad E[|f-f_n||\underline{\underline{F}}_n] \leq c$ (sur tout cube Q)

on constate deux différences :

a) <u>On a</u> f_n <u>dans</u> (5.5), <u>alors qu'il faudrait</u> f_{n-1} <u>pour</u> (5.3). Nous avons pour lever cette difficulté une propriété géométrique des partitions dyadiques : soit $U\in P_n$, et soit V le cube de P_{n-1} qui contient U. On a sur U

$$E[|f-f_{n-1}||\underline{\underline{F}}_n] = \int|f-f_V|\varepsilon_U = \frac{|V|}{|U|}\int|f-f_V|I_U\varepsilon_V \leq \frac{|V|}{|U|}\int|f-f_V|\varepsilon_V \leq$$
$$\leq \frac{|V|}{|U|}c \ = 2^\nu c$$

b) <u>On n'a certainement pas pour tout cube Q la propriété</u> (5.3) <u>pour</u> n=0, en posant X=f, $X_n=f_n$. Car cela entraînerait $|f_Q|\leq c$, donc $|f|\leq c$ p.p.. En revanche, tout marche bien si l'on pose $X=f-f_Q$, $X_n=f_n-f_Q$. On en déduit aussitôt :

<u>Si</u> f <u>appartient à</u> $\underline{\underline{BMO}}(\mathbb{R}^\nu)$, <u>pour tout cube</u> Q <u>la v.a.</u> $f-f_Q$ <u>sur</u> Q <u>appartient à l'espace</u> $\underline{\underline{BMO}}$ <u>probabiliste relatif à</u> $(Q,(\underline{\underline{F}}_n),\varepsilon_Q)$, <u>avec une norme</u> $\|f-f_Q\|_{\underline{\underline{BMO}}_1} \leq 2^\nu\|f\|_*$.

En voici quelques conséquences. Tout d'abord, nous aurions pu définir aussi bien $\underline{\underline{BMO}}(\mathbb{R}^\nu)$ comme l'ensemble des fonctions $f\in L^p_{loc}$ satisfaisant à une inégalité du type

$$\int|f-f_Q|^p\varepsilon_Q \leq c^p \quad \text{pour tout cube } Q$$

1. On dit aussi que la <u>variable aléatoire</u> X appartient à $\underline{\underline{BMO}}$.

et la plus petite constante c possible aurait défini une "norme" équivalente à la "norme" $\| \|_*$. Voir par exemple [G], p.64-65 .

Un autre résultat qui passe immédiatement de la théorie probabiliste - où il admet une démonstration très générale et très simple - à la théorie analytique est l'inégalité de JOHN-NIRENBERG (dont nous ne nous servirons pas) : pour tout cube Q

(6.1) $$\lambda\{ x\in Q : |f(x)-f_Q| \geqq t \} \leqq a|Q|e^{-bt/\|f\|_*}$$

où a et b sont des constantes universelles. Même réf. que ci-dessus.

LES ATOMES DE COIFMAN

La notion d'atome a été introduite en théorie des martingales par HERZ, utilisée en analyse de manière spectaculaire par COIFMAN (Studia Math. 51, 1974) et COIFMAN-WEISS ([CW] de la bibliographie), et vient d'être introduite à nouveau en théorie des martingales par BERNARD et MAISONNEUVE sous une forme adaptée au temps continu.

L'idée est extrêmement simple. Elle consiste à interpréter les quantités apparaissant dans la définition de BMO

$$\frac{1}{|Q|}\int_Q |f-f_Q|\lambda$$

de manière <u>linéaire</u>. Pour cela, nous écrivons

$$\frac{1}{|Q|}\int_Q |f-f_Q|\lambda = \sup_h \frac{1}{|Q|}\int (f-f_Q)h\lambda = \sup_h \frac{1}{|Q|}\int f(h-h_Q)I_Q\lambda$$

h parcourant l'ensemble des fonctions nulles hors de Q, telles que $|h|\leqq 1$. Posant $k=(h-h_Q)I_Q/|Q|$, nous voyons que k est nulle hors de Q, bornée par $2/|Q|$, et d'intégrale nulle.

DEFINITION. <u>Nous dirons qu'une fonction</u> a <u>est un</u> $(1,\infty)$-<u>atome si</u> a <u>est intégrable d'intégrale nulle, et s'il existe un cube</u> Q <u>telle que</u> $|a|$ <u>soit nulle hors de</u> Q, <u>et bornée par</u> $1/|Q|$.

La fonction k/2 ci-dessus est un $(1,\infty)$-atome, et nous avons donc, en désignant par $\underline{\underline{A}}$ l'ensemble des $(1,\infty)$-atomes

(7.1) $$\|f\|_* \leqq 2 \sup_{a\in \underline{\underline{A}}} |\int fa\lambda|$$

Mais d'autre part on a pour tout $(1,\infty)$-atome a $|\int fa\lambda| = |\int (f-f_Q)a\lambda| \leqq \frac{1}{|Q|}\int |f-f_Q|\lambda \leqq \|f\|_*$. Les $(1,\infty)$-atomes permettent donc de "tester" $\|f\|_*$.

Si l'on avait remplacé les cubes par des boules dans la définition des atomes, on aurait simplement modifié la constante 2 dans la formule (7.1). Nous ferons ce genre de passage des boules aux cubes sans même le mentionner.

La notion de $(1,\infty)$-atome se rapporte à la définition de $\underline{\underline{BMO}}$ par la norme $\| \ \|_{\underline{\underline{BMO}}_1}$. Si l'on avait utilisé la norme $\underline{\underline{BMO}}_p$, on serait parvenu à la notion suivante :

DEFINITION. Soient $p\in]1,\infty[$ et q l'exposant conjugué de p. Une fonction a est un $(1,p)$-atome si elle est intégrable d'intégrale nulle, et s'il existe un cube Q tel que $|a|$ soit nulle hors de Q, et que $\int_Q |a|^q\lambda \leq (1/|Q|)^{q/p}$.

On n'utilise guère que les cas où $p=\infty$, $p=2$. La mention de 1 dans la notation "$(1,p)$-atomes" tient à l'existence d'espaces $\underline{\underline{H}}^r$ dont nous ne parlerons pas ici, et auxquels correspondraient des (r,p)-atomes.

II. PROLONGEMENTS HARMONIQUES

Dans toute la suite, nous désignerons par $Q_t(x,dy)$ le noyau sur $\mathbb{R}^\nu$

(1.1) $$Q_t(x,dy) = q_t(x-y)\lambda(dy) = \frac{c_\nu t\ \lambda(dy)}{(t^2+|x-y|^2)^{(\nu+1)/2}}$$

ici $|\ |$ désigne la distance euclidienne, et c_ν est une constante de normalisation. Les noyaux Q_t forment le semi-groupe de Cauchy, et $q_t(x-y)$ est le noyau de Poisson dans $\mathbb{R}^\nu\times\mathbb{R}_+$. La transformée de Fourier

(1.2) $$\int e^{iuy}Q_t(0,dy) = e^{-t|u|}$$

est classique.

Soit f une fonction borélienne définie sur $\mathbb{R}^\nu$. Nous dirons que f est prolongeable s'il existe un point (x,u) du demi-espace $\mathbb{R}^\nu\times\mathbb{R}_+$ tel que $u>0$, $Q_u(x,|f|) < \infty$. Cette propriété a alors lieu pour tout point (y,v) [cela résulte, soit de considérations générales sur les fonctions harmoniques, soit de la remarque évidente que le rapport $q_v(z-y)/q_u(z-x)$ est borné] et nous pouvons définir le prolongement harmonique de f au demi-espace, que nous noterons

(1.3) $$f(x,u) = Q_u(x,f)$$

en utilisant toujours la même lettre (ici f) pour la fonction sur le bord et son prolongement harmonique. La fonction $f(.,u)$ sur $\mathbb{R}^\nu$ (c'est à dire Q_uf) sera parfois notée f_u.

Soit maintenant g une fonction harmonique dans le demi-espace ouvert. Le problème se pose assez fréquemment de savoir si g est un prolongement harmonique d'une fonction (prolongeable) sur le bord. Il y a à cela une condition nécessaire : que pour tout $a>0$ la fonction g_a soit prolongeable, et que l'on ait $g_{a+u}=Q_u g_a$ pour tout $u>0$. Nous dirons dans ce cas que la fonction harmonique g est <u>poissonnienne</u>. La fonction $g(x,u)=u$ est un exemple de fonction harmonique non poissonnienne.

2 Nous désignerons de manière très systématique les points du demi-espace par des lettres <u>grecques</u>, et presque toujours par les notations $\xi=(x,u)$, $\eta=(y,v)$ ($x,y \in \mathbb{R}^\nu$, $u,v \in \mathbb{R}^+$).

Soit Ω l'ensemble des applications continues de $\mathbb{R}^+$ dans $\mathbb{R}^\nu\times\mathbb{R}$, avec ses coordonnées notées $B_t=(X_t,U_t)\in\mathbb{R}^\nu\times\mathbb{R}$ [nous aurions pu les appeler ξ_t , mais nous avons mis B pour "brownien"] . Soit (P_t) le semi-groupe du mouvement brownien[1] sur $\mathbb{R}^\nu$, et soit $(P_t^{\rightarrow})$ de même le semi-groupe du mouvement brownien[1] "horizontal"[2] sur $\mathbb{R}$. Nous construisons le semi-groupe du mouvement brownien à $\nu+1$ dimensions

$$\Pi_t(\xi,d\eta) = P_t(x,dy)\otimes P_t^{\rightarrow}(u,dv) \quad \left(\begin{matrix}\xi=(x,u)\in\mathbb{R}^\nu\times\mathbb{R} \\ \eta=(y,v)\in\mathbb{R}^\nu\times\mathbb{R}\end{matrix}\right) \tag{2.1}$$

et nous munissons Ω des mesures P^ξ du mouvement brownien issu du point ξ gouverné par (Π_t). On désigne par $\underline{\underline{F}},\underline{\underline{F}}_t$ les tribus de tous les événements, des événements antérieurs à t sur Ω, complétées de manière convenable.

Ce mouvement brownien sort du demi-espace positif, mais si l'on introduit le premier instant où l'on rencontre le bord

$$T_0(\omega) = \inf\{t : U_t(\omega)\leqq 0\} \tag{2.2}$$

et si l'on pose pour $\xi\in\mathbb{R}^\nu\times\mathbb{R}_+$

$$G_t(\xi,f) = E^\xi[f(B_t),t<T_0] \tag{2.3}$$

où f est borélienne bornée sur le demi-espace, on obtient un semi-groupe sur le demi-espace, le semi-groupe de GREEN. Nous en reparlerons en appendice. Notons seulement le noyau potentiel de ce semi-groupe : $V(\xi,d\eta)$, admettant une densité $V(\xi,\eta)$ par rapport à la mesure $d\eta=dydv$, qui est la fonction de GREEN

$$V(\xi,\eta) = \theta_\nu(|\xi-\eta|^{1-\nu}-|\xi-\eta'|^{1-\nu}) \quad (\nu\geqq 2 \ , \ \eta'=(y,-v)) \tag{2.4}$$

3 Soit f une fonction harmonique poissonnienne. Munissons Ω d'une mesure P^ξ, et désignons par T_a le temps d'arrêt $\inf\{t : U_t\leqq a\}$. Il résulte de la

---

1. Il s'agit du mouvement brownien des analystes, de générateur Δ , non de celui des probabilistes, de générateur $\Delta/2$.
2. Dans les exposés [LP] de l'an dernier, (P_t) était noté $(P_t^{\uparrow})$, et appelé "transversal" $\uparrow\vdash\!\rightarrow$. On le dira encore à l'occasion.

formule d'ITO que lorsque a>0, le processus $M_t^a=f(B_{t\wedge T_a})$ est une martingale pour la mesure P^ξ, dont le processus croissant associé est

(3.1) $$< M^a,M^a >_t = 2\int_0^{t\wedge T_a} \mathrm{grad}^2 f(B_s)ds$$

- il n'y a aucune difficulté à appliquer la formule d'ITO, du fait que f est de classe C^2 au delà de l'hyperplan $\{u=a\}$: cf. le séminaire X, p.130 .

Supposons ensuite que f soit le prolongement harmonique d'une fonction (prolongeable) sur le bord. On vérifie à la main (même réf.) que $M_t=f(B_{t\wedge T_0})$ est une martingale. Le calcul de $<M,M>_t$ peut se faire par arrêt à l'instant T_a, car on sait que $<M,M>_t$ est continu et ne croît plus après T_0. Il vient donc

(3.2) $$M_t = f(B_{t\wedge T_0}) \text{ est une martingale, } <M,M>_t=2\int_0^{t\wedge T_0} \mathrm{grad}^2 f(B_s)ds$$

En arrêtant à l'instant T_a et en appliquant la formule d'ITO, puis en faisant tendre a vers 0, on voit que si f est prolongeable

(3.3) $$M_t = f(B_{t\wedge T_0}) = f(B_0) + \int_0^{t\wedge T_0} Df(B_s)dU_s + \sum_1^\nu \int_0^{t\wedge T_0} D_i f(B_s)dX_s^i$$

où Df (parfois notée $D^{\rightarrow}f$, D_0f) est la composante horizontale du gradient de f, et D_if ($i\geq 1$) est la i-ième composante transversale.

* Nous pouvons donc associer à f plusieurs autres martingales, parmi lesquelles la plus importante est

(3.4) $$M_t^{\rightarrow} = \int_0^{t\wedge T_0} Df(B_s)dU_s \quad , <M^{\rightarrow},M^{\rightarrow}>_t = \int_0^{t\wedge T_0}(Df(B_s))^2ds$$

$(M_t^{\rightarrow})$ est la projection de (M_t) sur le sous-espace stable engendré par le mouvement brownien (U_t). *

Il s'agit ici de martingales continues, et il n'y a donc pas lieu de faire la distinction habituelle entre les deux crochets <,> et [,]. Soient f et g deux fonctions sur le bord, satisfaisant à des conditions d'intégrabilité que nous ne précisons pas pour l'instant, et soient M_t et N_t les deux martingales correspondantes $f(B_{t\wedge T_0})$, $g(B_{t\wedge T_0})$. La formule

(3.5) $$E^\mu[M_\infty N_\infty] = E^\mu[M_0N_0] + E^\mu[\int_0^\infty d<M,N>_s]$$

s'écrit, en désignant par μQ la mesure harmonique sur le bord

(3.6) $$\mu Q(h) = E^\mu[h\circ B_{T_0}] = \int\mu(dx,du)Q_u(x,dy)h(y)$$

(3.7) $$<\mu Q, fg> = <\mu,fg> + E^\mu[\int_0^{T_0} 2\,\mathrm{grad}f(B_s)\cdot\mathrm{grad}g(B_s)ds] = <\mu,fg> + 2<\mu V, \mathrm{grad}f.\mathrm{grad}g>$$

où V est le noyau de Green.

Ces formules sont justifiées rigoureusement dès que la martingale locale $M_tN_t-\langle M,N\rangle_t$ est uniformément intégrable pour la loi P^μ, mais nous ne nous occupons pas ici de cette justification, que nous ferons en détail dans chaque cas particulier. Continuons à présenter des calculs formels.

Nous désignerons par λ_a (a>0) la mesure $\lambda\otimes\varepsilon_a$, c'est à dire la mesure de Lebesgue sur l'hyperplan $\{u=a\}$. La mesure $\lambda_a V$ se calcule très simplement, on a $\lambda_a Q = \lambda$, et il vient

$$(3.8)\qquad \int fg\lambda = \int f_a g_a\lambda + 2\int dx\int_0^\infty u\wedge a\ \mathrm{grad}f(x,u).\mathrm{grad}g(x,u)\,du$$

qui est l'une des formules classiques de la théorie de LITTLEWOOD-PALEY.
*Cette formule a, nous l'avons vu, une démonstration probabiliste. Il n'en est pas de même de la formule suivante, qui résulte de la <u>symétrie</u> du noyau de Poisson ([LP] p.133, étape 1 ou formule (17) p.169) : on a en fait

$$\int \mathrm{grad}f(x,u).\mathrm{grad}g(x,u)dx = 2\int D^{\to}f(x,u)D^{\to}g(x,u)dx \quad \text{pour tout } u$$

de sorte que l'on a aussi

$$(3.9)\qquad \int fg\lambda = \int f_a g_a\lambda + 4\int dx\int_0^\infty u\wedge a\ Df(x,u)Dg(x,u)\,du$$

ce qui signifie encore que

$$(3.10)\qquad E^{\lambda_a}[M_\infty N_\infty] = E^{\lambda_a}[M_0N_0] + 2E^{\lambda_a}[\int_0^\infty d\langle M^{\to},N^{\to}\rangle_s]$$

intuitivement, dans le cas symétrique, nous pouvons estimer $\int fg\lambda$ en connaissant seulement les martingales horizontales $M^{\to},N^{\to}$: c'est là le contenu probabiliste de la théorie des transformations de RIESZ, comme nous le verrons.*

APPLICATION DE LA THEORIE DES MARTINGALES AUX FONCTIONS HARMONIQUES

4 Sous ce titre prétentieux, nous voulons mettre juste une petite remarque, que nous ne démontrerons pas complètement. Soit f une fonction harmonique poissonnienne dans le demi-espace ouvert. Associons lui les martingales $(M_t^a)=(f(B_{t\wedge T_a}))$ pour a>0. Supposons que pour <u>un</u> point ξ au moins, les variables aléatoires $M_\infty^a=f_a(X_{T_a})$ soient uniformément intégrables pour la loi P^ξ. Posons

$$\underline{F}(\omega) = \liminf_{t\to T_{0-}} f(B_t) \quad ; \quad \overline{F}(\omega) = \limsup_{t\to T_{0-}} f(B_t)$$

D'après le théorème de convergence des martingales, nous avons $\underline{F}=\overline{F}$ P^ξ-p.s., et en désignant par F leur valeur commune, nous avons

$$E^\xi[|F|] < \infty \quad , \quad f(B_{t\wedge T_a}) = E^\xi[F|\underline{\underline{F}}_{t\wedge T_a}] \text{ pour tout } t \text{ et tout } a$$

ADMETTONS MAINTENANT QU'IL EXISTE UNE FONCTION BORELIENNE φ sur le bord telle que $F=\varphi\circ B_{T_0}$ P^ξ-p.s. ; Alors la condition $E^\xi[|F|]<\infty$ entraîne que φ est prolongeable, et la condition $f(B_{T_a})=E^\xi[\varphi\circ B_{T_0}|\underline{\underline{F}}_{T_a}]$ s'écrit (en notant encore par la même lettre φ et son prolongement harmonique) $f(B_{T_a})=\varphi(B_{T_a})$ P^ξ-p.s. , donc $f_a=\varphi_a$ p.p. au sens de Lebesgue sur l'hyperplan $\{u=a\}$, et par continuité $f_a=\varphi_a$. D'où finalement $f=\varphi$ dans le demi-espace ouvert, et la fonction f est le prolongement harmonique d'une fonction définie sur le bord.

La phrase en majuscules est une conséquence très simple[1] de la théorie du retournement du temps, à laquelle nous consacrerons un appendice.

III. INTERPRETATION PROBABILISTE DE $\underline{\underline{BMO}}$

$\underline{\underline{BMO}}$ ET NOYAU DE POISSON

Le contenu de ce numéro est purement analytique : il s'agit de prouver le théorème suivant, dû à FEFFERMAN-STEIN

THEOREME. Si f appartient à $\underline{\underline{BMO}}$, on a $Q_t(x,|f|)<\infty$ pour tout x et tout $t>0$, et il existe une constante c ($\leq \theta\|f\|_*$)telle que

(1.1) pour tout x $\int Q_t(x,dy)|f(y)-Q_t(x,f)| \leq c$.

Inversement, (1.1) caractérise $\underline{\underline{BMO}}$.

REMARQUE. On a des résultats analogues pour les exposants $p>1$: $Q_t(x,|f|^p)$ est fini pour tout x et tout $t>0$, et l'existence de c telle que $\int Q_t(x,dy)|f(y)-Q_t(x,f)|^p \leq c^p$ caractérise $\underline{\underline{BMO}}$. Nous indiquerons cela en variante à la fin de la première partie.

DEMONSTRATION. Soit J le cube unité de centre 0 , et soit J_k le cube homothétique de rapport 2^k. Nous définissons une fonction a(x) positive, comme valant

$$\sum_0^\infty b_i \text{ sur } J_0 \ , \sum_1^\infty b_i \text{ sur } J_1\backslash J_0 \ \ldots \sum_n^\infty b_i \text{ sur } J_n\backslash J_{n-1}$$

où les b_i sont des constantes positives. Soit $f\in\underline{\underline{BMO}}$, $\|f\|_*=c$. Nous avons

$$\int_{\mathbb{R}^\nu} a(x)|f(x)-f_J|\lambda(dx) = \int_{J_0} b_0|f-f_J|+\int_{J_1} b_1|f-f_J|+\ldots+\int_{J_k} b_k|f-f_J|+\ldots$$

$$= b_0\int|f-f_J|\varepsilon_{J_0}+2^\nu b_1\int|f-f_J|\varepsilon_{J_1}+\ldots+2^{k\nu}b_k\int|f-f_J|\varepsilon_{J_k}+\ldots$$

Nous majorons $\int|f-f_J|\varepsilon_{J_k}$ par $\int|f-f_{J_k}|\varepsilon_{J_k}+|f_J-f_{J_k}|$, et nous utilisons un calcul du § I, n°5

1. En fait, on peut la démontrer sans aucune théorie générale du retournement du temps, comme nous le verrons. (App.1, n°2)

$$\int|f-f_{J_k}|\varepsilon_{J_{k-1}} \leqq \frac{|J_k|}{|J_{k-1}|}\int|f-f_{J_k}|\varepsilon_{J_k} \leqq 2^{\nu}c$$

et a fortiori $|f_{J_{k-1}}-f_{J_k}|\leqq 2^{\nu}c$, d'où par sommation $|f_J-f_{J_k}|\leqq k2^{\nu}c$.

Finalement,

$$\int a(x)|f(x)-f_J|\lambda(dx) \leqq \sum_0^{\infty} 2^{k\nu}b_k(1+k2^{\nu})c$$

Cette série converge si l'on prend par exemple $b_k=2^{-k(\nu+1)}$. Alors la fonction a(x) vaut $\theta 2^{-k(\nu+1)}$ sur $J_k\backslash J_{k-1}$, où la distance à l'origine est de l'ordre de 2^k. Donc au voisinage de l'infini a(x) est de l'ordre de $(1+|x|^2)^{-(\nu+1)/2}$, et la relation

(1.2) $$\int a(x)|f(x)-f_J|\lambda(dx) \leqq \theta c$$

entraîne $$\int Q_1(0,dx)|f(x)-f_J| \leqq \theta c \qquad (\text{ autre } \theta)$$

Nous interrompons la discussion pour un instant.

VARIANTE. Dans le cas où p>1, suivre le même raisonnement, mais J_k est homothétique de J dans le rapport 2^{pk}, à la ligne 7 on majore $\int a(x)|f(x)-f_J|^p\lambda(dx)$ par $\sum_0^{\infty} b_k 2^{pk\nu}\int|f-f_J|^p\varepsilon_{J_k}$, puis cette dernière intégrale de la manière suivante

$$(\int|f-f_J|^p\varepsilon_{J_k})^{1/p} \leqq (\int|f-f_{J_k}|^p\varepsilon_{J_k})^{1/p} + (\int|f_J-f_{J_k}|^p\varepsilon_{J_k})^{1/p}$$

le premier terme est majoré par θc (inégalité de JOHN-NIRENBERG, cf. § I , n° 6) , le second vaut $|f_J-f_{J_k}|\leqq k2^{p\nu}c$ (calcul fait plus haut), d'où une majoration finale

$$\int a(x)|f(x)-f_J|\lambda(dx) \leqq \sum_0^{\infty} 2^{pk\nu}b_k(\theta+k2^{p\nu})^p c$$

On peut prendre $b_k=2^{-pk(\nu+1)}$, et conclure comme plus haut que

$$\int Q_1(0,dy)|f(y)-f_J|^p \leqq \theta c^p$$

Reprenons le cas p=1, vu plus haut . On a $|Q_1(0,f-f_J)|\leqq Q_1(0,|f-f_J|) \leqq \theta c$. Nous en déduisons alors que

$$\int Q_1(0,dy)|f(y)-Q_1(0,f)|^p \leqq \theta c^p$$

et maintenant, nous translatons f , ce qui ne change pas la constante c , pour obtenir

$$\int Q_1(x,dy)|f(y)-Q_1(x,f)|^p \leqq \theta c^p$$

Et comment passe t'on de Q_1 à Q_t ? On remplace f par la fonction f_t : $x\mapsto f(x/t)$, qui est telle que $\|f_t\|_*=\|f\|_*=c$, et l'on remarque que $Q_1(x,f) = Q_t(tx,f_t)$, ou encore que $Q_t(x,f)=Q_1(x/t,f_{1/t})$. Les inégalités ci-dessus s'étendent alors de t=1 à t quelconque.

Nous passons maintenant à la réciproque, due semble t'il à STROOCK et
VARADHAN dans leur travail de 1974 (Trans.Amer.M.Soc., 192). Tout
est très simple à comprendre, sans aucun calcul, dès que l'on fait
intervenir le groupe des dilatations, qui vient déjà de jouer son
rôle dans les lignes précédentes. Nous traitons le cas où p=1.

Soit G le groupe des transformations de $\mathbb{R}^\nu$ de la forme g·x=a+tx
(a$\in\mathbb{R}^\nu$, t>0). Nous pouvons faire opérer G sur les fonctions de bien
des manières

"type L^∞ "   : $g \cdot f(x) = f(g^{-1}x)$

"type L^p "   : $g \cdot f(x) = t^{-p\nu}f(g^{-1}x)$

l'opération de type L^p préservant la norme dans L^p. On voit ici de
quelle manière $\underline{BMO}$ est apparenté à L^∞ : les opérations " de type L^∞ "
préservent aussi la norme de $\underline{BMO}$; de même, $\underline{H}^1$ plus loin sera apparenté à L^1 pour la même raison.

Maintenant, nous pouvons construire de bien des manières des normes
invariantes pour l'opération de type L^∞. Soit μ une loi de probabilité sur $\mathbb{R}^\nu$. Si f est μ-intégrable, notons f_μ son intégrale. Posons

$$H_\mu(f) = \int |f(x) - f_\mu| \mu(dx) \quad \text{si f est } \mu\text{-intégrable}$$
$$= +\infty \qquad \text{sinon}$$

et posons $\|f\|_{*\mu} = \sup_{g \in G} H_\mu(g \cdot f)$.

La norme $\|f\|_*$ usuelle correspond au cas où μ est la loi uniforme sur le
cube unité, et la propriété (1.1) correspond à une évaluation de $\|f\|_{*\mu}$,
pour $\mu(dy)=Q_1(0,dy)$.

Maintenant, soit $\underline{m}$ une mesure de probabilité dominée par un multiple $C\mu$ de la loi μ. Nous avons si f est μ-intégrable

$$\int |f(x)-f_\mu|\underline{m}(dx) \leq CH_\mu(f)$$

et comme $\underline{m}$ est une mesure de probabilité, $|f_{\underline{m}}-f_\mu| \leq CH_\mu(f)$, finalement
$H_{\underline{m}}(f) \leq 2CH_\mu(f)$, et $\|f\|_{*\underline{m}} \leq 2C\|f\|_{*\mu}$.

Ainsi, dès que μ a un petit bout de densité continue quelque part,
l'espace " $\underline{BMO}_\mu$ " est contenu dans $\underline{BMO}$ usuel. On voit combien peu cela
est lié au semi-groupe de POISSON ! Cela s'appliquerait non seulement
au semi-groupe du mouvement brownien, mais à des approximations de l'
identité par des fonctions continues ≥ 0 quelconques (à décroissance plus
rapide que le noyau de POISSON, si l'on veut avoir l'identité des

deux espaces). Il me semble qu'on a là le résultat dual (beaucoup plus facile !) d'un théorème célèbre de FEFFERMAN-STEIN, affirmant que l'espace $\underline{\underline{H}}^1$ peut se caractériser au moyen de n'importe quelle approximation de l'identité assez régulière ([FS], p.183).

REMARQUES. On aurait manifestement pu remplacer le semi-groupe de Poisson (Q_t) par le semi-groupe du mouvement brownien (P_t).

Il résulte du théorème 1 que le semi-groupe de Poisson opère dans $\underline{\underline{BMO}}$: soit en effet $f \in \underline{\underline{BMO}}$, avec $Q_t(f^2)-(Q_tf)^2 \leqq c^2$, et soit $h=Q_uf$. On a $Q_{t+u}(f^2) = Q_t(Q_u(f^2)) \geqq Q_t((Q_uf)^2) = Q_t(h^2)$, donc $Q_t(h^2)-(Q_th)^2 \leqq Q_{t+u}(f^2)-(Q_{t+u}f)^2 \leqq c^2$.

Enfin, à la caractérisation de $\underline{\underline{BMO}}$ donnée par le théorème 1 correspond une notion de (1,p)-atomes. Par exemple, pour tester que $Q_1(0,|f-Q_1f|) \leqq c$, on écrit que pour toute fonction j comprise entre -1 et 1, on a

$$|Q_1(0,j(f-Q_1f))| \leqq c \quad \text{ou} \quad \left|\int (f(y)-Q_1f(y))j(y)q_1(y)\lambda(dy)\right| \leqq c$$

Posons $k(y)=j(y)q_1(y)$; cette intégrale s'écrit $\langle f-Q_1f,k\rangle_\lambda$, et la symétrie du noyau de Poisson nous permet d'écrire cela $\langle f,k-Q_1k\rangle_\lambda$. La fonction $k-Q_1k$ est intégrable, d'intégrale nulle, bornée par q_1+q_2. Nous pourrions alors appeler $(1,\infty)$-atomes les fonctions a

(2.1) intégrables, d'intégrale nulle, satisfaisant à une inégalité de la forme $|a(x)| \leqq (1+|x|^2)^{(\nu+1)/2}$

et toutes celles qui s'en déduisent par translation et dilatation (i.e. qui sont de la forme $x \mapsto t^{-\nu}a((x-x_0)/t)$). De même, les (1,2) atomes seraient les fonctions intégrables d'intégrale nulle satisfaisant à

(2.2) $\quad \int |a^2(x)|(1+|x|^2)^{(\nu+1)/2} \leqq 1$

et toutes celles qui s'en déduisent par translation et dilatation. Pour éviter des confusions, nous réserverons le nom d'*atomes* aux atomes du § I.

3 Le théorème 1 entraîne une agréable caractérisation de $\underline{\underline{BMO}}$ au moyen des prolongements harmoniques, qui est étroitement liée (nous le verrons en appendice) à la théorie des "mesures de CARLESON"

THEOREME. *Soit* f *une fonction sur le bord. Pour que* f *appartienne à* $\underline{\underline{BMO}}$ *il faut et il suffit que* f *soit prolongeable, et qu'il existe une constante positive* c *telle que l'on ait*

(3.1) $\quad V(\mathrm{grad}^2 f) \leqq c^2 \quad$ (V *est le potentiel de Green*) .

La plus petite constante c *possible définit une norme équivalente à la norme* $\|f\|_*$.

DEMONSTRATION. Si f appartient à BMO , avec $\|f\|_*=c$, nous savons (th.1) que $Q_u(x,f^2)<\infty$ pour tout $u>0$ et tout x (f est donc prolongeable) et que $Q_u(x,f^2)-(Q_u(x,f)^2 \leq \theta c^2$.

Soit $\xi=(x,u)$, et soit M_t la martingale $f(B_{t\wedge T_0})$ pour la loi P^ξ. La martingale(M_t) est de carré intégrable, puisque $E^\xi[M^2_\infty]=Q_u(x,f^2)<\infty$. La martingale $M_t^2-\langle M,M\rangle_t$ est donc uniformément intégrable, et les calculs formels du § II n°3 sont justifiés. D'après (3.7)

$$(3.1)\qquad Q_u(x,f^2) - Q_u(x,f)^2 = 2V(\xi, \text{grad}^2 f)$$

et la fonction $V(\text{grad}^2 f)$ est donc bornée par θc^2.
Inversement, si f est prolongeable, et si $V(\text{grad}^2 f)$ est finie au point ξ, la v.a. $M_0^2+\langle M,M\rangle_\infty$ est intégrable, donc (M_t) est de carré intégrable, pour la loi P^ξ. La relation (3.1) a alors lieu, et l'inégalité $V(\text{grad}^2 f)\leq c^2$ entraîne d'après (3.1) et le th.1 que f appartient à BMO.

REMARQUE. Soit f une fonction harmonique dans le demi-espace ouvert , telle que $V(\text{grad}^2 f)\leq c^2$. Nous allons voir dans un instant que f est prolongement harmonique d'une fonction de BMO .

THEOREME. Soit f une fonction prolongeable sur le bord, et soit (M_t) le processus $f(B_{t\wedge T_0})$. Les propriétés suivantes sont équivalentes

1) f appartient à BMO .
2) Il existe une loi initiale μ telle que la martingale (M_t-M_0) appartienne à BMO pour la loi P^μ (définition rappelée ci-dessous).
3) Pour toute loi initiale μ, la martingale (M_t-M_0) appartient à BMO pour la loi P^μ.

DEMONSTRATION. Il nous faut d'abord rappeler la définition de BMO en temps continu. Une martingale locale (M_t) appartient à $BMO(P^\mu)$ s'il existe une constante c qui, d'une part borne les sauts $|\Delta M_t|$ en valeur absolue (y compris éventuellement le "saut en 0" M_0 , si M n'est pas nulle à l'instant 0), et qui d'autre part est telle que

$$E[[M,M]_\infty\,|\underline{\underline{F}}_T]-[M,M]_T \leq c^2 \text{ pour tout temps d'arrêt } T \quad (P^\mu\text{-p.s.})$$

Comme le processus du côté gauche est en fait continu à droite, il suffit de vérifier que l'on a $E[[M,M]_\infty\,|\underline{\underline{F}}_t]-[M,M]_t \leq c^2$ p.s. pour tout t constant. Pour tout cela, voir le séminaire X, p.333.

Lorsque la martingale (M_t) est continue et nulle en 0, il n'y a rien à vérifier quant aux sauts. Il reste la seconde condition, qui s'exprime sous l'une des deux formes suivantes

1) $M_t=E[M_\infty\,|\underline{\underline{F}}_t]$ et $E[(M_\infty-M_t)^2|\underline{\underline{F}}_t] \leq c^2$ P^μ-p.s.
2) $E[\langle M,M\rangle_\infty-\langle M,M\rangle_t\,|\underline{\underline{F}}_t] \leq c^2$ P^μ-p.s.

Ces préliminaires ayant été dits, démontrons le théorème.

1) Soit f appartenant à $\underline{\underline{BMO}}$, et soit $(M_t)=(f(B_{t\wedge T_0}))$. Nous avons

$$E[\langle M,M\rangle_\infty | \underline{\underline{F}}_t]-\langle M,M\rangle_t = E[\int_t^{t\wedge T_0} 2\mathrm{grad}^2 f(B_s)ds|\underline{\underline{F}}_t]$$
$$= 2V(B_{t\wedge T_0}, \mathrm{grad}^2 f) \leqq \theta \|f\|_*^2$$

et on voit que (M_t-M_0) appartient à $\underline{\underline{BMO}}(P^\mu)$ pour toute loi initiale μ.

2) Inversement, supposons que pour <u>une</u> loi μ (M_t-M_0) appartienne à $\underline{\underline{BMO}}(P^\mu)$. Alors on a P^μ-p.s. $V(B_{t\wedge T_0}, \mathrm{grad}^2 f) \leqq c^2$. Mais cela entraîne que $V(.,\mathrm{grad}^2 f) \leqq c^2$ p.p. au sens de Lebesgue. Cette fonction est un potentiel de Green, elle est donc semi-continue inférieurement, l'inégalité a lieu partout, et f appartient à $\underline{\underline{BMO}}$ d'après le théorème 3.

REMARQUE. Nous avons parlé tout le temps de <u>lois</u> initiales. En fait, tout s'applique à des <u>mesures</u> initiales σ-finies.

DEMONSTRATION DE LA REMARQUE 4. Fixons ξ , et introduisons pour a>0 les martingales arrêtées $M_t^a = f(B_{t\wedge T_a})$. Nous avons

$$E^\xi[\langle M^a,M^a\rangle_\infty] = E[\int_0^{T_a} 2\mathrm{grad}^2 f(B_s)ds] \leqq E[\int_0^{T_0} 2\mathrm{grad}^2 f(B_s)ds]$$
$$= V(\xi, 2\mathrm{grad}^2 f) < \infty$$

Les martingales sont donc uniformément bornées dans $L^2(P^\xi)$, et le n°4 du § II entraîne que f est un prolongement harmonique de fonction sur le bord. Après quoi on applique le th.3.

IV . TRANSFORMATIONS DE RIESZ

1 Les transformations de RIESZ R_j $(j=1,\dots,\nu)$ sont les opérateurs bornés sur $L^2(\mathbb{R}^\nu)$ définis par

$$(1.1) \qquad (R_j f)\hat{}\,(u) = i\frac{u_j}{|u|}\hat{f}(u)$$

où la transformation de Fourier est désignée ici par un ^ (et plus loin par $\mathcal{F}$). Nous allons relier cela au noyau de Poisson. Partons de la formule classique

$$\mathcal{F}\frac{c_\nu t}{(t^2+|x|^2)^{(\nu+1)/2}} = e^{-t|u|}$$

Cette égalité est préservée si l'on multiplie par x_j à gauche et si l'on applique iD_j à droite. Ainsi

$$\mathcal{F}\frac{c_\nu x_j}{(t^2+|x|^2)^{(\nu+1)/2}} = i\frac{u_j}{|u|}e^{-t|u|}$$

Introduisons donc les éléments de L^2

(1.2) $k_t^j(x) = c_\nu x_j/(t^2+|x|^2)^{(\nu+1)/2}$

et les opérateurs de convolution bornés sur L^2

(1.3) $R_{jt}f = f*k_t^j$ $(f\in L^2(\mathbb{R}^\nu))$

(nous écrirons désormais k_t au lieu de k_t^j , j restant fixé dans la suite). On vérifie aussitôt sur (1.1) , par transformation de Fourier, que

(1.3) $R_{jt} = R_jQ_t = Q_tR_j$

En particulier, la fonction $(t,x)\mapsto R_{jt}f(x)$ est harmonique dans le demi-espace, et lorsque f appartient à L^2 , $R_{jt}f$ converge dans L^2 et p.p. vers R_jf.

Notons quelques propriétés des fonctions k_t et des opérateurs R_{jt} .

(1.4) La norme de R_{jt} dans L^2 est bornée par A, indépendant de t. En effet, on a $|iu_je^{-t|u|}/|u||\leqq 1$, et on applique Plancherel.

(1.5) On a $|D_ik_t(x)| \leqq C/|x|^{\nu+1}$, où C est indépendant de t

Cela se voit par un petit calcul direct. Il en résulte que si $|x|\geqq 2|y|$

(1.6) $|k_t(x-y)-k_t(x)| \leqq |y| \sup_{0\leqq t\leqq 1} \frac{C}{|x-ty|^{\nu+1}} \leqq B|y|/|x|^{\nu+1}$

Ces propriétés interviendront dans un calcul fondamental que nous allons faire maintenant. Il s'agit d'un résultat sur les (1,2)-atomes (§ I, n°7).

THEOREME. Soit Q une boule de centre O et de rayon R, et soit a une fonction de carré intégrable, à support dans Q (donc intégrable), et d'intégrale nulle, telle que $\int a^2(x)dx \leq 1/|Q|$. La transformée de RIESZ R_ja appartient alors à L^1, avec une norme majorée indépendamment de R.

DEMONSTRATION. Comme a appartient à L^2, R_ja est limite dans L^2 de $R_{jt}a$, et le lemme de Fatou nous ramène à la recherche d'une majoration uniforme pour $\int|R_{jt}a(y)|dy$. Posons $R_{jt}a(y)=r_t(y)$.

Nous avons $\|r_t\|_2 \leqq A\|a\|_2 \leqq 1/|Q|^{1/2}$ (cf. (1.4)). Donc si B est la boule de rayon 2R

$$\int_{|y|\leqq 2R} |r_t(y)|dy \leqq \|I_B\|_2\|r_t\|_2 \leqq (2^\nu|Q|)^{1/2}\|r_t\|_2 \leqq 2^{\nu/2} .$$

Pour $|y|\geqq 2R$, nous utilisons le fait que a est d'intégrale nulle, en écrivant

$$r_t(y) = \int_Q(k_t(y-x)-k_t(y))a(x)dx$$

Comme $|y|\geqq 2R$, $|x|\leqq R$, nous avons $|y|\geqq 2|x|$, et nous pouvons majorer $|k_t(y-x)-k_t(y)|$ par $B|x|/|y|^{\nu+1}$, puis x par $|R|$. Alors

$$|r_t(y)| \leq \frac{BR}{|y|^{\nu+1}} \int_Q |a(x)|dx \leq \frac{BR}{|y|^{\nu+1}} \|I_Q\|_2 \|a\|_2 \leq BR/|y|^{\nu+1}$$

et alors $\int_{|y|\geq 2R} |r_t(y)|dy$ est borné par une quantité indépendante de R.

L'ESPACE $\underline{\underline{H}}^1$ DES ANALYSTES ET SON DUAL

3 Nous allons maintenant introduire l'espace $\underline{\underline{H}}^1$ classique, que nous noterons $\underline{\underline{H}}^1_a$ (a rappelant qu'il s'agit de l'espace des analystes, par opposition à l'espace probabiliste $\underline{\underline{H}}^1_p$ que nous verrons plus loin). Puis nous donnerons une description sommaire de son dual - lorsqu'il s'avèrera que ce dual est en fait $\underline{\underline{BMO}}$, nous en déduirons une représentation explicite de $\underline{\underline{BMO}}$.

Nous avons considéré jusqu'à maintenant les transformations de RIESZ comme des opérateurs sur L^2. Nous dirons à présent qu'une fonction intégrable f admet une transformée de RIESZ intégrable $f_j=R_jf$ si f_j appartient à L^1 et si l'on a $\hat{f}_j(u)=i\hat{f}(u)u_j/|u|$. Noter que $\hat{f}$ et $\hat{f}_j$ sont continues en 0, alors que $u_j/|u|$ n'a pas de limite en 0 ; on a donc $\hat{f}(0)=\hat{f}_j(0)=0$, autrement dit, f et f_j sont d'intégrale nulle.

DEFINITION. $\underline{\underline{H}}^1_a$ est l'espace des $f\in L^1$ admettant des transformées de RIESZ $R_jf\in L^1$ $(1\leq j\leq \nu)$ muni de la norme

$$\|f\|_{\underline{\underline{H}}^1_a} = \|f\|_1 + \sum_1^\nu \|R_jf\|_1 \tag{3.1}$$

$\underline{\underline{H}}^1_a$ est un espace de BANACH. Le théorème 2 exprime que tous les (1,2)-atomes sont contenus dans une boule de $\underline{\underline{H}}^1_a$. Nous désignerons par $\underline{\underline{H}}^1_0$ l'espace vectoriel engendré par les (1,2)-atomes, i.e. l'espace des fonctions de carré intégrable, à support compact, et d'intégrale nulle. L'adhérence de $\underline{\underline{H}}^1_0$ dans $\underline{\underline{H}}^1_a$ sera notée $\overline{\underline{\underline{H}}}^1_0$.

Il est très facile de déterminer le dual de $\underline{\underline{H}}^1_a$: le dual de L^1 étant L^∞

4 THEOREME. Les formes linéaires continues sur $\underline{\underline{H}}^1_a$ s'écrivent

$$f \longmapsto \langle f,g_0\rangle + \sum_1^\nu \langle R_jf, g_j\rangle \tag{4.1}$$

où g_0 , g_j $(1\leq j\leq \nu)$ sont des éléments de L^∞.

5 Nous allons donner une représentation plus concrète d'une telle forme linéaire en faisant opérer les transformations de RIESZ sur L^∞ ([RR], p. 70). Nous déduisons d'abord de (1.6) que

$$|k_t(y-x)-k_t(-x)| \leq B|y|/|x|^{\nu+1} \quad \text{si } |x|\geq 2|y|$$

donc pour y fixe, cette fonction est intégrable en x. Nous remarquons aussi que $|D_tk_t(x)|\leq 2tc_\nu/|x|^{\nu+3}$, de sorte que la fonction $k_t(x)-k_1(x)$ (ou $k_t(-x)-k_1(-x)$!) est intégrable. Cela nous permet d'introduire, pour $t>0$ les opérateurs sur L^{∞}, donnés par de vrais noyaux

(5.1) $\quad \overline{R}_{jt}f(y) = \int \overline{R}_{jt}(y,dx)f(x) = \int (k_t(y-x)-k_1(-x))f(x)dx$

Si f appartient à $L^{\infty} \cap L^2$, on a $\overline{R}_{jt}f = R_{jt}f + \mathrm{Cte}$. Noter aussi que lorsque y reste dans un compact, la masse totale $\int |\overline{R}_{jt}(y,dx)|$ reste bornée.

LEMME. <u>Si</u> a <u>appartient à</u> $\underline{\underline{H}}^1_0$, <u>on a pour</u> $f \in L^{\infty}$

(6.1) $\quad < R_{jt}a, f > = - < a, \overline{R}_{jt}f >$

DEMONSTRATION. L'application $f \mapsto <R_{jt}a,f>$ sur L^{∞} est une mesure bornée (th.2) , et de même $f \mapsto -<a,\overline{R}_{jt}f>$ (a est à support compact). Pour vérifier l'égalité sur L^{∞}, il suffit de vérifier l'égalité pour $f \in L^{\infty} \cap L^2$. Mais alors, comme $\overline{R}_{jt}f = R_{jt}f + \mathrm{Cte}$, et comme a est d'intégrale nulle, il suffit de prouver

$$< R_{jt}a, f > = - < a, R_{jt}f > \quad \text{si } f \in L^2$$

ce qui est immédiat, par transformation de Fourier par exemple.

COROLLAIRE. $\|\overline{R}_{jt}f\|_* \leq \theta \|f\|_{\infty}$, <u>où</u> θ <u>ne dépend pas de</u> t .

DEMONSTRATION. Prenons pour a un $(1,2)$-atome. Nous avons vu dans le théorème 2 que $\|R_{jt}a\|_{L^1} \leq \theta$. Donc $\sup_a |<a,\overline{R}_{jt}f>| \leq \theta\|f\|_{\infty}$, et le membre de gauche est une norme équivalente à $\|f\|_*$ (§ I, n°7).

LEMME. $Q_s\overline{R}_{jt}f = \overline{R}_{j,s+t}f$ <u>si</u> $f \in L^{\infty}$.

DEMONSTRATION. Nous remarquons d'abord que $\overline{R}_{jt}f$ appartient à $\underline{\underline{BMO}}$ d'après 7, donc $Q_s|\overline{R}_{jt}f| < \infty$. Ensuite, si $f \in L^2 \cap L^{\infty}$, nous avons

$$\overline{R}_{jt}f = R_{jt}f + \mathrm{Cte} \quad ; \quad \overline{R}_{j,s+t}f = R_{j,s+t}f + \mathrm{Cte}$$

avec <u>la même</u> constante ($-\int k_1(-x)f(x)dx$). Donc la relation se réduit à l'identité $Q_sR_{jt} = R_{j,s+t}$. Enfin, la valeur de chacun des deux membres en un point <u>y</u> définit une mesure bornée en f, et deux mesures bornées égales sur $L^{\infty} \cap L^2$ sont égales.

Nous pouvons maintenant conclure : pour $f \in L^{\infty}$, considérons la fonction $r(x,t) = \overline{R}_{jt}f(x)$. D'après 8, c'est une fonction harmonique poissonnienne dans le demi-espace ouvert. D'après 7, on a $\|r_t\|_* \leq \theta\|f\|_{\infty}$. D'après un raisonnement tout semblable à celui du § III, n°5 , il existe une fonction r sur le bord, telle que $\|r\|_* \leq \theta\|f\|_{\infty}$, et telle que $r_t = Q_tr$ pour tout t. Nous poserons

(9.1) $\quad r = \overline{R}_jf \quad f \in L^{\infty}$

et nous dirons que r est la <u>j-ième transformée de RIESZ modifiée</u> de f. Il résulte aisément de (6.1) que l'on a, pour $a \in \underline{\underline{H}}^1_0$

$$< R_j a, f > = - < a, \overline{R}_j f >$$

Mais alors, revenons à 4. Il vient :

THEOREME. <u>Toute forme linéaire continue sur $\overline{\underline{\underline{H}}}{}^1_0$ est le prolongement d'une forme linéaire sur $\underline{\underline{H}}{}^1_0$ du type</u>

(10.1) $\qquad f \longmapsto < f,g >$ <u>où</u> g <u>appartient à</u> $\underline{\underline{BMO}}$.

DEMONSTRATION. Avec les notations de 4, $g = g_0 - \sum_1^\nu \overline{R}_j g_j$. Noter que g est uniquement déterminée à une constante additive près par la connaissance de la forme $f \longmapsto <f,g>$ sur $\underline{\underline{H}}{}^1_0$.

Il sera très facile de démontrer que le dual de $\underline{\underline{H}}{}^1_0$ est $\underline{\underline{BMO}}$, et plus difficile de démontrer que $\overline{\underline{\underline{H}}}{}^1_0 = H^1_a$

V . L'ESPACE $\underline{\underline{H}}{}^1_p$ PROBABILISTE

Nous allons maintenant rappeler quelques points de la théorie probabiliste de la dualité entre $\underline{\underline{H}}{}^1$ et $\underline{\underline{BMO}}$, telle qu'elle est exposée dans le séminaire X, p.336 sqq.

1 Soit μ une mesure initiale quelconque (non nécessairement bornée). Une martingale (M_t) pour la loi P^μ appartient à l'espace $\underline{\underline{H}}{}^1(\mu)$ si elle satisfait à l'une des conditions équivalentes

(1.1) $\qquad E^\mu[M^*] < \infty$ où $M^* = \sup_t |M_t|$ ou $E[[M,M]_\infty^{1/2}] < \infty$[1]

Nous munirons plutôt l'espace $\underline{\underline{H}}{}^1(\mu)$ de sa norme "maximale"

(1.2) $\qquad \|M\|_{\underline{\underline{H}}^1(\mu)} = E^\mu[M^*]$

La norme " quadratique" $E^\mu[[M,M]_\infty^{1/2}]$ lui est équivalente (inégalités de DAVIS : les constantes d'équivalence ne dépendent pas de l'espace probabilisé).

Nous définissons maintenant l'espace $\underline{\underline{H}}{}^1_p(\mu)$ (qui est un espace de fonctions prolongeables sur le bord) comme l'espace des fonctions f sur le bord, prolongeables, telles que la martingale

(1.3) $\qquad M_t = f(B_{t\wedge T_0})$ appartienne à $\underline{\underline{H}}{}^1(\mu)$

et nous posons $\|f\|_{\underline{\underline{H}}^1_p(\mu)} = \|M\|_{\underline{\underline{H}}^1(\mu)}$. La lettre <u>p</u> signifie "probabiliste", par opposition à $\underline{\underline{H}}{}^1_a$ (analytique) utilisé au § IV . Nous poserons

(1.4) $\qquad f^* = \sup_t |f(B_{t\wedge T_0})|$

1. Rappelons qu'ici $[M,M] = <M,M>$, les martingales étant continues.

Nous allons maintenant définir l'espace $\underline{\underline{H}}^1_p$ tout court, sans mesure μ : rappelons que λ_a est la mesure de Lebesgue sur l'hyperplan $\{u=a\}$. <u>Montrons que</u> $E^{\lambda_a}[f^*]$ <u>croît avec</u> a. Soit $0<b<a$. On a

$$\sup_{0\leq s\leq T_0} |f(B_s)| \geq \sup_{T_b\leq s\leq T_0} |f(B_s)|$$

Intégrons par rapport à la mesure P^{λ_a} . Du côté gauche nous avons $E^{\lambda_a}[f^*]$. Du côté droit, d'après la propriété de Markov forte, $E^{\lambda_b}[f^*]$. Nous pouvons donc définir

DEFINITION. $\underline{\underline{H}}^1_p$ <u>est l'espace des</u> f <u>prolongeables</u>, <u>définies sur le bord</u>, <u>telles que</u>

(2.1) $$\|f\|_{\underline{\underline{H}}^1_p} = \lim_{a\to\infty} \|f\|_{\underline{\underline{H}}^1_p(\lambda_a)} < \infty .$$

Nous donnerons en appendice une interprétation de cette norme qui ne fait pas intervenir un passage à la limite (grâce à la théorie du retournement du temps).

Revenons à l'espace $\underline{\underline{H}}^1(\mu)$ (toutes les martingales, pas seulement celles qui sont associées aux fonctions). On prouve dans le séminaire X, p.337, l'inégalité de FEFFERMAN

(3.1). <u>Si</u> (M_t) <u>appartient à</u> $\underline{\underline{H}}^1(\mu)$, <u>si</u> (N_t) <u>appartient à</u> $\underline{\underline{BMO}}(\mu)$ (l'espace des martingales $\underline{\underline{BMO}}$ pour la mesure P^μ) <u>on a</u>

$$E^\mu[\int_{[0,\infty[} |d[M,N]_s|] \leq \Theta\|M\|_{\underline{\underline{H}}^1(\mu)} \|N\|_{\underline{\underline{BMO}}(\mu)}$$ [1]

et le théorème de dualité nous dit (p.338) que toute forme linéaire continue sur $\underline{\underline{H}}^1(\mu)$ est de la forme $M\mapsto E[[M,N]_\infty]$, où N appartient à $\underline{\underline{BMO}}(\mu)$.

En particulier, si g est une fonction sur le bord, qui appartient à $\underline{\underline{BMO}}$, la martingale $g(B_{t\wedge T_0})-g(B_0) = N_t$ est nulle en 0, et appartient à $\underline{\underline{BMO}}(\mu)$, avec une norme $\leq \Theta\|g\|_*$ (§ III, n°5) indépendante de μ. Il n'y a pas de terme en M_0N_0 , et nous connaissons, par polarisation de la formule (3.2) du § II, l'expression explicite des crochets [M,N]. Nous avons donc

(3.2) $$E^\mu[\int_0^\infty 2|\text{grad}f(B_s).\text{grad}g(B_s)|ds] \leq \Theta\|f\|_{H^1_p(\mu)}\|g\|_*$$

Le côté gauche vaut $<\mu,\ 2V(|\text{grad}f.\text{grad}g|)>$. Prenons en particulier $\mu=\lambda_a$, il vient

(3.3) $$\int dx\int_0^\infty u\wedge a\ |\text{grad}f(x,u).\text{grad}g(x,u)|du \leq \Theta\|f\|_{\underline{\underline{H}}^1_p(\lambda_a)}\|g\|_*$$

1. Une lecture inattentive de la référence laisserait croire que $\Theta=\sqrt{2}$, mais en fait la norme que l'on utilise sur $\underline{\underline{H}}^1$ n'est pas la même.

et en faisant tendre a vers $+\infty$

(3.4) $\int dx \int_0^\infty 2u\,|\mathrm{grad} f(x,u).\mathrm{grad} g(x,u)|\,du \leq \Theta \|f\|_{\underline{\underline{H}}_p^1} \|g\|_*$

On peut considérer cela comme une forme analytique précise de l'inégalité de FEFFERMAN. Explicitons en une conséquence

THEOREME. Pour tout $a>0$, soit

(4.1) $\Lambda_a(f,g) = \int dx \int_0^\infty 2u\wedge a\ \mathrm{grad} f(x,u).\mathrm{grad} g(x,u)\,du$

et soit $\Lambda(f,g) = \Lambda_\infty(f,g)$. Cette forme bilinéaire est bien définie et continue (uniformément en a) sur le produit $\underline{\underline{H}}_p^1 \times \underline{\underline{BMO}}$, et l'on a $\lim_a \Lambda_a(f,g) = \Lambda(f,g)$.

La formule de Plancherel permet de voir que , lorsque f et g appartiennent à L^2, on a $\int fg\lambda = \Lambda(f,g)$. Cela peut aussi se démontrer de manière probabiliste, mais nous ne donnerons pas de détails, car nous aurons à démontrer plus loin cette égalité lorsque f est un atome et g appartient à $\underline{\underline{BMO}}$, et le principe de la démonstration est le même.

CONSTRUCTION D'ELEMENTS DE $\underline{\underline{H}}_p^1$

Nous démontrons maintenant un résultat fondamental. Nous en donnons en fait deux démonstrations : l'une au n°6, l'autre au n°8 ou 9 - mais cela n'apparaîtra que plus tard. Le n°8, par ailleurs, nous servira directement.

THEOREME. Les (1,2)-atomes appartiennent à $\underline{\underline{H}}_p^1$, et plus précisément forment un ensemble borné dans $\underline{\underline{H}}_p^1$.

Nous avons vu plus haut que les (1, 2)-atomes forment un ensemble borné dans $\underline{\underline{H}}_a^1$ (§ IV, n°2), donc il suffit de montrer

THEOREME. $\|f\|_{\underline{\underline{H}}_p^1} \leq \Theta \|f\|_{\underline{\underline{H}}_a^1}$.

DEMONSTRATION. Nous posons $f_0=f$, et nous désignons par f_i $(1\leqq i\leqq \nu)$ les trasnsformées de RIESZ de f, qui appartiennent toutes à L^1 par hypothèse. La définition des transformées de RIESZ entraîne immédiatement, en regardant les transformées de Fourier, que l'on a pour les prolongements harmoniques de f et des f_i les relations

(6.1) $D_0 f_i = D_i f_0 \quad (i=1,\ldots,\nu \ ;\ D_0 = D^{\rightarrow}) \quad ; \quad \sum_0^\nu D_j f_j = 0$

Nous considérons la martingale vectorielle $F_t = (f_0(B_{t\wedge T_0}),\ldots f_\nu(B_{t\wedge T_0}))$ à valeurs dans $\mathbb{R}^{\nu+1}$. Elle s'écrit

(6.2) $F_t^i = F_0^i + \sum_k \int_0^t U_{ks}^i\, d\beta_s^k \quad$ où $U_{ks}^i = D_k f_i(B_{t\wedge T_0})$, $\beta_s^k = B_{t\wedge T_0}^k$

Nous allons montrer qu'il existe un exposant $q<1$ tel que, pour toute loi P^ξ, le processus $(\varepsilon + \sum F_t^{i2})^{q/2}$ soit une sousmartingale. Appliquant alors l'inégalité de DOOB avec l'exposant $1/q>1$, nous aurons

(6.3) $E^\xi[((\varepsilon+\sum F_{\bullet}^{i2})^{1/2})^*] \leq c_q E^\xi[(\varepsilon+\sum F_\infty^{i2})^{1/2}]$

après quoi on fait tendre ε vers 0, puis on intègre par rapport à λ_a, puis on fait tendre a vers l'infini. Du côté droit on a une norme équivalente à $\|f\|_{\underline{\underline{H}}^1_a}$. Du côté gauche, on obtient un résultat meilleur que celui qui est annoncé, à savoir que

<u>si</u> f <u>appartient à</u> $\underline{\underline{H}}^1_a$, <u>toutes les</u> $R_i f$ <u>appartiennent à</u> $\underline{\underline{H}}^1_p$.

Pour établir le résultat concernant la sousmartingale, nous reprenons la formule (6.1), et nous posons sur $\mathbb{R}^{\nu+1}$

$$h(x) = (\varepsilon + \sum x_i^2)^{q/2}$$

la formule d'ITO nous dit que

$$h(F_t) = h(F_0) + \text{martingale} + \frac{1}{2}\sum \int_0^t D_i D_j h(F_s) U^i_{ks} U^j_{\ell s} d\langle\beta^k,\beta^\ell\rangle_s$$

On a $d\langle\beta^k,\beta^\ell\rangle_s = I_{\{s<T_0\}}\delta^{k\ell}ds$. Donc pour finir il suffit de vérifier que

$$\sum_{ijk\ell} D_i D_j h(F_s) U^i_{ks} U^j_{\ell s}\delta^{k\ell}$$

est positif. Ou encore qu'en tout point x, et quelle que soit la matrice U^i_k symétrique et de trace nulle, on a

$$(7.1) \qquad \sum D_i D_j h(x) U^i_k U^j_\ell \delta^{kl} \geqq 0$$

Dans le cas qui nous occupe, nous avons en posant $|x|=r$

$$D_i D_j(x) = A(x)[(q-2)x_i x_j + (\varepsilon+r^2)\delta_{ij}] \quad A(x)\geqq 0$$

Nous avons d'abord $\varepsilon\sum\delta_{ij}U^i_k U^j_\ell\delta^{k\ell} \geqq 0$. Inutile donc de s'occuper du terme en ε ! Ce qui reste est homogène, une forme quadratique en les x_i. $\sum \delta_{ij}U^i_k U^j_\ell\delta^{k\ell} = \sum (U^i_k)^2$ est alors la somme $\sum \lambda_i^2$, où **les** λ_i sont les valeurs propres. La relation $\lambda_0 = \sum_{i>0} -\lambda_i$ (trace nulle) entraîne $\lambda_0^2 \leqq \nu\sum_{i>0}\lambda_i^2$ (Schwarz), puis $(\nu+1)\lambda_0^2 \leqq \nu\sum_i \lambda_i^2$. Cela vaut pour toute valeur propre, et l'on a donc $|\sum x_i x_j U^i_k U^j_\ell \delta^{kl}| \leqq r^2 \sup_i|\lambda_i| \leqq \frac{\nu}{\nu+1}\sum\lambda_i^2$. Reste donc comme minoration

$$A(x)r^2.\sum\lambda_i^2.[1+(q-2)\frac{\nu}{\nu+1}] \text{ , positif si } q>\frac{\nu-1}{\nu}$$

Cette démonstration est servilement copiée de STEIN, <u>Singular integrals and differentiability properties of functions</u>, p.217. Mais je dois dire que j'ai été frappé de la propriété (7.1) , qui est liée à la convexité (positivité sans restriction de (7.1)) un peu de la même manière que le "type négatif" au 'type positif' en analyse harmonique.

8 L'autre procédé va consister à évaluer, si a est un (1,2)-atome, l' intégrale de la fonction <u>maximale radiale</u> associée à a :

(8.1) $a^{=}(y) = \sup_u |Q_u(y,a)|$.

et à montrer qu'elle est bornée indépendamment de a. Nous verrons dans le second exposé que cette propriété <u>caractérise</u> $\underline{\underline{H}}^1_p$. On se ramène aussitôt au cas où

(8.2) a <u>est une fonction d'intégrale nulle</u>, <u>à support dans la boule unité de</u> $\mathbb{R}^\nu$, <u>telle que</u> $\int a^2(x)dx \leqq 1$.

après quoi on procède par translation et dilatation, pour atteindre les (1,2)-atomes généraux.

Nous allons calculer séparément $\int_{|y|\leqq 2} a^{=}(y)dy$ et $\int_{|y|>2} a^{=}(y)dy$

PREMIERE INTEGRALE. Nous n'utilisons pas le fait que a est d'intégrale nulle ; nous écrivons simplement que

(8.3) $\|a^{=}\|_2 \leqq \theta\|a\|_2$

qui est un résultat classique (se ramenant à l'inégalité de DOOB pour une martingale convenable : voir l'appendice 1 . Voir aussi dans le séminaire X p.167 une démonstration par la théorie ergodique). Nous majorons alors $\int_{|y|\leqq 2} a^{=}(y)dy$ par l'inégalité de SCHWARZ.

SECONDE INTEGRALE. Nous écrivons que a est nulle hors de la boule unité, et d'intégrale nulle

(8.4) $Q_t(y,a) = \int_{|x|\leqq 1} (q_t(y-x)-q_t(y))a(x)dx$

Or nous avons

$$|D_i q_t(x)| = \theta(t^2+|x|^2)^{-(\nu+1)/2} tx_i/(t^2+|x|^2)$$

et comme $2tx_i \leqq t^2+|x_i|^2$ il reste $|D_i q_t(x)| \leqq \theta(t^2+|x|^2)^{-(\nu+1)/2}$. Si $|y| \geqq 2$, $|x|\leqq 1$ on a $|y| \geqq 2|x|$ et

$$|q_t(y-x)-q_t(y)| \leqq \theta|x| \sup_{0\leqq s\leqq 1} (t^2+|y-sx|^2)^{-(\nu+1)/2}$$

$$\leqq \theta|x|\,|y|^{-(\nu+1)} \text{ car } |y-sx| \geqq |y|/2$$

et comme $|x|\leqq 1$ il reste

(8.5) $|Q_t(y,a)| \leqq \theta\int_{|x|\leqq 1} |y|^{-\nu-1}|a(x)|dx \leqq \theta|y|^{-\nu-1}$

qui est intégrable sur $\{|y|\geqq 2\}$. Il ne reste plus qu'à passer au sup en t.

9 Avant d'en tirer une conséquence assez importante, mentionnons qu'un calcul analogue peut se faire à la main pour démontrer l'intégrabilité de la fonction <u>maximale conique</u>

(9.1) $a^{<}(y) = \sup_{(x,u)\in\Gamma_y} |Q_u(x,a)|$ $\Gamma_y = \{(y,u) : |y-x|\leqq u \}$

où l'on prend le sup sur un cône d'ouverture fixe de sommet y, au lieu du rayon issu de y. Ce n'est pas une simple vanterie : le calcul (sans intérêt) figurait dans la première rédaction.

Revenons au n°8, avec les mêmes notations. Soit J le cube homothétique du cube unité dans le rapport 2. La formule (8.5) nous donne

$$a^{=}(y) \leqq \theta(1+|y|^2)^{-(\nu+1)/2} \qquad \text{pour } |y|\geqq 2$$

et alors la formule (1.2) du § III n°1 nous donne (le fait que l'on ait doublé le cube n'ayant aucune importance !)

$$\int_{|y|\geqq 2} a^{=}(y)|g(y)-g_J|dy \leqq \theta\|g\|_*$$

D'autre part on a $\int_{|y|\leqq 2} a^{=}(y)|g(y)-g_J|dy \leqq \|a^{=}\|_2\|(g-g_J)I_J\|_2 \leqq \theta\|g\|_*$.
Ainsi on a, pour toute fonction $g\in\underline{\underline{BMO}}$

(10.1) $\qquad \int a^{=}(y)|g(y)-g_J|dy \leqq \theta\|g\|_*$

La formule (10.1) n'a pas d'importance en elle même, mais l'intégrabilité de $a^{=}|g|$ pour toute $g\in\underline{\underline{BMO}}$ va nous permettre, par convergence dominée, de démontrer un résultat important.

THEOREME. __Si__ f __appartient à__ $\underline{\underline{H}}^1_0$, __si__ g __appartient à__ $\underline{\underline{BMO}}$, __on a__ $\Lambda(f,g)=\int fg\lambda$.
DEMONSTRATION. Nous écrivons la formule

$$E^\xi[M_\infty N_\infty] = E^\xi[M_0N_0] + E^\xi[\int_0^\infty d\langle M,N\rangle_s]$$

pour les deux martingales $(M_t)=(f(B_{t\wedge T_0}))$ et $(N_t)=(g(B_{t\wedge T_0}))$, bornées dans L^2 pour la loi P^ξ. Cela nous donne, si $\xi=(x,u)$

$$Q_u(x,fg) = f(x,u)g(x,u) + 2V(\xi, \text{gradf.gradg}).$$

Intégrons par rapport à la mesure $\lambda_a(d\xi)$; f appartenant à L^2 et étant à support compact, g appartenant à L^{2a}_{loc} , |fg| appartient à L^1 et est à support compact, donc $\int|fg|\lambda = \int Q_a(|fg|)\lambda < \infty$. La fonction |g| appartient à $\underline{\underline{BMO}}$ (§ 1, n°4), la fonction $Q_a|g|$ aussi (§ III, n°2), donc $\int f^{=}Q_a|g|\lambda < \infty$ (n°10) et en particulier $\int|Q_af|Q_a|g|\lambda<\infty$. Enfin, nous avons $2\int V(\xi,|\text{gradf.gradg}|)\lambda_a(d\xi)<\infty$ puisque f appartient à $\underline{\underline{H}}^1_p$ et g à $\underline{\underline{BMO}}$ (n°3). Nous pouvons donc écrire

$$\int fg\lambda = \int f_a g_a\lambda + \Lambda_a(f,g)$$

et comme $\Lambda_a(f,g)$ tend vers $\Lambda(f,g)$ lorsque $a\to\infty$ par convergence dominée (n°4), il nous suffit de démontrer que $\int f_a g_a\lambda \to 0$. Mais nous avons $\int|Q_af|Q_a|g|\lambda<\infty$, donc $\langle Q_af,Q_ag\rangle_\lambda = \langle Q_{2a}f,g\rangle_\lambda$. Enfin, $Q_{2a}f$ tend vers 0 dans L^2 (Plancherel) donc en mesure, et nous pouvons appliquer le théorème de convergence dominée puisque $|Q_{2a}f| \leqq f^{=}$ et que $\int f^{=}|g|\lambda<\infty$. D'où la conclusion. En particulier, d'après (3.4) et 6 .

COROLLAIRE. __Si__ $f\in\underline{\underline{H}}^1_0$ __et__ $g\in\underline{\underline{BMO}}$ __on a__ $|\int fg\lambda|\leqq \theta\|f\|_{\underline{\underline{H}}^1_a}\|g\|_*$

LE DUAL DE $\underline{\underline{H}}^1(\mathbb{R}^\nu)$: DEMONSTRATIONS PROBABILISTES

EXPOSE II : LE THEOREME DE DUALITE

Dans cet exposé, nous allons présenter d'abord le théorème de dualité sous sa forme la plus complète, puis nous traiterons une théorie des transformations de RIESZ, ne reposant pas sur les calculs explicites de l'exposé I, §4 . Nous démontrerons d'autre part, presque complètement, le théorème de BURKHOLDER, GUNDY et SILVERSTEIN caractérisant $\underline{\underline{H}}^1$ au moyen de la fonction maximale radiale ou conique.

Le numérotage des paragraphes suit celui de l'exposé I.

§ VI . DEMONSTRATION DU THEOREME DE DUALITE

1 Si l'on veut comprendre clairement le problème qui reste à résoudre, il faut éviter de mélanger les espaces $\underline{\underline{H}}^1_a$ et $\underline{\underline{H}}^1_p$. <u>Nous nous occupons uniquement de</u> $\underline{\underline{H}}^1_p$ et nous rappelons deux faits établis dans l'exposé I.

(1.1) <u>Les</u> (1,2)-<u>atomes forment un ensemble borné dans</u> $\underline{\underline{H}}^1_p$.

(1.2) <u>Si</u> f <u>est un</u> (1,2)-<u>atome</u>, <u>si</u> $g\in\underline{\underline{BMO}}$, <u>on a</u> $\int fg\lambda = \Lambda(f,g)$, <u>et la forme</u> Λ <u>est bornée sur</u> $\underline{\underline{H}}^1_p\times\underline{\underline{BMO}}$.

Rappelons bien aussi comment cela s'obtient : (1.1) résulte d'un calcul fait à la main, à partir d'une condition suffisante analytique d'appartenance à $\underline{\underline{H}}^1_p$. (1.2) cache l'inégalité de FEFFERMAN et dit, d'une part que l'on sait majorer $E[[M,N]_\infty]$ en fonction de $\|M\|_{\underline{\underline{H}}^1}\|N\|_{\underline{\underline{BMO}}}$, et d'autre part que l'on peut interpréter $E[[M,N]_\infty]$ simplement comme $E[M_\infty N_\infty]$.

Les démonstrations de ces théorèmes n'ont pas été spécialement simples, mais toutes les difficultés sont venues du fait que la mesure de Lebesgue n'est pas bornée. Imaginons un instant, en effet, qu'elle le soit. Nous démontrons (1.1) en prenant un cube <u>fixe</u>, et en regardant les atomes relatifs à ce cube. Ils forment un ensemble borné dans L^2 , donc (inégalité de DOOB) dans $\underline{\underline{H}}^2$, contenu dans $\underline{\underline{H}}^1$ avec norme plus forte. Puis nous changeons de cube grâce aux dilatations, qui préservent la norme $\underline{\underline{H}}^1$. De même, en (1.2), il n'y a aucune difficulté quand au passage de $E[[M,N]_\infty]$ à $E[M_\infty N_\infty]$, puisque les deux martingales sont bornées dans L^2. La seconde simplification se présente effectivement dans le cas du disque, mais je ne sais pas si l'on peut utiliser, dans ce cas, quelque chose d'analogue aux dilatations.

Rappelons que $\underline{\underline{H}}_0^1$ désigne le sous-espace engendré par les atomes, i.e. l'espace des fonctions de carré intégrable, à support compact, d'intégrale nulle, et que $\overline{\underline{\underline{H}}}_0^1$ est l'adhérence de $\underline{\underline{H}}_0^1$ dans $\underline{\underline{H}}_p^1$ (ou si l'on veut le complété de $\underline{\underline{H}}_0^1$).

On a immédiatement un <u>petit</u> théorème de dualité :

THEOREME. <u>Le dual de $\overline{\underline{\underline{H}}}_0^1$ est $\underline{\underline{BMO}}$. Toute forme linéaire I continue sur $\overline{\underline{\underline{H}}}_0^1$ est prolongement par continuité d'une forme linéaire sur H_0^1 du type</u>

(2.1) $\qquad f \longmapsto \int fg\lambda$ <u>où $g\in BMO$ est déterminée à une constante près,</u>

<u>et on a alors</u> $I(f)=\Lambda(f,g)$ <u>pour tout</u> $f\in\overline{\underline{\underline{H}}}_0^1$.

DEMONSTRATION. Nous savons déjà que si $g\in\underline{\underline{BMO}}$, la forme linéaire (2.1) sur $\underline{\underline{H}}_0^1$ s'écrit aussi $f\longmapsto\Lambda(f,g)$, et donc se prolonge à $\underline{\underline{H}}_p^1$, qui contient $\overline{\underline{\underline{H}}}_0^1$. L'unicité de g à une constante près est aussi évidente. Il reste donc à vérifier que toute forme linéaire continue I s'obtient ainsi.

Soit J le cube unité, et soit J_n le cube homothétique n.J . Soit $f\in\underline{\underline{H}}_0^1$ à support dans J_n ; la fonction $\dfrac{1}{|J_n|^{1/2}}\dfrac{f}{\|f\|_2}$ est un (1,2)-atome, et on a donc $|I(f)|\leq c|J_n|^{1/2}\|f\|_2$, où c est la norme de I. Donc il existe une fonction $g_n\in L^2$, nulle hors de J_n , telle que $I(f)=\int fg\lambda$ pour toute $f\in\underline{\underline{H}}_0^1$ à support dans J_n. Comme toute f est d'intégrale nulle, g_n est déterminée à une constante près, que nous choisirons en imposant que la moyenne $(g_n)_J$ sur le cube unité soit nulle. Cette normalisation étant imposée, on vérifie aussitôt que les g_n se raccordent en une seule fonction g, et la continuité de I exprime que g appartient à $\underline{\underline{BMO}}$.

On voit bien pourquoi il a fallu travailler sur les (1,2)-atomes, et non sur les $(1,\infty)$-atomes ! on serait tombé sur le dual de L^∞ , et on n'aurait pu continuer.

Le théorème de dualité complet << le dual de $\underline{\underline{H}}_p^1$ est $\underline{\underline{BMO}}$ >> est maintenant équivalent à l'assertion suivante

(3.1) $\qquad \underline{\underline{H}}_0^1$ est dense dans $\underline{\underline{H}}_p^1$

Il faut remarquer que c'est un problème sérieux, que de trouver un ensemble dense dans $\underline{\underline{H}}^1$! Voir STEIN [S], p.225, ligne 20, puis la démonstration p.230-231, puis l'échappatoire "that such f are dense in L_0^1 can be proved by elementary computation, or one can appeal to WIENER's theorem characterizing the maximal ideals of L^1" qui évite d'écrire encore une page de démonstration. Nous allons suivre ici une méthode purement probabiliste.

Nous exprimons la propriété (1.2) sous la forme d'un lemme, qui contient l'essentiel de l'histoire. Dès qu'on l'a énoncé, on s'aperçoit qu' il y a un vide gênant. Peut on le généraliser[1] à des martingales non bornées ? Il n'est même pas évident que l'espérance considérée ait un sens.

4 LEMME. Fixons a>0. Soit (V_t) une martingale bornée pour la mesure P^{λ_a}, et soit k une fonction borélienne sur $\mathbb{R}^\nu$ satisfaisant à

(4.1) $$k(X_{T_0}) = E^{\lambda_a}[V_\infty | X_{T_0}] \text{ p.s.}$$

(rappelons les notations : $B_t=(X_t,U_t)$, $B_{T_0}=(X_{T_0},0)$). Alors k appartient à $\underline{\underline{BMO}}$ et l'on a

(4.2) $$\|k\|_* \leq \theta \|V\|_{\underline{\underline{BMO}}(\lambda_a)}$$

DEMONSTRATION. On écrit la chaîne d'inégalités suivante, où tout est immédiat à justifier du fait que(V_t) est bornée. Soit j un $(1,\infty)$-atome ; on a $\|j\|_{\underline{\underline{H}}^1_p(\lambda_a)} \leq \theta$ et

$$|\int jk\lambda| = |E^{\lambda_a}[j(X_{T_0})k(X_{T_0})]| = |E^{\lambda_a}[j(X_{T_0})V_\infty]| = |E^{\lambda_a}[M_\infty V_\infty]|$$
$$= |E^{\lambda_a}[[M,V]_\infty]| \leq \theta \|V\|_{\underline{\underline{BMO}}} .$$

Il reste à passer au sup sur j, et on obtient (4.2).

Nous savons que nous pouvons "tester" l'appartenance à $\underline{\underline{BMO}}$ au moyen des atomes, et que ceux ci appartiennent à une boule de $\underline{\underline{H}}^1_p$. Nous allons en déduire - par application de la dualité probabiliste entre $\underline{\underline{H}}^1_p(\lambda_a)$ et $\underline{\underline{BMO}}(\lambda_a)$ - que l'on peut tester l'appartenance à $\underline{\underline{H}}^1_p$ au moyen de certains éléments de $\underline{\underline{BMO}}$.

5 DEFINITION. Nous désignons par $\mathcal{B}$ l'ensemble des $g \in \underline{\underline{BMO}}$ telles que

(5.1) $$\|g\|_* \leq 1 \quad , \quad |g(x)| \leq A(1+|x|^2)^{-(\nu+1)/2} .$$

La constante A peut dépendre de g. De telles fonctions appartiennent à tous les L^p, et d'autre part, si f est prolongeable, l'inégalité $Q_1(0,|f|) < \infty$ entraîne $\int |fg|\lambda < \infty$ pour $g \in \mathcal{B}$, ce qui donne un sens à l'énoncé suivant

6 THEOREME. Soit f une fonction prolongeable. Alors

(6.1) $$\|f\|_{\underline{\underline{H}}^1_p} \leq \theta \sup_{g \in \mathcal{B}} \int fg\lambda$$

DEFINITION. Si f n'appartient pas à L^1, le second membre vaut $+\infty$ (il suffit de prendre des g bornées à support compact dans le sup !), et il n'y a rien à démontrer. Supposons donc $f \in L^1$.

1. Nous le ferons, mais après la démonstration du th. de dualité (n°12).

Soit δ (fini) tel que $\delta< \|f\|_{\underline{\underline{H}}^1_p}$ (finie ou non). D'après la définition de $\underline{\underline{H}}^1_p$, nous pouvons choisir a assez grand pour que l'on ait

$$\delta < \|f\|_{\underline{\underline{H}}^1_p(\lambda_a)}$$

Considérons la martingale $M_t=f(B_{t\wedge T_0})$, posons $q_1(x)=c_\nu(1+|x|^2)^{-(\nu+1)/2}$ (noyau de POISSON), et introduisons le temps d'arrêt

(6.2) $\qquad R = \inf \{ t : |M_t-M_0| \geqq cq_1(X_0) \}$

$R=R(c,M)$ dépend de la martingale (M_t) et de la constante c, que l'on choisira très grande. La martingale arrêtée $M_{t\wedge R} = M^R_t$ appartient à $\underline{\underline{H}}^1_p(\lambda_a)$, puisqu'elle est majorée par $|M_0|+cq_1(B_0)\in L^1$. Nous choisirons c assez grand pour que $\delta< \|M^R\|_{\underline{\underline{H}}^1_p(\lambda_a)}$ et n'y toucherons plus.

D'après le théorème de FEFFERMAN probabiliste, il existe une martingale (U_t) de norme $\underline{\underline{BMO}}(\lambda_a) \leqq 1$, telle que l'on ait

$$\|M^R\|_{\underline{\underline{H}}^1_{\lambda_a}} \leqq \Theta E^{\lambda_a}[U_0M_0^R + \int_{0+}^{\infty} d[U,M^R]_s]$$
$$= \Theta E^{\lambda_a}[U_0M_0 + \int_{0+}^{R} d[U,M]_s]$$

- le théorème de FEFFERMAN n'est pas établi, d'habitude, pour des espaces de mesure infinie, mais il n'y a aucune difficulté lorsque la mesure est σ-finie sur $\underline{\underline{F}}_0$, comme c'est le cas ici. Introduisons à nouveau un temps d'arrêt $R'=R(c',U)$ relatif à (U_t), et soit V_t la martingale $U_{t\wedge R'} - U_0$. Si c' est assez grand, l'intégrale

$$E^{\lambda_a}[\int_{0+}^{\infty} d[V,M^R]_s] = E^{\lambda_a}[\int_{0+}^{R'} d[U,M^R]_s]$$

est arbitrairement voisine de $E^{\lambda_a}[\int_{0+}^{\infty} d[U,M^R]_s]$ (convergence dominée). Nous choisissons c' assez grand pour que

(6.3) $\qquad \delta< \Theta E^{\lambda_a}[U_0M_0 + \int_{0+}^{\infty} d[V,M^R]_s] = \Theta E^{\lambda_a}[U_0M_0+V_RM_\infty]$

En effet, la martingale (V_t) est dominée par $c'q_1(B_0)$ qui est bornée, et l'on a donc, V étant nulle en 0

$$E^{\lambda_a}[\int_{0+}^{\infty} d[V,M^R]_s] = E^{\lambda_a}[V_\infty M^R_\infty] = E^{\lambda_a}[V_\infty M_R]= E^{\lambda_a}[V_RM_R]=E^{\lambda_a}[V_RM_\infty]$$

Rappelons aussi que dans (6.3)

- U_0 est $\underline{\underline{F}}_0$-mesurable, bornée par 1 du fait que $\|U\|_{\underline{\underline{BMO}}(\lambda_a)} \leqq 1$
- V est une martingale nulle en 0, de norme $\underline{\underline{BMO}} \leq 1$, dominée par $cq_1(B_0)$, et en particulier bornée.

Introduisons deux fonctions h et k sur le bord, définies par

$h(X_0) = U_0$ (U_0 est mesurable par rapport à la tribu engendrée par $B_0=(X_0,a)$)

$k(X_{T_0})=E^{\lambda a}[V_R|X_{T_0}]$

La formule (6.3) nous donne alors

$$\delta < \theta E^{\lambda a}[\, U_0 M_0 + V_R M_\infty\,] = \int f(Q_a h+k)\lambda$$

en effet, $E^{\lambda a}[U_0 M_0] = E^{\lambda a}[(f_a h)\circ X_0] = \int f_a h\lambda = \int f.Q_a h\lambda$. De même, $M_\infty = f(B_{T_0})$, donc on peut remplacer V_R par $E^{\lambda a}[V_R|B_{T_0}]$, et le second terme donne $\int fk\lambda$.

Nous faisons alors une dernière transformation, en posant $g=Q_a h.I_K+k$, où K est un compact assez gros pour que l'on ait encore $\delta<\theta\int fg\lambda$. Nous vérifions que g possède les propriétés exigées dans la définition de $\mathcal{B}$.

1) D'après le lemme 4 , $\|k\|_* \leqq \theta\|V_R\|_{\underline{\underline{BMO}}} = \theta$. D'autre part, h est bornée par 1, donc $Q_a h.I_K$ aussi , et pour finir $\|g\|_{\underline{\underline{BMO}}} \leqq \theta$.

2) $Q_a h.I_K$ est bornée à support compact. V_R est majorée par $cq_1(B_0)$ et nous avons donc en conditionnant

$$|k(X_{T_0})| \leqq c'\int Q_a(X_{T_0},dy)q_1(y) = c'q_{1+a}(X_{T_0})$$

et par conséquent $|k(x)| \leqq A(1+|x|^2)^{-(\nu+1)/2}$.

Le théorème est établi.

Nous démontrons maintenant que les (1,2)-atomes <u>relatifs au semi-groupe</u> (Q_t) (§ III, n°2) appartiennent à $\underline{\underline{H}}^1_p$.

THEOREME. <u>Soit</u> f <u>une fonction intégrable, d'intégrale nulle, telle que</u>

$$(7.1)\qquad \int f^2(x)(1+|x|^2)^{(\nu+1)/2} \leqq 1$$

<u>On a alors</u> $\|f\|_{\underline{\underline{H}}^1_p} \leqq \theta$.

DEMONSTRATION. D'après 6, il suffit de montrer que si g satisfait à (5.1) on a $|\int fg\lambda|\leqq \theta$. Or soit $\bar{g}= g - Q_1(0,g)$; comme f est intégrable d'intégrale nulle, fg et $f\bar{g}$ sont simultanément intégrables (avec la même intégrale). D'autre part

$$f(x)\bar{g}(x) = \bar{g}(x)\sqrt{q_1(x)}\;.f(x)/\sqrt{q_1(x)}$$

Appliquons l'inégalité de SCHWARZ. Le second facteur fournit $(\int f^2/q_1\ \lambda)^{1/2} \leqq 1$ d'après (7.1). Le premier fournit $Q_1(0,(g-Q_1(0,g))^{1/2} \leqq \theta\|g\|_*$ III.1). Ainsi $f\bar{g}$ est intégrable et $|\int f\bar{g}\lambda| \leqq \theta\|g\|_* \leqq \theta$.

8 LEMME . <u>Soit</u> $\underline{\underline{K}}$ <u>l'ensemble des fonctions</u> f <u>intégrables</u>, <u>d'intégrale nulle et telles que</u> $|f(x)| \leqq A(1+|x|^2)^{-(\nu+1)/2}$. <u>Alors</u> $\underline{\underline{K}}$ <u>est dense dans</u> $\underline{\underline{H}}^1_p$.

DEMONSTRATION. Soit $j \in \underline{\underline{H}}_p^1$, et soit $(M_t)=(j(B_{t\wedge T_0}))$ la martingale correspondante. Soit $N_t=M_t-M_0$. Nous avons

$$\|M-N\|_{\underline{\underline{H}}_p^1(\lambda_a)} = E^{\lambda_a}[|M_0|] = \int |Q_a j|\lambda$$

NOUS DEMONTRERONS EN APPENDICE[1] QUE CETTE INTEGRALE TEND VERS 0 lorsque a $\to \infty$: c'est un tout petit résultat, tout à fait élémentaire, de convergence dominée. Pour l'instant, étant donné $\varepsilon>0$, choisissons a assez grand pour que cette intégrale soit $< \varepsilon/2$.

Ce choix étant fait, nous considérons un temps d'arrêt de la forme

$$R = \inf \{ t : |N_t| \geqq cq_1(X_0) \}$$

et nous désignons par (U_t) la martingale nulle en 0 $(N_{t\wedge R})$. Elle est dominée par $cq_1(X_0)$, et nous avons

$$E^{\lambda_a}[\sup_t |N_t-U_t|] = E^{\lambda_a}[\sup_{t \geqq R} |N_t-N_R|]$$

Lorsque $c\uparrow\infty$, on a $I_{\{R<\infty\}}\downarrow 0$, donc la variable aléatoire sous le signe E, dominée par $2N^*$, tend vers 0 dans L^1. Donc pour c assez grand $\|N-U\|_{\underline{\underline{H}}_p^1(\lambda_a)} < \varepsilon/2$, et $\|M-U\|_{\underline{\underline{H}}_p^1(\lambda_a)} > \varepsilon$.

Soit enfin k la fonction définie par $k(X_{T_0})=E^{\lambda_a}[U_\infty|X_{T_0}]$. Comme U_∞ est P^{λ_a}-intégrable d'intégrale nulle, k est λ-intégrable d'intégrale nulle. Comme $|U_\infty| \leqq cq_1(X_0)$, on a $|k(x)| \leqq cq_{1+a}(x)$, et k appartient à $\underline{\underline{K}}$. Reste à évaluer $\|k-j\|_{\underline{\underline{H}}_p^1}$. Pour cela, nous prenons $g \in \mathcal{B}$ et la martingale $G_t=g(B_{t\wedge T_0})$ correspondante. Nous avons

$$\int(k-j)g\lambda = E^{\lambda_a}[g(X_{T_0})(M_\infty-k(X_{T_0}))] = E^{\lambda_a}[g(X_{T_0})(M_\infty-U_\infty)]$$

$$= E^{\lambda_a}[G_\infty(M_\infty-U_\infty)]$$

Comme G_∞ est <u>bornée</u> , nous pouvons calculer cela au moyen de l'inégalité de FEFFERMAN probabiliste, et il vient

$$|\int(k-j)g\lambda| \leqq \theta\|M-U\|_{\underline{\underline{H}}_p^1(\lambda_a)}\|G\|_{\underline{\underline{BMO}}} \leqq \theta\varepsilon$$

Il ne reste plus qu'à passer au sup sur $g \in \mathcal{B}$, et à appliquer 6.

THEOREME DE DUALITE . 1) <u>Le dual de</u> $\underline{\underline{H}}_p^1$ <u>est</u> $\underline{\underline{BMO}}$.
2) <u>Les</u> $(1,\infty)$<u>-atomes forment un ensemble dense dans</u> $\underline{\underline{H}}_p^1$.

DEMONSTRATION. Soit μ la mesure de densité $(1+|x|^2)^{(\nu+1)/2}$. L'intégrale ordinaire $\int f\lambda$ est une forme linéaire continue sur $L^2(\mu)$, et le théorème 7 nous dit que l'espace $L_0^2(\mu)$ des fonctions d'intégrale nulle est contenu dans $\underline{\underline{H}}_p^1$, avec une norme plus forte. Il est très facile de vérifier que

1. App.1, n°6

les éléments de $L^2_0(\mu)$ à support compact (i.e. les éléments de $\underline{\underline{H}}^1_0$) forment un ensemble dense dans $L^2_0(\mu)$.

Soit I une forme linéaire continue sur $\underline{\underline{H}}^1_p$, nulle sur $\underline{\underline{H}}^1_0$. D'après le théorème 7, elle est continue sur $L^2_0(\mu)$. Donc nulle sur $L^2_0(\mu)$. D'après le lemme 8 , elle est nulle sur $\underline{\underline{H}}^1_p$. D'après le théorème de HAHN-BANACH, $\underline{\underline{H}}^1_0$ est dense dans $\underline{\underline{H}}^1_p$. D'après 2 et 3, la première assertion est établie.

2) résulte alors d'une nouvelle application du th. de HAHN-BANACH.

APPLICATION AUX TRANSFORMEES DE RIESZ

0 Nous avons vu au § IV, n°10, que si f est un atome

(10.1) $$\|f\|_{\underline{\underline{H}}^1_a} \leq \theta \sup < f,g >$$

où $g = g_0 - \sum_1^\nu \overline{R}_j g_j$, et $\|g_i\|_\infty \leq 1$ pour $i=0,\dots,\nu$. D'après le § IV n°7 on a donc

$$\|f\|_{\underline{\underline{H}}^1_a} \leq \theta \sup_{\|g\|_* \leq 1} < f,g > \leq \theta \|f\|_{\underline{\underline{H}}^1_p}$$ (th. de dualité, n°9 !)

mais d'autre part, au § V n°6 nous avons vu l'inégalité inverse : $\underline{\underline{H}}^1_a \subset \underline{\underline{H}}^1_p$ avec une norme plus forte. Au § IV n°2 nous avons vu que $\underline{\underline{H}}^1_0 \subset \underline{\underline{H}}^1_a$. Ainsi $\underline{\underline{H}}^1_a$ et $\underline{\underline{H}}^1_p$ induisent sur $\underline{\underline{H}}^1_0$ des normes équivalentes. D'après le n°9, l'inclusion $\underline{\underline{H}}^1_0 \subset \underline{\underline{H}}^1_a \subset \underline{\underline{H}}^1_p$ nous donne par complétion $\overline{\underline{\underline{H}}}^1_0 = \underline{\underline{H}}^1_a = \underline{\underline{H}}^1_p$. Cela mérite un énoncé (qui nous autorisera à écrire simplement $\underline{\underline{H}}^1$ désormais) :

THEOREME . $\underline{\underline{H}}^1_a$ <u>et</u> $\underline{\underline{H}}^1_p$ <u>sont identiques, et les transformations de RIESZ</u> R_j <u>se prolongent en opérateurs continus de</u> $\underline{\underline{H}}^1_p$ <u>dans lui même</u>.

En effet, les R_j sont définis sur $\underline{\underline{H}}^1_0$ qui est dense, et nous avons vu à la fin du n° V. 6 que $\|R_j f\|_{\underline{\underline{H}}^1_p} \leq \theta \|f\|_{\underline{\underline{H}}^1_a}$.

REMARQUE. Le lecteur pourra s'amuser à démontrer que $\underline{\underline{H}}^1_0$ est dense dans $\underline{\underline{H}}^1_a$ (ce qui est à proprement parler , avec le théorème 2, le théorème de FEFFERMAN-STEIN analytique) en utilisant seulement le théorème 2 et la détermination du dual de $\underline{\underline{H}}^1_a$ (§ IV, n°4), sans recourir aux théorèmes des n°s 6-8 (ce n'est tout de même pas évident).

OPERATEURS D'ESPERANCES CONDITIONNELLES ET $\underline{\underline{BMO}}$

2 Nous revenons maintenant sur le lemme 4. Notre but est de lever l'hypothèse que V soit <u>bornée</u>, et nous ne donnerons donc pas de nouvel énoncé - d'autant plus qu'il y a un point délicat !

Toute martingale (V_t) de norme $\underline{\underline{BMO}} \leq 1$ est différence de deux martingales positives de norme $\underline{\underline{BMO}} \leq 2$ (c'est le fait que la fonction x^+ ou x^- est lipschitzienne de rapport 1 ; la démonstration est toute analogue à celle du § I, n°s 3-4. Nous supposons donc V <u>positive</u> .

Nous poserons $k(X_{T_0}) = E^{\lambda_a}[V_\infty | X_{T_0}]$ (aucune difficulté quant à l'existence de k, puisque $V_\infty \geq 0$) et $k^n(X_{T_0}) = E^{\lambda_a}[V_\infty \wedge n | X_{T_0}]$. La fonction $x \mapsto x\wedge n$ étant lipschitzienne de rapport 1, le lemme 4 entraîne que $\|k^n\|_* \leq \theta \|V_\infty \wedge n\|_{\underline{\underline{BMO}}}$ reste uniformément borné.

Maintenant, on utilise le petit lemme analytique suivant

LEMME. <u>Soit</u> (k^n) <u>une suite uniformément bornée dans</u> $\underline{\underline{BMO}}$, <u>qui converge en mesure vers</u> k. <u>Alors ou bien</u> $k=+\infty$ <u>p.s.</u>, <u>ou bien</u> $k=-\infty$ <u>p.s.</u>, <u>ou bien la suite</u> k^n <u>converge faiblement dans</u> $\underline{\underline{BMO}}$ <u>vers</u> k (<u>en particulier</u> $k \in \underline{\underline{BMO}}$).

DEMONSTRATION. Soit J le cube unité. Nous faisons une extraction de sous-suite, sans changer de notation , assurant les propriétés
(1) $k^n \to k$ p.s. (2) les moyennes k^n_J tendent vers $\gamma \in \overline{\mathbb{R}}$.
D'après le § III, n°1 , nous avons

$$\sup_n \int (k^n - k^n_J)^2 \mu < \infty \quad , \text{ où } \mu \text{ est la mesure } Q_1(0,.)=q_1\lambda$$

Faisant une nouvelle extraction, nous supposons que les $k^n - k^n_J$ convergent <u>faiblement</u> dans $L^2(\mu)$ vers $\ell \in L^2(\mu)$. Si a est un $(1,\infty)$-atome, on a $a/q_1 \in L^2(\mu)$, donc $\int a\ell\lambda = \lim_n \int a(k^n - k^n_J)\lambda$, et $\sup_a |\int a\ell\lambda|$ est fini, de sorte que ℓ appartient à $\underline{\underline{BMO}}$, et que la suite $(k^n - k^n_J)$ converge faiblement vers ℓ dans $\underline{\underline{BMO}}$.

D'après le théorème de HAHN-BANACH, il existe des fonctions h^n telles que i) h^n appartient à l'enveloppe convexe de la suite $(k^m - k^m_J)_{m \geq n}$ ii) h^n converge vers ℓ dans $L^2(\mu)$ <u>fort</u>. Ecrivons h^n comme combinaison convexe finie $\Sigma\, \lambda_i(k^i - k^i_J)$ avec $i \geq n$, et posons $\ell^n = \Sigma\, \lambda_i k^i$; nous avons

(1) $\ell^n \to k$ p.s. (2) $\ell^n_J \to \gamma \in \overline{\mathbb{R}}$ (3) $\ell^n - \ell^n_J \to \ell$ dans $L^2(\mu)$ fort.

Il existe alors une sous-suite de (ℓ^n) qui converge p.s. vers ℓ , et on en tire $\ell = k - \gamma$. Donc ou bien $\gamma = \pm\infty$, et $k = \pm\infty$, ou bien $\gamma \in \mathbb{R}$ et $k \in \underline{\underline{BMO}}$.

Quant à la convergence faible, si $\gamma \in \mathbb{R}$,,ce raisonnement montre que toute sous-suite de (k^n) qui converge faiblement vers j dans $\underline{\underline{BMO}}$ est telle que j=k à une constante près. Comme $\underline{\underline{BMO}}$ est un dual, la boule unité de $\underline{\underline{BMO}}$ est faiblement compacte, et toute la suite (k^n) converge vers j.

REMARQUE. Soit $k \in \underline{\underline{BMO}}$ positive, et soit $k^n = k\wedge n$; les k^n sont uniformément bornées dans $\underline{\underline{BMO}}$, et le lemme entraîne que $k^n \to k$ faiblement dans $\underline{\underline{BMO}}$.

Ce lemme étant établi, nous revenons à la situation initiale : il s'agit d'examiner si la fonction positive k telle que $k(X_{T_0}) = E^{\lambda_a}[V_\infty | X_{T_0}]$ peut être p.p. égale à $+\infty$. Nous utilisons l'inégalité de JOHN-NIRENBERG de la manière suivante. Soit $\varphi(x)$ une fonction positive d'intégrale 1 sur $\mathbb{R}^\nu$, et soit α la loi initiale portée par l'hyperplan $\{u=a\}$, de densité φ par rapport à la mesure de Lebesgue de l'hyperplan. D'après l'inégalité de JOHN-NIRENBERG, dès que c positif est assez petit (dépendant seulement de $\|V\|_{\underline{\underline{BMO}}}$) nous avons $E^{\alpha}[\exp(cV_{\infty})]<\infty$. Ou encore

$$E^{\lambda a}[\exp(cV_{\infty})\varphi(X_0)] < \infty$$

Utilisons maintenant la concavité du log : nous avons[1]

$$E^{\lambda a}[cV_{\infty} + \log \varphi(X_0)|X_{T_0}] \leqq \log(E^{\lambda a}[\exp(cV_{\infty})\varphi(X_0)|X_{T_0}]) < \infty \text{ p.s.}$$

et il reste seulement à voir si $E^{\lambda a}[\log \varphi(X_0)|X_{T_0}]$ est p.s. finie. Mais cela se calcule explicitement ! c'est $j(X_{T_0})$, où

$$j(x) = \int Q_a(x,dy) \log\varphi(y)$$

et on constate que si l'on prend encore une fois $\varphi(x)=q_1(x)$, cette intégrale est convergente. Nous avons donc prouvé l'extension du lemme 4 sans restriction.

4 Nous avons en fait prouvé un peu plus. Supposons $\|V_{\infty}\|_{\underline{\underline{BMO}}} \leqq 1$. Alors c peut être choisi indépendamment de V, et si nous posons

$$h(X_{T_0}) = E^{\lambda a}[\exp(cV_{\infty})\varphi(X_0)|X_{T_0}]$$

nous avons $E^{\lambda a}[h(X_{T_0})] \leqq \theta$. La formule que nous avons écrite plus haut pour majorer k s'écrit

$$ck(X_{T_0}) \leqq \log h(X_{T_0}) - j(X_{T_0})$$

et par conséquent

$$ck(X_{T_0}) \leqq \exp(ck(X_{T_0})) \leqq (he^{-j})(X_{T_0})$$

La fonction j est <u>localement bornée</u> . Donc si L est un compact nous avons, avec une constante θ <u>dépendant de</u> L

$$ck(X_{T_0})I_L(X_{T_0}) \leqq \theta h(X_{T_0}) \text{ , donc finalement}$$

(14.1) | si L est compact, si $\|V_{\infty}\|_{\underline{\underline{BMO}}} \leqq 1$, V_{∞} étant positive, on a $E^{\lambda a}[V_{\infty} I_L(X_{T_0})] \leqq \theta$

Mais qu'est ce que cela signifie ? Tout simplement que <u>la fonction positive</u> I_L <u>appartient à</u> $\underline{\underline{H}}^1_p(\lambda_a)$. Contrairement à $\underline{\underline{H}}^1_p$, qui ne contient que des fonctions d'intégrale nulle, <u>il y a</u> des éléments positifs dans les espaces $\underline{\underline{H}}^1_p(\lambda_a)$ lorsque a est fini.

5 Encore une conséquence. Soit f une fonction qui appartient à $\underline{\underline{BMO}}$, et soit (M_t) la martingale associée. Nous aavons que la variable aléatoire

$$\langle M,M\rangle_{\infty} = \int_0^{\infty} 2\text{grad}^2 f(B_s)ds$$

appartient à $\underline{\underline{BMO}}(\mu)$ pour toute mesure μ. Il en résulte que si l'on pose $E^{\lambda a}[\langle M,M\rangle_{\infty}|X_{T_0}] = k(X_{T_0})$, k appartient à $\underline{\underline{BMO}}$. Or l'expression de

1. Ne pas confondre X_0 (position de départ, relative à l'hyperplan $\{u=a\}$) et X_{T_0} (position d'arrivée, sur l'hyperplan $\{u=0\}$)

k est connue (sém. X, p.132). En explicitant la dépendance en a

$$k_a(x) = \int_0^{\infty} 2u\wedge a \ \mathrm{grad}^2 f(x,u)du$$

d'après le théorème qui vient d'être établi, $\|k_a\|_* \leq \theta \|f\|_*^2$. Faisons tendre a vers $+\infty$, et appliquons le lemme 13. Il vient

THEOREME. Soit $f\in \underline{\underline{BMO}}$. Ou bien la fonction de LITTLEWOOD-PALEY

(15.1) $$G_f^2(x) = \int_0^{\infty} u\,\mathrm{grad}^2 f(x,u)du$$

est p.p. égale à $+\infty$, ou bien elle appartient à $\underline{\underline{BMO}}$, avec $\|G_f^2\|_* \leq \theta \|f\|_*^2$.

Il s'agit bien sûr d'une simple curiosité mathématique.

VII . DEFINITION DE $\underline{\underline{H}}^1$ AU MOYEN DES FONCTIONS MAXIMALES

La démonstration du théorème de dualité au paragraphe précédent a reposé entièrement sur les propriétés (1.1) et (1.2). Nous avons démontré (1.1) au moyen des transformations de RIESZ, mais nous allons développer dans ce paragraphe des méthodes directes pour y parvenir. D'une manière précise, nous allons établir le théorème de BURKHOLDER-GUNDY-SILVERSTEIN, que nous énonçons à présent.

DEFINITION. Soit f une fonction sur $\mathbb{R}^\nu \times]0,\infty[$. Nous définissons la fonction maximale radiale $f^=$ et la fonction maximale conique $f^<$ associées à f comme les fonctions sur $\mathbb{R}^\nu$

(1.1) $$f^=(y) = \sup_{u>0} |f(y,u)|$$

(1.2) $$f^<(y) = \sup_{(x,u)\in\Gamma_y} |f(x,u)|.$$

Ici Γ_y est le cône $\{(x,u) : |x-y| \leq tu\}$ d'ouverture t. Nous prendrons toujours t=1 dans la suite, d'ailleurs, mais si l'on voulait faire une théorie sérieuse il faudrait se laisser la possibilité de varier t.

THEOREME. f note à la fois une fonction prolongeable sur $\mathbb{R}^\nu$ et son prolongement harmonique à $\mathbb{R}^\nu \times \mathbb{R}_+$. Les propriétés suivantes sont équivalentes.

a) $f \in \underline{\underline{H}}^1$ b) $f^= \in L^1$ c) $f^< \in L^1$.

et les trois normes $\|f\|_{\underline{\underline{H}}^1_p}$, $\|f^=\|_{L^1}$, $\|f^<\|_{L^1}$ sont équivalentes.

DEMONSTRATION. a) => b) . Nous savons que $E^{\lambda_a}[f^*] \leq \|f\|_{\underline{\underline{H}}^1_p} < \infty$. Nous avons alors

$$\sup_{0<b\leq a} |E^{\lambda_a}[f\circ X_{T_b} | X_{T_0}]| \leq E^{\lambda_a}[f^* | X_{T_0}]$$

Or qu'est ce que $E^{\lambda_a}[f\circ X_{T_b} | X_{T_0}]$ pour 0<b<a ? Il résulte très simplement de la symétrie du noyau de POISSON que c'est $Q_b(X_{T_0},f_b) = Q_{2b}(X_{T_0},f)$.

Le côté gauche vaut donc $\sup_{0<t\leq 2a} |Q_t(X_{T_0},f)|$, et en intégrant on obtient

$$\int \sup_{0<t\leq 2a} |Q_t(x,f)| \leq \|f\|_{\underline{\underline{H}}^1_p(\lambda_a)}$$

il ne reste plus qu'à faire tendre a vers l'infini.

REMARQUE. Pour b>a on a $E^{\lambda a}[f\circ X_{T_b} I_{\{T_b<\infty\}} | X_{T_0}] = \frac{a}{b} Q_{2b}(X_{T_0}, f)$, de sorte que la vraie formule relative à λ_a est

$$\int \sup_t |(1\wedge\frac{a}{t})Q_t(x,f)|\lambda(dx) \leq \|f\|_{\underline{\underline{H}}^1_p(\lambda_a)}$$

Cela ne sert probablement à rien.

b)=>c) Nous allons commettre une escroquerie, en déclarant qu'il s'agit là d'un résultat d'analyse[1]. Nous utilisons le lemme suivant, que nous ne démontrerons pas (il est dû à HARDY-LITTLEWOOD, et démontré dans [FS], lemme 9.2). Il n'est pas évident.

LEMME. <u>Soit</u> f <u>une fonction harmonique dans une boule</u> H <u>de centre</u> x, <u>et soit</u> $v=|f|^{1/2}$. <u>Alors</u>

(3.1) $$v(x) \leq \frac{\theta}{|H|}\int_H v(y)dy$$

Ce lemme étant admis, <u>nous prouvons que</u> $\int f^< \lambda \leq \theta \int f^= \lambda$ <u>pour toute fonction harmonique</u> f . Soit $g = (f^=)^{1/2}$, et soit M_g la fonction maximale de HARDY-LITTLEWOOD relative à g , c'est à dire

(3.2) $$M_g(x) = \sup \frac{1}{|B|}\int_B g(y)dy \qquad (B \text{ boule de } \mathbb{R}^\nu \text{ centrée en } x)$$

Il suffit de prouver que $f^<(x) \leq \theta M_g^2(x)$ en tout point x, car on en tire $\|f^<\|_1 \leq \theta \|M_g\|_2^2 \leq \theta \|g\|_2^2 = \theta \|f^=\|_1$; la seconde inégalité est un théorème classique ([S], théorème 1, p.5) et plutôt facile.

Plaçons nous donc au point 0 . Il nous faut montrer que pour tout $\xi = (x,u)$ tel que $|x| \leq u$ on a $|f(x,u)| \leq \theta M_g^2(0)$. Soit $v=|f|^{1/2}$, soit H la boule de centre (x,u) et de rayon u , soit B la boule de centre 0 et de rayon 2u, et soit enfin $T=B\times[0,u]$. Nous avons $H\subset T$, mais le rapport $|T|/|H|$ reste borné. Alors d'après (3.1)

$$v(\xi) \leq \frac{\theta}{|H|}\int_H v(\eta)d\eta \leq \frac{\theta}{|H|}\int_T v(\eta)d\eta \leq \frac{\theta}{|T|}\int_T v(\eta)d\eta \leq \frac{\theta}{|T|}\int_T g(z)dzdw$$

car nous majorons $v(z,w) = |f(z,w)|^{1/2}$ par $|f^=(z)|^{1/2} = g(z)$

$$v(\xi) \leq \frac{\theta}{|B|}\int_B g(z)dz \leq M_g(0) \quad . \quad \square$$

c)=>a). Nous suivons le raisonnement même de BURKHOLDER, GUNDY et SILVERSTEIN. Nous prenons une fonction continue f sur le demi-espace ouvert, sa fonction maximale conique $f^<$, sa maximale probabiliste $f^*(\omega) = \sup_{t<T_0} |f(B_t(\omega))|$, et nous prouvons que pour tout a>0 et tout c>0

$$P^{\lambda a}\{f^*>c\} \leq \theta\lambda\{f^< > c\} \qquad (\theta \text{ dépend de } \nu \text{ seulement})$$

d'où par intégration $\|f\|_{\underline{\underline{H}}^1_p(\lambda_a)} \leq \theta \int f^< \lambda$, et il reste seulement à faire tendre a vers $+\infty$.

1. Après tout, nous aurions pu décider que << le dual de $\underline{\underline{H}}^1$ est $\underline{\underline{BMO}}$ >> est un théorème d'analyse, et rester au lit.

DEMONSTRATION. Soit E l'ensemble ouvert $\{f^{>}c\}$, soit B la réunion de tous les troncs de cônes C_ξ ouverts ($\xi\in E$), et soit A la trace de B sur le bord (cf. dessin).

Nous notons les points suivants

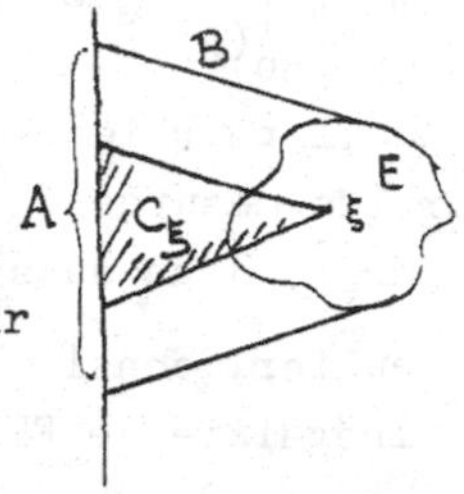

- A est l'ensemble $\{f^< > c\}$
- Il suffit de raisonner lorsque $\lambda(A)<\infty$. Mais la mesure de la trace de $C_{x,u}$ sur le bord majore cu^ν. Donc $\lambda(A)<\infty$ entraîne que la hauteur de E est bornée. Nous prendrons a plus grand que la hauteur de E.
- Soit ξ un point de B. Alors le cône C_ξ de sommet ξ est contenu dans B, et la probabilité partant de ξ de rencontrer la base A_ξ du cône est une constante $\theta>0$. A fortiori, la probabilité partant de ξ de rencontrer $A\supseteq A_\xi$ majore θ.

D'après la propriété de Markov forte, pour tout η, $P^\eta\{$rencontrer $A\}$ $\geq \theta P^\eta\{$rencontrer $B\}$.

Alors, B contenant E : $P^{\lambda_a}\{f^*>c\}$ s'écrit

$$P^{\lambda_a}\{\text{ rencontrer } E\} \leq P^{\lambda_a}\{\text{rencontrer } B\} \leq \frac{1}{\theta} P^{\lambda_a}\{\text{rencontrer } A\} = \frac{1}{\theta}\lambda(A).$$

Le théorème est établi.

Revenons maintenant au § V, n°8 . Nous y avons prouvé directement, sans faire appel aux transformées de RIESZ, que si j est un atome la fonction maximale radiale $j^=$ est intégrable, et nous avons signalé au n°9 qu'on peut faire aussi la même vérification directe pour $j^<$ (ou bien appliquer la partie b)=>c) du théorème précédent). Alors le théorème de BURKHOLDER GUNDY et SILVERSTEIN nous affirme que les atomes appartiennent à $\underline{\underline{H}}^1_p$ ... et nous avons rendu la théorie de la dualité indépendante des transformations de RIESZ. Cela donne tout son sens au paragraphe suivant.

VIII. THEORIE PROBABILISTE DES TRANSFORMEES DE RIESZ

Nous allons utiliser ici pour la première fois les notions définies dans les passages entre astérisques *...* du § 2, n°3. Etant donnée une fonction prolongeable f , et la martingale associée $M_t=f(B_{t\wedge T_0})$, nous considérons la seconde martingale

$$(1.1)\qquad M_t^{\rightarrow} = \int_0^{t\wedge T_0} D^{\rightarrow}f(B_s)dU_s \quad , \quad \langle M^{\rightarrow},M^{\rightarrow}\rangle_t = \int_0^{t\wedge T_0} 2(D^{\rightarrow}f(B_s))^2 ds$$

et nous utilisons le fait que $M^{\rightarrow}$ est la projection de M sur le sous-espace stable formé des intégrales stochastiques par rapport au mouvement

$(U_t - U_0)$ nul en 0, et le fait que les projections diminuent les normes dans $\underline{\underline{H}}^1_p(\mu)$ quelle que soit la loi μ , pour écrire que

$$(1.2) \qquad \|M^{\rightarrow}\|_{\underline{\underline{H}}^1_p(\mu)} \leqq \theta \|M\|_{\underline{\underline{H}}^1_p(\mu)}$$

Cela vaut aussi pour les mesures μ positives non bornées, et en particulier pour les mesures λ_a . D'autre part, on a $\langle M^{\rightarrow},M^{\rightarrow}\rangle_{\infty} - \langle M^{\rightarrow},M^{\rightarrow}\rangle_t \leqq \langle M,M\rangle_{\infty} - \langle M,M\rangle_t$, donc aussi $\|M^{\rightarrow}\|_{\underline{\underline{BMO}}} \leqq \|M\|_{\underline{\underline{BMO}}}$.

En particulier, considérons une seconde martingale $N_t = g(B_{t \wedge T_0})$, et écrivons l'inégalité de FEFFERMAN probabiliste

$$(1.3) \qquad E^{\mu}[\int_0^{\infty} |d[M^{\rightarrow},N^{\rightarrow}]_s|] \leqq \theta \|M^{\rightarrow}\|_{\underline{\underline{H}}^1_p(\mu)} \|N^{\rightarrow}\|_{\underline{\underline{BMO}}} \leqq \theta \|M\|_{\underline{\underline{H}}^1_p(\mu)} \|N\|_{\underline{\underline{BMO}}}$$

Le côté gauche s'écrit $<\mu, 2V(|D^{\rightarrow}f.D^{\rightarrow}g|>$. Prenant $\mu = \lambda_a$, puis faisant tendre a vers ∞ , et enfin multipliant par 4 pour obtenir une égalité un peu plus loin, nous obtenons

$$(1.4) \qquad \int dx \int_0^{\infty} u |D^{\rightarrow}f(x,u) D^{\rightarrow}g(x,u)| du \leqq \theta \|f\|_{\underline{\underline{H}}^1} \|g\|_*$$

(1.5) la forme bilinéaire $\Lambda^{\rightarrow}(f,g) = 4\int dx \int_0^{\infty} u D^{\rightarrow}f(x,u) D^{\rightarrow}g(x,u) du$ est bien définie sur $\underline{\underline{H}}^1 \times \underline{\underline{BMO}}$, et bornée.

Nous démontrons maintenant que la forme $\Lambda^{\rightarrow}$ peut s'utiliser aussi bien que la forme Λ :

THEOREME. Si f est un $(1,\infty)$-atome, si g appartient à $\underline{\underline{BMO}}$, on a $\Lambda^{\rightarrow}(f,g) = \Lambda(f,g)$ ($= \int fg\lambda$, cf. § V, n°11).

DEMONSTRATION. D'après (1.4) et le résultat analogue pour Λ (§ V, formule (3.4)) , il suffit de démontrer que, pour tout $u>0$

$$(2.1) \qquad 2\int D^{\rightarrow}f(x,u) D^{\rightarrow}g(x,u) dx = \int \mathrm{grad} f(x,u) \mathrm{grad} g(x,u) dx$$

Lorsque g appartient à L^2, c'est le théorème de Plancherel. Il reste à justifier un passage à la limite. Nous introduisons la mesure $\mu = Q_1(0,.)$ et montrons que (f restant un atome fixé) les deux membres de (2.1) définissent des formes linéaires continues sur $L^1(\mu)$; comme $L^2(\lambda)$ est contenu dans $L^1(\mu)$ et dense dans $L^1(\mu)$, comme d'autre part $L^1(\mu)$ contient $\underline{\underline{BMO}}$ (§ III, n°1) nous aurons démontré le théorème.

C'est très simple. Nous posons $\beta(x) = D_t q_t(x)|_{t=u}$, et nous vérifions que $|\beta(x)| \leqq cq_u(x) \leqq c'q_1(x)$. Le côté gauche de (2.1) s'écrivant $2\langle\lambda, (\beta * f)(\beta * g)\rangle$, il nous suffit de majorer $<\lambda, |\beta * f||\beta * g|>$. Comme f est bornée à support compact, nous avons $|\beta * f| \leqq cq_1(x)$ (une autre constante c) , et nous pouvons remplacer $|\beta * f|\lambda$ par $c\mu$. Nous majorons $|\beta * g|$ par $cQ_1|g|$, de sorte que ce qu'il nous reste est $<c\mu Q_1, |g|>$. Mais μQ_1 est la mesure $Q_{1+u}(0,.)$, elle est elle même majorée par $c\mu$, et finalement il nous reste une majoration en $c\langle\mu,|g|\rangle = c\|g\|_{L^1(\mu)}$. On procède de même pour le côté droit.

COROLLAIRE. <u>Si</u> $f\in\underline{\underline{H}}^1$, $g\in\underline{\underline{BMO}}$, <u>on a</u> $\Lambda^{\to}(f,g) = \Lambda(f,g)$.

Le théorème suivant est énoncé sous une condition trop forte : il suffit certainement que g soit <u>prolongeable</u> . Mais je ne sais pas le démontrer.

LEMME. <u>Soit</u> $g\in L^2$ <u>telle que</u> $V((D^{\to}g)^2)$ <u>soit bornée par une constante</u> c^2. <u>Alors</u> g <u>appartient à</u> $\underline{\underline{BMO}}$ <u>et on a</u> $\|g\|_* \leq \theta c$.

DEMONSTRATION. Soit f un $(1,\infty)$-atome. Introduisons les martingales $M_t=f(B_{t\wedge T_0})$, $N_t = g(B_{t\wedge T_0})$ et les deux martingales radiales correspondantes $M^{\to}_t = \int_0^t D^{\to}f(B_s)dU_s$, $N^{\to}_t = \int_0^t D^{\to}g(B_s)dU_s$, nulles pour t=0. La martingale M est bornée dans $\underline{\underline{H}}^1_p(\lambda_a)$, il en est de même de sa projection $M^{\to}$ sur le mouvement brownien (U_t) ; d'autre part $(N^{\to}_t)$ appartient à $\underline{\underline{BMO}}$ avec une norme $\leq$ c. Le théorème de FEFFERMAN probabiliste nous donne

$$E^{\lambda_a}[\int_0^\infty |d[M^{\to},N^{\to}]_s|] \leq \theta\|f\|_{\underline{\underline{H}}^1}c \leq \theta c \quad \text{puisque f est un atome}$$

ou encore $<\lambda_a , V(|D^{\to}f.D^{\to}g|) > \leq \theta c$. Faisons tendre a vers $+\infty$, nous obtenons $|\Lambda^{\to}(f,g)|\leq \theta c$. Par le théorème de Plancherel - c'est ici qu' intervient l'hypothèse que $g\in L^2$ - cela s'écrit $|\int fg\lambda|\leq \theta c$, d'où en passant au sup sur f $\|g\|_* \leq \theta c$ avec un autre θ .

LEMME. <u>Si</u> $g\in L^2\cap\underline{\underline{BMO}}$, $R_jg = h$ <u>appartient à</u> $L^2\cap\underline{\underline{BMO}}$ (la transformée de RIESZ est ici définie sur L^2 au moyen du multiplicateur de Fourier : cf. § IV n° 1) <u>et on a</u> $\|h\|_* \leq \theta\|g\|_*$.

DEMONSTRATION. Passant aux prolongements harmoniques, on a $h\in L^2$, $D^{\to}h(x,u) = D_jg(x,u)$, donc $V((D^{\to}h)^2) \leq V(\text{grad}^2g) \leq \theta\|g\|^2_*$ (§ III, n°3), après quoi on applique le lemme 4.

Et nous montrons enfin que les R_j définissent des opérateurs continus dans $\underline{\underline{H}}^1$: comme $\underline{\underline{H}}^1\cap L^2$ est dense dans $\underline{\underline{H}}^1$ il suffit de montrer :

THEOREME. <u>Si</u> $f\in\underline{\underline{H}}^1\cap L^2$, <u>on a</u> $\|R_jf\|_{\underline{\underline{H}}^1}\leq \theta\|f\|_{\underline{\underline{H}}^1}$.

DEMONSTRATION. On applique le théorème 6 du § VI, suivant lequel il suffit de montrer que $|\langle R_jf,g\rangle| \leq \theta\|f\|_{\underline{\underline{H}}^1}\|g\|_*$ pour $g\in\underline{\underline{BMO}}\cap L^2$. Comme tout est dans L^2 on écrit $\langle R_jf,g\rangle = -\langle f,R_jg\rangle = -\Lambda(f,R_jg)$, et on applique l'inégalité de FEFFERMAN en tenant compte du lemme 5 pour évaluer $\|R_jg\|_*$.

LE DUAL DE $\underline{\underline{H}}^1(\mathbb{R}^\nu)$: DEMONSTRATIONS PROBABILISTES

EXPOSE III : APPENDICES DIVERS

Nous commençons par un paragraphe court et facile, qui démontre à partir d'un petit résultat de retournement du temps deux propriétés admises dans les exposés principaux. Puis nous donnons un long paragraphe, qui n'a pratiquement plus rien à voir avec la dualité $\underline{\underline{H}}^1$-$\underline{\underline{BMO}}$, dans lequel le demi-espace fermé est interprété (d'une manière qui nous semble plaisante) comme un compactifié de MARTIN du demi-espace ouvert relativement au semi-groupe de GREEN. La corésolvante, le semi-groupe retourné, etc, s'écrivent explicitement, et divers lemmes techniques de la théorie classique de la dualité $\underline{\underline{H}}^1$-$\underline{\underline{BMO}}$ (tels que ceux qui concernent les " mesures de CARLESON ") apparaissent plus ou moins comme des résultats de théorie du potentiel. Finalement, un troisième appendice présente quelques problèmes ouverts.

App.I . RETOURNEMENT DU PROCESSUS DE CAUCHY

Considérons le mouvement brownien (B_t), avec la mesure initiale ε_ξ ($\xi=(x,a)$). Nous savons que $P^\xi\{T_0<\infty\}$ (qui est aussi la probabilité pour que le mouvement brownien horizontal (U_t) issu de a rencontre 0) est égal à 1. Comme les trajectoires de (U_t) sont continues, nous avons aussi $P^\xi\{T_s<T_0\}=1$ pour tout $s\in]0,a[$. Toujours d'après la continuité des trajectoires de (U_t) , nous pouvons écrire

$$B_{T_s} = (X_{T_s}, s) \text{ pour } s\in[0,a]$$

Nous poserons pour $0\leqq s\leqq a$

$$(1.1) \qquad C_s = X_{T_{a-s}} \qquad \hat{C}_s = X_{T_s} \quad (\text{ v.a. à valeurs dans } \mathbb{R}^\nu)$$

Quelle est la loi du processus (C_s) ? Lorsque s croît, le temps d'arrêt T_{a-s} croît, et si nous posons $\underline{\underline{G}}_s = \underline{\underline{F}}_{T_{a-s}}$, la propriété de Markov forte du mouvement brownien (B_t) nous donne, sans aucune peine, que

$$(1.2) \qquad E[f\circ C_t|\underline{\underline{G}}_s] = Q_{t-s}(C_s,f) \text{ si } 0\leqq s\leqq t\leqq a$$

pour toute fonction borélienne bornée f sur $\mathbb{R}^\nu$. Cette formule n'est rien d'autre que l'interprétation des fonctions harmoniques au moyen des martingales, que nous utilisons depuis le début : en effet, supposons que l'on ait t=a , et soit f(x,u) le prolongement harmonique de la fonction f ; le processus $(f(B_t))$ étant une martingale bornée, nous pouvons lui appliquer le théorème d'arrêt de DOOB, et écrire que pour tout $T \leq T_0$

$$E^\xi[f(B_{T_0})|\underline{\underline{F}}_T] = f(B_T) \quad \text{p.s.}$$

et on obtient alors (1.2) en prenant $T=T_{a-s}$: alors $\underline{\underline{F}}_T=\underline{\underline{G}}_s$, $B_T=(C_s,a-s)$ $f(B_{T_0})=f(C_t)$, $f(B_T)= f(C_s,a-s) = Q_{a-s}(C_s,f)=Q_{t-s}(C_s,f)$.

Mais d'autre part, (1.2) signifie que <u>le processus</u> $(C_t)_{0\leq t\leq a}$ <u>est un processus de Markov relativement à la famille</u> $(\underline{\underline{G}}_t)_{0\leq t\leq a}$, <u>gouverné par le semi-groupe de</u> CAUCHY (Q_t), <u>et issu du point</u> x .

(De là la notation C_t pour les variables aléatoires du processus !)

Maintenant, intégrons par rapport à la mesure $\lambda_a(d\xi)$. Le processus (C_t) reste un processus de CAUCHY, mais avec la mesure initiale λ au lieu de ε_x . Nous remarquons maintenant que le semi-groupe (Q_t) est self-adjoint par rapport à sa mesure initiale λ, qui est invariante, et nous invoquons un argument <u>extrêmement</u> classique de retournement à un temps fixe pour en déduire

(1.3) <u>Le processus retourné</u> $\hat{C}_s=C_{a-s}$ <u>est encore</u>, <u>pour la mesure</u> P^{λ_a}, <u>un processus de CAUCHY de mesure initiale</u> λ .

Il faut faire une petite remarque, toutefois : le processus (C_t) n'est pas continu, mais continu <u>à droite</u> et pourvu de limites à gauche (pourquoi ?) et l'on a p.s. $C_t=C_{t-}$ pour tout t. Si l'on veut que le retourné soit un vrai processus de Markov continu à droite, il faut considérer le processus $\hat{C}_{s+}$ au lieu de $\hat{C}_s$.

Nous établissons maintenant la propriété admise au § II, n°4 . Nous savions que pour <u>une</u> mesure P^ξ des v.a. de la forme

$$M_n = f_n \circ X_{T_{1/n}} \qquad (f_n \text{ boréliennes sur } \mathbb{R}^\nu)$$

avaient une limite p.s., i.e. que les v.a.

$$\underline{M} = \liminf f_n \circ X_{T_{1/n}} \quad , \quad \overline{M} = \limsup f_n \circ X_{T_{1/n}}$$

et notre problème consiste à savoir s'il existe une fonction borélienne φ sur le bord telle que $\underline{M}=\overline{M}=\varphi \circ X_{T_0}$ P^ξ-p.s.

Première remarque : la fonction $P^\cdot\{\underline{M}\neq\overline{M}\}$ est harmonique dans le demi-espace (cela résulte aussitôt de la propriété de Markov forte), et positive. Si elle est nulle en un point ξ, elle est identiquement nulle.

Donc nous avons aussi $P^{\lambda a}\{\overline{M}\neq\underline{M}\} = 0$.

Maintenant, retournons le temps. Soit $\hat{\underline{\underline{G}}}_t=\underline{\underline{T}}(\hat{C}_s, 0\leq s\leq t)$. Comme $f_n\circ X_{T_{1/n}} = f_n\circ\hat{C}_{1/n}$ est $\hat{G}_{1/n}$-mesurable, $\underline{M}$ et $\overline{M}$ sont mesurables par rapport à la tribu $\hat{\underline{\underline{G}}}_{0+} = \bigcap_n \hat{G}_{1/n}$. Or d'après la <<loi de tout ou rien>> des bons processus de Markov, tout élément de $\hat{\underline{\underline{G}}}_{0+}$ est égal $P^{\lambda a}$-p.s. à un élément de $\hat{\underline{\underline{G}}}_0 = \underline{\underline{T}}(\hat{C}_{0+})$, et comme $\hat{C}_{0+} = \hat{C}_0$ p.s., il existe une fonction borélienne $\overline{\varphi}$ telle que $\overline{M}=\overline{\varphi}(\hat{C}_0)$ $P^{\lambda a}$ p.s..

La fonction harmonique $P^{\cdot}\{\overline{M}\neq\overline{\varphi}(X_{T_0})\}$ est positive, nulle λ_a-p.p., donc identiquement nulle, et nous avons fini.

Maintenant, nous allons appliquer la théorie du processus de CAUCHY à l'étude de l'espace $\underline{\underline{H}}^1_p$. Nous remarquons que, lorsque nous avons à notre disposition un semi-groupe de Markov (Q_t) tel que le semi-groupe de CAUCHY, et une mesure invariante telle que λ, nous pouvons construire un processus de Markov continu à droite

(3.1) $\Omega, \underline{\underline{F}}, P$, $(C_t)_{-\infty<t<\infty}$, $\underline{\underline{G}}_t = \underline{\underline{T}}(C_s, -\infty<t\leq s)$

gouverné par le semi-groupe (Q_t), et tel que $P\{C_t\in A\}=\lambda(A)$ pour tout t - bien entendu, P n'est pas une loi de probabilité ! La partie du processus qui nous intéresse est celle qui correspond aux temps <u>négatifs</u>.

Soit f une fonction prolongeable sur le bord. Notant f comme d'habitude son prolongement harmonique, nous avons que pour $t<0$

(3.2) $f(C_t,-t) = E[f(C_0)|\underline{\underline{G}}_t]$ p.s.

et le processus du côté gauche est continu à droite, puisque f est continue et le processus (C_t) continu à droite. On peut donc si l'on veut remplacer $\underline{\underline{G}}_t$ par $\underline{\underline{G}}_{t+}$ du côté droit, appliquer le théorème d'arrêt...

Il est bien connu en théorie des probabilités que la tribu $\underline{\underline{G}}_{-\infty}$ est dégénérée, et l'on montre aussi en théorie des martingales que, dans ces conditions, si M est une v.a. intégrable, $E[M|\underline{\underline{G}}_t]$ converge p.s. (mais non nécessairement dans L^1) vers $E[M|\underline{\underline{G}}_{-\infty}]=E[M]$ lorsque $t\to-\infty$, tandis que si M appartient à L^p, $1<p<\infty$, $E[M|\underline{\underline{G}}_t]$ converge dans L^p vers 0. Ces résultats de convergence en mesure infinie ne sont pas absolument classiques. On les trouve par exemple dans le cours de CHATTERJI (Lecture Notes n° 307).

Puisque nous avons associé une martingale (3.2) à toute fonction prolongeable, nous pouvons introduire la variable aléatoire

(3.3) $f^*_c = \sup_t |f(C_t,-t)|$ t variant de $-\infty$ à 0 et introduire le nouvel espace $\underline{\underline{H}}^1_c$, relatif au processus de CAUCHY

DEFINITION. $\|f\|_{\underline{\underline{H}}^1_c} = E[f^*_c]$, $\underline{\underline{H}}^1_c = \{ f : \|f\|_{\underline{\underline{H}}^1_c} < \infty \}$.

Nous allons vérifier que $\underline{\underline{H}}^1_c = \underline{\underline{H}}^1_p$, mais seule l'inclusion $\underline{\underline{H}}^1_c \subset \underline{\underline{H}}^1_p$ nous sera vraiment nécessaire.

THEOREME. $\underline{\underline{H}}^1_c = \underline{\underline{H}}^1_p$.

DEMONSTRATION. Soit $f^*_{ca} = \sup_{-a\leq t\leq 0} |f(C_t,-t)|$. Comme le processus $(C_t)_{-a\leq t\leq 0}$ a même loi que le processus $(X_{T_{-t}})_{-a\leq t\leq 0}$ pour la mesure P^{λ_a} nous avons $E[f^*_{ca}] \leq \|f\|_{\underline{\underline{H}}^1_p(\lambda_a)} \leq \|f\|_{\underline{\underline{H}}^1_p}$. Il ne reste plus qu'à faire tendre a vers $+\infty$.

Pour voir l'inclusion inverse, nous écrivons que $E[f(C_t,-t)|C_0] = Q_{-2t}(C_0,f)$, donc

$$E[\sup_{t\leq 0} |Q_{-2t}(C_0,f)|] \leq E[E[f^*_c|C_0]] = \|f\|_{\underline{\underline{H}}^1_c}$$

de sorte que $/f^=\lambda \leq \|f\|_{\underline{\underline{H}}^1_c}$. D'après le théorème de BURKHOLDER-GUNDY-SILVERSTEIN, cela entraîne $\|f\|_{\underline{\underline{H}}^1_p} \leq \Theta\|f\|_{\underline{\underline{H}}^1_c}$.

Maintenant, soit $f\in\underline{\underline{H}}^1$. $E[f\circ C_0|\underline{\underline{G}}_t]$ converge p.s. vers $E[f\circ C_0|\underline{\underline{G}}_{-\infty}]=/f\lambda$ lorsque $t\to-\infty$, avec domination par f^*_c intégrable. Comme la seule constante intégrable est 0, nous voyons que $/f\lambda=0$ (nous avions montré que toute fonction de $\underline{\underline{H}}^1$ est d'intégrale nulle au moyen de la transformation de Fourier !) . Alors $E[f\circ C_0|\underline{\underline{G}}_t] \to 0$ dans L^1 , ce qui signifie que

(6.1) $\qquad /|Q_t f|\lambda \to 0$ lorsque $t\to+\infty$, si $f\in\underline{\underline{H}}^1$

C'est la propriété dont nous avions eu besoin au §6 n°8. En fait, on a mieux : les variables aléatoires

$$\sup_{-\infty\leq s\leq t} |f(C_s,-s)|$$

tendent p.s. vers 0 lorsque $t\to-\infty$, en restant dominées par f^*_c . Cela signifie que $\|Q_t f\|_{\underline{\underline{H}}^1_c} \to 0$ lorsque $t\to+\infty$, et d'après le théorème 5, que

(6.2) $\qquad Q_t f \to 0$ dans $\underline{\underline{H}}^1$ lorsque $t\to+\infty$, si $f\in\underline{\underline{H}}^1$.

Cela peut se déduire très simplement de (6.1) au moyen des transformées de RIESZ, mais la démonstration probabiliste est plus générale.

App. 2 . LE DEMI-ESPACE COMME ESPACE DE MARTIN

Il est bien connu que la compactification de MARTIN du demi-espace ouvert est le demi-espace fermé. Néanmoins, la manière dont on fait la compactification de MARTIN en théorie classique du potentiel, en normalisant la fonction de GREEN par la condition d'avoir la valeur 1 en un point fixé, ne respecte pas la structure du demi-espace (déterminée par deux types d'opérations : d'une part, les translations parallèles à l'hyperplan bord ; d'autre part, les homothéties relatives à un point du bord). Ce que je voudrais montrer ici, c'est que le demi-espace peut être considéré comme espace de MARTIN pour une autre normalisation de la fonction de GREEN, de manière à respecter cette structure. Cela n'a rien à voir avec la théorie de la dualité elle même, mais éclaire certains aspects de la démonstration classique du théorème de dualité.

LE MOUVEMENT BROWNIEN A UNE DIMENSION ET LE PROCESSUS DE BESSEL

Le semi-groupe du mouvement brownien "horizontal" (sur $\mathbb{R}$) a été noté $(\vec{P}_t)$ dans l'exposé I. Dans les quelques numéros qui suivent, il n'y a aucun risque de confusion, et nous lui enlevons sa flèche.

Le mouvement brownien sur la demi-droite positive, tué en 0, admet le semi-groupe de GREEN (G_t) (plus loin $\vec{G}_t$) de résolvante (V_p) et de densité

(1.1) $$g_t(x,z) = p_t(x,z)-p_t(x,-z) \quad (x>0,\ z>0)$$

ce qui permet de calculer sa résolvante . Connaissant l'expression classique de la résolvante du mouvement brownien

(1.2) $$u_p(x,z) = \frac{1}{2\sqrt{p}}\, e^{-|x-z|\sqrt{p}}$$

nous formons $u_p(x,z)-u_p(x,-z)$, et obtenons la densité de $V_p(x,dz)$:

$$v_p(x,z) = \frac{1}{\sqrt{p}}\ \mathrm{Sh}(x\wedge z)\sqrt{p}\ \ e^{-(x\vee z)\sqrt{p}}$$

formule sans doute un peu inutile, mais qui pour p=0 nous donne un résultat important

(1.3) $$v(x,z) = x\wedge z\ .$$

Nous posons maintenant $\underline{\iota(z)=z}$. Introduisant le mouvement brownien[1] (Z_t) sur $\mathbb{R}$, et désignant par T_0 le temps de rencontre de 0, nous avons

$$V_p(x,\iota) = E^x[\int_0^{T_0} e^{-pt} Z_t dt\ ] \quad (x>0)$$

1. Dans les exposés I et II, le mouvement brownien "horizontal" est noté (U_t), non (Z_t) . La notation (Z_t) vient d'une rédaction antérieure, conservée par paresse.

$$pV_p(x,\iota) = E^x[\ -e^{-pt}Z_t \Big|_0^{T_0} + \int_0^{T_0} e^{-ps}dZ_s\ ] = E^x[Z_0] = x = \iota(x)$$

Nous voyons donc que ι est invariante pour le semi-groupe de GREEN. Cela nous permet d'introduire un nouveau semi-groupe, markovien, sur $]0,\infty[$

(2.1) $$H_t(x,dz) = G_t(x,dz)\frac{z}{x} \qquad (x>0, z>0)$$

- plus loin, nous le noterons $\vec{H_t}$. La résolvante correspondante sera notée W_p, qui se calcule connaissant V_p

$$W_p(x,dz) = e^{-(x\vee z)\sqrt{p}}\ \frac{\mathrm{Sh}(x\wedge z)\sqrt{p}}{x\sqrt{p}}\ zdz\ ^{(1)}$$

le point important est l'existence d'une limite lorsque $x \to 0$

(2.2) $$W_p(0,dz) = e^{-z\sqrt{p}}\ zdz$$

Si f est continue à support compact dans $[0,\infty[$, W_pf est continue dans $[0,\infty[$ et tend vers 0 à l'infini. On vérifie aussitôt que les W_p forment une résolvante de RAY sur $[0,\infty[$, que 0 n'est pas un point de branchement, d'où l'existence d'un semi-groupe de FELLER prolongeant (H_t) à la demi-droite fermée. Il est intéressant de savoir calculer $H_t(0,dz)$. Rappelons que si l'on pose

(2.4) $$\mu_t(ds) = \frac{t}{2\sqrt{\pi}}\ e^{-t^2/4s}\ s^{-3/2}ds$$

on a $\int_0^\infty \mu_t(ds)e^{-ps} = e^{-t\sqrt{p}}$ (on a déjà utilisé cela dans le sém. X, p.127). Alors la relation $\int_0^\infty H_t(0,dz)e^{-pt}dt = e^{-z\sqrt{p}}\ zdz$ s'inverse et nous donne

(2.5) $$H_s(0,dz) = \frac{s^{-3/2}}{2\sqrt{\pi}}\ z^2 e^{-z^2/4s}\ dz$$

[Une remarque ici, pour faire joli, mais qui ne sera pas utilisée : posons $\eta_s(dx)=H_s(0,dx)$; ces mesures de probabilité forment une loi d'entrée du semi-groupe (H_t) sur $]0,\infty[$, soit $\eta_s H_t=\eta_{s+t}$. Les mesures $\eta_s(dx)/x$ forment alors une loi d'entrée non bornée pour le semi-groupe (G_t), la fameuse loi d'entrée d'ITO, correspondant au "mouvement brownien issu de 0 et tué en 0", cf. le séminaire V p.187].

Nous faisons quelques calculs plus précis sur le semi-groupe (H_t). Pour cela, il nous faut quelques notations. Ω désignant l'espace des

---

1. Noter pour p=0 l'expression simple : (2.3) $W(x,dz) = x\wedge z\ \frac{z}{x}\ dz$.

applications continues ω , à durée de vie $\zeta(\omega)$, de $\mathbb{R}_+$ dans $\mathbb{R}\cup\{\partial\}$, avec les applications coordonnées notées Z_t, nous pouvons munir Ω de diverses mesures :

- mesures P^x (espérances E^x) relatives au mouvement usuel issu de x ; la durée de vie correspondante est infinie p.s..
- Mesures P_0^x (espérances E_0^x) relatives au semi-groupe de GREEN (x > 0 ; on les obtient en tuant le mouvement brownien à l'instant T_0).
- Mesures $P_0^{x/\iota}$ (espérances $E_0^{x/\iota}$), relatives au processus de Markov gouverné par (H_t), issu de $x\geqq 0$.

Rappelons quelques formules relatives au mouvement brownien ordinaire. D'abord, pour la loi P^x, le processus Z_t^2-2t est une martingale. Donc aussi le processus arrêté à T_0 , ce qui entraîne en particulier que

(3.1) $$E_0^x[Z_t^2] = E^x[Z_t^2 I_{\{t<T_0\}}] = E^x[Z_{t\wedge T_0}^2] = 2E^x[t\wedge T_0]$$

Nous avons aussi pour x>0

(3.2) $$E_0^{x/\iota}[Z_t] = \frac{1}{x}E_0^x[Z_t\iota(Z_t)] = \frac{1}{x}E_0^x[Z_t^2] = \frac{2}{x}E^x[t\wedge T_0]$$

D'autre part

(3.3) $$E_0^{x/\iota}[\frac{1}{Z_t}] = \frac{1}{x}E_0^x[\frac{1}{Z_t}\iota(Z_t)] = \frac{1}{x}P_0^x\{t<\zeta\} = \frac{1}{x}P^x\{t<T_0\}$$

Reprenons (3.2) : $E^x[t\wedge T_0]=\int_0^t P^x\{s<T_0\}ds$, donc pour x>0

(3.4) $$E_0^{x/\iota}[Z_t] = \int_0^t E_0^{x/\iota}[\frac{2}{Z_s}]ds$$

Ne nous occupons pas pour l'instant de ce qui se passe pour x=0 : les processus gouvernés par (G_t) pouvant être réalisés sur l'espace d'états $]0,\infty[$, les processus conditionnels gouvernés par (H_t) peuvent être réalisés sur le même espace d'états, ce qui signifie que le point 0 est polaire pour le semi-groupe (H_t). Le sens de (3.4) - auquel on joint l'intégrabilité de Z_t, formule (3.2) - est le fait que le processus

(3.5) $$M_t = Z_t - \int_0^t \frac{2}{Z_s}ds$$

est une martingale pour toute loi $P_0^{x/\iota}$, x>0 . Soit t rationnel, et soit A l'événement

$$\{ \lim_n \Sigma_i (M_{t_{i+1}^n} - M_{t_i^n})^2 \neq 2t \} \quad , \text{ où } t_i^n = i2^{-n}t \ , \ 0\leqq i<2^n$$

Nous avons $P_0^{x/\iota}(A) = \frac{1}{x}\int_{A\cap\{t<\zeta\}} \iota(Z_t)P_0^x = 0$, car pour la mesure P_0^x (Z_t) est un mouvement brownien tué à l'instant ζ, tandis que l'intégrale est à variation bornée sur $[0,t]$ puisque $t<\zeta$. <u>Il en résulte que</u> (M_t) <u>est un mouvement brownien pour</u> $P_0^{x/\iota}$, x>0 .

Maintenant, plaçons nous en 0 . Nous avons d'après (2.2)

$$\int_0^\infty E_o^{0/\iota}[Z_t]e^{-pt}dt = W_p(0,\iota) = \int_0^\infty e^{-z\sqrt{p}}z^2dz = 2p^{-3/2}$$

d'où l'on déduit que pour (presque) tout t

(3.6) $\quad E_o^{0/\iota}[Z_t] = 2\sqrt{t}\Gamma(3/2) = 4\sqrt{t/\pi}$

formule peut être intéressante. Un calcul analogue donne

(3.7) $\quad E_o^{0/\iota}[1/Z_t] = 1/\sqrt{\pi t}$ pour (presque) tout t

Noter qu'en tout cas, d'après le lemme de Fatou, $E_o^{0/\iota}[Z_t] \leqq \theta\sqrt{t}$, et $E_o^{0/\iota}[\int_0^t \frac{2}{Z_s}ds\ ] \leqq \theta\sqrt{t}$. Donc le processus $(M_t)_{t>0}$, pour la mesure $P_o^{0/\iota}$, est une martingale bornée dans L^1 au voisinage de 0. Elle converge donc vers sa limite p.s. $M_0=0$ dans L^1, et le processus $(M_t)_{t\geqq 0}$ est une martingale. On vérifie alors aussitôt que c'est un mouvement brownien issu de 0. (3.6) et (3.7) ont alors lieu pour tout t.

Cela nous permet de calculer le générateur infinitésimal du semi-groupe (H_t) de manière très précise. Soit f une fonction de classe C^2 sur $\mathbb{R}$ (cette hypothèse est trop forte, mais peu importe). Appliquons la formule d'ITO à M_t+A_t, où $A_t=\int_0^t \frac{2}{Z_s}ds$. Il vient

$$f(Z_t) = f(Z_0) + \int_0^t f'(Z_s)dZ_s + \frac{1}{2}\int_0^t f''(Z_s).2ds$$

ou encore

(3.8) $\quad f(Z_t) = f(Z_0) + \int_0^t f'(Z_s)dM_s + \int_0^t Cf(Z_s)ds$

où C est l'opérateur de BESSEL $D^2+\frac{2}{\iota}D$. C'est pourquoi nous appellerons (H_t) le <u>semi-groupe de BESSEL</u>.

En particulier, si f est l'application identique, nous voyons que (Z_t) satisfait, pour la loi $P_o^{0/\iota}$, à une équation différentielle stochastique

(3.9) $\quad Z_t = M_t + \int_0^t \frac{2}{Z_s}ds \quad , \quad Z_t \geqq 0 \quad , \quad Z_0=0$

où (M_t) est un mouvement brownien issu de 0. Il est amusant de remarquer, comme McKEAN l'a fait, que cette équation a une solution <u>unique</u>. Car soient Z et Z^1 deux solutions ; fixons ω et posons $f(t)=Z_t(\omega)$, $f^1(t)=Z_t^1(\omega)$, $g(t)=f(t)-f^1(t)$, et enfin $h(t)=g(t)^2$. Nous avons $g'(t) = -2g(t)/f(t)f^1(t)$, donc $h'(t)\leqq 0$, et comme h est positive avec $h(0)=0$ on a $h\equiv 0$. Ce raisonnement s'applique en fait aux solutions issues du même point $x\geqq 0$, et non seulement aux solutions issues de 0.

Une conséquence, qui fait le lien avec l'interprétation classique du processus de BESSEL. Considérons un mouvement brownien (B_t) à trois dimensions issu de 0 ; on sait qu'il ne revient jamais en 0, et on peut donc appliquer la formule d'ITO à la fonction $x \mapsto |x|$, qui est deux fois dérivable hors de l'origine. Il vient

$$|B_t| = |B_0| + \Sigma_1^3 \int_0^t \frac{B_s^i}{|B_s|} dB_s^i + \Sigma_1^3 \frac{1}{2} \int_0^t \left(\frac{1}{|B_s|} - \frac{B_s^{i2}}{|B_s|^3} \right) 2ds$$

La première somme est un mouvement brownien, la seconde se réduit à $2\int_0^t \frac{ds}{|B_s|}$, et on retombe sur la même équation différentielle stochastique. On peut en déduire que le processus $|B_t|$ a même loi que le processus (Z_t) pour $P_o^{0/\iota}$.

Deux résultats sont clairs sur l'interprétation brownienne (mais peuvent aussi se vérifier directement). Le premier, c'est le comportement des trajectoires du processus de BESSEL (i.e. du processus (Z_t) pour la mesure $P_o^{x/\iota}$) : elles ne passent jamais par 0 pour $t>0$, et s'éloignent indéfiniment pour $t \to +\infty$. Le second, c'est le caractère "stable d'ordre 2" du semi-groupe (H_t) relativement aux dilatations de la demi-droite positive. Faisons opérer la dilatation $x \mapsto cx$ $(c>0)$ sur les fonctions et les mesures par

$$c \cdot f(x) = f(cx) \qquad c \cdot \mu = \int \varepsilon_{cx} \mu(dx)$$

de sorte que $< c \cdot \mu, f > = < \mu, c \cdot f >$, et sur les noyaux par

$$c \cdot A(x,f) = A(c^{-1}x, c \cdot f)$$

(la mesure du noyau dilaté c.A au point cx est la dilatée de la mesure A(x,dy) du noyau A au point x). Dans ces conditions, on a

(4.1) $$c \cdot H_t = H_{c^2 t}$$

Les calculs suivants n'ont probablement pas d'intérêt, mais nous les recopions tout de même. Il s'agit de calculer certaines probabilités de passage relativement au semi-groupe (H_t). Notons T_u le premier passage par u, et posons $A=\{u\}$; on suppose d'abord $x>0$.

$$E_o^{x/\iota}[e^{-pT_u}] = \text{p-réduite de 1 sur A relativement à } (H_t) \text{, en x}$$
$$= \frac{1}{\iota(x)} \cdot \text{p-réduite de } \iota \text{ sur A relativement à } (G_t) \text{, en x}$$
$$= \frac{u}{x} \cdot \text{p-réduite de 1 sur A relativement à } (G_t) \text{, en x .}$$

Les p-réduites des points pour (G_t) sont classiques , et on a

$$E_o^{x/\iota}[e^{-pT_u}] = \frac{u}{x} \frac{Sh(x\sqrt{p})}{Sh(u\sqrt{p})} \quad \text{si } x \leqq u \quad , \quad \frac{u}{x} \frac{\exp(-x\sqrt{p})}{\exp(-u\sqrt{p})} \quad \text{si } x \geqq u$$

le cas où $p>0$ n'a en fait aucun intérêt pour nous : seul compte le cas $p=0$, beaucoup plus simple, qui nous donne

(5.1) $$P_o^{x/\iota}[T_u < \infty] = 1 \wedge \frac{u}{x}$$

Pour $x=0$, on a $T_u < \infty$ p.s., et cette formule est donc encore vraie.

SEMI-GROUPES SUR $\mathbb{R}^\nu\times\mathbb{R}_+$

Nous remettons maintenant leur flèche aux semi-groupes $(\vec{G_t})$, $(\vec{H_t})$, pour rappeler qu'il s'agit de deux semi-groupes sur $]0,\infty[$, en remarquant que le second se prolonge aussi à $[0,\infty[$ de manière naturelle, et nous construisons sur $\mathbb{R}^\nu\times]0,\infty[$ les deux semi-groupes

(6.1) $\qquad G_t(\xi,d\eta) = P_t(x,dy)\otimes\vec{G_t}(u,dv)$ (semi-groupe de GREEN)

(6.2) $\qquad H_t(\xi,d\eta) = P_t(x,dy)\otimes\vec{H_t}(u,dv)$ (semi-groupe de BESSEL)

où $\xi=(x,u)$, $\eta=(y,v)$. Le second semi-groupe peut aussi être considéré sur $\mathbb{R}^\nu\times[0,\infty[$. Il est aussi markovien ($H_t(\xi,1)=1$) alors que (G_t) est sous-markovien. La relation entre les deux semi-groupes est

(6.3) $\qquad H_t(\xi,d\eta)= G_t(\xi,d\eta)\frac{\iota(\eta)}{\iota(\xi)}$ si $\iota(\xi)>0$

où l'on a posé $\iota(x,u)=u$. De même , entre les opérateurs potentiels des deux semi-groupes : $V(\xi,d\eta)$ pour (G_t), $W(\xi,d\eta)$ pour (H_t), on a la relation

(6.4) $\qquad W(\xi,d\eta) = V(\xi,d\eta)\frac{\iota(\eta)}{\iota(\xi)}$

Le semi-groupe (G_t) est en dualité avec lui-même par rapport à la mesure $d\xi=dxdu$, ce qui se traduit par le fait que la densité $V(\xi,\eta)$ de l'opérateur potentiel V par rapport à $d\eta$ est symétrique. CHANGEONS DE MESURE en introduisant la mesure fondamentale

(7.1) $\qquad m(d\xi) = udu dx$

Alors (G_t) est en dualité avec (H_t) par rapport à m, ce qui signifie que si f et g sont positives, $< G_tf,g>_m = < f,H_tg >_m$.

Notons pour un instant E l'espace localement compact $\mathbb{R}^\nu\times]0,\infty[$, $\bar{E}$ l'espace compact métrisable, compactifié d'ALEXANDROV de $\mathbb{R}^\nu\times[0,\infty[$. Le semi-groupe qui nous intéresse vraiment est $(\underline{\underline{G}}_t)$. Le semi-groupe dual (H_t) est fellérien sur E, et se prolonge en un semi-groupe fellérien sur $\mathbb{R}^\nu\times\mathbb{R}^+$, puis sur $\bar{E}$ (le point à l'infini étant absorbant). Ainsi, $\bar{E}$ apparaît comme un compactifié de RAY de E relativement au semi-groupe dual (H_t), c'est à dire ce que l'on appelle, de manière générale, <u>un</u> compactifié de MARTIN de E pour (G_t)[1].

Quel est le noyau de MARTIN ? A tout point ξ de $\bar{E}$ nous associons une

---

1. Malheureusement, la théorie de la frontière de MARTIN telle qu'elle est développée d'habitude suppose que la mesure fondamentale m est purement coexcessive, alors qu'ici elle est co-invariante : la fonction ι est invariante pour (G_t), le semi-groupe dual a une durée de vien infinie.

fonction excessive $k(.,\xi)=\hat{k}(\xi,.)$, qui est la densité de la mesure coexcessive $W(\xi,.)$ par rapport à m. C'est à dire

- si $\xi=(x,u)\in E$, la fonction de GREEN "normalisée" de pôle ξ

(7.2) $\qquad \hat{k}(\xi,.) = \frac{1}{u}V(\xi,.)$

- si ξ est le point à l'infini, $W(\xi,.)$ est une masse $+\infty$ au point à l'infini, et la densité correspondante est nulle.
- enfin, le cas le plus intéressant : si $\xi=(x,0)$ nous écrivons

$$W(\xi,d\eta) = \int_0^\infty P_s(x,dy)H_s(0,v)ds \qquad (\eta=(y,v))$$

$H_s(0,dv)$ nous est donné par (2.5). Donc si l'on pose $p_s(x,y)=P_s(x,dy)/dy$

$$W(\xi,d\eta) = \left(\frac{1}{2\sqrt{\pi}}\int_0^\infty vs^{-3/2}e^{-v^2/4s}p_s(x,y)ds\right) vdvdy$$

et la grande parenthèse n'est autre (séminaire X, p.127, formules (6) et (7)) que la densité $q_v(x,y) = Q_v(x,dy)/dy$ du noyau de POISSON. Prenant la densité de $W(\xi,d\eta)$ par rapport à $m(d\eta)=$ vdvdy, il vient que

(7.3) si $\xi=(x,0)$, $\hat{k}(\xi,.)$ est la fonction harmonique $q_.(x,.)$, noyau de POISSON de pôle x sur le bord.

Dans ces conditions, nous pouvons aussi écrire :

(7.4) si f est une fonction positive, et $\xi=(x,0)$, on a

$$\int W(\xi,d\eta)f(\eta) = \int_0^\infty vdv\int Q_v(x,dy)f(y,v)$$

REMARQUE. Si nous prenons comme mesure de référence $n(d\eta) = v^2dydv$, nous voyons que le semi-groupe (H_t) est son propre dual par rapport à n, avec la densité symétrique

(7.5) $\qquad W(\xi,d\eta) = \Theta(\xi,\eta)n(d\eta)$

où pour $\xi=(x,u)$, $u>0$

(7.6) $\qquad \Theta(\xi,\eta) = \frac{V(\xi,\eta)}{uv}$ ayant la limite au bord $\frac{1}{u}q_u(x,y)$ lorsque $v\to 0$

tandis que si $u=0$, $v>0$

(7.7) $\qquad \Theta(\xi,\eta) = \frac{1}{v}q_v(x,y) = c_\nu(v^2+|x-y|^2)^{-(\nu+1)/2}$

ayant enfin la limite au bord

(7.8) si $\xi=(x,0)$, $\eta=(y,0)$, $\Theta(\xi,\eta) = c_\nu|x-y|^{-\nu-1}$

qui est un noyau de RIESZ d'exposant 1. C'est la notion qui correspond ici aux "potentiels Θ" de Mme LUMER-NAÏM, à nouveau utilisés par DOOB (Ann. Institut Fourier, 12, 1962). Je ne sais malheureusement rien en faire.

REMARQUE. Quelle est la "normalisation" des fonctions excessives qui correspond à cette compactification de MARTIN ? Considérons les mesures λ_a ; leurs potentiels de GREEN sont $\lambda_a V(d\eta) = v\wedge a\, dydv$, ils <u>croissent</u> lorsque $a \to +\infty$ vers la mesure fondamentale $m(d\eta) = v dy dv$. Si f est une fonction excessive, la fonction $a \mapsto <\lambda_a, f>$ est croissante[1] et on pose

(8.1) $$L(m,f) = \lim_{a\to\infty} < \lambda_a, f >$$

Nous avons $\lambda_a V(d\eta) = v\wedge a\, dydv$, d'où en passant aux densités $\int \lambda_a(d\xi)V(\xi,\eta) = v\wedge a$, ou $< \lambda_a, V(.,\eta) > = v\wedge a$. Par symétrie, $< \lambda_a, V(\xi,.) > = u\wedge a$ et nous avons d'après (7.2), si $u>0$

(8.2) $$L(m, \hat{k}(\xi,.)) = \lim_{a\to\infty} < \lambda_a, \frac{1}{u}V(\xi,.) > = \lim_a \frac{u\wedge a}{u} = 1$$

tandis que si $u=0$, $\hat{k}(\xi,.)$ est (cf. (7.3)) le noyau de POISSON, dont l'intégrale sur tout hyperplan parallèle au bord est égale à 1. On a donc pour tout ξ (sauf le point à l'infini)

(8.3) $$L(m,\hat{k}(\xi,.)) = 1$$

et l'on comprend pourquoi cette compactification de MARTIN n'a guère été utilisée. La compactification usuelle permet de représenter, par des mesures <u>bornées</u> , toutes les fonctions excessives finies en un point x_0 choisi à l'avance. Celle ci ne permet de représenter - toujours par des mesures <u>bornées</u> - qu'une classe beaucoup plus petite, formée de fonctions excessives intégrables sur les hyperplans. Il faut des mesures non bornées pour atteindre les autres.

LE RETOURNEMENT DU TEMPS

Les semi-groupes (G_t) et (H_t), explicitement donnés ci-dessus, sont en dualité par rapport à m . Quelle est l'interprétation probabiliste de cette dualité ?

Nous rappelons une forme relativement simple du théorème général du retournement du temps (et qui en est la plus importante !) . Elle est due à NAGASAWA (présentée dans le vol. I du séminaire, puis dans le vol. II avec une généralisation et une erreur, puis reprise dans le Lecture Notes n°77 sur la frontière de MARTIN, p.34-45). Présentons d'abord la situation :

1. C'est évident lorsque f est un potentiel de GREEN Vg, et toute fonction excessive est sup d'une suite croissante de tels potentiels. Pour une théorie plus détaillée de la fonctionnelle L , voir le séminaire VI, p. 212 .

Nous considérons un espace localement compact E, et deux semi-groupes de FELLER (H_t) et (G_t) sur E, de résolvantes respectives (W_p) et (V_p). Ces semi-groupes sont en dualité par rapport à une mesure

$$m = \alpha W$$

et l'on suppose que α et m sont des mesures de Radon. Nous munissons l'espace Ω de toutes les applications càdlàg. de $\mathbb{R}_+$ dans E, à durée de vie, de la mesure $\hat{P}^\alpha$ correspondant au semi-groupe (H_t) et à la mesure initiale α. Nous noterons $\hat{B}_t$ les coordonnées sur Ω .

[Dans le cas qui nous occupe, $E=\mathbb{R}^\nu \times]0,\infty[$, et α est la mesure de Lebesgue λ_0 sur $\mathbb{R}^\nu \times \{0\}$, qui n'est pas portée par E : cela ne fait aucune différence essentielle ; c'est la situation concrète où nous sommes qui nous fait noter $\hat{B}_t$, $\hat{P}^\alpha$ les quantités relatives à (H_t).]

Soit L un <u>temps de retour</u>, c'est à dire une v.a. sur Ω satisfaisant à l'identité

(9.1) $$L \circ \theta_t = (L-t)^+$$

Le dernier temps de passage dans un ensemble borélien A

(9.2) $$L_A(\omega) = \sup\{ t : \hat{B}_t(\omega) \in A \} \quad (\sup \emptyset = 0)$$

est un temps de retour. Si L est un temps de retour, et si $\Omega_L = \{0<L<\infty\}$, on définit sur Ω_L le processus retourné de $(\hat{B}_t)$ à L

(9.3) $$B_t(\omega) = \hat{B}_{(L(\omega)-t)-} \text{ si } 0 \leqq t < L(\omega) \quad B_t(\omega) = \partial \text{ si } t \geqq L(\omega)$$

[Dans le cas qui nous occupe, $(\hat{B}_t)$ peut être pris à trajectoires continues, et $\hat{B}_{.-} = \hat{B}_.$, donc $B_t = \hat{B}_{L-t}$ tout simplement si $0 \leqq t < L$.]

Voici le théorème de retournement :

10 THEOREME. <u>Pour la mesure</u> $\hat{P}^\alpha$, <u>le processus retourné</u> (B_t) <u>est un processus de Markov, gouverné par le semi-groupe</u> (G_t), <u>et admettant la mesure initiale</u>

(10.1) $$\beta(f) = \hat{E}^\alpha[f \circ \hat{B}_{L-} , 0<L<\infty] \quad (f \text{ borél. positive }).$$

11 Nous appliquons ce résultat au semi-groupe de BESSEL (H_t), avec mesure initiale $\alpha=\lambda_0$, et en prenant pour L le dernier temps de passage L_a par l'hyperplan $\{u=a\}$. Noter que $\Omega_{L_a} = \Omega$ (n°s 4 et 5). La mesure β est portée par l'hyperplan $\{u=a\}$, et manifestement invariante par translation. Elle est donc de la forme $c\lambda_a$, et nous allons voir dans un instant que c=1 : ainsi

<u>Le retourné à</u> L_a <u>du processus de BESSEL issu de</u> λ_0 <u>est un mouvement brownien</u> (B_t) <u>issu de</u> λ_a <u>et tué à l'instant</u> T_0 <u>de rencontre du bord</u>.

[on a c=1, parce que d'après le retournement $\alpha(f) = E^\beta[f(X_{T_0})] = c\lambda_0(f)$].

On voit donc que tous les mouvements browniens tués au bord, et admettant les diverses mesures initiales λ_a , peuvent être plongés comme processus retournés dans un même processus, le processus de BESSEL issu de λ_0 . D'une manière intuitive, on peut donc dire que le retourné du processus de BESSEL issu de λ_0 est le "mouvement brownien venant de l'infini et tué en O".

Donnons en deux applications . Soit A un ensemble borélien. La probabilité $P^{\lambda_a}\{T_A<T_0\}$ peut aussi s'interpréter comme $\hat{P}^{\lambda_0}\{\hat{T}_A<L_a\}$, et lorsque $a\to+\infty$ ceci tend vers $\hat{P}^{\lambda_0}\{\hat{T}_A<\infty\}$. Ainsi

La capacité de Green de A est simplement la probabilité de rencontre de A pour le processus de BESSEL issu de λ_0 .

Seconde application. Soit f une fonction harmonique. Nous avons

$$\|f\|_{\underline{\underline{H}}^1_p(\lambda_a)} = E^{\lambda_a}[\sup_{0\leqq t\leqq T_0} |f(B_t)|] = \hat{E}^{\lambda_0}[\sup_{0\leqq t\leqq L_a} |f(\hat{B}_t)|]$$

faisant tendre a vers l'infini, nous voyons que

$$\|f\|_{\underline{\underline{H}}^1_p} = \hat{E}^{\lambda_0}[\sup_t |f(\hat{B}_t)|] .$$

Nous poursuivons cette introduction au retournement par des remarques moins directement liées au sujet principal de ce travail.

On peut encore énoncer le théorème 11 de la manière suivante : si nous regardons le mouvement brownien issu de λ_a et tué à T_0 , et que nous le retournons à l'instant T_0 , nous obtenons un processus $(\hat{B}_t)$ identique en loi à un processus de BESSEL issu de λ_0 , et tué[1] au temps de retour L_a. Or nous avons un théorème général sur les processus de Markov, qui nous dit ceci :

Si nous munissons Ω de la mesure $\hat{P}^{\alpha}$ du processus gouverné par (H_t) et issu de α , et si L est un temps de retour, le processus $(\hat{B}_t)$ tué à L, c'est à dire le processus

$$Y_t = \hat{B}_t \text{ si } 0\leqq t<L \ , \ Y_t = \partial \text{ si } t\geqq L$$

est un processus de Markov gouverné par le semi-groupe $(H_t^{/c})$ et issu de $c.\alpha$, où c est la fonction excessive pour (H_t)

(13.1) $\qquad c(\xi) = \hat{P}^{\xi}\{L>0\}$

et comme d'habitude

(13.2) $\qquad H_t^{/c}(\xi,d\eta) = \frac{1}{c(\xi)} H_t(\xi,d\eta)c(\eta)$ si $c(\xi)>0$.

1. Ceci n'est vrai que parce que L_a est p.s. fini, mais le résultat donné plus bas s'applique à un temps de retour non nécessairement fini.

Nous ne détaillerons pas les conventions relatives aux ξ tels que $c(\xi)=0$, car ici c est strictement positive. Pour les détails de ce théorème - qui est beaucoup plus simple que le théorème de retournement - voir le séminaire V, p.229 .

Dans le cas qui nous occupe ici, la fonction c a été calculée dans la formule (5.1) : $\hat{P}^{\xi}\{L_a>0\}$ est la probabilité pour qu'un processus de BESSEL issu de ξ rencontre l'hyperplan $\{u=a\}$. Donc

(13.3) $\quad$ Si $\xi=(x,u)$, $c_a(\xi) = \hat{P}^{\xi}\{L_a>0\} = 1\wedge\frac{a}{x}$

4 Nous pouvons retrouver à partir de ce résultat la formule fondamentale des exposés [LP] de l'an dernier (Sém. X, p.131, formule (17)) : si j est une fonction positive

$$E^{\lambda_a}[\int_0^{T_0} j(B_s)ds|\, B_{T_0}] = \int_0^{\infty} a\wedge v\; Q_v(B_{T_0},j(.,v))\,dv$$

En effet, nous retournons le temps à T_0 , et le côté gauche devient

$$\hat{E}^{c_a\lambda_0/c_a}[\int_0^{\zeta} j(\hat{B}_s)ds|\hat{B}_0] = W^{/c_a}(\hat{B}_0,j)$$

puisqu'on conditionne simplement par la valeur initiale, $W^{/c_a}$ étant l'opérateur potentiel du semi-groupe $(H_t^{/c_a})$:

$$W^{/c_a}(\xi,d\eta) = \frac{1}{c_a(\xi)}W(\xi,d\eta)c_a(\eta)$$

Comme $\hat{B}_0$ est ici sur le bord, nous pouvons nous limiter au cas où $\xi=(x,0)$. Alors $c_a(\xi)=1$, et nous avons d'après (7.4)

$$\int W((x,0),d\eta)c_a(\eta)j(\eta) = \int_0^{\infty} vdv \int Q_v(x,dy)j(y,v)\; 1\wedge\frac{a}{v}$$

et c'est exactement l'expression cherchée.

5 Nous appliquons maintenant la théorie du retournement du temps à la définition et à l'interprétation des limites fines d'une fonction en un point $\xi=(x,0)$ du bord.

Soit f une fonction borélienne sur $\mathbb{R}^{\nu}\times]0,\infty[$. Nous munissons $\hat{\Omega}$ de la mesure $\hat{P}^{\xi}$ du processus de BESSEL issu de ξ (ici encore, le point initial est hors de E, mais cela n'a pas d'importance). Alors les v.a.

$$\lim \begin{smallmatrix}\sup\\ \inf\end{smallmatrix} f(\hat{B}_t) \quad \text{pour } t\to 0\ ,\ t>0$$

sont mesurables par rapport à la tribu $\hat{\underline{\underline{F}}}_{0+}$, et sont donc $\hat{P}^{\xi}$-p.s. égales à des constantes $\overline{a}(\xi)$, $\underline{a}(\xi)$. Si ces deux constantes sont égales, leur valeur commune $a(\xi)$ est appelée la limite fine de f en ξ (il serait plus juste de l'appeler limite cofine !).

Nous appliquons le théorème 10, en prenant pour (H_t) le semi-groupe de BESSEL, et pour $\overline{\alpha}$ la mesure ε_{ξ} . La nouvelle mesure $\overline{m} = \varepsilon_{\xi}W$ admet pour densité par rapport à m la fonction excessive $k(.,\xi)$, que nous noterons k_ξ , et le nouveau semi-groupe en dualité avec (H_t) par rapport à $\overline{m}$ n'est plus (G_t), le semi-groupe de GREEN, mais

$$\overline{G}_t(\eta,d\zeta) = G_t^{/k_\xi}(\eta,d\zeta) = G_t(\eta,d\zeta)\frac{k_\xi(\zeta)}{k_\xi(\eta)}$$

Si nous retournons à nouveau le temps à l'instant L_a , nous voyons que le processus retourné sera un processus de Markov gouverné par $(G_t^{/k_\xi})$, de mesure initiale $\overline{\beta}$. Nous voudrions calculer[1] $\overline{\beta}$.

Pour toute fonction positive j sur $\mathbb{R}^\nu\times]0,\infty[$ nous avons, en désignant par $\overline{V}$ l'opérateur potentiel $V^{/k_\xi}$ de $(\overline{G}_t)=(G_t^{/k_\xi})$

$$< \overline{\beta}\overline{V},h > = E^{\overline{\beta}/k_\xi}[\int_0^\zeta h(B_s)ds] = \hat{E}^\xi[\int_0^{L_a} h(\hat{B}_s)ds]$$

$$= \hat{E}^{\xi/c_a}[\int_0^\zeta h(\hat{B}_s)ds] \quad (\text{n}^\circ\ 13)$$

$$= \int_0^\infty v\wedge a\ Q_v(x,h(.,v))dv \quad (\text{n}^\circ 14)$$

et cette propriété caractérise la mesure $\overline{\beta}$, car une mesure est connue dès que son potentiel est une mesure de Radon connue. Or vérifions que la mesure $\gamma(d\eta) = q_a(x,y)\lambda(dy)\otimes\varepsilon_a(dv)$ la possède, d'où il résultera que nous avons bien identifié $\overline{\beta}=\gamma$. Comme γ est portée par l'hyperplan $\{v=a\}$, nous avons $k_\xi(\eta) = q_a(x,y)$ γ-p.s., donc $\gamma(d\eta)/k_\xi(\eta) = \lambda_a(d\eta)$, et

$$\gamma\overline{V}(d\zeta) = \int\lambda_a(d\eta)V(\eta,d\zeta)k_\xi(\zeta)$$

Mais le potentiel de Green $\int\lambda_a(d\eta)V(\eta,d\zeta)$ est connu (séminaire X, p.131, formule (16)) : si $\zeta=(z,w)$, c'est la mesure $w\wedge a\ dzdw$. Reste donc finalement la mesure $w\wedge a\ k_\xi(z,w)\ dzdw$, et c'est juste ce qu'il nous faut. Nous avons obtenu :

<u>Le retourné à</u> L_a <u>du processus de BESSEL issu du point</u> $\xi=(x,0)$ <u>du bord est un processus de Markov gouverné par</u> $(G_t^{/k_\xi})$, <u>de loi initiale</u> $q_a(x,y)\lambda_a(d\eta)$.

Revenons alors aux limites fines : l'existence d'une limite fine de f au point ξ, i.e. l'existence d'une limite p.s. de $f(\hat{B}_t)$ lorsque $t\to 0$ le long des trajectoires du processus de BESSEL issu de ξ, équivaut par retournement du temps à l'existence d'une limite p.s. de $f(B_t)$ lorsque t tend vers la durée de vie, pour le processus gouverné par $(G_t^{/k_\xi})$ avec la mesure initiale indiquée plus haut (ou une mesure équivalente, puisqu'il s'agit de convergence p.s.).

1. On pourrait aussi utiliser une méthode directe, en utilisant la loi de L_a pour $\hat{P}^\xi$: $\hat{P}^\xi\{L_a>t\}=P^a\{T_0>t\}$ pour le mouvement brownien à <u>une</u> dimension issu de a - puis l'indépendance des deux composantes de $\hat{B}_t$.

MESURES DE CARLESON

Nous allons maintenant faire le lien entre l'interprétation du demi-espace comme compactifié de MARTIN, et la théorie des mesures de CARLESON telle qu'elle est développée dans [RR].

Nous commençons par quelques notations. $Q(x,h)$ est le cube de $\mathbb{R}^\nu$ de centre x et d'arête h . $T_\alpha(x,h)$ est le pavé $Q(x,h)\times[0,\alpha h]$ de $\mathbb{R}^\nu\times[0,\infty[$, dont une face est collée contre le bord. Nous posons $T(x,h)=T_1(x,h)$.

DEFINITION. <u>Une mesure positive</u> μ <u>sur</u> $\mathbb{R}^\nu\times[0,\infty[$ <u>est une mesure de CARLESON s'il existe une constante</u> c <u>telle que l'on ait</u>, <u>pour tout</u> (x,h)

(16.1) $$\mu(\ T(x,h)\ ) \leqq ch^\nu$$

Noter qu'on a alors $\mu(T_\alpha(x,h))\leqq c_\alpha h^\nu$, avec $c_\alpha=c$ si $\alpha\leqq 1$, $c_\alpha = c\alpha^\nu$ si $\alpha\geqq 1$.

La condition (16.1) est satisfaite par $\mu=\varepsilon_{(y,v)}$ avec $c=v^{-\nu}$.

Nous démontrons maintenant le lemme de CARLESON. Nous faisons un dessin voisin de celui de la page 169. Etant donné un point ξ de $\mathbb{R}^\nu\times[0,\infty[$, nous considérons le cône C_ξ de sommet ξ dirigé vers la gauche - mais cette fois ce sera un cône <u>fermé</u> - et sa trace $[\xi]$ sur le bord. Etant donné un sous ensemble A de $\mathbb{R}^\nu\times[0,\infty[$, nous posons

(17.1) $$[A] = \bigcup_{\xi\in A} [\xi] .$$

Le lemme de CARLESON affirme que

THEOREME. <u>Si</u> μ <u>est une mesure de CARLESON</u>, <u>et</u> c <u>est la constante</u> (16.1), <u>on a pour tout</u> A <u>borélien dans</u> $\mathbb{R}^\nu\times\mathbb{R}_+$

(17.2) $$\mu(A) \leqq c\theta\lambda([A])$$

DEMONSTRATION. Nous traitons d'abord le cas où A est ouvert. Nous allons alors modifier très légèrement la définition de [A], en le remplaçant par la réunion des <u>intérieurs</u> des $[\xi]$, $\xi\in A$, ce qui revient à établir une inégalité légèrement plus forte que (17.2). Nous appliquons la partie facile du théorème de recouvrement de WHITNEY (STEIN , <u>Singular integrals</u>... p. 167-168). Nous pouvons représenter l'ouvert [A] de $\mathbb{R}^\nu$ comme une réunion de cubes $Q_i=Q(x_i,h_i)$ d'intérieurs disjoints, tels que la distance de x_i au complémentaire de [A] soit $\leqq \theta_1 h_i$. Soit alors $x\in Q_i$, et soit $(x,u)\in A$. On a $|x-x_i| \leqq \theta_2 h_i$. Toute la boule de centre x et de rayon u étant contenue dans [A], la distance de x à $[A]^c$ est au moins u, or elle est au plus αh_i ($\alpha=\theta_1+\theta_2$), donc $u\leqq \alpha h_i$, et (x,u) appartient à $T_\alpha(x_i,h_i)$. Cela signifie que les $T_\alpha(x_i,h_i)$ recouvrent A, et nous avons nous avons

$$\mu(A) \leqq \Sigma_i \mu(T_\alpha(x_i,h_i)) \leqq \Sigma_i c\Theta h_i^\nu = \Sigma_i c\Theta\lambda(Q_i) = c\Theta\lambda([A]).$$

Ceci vient d'être établi lorsque A est ouvert. Si maintenant K est un compact, nous pouvons trouver des ouverts A_n emboîtés tels que $K=\bigcap_n \overline{A}_n$, et alors $[K]=\bigcap_n [A_n]$, et la formule précédente s'étend. De là on déduit que si B est borélien, on a $\mu(B)\leqq\Theta c\lambda([B])$ (le lecteur vérifiera, par un argument d'images directes, que [B] est analytique, donc λ-mesurable).

Inversement, ces propriétés caractérisent les mesures de CARLESON. Car si l'on a $\mu(K)\leqq c\lambda([K])$ pour tout compact, en prenant $K=T(x,h)$ on a $\lambda([K])\leqq \Theta h^\nu$, et (16.1) est satisfaite.

Soit maintenant f une fonction borélienne dans le demi-espace, et soit $f^<$ la fonction maximale conique (§ VII, n°1)

(18.1) $\qquad f^<(x) = \sup_{\eta\in\Gamma_x} |f(\eta)|$ avec $\Gamma_x = \{\eta : |y-x|\leqq v\}$

Si $B=\{|f|>t\}$, nous avons $[B]=\{f^< >t\}$, donc $\mu\{|f|>t\} \leqq c\Theta\lambda\{f^< >t\}$ et en intégrant de 0 à $+\infty$ par rapport à dt

(18.2) $\qquad \int|f|\mu \leqq c\Theta\int f^<\lambda$

Considérons maintenant le noyau de MARTIN sur $E\times\overline{E}$ ($E=\mathbb{R}^\nu\times]0,\infty[$)

(19.1) $\quad k(\xi,\eta) = \frac{1}{v}V(\xi,\eta)$ si $\eta=(y,v)$, $v>0$; $k(\xi,\eta) = q_u(x,y)$ si $\begin{matrix}\xi=(x,u)\\ \eta=(y,0)\end{matrix}$

Le potentiel de MARTIN d'une mesure positive μ est la fonction surharmonique positive dans le demi-espace ouvert E

(19.2) $\qquad K\mu(.) = \int k(.,\eta)\mu(d\eta)$

Nous prouvons :

<u>Si la fonction</u> $K\mu$ <u>est bornée</u>, μ <u>est une mesure de CARLESON</u> (la réciproque est fausse, puisque $\varepsilon_{(y,v)}$ est une mesure de CARLESON si $v>0$).

DEMONSTRATION. Supposons que $K\mu \leqq a$. Soit j_h l'indicatrice de $T(0,h)$. Nous allons prouver que

(19.3) $\qquad \int j_h(\xi)k(x,\xi)dxdu \geqq \Theta h \quad$ pour $\eta\in T(0,h)$

Cela entraînera

$$\Theta h\mu(T(0,h)) \leqq \int_{T(0,h)} \mu(d\eta)\int j_h(\xi)k(\xi,\eta)dxdu \leqq \int j_h(\xi)dxdu\int k(\xi,\eta)\mu(d\eta)$$
$$\leqq a\int j_h(\xi)dxdu = ah^{\nu+1}$$

donc $\mu(T(0,h)) \leqq ch^\nu$ ($c=a/\Theta$) , et ce qu'on a fait au point 0 s'applique à n'importe quel point. Par dilatation, on se ramène à vérifier (19.3) pour h=1 (ce n'est pas <u>tout à fait</u> évident). Soit C un compact contenu dans l'intérieur de T(0,1) et de mesure positive. La fonction $(\xi,\eta)\longmapsto k(\xi,\eta)$ est continue et strictement positive, donc bornée inférieurement, dans le compact $C\times T(0,1)$. Mais alors $\int_C j_1(\xi)k(\xi,.)$ est bornée inférieurement dans $T(0,1)$, et cela entraîne (19.3).

Et maintenant, nous revenons au § III, n°3 : si f est une fonction de BMO , le potentiel de GREEN $V(\text{grad}^2 f)$ est borné. Cela signifie que le signifie que la mesure $u\,\text{grad}^2 f(x,u)dxdu$ a un potentiel de MARTIN borné, et par conséquent

<u>la mesure de densité</u> $u\,\text{grad}^2 f(x,u)$ <u>est une mesure de CARLESON si</u> f <u>appartient à</u> BMO .

Ceci est une étape importante dans la démonstration du théorème de dualité classique . Voir [RR], p.72, Satz 2 . Il y a une réciproque (même référence, Satz 3), qui exprime que l'équivalence (CARLESON)<=> (pot. de MARTIN borné) est vraie pour les mesures de ce type particulier.

1 Voici encore une conséquence du n°19, assez intéressante, due à STEIN et ZYGMUND ([RR] p.86). Soit φ une fonction <u>sousharmonique positive</u> telle que $V\varphi$ soit bornée par une constante c. C'est le cas par exemple pour $\varphi=\text{grad}^2 f$ lorsque $f\in$BMO . Nous avons vu que l'on a dans ce cas , si Q est un cube d'arête h et de centre x

$$\int_{Q\times[0,2h]} u\varphi(x,u)dxdu \leqq \theta c h^{\nu}$$

Sur $Q\times[h,2h]$ on a $u\geqq h$, donc

$$\int_{Q\times[h,2h]} h\varphi(x,u)dxdu \leqq \int_{Q\times[0,2h]} u\varphi(x,u)dxdu \leqq \theta c h^{\nu}$$

et cela signifie que la <u>moyenne</u> M de φ sur le cube $Q\times[h,2h]$, de centre $(x,3h/2)$, est $\leqq\theta c h^{-2}$. Or φ est sousharmonique : en comparant la moyenne sur le cube à la moyenne sur une boule inscrite, on voit que $\varphi(x,3h/2) \leqq \theta c h^{-2}$, majoration indépendante de x. Ainsi

<u>Si</u> $\varphi\geqq 0$ <u>est sousharmonique, et</u> $V(u\varphi)\leqq c$, <u>on a</u> $\varphi(x,u)\leqq\theta c u^{-2}$.

Cette propriété n'a manifestement rien à voir avec toutes ces boules et ces cubes : elle a un sens pour des semi-groupes quelconques prolongés par produit avec un mouvement brownien horizontal. Qui trouvera une meilleure démonstration ?

21 Voici une dernière conséquence du n°19. Rappelons nous qu'une mesure μ telle que $K\mu\leqq$ a satisfait à $\mu(B)\leqq\theta a\lambda([B])$ pour tout borélien B. Par conséquent

(21.1) $\qquad \sup_{\{\mu\,:\,K\mu\leqq 1\}} \mu(B) \leqq \theta\lambda([B])$

Qu'est ce que le côté gauche ? C'est la capacité de MARTIN de B. Si l'on interprète cette capacité comme probabilité de rencontre de B pour le "mouvement brownien venant de l'infini" , la signification de (21.1) est la moitié facile (§ VII, n°4) du théorème de BURKHOLDER-GUNDY-SILVERSTEIN. Mais cette démonstration est évidemment bien moins bonne que celle du § VII.

App. 3 : QUELQUES PROBLEMES NON RESOLUS

LE PROLONGEMENT PARABOLIQUE

Le prolongement harmonique d'une fonction f (mettons positive pour être sûr que les intégrales ont un sens) est donné par

(1.1) $$f(x,u) = Q_u(x,f)$$

où (Q_t) est le semi-groupe de CAUCHY (le noyau de POISSON). Le <u>prolongement parabolique</u> est donné par

(1.2) $$f^\circ(x,u) = P_u(x,f)$$

où (P_t) est le semi-groupe du mouvement brownien.

On peut développer une théorie de la dualité $\underline{\underline{H}}^1$-$\underline{\underline{BMO}}$ pour les prolongements paraboliques. Commençons par les aspects analytiques de la question. L'espace $\underline{\underline{BMO}}$ parabolique se définit tout naturellement comme l'espace des fonctions f telles que

(1.3) $P_t(x,f^2) < \infty$ pour au moins un $t>0$ et un $x\in\mathbb{R}^\nu$ (et alors la même propriété est vraie pour tout $\bar{t}>0$ et tout $\bar{x}$, la densité $P_{\bar{t}}(\bar{x},.)/P_t(x,.)$ étant bornée) ;

(1.4) il existe $c\geq 0$ telle que $P_t(f^2)-(P_tf)^2 \leq c^2$ pour tout t .

Le semi-groupe (P_t) étant à décroissance plus rapide que le semi-groupe (Q_t), il résulte aussitôt du début du § III que l'espace $\underline{\underline{BMO}}$ parabolique est identique à l'espace $\underline{\underline{BMO}}$ classique.

L'espace $\underline{\underline{H}}^1$ parabolique peut se définir tout naturellement au moyen de la fonction maximale radiale $x\longmapsto \sup_{t>0}|f^\circ(x,t)|$. Et ici il résulte d'un théorème très général de FEFFERMAN et STEIN que cet espace est identique à celui que nous avons étudié plus haut, défini à l'aide de la fonction maximale radiale $\sup_t |Q_t(x,f)|$. Le théorème de dualité entre $\underline{\underline{H}}^1$ parabolique et $\underline{\underline{BMO}}$ parabolique est donc vrai, et se réduit au théorème de dualité que nous avons vu - mais ce n'est pas évident.

Du point de vue probabiliste, maintenant, le processus (X_t,U_t) où (X_t) est un mouvement brownien "transversal" , (U_t) un mouvement brownien "horizontal" que l'on tue à la première rencontre de 0, est remplacé par (X_t,V_t), où (V_t) est un processus de translation uniforme vers la gauche, tué à la première rencontre de 0.

L'espace $\underline{\underline{H}}^1_p$ probabiliste relatif au prolongement parabolique se définit ainsi. On associe à f sur le bord la martingale

(1.6) $\quad M_t = f^\circ(X_{t\wedge T_0},V_{t\wedge T_0}) \qquad \langle M,M\rangle_t = \int_0^{t\wedge T_0} 2\mathrm{grad}^2_\dagger\, f^\circ(X_s,V_s)ds$

où T_0 est la première rencontre du bord (en fait $T_0=V_0$, puisque le processus (V_t) est une translation uniforme) et la notation $\mathrm{grad}_\dagger$ signifie que la composante "horizontale" est absente du gradient. Dans ces conditions, la norme $\underline{\underline{H}}^1_p(\mu)$ relative à la mesure initiale μ est

$$\|f\|_{\underline{\underline{H}}^1_p(\mu)} = E^\mu[\ \sup_t\ |M_t|\ ] = E^\mu[\ \sup_t\ |f^\circ(X_{t\wedge T_0},V_{t\wedge T_0})|]$$

et comme d'habitude $\|f\|_{\underline{\underline{H}}^1_p} = \lim_{a\to\infty} \|f\|_{\underline{\underline{H}}^1_p(\lambda_a)}$.

Ici le retourné du processus (X_t,V_t) de mesure initiale λ_a est immédiat. C'est un processus (X_t,W_t), où W_t est une translation uniforme <u>vers la droite</u>, de mesure initiale λ_0, tué à la première rencontre de l'hyperplan d'abscisse a. Donc on a tout simplement

(1.6) $\quad \|f\|_{\underline{\underline{H}}^1_p} = E^\lambda[\sup_t\ |f^\circ(X_t,t)|]$

où (X_t) est un mouvement brownien dans $\mathbb{R}^\nu$. Mais remarquer que le processus $f^\circ(X_t,t)$ n'est pas une martingale : ce qui est une martingale, c'est pour tout a fixé le processus $(f(X_t,a-t))_{0\leq t\leq a}$!

Quant à l'interprétation probabiliste de $\underline{\underline{BMO}}$, elle est la même que dans la théorie des prolongements harmoniques : f appartient à $\underline{\underline{BMO}}$ si et seulement si pour une (pour toute) mesure initiale μ la martingale associée (M_t) est dans l'espace $\underline{\underline{BMO}}(P^\mu)$ du processus (X_t,V_t) pour la loi P^μ. La mise en dualité de $\underline{\underline{H}}^1_p$ et de $\underline{\underline{BMO}}$ se fait au moyen de la forme bilinéaire

(1.7) $\quad \Lambda(f,g) = 2\int dx\int_0^\infty \mathrm{grad}_\dagger f^\circ(x,u).\mathrm{grad}_\dagger g^\circ(x,u)du$

Ici encore, la théorie de la dualité revient au fait que les atomes appartiennent à $\underline{\underline{H}}^1_p$ ... mais les outils pour le démontrer font défaut : transformée de RIESZ, fonction maximale conique (il faudrait remplacer ici les cônes par des paraboloïdes, semble t'il), et on ne sait pas non plus s'il y a identité entre le $\underline{\underline{H}}^1$ défini au moyen de la fonction maximale (parabolique) radiale, et le $\underline{\underline{H}}^1_p$ ci-dessus . Tout ce qui est évident, c'est que $\underline{\underline{H}}^1_p$ est contenu dans $\underline{\underline{H}}^1$ (radial) avec une norme plus forte , comme au § VII. n°2 . C'est une situation aussi peu satisfaisante que possible.

LE SEMI-GROUPE DE LA CHALEUR

L'étude du prolongement "parabolique" est l'étude de certaines solutions de l'équation de la chaleur dans le demi-espace, pour lesquelles la coordonnée "singulière" (celle qui manque dans la somme des dérivées partielles du second ordre) est la coordonnée horizontale. Mais il est beaucoup plus intéressant que cette coordonnée se trouve en position "transversale" .

Nous distinguons donc sur $\mathbb{R}^\nu$ la coordonnée x_ν , et nous désignons par (P_t), non plus le semi-groupe du mouvement brownien, mais le semi-groupe de la chaleur admettant comme générateur infinitésimal

$$(2.1) \qquad -\frac{\partial}{\partial x_\nu} + \sum_1^{\nu-1} \frac{\partial^2}{\partial x_i^2}$$

L'expression explicite de (P_t) est connue : la mesure $P_t(0,dx)$ est portée par l'hyperplan $\{x_\nu=t\}$, absolument continue par rapport à la mesure de Lebesgue de l'hyperplan, avec la densité

$$(2.2) \qquad (4\pi x_\nu)^{-(\nu-1)/2}\exp(-|x'|^2/4x_\nu) \quad \text{où } x=(x',x_\nu)$$

Ce semi-groupe est stable d'ordre 2 (au sens que l'on a donné à ce mot dans l'appendice 2, n°4), mais par rapport à un autre groupe de "dilatations" . Si nous définissons $c.x$ ($c>0$, $x\in\mathbb{R}^\nu$) par $c.x= (c^{1/2}x_\nu,cx')$, alors nous avons, avec les notations de l'appendice 2, n°4

$$(2.3) \qquad c.P_t = P_{c^2t}$$

Soit dit en passant : lorsqu'on opère sur des groupes de dilatations généralisées, qui ne sont plus des homothéties, la notion d'ordre de stabilité n'a plus de sens intrinsèque. Par exemple, on pourrait décrire le même groupe de dilatations avec un autre paramètre en posant $c*x = c^\alpha.x$ $(\alpha\neq 0)$, et on aurait cette fois $c*P_t = P_{c^{2\alpha}t}$. Il me semble que pour obtenir une notion d'ordre de stabilité intrinsèque, il faut regarder aussi de quelle manière les dilatations opèrent sur le semi-groupe <u>et sur sa mesure invariante</u> (ici $\int f(c.x)\lambda(dx) = c^{-(\nu-1/2)}\int f(x)\lambda(dx)$) l'ordre de stabilité intrinsèque étant une fonction du rapport des deux exposants. Mais revenons au semi-groupe de la chaleur.

Les processus que l'on considère sont alors de la forme (X_t,U_t), où (X_t) est un processus de la chaleur gouverné par (P_t), et (U_t) un mouvement brownien sur $\mathbb{R}$, que l'on tuera à la première rencontre de 0.

Nous n'insistons pas, parce que nous ne savons pas grand chose : tout reste à faire ! Démontrer la dualité entre $\underline{\underline{H}}^1_p$ et $\underline{\underline{BMO}}$ (l'espace $\underline{\underline{BMO}}$ que nous allons définir dans un instant), et en déduire les théorèmes sur les "transformées de RIESZ paraboliques".

Mais comment décrire l'espace $\underline{\underline{BMO}}$ associé au semi-groupe de la chaleur ? On peut conjecturer que c'est l'espace suivant, introduit par STROOCK dans [Str] pour l'étude de certaines intégrales singulières, sous des hypothèses un peu plus générales.

Soit $\alpha=(\alpha_1,\dots,\alpha_\nu)$ un multiplet de nombres >0 . Soit Q un pavé dont les arêtes ont pour longueurs $(h_1,\dots,h_\nu)$. Nous dirons que Q est <u>de type</u> α si $h_1^{1/\alpha_1}=h_2^{1/\alpha_2}=\dots=h_\nu^{1/\alpha_\nu}$. Un cube unité, par exemple, est toujours de type α. Les pavés de type α sont les mêmes que ceux de type $t\alpha$ (t>0) de sorte que, si les α_i sont rationnels, on peut toujours se ramener au cas où ils sont entiers.

STROOCK définit l'espace $\underline{\underline{BMO}}(\alpha)$ comme l'ensemble des fonctions f localement intégrables telles que $(1/|Q|)\int_Q |f-f_Q|\lambda \leqq c$ pour tout pavé Q de type α. Pour $\alpha=(1,1,..,1)$ on a l'espace $\underline{\underline{BMO}}$ ordinaire, et l'espace $\underline{\underline{BMO}}$ associé au semi-groupe de la chaleur semble être $\underline{\underline{BMO}}(\alpha)$ pour $\alpha=(1,..,1,\frac{1}{2})$. La notion d'atomes se transpose, elle aussi, au type α de manière évidente.

Si les α_i sont entiers, il est facile de construire des partitions d'un pavé de type α en pavés de type α , de manière à pouvoir utiliser la théorie des martingales : il suffit de couper le premier côté en 2^{α_1} parties égales, le second en 2^{α_2} parties égales... Si les α_i sont incommensurables, l'article [Str] contient un lemme technique qui permet d'utiliser la théorie des martingales pour des partitions "presque de type α".

Parmi les problèmes <u>concrets</u> que l'on a rencontrés dans les exposés I et II rappelons encore la détermination du dual de $\underline{\underline{H}}_p^1(\mu)$ pour une mesure μ quelconque.

D'autre part, FEFFERMAN-STEIN ont montré que $\underline{\underline{H}}^1$ coincide aussi avec l'ensemble des fonctions f dont la fonction de LITTLEWOOD-PALEY radiale

$$x\longmapsto \left(\int_0^\infty u\,\mathrm{grad}^2 f(x,u)du\right)^{1/2} \text{ ou } \left(\int_0^\infty u(D_u f(x,u))^2 du\right)^{1/2}$$

est intégrable. Ce critère admet il une démonstration probabiliste ? Problème analogue pour l'intégrale d'aire de LUSIN. A ce propos, une remarque de FEFFERMAN-STEIN doit jouer un rôle. Soit H l'espace de Hilbert $L^2(\mathbb{R}_+,udu)$. Soit f(x,u) un prolongement harmonique , et soit $\varphi(x,u)=D_i f(x,u)$ (pour i=0, c'est la dérivée radiale). Au point (x,t) associons la fonction $\varphi(x,t+.)$ sur $\mathbb{R}_+$. D'après les inégalités de LITTLEWOOD-PALEY, cette fonction est dans H dès que f possède un peu d'intégrabilité, et nous avons alors une fonction harmonique à valeurs dans

H, donc aussi des martingales hilbertiennes.

PROBLEMES DE NATURE GENERALE

Ici nous désignons par (X_t) un bon processus de Markov à valeurs dans un espace d'états E, à durée de vie ζ finie. La limite à gauche $X_{\zeta-}$ peut être prise dans un compactifié convenable.

1) Soit μ une loi initiale. Supposons que E soit localement compact, et munissons l'espace $\underline{\underline{C}}_c(E)$ de la norme

$$f \longmapsto E^{\mu}[\ \sup_t |f(X_t)|\,]$$

Quelles sont les formes linéaires continues pour cette norme ?

2) Soit M une v.a. qui appartient à $\underline{\underline{BMO}}(P^{\mu})$, et soit N son espérance conditionnelle par rapport à la tribu terminale,

$$N = E^{\mu}[M|X_{\zeta-}\,]$$

est ce que N appartient encore à $\underline{\underline{BMO}}(\mu)$?

Université de Strasbourg 1975/76
Séminaire de Probabilités

CLASSES UNIFORMES DE PROCESSUS GAUSSIENS STATIONNAIRES.

par

Michel WEBER

INTRODUCTION

Ce travail est consacré à l'étude de quelques propriétés asymptotiques des trajectoires des processus gaussiens stationnaires.

Considérons un processus gaussien X, séparable défini sur l'intervalle $T = [0,1]$. Notons d l'écart sur T défini par X, et soit φ une fonction sur R_*^+ à valeurs dans R_*^+ non croissante, telle que :

(0.1) $$\overline{\lim_{t \downarrow 0}}\ \varphi(t) = +\infty .$$

Une partie très importante de l'étude du comportement asymptotique des trajectoires des processus gaussiens consiste à caractériser les fonctions φ telles que les événements suivants sont de probabilité égale à 0 ou 1 seulement.

(0.2) $$E_1 = \{\omega : \exists\ \delta(\omega) > 0 : 0 \leq s, t \leq 1 \text{ et } |s-t| < \delta(\omega) \Rightarrow |X(\omega,s) - X(\omega,t)| < d(s,t)\, \varphi(|s-t|)\} .$$

(0.3) $$\forall\, t \in T,\ E_2(t) = \{\omega : \exists\ \delta(\omega) > 0 : 0 \leq u \leq 1 \text{ et } |u-t| < \delta(\omega) \Rightarrow |X(\omega,u) - X(\omega,t)| < d(u,t).\varphi(|u-t|)\} .$$

DEFINITION 0.4.- <u>Nous dirons que</u> φ <u>appartient à la classe uniforme supérieure (resp. inférieure) de</u> X, <u>que nous notons</u> $\mathcal{U}_u(X)$ <u>(resp.</u> $\mathcal{L}_u(X)$), <u>lorsque</u> :

$$P(E_1) = 1 \qquad (\text{resp. } 0) .$$

Dans le même ordre d'idées, nous dirons que φ appartient à la classe locale supérieure (resp. inférieure) de X, que nous notons $\mathcal{U}_\ell(X)$, (resp. $\mathcal{L}_\ell(X)$), lorsque :

$$\forall\, t \in T\ ,\ P(E_2(t)) = 1 \qquad (\text{resp. } 0)\ .$$

En dépendance avec ce concept, introduisons la notion de condition de Hölder locale ou uniforme vérifiée par le processus X.

DEFINITION 0.5.- Nous dirons que X est localement φ-hölderien, lorsqu'il existe deux nombres c_o et c_1, $0 < c_o \le c_1 < +\infty$, tels que :

$$\forall\, t \in T\ ,\ P\{\omega : c_o \le \overline{\lim_{\substack{|u-t| \to 0 \\ u \in [0,1]}}} \frac{X(\omega,u) - X(\omega,t)}{d(u,t)\varphi(|u-t|)} \le c_1\} = 1\ .$$

De même nous dirons que X est uniformément φ-hölderien lorsqu'il existe deux nombres c_o' et c_1', $0 < c_o' \le c_1' < +\infty$, tels que :

$$P\{\omega : c_o' \le \overline{\lim_{\substack{|s-t| = h \to o \\ o \le s,t \le 1}}} \frac{X(\omega,s) - X(\omega,t)}{d(u,t)\varphi(|u-t|)} \le c_1\} = 1\ .$$

Historiquement les premières études faites en ce domaine concernaient le mouvement brownien, et on doit à Paul Levy [18] d'avoir le premier montré que la fonction :

$$\varphi_c(t) = \sqrt{2c \log \frac{1}{t}}$$

appartient à $\mathcal{U}_u(W)$ pour tout réel $c > 1$, et à $\mathcal{L}_u(W)$ lorsque $0 < c < 1$. Il démontre, en outre, un résultat similaire concernant cette fois les classes locales du mouvement brownien, pour la fonction :

$$\psi_c(t) = \sqrt{2c \log\log \frac{1}{t}} \qquad (c > 1 \ \text{ ou } \ 0 < c < 1)\ .$$

Ce n'est que plus tard, que les classes inférieures et supérieures du mouvement brownien ont été complètement caractérisées grâce aux travaux de I. Petrowski [24] pour les classes locales, et de K.L. Chung, P. Erdős et I. Sirao [29] pour les classes uniformes.

Ces résultats sont concrétisés par les deux théorèmes suivants :

THEOREME LOCAL 0.6.- Soit $\varphi : R_*^+ \to R_*^+$ une fonction non croissante vérifiant (0.1) ; posons :

$$I_\ell(\varphi) = \int_{+0} \frac{\varphi(t).e^{-\frac{1}{2}\varphi^2(t)}}{t}\, dt .$$

Nous avons les équivalences suivantes :

a) $(I_\ell(\varphi) < +\infty) \Leftrightarrow (\varphi \in \mathcal{U}_\ell(W))$

b) $(I_\ell(\varphi) = +\infty) \Leftrightarrow (\varphi \in \mathcal{L}_\ell(W))$.

THEOREME UNIFORME 0.7.- Posons, avec les hypothèses précédentes :

$$I_u(\varphi) = \int_{+0} \frac{\varphi^3(t).e^{-\frac{1}{2}\varphi^2(t)}}{t^2}\, dt .$$

Nous avons les équivalences suivantes :

a) $(I_u(\varphi) < +\infty) \Leftrightarrow (\varphi \in \mathcal{U}_u(W))$

b) $(I_u(\varphi) = +\infty) \Leftrightarrow (\varphi \in \mathcal{L}_u(W))$.

Nous en déduisons donc dans ce cas que les événements E_1 et $E_2(t)$ définis plus haut satisfont à la loi du 0-1.

Plus récemment, en 1970, T. Sirao et H. Watanabé [28] se sont intéressés aux processus gaussiens stationnaires sur $[0,1]$, et spécialement à ceux pour lesquels l'écart associé $d^2(s,t) = d^2(|s-t|)$ est une fonction concave au voisinage de l'origine, vérifiant une inégalité du type suivant :

(0.8) $$c_1 . x^{\alpha}(\log\frac{1}{x})^{\beta} \leq d^2(x) \leq c_2 x^{\alpha}(\log\frac{1}{x})^{\beta} ,$$

ce qui s'écrit d'une façon plus condensée : $d^2(x) \asymp x^{\alpha}(\log\frac{1}{x})^{\beta}$, au voisinage de l'origine.

Il ressort en particulier de leurs travaux que les classes inférieures et supérieures dépendent directement de α mais pas de β .

Dans ce travail nous nous proposons de présenter deux théorèmes dus à N. Kôno concernant les classes uniformes et d'en donner les démonstrations complètes. On retrouvera ce faisant les résultats connus de Chung, Erdös, Sirao et Petrowski. Ceci fait l'objet du chapitre I.

Au chapitre II nous verrons comment, à partir d'un lemme fonctionnel, obtenir des renseignements intéressant la classe uniforme $\mathcal{L}_u(X)$ lorsque X est un processus gaussien à covariance relativement irrégulière.

CHAPITRE I

AVANT-PROPOS :

Nous présentons ici quelques résultats importants obtenus par N. Kôno en 1970, concernant les classes uniformes $\mathcal{L}_u(X)$ et $\mathcal{U}_u(X)$, où $X = X(t)$, $t \in T$ est un processus gaussien centré à trajectoires continues. Nous les énonçons et les démontrons dans le cas où $T = [0,1]$; le lecteur se convaincra facilement qu'ils s'étendent énoncés et démonstrations, au cas où T est une partie compacte convexe d'un espace euclidien de dimension finie.

Ce chapitre est divisé en huit paragraphes. Les six premiers sont consacrés à l'exposé des résultats sur lesquels reposent les démonstrations de deux théorèmes que nous étudions. Ils sont donc disjoints entre eux. Nous démontrons dans les deux derniers paragraphes deux théorèmes, l'un concernant la classe $\mathcal{L}_u(X)$, l'autre la classe $\mathcal{U}_u(X)$. Ils permettent de caractériser ces classes, lorsque l'écart associé à X est une fonction à croissance faiblement régulière d'un type particulier. C'est précisément cette notion qui fait l'objet du 1er paragraphe.

I.1 - FONCTIONS REGULIERES, DEFINITIONS ET PROPRIETES :

DEFINITION 1.1.1.- Soient C un réel strictement positif et $\sigma :]0,C] \to \mathbb{R}_*^+$ une fonction borelienne localement bornée. Nous dirons que σ est une fonction "à croissance régulière au sens de J. Karamata", ou plus simplement, "à croissance régulière", si pour tout nombre $x > 0$, l'expression :

$$\lim_{\substack{t \to 0 \\ t > 0}} \frac{\sigma(tx)}{\sigma(t)} ,$$

existe et est finie.

Notons $f(x)$ cette limite. On démontre qu'il existe un nombre α tel que :

$$f(x) \equiv x^{\alpha} .$$

Nous dirons alors que σ est une fonction "<u>à croissance régulière d'exposant α</u>".

DEFINITION 1.1.2.- Soient C un nombre strictement positif et $\sigma :]0,C] \to R_*^+$, une fonction borélienne localement bornée. Nous dirons que σ est une fonction "<u>à croissance faiblement régulière</u>" lorsqu'il existe une fonction à croissance régulière $\tau :]0,C] \to R_*^+$ telle que :

$$\sigma \asymp \tau \quad \text{sur} \quad]0,C]$$

c'est-à-dire :

$$\exists\, c_1, c_2 \in R, \quad 0 < c_1 \leq c_2 < +\infty \text{ tels que :}$$

$$\forall\, x \in]0,C], \quad c_1\, \tau(x) \leq \sigma(x) \leq c_2\, \tau(x) .$$

Si τ est d'exposant α, nous dirons que σ est une fonction "<u>à croissance faiblement régulière d'exposant α</u>".

On doit à J. Karamata [14], le théorème suivant caractérisant les fonctions continues à croissance régulière. Nous l'énonçons sans le démontrer. Sa démonstration n'est pas élémentaire et sort du cadre de cet exposé. Il en sera de même pour les propositions suivantes que nous utiliserons fréquemment.

THEOREME 1.1.3.- Soient C un nombre strictement positif et $\sigma :]0,C] \to R_*^+$, une fonction continue à croissance régulière d'exposant α. Il existe une fonction $a :]0,C] \to R_*^+$ continue, et, pour tout nombre c_o, $c_o \in]0,C]$ une fonction $b :]0,C] \to R_*^+$ continue dépendant de c_o telles que l'on ait :

(i) $\lim_{x \downarrow 0} a(x) = 0$

(ii) $\lim_{x \downarrow 0} b(x) = b$, $b > 0$.

(iii) pour tout nombre x , $x \in]0,C]$, σ admet la représentation suivante :

$$\sigma(x) = b(x).x^{\alpha} \, e^{\int_x^{c_0} \frac{a(u)}{u} du} .$$

PROPOSITION 1.1.4.- Soit C un nombre strictement positif et $\sigma :]0,C] \to R^+_*$, une fonction continue, non décroissante, à croissance faiblement régulière d'exposant $\alpha > 0$.

Posons :

$$\forall\, x \in]0,\sigma(c)] \ , \ \bar{\sigma}^1(x) = \inf\{y > 0 : \sigma(y) \geq x\} .$$

Alors, $\bar{\sigma}^1$ est à croissance faiblement régulière d'exposant $\frac{1}{\alpha}$.

PROPOSITION 1.1.5.- Sous les hypothèses de la proposition précédente, on peut associer à tout nombre $\varepsilon > 0$, deux constantes c_1 et c_2 , $0 < c_1 < c_2 < +\infty$, telles que :

$$\forall\, u \in [0,1] \ , \ \forall\, t \in]0,C] \ , \ c_1.u^{\alpha+\varepsilon} \leq \frac{\sigma(tu)}{\sigma(t)} \leq c_2 u^{\alpha-\varepsilon} .$$

I.2 - UNE EXTENSION DU LEMME DE BOREL-CANTELLI :

L'étude des propriétés asymptotiques des processus stochastiques suppose la détermination des sous-ensembles de l'espace T , constituant une famille dénombrable dense pour la topologie initiale de T , et sur lesquels les accroissements du processus sont indépendants, ou le deviennent asymptotiquement. C'est le cas pour les processus à accroissements orthogonaux, par exemple le mouvement brownien, ou encore pour les processus gaussiens stationnaires sur R , dont la variance des accroissements est une fonction concave au voisinage de l'origine ; la covariance des accroissements de X sur des intervalles disjoints est alors négative ou nulle. La condition d'indépendance intervenant dans le lemme de Borel-Cantelli se vérifie sans difficulté, lorsqu'on étudie des problèmes simples de loi du logarithme itéré concernant les trajectoires de ces processus. Le lecteur pourra se reporter à [18] pour les démonstrations de ces résultats. L'application du lemme de Borel-Cantelli devient par contre totalement impossible dès lors qu'on aborde l'étude des classes inférieures. Ceci est compréhensible puisque, dans ce cas, c'est la corrélation des maximums aléatoires des accroissements de X sur des sous-ensembles non disjoints, qui intervient.

K.L. Chung [29] et N. Kôno [16] ont donc été conduits à rechercher des extensions du lemme de Borel-Cantelli, où la condition d'indépendance revêt une forme suffisamment faible pour pouvoir être vérifiée lorsque l'écart associé à X possède de bonnes propriétés de régularité.

La démonstration se pose sur la relation ensembliste suivante :

$$\sum_{i=1}^{n} 1_{A_i} = \left(\sum_{i=1}^{n} 1_{A_i}\right).1_{\bigcup_{i=1}^{n} A_i}$$

à laquelle on applique l'inégalité de Cauchy-Schwarz.

Le lemme suivant est dû à N. Kôno [16].

LEMME 1.2.1.- <u>Soient</u> $(\Omega, \mathcal{G}, P)$ <u>un espace probabilisé et</u> $(A_n)_{n=1}^{\infty}$ <u>une famille d'éléments de</u> $\mathcal{G}$. <u>On suppose que les conditions suivantes sont vérifiées.</u>

(1) . $\sum_{k=1}^{\infty} P(A_k) = +\infty$

(2) . il existe un entier $n_o > 0$, deux constantes $c_1 > 0$ et $c_2 > 0$, et pour tout entier $n > n_o$ un index fini ou infini $I_n = \{m_k^{(n)}\}_k$ avec

$$n < m_1^{(n)} < m_2^{(n)} < \ldots\ldots < m_k^{(n)} < \ldots.$$

tels que :

(2.a) $$\forall\, n > n_o \;,\; \sum_{m \in I_n} P(A_n \cap A_m) < c_1 P(A_n) \,.$$

(2.b) $$\forall\, n > n_o \;,\; \forall\, m > n \;,\; \text{tel que : } m \notin I_n \;:$$

$$P(A_n \cap A_m) \le c_2 P(A_n).P(A_m) \,.$$

Dans ces conditions, nous avons :

$$P\{\overline{\lim_{n\to\infty}}\, A_n\} \ge (c_2)^{-1} \,.$$

<u>Démonstration</u> : Soient deux entiers n_1 et n_2 tels que : $n_2 > n_1 > n_o$.
L'application de l'inégalité de Cauchy-Schwarz permet d'écrire :

$$[\sum_{k=n_1}^{n_2} P(A_k)]^2 = \int_\Omega \sum_{k=n_1}^{n_2} I_{A_k}(\omega).I_{\underset{n_1 \le k \le n_2}{\cup A_k}}(\omega).dP(\omega) \,.$$

$$\le P(\bigcup_{k=n_1}^{n_2} A_k). \sum_{k,\ell=n_1}^{n_2} P(A_k \cap A_\ell) \,. \qquad (1)$$

Or $$\sum_{k,\ell=n_1}^{n_2} P(A_k \cap A_\ell) = \sum_{k=n_1}^{n_2} P(A_k) + 2 \sum_{k=n_1}^{n_2} \sum_{\ell=k+1}^{n_2} P(A_k \cap A_\ell) \,. \qquad (2)$$

Soit $k \in [n_1, n_2[$; nous déduisons des hypothèses (2.a) et (2.b) :

$$\sum_{\ell=k+1}^{n_2} P(A_k \cap A_\ell) = \sum_{\substack{\ell=k+1 \\ \ell \in I_k}}^{n_2} P(A_k \cap A_\ell) + \sum_{\substack{\ell=k+1 \\ \ell \notin I_k}}^{n_2} P(A_k \cap A_\ell)$$

$$\le c_1 P(A_k) + c_2 \sum_{\ell=k+1}^{n_2} P(A_k).P(A_\ell) \,. \qquad (3)$$

Les inégalités (2) et (3) impliquent :

$$\sum_{k,\ell=n_1}^{n_2} P(A_k \cap A_\ell) \le (1+c_1).\sum_{k=n_1}^{n_2} P(A_k). + c_2[\sum_{k=n_1}^{n_2} P(A_k)]^2 \qquad (4)$$

et par conséquent :

$$P(\bigcup_{k=n_1}^{n_2} A_k) \ge \frac{1}{c_2 + \frac{1+c_1}{\sum_{k=n_1}^{n_2} P(A_k)}} .$$

D'où en faisant tendre n_2 vers l'infini, on déduit à l'aide de l'hypothèse (1) du lemme :

$$P(\bigcup_{k=n_1}^{\infty} A_k) \ge \frac{1}{c_2} .$$

Ceci est vérifié pour tout entier $n_1 > n_o$; la conclusion est immédiate.

Le corollaire suivant est dû à M.B. Marcus [20]. Il se déduit très facilement du lemme 1.2.1.

COROLLAIRE 1.2.2.- Soient $(\Omega, \mathcal{G}, P)$ un espace probabilisé, $g : \mathbb{N}^* \to \mathbb{N}^*$ une fonction croissant strictement et $\{B_{n,j} , n \ge 1 , 1 \le j \le g(n)\}$ une famille d'éléments de $\mathcal{G}$. Supposons que les conditions suivantes soient vérifiées :

(1) $\forall\, n \ge 1$, $\forall\, j,k$, $1 \le j,k \le g(n)$, $j \ne k$, $P(B_{n,j} \cap B_{n,k}) \le P(B_{n,j}).P(B_{n,k})$

(2) $\underline{\lim}_{n\to\infty} \sum_{j=1}^{g(n)} P(B_{n,j}) \ge \rho > 0$.

Alors, dans ces conditions :

$$\underline{\lim}_{n\to\infty} P\{\bigcup_{j=1}^{g(n)} B_{n,j}\} \ge \frac{1}{1+\rho^{-1}} .$$

Remarque : On peut aussi démontrer (1.2.2) directement en appliquant l'inégalité de Schwarz-Cauchy à la relation :

$$\sum_{1 \leq j \leq g(n)} I_{B_{j,n}} = \left(\sum_{1 \leq j \leq g(n)} I_{B_{j,n}} \right) . \ I_{\bigcup_{1 \leq j \leq g(n)} B_{j,n}} .$$

I.3 - LEMMES DE COMPARAISON - LEMME DE SLEPIAN :

Soient n un entier strictement positif et X,Y deux processus gaussiens sur $T = [1,n]$ c'est-à-dire deux vecteurs gaussiens à valeurs dans $\mathbb{R}^n$. Le lemme suivant dû à D. Slépian [30] permet de comparer à partir de covariances Γ_X et Γ_Y les lois de $\operatorname{Sup}_T X$ et $\operatorname{Sup}_T Y$.

LEMME 1.3.1.- On suppose que Γ_X et Γ_Y sont liées par les conditions suivantes :

(1) $\quad \forall\, t \in T, \qquad \Gamma_X(t,t) = \Gamma_Y(t,t)$

(2) $\quad \forall\, (s,t) \in T \times T, \qquad \Gamma_X(s,t) \leq \Gamma_Y(s,t)$.

Alors, pour tout nombre réel M, on a :

$$P\{\operatorname{Sup}_T X \geq M\} \geq P\{\operatorname{Sup}_T Y \geq M\} .$$

Ainsi que le constate X. Fernique dans [8], ce lemme a eu la plus grande importance pour la recherche de conditions nécessaires pour qu'un processus gaussien soit p.s. majoré. Nous l'utiliserons au cours du chapitre II, et renvoyons le lecteur à [8] ouvrage dans lequel X. Fernique établit des propriétés voisines mais plus adaptées à la recherche de conditions nécessaires de majoration des processus gaussiens.

Nous ne démontrons pas non plus les deux lemmes techniques suivants. Ils constituent l'outil indispensable pour vérifier les conditions (2.a) et

(2.b) du lemme 1.2.1, ainsi que nous pourrons le constater dans les paragraphes 7 et 8.

LEMME 1.3.2.- Soient U et V deux variables aléatoires gaussiennes centrées réduites de coefficient de corrélation ρ . Il existe deux constantes c_1 et c_2 strictement positives telles que :

$$\forall x>0, P(U>x, V>x) \leq c_1 e^{-c_2(1-\rho)x^2} . P(V>x) .$$

LEMME 1.3.3.- Soient U et V deux variables aléatoires gaussiennes centrées réduites, de coefficient de corrélation ρ . On peut associer à tout nombre réel $\varepsilon > 0$, une constante $c(\varepsilon) > 0$, telle que :

(1) $\forall x>0, \forall y>0$, si $\rho xy < \varepsilon$ alors

$$P(U>x, V>y) \leq c(\varepsilon).P(U>x).\, P(V>y)$$

(2) $\lim_{\varepsilon \to 0} c(\varepsilon) = 1$.

I.4 - EVALUATION DE LA LOI DE $\sup_T X$.

Dans l'introduction du paragraphe I.2, nous avons attiré l'attention du lecteur sur le rôle essentiel que jouent les corrélations des maximums aléatoires des variations locales de X sur des sous-ensembles de T non disjoints. Il faut de plus pouvoir estimer efficacement la loi de ces variables aléatoires. Nous démontrons dans ce paragraphe deux lemmes-clés pour l'étude des classes uniformes : un lemme de majoration se démontrant à l'aide du procédé dichotomique, et un lemme de minoration puissant et pourtant très simple puisqu'il repose sur la seule inégalité de Poincaré. Il ne fait pas appel au lemme de comparaison de Slépian.

Considérons un processus gaussien $X = X(t)$, $t \in T$ et soit d l'écart défini par X sur T . Il munit T d'une structure d'espace métrisable.

Soient U une partie de T et ε un nombre réel strictement positif. Nous notons $N(U,\varepsilon)$ le cardinal minimal (fini ou non) d'une famille de d - boules de rayon ε dans T, recouvrant U. Nous notons de même $M(U,\varepsilon)$ le cardinal maximal d'une famille de d - boules de rayon ε, deux à deux disjointes et centrées dans U. Ces nombres analysent l'éparpillement local de (T,d). Au cours de chacune des démonstrations, on recherchera en fonction du module φ supposé étudié (représenté par la variable x dans l'énoncé des deux lemmes), les sous-ensembles U de T et les nombres $\varepsilon(x)$ correspondants, tels que les maximums aléatoires des accroissements de X sur des ε - recouvrements de U soient les plus grands possibles.

LEMME 1.4.1.- (de majoration) - <u>Soient</u> S <u>une partie bornée de</u> $\mathbb{R}^N$, <u>de diamètre</u> $D(S)$, et $X = X(s), s \in S$ <u>un processus gaussien centré séparable de variance égale à</u> 1. <u>Supposons que</u> X <u>vérifie les conditions suivantes</u> :

a) il existe une fonction non décroissante continue σ et une constante $d_1 > 0$, telles que :

$$\forall\, s,t \in S\,, \quad \sqrt{E(X(s)-X(t))^2} \le d_1\, \sigma(\|t-s\|)\,.$$

b) il existe deux constantes strictement positives d_2 et γ telles que :

$$\forall\, t \in]0,D(S)]\,,\ \forall\, u \in [0,1]\,, \quad \frac{\sigma(tu)}{\sigma(t)} \le d_2 u^\gamma\,.$$

Alors il existe une constante $d_3 > 0$, indépendante de S et d_1 telle que :

$$\forall\, x \ge 1\,,\ P\{\sup_{s\in S} X(s) \ge x\} \le d_3 . \int_x^\infty e^{-\frac{u^2}{2}} \frac{du}{\sqrt{2\pi}} . N(S,\varepsilon(x))$$

avec $\varepsilon(x) = \frac{1}{2}\, \sigma^{-1}\left(\frac{1}{d_1 x}\right)$

($\|.\|$. désigne la norme euclidienne sur $\mathbb{R}^N$).

Démonstration : Soit x un nombre réel supérieur ou égal à 1, fixé, et envisageons un compact $K \subset S$ réalisant :

$$d_1 . \sigma(D(K)) x \leq 1 . \tag{1}$$

Posons en outre pour tout nombre $t \in [0, D(S)]$.

$$F_\sigma(t) = d_1 \int_0^\infty \sigma(t . e^{-u^2})\, du . \tag{2}$$

Remarquons que $F_\sigma(t)$ est définie pour tout $t \in [0, D(S)]$, puisque, en vertu de l'hypothèse b), nous avons :

$$\forall\, t \in [0, D(S)] \,,\; \forall\, u \geq 0 \,,\; \sigma(t . e^{-u^2}) \leq d_2 \sigma(t) . e^{-\gamma u^2}$$

et par conséquent :

$$0 \leq F_\sigma(t) \leq d_1 . d_2\, \sigma(t) . \int_0^\infty e^{-\gamma u^2}\, du < +\infty .$$

Posons, pour tout nombre réel positif x :

$$A = \{\omega : \sup_{x \in K} X(\omega, s) \geq x + 16\sqrt{N} . F_\sigma(D(K))\} . \tag{3}$$

Nous établirons dans un premier temps la majoration suivante :

$$P(A) \leq c_1 \int_x^{+\infty} e^{-\frac{u^2}{2}} \frac{du}{\sqrt{2\pi}} \tag{4}$$

où $c_1 > 0$ est une constante indépendante de x.

Posons pour tout entier $n > 0$:

$$\varepsilon_n = D(K) \exp(-2^n + 1) \tag{5}$$

$$x_n = 16 d_1 \sqrt{N}\, (\sqrt{2} - 1)\, 2^{\frac{n-1}{2}}\, \sigma(\varepsilon_{n-1})$$

et soit $\{t_i^n, 1 \leq i \leq N(K, \varepsilon_n)\}$ une suite de points dans K, telle que la famille des boules $\{B_{\|.\|}(t_i^n, \varepsilon_n) ; 1 \le i \le N(K,\varepsilon_n)\}$ constitue un recouvrement minimal de K.

Posons successivement :

$$A^* = \{\omega : \sup_{x \in K} X(\omega,s) > x + \sum_{k=1}^{\infty} x_k\} \tag{6}$$

$$A_{n,i}^m = \{\omega : X(t_{i,}^m \omega) > x + \sum_{k=1}^{n} x_k\}$$

$$A_{\infty,i}^m = \{\omega : X(t_{i,}^m \omega) > x + \sum_{k=1}^{\infty} x_k\} .$$

$$A_n = \bigcup_{\substack{1 \le m \le n \\ 1 \le i \le N(K,\varepsilon_m)}} A_{n,i}^m \qquad A_n(\infty) = \bigcup_{\substack{1 \le m \le n \\ 1 \le i \le N(K,\varepsilon_m)}} A_{\infty,i}^m .$$

Les inclusions suivantes sont évidentes :

$$\forall n > 0 , \forall m > 0 , \forall i > 0 , 1 \le m \le n , 1 \le i \le N(K,\varepsilon_m)$$

$$\cdot \; A_n(\infty) \subset A_{n+1}(\infty) \subset A_{n+1}$$

$$\cdot \; A_{\infty,i}^n \subset A_{n,i}^m .$$

Puisque X est un processus gaussien séparable à covariance continue ; toute suite dénombrable dense dans K, en particulier la suite $T = \{t_i^m , m \ge 1 , 1 \le i \le N(K,\varepsilon_m)\}$ constitue donc une suite séparante pour la restriction de X à K ; ainsi :

$$P(A^*) = \lim_{n \to \infty} P(A_n(\infty)) \le \underline{\lim}_{n \to \infty} P(A_n) . \tag{7}$$

D'autre part :

$$\sum_{k=1}^{\infty} x_k \le 16\, d_1 \sqrt{N} \int_0^{\infty} \sigma(D(K)\, \bar{e}^{\,u^2})\, du \le 16 \sqrt{N}\, F_\sigma(D(K)) .$$

Cela implique à l'aide de (7) :

$$P(A) \leq \varliminf_{n\to\infty} P(A_n) . \qquad (8)$$

Majorons à présent la quantité $P(A_n)$ pour tout entier n . Or :

$$P(A_n) = P(A_n \cap A_{n-1}^c) + P(A_n \cap A_{n-1}) \leq P(A_{n-1}) + P(A_n \cap A_{n-1}^c) .$$

Les ensembles A_{n-1}^c et $A_{n,i}^m$ étant tous disjoints lorsque $m \in [1,n[$ et $i \in [1,N(K,\varepsilon_m)]$, on en déduit :

$$A_n \cap A_{n-1}^c = \bigcup_{1 \leq i \leq N(K,\varepsilon_n)} A_{n,i}^n \cap A_{n-1}^c .$$

D'où :

$$P(A_n) \leq P(A_{n-1}) + \sum_{i=1}^{N(\varepsilon_n,K)} P(A_{n,i}^n \cap A_{n-1}^c) . \qquad (9)$$

La construction de la suite T permet d'associer à tout point t_i^n, $i \in [1,N(K,\varepsilon_n)]$ un autre point noté $t_{j(i)}^{n-1}$ de T réalisant :

$$\|t_i^n - t_{j(i)}^{n-1}\| < \varepsilon_{n-1} . \qquad (10)$$

On a alors les inclusions suivantes :

$$A_{n-1,j(i)}^{n-1} \subset A_{n-1}$$

$$A_{n,i}^n \cap A_{n-1}^c \subset A_{n,i}^n \cap (A_{n-1,j(i)}^{n-1})^c . \qquad (11)$$

Fixons les indices n et i , et soit r_{ij} le coefficient de corrélation des variables gaussiennes $X(t_i^n)$ et $X(t_{j(i)}^{n-1})$.

Les relations (1), (5) et (10) assurent :

$$r_{i,j} = 1-\tfrac{1}{2}\, E\{X(t_i^n) - X(t_{j(i)}^{n-1})\}^2 \geq 1-\tfrac{1}{2}\, d_1^2\, \sigma^2\,(\|t_i^n - t_{j(i)}^{n-1}\|)$$

$$\geq 1-\tfrac{1}{2}\, d_1^2\, \sigma^2\,(\varepsilon_{n-1})$$

$$\geq 1-\tfrac{1}{2}\, d_1^2\, \sigma^2\,(D(K)) \geq \tfrac{1}{2}\ .$$

Il existe deux variables aléatoires gaussiennes centrées réduites et indépendantes , ξ et η , telles que :

$$X(t_i^n) = \xi \qquad\qquad X(t_{j(i)}^{n-1}) = r_{i,j}\,\xi + \sqrt{1-r_{i,j}^2}\ \eta\ .$$

Nous en déduisons :

$$P(A_{n,i}^n \cap (A_{n-1,j(i)}^{n-1})^c) = P\{X(t_i^n) > x + \sum_{k=1}^{n} x_k\ ,\ X(t_{j(i)}^{n-1}) \leq x + \sum_{k=1}^{n-1} x_k\}$$

$$\leq P\{\xi > x\}.P\left\{\eta \geq \frac{x_n . r_{i,j}}{\sqrt{1-r_{i,j}^2}} - \frac{(1-r_{i,j}).(x + \sum_{k=1}^{n-1} x_k)}{\sqrt{1-r_{i,j}^2}}\right\}. \qquad (12)$$

Or :

$$\frac{x_n\, r_{i,j}}{\sqrt{1-r_{i,j}^2}} \geq \frac{1}{2}\ \frac{x_n}{\sqrt{2}\,\sqrt{1-r_{i,j}}} \geq \frac{16\, d_1 \sqrt{N}(\sqrt{2}-1)2^{\frac{n-1}{2}}\ \sigma(\varepsilon_{n-1})}{2\, d_1 \sigma\,(\varepsilon_{n-1})} \qquad (13)$$

$$\geq 8\sqrt{N}(\sqrt{2}-1)2^{\frac{n-1}{2}}\ .$$

D'autre part, en vertu de (1) et (5) :

$$\frac{1-r_{i,j}}{\sqrt{1-r_{i,j}^2}}\,.\,x = \sqrt{\frac{1-r_{i,j}}{1+r_{i,j}}}\,.\,x \leq \frac{1}{\sqrt{2}}\ d_1\,\sigma(\varepsilon_{n-1}).x$$

$$\leq \frac{1}{\sqrt{2}}\ d_1\,\sigma(D(K))x \leq \frac{1}{\sqrt{2}}\ . \qquad (14)$$

Finalement les relations (13) et (14) assurent :

$$\sqrt{\frac{1-r_{i,j}}{1+r_{i,j}}} \cdot \sum_{k=1}^{n-1} x_k \le 8\sqrt{N}\, F_\sigma(D(K)) \le (8\sqrt{N}.d_2 . \int_0^\infty \bar{e}^{\gamma . u^2} du)\, d_1\, \sigma(D(K))$$

$$\le (8\sqrt{N}.d_2 \int_0^\infty \bar{e}^{\gamma u^2} du)\, \bar{x}^1 \le 8\sqrt{N}\, d_2 . \int_0^\infty \bar{e}^{\gamma u^2} du = C \qquad (15)$$

et :

$$P\{\eta \ge \frac{r_{i,j}}{\sqrt{1-r_{i,j}^2}} . x_n - \frac{1-r_{i,j}}{\sqrt{1-r_{i,j}^2}} . (x + \sum_{k=1}^{n-1} x_k)\}$$

$$\le P\{\eta \ge 8\sqrt{N}\,(\sqrt{2}-1)\, 2^{\frac{n-1}{2}} - C\} = p_n . \qquad (16)$$

Ceci étant vérifié pour tout entier $i \in [1, N(K,\varepsilon_n)]$, on en déduit :

$$P(A_n) \le P(A_{n-1}) + P(\xi > x) . N(\varepsilon_n, K) . p_n . \qquad (17)$$

<u>Remarque</u> : Soient R^N muni de la topologie usuelle, et K un compact de R^N de diamètre $D(K)$, soit aussi M un nombre strictement positif. Il est évident que le nombre de boules de rayon $\frac{D(K)}{M}$ nécessaire pour recouvrir K ne saurait dépasser la qualité M^N , par conséquent :

$$N(K, \frac{D(K)}{M}) \le M^N . \qquad (18)$$

Nous déduisons à l'aide de (18) :

$$p_n N(K,\varepsilon_n) \le O(1) . \bar{2}^{(\frac{n-1}{2})} \exp(-N.2^n) . \qquad (19)$$

La série de terme général $p_n . N(K,\varepsilon_n)$ est alors convergente. Soit c_1 sa somme. On a montré :

$$\forall\, n \ge 1 \quad P(A_n) \le c_1 . \int_x^\infty e^{-\frac{u^2}{2}} . \frac{du}{\sqrt{2\pi}}$$

ce qui prouve (4) en tenant compte de (8).

Nous allons maintenant étendre ce résultat à S . Posons pour tout réel $x > 0$:

$$\varepsilon(x) = \tfrac{1}{2}\bar{\sigma}^{1}\left(\frac{1}{d_1 x}\right) .$$

Soit $\{t_i, 1 \leq i \leq N(S,\varepsilon(x))\}$ une suite de points dans S telle que la famille des boules $\{B(t_i,\varepsilon(x)) , 1 \leq i \leq N(S,\varepsilon(x))\}$ constitue un recouvrement de S .

Posons pour tout entier $i \in [1,N(S,\varepsilon(x))]$

$$K_i = \{s \in S : \|s-t_i\| \leq \varepsilon(x)\} . \tag{20}$$

Puisque de toute évidence :

$$D(K_i) \leq 2\,\varepsilon(x) ,$$

nous obtenons :

$$d_1\,\sigma(D(K_i)).x \leq d_1\,\sigma(2\,\varepsilon(x)).\,x \leq d_1\,\sigma(\bar{\sigma}^{1}\left(\frac{1}{d_1 x}\right)).x \leq 1 . \tag{21}$$

En outre :

$$P\{\sup_{s \in S} X(s) > x + 16\sqrt{N}\,d_1 \int_0^{\infty} \sigma(2\,\varepsilon(x).\bar{e}^{u^2})\,du\} .$$

$$\leq \sum_{i=1}^{N(S,\varepsilon(x))} P\{\sup_{S \in K_i} X(s) > x + 16\sqrt{N}\,d_1 \int_0^{\infty} \sigma(2\,\varepsilon(x).\bar{e}^{u^2})du\} . \tag{22}$$

Il suffit alors d'appliquer (4) à chaque terme de la sommation de droite pour obtenir :

$$P\{\sup_{s \in S} X(s) > x + 16\sqrt{N}\,d_1 \int_0^{\infty} \sigma(2\,\varepsilon(x).\bar{e}^{u^2})du\}$$

$$\leq c_1 N(S,\varepsilon(x)). \int_x^{\infty} e^{-\frac{u^2}{2}} \frac{du}{\sqrt{2\pi}} \tag{23}$$

Posons maintenant :

$$y(x) = x + 16\sqrt{N}\, d_1 . \int_0^\infty \sigma(2.\varepsilon(x).\bar{e}^{u^2})du$$

$$c_2 = 16\sqrt{N}.d_2 \int_0^\infty \bar{e}^{\gamma u^2}.du \ .$$

On constate aisément que :

$$1 \leq x \leq y(x) \leq x + c_2.d_1\, \sigma(2\,\varepsilon(x)) \leq x + \frac{c_2 d_1}{d_1 x} \leq x + c_2 \ .$$

Ainsi :

$$y(x) \sim x \qquad (x \to \infty) \ ,$$

d'où par continuité et monotonie de σ au voisinage de l'origine :

$$\varepsilon(y(x)) \sim \varepsilon(x) \qquad (x \to \infty) \ ,$$

et à fortiori :

$$N(S, \varepsilon(y(x))) \sim N(S, \varepsilon(x)) \qquad (x \to \infty) \ .$$

On peut donc déterminer une constante $c_3 > 0$ indépendante de S et x telle que :

$$P\{\sup_{s \in S} X(s) > y\} \leq c_3\, N(S, \varepsilon(y)). \int_y^\infty e^{-\frac{u^2}{2}} \frac{du}{\sqrt{2\pi}} \ .$$

LEMME 1.4.2.- (de minoration) - <u>Soient</u> S <u>une partie bornée de</u> R^n <u>et</u> $X = X(s)$, $s \in S$ <u>un processus gaussien centré séparable de variance égale à</u> 1 . <u>Supposons que</u> X <u>vérifie les conditions suivantes</u> :

1. il existe une fonction non décroissante continue σ est une constante $\theta > 0$, telles que :

$$\forall\, s,t \in S \ , \ E\{X(s) - X(t)\}^2 \geq \theta^2 \sigma^2(\|s-t\|)$$

2. il existe deux constantes strictement positives c_1 et γ telles que :

$$\forall\, t \geq 1 \ , \ \forall\, x > 0 \ , \ \frac{\sigma(tx)}{\sigma(x)} \geq c_1 . t^{\gamma} .$$

Alors pour tout nombre réel $\nu \in]0,1]$; il existe une constante $c_2 > 0$, dépendant de ν , telle que :

$$P\{\sup_{j=1}^{m(\varepsilon)} X(t_j) \geq x\} \geq (1-\nu).m(\varepsilon) \int_x^{\infty} e^{-\frac{u^2}{2}} \frac{du}{\sqrt{2\pi}}$$

où $\varepsilon = \sigma^{-1}\left(\frac{c_2}{\theta x}\right)$ et $\{t_j \ , \ 1 \leq j \leq m(\varepsilon)\}$ est un ensemble fini quelconque de points de S réalisant : $\forall\, i \neq j \ , \ \|t_i - t_j\| \geq \varepsilon$.

<u>Démonstration</u> : Notons A_j l'événement $\{X(t_j) > x\}$, $j = 1,2,\ldots,m(\varepsilon)$.

Nous obtenons en appliquant l'inégalité de Poincaré :

$$P\{\bigcup_{j=1}^{m(\varepsilon)} A_j\} \geq \sum_{j=1}^{m(\varepsilon)} P(A_j) - \sum_{\substack{i,j=1\\ i\neq j}}^{m(\varepsilon)} P(A_i \cap A_j) . \qquad (1)$$

Soit pour tout entier $j \in [1,m(\varepsilon)]$ et pour tout $k \geq 1$:

$$B_j(k) = \{i \in [1,m(\varepsilon)] : k\varepsilon \leq \|t_i - t_j\| \leq (k+1)\varepsilon\} .$$

Puisque S est une partie bornée de $\mathbb{R}^n$, les index $B_j(k)$ sont tous vides dès que k est suffisamment grand, ceci indépendamment de j . On vérifie aisément l'égalité suivante :

$$\sum_{\substack{i,j=1\\ i\neq j}}^{m(\varepsilon)} P(A_i \cap A_j) = \sum_{j=1}^{m(\varepsilon)} \sum_{k=1}^{\infty} \sum_{i \in B_j(k)} P(A_i \cap A_j) . \qquad (2)$$

Fixons les entiers j , et k et soit $i \in B_j(k)$; posons alors :

$$\rho_{i,j} = E\{X(t_i).X(t_j)\} = 1 - \tfrac{1}{2} E\{X(t_i).X(t_j)\}^2 .$$

Le lemme (1.3.2) fournit l'inégalité :

$$P(A_i \cap A_j) \le d_1 . \exp(-d_1(1-p_{i,j})x^2) . P(A_j) \text{ , } d_1 > 0 \text{ , } d_2 > 0 \text{ .} \qquad (3)$$

Si $\varepsilon = \varepsilon(x) = \bar{\sigma}^1 (\frac{c_2}{\theta x})$ où $c_2 > 0$ est une constante qui sera déterminée par la suite, nous déduisons des hypothèses (1) et (2) du lemme (1.4.2) :

$$\begin{aligned} 1 - p_{i,j} &= 1 - (1 - \tfrac{1}{2} E\{X(t_i) - X(t_j)\}^2) \\ &\ge \frac{\theta^2}{2} \sigma^2 (\|t_i - t_j\|) \ge \frac{\theta^2}{2} \sigma^2(k\varepsilon) \\ &\ge \frac{1}{2} (\frac{c_1 . c_2 . k^\gamma}{x})^2 \text{ .} \end{aligned} \qquad (4)$$

Les inégalités (3) et (4) impliquent donc :

$$\sum_{\substack{i,j=1 \\ i \ne j}}^{m(\varepsilon)} P(A_i \cap A_j) \le d_1 (\sum_{j=1}^{m(\varepsilon)} P(A_j)) \sum_{k=1}^{\infty} (\sup_{j=1}^{m(\varepsilon)} \# B_j(k)) . e^{-d_2 \, \bar{2}^1 (c_1 c_2 k^\gamma)^2} \text{ .} \qquad (5)$$

Considérons à présent un recouvrement de la boule $B(t_j, (k+1)\varepsilon)$ par des boules de rayon $\frac{\varepsilon(x)}{2}$.

Il est facile de remarquer que le cardinal de ce recouvrement ne saurait être supérieur à la quantité $[4(k+1)]^n$.

On remarque facilement à l'aide de l'inégalité triangulaire que chacune des boules formant le recouvrement considéré ne contiendra au plus qu'un point t_i tel que i appartienne à l'index $B_j(k)$. On en déduit donc :

$$\forall \, j \in [1, m(\varepsilon)] \text{ , } \forall \, k \ge 1 \text{ , } \# B_j(k) \le [4(k+1)]^n \text{ .} \qquad (6)$$

Combinant les relations (5) et (6) nous obtenons l'estimation :

$$\sum_{\substack{i,j=1\\ i\neq j}}^{m(\varepsilon)} P(A_i \cap A_j) \leq \left(d_1 4^n \sum_{k=1}^{\infty} (k+1)^n . e^{-\frac{d_2}{2}.(c_1.c_2 k^\gamma)^2}\right). \sum_{j=1}^{m(\varepsilon)} P(A_j) \ . \quad (7)$$

Soit $\nu \in]0,1]$, et choisissons c_2 en fonction de ν afin que :

$$d_1.4^n. \sum_{k=1}^{\infty} (k+1)^n e^{\frac{d_2}{2}(c_1.c_2.k^\gamma)^2} < \nu \ . \quad (8)$$

Nous concluons à l'aide des relations (1), (2), (7) et (8) :

$$P\{\bigcup_{j=1}^{m(\varepsilon)} A_j\} \geq (1-\nu)m(\varepsilon). \int_x^{\infty} e^{-\frac{u^2}{2}} \frac{du}{\sqrt{2\pi}} \ . \quad (9)$$

I.5 - EVALUATIONS DE L'ECART ASSOCIE AU PROCESSUS NORMALISE :

Soit $X = X(t)$, $t \in T$ un processus gaussien centré, défini sur T , de covariance Γ_X . Nous notons $\Delta(T)$ la diagonale de $T \times T$. L'écart d déterminé par X sur T est défini par :

$$\forall\ (s,t) \in T \times T\ ,\ d^2(s,t) = E\{X(s) - X(t)\}^2 = \Gamma_X(s,s) + \Gamma_X(t,t) - 2\Gamma_X(s,t)\ . \quad (1)$$

On constate facilement à l'aide de l'inégalité de Minkowski que d vérifie l'inégalité triangulaire. Cependant d ne définit pas une distance sur T , car si l'implication :

$$\forall\ (s,t) \in T \times T \quad , \quad (s = t) \quad \Rightarrow \quad (d(s,t) = 0)$$

est trivialement vérifiée, la réciproque est fausse en général.

Introduisons donc le sous-ensemble de $T \times T$, D défini par :

$$D = \{(u,v) \in T \times T : d(u,v) = 0\} \ .$$

Nous définissons alors le processus normalisé $\tilde{X}$ associé à X en posant :

$$\forall\ (s,t) \in T \times T\ ,\ \tilde{X}(s,t) = \frac{X(s) - X(t)}{d(s,t)} \cdot I_{T \times T \setminus D}(s,t)\ .$$

L'étude des classes uniformes fait intervenir directement le processus $\tilde{X}$ et plus exactement l'écart $\tilde{d}$ qu'il détermine sur $T \times T$. Nous savons le majorer en toute généralité. Nous verrons par contre qu'il sera nécessaire d'ajouter quelques hypothèses supplémentaires sur la régularité de d pour obtenir une minoration correcte de $\tilde{d}$.

Soient (s,t), (s',t') un couple délements de $T \times T \setminus D$; un calcul simple montre :

$$\tilde{d}^2(s,t),(s',t')) = \frac{2(d(s,t) - d(s',t') - 2\,E\{(X(s) - X(t))(X(s') - X(t'))\}}{d(s,t).d(s',t')} \tag{2}$$

ou encore à l'aide de (1) :

$$\tilde{d}^2(s,t),(s',t')) = \frac{d^2(s,s') + d^2(t,t')}{d(s,t).d(s',t')} \tag{3}$$

$$+ \frac{d^2(s,t) + d^2(s',t') - d^2(s,t') - d^2(s',t) - (d(s,t) - d(s',t'))^2}{d(s,t).d(s',t')}$$

De l'égalité (2) nous déduisons facilement la majoration suivante :

$$\tilde{d}((s,t),(s',t') \le \sqrt{2 \cdot \frac{d^2(s,s') + d^2(t,t')}{d(s,t) \cdot d(s',t')}}\ . \tag{4}$$

Il suffit pour cela de remarquer que :

$$-2\,E\{(X(s)-X(t)).(X(s')-X(t'))\} = E\{X(s)-X(s')+X(t)-X(t')\}^2 - d^2(s,t) - d^2(s',t')$$

$$\le 2(d^2(s,s')+d^2(t,t')) - d^2(s,t) - d^2(s',t')\ .$$

Le lemme suivant montre que dans certains cas particuliers cette majoration ne déforme pas trop la réalité :

LEMME 1.5.1.- Soient $X = X(t)$, $t \in [0,1]$, un processus gaussien stationnaire centré ; $d^2(s,t) = d^2(|s-t|)$ la variance de ses accroissements. On suppose que d vérifie les conditions suivantes :

1. il existe un nombre $x_0 > 0$, tel que d^2 soit une fonction concave non décroissante sur l'intervalle $[0,x_0]$.

2. d est une fonction à croissance faiblement régulière d'exposant $\gamma > 0$, sur l'intervalle $]0,x_0]$.

Dans ces conditions, il existe un nombre réel $c > 0$, dépendant de x_0 et α, tel que pour tout couple (s,t), (s',t') d'éléments de $[0,1] \times [0,1]$ vérifiant :

3.

$$s \geq t\,,\ s' \geq t'\,, \qquad |s-t| \vee |s'-t'| \leq x_0\,, \qquad |s-s'| \vee |t-t'| \leq c(|s-t| \wedge |s'-t'|)$$

on ait :

$$\mathfrak{d}(s,t),(s',t') \geq 2^{1/4}\ \frac{d(\sqrt{|s-s'|^2+|t-t'|^2})}{\sqrt{d(|s-t|).d(s'-t')}}\,.$$

Démonstration :

Posons :

$$A = (d(s-t) - d(s'-t'))^2$$

$$B = d^2(s-t) + d^2(s'-t') - d^2(|s-t'|) - d^2(|t-s'|)\,.$$

En vertu de l'égalité 3. nous avons :

$$\mathfrak{d}^2(s,t),(s',t')) = \frac{d^2(|s-s'|)+d^2(|t-t'|)-A+B}{d(s-t).d(s'-t').}\,.$$

Majorons tout d'abord l'expression A. Elle est symétrique en $(s-t)$ et $(s'-t')$. Nous pouvons donc supposer, sans restriction :

$$s-t > s'-t' .$$

Alors, par concavité de la fonction d^2 :

$$d^2(s-t) \leq d^2(s'-t') + d^2((s-t)-(s'-t')) .$$

D'où :

$$A \leq d^2(s'-t').(\sqrt{1+\frac{d^2(s-t)-(s'-t'))}{d^2(s'-t')}}-1)^2 . \qquad (1)$$

Puisque d est à croissance faiblement régulière d'exposant $\gamma > 0$, nous pouvons associer à tout nombre γ_1, $0 < \gamma_1 < \gamma$, une constante $c_1 > 0$, de façon à obtenir en vertu de la proposition (1.1.5) :

$$\forall\ u \in [0,1],\ \forall\ t \in]0,x_o],\ \frac{d(tu)}{d(t)} \leq c_1 u^{\gamma_1} . \qquad (2)$$

Fixons γ_1 arbitrairement choisi dans l'intervalle $]0,\gamma[$, et choisissons $c > 0$ vérifiant :

$$c_1(2c)^{\gamma_1} \leq (2\sqrt{2}.c_1 2^{\frac{\gamma_1}{2}})^{-1} = \alpha . \qquad (3)$$

Les couples (s,t) et (s',t') vérifiant l'hypothèse 3. du lemme, on déduit donc :

$$\frac{d^2((s-t)-(s'-t'))}{d^2(s'-t')} \leq c_1 \left(\frac{(s-t)-(s'-t')}{s'-t'}\right)^{\gamma_1}$$

$$\leq c_1(2c)^{\gamma_1} \leq \alpha .$$

Mais puisque : $(\sqrt{1+y}-1)^2 \leq \alpha y$ lorsque $y \in [0,\alpha]$;

on obtient finalement la majoration :

$$A \leq \alpha\ d^2((s-t)-(s'-t')) \leq \alpha\ d^2(\sqrt{2[(s-s')^2+(t-t')^2]})$$

$$\leq \alpha c_1 . 2^{\frac{\gamma_1}{2}} d^2(\sqrt{(s-s')^2+(t-t')^2})$$

$$\leq \frac{1}{2\sqrt{2}} . d^2(\sqrt{|s-s'|^2+|t-t'|^2}) . \qquad (4)$$

Estimons à présent la quantité B et posons à cet effet

$$a = s-t \quad b = s'-t' \quad c = s-t' \quad f = s'-t .$$

Nous pouvons, ici aussi, supposer sans faire de restriction que : $s-t \geq s'-t'$, ce qui se traduit par :

$$a \geq b \qquad a-c = f-b . \qquad (5)$$

Si $f = a \vee b \vee c$, c'est-à-dire si : $c \leq b \leq a \leq f$, nous déduisons de la fonction d^2

$$d^2(b) - d^2(c) \geq d^2(f) - d^2(a) ,$$

d'où :

$$B \geq 0 .$$

De même si $c = a \vee b \vee f$ ou encore $f \leq b \leq a \leq c$; nous avons alors :

$$d^2(b) - d^2(f) \geq d^2(c) - d^2(a)$$

et :

$$B \geq 0 .$$

Enfin, si $b = a \vee c \vee f$, nous déduisons de (5)

$$a = b = c = f \text{ et par conséquent } B = 0 .$$

Il nous reste à envisager le cas restant où $a = b \vee c \vee f$; or :

$$\begin{aligned} B &= d^2(a) + d^2(b) - d^2(c \vee f) - d^2(c \wedge f) \\ &= [d^2(a) - d^2(c \vee f)] - d^2(c \wedge f) + d^2(b) \\ &\geq - d^2(c \wedge f) + d^2(b) \end{aligned}$$

mais puisque : $b \le c \wedge f \le c \vee f \le a$, nous déduisons de la concavité de d^2 :

$$d^2(c \wedge f) \le d^2(b) + d^2(c \wedge f - b)$$

d'où :

$$B \ge - d^2(c \wedge f - b) .$$

Nous remarquons par ailleurs à l'aide de (5) suivant que $c \wedge f$ est égal à c ou à f :

$$0 \le c \wedge f - b \le |a-c| \wedge |b-c|$$

finalement nous avons obtenu la minoration suivante pour B :

$$B \ge - d^2(|a-c| \wedge |b-c|) . \qquad (6)$$

Posons alors : $h_1 = |s-s'|$ $h_2 = |t-t'|$.

Les résultats précédents permettent d'écrire :

$$d(s-t).d(s'-t').\tilde{d}^2((s,t),(s',t')) \ge d^2(h_1) + d^2(h_2) - d^2(h_1 \wedge h_2) - \frac{1}{2\sqrt{2}} d^2(\sqrt{h_1^2+h_2^2})$$

$$\ge d^2(\sqrt{h_1^2+h_2^2}) \left\{ \frac{d^2(h_1 \vee h_2)}{d^2(\sqrt{h_1^2+h_2^2})} - \frac{1}{2\sqrt{2}} \right\}$$

or :

$$d^2(h_1 \vee h_2) = d^2\left(\frac{h_1 \vee h_2}{\sqrt{h_1^2+h_2^2}} \sqrt{h_1^2+h_2^2}\right)$$

$$\ge \frac{h_1 \vee h_2}{\sqrt{h_1^2+h_2^2}} d^2(\sqrt{h_1^2+h_2^2}) \ge \frac{1}{\sqrt{2}} d^2(\sqrt{h_1^2+h_2^2}) .$$

En conclusion :

$$\tilde{d}^2((s,t),(s',t') \ge \frac{1}{\sqrt{2}} . \frac{d^2(\sqrt{|s-s'|^2+|t-t'|^2})}{d(s-t).d(s'-t').} .$$

I.6 - ENONCE DES RESULTATS, UN LEMME DE REDUCTION :

Nous désignons par $\mathcal{D}$ l'espace des fonctions $\varphi : R^+ \to R^+$ non décroissantes au voisinage de l'origine et telles que :

$$\overline{\lim_{t \downarrow 0}}\ \varphi(t) = +\infty .$$

Nous énonçons deux des théorèmes dus à N. Kôno, concernant les classes uniformes.

THEOREME 1.6.1.- Soient $X = X(t)$, $t \in [0,1]$, un processus gaussien centré à trajectoires continues, notons $\sigma_1^2(s,t) = E\{X(s) - X(t)\}^2$, $0 \le s,t \le 1$, l'écart associé à X. On suppose qu'il existe une fonction $\sigma :]0,1] \to R^+$ continue non décroissante à croissance régulière d'exposant $\alpha > 0$ et deux constantes c et C, $0 < c < C < +\infty$, telles que :

$$\forall\ (s,t) \in [0,1] \times [0,1]\ ,\ c\,\sigma(|s-t|) \le \sigma_1(s,t) \le C\,\sigma(|s-t|) \qquad (1)$$

Posons pour tout élément φ de $\mathcal{D}$:

$$I_u(\sigma,\varphi) = \int_{+0} \frac{e^{-\frac{1}{2}\varphi^2(t)}}{\left[\sigma^{-1}\left(\frac{\sigma(t)}{\varphi(t)}\right)\right]^2 \varphi(t)}\, dt .$$

Dans ces conditions :

$$(I_u(\sigma,\varphi) < +\infty) \quad \Rightarrow \quad (\varphi \in \mathcal{U}_u(X)) .$$

THEOREME 1.6.2.- Soient $X = X(t)$, $t \in [0,1]$, un processus gaussien stationnaire centré à trajectoires continues ; notons $\sigma(s,t) = \sigma(|s-t|)$ la variance de ses accroissements. Nous supposons que : $\sigma : [0,1] \to R^+$ est une fonction continue à croissance faiblement régulière d'exposant $\alpha > 0$ sur $]0,1]$, et que σ^2 est concave sur un intervalle $[0,\delta]$, $\delta > 0$.

Soit φ un élément de $\mathcal{D}$; dans ces conditions :

$$(I_u(\sigma,\varphi) = +\infty) \quad \Rightarrow \quad (\varphi \in \mathcal{L}_u(X)) .$$

Remarques : La comparaison des énoncés (1.6.1) et (1.6.2) montre que lorsque X est un processus gaussien stationnaire centré à trajectoires continues et si de plus la variance de ses accroissements est assujettie aux conditions du théorème (1.6.2) , on obtient alors un bon critère intégral caractérisant ses classes uniformes. Dans ce cas les événements (0.2.2) satisfont à la loi 0-1 .

Nous retrouvons en outre, comme corollaire, les résultats de I. Pétrowski sur les classes uniformes du mouvement brownien dans [0,1] .

En effet, pour qu'un module $\varphi \in \mathcal{B}$, appartienne à $\mathcal{L}_u(W)$, il faut et il suffit que l'intégrale :

$$I_u(\sigma,\varphi) = \int_{+\infty} \frac{e^{-\frac{1}{2}\varphi^2(t)} . \varphi^3(t)}{t^2} \, dt$$

soit divergente.

De même lorsque : $\sigma(x) = x^{\alpha} \quad 0<\alpha<\frac{1}{2}$, nous concluons de la même façon suivant que l'intégrale

$$I_u(\sigma,\varphi) = \int_{+0} \frac{e^{-\frac{1}{2}\varphi^2(t)}}{t^2} \, (\varphi(t))^{\frac{2}{\alpha}-1} \, dt$$

est divergente ou convergente.

Enfin si : $\sigma(x) = x^{\alpha}.(\log \frac{1}{x})^{\beta}$, $0<\alpha<\frac{1}{2}$, $\beta \in R$,

nous remarquons facilement :

$$(\beta \geq 0) \; ; \; 0<x<t<1 \; , \; t^{\alpha} \leq \frac{\sigma(tx)}{\sigma(x)} \leq t^{\alpha}\, 2^{\beta}$$

$$(\beta < 0) \; ; \; 0<x<t<1 \; , \; t^{\alpha}\, 2^{-\beta} \leq \frac{\sigma(tx)}{\sigma(x)} \leq t^{\alpha} ,$$

ce qui nous permet de déduire, en donnant à t les valeurs :

$$(\varphi(x))^{-\frac{1}{\alpha}} \ , \quad (2^{-\beta}\varphi(x))^{-\frac{1}{\alpha}} \quad \text{ou} \quad (2^{\beta}\varphi(x))^{-\frac{1}{\alpha}}$$

et tenant compte de : (*)

$$\forall\ \varepsilon>0\ , \qquad \varphi(x) = O(\bar{x}^{\varepsilon}) \qquad (x\to 0^+)$$

que :

$$\bar{\sigma}^{1}\left(\frac{\sigma(x)}{\varphi(x)}\right) \asymp x.(\varphi(x))^{-\frac{1}{\alpha}} \qquad (x\to 0^+)\ .$$

Cela montre donc, que les classes uniformes $\mathcal{L}_u(x)$ et $\mathcal{U}_u(x)$ ne dépendent que du paramètre α , ainsi que l'avaient montré T. Sirao et H. Watanabé.

Plus précisément :

$$(\varphi\in \mathcal{L}_u(X)) \Leftrightarrow \left(\int_{+0} \frac{(\varphi(t))^{\frac{2}{\alpha}-1}\ .e^{-\frac{1}{2}\varphi^2(t)}}{t^2}\, dt = +\infty\right).$$

Le lemme suivant permet de réduire la démonstration de chacun des deux théorèmes à un cas particulier que nous précisons.

LEMME 1.6.3.- <u>Nous pouvons supposer pour démontrer les théorèmes</u> (1.6.1) et (1.6.2) <u>qu'il existe un nombre</u> $t_o>0$ <u>tel que</u> :

$$\forall\ t\in\,]0,t_o\wedge 1[\ ,\ \sqrt{\log\frac{1}{t}} \le \varphi(t) \le \sqrt{3\log\frac{1}{t}}\ .$$

<u>Démonstration</u> : Posons pour tout $t\in\,]0,1[$:

$$\varphi_1(t) = \varphi(t)\vee\sqrt{\log\frac{1}{t}}$$

$$\varphi_2(t) = \varphi_1(t)\wedge\sqrt{3\log\frac{1}{t}}$$

alors :

$$\sqrt{\log\frac{1}{t}} \le \varphi_2(t) \le \sqrt{3\log\frac{1}{t}}\ ;\ \varphi_2(t)\le\varphi_1(t)\ . \qquad (1)$$

(* c.f. Lemme 1.6.3).

Nous procédons en deux étapes :

1ère Etape : $(I_u(\sigma,\varphi) < +\infty)$.

Supposons que φ ne vérifie pas l'inégalité de gauche, nous pouvons donc construire par récurrence une suite numérique $(t_m)_{m\geq 1}$ décroissante telle que :

a) $\lim_{m\to\infty} t_m = 0$

b) $\forall\, m \geq 1\,,\ \varphi(t_m) \leq \sqrt{\log \frac{1}{t_m}}$

c) $\varphi(t_1) > 1$,

par conséquent, pour tout entier $n \geq 1$:

$$\int_{t_n}^{t_1} \frac{e^{-\frac{1}{2}\varphi^2(t)}}{\left[\bar{\sigma}^1\left(\frac{\sigma(t)}{\varphi(t)}\right)\right]^2 \varphi(t)}\, dt \geq \int_{t_n}^{t_1} \frac{e^{-\frac{1}{2}\varphi^2(t)}}{t^2\varphi(t)} \cdot dt \geq \frac{e^{-\frac{1}{2}\varphi^2(t_n)}}{\varphi(t_n)} \cdot \int_{t_n}^{t_1} \frac{dt}{t^2}$$

$$\geq \sqrt{\frac{t_n}{\log \frac{1}{t_n}}}\left(\frac{1}{t_n} - \frac{1}{t_1}\right)$$

d'où :

$$I_u(\sigma,\varphi) = +\infty, \text{ ce qui est contradictoire.}$$

Etablissons à présent :

$$I_u(\sigma,\varphi_2) < +\infty$$

soit $\alpha_1 \in\,]\alpha, 2\alpha[$, nous déduisons des propositions (1.1.4) et (1.1.5) qu'il existe une constante $c_1 > 0$ dépendant de α_1 et telle que :

$$\forall\, u \in [0,1]\,,\ \forall\, t \in\,]0,\sigma(1)]\,,\quad \frac{\bar{\sigma}^1(tu)}{\bar{\sigma}^1(t)} \leq c_1 . u^{\alpha_1}.$$

Cette propriété nous permet d'obtenir la majoration :

$$I_u(\sigma, \sqrt{3 \log \frac{1}{t}}) \leq \bar{c}_1^2 \int_{+0} (3 \log \frac{1}{t})^{\alpha_1 - 1} t^{-\frac{1}{2}} dt < \infty .$$

Mais :

$$I_u(\sigma, \varphi_2) \leq I_u(\sigma, \varphi) + (I_u(\sigma, \sqrt{3 \log \frac{1}{t}})$$

et par suite : $I_u(\sigma, \varphi_2) < +\infty$.

D'autre part, nous déduisons du calcul précédent :

$$\exists\, t_o > 0 : \forall\, t \in]0, t_o \wedge 1[\qquad \varphi_2(t) \leq \varphi(t) . \tag{2}$$

Il suffit donc de démontrer le théorème (1.6.1) en substituant φ_2 à φ, car par définition de $\mathcal{U}_u(x)$, la relation (2) montre que :

$$(\varphi_2 \in \mathcal{U}_u(X)) \quad \Rightarrow \quad (\varphi \in \mathcal{U}_u(X)) .$$

<u>2e Etape</u> : $(I_u(\sigma, \varphi) = +\infty)$.

Supposons que φ ne vérifie pas l'inégalité de gauche ; le calcul fait auparavant établit alors :

$$I_u(\sigma, \varphi_1) = +\infty .$$

Posons successivement :

$$I^+ = \{t \in]0, 1[\quad : \quad \varphi_1(t) \leq \sqrt{3 \log \frac{1}{t}}\}$$

$$I^- = \{t \in]0, 1[\quad : \quad \varphi_1(t) > \sqrt{3 \log \frac{1}{t}}\}$$

$$I_1 = \int_{I^+} \frac{e^{-\frac{1}{2} \varphi_1^2(t)}}{\left[\bar{\sigma}^1(\frac{\sigma(t)}{\varphi_1(t)})\right]^2 \varphi_1(t)} dt$$

$$I_2 = \int_{I^-} \frac{\bar{e}^{\frac{1}{2}\varphi_1^2(t)}}{\left[\bar{\sigma}^1\left(\frac{\sigma(t)}{\varphi_1(t)}\right)\right]^2 \varphi_1(t)} dt$$

$$I_3 = \int_{I^-} \frac{\bar{e}^{\frac{1}{2}\varphi_2^2(t)}}{\left[\bar{\sigma}^1\left(\frac{\sigma(t)}{\varphi_2(t)}\right)\right]^2 \varphi_2(t)} dt \,.$$

Les égalités suivantes se déduisent immédiatement :

$$I_u(\sigma,\varphi_1) = I_1 + I_2$$

$$I_u(\sigma,\varphi_2) = I_1 + I_3 \,. \tag{4}$$

Montrons la convergence de l'intégrale I_2 :

$$I_2 = \int_{I^-} \frac{\bar{e}^{\frac{1}{2}\varphi_1^2(t)}}{\varphi_1(t)\left[\bar{\sigma}^1\left(\frac{\sigma(t)}{\varphi_1(t)}\right)\right]^2} dt \le \int_{I^-} \frac{1}{c_1^2} \frac{(\varphi_1(t))^{\alpha_1-1} . \bar{e}^{\frac{1}{2}\varphi_1^2(t)}}{t^2} dt$$

$$\le \int_{I^-} \frac{1}{c_1^2} \left(3 \log \frac{1}{t}\right)^{\alpha_1-1} t^{-\frac{1}{2}} dt < +\infty \,. \tag{5}$$

(3), (4), (5), permettent donc d'obtenir :

$$I_u(\sigma,\varphi_2) = +\infty \,.$$

Il suffit donc de démontrer le théorème (1.6.2) en substituant φ_2 à φ, car alors, tenant compte du fait que :

$$1 > t > 0 \,, \quad \psi(t) = \sqrt{3 \log \frac{1}{t}}$$

appartient à $\mathcal{U}_u(X)$, on aura :

$$\varphi_1 \in \mathcal{L}_u(X)$$

et en conclusion : $\varphi \in \mathcal{L}_u(X)$, puisque $\varphi_1 \geq \varphi$.

I.7 - DEMONSTRATION DU THEOREME 1.6.1.

Nous posons pour tout entier $n > 0$:

$$S_n = \{(s,t) \in [0,1] \times [0,1] : 2^{-(n+1)} \leq |s-t| \leq 2^{-n}\} \qquad (1)$$

$$A_n = \{ \sup_{(s,t) \in S_n} \tilde{X}|s,t| > \varphi(2^{-n})\}$$

$$d_n = \left(\frac{2C}{c}\right)^2 \frac{1}{\sigma^2(2^{-n-1})} .$$

Nous établissons tout d'abord une majoration de l'écart $\tilde{\sigma}_1$, associé au processus normalisé $\tilde{X}$, à partir de (I.5,(4)) ; soient $(s,t) \neq (s',t')$ deux éléments de S_n :

$$\tilde{\sigma}_1^2 ((s,t), (s',t')) \leq 2 \frac{\sigma_1^2(s,s') + \sigma_1^2(t,t')}{\sigma_1(s,t) . \sigma_1(s',t')}$$

$$\leq d_n^2 \, \sigma^2(\sqrt{|s-s'|^2 + |t-t'|^2}) .$$

Posons alors avec les notations du lemme (1.4.1)

$$x = x_n = \varphi(2^{-n}) \qquad \varepsilon(x_n) = \tfrac{1}{2} \, \sigma^{-1}\left(\frac{\sigma(2^{-n-1})}{2C \, \varphi(2^{-n})} . c\right) \qquad (2)$$

Ce dernier nous permet d'établir :

$$P(A_n) \leq c_1 \cdot \left(\int_{\varphi(2^{-n})}^{\infty} e^{-\frac{u^2}{2}}\, du\right) N\left(S_n\,,\, \varepsilon(x_n)\right) \tag{3}$$

où $c_1 > 0$ est une constante indépendante de n.

Nous constatons, par ailleurs, que le nombre de boules de rayon $\varepsilon(x_n)$ nécessaire pour recouvrir S_n, ne saurait être supérieur à la quantité :

$$\frac{2\sqrt{2}\,.\,2^{-n}}{\varepsilon^2(x_n)}\,.$$

Finalement :

$$P(A_n) \leq O(1)\, \frac{e^{-\frac{1}{2}\varphi^2(2^{-n})}\,.\,2^{-n}}{\varphi(2^{-n})\left[\sigma^{-1}\left(\dfrac{\sigma(2^{-n-1})c}{2C\,\varphi(2^{-n})}\right)\right]^2}\,. \tag{4}$$

Or :

$$I_n = \int_{2^{-n}}^{2^{-n+1}} \frac{e^{-\frac{1}{2}\varphi^2(t)}}{\left[\sigma^{-1}\left(\dfrac{\sigma(t)}{\varphi(t)}\right)\right]^2 \varphi(t)}\, dt \geq \frac{2^{-n}\, e^{-\frac{1}{2}\varphi^2(2^{-n})}}{\varphi(2^{-n})\left[\sigma^{-1}\left(\dfrac{\sigma(2^{-n+1})}{\varphi(2^{-n+1})}\right)\right]^2}\,. \tag{5}$$

Puisque par hypothèse, $I_u(\sigma,\varphi)$ est convergente, nous déduisons de (5) que la série de terme général I_n converge.

Par ailleurs, σ est à croissance régulière d'exposant $\alpha > 0$; soit $c_o > 0$ et notons $\sigma_{c_o}(x) = \sigma(c_o x)$; alors :

$$\sigma \asymp \sigma_{c_o} \quad \text{et} \quad \sigma_{c_o}^{-1} \asymp \sigma^{-1}\,.$$

Cette propriété nous permet d'établir :

$$\sigma^{-1}\left(\frac{\sigma(2^{-n-1})c}{2C\,\varphi(2^{-n})}\right) \asymp \sigma^{-1}\left(\frac{\sigma(2^{-n+1})}{\varphi(2^{-n+1})}\right) \qquad (n \to \infty) \tag{6}$$

et par suite : $$\sum_n P(A_n) < +\infty$$

d'où en appliquant le lemme de Borel-Cantelli :

$$P(\overline{\lim_{n\to\infty}}\ A_n) = 0 .$$

Ce qui permet de conclure que ω appartient à $\mathcal{U}_u(X)$.

I.8 - DEMONSTRATION DU THEOREME 1.6.2.

Soient n un entier positif, δ un nombre réel strictement supérieur à 1, et $c \in]0, \frac{1}{2}[$, un nombre assujetti aux conditions fixées par le lemme (1.5.1) ; posons pour tout entier $k = 1,2,\ldots,k_n = \frac{1}{2}[\delta^n] - 2$

$$I^1_{n,k} = \{x : (2k-c)\,\bar{\delta}^n \le x \le 2k.\bar{\delta}^n\} \quad (1)$$

$$I^2_{n,k} = \{x : (2k+1)\,\bar{\delta}^n \le x \le (2k+1+c)\,\bar{\delta}^n\}$$

$$B_{n,k} = I^2_{n,k} \times I^1_{n,k} .$$

Nous déduisons immédiatement du lemme (1.5.1) :

$$\forall\ (s,t),\ (s',t') \in B_{n,k}\ ,\quad E[\tilde{X}(s,t) - \tilde{X}(s',t')]^2 \ge \bar{2}^{5/2}\ \frac{\sigma^2(\sqrt{|s-s'|^2+|t-t'|^2})}{\sigma^2(\bar{\delta}^n)} . \quad (2)$$

Soient $\varepsilon > 0$ et $\{(s_j,t_j)\ ,\ 1 \le j \le m(\varepsilon)\}$ une famille finie de points de $B_{n,k}$ réalisant :

$$\forall\ i,j = 1,2,\ldots,m(\varepsilon)\ ,\ i \ne j\ ,\quad \sqrt{|s_i - s_j|^2 + |t_i - t_j|^2} \ge \varepsilon$$

et posons :

$$A_{n,k}(\varepsilon) = \{\operatorname*{Sup}_{j=1}^{m(\varepsilon)} \tilde{X}(s_j,t_j) > \varphi(\bar{\delta}^n)\}$$

Soit $\nu \in]0,1[$; les hypothèses faites sur σ ainsi que (2) nous permettent d'appliquer le lemme (1.4.2) ; il existe donc une constante $c_2 = c_2(\nu) > 0$, telle que si nous posons :

$$\varepsilon \equiv \varepsilon_n^{\nu} = \bar{\sigma}^1 \left(\frac{c_2 . 2^{5/4} \sigma(\bar{\delta}^n)}{\varphi(\bar{\delta}^n)} \right)$$

$$A_{n,k}(\varepsilon) = A_{n,k}^{\nu}$$

nous ayons : $$P(A_{n,k}^{\nu}) \geq (1-\nu) m(\varepsilon_n^{\nu}) . \Phi \circ \varphi(\bar{\delta}^n) \qquad (3)$$

et, tenant compte de :

$$m(\varepsilon_n^{\nu}) \sim \left[\frac{\bar{\delta}^n}{\bar{\sigma}^1 \left(\frac{c_2 . 2^{5/4} . \sigma(\bar{\delta}^n)}{\varphi(\bar{\delta}^n)} \right)} \right]^2 \qquad n \to \infty$$

nous établissons

$$\forall\, n \geq 1 \;,\; \forall\, k = 1,2,\ldots,k_n \;,\quad P(A_{n,k}^{\nu}) \geq (1-\nu) c_3(n) \left[\frac{\bar{\delta}^n}{\bar{\sigma}^1 \left(\frac{c_2 . 2^{5/4} . \sigma(\bar{\delta}^n)}{\varphi(\bar{\delta}^n)} \right)} \right]^2 . \Phi \circ \varphi(\bar{\delta}^n)$$

avec $\lim_{n \to \infty} c_3(n) = 1$.

Mais par hypothèse, l'intégrale $I_u(\sigma,\varphi)$ est divergente ; nous concluons donc de la même façon qu'au paragraphe 7 (alinéa 6) :

$$\forall\, \nu \in]0,1[\;,\quad \sum_{n,k} P(A_{n,k}^{\nu}) = +\infty . \qquad (4)$$

Notons à présent : $N_1 = \{h = (n,k)\ ,\ n \geq 1\ ,\ 1 \leq k \leq k_n\}$.

Nous mettons sur N_1 la relation d'ordre lexicographique :

$$\forall\ h = (n,k) \in N_1\ ,\ \forall\ h' = (n',k') \in N_1\ ,$$

$$(h' > h) \quad \Leftrightarrow \quad \begin{pmatrix} \text{ou bien}\ \ n = n'\ \ \text{et}\ \ k' > k \\ \text{ou bien}\ \ n' > n \end{pmatrix}$$

Posons successivement pour tout $h \in N_1$, $a > 1$, $h = (n,k)$:

$$L_h = I^1_{n,k} \cup I^2_{n,k}$$

$$B_h = I^2_{n,k} \times I^1_{n,k}$$

$$I^a_h = \{h' \in N_1\ ,\ h' = (n',k')\ :\ n+1 \leq n' \leq n + a \log n$$

$$\text{et}\ \ L_h \cap L_{h'} \neq \emptyset\} .$$

R^ν_h est une partie finie de B_h , de cardinal $m(\varepsilon^\nu_n)$ vérifiant

$$\forall\ u,v \in R_h\ ,\ u \neq v\ ,\ \|u - v\| \geq \varepsilon^\nu_n$$

et posons pour tout élément u de A^ν_h

$$c^h_u = \{\tilde{X}(u) > \varphi(\bar{\delta}^n)\}$$

$$A^\nu_h = A^\nu_{n,k} = \{\ \sup_{u \in R^\nu_h} \tilde{X}(u) > \varphi(\bar{\delta}^n)\}$$

Soient $h \in N_1$, $h' \in N_1$ tels que :

$$h' > h \quad \text{et} \quad h' \notin I^a_h\ ,\ h = (n,k)\ ,\ h' = (n',k') .$$

Si $n = n'$ et $k' > k$, alors $L_h \cap L_{h'} = \emptyset$ par construction de B_h .

D'où par concavité de σ^2 :

$$\forall\, u \in R_h^\nu \,,\ \forall\, u' \in R_{h'}^\nu \,,\ P(c_u^h \cap c_{u'}^{h'}) \le P(c_u^h) \,.\, P(c_{u'}^{h'})$$

et :

$$P(A_h \cap A_{h'}) \le \sum_{u \in R_h^\nu, u' \in R_{h'}^\nu} P(c_u^h \cap c_{u'}^{h'})$$

$$\le P(A_h) \,.\, P(A_{h'}) \,. \qquad (5)$$

Sinon, $n' > n$, mais puisque $h' \notin I_h^a$, nous avons deux cas à envisager :

a) $L_h \cap L_{h'} = \emptyset$.

Nous sommes ramenés au cas précédent et nous concluons de la même façon qu'en (5).

b) $n' > n + a \log n$.

Considérons deux éléments $(s,t) \in B_h$ et $(s',t') \in B_{h'}$:

$$\gamma_{s',t'}^{s,t} = E\{\tilde{X}(s,t).\tilde{X}(s',t')\} = \frac{\sigma^2(|s'-t|) + \sigma^2(|s-t'|) - \sigma^2(|s-s'|) - \sigma^2(|t-t'|)}{2\,\sigma(|s-t|).\sigma(|s'-t'|)}$$

$$\le \frac{\sigma^2(|s-t| \wedge |s'-t'|)}{\sigma(|s-t|).\sigma(|s'-t'|)} \,. \qquad (5')$$

Mais par construction de B_h et B_h' :

$$\bar{\delta}^n \le |s-t| \le \bar{\delta}^n(1+2c) \ ; \ \bar{\delta}^{n'} \le |s'-t'| \le \bar{\delta}^{n'}(1+2c) \,. \qquad (6)$$

Nous supposons :

$$a > 1 \ , \ \delta > 2 \ , \ n \ge 3 \,.$$

Nous déduisons de (6) :

$$|s'-t'| < |s-t|$$

d'où :
$$\gamma_{s',t'}^{s,t} \le \frac{\sigma(|s'-t'|)}{\sigma(|s-t|)} \le \frac{\sigma(2\,\delta^{n'})}{\sigma(\delta^{n})} .$$

Mais σ est à croissance faiblement régulière d'exposant $\alpha > 0$, donc en vertu de la proposition (1.1.5), il existe une constante $c_\alpha > 0$ telle que :

$$\frac{\sigma(2\,\delta^{n'})}{\sigma(\delta^{n})} \le c_\alpha\, \delta^{-\frac{\alpha}{2}(n'-n)}$$

et par suite en utilisant le lemme (1.6.3)

$$\gamma_{s',t'}^{s,t}.\varphi(\delta^{n}).\varphi(\delta^{n'}) \le 3 \log \delta . c_\alpha\, \delta^{-\frac{\alpha}{2}(n'-n)} \sqrt{n\,n'} . \qquad (7)$$

Posons :

$$f(n,n') = \delta^{-\frac{\alpha}{2}(n'-n)} . \sqrt{n\,n'}$$

$$c_4 = 3 \log \delta . c_\alpha$$

$$U_{n,n'} = \frac{n'}{n + a \log n} > 1 .$$

$$\frac{f(n,n')}{f(n,n+a\log n)} = \left(e^{-\frac{\alpha}{2}(\log \delta)\, U_{n,n'}} . e^{-\frac{\alpha}{2}\log \delta}\right)^{n + a \log n} \sqrt{U_{n,n'}}$$

$$\le \left(e^{-\frac{\alpha}{2}(\log \delta)\, U_{n,n'} - \frac{\alpha}{2}\log \delta} . \sqrt{U_{n,n'}}\right)^{n + a\log n}$$

$$\le \delta^{\alpha\,(a \log n + n)} = c_5(n)$$

ainsi :
$$f(n,n') \le c_5(n) . f(n,n+a\log n) = c_6(n) \qquad (8)$$

avec $\lim_{n\to\infty} c_6(n) = 0$.

Appliquons le lemme (1.3.3) :

$$\forall\, u \in R_h^\nu \,,\ \forall\, u' \in R_{h'}^\nu \,,\quad P(C_u^h \cap C_{u'}^{h'}) \le c_7(n)\, P(C_u^h) \,.\, P(C_{u'}^{h'})$$

avec $\lim_{n\to\infty} c_7(n) = 1$

$$P(A_h^\nu \cap A_{h'}^\nu) \le \sum_{u \in R_h^\nu,\, u' \in R_{h'}^\nu} P(C_u^h \cap C_{u'}^{h'})$$

$$\le c_7(n) \sum_{u \in R_h^\nu,\, u' \in R_{h'}^\nu} P(C_u^h) \,.\, P(C_{u'}^{h'})$$

$$\le \frac{c_7(n)}{(1-\nu)^2}\, P(A_h^\nu) \,.\, P(A_h^{\nu'}) \,.$$

Nous avons établi finalement :

$$P(A_h^\nu \cap A_{h'}^\nu) \le c_8(n,\nu) \,.\, P(A_h^\nu) \,.\, P(A_{h'}^\nu) \tag{9}$$

avec $\lim_{n\to\infty} c_8(n,\nu) = (1-\nu)^{-2}$.

Supposons maintenant que : $h' \in I_h^a$, et soient $(s,t) \in B_h$, $(s',t') \in B_{h'}$

$$|s'-t'| \le (1+2c) \,.\, \delta^{-n'} \le 2\,\delta^{-n-1} < |s-t|$$

d'où , si δ est choisi suffisamment grand afin que :

$$c_\alpha \left(\frac{2}{\delta}\right)^{\frac{\alpha}{2}} < \frac{1}{2}$$

nous déduisons de (5') :

$$\gamma_{s',t'}^{s,t} = E\{\tilde{X}(s,t) \,.\, \tilde{X}(s',t')\} \le \frac{\sigma(|s'-t'|)}{\sigma(|s-t|)} \le c_\alpha \left(\frac{2}{\delta}\right)^{\frac{\alpha}{2}} < \frac{1}{2} \,. \tag{10}$$

Examinons l'expression :

$$A = \sum_{h' \in I_h^a} P(A_h^\nu \cap A_{h'}^\nu) \le \sum_{h' \in I_h^a, s \in R_h^\nu, s' \in R_{h'}^\nu} P(c_s^h \cap c_{s'}^{h'}) \, . \tag{11}$$

En vertu du lemme (1.3.2), il existe deux constantes $c_g > 0$ et $c_{10} > 0$ telles que :

$$P(c_s^h \cap c_{s'}^{h'}) \le c_g . e^{-c_{10}(1 - E\{\tilde{X}(s).\tilde{X}(s')\}).\varphi^2(\bar{\delta}^{n'})} .P(c_s^h)$$

$$\le c_g \, e^{-\frac{1}{2} c_{10} \varphi^2(\bar{\delta}^{n'})} . P(c_s^h) \, . \tag{12}$$

Or : $$\varphi^2(\bar{\delta}^{n'}) \ge \varphi^2(\bar{\delta}^{n}) \ge n \log \delta \tag{13}$$

$$m(\varepsilon_{n'}^\nu) \asymp \left\{ \frac{\bar{\delta}^{n'}}{\sigma^{-1}\left(\frac{\sigma(\bar{\delta}^{n'})}{\varphi(\bar{\delta}^{n'})}\right)} \right\}^2 .$$

La régularité de σ permet alors d'établir :

$$\exists \, c_{11} > 0 \, , \qquad m(\varepsilon_{n'}^\nu) = \# R_{h'}^\nu \le n^{c_{11}} \, . \tag{14}$$

Nous remarquons que si $L_h \cap L_{h'} \ne \emptyset$ alors nécessairement :

$$L_{h'} \subset \left[\frac{2(k-1)-c}{\delta^n} \, , \, \frac{2(k+1)+1+c}{\delta^n}\right]$$

d'où si : $\mu_{n'} = \# \{h' = (n',k') : h' \in N_1 \text{ et } L_h \cap L_{h'} \ne \emptyset\}$

$$\mu_{n'} \le c_{12} \, \delta^{n'-n} \le c_{12} \, \delta^{a \log n} \qquad (c_{12} > 0) \, . \tag{15}$$

Combinant les estimations (11) à (15), nous établissons :

$$A \le c_{13} \log n \, . \, \delta^{a \log n} \, n^{c_{11}} \, e^{-\frac{1}{2} c_{10} (\log \delta) n} \, . \, P(A_h) \, . \tag{16}$$

Il nous reste à choisir δ suffisamment grand pour obtenir :

$$A = \sum_{h' \in I_h^a} P(A_h^\nu \cap A_{h'}^\nu) \leq P(A_h^\nu) \; . \tag{17}$$

Le lemme (1.2.1) permet de déduire des résultats (4), (9) et (17)

$$P(\overline{\lim_{\substack{h=(n,h)\to(\infty,\infty)\\ h\in N_1}}} A_h^\nu) \geq (1-\nu)^2 \tag{18}$$

finalement :

$$P\{\overline{\lim_{m\to\infty}} \; \overline{\lim_{\substack{h=(n,h)\to(\infty,\infty)\\ h\in N_1}}} A_h^{(\frac{1}{m})}\} = 1 \; . \tag{19}$$

Ce qui permet de conclure que φ appartient à $\mathcal{L}_u(X)$.

CHAPITRE II

II.1 - INTRODUCTION :

Soit $X = X(t)$, $0 \leq t \leq 1$, un processus gaussien centré, séparable, stationnaire ; notons $d^2(s,t) = d^2(|s-t|)$, $0 \leq s,t \leq 1$, la variance de ses accroissements. Nous supposons que d est assujettie aux conditions suivantes :

(2.1.1) d est une fonction à croissance faiblement régulière d'exposant α sur un intervalle $]0,\delta]$, $\delta > 0$.

(2.1.2) d^2 est une fonction concave non décroissante sur l'intervalle $]0,\delta]$.

La comparaison des énoncés des théorèmes (1.6.1) et (1.6.2) permet de constater que lorsque l'exposant α est strictement positif ; on obtient un bon critère intégral d'appartenance aux classes $\mathcal{L}_u(X)$ et $\mathcal{U}_u(X)$; par contre si cette condition n'est pas vérifiée, on ne sait pas conclure. Les paragraphes 6 et 7 du chapitre précédent ont montré par ailleurs combien les hypothèses de régularité sur d sont indispensables ; par exemple pour appliquer les lemmes (1.4.1) et (1.4.2). Elles interviennent constamment au cours des démonstrations.

Or, concernant la classe uniforme $\mathcal{L}_u(X)$, c'est précisément le lemme (1.4.2) qui permet d'obtenir une condition d'appartenance sous <u>forme intégrale</u>. Il est donc vain d'espérer obtenir de cette façon toute extension de résultats à des processus gaussiens stationnaires un peu plus généraux.

Cependant, et ceci fait l'objet de ce chapitre, nous pouvons malgré tout obtenir des conditions d'appartenance à la classe $\mathcal{L}_u(X)$, pourvu que le processus X satisfasse à l'hypothèse (2.1.2) seulement.

Bien évidemment ces conditions sont plus faibles que celles que nous venons d'étudier. La démonstration de ces résultats repose sur deux lemmes : un lemme fonctionnel énonçant une condition simple permettant de comparer les distances associées à deux processus gaussiens normalisés donnés, et un lemme de comparaison des lois de ces processus : le lemme de Slépian.

II.2 - UN LEMME FONCTIONNEL :

Soient $\delta > 0$ et g une fonction sur $]0,\delta]$ à valeurs dans $\mathbb{R}_*^+$; nous posons pour tous réels x,y ; $0 < x, y \leq \delta$:

$$I(g,x,y) = \frac{g^2(x+y) - g^2(x) + g^2(y)}{2\,g(x+y)\,.\,g(y)} .$$

Nous avons l'énoncé suivant :

LEMME 2.2.1.- Soit $f,h :]0,\delta] \to \mathbb{R}_*^+$, $\delta > 0$, deux fonctions vérifiant les conditions suivantes :

a) $\frac{f}{h}$ est une fonction non croissante sur l'intervalle $]0,\delta]$

b) f est une fonction non décroissante sur l'intervalle $]0,\delta]$.

Alors, quels que soient les réels x,y ; $0 < x \leq y$, $x + y \leq \delta$, nous avons :

c) $$I(h,x,y) \geq I(f,x,y) .$$

Remarques : On ne peut espérer obtenir un meilleur énoncé sans restreindre la généralité. Le lecteur se convaincra, au vu de la démonstration, qu'il est très facile de construire de nombreux exemples de fonctions f et h assujetties aux conditions a) et b) et pour lesquelles l'égalité c) est en défaut lorsque : $x > y > 0$.

Supposons que f^2 soit concave non décroissante sur l'intervalle

$[0,\delta]$, et posons $h(x) = \sqrt{x}$. Les fonctions f et h vérifient bien les conditions a) et b) ; nous en déduisons :

$$\forall\ x,y \in R\ ,\ 0 < x \le y\ ,\ x+y \le \delta\ ;\qquad I(f,x,y) \le \sqrt{\frac{y}{x+y}}\ .$$

<u>Démonstration</u> : Soient x et y deux nombres réels fixés vérifiant :

$$0 < x \le y \quad , \quad x+y \le \delta\ .$$

Posons :

$$f^2(x+y) = p\,h^2(x+y) \qquad f^2(y) = q\,h^2(y) \qquad f^2(x) = r\,h^2(x)\ .$$

L'hypothèse a) établit l'inégalité :

$$0 < p \le q \le r$$

et par substitution $I(f,x,y)$ s'écrit :

$$I(f,x,y) = \frac{p\,h^2(x+y) + q\,h^2(y) - r\,h^2(x)}{2\sqrt{p.q}\ h(x+y)\,.\,h(y)}\ .$$

Considérons l'expression suivante :

$$J = (I(f,x,y) - I(h,x,y))\,2\,h(x+y)\,.\,h(y)$$

$$= p\,h^2(x+y) + q\,h^2(y) - r\,h^2(x) - \sqrt{pq}\,(h^2(x+y) - h^2(x) + h^2(y))\ .$$

Il suffit de montrer : $J \le 0$.

Or, en vertu de l'hypothèse b) :

$$q\,h^2(y) \le p\,h^2(x+y)\ .$$

On en déduit :

$$J = -\sqrt{p}\,(\sqrt{q} - \sqrt{p})\,h^2\,(x+y) + \sqrt{q}\,(\sqrt{q} - \sqrt{p})\,h^2(y) + (\sqrt{pq} - r)\,h^2(x)$$

$$\leq -\sqrt{p}\,(\sqrt{q}-\sqrt{p})\frac{q}{p}\,h^2(y)+\sqrt{q}\,(\sqrt{q}-\sqrt{p})\,h^2(y)+(\sqrt{pq}-r)\,h^2(x)$$

$$\leq -\frac{\sqrt{q}}{\sqrt{p}}\,(\sqrt{q}-\sqrt{p})^2 h^2(y)-\sqrt{q}\,(\sqrt{q}-\sqrt{p})\,h^2(x)$$

puisque $r \geq q$; finalement :

$$J \leq 0$$

d'où le résultat.

II.3 - ENONCE DES RESULTATS, DEMONSTRATIONS :

THEOREME 2.3.1.- Soient $X = X(t)$, $0 \leq t \leq 1$ un processus gaussien stationnaire centré séparable, $d^2(s,t) = d^2(|s-t|)$ la variance de ses accroissements. On suppose que d^2 est une fonction non décroissante concave sur un intervalle $]0,\alpha]$, $\alpha > 0$, vérifiant les conditions suivantes :

1. il existe une fonction $h :]0,\alpha] \to \mathbb{R}_*^+$, concave non décroissante telle que :

2. $\frac{d}{h}$ est une fonction non croissante sur l'intervalle $]0,\alpha]$

3. il existe deux constantes strictement positives c_1 et γ telles que :

$$\forall\, t \geq 1 \text{ , } \forall\, x > 0 \text{ , } \quad \frac{h(tx)}{h(x)} \geq c_1 t^{\gamma} .$$

Posons pour tout élément φ de $\mathcal{D}$, (c.f. I.6) :

4. $$\ell_1(h,\varphi) = \varlimsup_{t \downarrow 0} \exp(-\tfrac{1}{2}\varphi^2(t)) \,.\, \left[\varphi(t) \,.\, h^{-1}\!\left(\frac{h(t)}{\varphi(t)}\right)\right]^{-1} .$$

Nous avons l'implication suivante :

$$(\ell_2(h,\varphi) = +\infty) \quad \Rightarrow \quad (\varphi \in \mathcal{L}_u(X)) .$$

COROLLAIRE 2.3.2.- Soient $X = X(t)$, $t \in [0,1]$ un processus gaussien stationnaire centré séparable ; $d^2(s,t) = d^2(|s-t|)$ la variance de ses accroissements.

Nous supposons que d^2 est une fonction concave non décroissante sur un intervalle $]0,\alpha]$, $\alpha > 0$.

Posons pour tout élément φ de $\mathcal{D}$:

5. $$\ell_2(\varphi) = \overline{\lim_{t \downarrow 0}} \exp\left(-\frac{1}{2}\varphi^2(t)\right) . \varphi(t) . t^{-1} .$$

Nous avons l'implication suivante :

$$(\ell_2(\varphi) = +\infty) \quad \Rightarrow \quad (\varphi \in \mathcal{L}_u(X)) .$$

COROLLAIRE 2.3.3.- Si les limites $\ell_1(h,\varphi)$ et $\ell_2(\varphi)$ figurant dans les alinéas 4. et 5. existent et sont strictement positives, finies ou non, alors nous obtenons dans chaque cas énoncé :

6. $$P\left\{ \overline{\lim_{\substack{|s-t| = h \to 0 \\ 0 \le s,t \le 1}}} \frac{X(s) - X(t)}{d(s,t)\varphi(|s-t|)} \ge 1 \right\} = 1 .$$

COROLLAIRE 2.3.4.- Sous les hypothèses du corollaire (2.3.2) ; si de plus d est une fonction d'un des types suivants :

1. $d(x) = (\log \frac{1}{x})^{\gamma}$, $\gamma < 0$.

2. $d(x) = e^{-(\log \frac{1}{x})^{\beta}}$, $0 < \beta < 1$.

3. $d(x) = (\log \frac{1}{x})^{\gamma}(\log\log \frac{1}{x})^{\delta}$ $\gamma < 0$, $-\infty < \delta < +\infty$

posons alors :

$$\forall c \in R , \qquad \varphi_c(t) = \sqrt{2\log\frac{1}{t} + c\log\log\frac{1}{t}} .$$

Dans ces conditions :

$$\forall\, c \in R\,, \qquad \varphi_c \in \mathcal{L}_u(X)\,.$$

Remarques : Lorsque $X = X(t)$, $t \in [0,1]$ est un processus gaussien stationnaire satisfaisant aux conditions (2.1.1) et (2.1.2) avec un exposant $\alpha > 0$ nous savons que les modules φ_c définis plus haut appartiennent à la classe $\mathcal{L}_u(X)$ si et seulement si c est strictement inférieur à $\frac{1}{\alpha}$. Le dernier corollaire met donc en relief la différenciation de composition de la classe uniforme $\mathcal{L}_u(X)$ suivant que $\alpha > 0$ ou $\alpha = 0$.

Le corollaire (2.3.2) laisse augurer le fait que dans la famille des processus gaussiens stationnaires déterminés au début de ce chapitre, le mouvement brownien apparaît comme celui qui a les variations d'accroissements les plus faibles.

Démonstration du théorème 2.3.1. : Le théorème de Polya permet d'associer à h un processus gaussien stationnaire, centré, $H = H(t)$, $0 \le t \le 1$, admettant localement h^2 comme variance de ses accroissements.

Dans ces conditions soient r un entier supérieur à 1 , $c \in]0, \frac{1}{2}]$, $(p_n)_{n \ge 1}$ une suite numérique vérifiant :

$$\forall\, n \ge 1\,, \qquad 0 < p_n < c.r^n\,.$$

Posons pour tout triplet d'entiers (n,k,i) , $n \ge 1$, $0 \le k \le r^n - 1$ et $0 \le i \le [\frac{c}{p_n r^n}]$, et tout F , F désignant X ou H :

$$s_{n,k} = (k+1)r^{-n} \qquad\qquad t_{n,k,i} = kr^{-n} + i\,p_n$$

$$S_{n,k} = \left\{(s_{n,k}, t_{n,k,i})\,,\ 0 \le i \le \left[\frac{c}{p_n r^n}\right]\right\}$$

$$A_{n,k}(F) = \{\exists\,(s,t) \in S_{n,k} : \tilde{F}(s,t) > \varphi((1-c)r^{-n})\}$$

$$S_n = \bigcup_{k=o}^{r^n-1} S_{n,k} \qquad A_n(F) = \bigcup_{k=o}^{r^n-1} A_{n,k}(F)$$

Soient (s,t) et $s,t')$ deux éléments distincts de $S_{n,k}$, nous remarquons facilement :

$$E\{\widetilde{X}(s,t).\widetilde{X}(s,t')\} = I(d\ ,\ |t-t'|\ ,\ s-t\wedge t')$$

$$E\{\widetilde{H}(s,t).\widetilde{H}(s,t')\} = I(h\ ,\ |t-t'|\ ,\ s-t\wedge t')$$

en outre , $|t-t'| \leq s-t\wedge t'$.

Donc, en vertu des hypothèses du théorème, nous déduisons par application du lemme (2.2.1) :

$$\exists\, n_o > 0\ ,\ n_o = n_o(\alpha) : \forall\, n > n_o\ ,\ \forall\, k = 0,1,\ldots,r^n-1\ ,$$

$$\forall\ (s,t)\ ,\ (s,t')\in S_{n,k}\ ,\ (s,t) \neq (s,t')\ ,$$

$$E\{\widetilde{X}(s,t).\widetilde{X}(s,t')\} \leq E\{\widetilde{H}(s,t).\widetilde{H}(s,t')\} \tag{1}$$

$\forall\ (s,t)\in S_{n,k},$

$$E\{\widetilde{X}^2(s,t)\} = E\{\widetilde{H}^2(s,t)\} = 1\ . \tag{1'}$$

et à l'aide du lemme (1.3.1)

$$P(A_{n,k}(X)) \geq P(A_{n,k}(H)) \tag{2}$$

ceci, indépendamment des indices n et k .

Soient $n > n_o$, $k,k' \in [0,r^n-1]$, $k \neq k'$ et $(s,t)\in S_{n,k}$, $(s',t')\in S_{n,k'}$. Les intervalles $[t,s]$, $[t',s']$ sont donc disjoints ou conjoints, par suite :

$$E\{\widetilde{X}(s,t).\widetilde{X}(s',t')\} \leq 0$$

d'où, en vertu du lemme (1.3.1) :

$$P\{\tilde{X}(s,t) > \varphi((1-c)\bar{r}^{n}) \,,\ \tilde{X}(s',t') > \varphi((1-c)\bar{r}^{n})\}$$

$$\leq P\{\tilde{X}(s,t) > \varphi((1-c)\bar{r}^{n})\} \,.\, P\{\tilde{X}(s,t) > \varphi((1-c)\bar{r}^{n})\} \,. \tag{3}$$

Cela nous permet de déduire de la majoration suivante :

$$P(A_{n,k}(X) \cap A_{n,k'}(X)) \leq \sum_{\begin{cases}(s,t)\in S_{n,k}\\(s',t')\in S_{n,k'}\end{cases}} P\{\tilde{X}(s,t) > \varphi((1-c).\bar{r}^{n}),\tilde{X}(s',t') > \varphi((1-c)\bar{r}^{n})\}$$

$\forall\, n > n_o$, $\forall\, k,k' = 0,1,\ldots,r^{n}-1$, $k \neq k'$;

$$P(A_{n,k}(X) \cap A_{n,k'}(X)) \leq P(A_{n,k}(X)) \,.\, P(A_{n,k'}(X)) \,. \tag{4}$$

Fixons à présent deux éléments (s,t) et (s,t') de $S_{n,k}$ distincts ; nous avons :

$$E\{\tilde{H}(s,t) - \tilde{H}(s,t')\}^2 = \frac{h^2(0) + h^2(|t'-t|) - [h(|s-t|) - h(|s-t'|)]^2}{h(|s-t|) \,.\, h(|s-t'|)} \,.$$

Nous pouvons supposer sans restriction :

$$t' \geq t$$

et par conséquent, utilisant la concavité de h^2 :

$$h^2(|s-t|) \leq h^2(s-t') + h^2(t'-t) \,.$$

d'où :

$$[h(s-t) - h(s-t')]^2 \leq h^2(s-t')\Big[\sqrt{1 + \frac{h^2(t'-t)}{h^2(s-t')}} - 1\Big]^2 .$$

Mais, $\qquad \forall\, y \in [0,1]$, $(\sqrt{1+y} - 1)^2 \leq (1 - \frac{1}{\sqrt{2}})y$

et, $$\frac{h^2(t'-t)}{h^2(s-t')} \leq 1 .$$

Nous avons donc établi :

$$[h^2(s-t)-h^2(s-t')]^2 \leq (1-\frac{1}{\sqrt{2}})h^2(t'-t)$$

et, par suite :

$$E\{\tilde{H}(s,t)-\tilde{H}(s,t')\}^2 \geq \frac{1}{\sqrt{2}} \frac{h^2(|t-t'|)}{h(s-t) \cdot h(s-t')}$$

$$\geq \frac{1}{\sqrt{2} \cdot h^2(\bar{r}^n)} \cdot h^2(|t-t'|) . \qquad (5)$$

avec $|t-t'| \geq p_n$.

Posons en conservant les notations du lemme (1.4.2) ; n étant fixé :

$$\theta^2 = \frac{1}{\sqrt{2}\, h^2(\bar{r}^n)} \qquad \sigma(x) = h(x) \qquad \nu = \tfrac{1}{2} \qquad c_2(\nu) = c_2$$

$$\varepsilon = p_n = \bar{h}^1 \left[\frac{c_2 \cdot 2^{\frac{1}{4}} \cdot h(\bar{r}^n)}{\varphi((1-c)\bar{r}^n)} \right] .$$

Nous établissons en appliquant ce lemme :

$$\forall\, n \geq n_o , \qquad \forall\, k = 0,1,\ldots,r^n-1$$

$$P(A_{n,k}(X)) \geq P(A_{n,k}(H)) \geq \tfrac{1}{2} \cdot \left[\frac{c}{r^n\, \bar{h}^1(\frac{c_2 \cdot 2^{\frac{1}{4}} \cdot h(\bar{r}^n)}{\varphi((1-c)\bar{r}^n)})} \right] \Phi \circ \varphi((1-c)\bar{r}^n)$$

(6)

or $h(\bar{r}^n) \le \dfrac{h((1-c)\bar{r}^n)}{1-c}$

et :

$$\bar{h}^1\left(\frac{c_2.2^{\frac{1}{4}}.h(\bar{r}^n)}{\varphi((1-c)\bar{r}^n)}\right) \le \bar{h}^1\left(c_3\,\frac{h((1-c)\bar{r}^n)}{\varphi((1-c)\bar{r}^n)}\right)$$

$$c_3 = c_2 \,.\, 2^{\frac{1}{4}} \,.\, (1-c)^{-1} \,.$$

Si $c_3 > 1$, soit alors y un nombre positif tel que :

$$y \ge \bar{h}^1\left(\frac{h((1-c)\bar{r}^n)}{\varphi((1-c)\bar{r}^n)}\right) = \bar{h}^1(u_n) \,,$$

ainsi :

$$h(y) \ge u_n \,.$$

Choisissons t_o d'après la condition suivante :

$$t_o \ge \max\left(1, \left(\frac{c_3}{c_1}\right)^{\frac{1}{\gamma}}\right) .$$

De ce fait :

$$h(t_o y) \ge c_1 t_o^\gamma h(y) \ge c_1 t_o^\gamma u_n \ge c_3 u_n \,,$$

ou encore :

$$\bar{h}^1(c_3 u_n) \le t_o y \;,\; y \ge \bar{h}^1(u_n) \,.$$

Finalement :

$$\bar{h}^1(c_3.u_n) \le t_o.\bar{h}^1(u_n) \,. \qquad (7)$$

Si $c_3 \le 1$, la relation est trivialement vérifiée par suite de la croissance de h.

Nous concluons donc qu'il existe une constante $c_4 > 0$, indépendante des indices n et h telle que :

$$\forall n \geq n_o \;;\; \forall k = 0,1,\ldots,r^n - 1$$

$$P(A_{n,k}(X)) \geq c_4 \cdot \frac{e^{-\frac{1}{2}\varphi^2((1-c)\bar{r}^n)}}{\varphi((1-c).\bar{r}^n).r^n.\bar{h}^1\left[\frac{h((1-c).\bar{r}^n)}{\varphi((1-c).\bar{r}^n)}\right]} \tag{8}$$

ce qui compte tenu de l'hypothèse faite sur φ, suffit à montrer

$$\lim_{n\to\infty} \sum_{k=o}^{r^n-1} P(A_{n,k}(X)) = +\infty . \tag{9}$$

Les relations (4) et (9) ainsi que le corollaire (1.2.2) impliquent :

$$\lim_{n\to\infty} P(A_n(X)) = 1$$

et à fortiori :

$$P\{\overline{\lim_{n\to\infty}}\, A_n(X)\} = 1 . \tag{10}$$

Enfin pour tous entiers n,k,i, $n \geq 1$, $0 \leq k \leq r^n - 1$, $0 \leq i \leq [\frac{c}{p_n r^n}]$:

$$(1-c)\bar{r}^n \leq s_{n,k} - t_{n,k,i} \leq \bar{r}^n . \tag{11}$$

Les relations (10) et (11) permettent de conclure.

Le corollaire 2.3.2 se déduit immédiatement du théorème 2.3.1. Il suffit de remarquer que si σ^2 est concave, la fonction $\frac{\sigma(x)}{\sqrt{x}}$ est non croissante au voisinage de l'origine ; nous obtenons donc le résultat escompté en appliquant le théorème précédent, ayant posé à cet effet :

$$h(x) = \sqrt{x} \ .$$

En outre, concernant le corollaire 2.3.3, nous savons que l'événement figurant dans l'expression (6) satisfait la loi du 0 - 1 ; et par conséquent il nous suffit de montrer :

$$P(\overline{\lim_{n\to\infty}} A_n(X)) > 0 \ .$$

C'est le cas lorsque $\ell_1(h,\varphi) > 0$ ou $\ell_2(\varphi) > 0$, en vertu du lemme (1.2.2).

Enfin, le corollaire (2.3.4) se déduit du théorème (2.3.1) en posant dans chaque cas :

$$h_\alpha(x) = x^\alpha \qquad 0 < \alpha < \tfrac{1}{2}$$

puisque la fonction $\frac{\sigma(x)}{h_\alpha(x)}$ est non décroissante pour tout α .

BIBLIOGRAPHIE

[1] Yu. K. BELYAEV [1961], "Continuity and Hölder conditions for sample functions of stationary Gaussian processes", Proc. 4 th. Berkeley Symp. on Math. Stat. and Prob. 2, pp. 23-33.

[2] S.M. BERMAN [1962], "A law of large numbers for the maximum in a stationary Gaussian sequence", Ann. Math. Statist. 33, pp. 93.97.

[3] S.M. BERMAN [1970], "Gaussian processes with stationary increments : local times and sample functions properties", Ann. Math. Statist. 41 pp. 1260-1272.

[4] Z. CIESIELSKI [1961], "Hölder conditions for realizations of Gaussian processes", Trans. Amer. Math. Soc. 99 pp. 403-413.

[5] R.M. DUDLEY [1967], "The sizes of compact subsets of Hilbert space and continuity of Gaussian processes", J. Functional Analysis 1, pp. 290-330.

[6] X. FERNIQUE [1964], "Continuité des processus gaussiens", C.R Acad. Scienc. Paris 258, pp. 6058-6060.

[7] X. FERNIQUE [1970], "Intégrabilité des vecteurs gaussiens", C.R. Acad. Scienc. Paris 270 Sér. A pp. 1698-1699.

[8] X. FERNIQUE [1975], "Régularité des trajectoires des fonctions aléatoires gaussiennes, Lectures Notes Springer.

[9] A. GARSIA, E. RODEMICH and H. RUMSEY Jr. [1970], "A real variable lemma and the continuity of paths of some Gaussian processes", Indiana Univ. Math. J. 20 pp. 565-578.

[10] G.A. HUNT [1951], "Random Fourier transforms", Trans. Amer. Math. Soc. 71, pp. 38-69.

[11] K. ITÔ and M. NISIO [1968], "On the oscillation functions of Gaussian processes", Math. Scand. 22, pp. 209-223.

[12] N.C. JAIN and G. KALLIANPUR [1970], "Norm convergent expansions for Gaussian processes in Banach spaces", Proc. Amer. Math. Soc. 25 pp. 890-895.

[13] J.P. KAHANE [1960], "Propriétés locales des fonctions à séries de Fourier aléatoires", Studia Math. 19, pp. 1-25.

[14] J. KARAMATA [1933], "Sur un mode de croissance régu-lière - théorèmes fondamentaux". Bulletin de la Soc. Math. de France 61, pp. 55-62.

[15] T. KAWADA [1969], "On the upper and lower class for Gaussian processes with several parameter", Nagoya Math. J. Vol. 35, pp. 109-132.

[16] N. KÔNO [1970], "On the modulus of continuity of sample functions of Gaussian processes", J. Math. Kyoto Univ. 10, pp. 493-536.

[17] N. KÔNO [1975], "Asymptotic Behaviour of Sample Functions of Gaussian Random Fields", (à paraître dans J. Math. Kyota Univ.).

[18] P. LEVY [1937], "Théorie de l'addition des variables aléatoires", (Paris, Gauthier-Villars).

[19] P. LEVY [1965], "Processus stochastiques et mouvement brownien". (Paris, Gauthier-Villars).

[20] M.B. MARCUS [1968], "Hölder conditions for Gaussian processes with stationary increments", Trans. Amer. Math. Soc. 134, pp. 29-52.

[21] M.B. MARCUS [1970], "Hölder conditions for continuous Gaussian processes" Osuka J. Math. 7, pp. 483-494.

[22] M.B. MARCUS [1971], Gaussian lacunary series and the modulus of continuity for Gaussian processes.

[23] M.B. MARCUS and L.A. SCHEPP [1970], "Continuity of Gaussian processes", Trans. Amer. Math. Soc. 151, pp. 377-392.

[24] I. PETROWSKI [1935], "Zur ersten Randwertaufgabe der Wärmeleitungleichung", Compositio Math. 1, pp. 383-419.

[25] J. PICKANDS [1967], "Maxima of stationary Gaussian processes", Z. Wahrscheinlichkeitsth. 7, pp. 190-223.

[26] C. PRESTON [1972], "Continuity properties of some Gaussian processes", Amer. Math. Statist. 43 pp. 285-292.

[27] T. SIRAO [1960], "On the continuity of Brownian motion with a multidimensional parameter", Nagoya Math. J. 16, pp. 135-136.

[28] T. Sirao and H. Watanabé [1970], "On the upper and lower class of stationary Gaussian processes", Trans. Amer. Math. Soc. 147, pp. 301-331.

[29] T. SIRAO, K.L. CHUNG and P. ERDÖS [1959], "On the Lipschitz's condition for Brownian Motion", J. Math. Soc. Japan Vol. 11, n° 4, pp. 263-274.

[30] D. SLEPIAN [1962], "The one-sided barrier problem for Gaussian noise", Bell. syst. tech. Jour. 41, pp. 463-501.

[31] M. WEBER [1975], Minorations asymptotiques des trajectoires de fonctions aléatoires gaussiennes stationnaires définies sur l'intervalle [0,1]. C.R. Acad. Scienc. Paris Sér. A., pp. 49-52.

Université de Strasbourg 1975/76

Séminaire de Probabilités

SUR LES THEORIES DU FILTRAGE ET DE LA PREDICTION.

par

Marc YOR

INTRODUCTION :

Il est possible d'entreprendre, dans de nombreuses situations en théorie des processus de Markov, la construction d'un processus de filtrage $(\pi_t, t \geq 0)$ du processus de Markov $X = (\Omega, \mathcal{F}, \mathcal{F}_t, X_t, \theta_t, P_x)$ à valeurs dans $(E, \mathcal{E})$ par rapport aux tribus $\underline{\underline{F}}_t^\circ = \sigma(Y_s, s \leq t)$ d'un second processus $(Y_t, t \geq 0)$, comme processus de Markov à valeurs dans l'espace S des probabilités sur $(E, \mathcal{E})$, augmenté de la mesure nulle.

Le processus π_t - ou plus précisément $(\pi_t^\nu, t \geq 0, \nu \in S)$ est - en "première approximation" - obtenu au moyen de l'égalité :

$$(*) \qquad \begin{matrix} \forall f \in b(\mathcal{E}) \\ \forall \nu \in S \end{matrix} \quad , \ \pi_t^\nu(f) = E_\nu[f(X_t) | \underline{\underline{F}}_{t^+}^\circ] \ P_\nu \text{ ps} .$$

On a voulu donner un cadre général qui permette de synthétiser ces différentes situations et constructions : Le cadre retenu ici, qui englobe - à notre connaissance - tous ceux des études de filtrage markovien faites jusqu'à présent est la donnée de $\underline{X} = (\Omega, \mathcal{F}_\infty, \mathcal{F}_t, (X_t, Y_t)_{t \geq 0}, \theta_t, P_x)$ où $X = (\Omega, \mathcal{F}_\infty, \mathcal{F}_t, (X_t)_{t \geq 0}, \theta_t, P_x)$ est un processus fortement markovien, et $(Y_t)_{t \geq 0}$ une fonctionnelle additive, non adaptée aux tribus de X

(en général), non forcément positive, faisant de $\underline{X}$ un processus à accroissements semi-markoviens ([1] ou [6]).

On définit également un noyau multiplicatif q de X par rapport à $\underline{\underline{\bar{F}}}^{\circ}_{\infty}$ (voir [7] et [11] ; toutefois, le présent travail ne satisfait pas aux hypothèses de ces articles), à valeurs dans S , et vérifiant :

$$(**) \qquad \begin{matrix} \forall f \in b(\mathcal{E}) \\ \\ \forall \nu \in S \end{matrix} \quad , \; q_t^{\nu}(\omega, f) = E_{\nu}[f(X_t)/\underline{\underline{\bar{F}}}^{\circ}_{\infty}] \; P_{\nu} \text{ ps} .$$

On montre, en particulier, dans le cadre décrit ci-dessus que le processus de filtrage $(\pi_t^{\nu}, t \geq 0)$ et le noyau multiplicatif $(q_t^{\nu}, t \geq 0)$ ne sont indistinguables pour toute mesure $\nu \in S$ que si $Y = (\Omega, \mathcal{F}_{\infty}, \mathcal{F}_t, (X_t, t \geq 0), P_{\nu})$ est un processus à accroissements indépendants, inhomogène (1), situation qui correspond (2) aux hypothèses initiales des études de Jacod [7] et Meyer [11].

A l'aide de la théorie de la prédiction de F. Knight ([8],[12]), on obtient aisément au paragraphe 1 la construction du processus de filtrage en question, étudié au paragraphe 2 dans le cadre markovien décrit précédemment. Enfin, le paragraphe 3 est consacré à l'étude du processus de filtrage obtenu en prenant pour X le mouvement brownien à d dimensions, et pour Y la norme de X (c'est-à-dire le processus de Bessel associé)(3).

L'utilisation présente de la théorie de la prédiction, loin d'être artificielle, peut s'expliquer par le fait qu'elle intervient de façon importante - sous une forme cachée et très simplifiée - dans l'étude des représentations

---

(1) Noter ici que la situation n'est pas habituelle, puisque les probabilités P_{ν} sous lesquelles on étudie Y sont indexées par S , ensemble de mesures sur l'espace d'états de X .

(2) Voir 2-3 pour cette correspondance.

(3) La fonctionnelle additive $\hat{Y}_t = \int_0^t Y_s ds$ et le processus $Y_t = |X_t|$ engendrent la même filtration.

markoviennes en filtrage linéaire ([14]). Remarquons également une autre parenté entre processus de filtrage et processus de prédiction qui permet d'éclairer cette étude : la construction de processus de filtrage apparaît comme une étape intermédiaire entre celle des processus de Markov habituels et celle de F. Knight dans le procédé de grossissement de l'espace d'états en vue de l'obtention d'un processus de Markov (il faut prendre ici le processus Y comme donnée initiale : il vérifie une <<propriété de Markov>> qui fait intervenir X , ce qui oblige à augmenter l'espace d'états de Y pour pouvoir le considérer comme processus de Markov).

0. NOTATIONS ET PRELIMINAIRES.

Soit $(\Omega,\mathcal{F})$ espace mesurable et $(\mathcal{F}_t, t\geq 0)$ filtration croissante et continue à droite de sous-tribus de $\mathcal{F}$.

- Si $\mu\in\mathcal{M}_+^1(\Omega,\mathcal{F})$, on note $\mathcal{F}_t^\mu = \mathcal{F}_t \vee \mathcal{N}^\mu$, où $\mathcal{N}^\mu$ est la classe des ensembles μ-négligeables de $\mathcal{F}$, puis $\mathcal{F}_t^* = \bigcap_{\mu\in\mathcal{M}_+^1(\Omega,\mathcal{F})} \mathcal{F}_t^\mu$.

- $\mathcal{I}^\mu$ est la classe des processus, définis sur $R_+\times\Omega$, μ indistinguables de 0 ; si H et K sont deux processus μ indistinguables $(H-K\in\mathcal{I}^\mu)$, on note $H_t \underset{\mu}{=} K_t$.

On a souvent besoin, dans ce travail, de la notion d'espace mesurable lusinien : on rappelle que l'espace mesurable $(E,\mathcal{E})$ est lusinien si E est un borélien d'un espace métrique compact $\hat{E}$, tel que $\mathcal{E}$ soit la trace de la tribu borélienne de $\hat{E}$ sur E . En fait, d'après [2] (page 248), il existe une topologie $\mathcal{T}$ (1) compacte, métrisable, sur E , pour laquelle $\mathcal{E}$ est la tribu borélienne. On fixe désormais une telle topologie $\mathcal{T}$, ce qui permet de munir $M_E = \mathcal{M}_+^1(E,\mathcal{E})\cup\{0\}$ de la topologie correspondante de la convergence étroite. Il est clair que la tribu borélienne sur M_E est

$$\mathcal{M}_E = \sigma\{\nu\rightarrow<\nu,g>;\ g\in b(\mathcal{E})\}$$

(1) qui n'est, en général, pas "naturelle".

et ne dépend donc pas du choix de $\mathcal{J}$. On note $M_E^1 = \mathcal{M}_+^1(E,\mathcal{E})$.

Les propositions suivantes sont une première étape de la construction des différents opérateurs de projection qui interviennent dans les théories du filtrage et de la prédiction :

PROPOSITION 1. - Soit μ probabilité sur $(\Omega,\mathcal{F})$, et X processus mesurable à valeurs dans $(E,\mathcal{E})$ espace mesurable lusinien.

Il existe un noyau $\pi_t(\omega;dy)$ de $(E,\mathcal{E})$ dans $(R_+ \times\Omega,\mathcal{O})$ - où $\mathcal{O}$ est la tribu optionnelle sur $R_+ \times\Omega$ - à valeurs dans M_E tel que :

1) pour tout $f\in b(\mathcal{E})$, $\pi_t(.,f)$ est une μ-projection optionnelle de $f\circ X_t$ par rapport à $(\mathcal{F}_t, t\geq 0)$.

2) si X est continu à droite (resp : continu à droite et limité à gauche), le processus $\pi_t(\omega,dy)$ est μ p.s. étroitement continu à droite (resp : continu à droite et limité à gauche).

Démonstration : A tout $f\in b(\mathcal{E})$, on associe une $(\mathcal{F}_t,\mu)$ projection optionnelle $\tilde{\pi}_f(t,\omega)$ de $f\circ X_t$. Dans le langage de [4], l'application $f\to\tilde{\pi}_f(t,\omega)$ est $\mathcal{J}^\mu$ presque linéaire, et $\mathcal{J}^\mu$ presque positive.

De plus, si $f_n\in b_+(\mathcal{E})$, $f_n\uparrow f\in b_+(\mathcal{E})$, on peut donc définir $g(t,\omega)$ comme $\lim_n\uparrow\tilde{\pi}_{f_n}(t,\omega)$ si cette limite existe (elle existe $\mathcal{J}^\mu$ ps) , et 0 ailleurs. On a alors, pour tout temps d'arrêt T ,

$$E[g_T\, 1_{(T<\infty)}] = \lim_n\uparrow E[\tilde{\pi}_{f_n}(T)\, 1_{(T<\infty)}] = \lim_n\uparrow E[f_n\circ X_T\, 1_{T<\infty}]$$

$$= E[f\circ X_T\, 1_{(T<\infty)}] \;. \quad (E \text{ est l'espérance relative à } \mu).$$

D'après le théorème de section optionnel, on a $g=\tilde{\pi}_f$ $\mathcal{J}^\mu$ ps , et donc : $\tilde{\pi}_f = \lim_n\uparrow\tilde{\pi}_{f_n}$ $\mathcal{J}^\mu$ ps . D'après le théorème de régularisation des presque noyaux [4], il existe donc un noyau $\pi_t(\omega,dy)$ de $(E,\mathcal{E})$ dans $(R_+\times\Omega,\mathcal{O})$ tel que :

$\forall f \in b(\mathcal{E})$, $\pi_t(\omega,f) = \tilde{\pi}_f(t,\omega)$ $\mathcal{J}^\mu$ ps , d'où 1).

2) se déduit alors de la séparabilité de $C_b(E)$ pour la convergence uniforme, et de la propriété bien connue suivante : une projection optionnelle d'un processus continu à droite (resp : continu à droite et limité à gauche) est elle-même continue à droite (resp : continue à droite et limitée à gauche) □
Si l'on veut obtenir un procédé de construction universel de noyaux de projection optionnelle (c'est-à-dire qui ne dépende pas des processus X) , il faut travailler directement sur l'espace $(\Omega,\mathcal{F})$. On construit tout d'abord un noyau d'espérance conditionnelle par rapport à une sous-tribu fixée de $\mathcal{F}$ (voir le paragraphe suivant pour les constructions définitives).

PROPOSITION 2. - Soit $(\Omega,\mathcal{F})$ espace mesurable lusinien, et $\mathcal{G}$ sous-tribu séparable de $\mathcal{F}$. Il existe une application

$$N : M_\Omega \times \Omega \to M_\Omega$$
$$(\mu,\omega) \to N^\mu(\omega;d\omega') .$$

$\mathcal{M}_\Omega \otimes \mathcal{G}/\mathcal{M}_\Omega$ mesurable, telle que :

$$\forall \mu \in M_\Omega, \ \forall f \in b(\mathcal{F}) , \ \mu(f|\mathcal{G}) = N^\mu(.;f)\ \mu\,ps .$$

De plus, si $\mathcal{G} = \sigma(Y_s, s \in \mathbb{R}_+)$, où Y est un processus continu à droite, à valeurs dans F , espace polonais, on peut choisir N vérifiant en outre :

$$\forall w \in \Omega , \ \forall \mu \in M_\Omega , \ N^\mu(\omega,d\omega') \text{ est portée par } \mathcal{Y}_\omega = \{\omega' | Y_\cdot(\omega) = Y_\cdot(\omega')\} .$$

Démonstration : La première partie de la proposition fait l'objet du lemme 1 de [12]. Démontrons la seconde partie : si f_n est une suite de fonctions continues bornées sur F , séparant les points de F , alors :

$$\forall \mu \in M_\Omega , \ \mu\,ps , \ N^\mu(\omega,d\omega') \text{ est portée par } \bigcap_n \bigcap_{q\in\mathbb{Q}} \{\omega' ; f_n(Y_q(\omega)) = f_n(Y_q(\omega'))\}$$

ensemble identique à $\mathcal{Y}_\omega$. Il suffit alors de remplacer $N^\mu(\omega,d\omega')$ par

$$\bar{N}^{\mu}(\omega;d\omega') = I_{\{\omega;N^{\mu}(\omega;\mathcal{V}_{\omega}) = 1\}} N^{\mu}(\omega;d\omega') .$$

1. VARIATIONS SUR LA THEORIE DE LA PREDICTION.

1.1. Quelques espaces canoniques.

Dans tout le travail, E_o est un espace localement compact de type dénombrable, que l'on compactifie par adjonction d'un point à l'infini ∂ (point isolé si E_o est compact). On note $E = E_o \cup \{\partial\}$ et $\mathcal{E}$ sa tribu borélienne. On aura également souvent besoin d'un second espace $\bar{F} = F_o \cup \{\bar{\partial}\}$ du même type ; on notera $\bar{\mathcal{E}}$ sa tribu borélienne (pour éviter les confusions).

Ω_E désigne l'ensemble des applications $\omega : R_+ \to E$, continues à droite, limitées à gauche, et absorbées en ∂ . On note $X_t(\omega) = \omega(t)$, et $\underline{\underline{F}}^o_t = \sigma\{X_s, s \le t\}$. Cet espace est muni naturellement des opérateurs de translation, de raccordement, et d'arrêt, définis respectivement par :

$$X_s(\theta_t\omega) = X_{s+t}(\omega)$$

$$X_s(\omega/t/\omega') = X_s(\omega) \quad \text{si} \quad s<t \ , \ X_{s-t}(\omega') \quad \text{si} \quad s \ge t$$

$$X_s(a_t\omega) = X_{s\wedge t}(\omega) .$$

Pour bien indiquer que l'on a choisi ces opérateurs sur Ω_E , on notera en fait cet espace Ω^h_E (h pour homogène).

Si $F = \bar{R}^n$ (ie : $F_o = R^n$ et $\bar{\partial} = \infty$) (ou plus généralement si F est un groupe topologique abélien, compact métrisable, et dont la loi est notée +), on considère, en plus de l'espace Ω_F , la restriction de cet espace aux applications $\omega : t \to \omega(t)$ telles que $\omega(0) = 0$. On note Y le processus des coordonnées et $\bar{\underline{\underline{F}}}^o = \sigma\{Y_s, s \le t\}$(1) . Cet espace muni des opérateurs $\theta, (./. /.)$ et a définis ci-dessous est noté Ω^a_F (a pour additif) :

(1) de façon générale, tout ce qui se rapporte à Y est surmonté d'une barre.

$$Y_s(\theta_t\omega) = Y_{s+t}(\omega) - Y_t(\omega)$$

$$Y_s(\omega/t/\omega') = Y_s(\omega) \quad \text{si} \quad s \le t\ , \quad Y_t(\omega) + Y_{s-t}(\omega') \quad \text{si} \quad s \ge t\ .$$

$$Y_s(a_t\omega) = Y_{s\wedge t}(\omega)\ .$$

Le théorème suivant (relatif à Ω_F^a) sera fondamental pour la suite :

THEOREME 1. - Soient S et T deux temps d'arrêt de la filtration $\{\bar{\underline{F}}^\circ_{t^+}\}$; $R = S + T \circ \theta_S$ est encore un temps d'arrêt de cette famille.

Soit U une v.a $\bar{\underline{F}}^\circ_{R^+}$ mesurable. Il existe alors une fonction $\tilde{U}(\omega;w)$ sur $\Omega_F^a \times \Omega_F^a$ possédant les propriétés suivantes :

1) $\tilde{U}$ est $\bar{\underline{F}}^\circ_{S^+} \otimes \bar{\underline{F}}^\circ_\infty$ mesurable.

2) $U(\omega) = \tilde{U}(\omega;\theta_S\omega)$.

3) pour tout ω fixé, $\tilde{U}(\omega;.)$ est $\bar{\underline{F}}^\circ_{T^+}$ mesurable.

Démonstration : - le "test de Galmarino" permet de montrer que R est un $\bar{\underline{F}}^\circ_{t^+}$ temps d'arrêt (voir [13], théorème 1, où le présent théorème est démontré pour l'espace $\Omega = \Omega_E^h$).

- la démonstration faite en [13] se transpose si $\Omega = \Omega_F^a$, lorsque l'on a remarqué que $V(\omega;w) = U(\omega/S\omega/w)$ est $\bar{\underline{F}}^\circ_{S^+} \otimes \bar{\underline{F}}^\circ_\infty$ mesurable, ce qui résulte en particulier du lemme suivant.

LEMME 1. - Soit $U : \Omega_F^a \to \mathbb{R}$ une v.a $\bar{\underline{F}}^\circ_\infty / \mathcal{B}(\mathbb{R})$ mesurable. Alors, pour tout temps d'arrêt S pour la filtration $\{\bar{\underline{F}}^\circ_{t^+}\}$, la variable $(\omega,w) \to V(\omega,w) = U(\omega/S\omega/w)$ est $\bar{\underline{F}}^\circ_{S^+} \otimes \bar{\underline{F}}^\circ_\infty$ mesurable.

Démonstration : Par un argument de classe monotone, il suffit de démontrer la propriété pour $U(\omega) = \int_0^\infty e^{-\alpha u} f(Y_u(\omega))du$, avec $\alpha > 0$, $f \in C_b(F)$. On a alors :

$$V(\omega,w) = \int_0^{S(\omega)} e^{-\alpha u} f(Y_u(\omega))du + e^{-\alpha S(\omega)} \int_0^{\infty} dw\, e^{-\alpha v}\, f[Y_S(\omega) + Y_v(w)] \,.$$

S est une v.a $\bar{\underline{\underline{F}}}^{\circ}_{S^-}$ mesurable, ainsi que la première intégrale.

A l'aide du schéma :

$$\begin{array}{lll} \sigma(Y_S)\otimes \bar{\underline{\underline{F}}}^{\circ}_{\infty} & \mathcal{E}\otimes \bar{\underline{\underline{F}}}^{\circ}_{\infty} & \mathcal{B}(R) \\ (\omega,w) \longrightarrow & (Y_S(\omega),w) & \\ & (y,w) \rightarrow & \int_0^{\infty} dve^{-\alpha v} f[y+Y_v(w)] \end{array}$$

on voit que la seconde intégrale est $\sigma(Y_S)\otimes \bar{\underline{\underline{F}}}^{\circ}_{\infty}$ mesurable, donc $\bar{\underline{\underline{F}}}^{\circ}_{S^+}\otimes \bar{\underline{\underline{F}}}^{\circ}_{\infty}$ mesurable.

– On travaille principalement par la suite sur l'espace $\hat{\Omega} = \Omega^h_E \times \Omega^a_F$: cette notation un peu trop concise signifie que si $\hat{\omega} = (\omega,\bar{\omega})$ est la trajectoire générique de $\hat{\Omega}$, $X_t(\hat{\omega}) = X_t(\omega) = \omega(t)$; $Y_t(\hat{\omega}) = Y_t(\bar{\omega}) = \bar{\omega}(t)$, et par exemple $\theta_t\hat{\omega} = (\theta_t\omega, \theta_t\bar{\omega})$ (les opérateurs θ_t sur Ω^h_E et Ω^a_F ayant été définis précédemment). On note encore

$$\underline{\underline{F}}^{\circ}_t = \sigma\{X_s, s\le t\}\,,\ \bar{\underline{\underline{F}}}^{\circ}_t = \sigma\{Y_s, s\le t\} \ \text{ et }\ \mathcal{F}^{\circ}_t = \sigma\{X_s, Y_s, s\le t\}\,.$$

<u>Remarques</u> : <u>1.a.</u> Il est bien connu que l'espace $(\Omega^h_E, \underline{\underline{F}}^{\circ}_{\infty})$ et donc $(\Omega^a_F, \bar{\underline{\underline{F}}}^{\circ}_{\infty})$ sont des espaces mesurables lusiniens ([2],IV.19,p. 146).

<u>1.b.</u> Le théorème 1. a été démontré initialement sur Ω^h_E (en [13]), et on peut alors remplacer dans la partie 1) du théorème la tribu $\underline{\underline{F}}^{\circ}_{S^+}$ par $\underline{\underline{F}}^{\circ}_{S^-}$. Le théorème 1. est également valable sur $\hat{\Omega}$ lorsque l'on remplace la filtration $(\bar{\underline{\underline{F}}}^{\circ}_{t^+})$ par $\mathcal{F}^{\circ}_{t+})$.

<u>1.c.</u> On se place en 2.3 dans la situation suivante : soit $\varphi : E \rightarrow F$ (espace métrisable compact) une fonction continue telle que $\varphi(\partial) = \bar{\delta}$. On définit sur Ω^h_E le processus $\check{Y} = \varphi\circ X$. Les opérateurs $\theta, (./././)$

et a définis sur Ω_E^h opérent sur $\check{Y}$ de la même façon que sur X , ce qui entraîne encore la validité du théorème 1. pour la filtration $\{\check{\underline{F}}^{\circ}_{t^+}\}$ associée à $\check{Y}$.

1.2. Processus de prédiction de X par rapport à Y.

On rappelle maintenant, tout en référant aux articles [8] et [12], les principales notions et propriétés de la théorie de la prédiction, selon F. Knight relative à l'espace filtré $(\hat{\Omega},\mathcal{F}^{\circ}_{\infty},\mathcal{G}_{t+})$, où $(\mathcal{G}_t)$ est une filtration formée de sous-tribus séparables de $\mathcal{F}^{\circ}_{\infty}$. Soit $\mathcal{T}$ une topologie compacte compatible avec le caractère lusinien de $(\hat{\Omega},\mathcal{F}^{\circ}_{\infty})$ (voir le paragraphe 0).

Soulignons ici que les seules différences par rapport aux articles [8] et [12] - mais, elles sont importantes pour la suite - sont les choix des espaces canoniques et de la filtration $(\mathcal{G}_t)$.

Il existe une application L : $\begin{array}{l} M_{\hat{\Omega}} \times R_+ \times \hat{\Omega} \to M_{\hat{\Omega}} \\ (\mu,t,\omega) \longrightarrow L_t^{\mu}(\omega;d\omega') \end{array}$

vérifiant les propriétés suivantes :

i) pour tout $t \geq 0$, et tout $\varepsilon > 0$, l'application $(\mu,\omega) \to L_t^{\mu}(\omega)$ est $\mathcal{M}_{\hat{\Omega}} \otimes \mathcal{G}_{t+\varepsilon}/\mathcal{M}_{\hat{\Omega}}$ mesurable.

ii) $\tilde{\zeta}_{\mu}(\omega) = \text{Inf}(t|L_t^{\mu}(\omega) = 0)$ est, pour tout $\mu \in M_{\hat{\Omega}}$ un temps d'arrêt relatif aux tribus $\mathcal{G}_{t+}$ tel que $\mu(\zeta_{\mu} < \infty) = 0$, et $L_t^{\mu}(\omega) = 0$, pour $t \geq \tilde{\zeta}_{\mu}(\omega)$. De plus, $L_{\cdot}^{\mu}(\omega)$ est continu à droite partout, et limité à gauche sur $]0,\tilde{\zeta}_{\mu}(\omega)[$.

iii) pour tout processus $\mathcal{B}(R_+) \otimes \mathcal{F}^{\circ}_{\infty}$ mesurable borné $(U_t, t \geq 0)$, pour toute loi $\mu \in M_{\hat{\Omega}}$, le processus $(L^{\mu}.U)_t(\omega) = \int L_t^{\mu}(\omega;d\omega')\,U_t(\omega')$ est une $(\mu,\mathcal{G}_{t+})$ projection optionnelle de U .

iv) pour tout $\mathcal{G}_{t+}$ temps d'arrêt S , pour toute loi $\mu \in M_{\hat{\Omega}}$, μps sur $(S<\infty)$, la tribu $\mathcal{G}_{S^+}$ est dégénérée pour $L^\mu_S(\omega)$.

Remarquons que le processus L ne dépend essentiellement pas de la topologie $\mathcal{T}$ choisie précédemment : en effet, si $\mathcal{T}$ et $\mathcal{T}'$ sont deux telles topologies, d'après la propriété iii), et la séparabilité de la tribu $\mathcal{F}^\circ_\infty$, les processus ${}_{\mathcal{T}}L^\mu$ et ${}_{\mathcal{T}'}L^\mu$ correspondants sont μ indistinguables, pour toute $\mu\in M_{\hat{\Omega}}$.

$$\text{Si}\quad \mathcal{G}_t = \begin{cases} \mathcal{F}^\circ_t \\ \underline{\underline{F}}^\circ_t \end{cases} ,\ \text{on note : } L^\mu_t(\omega;d\omega') = \begin{cases} \mathcal{K}^\mu_t(\omega;d\omega') \\ K^\mu_t(\omega;d\omega') \end{cases} .$$

Les processus de prédiction sont définis à partir des noyaux de projection optionnelle au moyen de :

$$\forall\ U\in b(\mathcal{F}^\circ_\infty)\ ,\quad \begin{matrix} \mathcal{Z}^\mu_t(\omega;U) = \mathcal{K}^\mu_t(\omega;U\circ\theta_t) \\ Z^\mu_t(\omega;U) = K^\mu_t(\omega;U\circ\theta_t) \end{matrix} .$$

La terminologie suivante est très intuitive : le processus $\mathcal{Z}$ est le processus de prédiction relatif à $\underline{X}=(X,Y)$, c'est-à-dire le processus de prédiction du futur de $\underline{X}$, lorsque son passé est connu ; de la même façon, le processus Z est le processus de prédiction de $\underline{X}$ par rapport à Y .

Ces processus possèdent les propriétés suivantes d'homogénéité :

THEOREME 2. - <u>Soit</u> $\mu\in M_{\hat{\Omega}}$ <u>et</u> S <u>temps d'arrêt relatif à la filtration</u> $(\mathcal{F}^\circ_{t+})$ (resp : $\underline{\underline{F}}^\circ_{t+}$) . <u>On a alors</u> :

$$(1)\ \mathcal{Z}^\mu_{t+S}(\omega) \underset{\mu}{=} \mathcal{Z}_t^{\mathcal{Z}^\mu_S(\omega)}(\theta_S\omega)\ ;\ (1')\ Z^\mu_{t+S}(\omega) \underset{\mu}{=} Z_t^{Z^\mu_S(\omega)}(\theta_S\omega)\ .$$

<u>Démonstration</u> : Montrons par exemple (1'), pour t fixé (l'indistinguabilité est ensuite obtenue comme en [13], théorème 2). Les deux membres de (1') sont $\underline{\underline{F}}^\circ_{(t+S)+}$ mesurables : le membre de gauche l'est par construction ; d'autre part, d'après i), pour tout $\varepsilon>0$, le membre de droite est $\underline{\underline{F}}^\circ_{S^+}\vee\theta_S^{-1}(\underline{\underline{F}}^\circ_{t+\varepsilon})$ mesurable ; or, $\underline{\underline{F}}^\circ_{S^+}\vee\theta_S^{-1}(\underline{\underline{F}}^\circ_{t+\varepsilon})\subset\underline{\underline{F}}^\circ_{(t+S+\varepsilon)^+}$, et donc le membre de gauche est $\underline{\underline{F}}^\circ_{(t+S)^+}$ mesurable. Il suffit donc de montrer que pour tout

$U \in b(\underline{\underline{F}}^{\circ}_{(t+S)^+})$ et $f \in b(\mathcal{F}^{\circ}_{\infty})$, on a : $\mu[U\, Z^{\mu}_{t+S}(f)] = \mu[U\, Z_t^{Z^{\mu}_S}(\theta_S, f)]$.

Avec les notations du théorème 1, le membre de droite est égal à

$$\mu[\widetilde{U}(\omega;\theta_S\omega)\, Z_t^{Z^{\mu}_S(\omega)}(\theta_S\omega;f)]$$

$$= \mu[Z^{\mu}_S\{\omega;\widetilde{U}(\omega;.)\, Z_t^{Z^{\mu}_S(\omega)}(.;f)\}] \quad \text{d'après iv)}$$

$$= \mu[Z^{\mu}_S\{\omega;\widetilde{U}(\omega;)f\circ\theta_t\}] \quad \text{(d'après 3), théorème 1)}$$

$$= \mu[U(\omega)f(\theta_{t+S}\omega)] = \mu[U\, Z^{\mu}_{t+S}(f)] .$$

On en déduit le théorème principal de la théorie de F. Knight ([8],[12]).

THEOREME 3. - La formule $\mathcal{J}_t(\mu,A) = \mu\{\omega|\mathcal{Z}^{\mu}_t(\omega)\in A\}$ définit un semi-groupe sur $M_{\hat{\Omega}} \times \mathcal{M}_{\hat{\Omega}}$, borélien, markovien sur $M^1_{\Omega} = M_{\Omega}\setminus\{0\}$. De plus, pour toute loi μ , le processus $\mathcal{Z}^{\mu}$ est fortement markovien relativement à la filtration $(\mathcal{F}^{\circ}_{t+})$ et à ses temps d'arrêt, et admet le semi-groupe $\mathcal{J}_t$ pour semi-groupe de transition :

(2) $\forall\, t\geq 0$, $\forall\, S$ t.a de $\mathcal{F}^{\circ}_{t+}$, $\forall\, A \in_{\hat{\Omega}}$, $\mu[\mathcal{Z}^{\mu}_{S+t}\in A|\mathcal{F}^{\circ}_{S^+}] = \mathcal{J}_t(\mathcal{Z}^{\mu}_S;A)\ \mu\,ps$.

Le même résultat est valable pour (Z^{μ}_t) relativement à la filtration $\underline{\underline{F}}^{\circ}_{t+})$, avec le semi-groupe $J_t(\mu,A) = \mu\{\omega|Z^{\mu}_t(\omega)\in A\}$.

Démonstration : Il suffit de montrer (2) ; or, d'après la formule (1) (théorème 2) et iv), on a :

$$\mu[\mathcal{Z}^{\mu}_{t+S}\in A|\mathcal{F}^{\circ}_{S^+}] = \mathcal{Z}^{\mu}_S(\omega)[\mathcal{Z}_t^{\mathcal{Z}^{\mu}_S(\omega)}\in A]\ (\mu ps)$$

$$= \mathcal{J}_t(\mathcal{Z}^{\mu}_S(\omega);A) .$$

1.3. Processus de filtrage de X par rapport à Y.

On obtient facilement le processus de filtrage (non markovien) π du processus X par rapport à Y à partir des constructions précédentes. Notons

$$\zeta = \mathrm{Inf}(t \mid X_t \notin E_o) , \; \bar{\zeta} = \mathrm{Inf}(t \mid Y_t \notin F_o) .$$

PROPOSITION 3. - On munit $M_E = \mathcal{M}_+^1(E,\mathcal{E}) \cup \{0\}$ de la topologie de la convergence étroite et de la tribu borélienne $\mathcal{M}_E$.

Il existe une application $\pi : \begin{array}{l} M_{\hat{\Omega}} \times R_+ \times \hat{\Omega} \to M_E \\ (\mu,t,\omega) \longrightarrow \pi_t^\mu(\omega;dx) \end{array}$

vérifiant : j) π est $\mathcal{M}_{\hat{\Omega}} \otimes \mathcal{B}(R_+) \otimes \bar{\underline{\underline{F}}}^{\circ}_{\infty}/\mathcal{M}_E$ mesurable ; de plus, pour tout $t \geq 0$, et tout $\varepsilon > 0$, l'application $\pi_t : (\mu,\omega) \to \pi_t^\mu(\omega,dx)$ est $\mathcal{M}_{\hat{\Omega}} \otimes \bar{\underline{\underline{F}}}^{\circ}_{t+\varepsilon}/\mathcal{M}_E$ mesurable

jj) pour toute loi $\mu \in M_{\hat{\Omega}}$, et $f \in b(\mathcal{E})$, le processus $\pi_t^\mu(f)$ est une $(\mu, \bar{\underline{\underline{F}}}^{\circ}_{t+})$ projection optionnelle de $(f \circ X_t , t \geq 0)$

jjj) pour toute loi $\mu \in M_{\hat{\Omega}}$, μps, le processus $\pi_t^\mu(\omega;dx)$ est étroitement continu à droite (resp : continu à droite et limité à gauche si X est continu à droite, et limité à gauche, ou continu)

jv) pour toute loi $\mu \in M_{\hat{\Omega}}$, telle que $\zeta = \bar{\zeta}$ μps, on a :

$$\pi_t^\mu(1_{E_o}) \underset{\mu}{=} 1_{(t<\bar{\zeta})} .$$

Démonstration : Définissons π^μ par l'identité :

$$\forall f \in b(\mathcal{E}) , \; \pi_t^\mu(\omega,f) \equiv \dot{Z}_t^\mu(\omega;f(X_o)) \equiv K_t^\mu(\omega;f(X_t))$$

j) et jj) découlent respectivement de i) et iii) appliqués au processus K^μ Soit $f \in C_b(E)$. Le processus $\pi_t^\mu(\omega;f)$ -projection optionnelle de $f \circ X_t$- est alors μps continu à droite (resp : cadlag) si X l'est (resp : est cadlag ou continu). jjj) découle alors de la séparabilité de $C_b(E)$.

jv) est une conséquence de $1_{E_o}(X_t) = 1_{(t<\bar{\zeta})}$ μ ps, et $\bar{\zeta}$ est un $\underline{\underline{\bar{F}}}^{o}_{t+}$ temps d'arrêt.

PROPOSITION 4. - Soit S temps d'arrêt pour la filtration $(\underline{\underline{\bar{F}}}^{o}_{t+})$. Pour toute loi $\mu \in M_{\hat{\Omega}}$, on a : (3) $\pi^{\mu}_{t+S}(\omega) \underset{\mu}{=} \pi_t^{Z^{\mu}_S(\omega)}(\theta_S\omega)$.

Démonstration : D'après la formule (1') du théorème 2, on a :

$$\forall\, g \in b(\mathcal{E}) \;,\; \pi^{\mu}_{t+S}(\omega;g) \equiv Z^{\mu}_{t+S}(\omega;g(X_o)) \underset{\mu}{=} Z_t^{Z^{\mu}_S(\omega)}(\theta_S\omega;g(X_o))$$

$$= \pi_t^{Z^{\mu}_S(\omega)}(\theta_S\omega;g)\;.$$

La séparabilité de $\mathcal{E}$ entraîne le résultat.

Remarque 2 : On aurait pu définir de la même façon le processus de filtrage π de n'importe quel processus H - qui soit homogène pour θ, c'est-à-dire : $H_s \circ \theta_t \equiv H_{s+t}$ - à valeurs dans un bon espace d'états, et la proposition 4 restait valable. En particulier, considérons sur l'espace Ω^h_E le processus $Y = X$, et

$$H : \begin{array}{l} \Omega^h_E \times R_+ \to \Omega^h_E \\ (\omega,t) \to \theta_t\omega \end{array}$$

. Le processus de prédiction de X est alors le processus de filtrage de $H = \theta$ par rapport à X. Inversement, on vient de montrer sur $\hat{\Omega}$ que le processus de filtrage de X par rapport à Y se déduisait facilement du processus de prédiction de X par rapport à Y. Donc, quitte à changer de processus, et d'espaces d'états, ces deux théories[(1)] n'en font qu'une seule.

1.4. Noyau multiplicatif de X par rapport à Y.

Rappelons que la théorie des noyaux multiplicatifs a été développée dans le cadre des processus subordonnés par J. Jacod [7] et également P.A. Meyer [11]. En [11], E et F sont deux espaces métriques compacts, auxquels on adjoint ∂ et $\bar{\partial}$; soit $\varphi : E \to F$ continue. (P_t) et $(\bar{P}_t)$ sont deux semi-groupes de Ray markoviens sur E et F respectivement, admettant ∂ et $\bar{\partial}$ comme points absorbants. On suppose que (P_t) est "au-dessus" de $(\bar{P}_t)$,

(1) les théories du filtrage et de la prédiction.

c'est-à-dire :

$$\forall f \in b(\bar{\mathcal{E}}) \ , \ \forall x \in E \ , \ P_t(x;f\circ\varphi) = \bar{P}_t(\varphi(x);f) \ .$$

Ceci entraîne que si $(P_x, x\in E)$ désignent les lois de la réalisation canonique de (P_t) sur Ω_E^h, le processus $(Y = \varphi\circ X\,;\,\theta_t\,;\,P_x)$ est markovien pour ses propres tribus, de semi-groupe $\bar{P}_t$. Le noyau multiplicatif $q_t^x(\omega;dy)$ est alors une bonne version de la loi conditionnelle de X_t sous P_x, par rapport à $\underline{\underline{F}}^\circ_\infty$.

On examinera, au cours de l'article, les différences entre cette situation et celle dans laquelle on travaille (voir en particulier 2-3).

Bien que les hypothèses de ces articles ([7] et [11]) ne soient pas vérifiées ici, on peut néanmoins définir un noyau ayant des propriétés voisines de celles de (q_t^x), décrites en [7] et [11].

PROPOSITION 5. - *Il existe une application* $q : M_{\hat{\Omega}} \times R_+ \times \hat{\Omega} \to M_E$

$$(\mu\,,\,t\,,\,\omega) \to q_t^\mu(\omega)$$

vérifiant : k) q *est* $\mathcal{M}_{\hat{\Omega}} \otimes \mathcal{B}(R_+) \otimes \underline{\underline{F}}^\circ_\infty / \mathcal{M}_E$ *mesurable* -

kk) *pour toute loi* $\mu\in M_{\hat{\Omega}}$, *le processus* $q_\bullet^\mu(\omega)$ *est étroitement continu à droite* -

kkk) *pour toute* $f\in b(\mathcal{E})$, $q_t^\mu(\omega;f) = \mu\{f(X_t)/\underline{\underline{F}}^\circ_\infty\}\ \mu\,ps$ -

kv) *pour toute loi* $\mu\in M_{\hat{\Omega}}$ *telle que* $\zeta = \bar{\zeta}\ \mu\,ps$, $q_t^\mu(\omega;1_{E_0}) \underset{\mu}{=} 1_{(\bar{\zeta}>t)}$.

Démonstration : Il suffit de prendre $q_t^\mu(\omega;f) \equiv N^\mu(\omega;f(X_t))$, l'application N ayant été définie dans la proposition 2, où l'on pose $\mathcal{G} = \underline{\underline{F}}^\circ_\infty$ □

On exhibe maintenant une relation multiplicative vérifiée par q (mais, on n'a fait jusqu'ici aucune hypothèse de Markov).

PROPOSITION 6. - *Soit* $g\in b(\mathcal{F}^\circ_\infty)$ *et* $\mu\in M_{\hat{\Omega}}$.

1) *Si* T *est un temps d'arrêt des tribus* $\mathcal{F}^\circ_{t+}$, *on a* :

$$\mu[g\circ\theta_T/\mathcal{F}^\circ_{T+}\vee\bar{\underline{F}}^\circ_\infty] = N^{\mathcal{Z}^\mu_T(\omega)}(\theta_T\omega;g)(\mu\,ps)\,.$$

2) <u>Si</u> T <u>est un temps d'arrêt des tribus</u> $\bar{\underline{F}}^\circ_{t+}$, <u>on a</u> :

$$q^\mu_{t+T(\omega)}(\omega;dy) \underset{\mu}{=} \int N^\mu(\omega;d\omega')q_t^{\mathcal{Z}^\mu_T(\omega)(\omega')}(\theta_T\omega;dy)\,.$$

<u>Démonstration</u> : Montrons tout d'abord l'identité suivante, pour T temps d'arrêt de $(\mathcal{F}^\circ_{t+})$

$$\mathcal{F}^\circ_{T+}\vee\bar{\underline{F}}^\circ_\infty = \mathcal{F}^\circ_{T+}\vee\theta_T^{-1}(\bar{\underline{F}}^\circ_\infty)\,.$$

D'après la continuité à droite de Y , on a, pour tout $u\geq 0$:

$$Y_{u+T} = \lim_{n\to\infty}\sum_k Y_{(u+\frac{k+1}{2^n})}\,1_{(\frac{k}{2^n}\leq T<\frac{k+1}{2^n})} \quad \text{sur } (T<\infty)\,.$$

Ceci entraîne facilement $\theta_T^{-1}(\bar{\underline{F}}^\circ_\infty)\subset\mathcal{F}^\circ_{T+}\vee\bar{\underline{F}}^\circ_\infty$. Inversement, il suffit de montrer que $U(\omega)=\int_0^\infty e^{-\alpha u}f(Y_u(\omega))\,du$ $(\alpha>0, f\in C_b(F)$ est mesurable par rapport à $\mathcal{F}^\circ_{T+}\vee\theta_T^{-1}(\bar{\underline{F}}^\circ_\infty)$; une légère modification de la démonstration du lemme 1 donne ce résultat.

Pour obtenir 1), il suffit alors de montrer, que pour $f\in b(\mathcal{F}^\circ_{T+})$, $h\in b(\bar{\underline{F}}^\circ_\infty)$, et $g\in b(\mathcal{F}^\circ_\infty)$, on a :

$$\mu[f\;h\circ\theta_T\;g\circ\theta_T\;1_{(T<\infty)}] = \mu[f\;h\circ\theta_T\;N^{\mathcal{Z}^\mu_T}(\theta_T;g)\;1_{(T<\infty)}]\,.$$

Or, le membre de droite est égal à :

$$\mu[f(\omega)\,\mathcal{Z}^\mu_T(\omega)[h\,N^{\mathcal{Z}^\mu_T(\omega)}(.;g)]\,1_{(T<\infty)}]$$

$$=\mu[f(\omega)\,\mathcal{Z}^\mu_T(\omega)[hg]\,1_{(T<\infty)}] \qquad \text{(par définition de N)}$$

$$=\mu[f(gh)\circ\theta_T\,1_{(T<\infty)}] \qquad \text{(par définition de } \mathcal{Z}\text{)}\,.$$

Montrons maintenant 2) ; soit $g \in b(\mathcal{E})$; on a :

$$q^{\mu}_{t+T}(\omega;g) = \mu[g(X_{t+T})/\bar{\underline{F}}^{\circ}_{\infty}] \ \mu\,ps$$

$$= \mu[g(X_{t+T})/\mathcal{F}^{\circ}_{T+} \vee \bar{\underline{F}}^{\circ}_{\infty}/\bar{\underline{F}}^{\circ}_{\infty}] \ \mu\,ps$$

$$= \mu[N^{\mathcal{J}^{\mu}_{T}}(\theta_T;g(X_t))/\bar{\underline{F}}^{\circ}_{\infty}] \qquad \text{(d'après 1))}$$

$$= \int N^{\mu}(\omega;d\omega')\, q_t^{\mathcal{J}^{\mu}_{T(\omega)}(\omega')}(\theta_T\omega';g)$$

$$= \int N^{\mu}(\omega;d\omega')\, q_t^{\mathcal{J}^{\mu}_{T(\omega)}(\omega')}(\theta_T\,\omega;g)(\mu\,ps)$$

La dernière égalité, où l'on a remplacé certains ω' par ω découle de la fin de la proposition 2.

2. PREDICTION ET FILTRAGE POUR UN PROCESSUS A ACCROISSEMENTS SEMI-MARKOVIENS.

2.1. Définition et exemples de processus à accroissements semi-markoviens.

Dans la situation classique du filtrage markovien ([9]) (décrite dans l'exemple 1 ci-dessous), le couple $\underline{X} = (X,Y)$ constitué du processus de signal X et du processus d'observation Y satisfait aux propriétés suivantes :

DEFINITION 1. - On appelle processus à accroissements semi-markoviens tout objet $\underline{X} = (\Omega,\mathcal{F},\mathcal{F}_t,(X_t,Y_t)_{t\geq 0},\theta_t,P_x)$ tel que :

1) $X = (\Omega,\mathcal{F},\mathcal{F}_t,X_t,\theta_t,P_x)$ est un processus de Markov standard [(1)] à valeurs dans $E = E_o \cup \{\partial\}$, absorbé en ∂ au temps ζ.

2) le processus $Y = (Y_t, t\geq 0)$ est une fonctionnelle additive parfaite, adaptée aux tribus $\mathcal{F}_t$, continue à droite et limitée à gauche à valeurs dans $F = \mathbb{R}^m \cup \{\infty\}$; en outre, $Y_o = 0$, $Y_t = Y_\zeta$ pour $t \geq \zeta$.

3) pour tout $t\geq 0$, pour tout temps d'arrêt T des tribus $(\mathcal{F}_t)$, on a :

---

(1) pour fixer les idées.

$\forall A \in \mathcal{E}$, $\forall B \in \bar{\mathcal{E}}$, $\quad P_x[X_{t+T} \in A ; Y_{t+T} - Y_T \in B | \mathcal{F}_T]$

$$= P_{X_T}(X_t \in A ; Y_t \in B) \quad P_x \text{ps}$$

et pour tout $t \geq 0$, l'application $x \to P_x(X_t \in A) ; Y_t \in B)$ est $\mathcal{E}$ mesurable.

Les processus à accroissements semi-markoviens ont été étudiés extensivement par E. Cinlar ([1]). On remarquera, à l'aide des exemples suivants que l'on ne peut pas comparer a priori les tribus $\mathcal{F}_t^X = \bigcap_{\nu \in M_E^1} (\sigma(X_s, s \leq t) \vee \mathcal{N}^\nu)$ et $\mathcal{F}_t^Y = \bigcap_{\nu \in M_E^1} (\sigma(Y_s, s \leq t) \vee \mathcal{N}^\nu)$.

Exemple 1 : Considérons sur Ω_E^h la réalisation d'un processus de Markov standard, c'est-à-dire les lois $(P_x, x \in E)$, pour lequel $\zeta = \infty$ ps . Soit sur $C^0(\mathbb{R}_+ ; \mathbb{R}^n) = \{\omega : \mathbb{R}_+ \to \mathbb{R}^n$, continue ; $\omega(0) = 0\}$ la mesure de Wiener W du mouvement brownien $(B_t, t \geq 0)$ à valeurs dans $\mathbb{R}^n$. Soit $h : (E, \mathcal{E}) \to (\mathbb{R}^n, \mathcal{B}(\mathbb{R}^n))$ bornée.

On définit sur $\mathcal{W} = \Omega_E^h \times C^0(\mathbb{R}_+, \mathbb{R}^n)$ le processus d'observation $Y_t = \int_0^t h(X_s) ds + B_t$, les lois $\mathbb{P}_x = P_x \otimes W$, les opérateurs (θ_t) suivants : $X_s(\theta_t \omega) = X_{s+t}(\omega)$; $B_s(\theta_t \omega) = B_{s+t}(\omega) - B_t(\omega)$ et enfin les tribus

$$\mathcal{F}_t^\circ = \sigma(X_s, Y_s ; s \leq t)$$

$$\mathcal{F}_t = \bigcap_{\nu \in M_E^1} (\mathcal{F}_t^\circ \vee \mathcal{N}^{\mathbb{P}_\nu}) .$$

Il est alors facile de démontrer, à l'aide de l'indépendance de X et B que $\underline{\underline{X}} = (\mathcal{W}, \mathcal{F}_\infty, \mathcal{F}_t, (X_t, Y_t)_{t \geq 0}, \theta_t, \mathbb{P}_x)$ est un processus à accroissements semi-markoviens.

Exemple 2 : $\underline{\underline{X}} = (X, Y)$ est le couple formé par un processus de Markov standard $X = (\Omega, \mathcal{F}, \mathcal{F}_t, X_t, \theta_t, P_x)$, et Y fonctionnelle additive de X vérifiant les conditions de 2) (définition 1), non forcément positive, nulle en 0 , $\mathcal{F}_t^X$ adaptée.

Exemple 3 : Les équations différentielles stochastiques donnent des exemples de processus à accroissements semi-markoviens pour lesquels $\mathcal{F}_t^X \subset \mathcal{F}_t^Y$.

On note $\mathcal{W} = C(R_+, R^n) \times C^0(R_+, R^n)$.

Posons
$$\omega = (\omega', \omega'')\ ;\ X_t(\omega) = \omega(t)\ ;\ Y_t(\omega) = \omega''(t) \quad \text{et}$$
$$(\theta_t\omega(s) = (\omega'(t+s)\ ;\ \omega''(t+s) - \omega''(t))\ .$$

Rappelons les définitions suivantes, dues à Yamada et Watanabé ([15]) :

α) on appelle solution de $e_{(\sigma,b)} : dX_t = \sigma(X_t)dB_t + b(X_t)dt$, où $\sigma : R^n \to \mathcal{M}_{n,n}(R^n)$, $b : R^n \to R^n$ sont des fonctions boréliennes, tout $\mathcal{X} = (\Omega, \mathcal{B}, \mathcal{B}_t, (X_t, B_t), P)$ où $(B_t, t \geq 0)$ est un $\mathcal{B}_t$ mouvement brownien pour P et (X_t, B_t) vérifie $e_{(\sigma,b)}$.

β) on dit qu'il y a unicité trajectorielle de $e_{(\sigma,b)}$ si $\mathcal{X} = (X_t, B_t)$ et $\mathcal{X}' = (X_t', B_t)$ étant deux solutions de $e_{(\sigma,b)}$ définies sur le même espace, avec la même seconde composante, et $X_0 = X_0'$, vérifient $X_t \underset{P}{=} X_t'$.

γ) on dit qu'il y a unicité en loi de $e_{(\sigma,b)}$ si, pour tout $x \in R^n$, deux solutions $\mathcal{X} = (X_t, B_t)$ et $\mathcal{X}' = (X_t', B_t')$ de $e_{(\sigma,b)}$ avec $X_0' = X_0 = x$ ont même loi sur $\mathcal{W}$, muni de la tribu $\mathcal{B}_{\mathcal{W}} = \sigma(X_s, Y_s, s \in R_+)$.

Bien que Yamada et Watanabé ne s'intéressent pour l'unicité en loi qu'à la loi de $(X_t, t \geq 0)$, ils démontrent dans la proposition 1 de [15] que l'unicité trajectorielle entraîne l'unicité en loi ($\beta) \Rightarrow \gamma)$). On note alors $\mathbb{P}_x$ la loi d'une quelconque solution de $e_{(\sigma,b)}$ telle que $X_0 = x$, sur $(\mathcal{W}, \mathcal{B}_{\mathcal{W}})$. D'après le corollaire 1 de [15], s'il y a unicité trajectorielle de $e_{(\sigma,b)}$, on a $\mathcal{F}_t^X \subset \mathcal{F}_t^Y$. Enfin, on peut énoncer la proposition 2 de [15] de la façon suivante :

PROPOSITION 7. – <u>Supposons que pour tout</u> $x \in R^n$, <u>il y ait unicité en loi.</u> <u>Si l'application</u> $x \to \mathbb{P}_x(\Gamma)$ <u>est universellement mesurable pour</u> $\Gamma \in \mathcal{B}_{\mathcal{W}}$, <u>alors</u> $\underline{X} = (\mathcal{W}, \mathcal{F}_\infty, \mathcal{F}_t, X_t, Y_t, \theta_t, \mathbb{P}_x)$ <u>est un processus à accroissements semi-markoviens,</u>

où $\mathcal{F}_t = \bigcap_{\nu \in M^1_{\mathbb{R}^n}} (\mathcal{F}^\circ_t \vee \mathcal{N}^{\mathbb{P}_\nu})$.

On pourrait encore développer de nombreux exemples liés à des questions de changement de temps, temps locaux, et systèmes régénératifs : en résumé, on peut donc souligner que les processus à accroissements semi-markoviens interviennent très souvent en théorie des processus de Markov.

2.2. Processus de filtrage et noyau multiplicatif associés à un processus à accroissements semi-markoviens.

Remarquons que dans les études faites jusqu'à présent sur les processus à accroissements semi-markoviens ([1], par exemple), c'est principalement le conditionnement de Y quand $\mathcal{F}^\circ_\infty(X) = \sigma(X_s, s \in \mathbb{R}_+)$ qui est considéré ; le résultat essentiel dans cette direction est le suivant : si P_ω désigne une désintégration régulière des lois P_x quand $\mathcal{F}^\circ_\infty(X)$, alors P_x ps, le processus Y est sous P_ω un processus à accroissements indépendants (non homogène) ([1], théorème 2.22).

Au contraire, le processus de filtrage et le noyau multiplicatif apparaissent lorsque l'on considère le conditionnement de X par rapport à Y : on reprend les notations de 1.1 sur $\hat{\Omega}$; supposons que

$$\underline{X} = (\hat{\Omega}, \mathcal{F}_\infty, \mathcal{F}_t, (X_t, Y_t)_{t \geq 0}, \theta_t, P_x)$$

soit un processus à accroissements semi-markoviens, les tribus $(\mathcal{F}_t)$ étant continues à droite, $(\mathcal{F}^\circ_\infty, P_x)$ complètes, et contenant $\mathcal{F}^\circ_t$ (donc $\mathcal{F}^\circ_{t+}$). On peut alors écrire la propriété de Markov énoncée dans la définition 1 de la façon suivante : pour tout T temps d'arrêt des tribus $\mathcal{F}^\circ_{t+}$, et $t \geq 0$,

$$P_x[X_t \circ \theta_T \in A ; Y_t \circ \theta_T \in B \,|\, \mathcal{F}^\circ_{T+}] = E_{X_T}(X_t \in A ; Y_t \in B)\, P_x \text{ ps} .$$

D'après le théorème de classe monotone, on en déduit :

$$\left.\begin{array}{l} \forall\, H \in b(\mathcal{F}^\circ_\infty) \\ \forall\, T \text{ temps d'arrêt de } (\mathcal{F}^\circ_{t+}) \end{array}\right\} , \quad E_x[H \circ \theta_T \,|\, \mathcal{F}^\circ_{T+}] = E_{X_T}(H)\, P_x \text{ ps} .$$

Les seules mesures $\mu \in M_{\hat{\Omega}}$ considérées dorénavant sont les mesures $(P_\nu, \nu \in M_E^1)$. On adopte la convention suivante : si $\mu = P_\nu$, toute notation $n(\mu,.)$ définie au paragraphe 1 devient $n(\nu,.)$; de plus, si $\nu = \varepsilon_x$, $n(\nu,.) = n(x,.)$.

Explicitons tout d'abord dans ce cadre les processus de prédiction que l'on a introduits :

PROPOSITION 8. - Soit $\nu \in M_E^1$; Alors,

1) les processus $\mathcal{Z}^\nu_\cdot$ et $P_{X_\cdot}$ sont P_ν indistinguables.

2) les processus $Z^\nu_\cdot$ et $P_{\pi^\nu_\cdot}$ sont P_ν indistinguables.

Démonstration : D'après le théorème de section, il suffit de vérifier que pour $H \in b(\mathcal{F}^\circ_\infty)$, et T temps d'arrêt de $\mathcal{F}^\circ_{t+}$, on a :

$$\mathcal{Z}^\nu_T(H) = P_{X_T}(H) \quad P_\nu \text{ ps sur } (T<\infty) .$$

Cette égalité est réalisée, car les deux membres sont des versions de $E_\nu[H \circ \theta_T | \mathcal{F}^\circ_{T+}]$ (pour le membre de droite, cela découle de la continuité à droite des tribus définitives $\mathcal{F}_t$, qui entraîne $\mathcal{F}^\circ_{T+} \subset \mathcal{F}_T$, et de la propriété de Markov forte).

- pour obtenir 2), remarquons que si T est un $\underline{\underline{F}}^\circ_{t+}$ temps d'arrêt, c'est aussi un $\mathcal{F}^\circ_{t+}$ temps d'arrêt, et $\underline{\underline{F}}^\circ_{T+} \subset \mathcal{F}_T$; on a donc, pour $H \in b(\mathcal{F}^\circ_\infty)$,

$$E_\nu[H \circ \theta_T | \underline{\underline{F}}^\circ_{T+}] = E_\nu[E_{X_T}(H) | \underline{\underline{F}}^\circ_{T+}] \quad P_\nu \text{ps sur } (T<\infty) .$$

Or, par définition du processus π^ν, on a : $\forall f \in b(\mathcal{E}), \pi^\nu_T(f) = E_\nu[f(X_T) | \underline{\underline{F}}^\circ_{T+}]$ sur $(T<\infty)$ $P_\nu$ps, et donc $E_\nu[H \circ \theta_T | \underline{\underline{F}}^\circ_{T+}] = E_{\pi^\nu_T}(H)$ $P_\nu$ps sur $(T<\infty)$. Le théorème de section optionnel entraîne alors 2) □

On déduit de cette proposition une relation d'homogénéité pour le processus de filtrage $(\pi^\nu_t, \nu \in M_E, t \geq 0)$, et de multiplicativité pour le noyau $(q^\nu_t, \nu \in M_E, t \geq 0)$: cette seconde relation est formellement identique à celle obtenue en [7] et [11], bien que notre cadre diffère de celui de ces articles (voir 1.4 et 2.3).

PROPOSITION 9. - Soit $\nu \in M_E^1$ et T un $\underline{\underline{F}}^\circ_{t+}$ temps d'arrêt. Alors on a :

$$1)\quad \pi^\nu_{(t+T)}(\omega) \underset{\nu}{=} \pi_t^{\pi^\nu_T(\omega)}(\theta_T\omega)$$

$$2)\quad q^\nu_{t+T}(\omega;dy) \underset{\nu}{=} \int q^\nu_T(\omega;dz)\, q^z_t(\theta_T\omega;dy)\ .$$

Démonstration : - D'après la proposition 4, on a : $\pi^\nu_{t+T}(\omega) \underset{\nu}{=} \pi_t^{Z^\nu_T(\omega)}(\theta_T\omega)$

1) découle alors de la proposition précédente.

- on obtient de même 2) à partir de la relation obtenue dans la proposition 6), et de la proposition précédente □

On déduit de la relation d'homogénéïté vérifiée par le processus de filtrage le :

THEOREME 4. - La formule $Q_t(\nu,\Gamma) = P_\nu[\pi^\nu_t \in \Gamma]$ définit un semi-groupe sur $M_E \times \mathcal{M}_E$, borélien, markovien sur M_E^1.

De plus, pour toute loi ν, le processus π^ν est fortement markovien, relativement à la filtration $(\underline{\underline{F}}^\circ_{t+})$ et à ses temps d'arrêt, et admet le semi-groupe $(Q_t, t \geq 0)$ pour semi-groupe de transition :

$$\forall\, t \geq 0,\ \forall\, T \text{ t.a de } \underline{\underline{F}}^\circ_{t+},\ \forall\, \Gamma \in \mathcal{M}_E \qquad P_\nu[\pi^\nu_{t+T} \in \Gamma | \mathcal{F}^\circ_{T+}] = Q_t(\pi^\nu_T(\omega);\Gamma)\ P_\nu \text{ ps}.$$

Démonstration : rappelons que $Z^\nu_t \underset{\nu}{=} P_{\pi^\nu_t}$ (proposition 8).

D'après la relation d'homogénéïté vérifiée par π^ν (proposition 9), on a donc :

$$P_\nu[\pi^\nu_{t+T} \in \Gamma | \underline{\underline{F}}^\circ_{T+}] = P_{\pi^\nu_T(\omega)}[\pi_t^{\pi^\nu_T(\omega)} \in \Gamma]$$

$$= Q_t(\pi^\nu_T(\omega);\Gamma)$$

P_ν ps sur $(T < \infty)$.

La propriété de Markov simple entraîne que $(Q_t, t \geq 0)$ est un semi-groupe.

Il est borélien d'après la $\mathcal{M}_E \otimes \underline{\underline{F}}^\circ_{t+\varepsilon}/\mathcal{M}_E$ mesurabilité de $(\nu,\omega) \to \pi^\nu_t(\omega)$, qui découle de la proposition 3, j) □

En théorie classique du filtrage ([9], par exemple), le processus π_t défini par $\pi_t(\omega) = \pi_t^{X_o(\omega)}(\omega)$ pour les mesures $(P_x, x \in E)$ (et donc pour les mesures $(P_\nu, \nu \in M^1_E)$) joue également un rôle important : c'est le processus de filtrage du signal X par rapport à l'observation Y lorsque le signal X_o est connu.

Notons $\overline{\underline{\underline{F}}}^\circ_t = \sigma(X_o) \vee \underline{\underline{F}}^\circ_t$. D'après la proposition 3, j), le processus π_t est $\overline{\underline{\underline{F}}}^\circ_{t+}$ mesurable. On déduit alors du théorème 4, et de l'égalité $P_\nu = \int \nu(dx) P_x$ le :

COROLLAIRE. - <u>Le processus</u> $\pi = (\Omega, \overline{\underline{\underline{F}}}^\circ_\infty, \overline{\underline{\underline{F}}}^\circ_{t+}, \pi_t, P_\nu)$ <u>est un processus fortement markovien, de semi-groupe</u> Q_t.

<u>De plus, il vérifie</u> : - $\pi_o = \varepsilon_{X_o}$ $P_\nu$ps, $\forall \nu$

- <u>pour toute mesure</u> $\nu \in M^1_E$, <u>le processus</u> $\pi_\cdot(\omega)$ <u>est</u> $P_\nu$ps <u>continu à droite (et limité à gauche si</u> X <u>l'est)</u>.

En s'inspirant du travail de H. Kunita ([9]), on obtient les relations de domination suivantes entre les semi-groupes (P_t) et (Q_t) : ces relations sont importantes dans le cadre de [9] pour l'étude des mesures invariantes de (Q_t).

PROPOSITION 10. - <u>On note</u> $\prec$ <u>la relation définie sur l'ensemble</u> $M^1_{M^1_E}$ <u>des probabilités sur</u> $(M^1_E, \mathcal{M}^1_E)$ <u>par</u>

$$(p \prec q) \Longleftrightarrow \text{pour toute } F : M^1_E \to \mathbb{R}, \text{ convexe, continue, bornée, } p(F) \leq q(F).$$

<u>Les semi-groupes</u> (P_t) <u>et</u> (Q_t) <u>satisfont aux relations suivantes</u> :

1) <u>pour toute</u> $\nu \in M^1_E$, $Q_{t+s}(\nu;\cdot) \succ Q_t(\nu P_s;\cdot)$

2) <u>pour toute</u> $\nu \in M^1_E$, $\int \nu P_s(dx) Q_t(\varepsilon_x;\cdot) \succ \int \nu(dx) Q_{t+s}(\varepsilon_x;\cdot)$.

Démonstration : rappelons tout d'abord que $P_{\nu P_s} = \theta_s(P_\nu)$ sur la tribu $\mathcal{F}^\circ_\infty$.

Si l'on définit, pour ν fixée, le processus $\tilde{\pi}^\nu_t(\omega;dy)$ des lois conditionnelles de $(X_{t+s}, t \geq 0)$ quand $\theta_s^{-1}(\bar{\underline{\underline{F}}}^\circ_{t+})$ sous P_ν (à l'aide de la proposition 1 par exemple), on a :

$$\forall\, f \in b(\mathcal{E}) \ , \ \tilde{\pi}^\nu_t(f) = E_\nu[f(X_{t+s}) \mid \theta_s^{-1}(\bar{\underline{\underline{F}}}^\circ_{t+})] P_\nu \, ps$$

et donc (4) $\tilde{\pi}^\nu_t(dy) = E_\nu[\pi^\nu_{t+s}(dy) \mid \theta_s^{-1}(\bar{\underline{\underline{F}}}^\circ_{t+})] P_\nu \, ps$

à l'aide de l'inclusion $\theta_s^{-1}(\bar{\underline{\underline{F}}}^\circ_{t+}) \subset \bar{\underline{\underline{F}}}^\circ_{(t+s)^+}$, et de la séparabilité de $\mathcal{E}$.

Montrons l'égalité $\tilde{\pi}^\nu_t = \pi_t^{\nu P_s} \circ \theta_s \quad (P_\nu ps)$.

Soit $\bar{g}_t \in b(\bar{\underline{\underline{F}}}^\circ_{t+})$ et $f \in b(\mathcal{E})$.

$$E_{\nu P_s}[\pi_t^{\nu P_s}(f)\bar{g}_t] = E_{\nu P_s}[f(X_t)\bar{g}_t]$$

$$= E_\nu[f(X_{t+s})\bar{g}_t \circ \theta_s] \quad \text{(d'après le rappel)}$$

$$= E_\nu[\tilde{\pi}^\nu_t(f)\bar{g}_t \circ \theta_s] \quad \text{d'où le résultat.}$$

Soit $F : M^1_E \to \mathbb{R}$, fonction convexe, continue, bornée.

$$Q_t(\nu P_s;F) = E_{\nu P_s}(F(\pi_t^{\nu P_s}))$$

$$= E_\nu[F(\pi_t^{\nu P_s} \circ \theta_s)] = E_\nu[F(\tilde{\pi}^\nu_t)] \, .$$

D'après (4) et l'inégalité de Jensen généralisée ([9], Lemme 3-1), on a:

$$Q_t(\nu P_s;F) \leq E_\nu[F(\pi^\nu_{t+s})] = Q_{t+s}(\nu;F) \, .$$

- on utilise maintenant les notations précédant le corollaire : on déduira 2) de l'égalité

$$(5) \qquad \pi_{t+s} = E_\nu[\pi_t \circ \theta_s \mid \bar{\bar{\underline{\underline{F}}}}^\circ_{(t+s)^+}] P_\nu \, ps \, .$$

Les variables π_{t+s} et $\pi_t \circ \theta_s$ ne dépendant pas de ν , il suffit de montrer, pour tout $x \in E$,

$$\pi^x_{t+s} = F_x[\pi_t \circ \theta_s | \overline{\overline{F}}^\circ_{(t+s)^+}](P_x ps) .$$

Soit $f(\omega) = \bar{F}(\omega;\theta_s\omega) \in b(\underline{\underline{F}}^\circ_{(t+s)^+})$, où $\bar{F}$ est la fonction définie au théorème 1, pour $S = s$, $T = t$. Si $\varphi \in b(\mathcal{E})$, on a :

$$\begin{aligned}E_x[\bar{F}(\omega;\theta_s\omega)\varphi(X_{t+s})] &= E_x[E_{X_s(\omega)}[\bar{F}(\omega;.)\varphi(X_t)]]\\ &= E_x[E_{X_s(\omega)}[\bar{F}(\omega;.)\pi_t(\varphi)]]\\ &= E_x[\bar{F}(\omega;\theta_s\omega)(\pi_t \circ \theta_s)(\varphi)] .\end{aligned}$$

On en déduit donc $\qquad \pi^x_{t+s} = E_x[\pi_t \circ \theta_s | \underline{\underline{F}}^\circ_{(t+s)^+}] P_x \, ps .$

De même qu'au théorème 2 de [13], on montre que l'application $t \to \pi_t(\theta_s\omega)$ est $P_x ps$ continue à droite ; il est facile de déduire alors de l'égalité précédente, la tribu $\sigma(X_o)$ étant P_x triviale, que :

$$\pi^x_{t+s} = E_x[\pi_t \circ \theta_s | \overline{\overline{F}}^\circ_{(t+s)^+}] P_x \, ps ,$$

d'où l'égalité (5). On a alors :

$$\begin{aligned}\int \nu(dx) Q_{t+s}(\varepsilon_x;F) &= E_\nu[F(\pi_{t+s})]\\ &\leq E_\nu[F(\pi_t \circ \theta_s)]\\ &\leq \int (\nu P_s)(dx)\, Q_t(\varepsilon_x;F) \;\square\end{aligned}$$

On considère à nouveau le noyau multiplicatif $(q^\nu_t, \nu \in M^1_E, t \geq 0)$ (voir 1.4 et la proposition 5). Remarquons que la différence essentielle entre le noyau q et le noyau multiplicatif de Jacod ([7] ou [11]) est que le processus $(q^\nu_t, t \geq 0)$ n'est pas en général adapté aux tribus $(\underline{\underline{F}}^\circ_{t+}, t \geq 0)$ (pour tout t , la variable q^ν_t est seulement $\underline{\underline{F}}^\circ_\infty$ mesurable). On montre qu'une condition nécessaire et suffisante pour qu'il en soit ainsi est que Y soit un processus à accroissements indépendants (non homogène, en général) "au dessous de X" (cette terminologie correspond à celle de [11] dans le cadre des couples markoviens homogènes, que l'on décrit en 2.3).

THEOREME 5. - 1) Supposons que pour toute mesure $\nu \in M_E^1$, on ait $q_0^\nu = \nu P_\nu ps$. La propriété suivante est alors vérifiée :

(6) pour toute $\nu \in M_E^1$ et $\bar{b} \in b(\underline{\underline{F}}_\infty^\circ)$, l'application $x \to E_x(\bar{b})$ est νps constante (et donc égale νps à $E_\nu(\bar{b})$).

De plus, pour toute loi $\nu \in M_E^1$, $Y = (Y_t, t \geq 0)$ est un processus à accroissements indépendants - non homogène. Plus précisément, on a :

(7) pour toute $\nu \in M_E^1$, $\bar{b} \in b(\underline{\underline{F}}_\infty^\circ)$, et T temps d'arrêt de $(\mathcal{F}_t)$,

$$E_\nu[\bar{b} \circ \theta_T | \mathcal{F}_T] = E_{\nu P_T}(\bar{b}) \; P_\nu ps.$$

2) Inversement, si Y vérifie (6) pour toute $\nu \in M_E^1$, les processus q_t^ν et π_t^ν sont P_ν indistinguables et $q_0^\nu = \pi_0^\nu = \nu P_\nu ps$.

Démonstration : 1) L'hypothèse faite entraîne :

$$\left.\begin{array}{l} \forall f \in b(\mathcal{E}),\ \forall \nu \in M_E^1 \\ \forall \bar{b} \in b(\underline{\underline{F}}_\infty^\circ) \end{array}\right. , \int \nu(dx) f(x) E_x(\bar{b}) = \nu(f) E_\nu(\bar{b}) \text{ , d'où (6).}$$

On en déduit
$$\begin{aligned} & P_\nu[E_{X_T}(\bar{b}) = E_{\nu P_T}(\bar{b})] \\ &= \theta_T(P_\nu)[E_{X_0}(\bar{b}) = E_{\nu P_T}(\bar{b})] \\ &= P_{\nu P_T}[E_{X_0}(\bar{b}) = E_{\nu P_T}(\bar{b})] = 1 \text{ pour tout temps d'arrêt} \end{aligned}$$

T de $(\mathcal{F}_t)$. (7) en découle.

Inversement, si Y vérifie (6), il vérifie (7) et donc si $\bar{b}_t \in \underline{\underline{F}}_{t+}^\circ$, $\bar{b} \in \underline{\underline{F}}_\infty^\circ$,

on a :

$$E_\nu[f(X_t)\bar{b}\circ\theta_t\,\bar{b}_t] = E_\nu[f(X_t)\bar{b}_t]E_\nu[\bar{b}\circ\theta_t]$$

$$= E_\nu[\pi_t^\nu(f)\bar{b}_t]E_\nu[\bar{b}\circ\theta_t]$$

$$= E\,[\pi_t^\nu(f)\bar{b}_t\;\bar{b}\circ\theta_t]$$

ce qui entraîne, d'après le lemme 1, $q_t^\nu = \pi_t^\nu$ P_ν ps, et donc la P_ν indistinguabilité de ces deux processus par continuité à droite.

Enfin, $E_\nu[\bar{b}|\bar{\underline{F}}^\circ_{0+}] = E_\nu[\bar{b}]$; la tribu $\bar{\underline{F}}^\circ_{0+}$ est donc P_ν triviale d'où $q_0^\nu = \pi_0^\nu = \nu\ P_\nu$ ps.

Remarques : 3.a. L'hypothèse $q_0^\nu = \nu\,P_\nu$ps faite dans la première partie du théorème 5 est identique à : q_0^ν est $\bar{\underline{F}}^\circ_0 \vee \eta^\nu$ mesurable et est donc plus forte que : q_0^ν est $\bar{\underline{F}}^\circ_{0+} \vee \eta^\nu$ mesurable ($\Leftrightarrow q_0^\nu = \pi_0^\nu P_\nu$ ps). Les probabilités $\nu \in M_E^1$ telles que $P_\nu[\pi_0^\nu \neq \nu] > 0$ (donc, = 1) sont les points de branchement du semi-groupe Q_t défini au théorème 4.

3.b. De (7), on déduit : les processus $\mathcal{Q}^\nu_{\cdot}|_{\bar{\underline{F}}^\circ_\infty}$ et $P_{\nu P_\cdot}|_{\bar{\underline{F}}^\circ_\infty}$ sont P_ν indistinguables.

2.3. Le cas particulier des couples markoviens homogènes.

Les exemples les plus simples de processus à accroissements semi-markoviens sont sans doute constitués par les couples $\underline{X} = (X,Y)$, où X est un processus de Markov (standard) et $Y_t = \int_0^t \varphi(X_s)ds$, avec $\varphi : E \to \bar{R}^n (= F)$ fonction mesurable. Rappelons d'autre part, que, d'après le théorème de Motoo, si Y est une fonctionnelle additive de X positive et continue, absolument continue par rapport à la fonctionnelle $H_t \equiv t$, il existe $\varphi : (E,\mathcal{E}) \to (R_+, \mathcal{B}(R_+))$ telle que $Y_t = \int_0^t \varphi(X_s)ds$, l'égalité ayant lieu à une indistinguabilité près.

Pour de tels couples $\underline{X} = (X,Y)$, l'étude de $\check{X} = (X,\check{Y})$, avec $\check{Y} = \varphi(X)$ est alors tout aussi naturelle que celle de $\underline{X}$.

$\check{X}$ vérifie la propriété de Markov suivante :

pour tout $\mathcal{F}_t$ temps d'arrêt T, pour tout $A \in \mathcal{E}$, $B \in \bar{\mathcal{E}}$

$$(8) \qquad \begin{aligned} & P_\nu[X_{t+T} \in A ; \check{Y}_{t+T} \in B | \mathcal{F}_T] \\ & = P_{X_T}(X_t \in A ; \check{Y}_t \in B) \quad P_\nu ps . \end{aligned}$$

Inversement, soit $X = (\Omega, \mathcal{F}, \mathcal{F}_t, X_t, \theta_t, P_x)$ un processus de Markov (standard), à valeurs dans $E = E_o \cup \{\partial\}$, et $\check{Y}$ un processus (θ_t) homogène $(Y_{s+t} \equiv Y_s \circ \theta_t)$, $\mathcal{F}_t$ adapté, mais qui n'est pas a priori $\mathcal{F}_t^X$ adapté, à valeurs dans $F = F_o \cup \{\check{\partial}\}$ espace métrisable compact. Si l'égalité (8) est vérifiée, on dit que $\check{X} = (X, \check{Y})$ est un couple markovien homogène.
La proposition suivante montre en particulier, qu'en général, on est ramené à la situation du début de ce paragraphe (c'est-à-dire : $\check{Y}$ est $\mathcal{F}_t(X)$ adapté).

PROPOSITION 11. - Soit $\check{X} = (X, \check{Y})$ un couple markovien homogène. On suppose de plus que :

1) le processus $\check{Y}$ est ps continu à droite

2) les processus X et $\check{Y}$ ont presque sûrement même durée de vie pour toute $\nu \in M_E^1$

3) l'application $x \to P_x(\check{Y}_o \in B)$ est $\mathcal{E}$ mesurable, pour tout $B \in \bar{\mathcal{E}}$.

Il existe alors une fonction $\varphi : (E, \mathcal{E}) \to (\bar{F}, \bar{\mathcal{E}})$, vérifiant $\varphi(\partial) = \check{\partial}$ et $\varphi(E_o) \subset F_o$, telle que les processus $\check{Y}_t$ et $\varphi(X_t)$ soient indistinguables pour les lois $(P_\nu, \nu \in M_E^1)$.

Démonstration : Supposons tout d'abord $F = [0,1]$.

On a alors $\qquad \check{Y}_o = E_x(\check{Y}_o | \mathcal{F}_o) = E_{X_o}(\check{Y}_o) \; P_x ps .$

D'après 3), l'application $\varphi : x \to E_x(\check{Y}_o)$ est $\mathcal{E}$ mesurable, et d'après 2), $\varphi(\partial) = \check{\partial}$, et $\varphi(E_o) \subset F_o$.

De plus, pour tout $\nu \in M_E^1$, on a $P_\nu[\check{Y}_o = \varphi(X_o)] = 1$.

D'où, si T est un $(\mathcal{F}_t)$ temps d'arrêt, on a, d'après la propriété de Markov forte :

$$P_\nu[\check{Y}_T = \varphi(X_T)]$$

$$= P_\nu[P_{X_T}\{\check{Y}_o = \varphi(X_o)\}]$$

$$= P_{\nu P_T}\{\check{Y}_o = \varphi(X_o)\} = 1 .$$

Le théorème de section appliqué aux processus optionnels $\check{Y}_t$ et $\varphi(X_t)$ entraîne alors le résultat. On passe au cas général où F est un espace compact polonais en appliquant le raisonnement précédent à une suite de processus $(h_n(\check{Y}_t), n \in \mathbb{N})$, $h_n : F \to [0,1]$ étant une suite de fonctions continues sur F, séparant les points de F.

Remarque 4 : Lorsque l'ensemble des temps est discret ($\mathbb{N}$ par exemple), on peut donner la même définition d'un couple markovien homogène, avec dans l'égalité (8), $t \in \mathbb{N}$, $t \geq 1$, et seulement $T = s \in \mathbb{N}$ (ce qui entraîne (8) pour tout T $(\mathfrak{F}_n)$ temps d'arrêt). On ne peut alors comparer a priori les tribus $\mathfrak{F}_n^X$ et $\mathfrak{F}_n^{\check{Y}}$, comme cela apparaît en [14]. Ceci ne se produit pas en temps continu, où, à cause de la continuité à droite des processus X et $\check{Y}$, supposer (8) pour $t > 0$ revient à la supposer pour $t \geq 0$.

Précisons maintenant comment, étant donnée X réalisation canonique d'un processus de Markov standard sur Ω_E^h, et $\varphi : E \to F = F_o \cup \{\check{\partial}\}$, telle que $\varphi(\partial) = \check{\partial}$, on peut appliquer - de façon simplifiée - au processus $\check{X} = (X, \check{Y} = \varphi \circ X)$ les constructions faites précédemment.

On suppose dorénavant que φ est continue (1). D'après la remarque 1.c, les résultats du théorème 1 sont valables pour la filtration $\check{F}^o_{t+}$ associée à $\check{Y}$; d'autre part, F étant un compact métrisable, il existe un homéomorphise $j : F \to j(F) \subset [0,1]^{\mathbb{N}}$ et le couple $\underline{X} = (X, Y)$, où $Y_t = \int_o^t j[\check{Y}_s] ds \in R_+^{\mathbb{N}}$, est alors un processus à accroissements semi-markoviens, dont on a une réalisation sur l'espace Ω_E^h. De plus, si l'on note à nouveau $\underline{\underline{F}}^o_t = \sigma(Y_s, s \leq t)$, il

---

(1) essentiellement pour assurer la séparabilité des tribus $\check{\underline{\underline{F}}}^o_t = \sigma\{\check{Y}_s ; s \leq t\}$.

est immédiat que $\check{\underline{\underline{F}}}^{o}_{t+} = \bar{\underline{\underline{F}}}^{o}_{t+}$. Au changement d'espaces canoniques près (Ω^{h}_{E} au lieu de $\hat{\Omega}$), on s'est donc ramené à la situation de 2.2, dont tous les résultats restent valables.

La différence importante entre les couples markoviens homogènes et le cadre de [11] (rappelé en 1.4) est que si $\check{X} = (X, \check{Y})$ est un couple markovien homogène, $\check{Y}$ n'est pas a priori un processus de Markov pour les mesures $(P_x, x \in E)$. On montre, dans le théorème suivant (qui est la version homogène du théorème 5) que le processus $\check{Y}$ est un processus de Markov (en général non homogène, ce qui englobe donc le cadre de [11]) si et seulement si (1), les processus q^ν et π^ν sont P_ν indistinguables.

THEOREME 6. - 1) On note π^ν_{o-} une version $\mathcal{M}^1_E \otimes \check{\underline{\underline{F}}}^{o}_{o}$ mesurable de la loi conditionnelle de X_o quand $\check{Y}_o$ sous P_ν .
Supposons que pour tout $\nu \in M^1_E$, on ait $q^\nu_o = \pi^\nu_{o-}$ $P_\nu$ps . Il existe alors une famille de probabilités $(\bar{P}^\nu_y ; \nu \in M^1_E, y \in F)$ sur $(\Omega, \bar{\underline{\underline{F}}}^{o}_{\infty})$ telle que :

$$(9) \qquad \begin{array}{l} \forall\ \nu \in M^1_E \\ \forall\ \bar{b} \in b(\bar{\underline{\underline{F}}}^{o}_{\infty}) \end{array} , \; E_{X_o}(\bar{b}) = \bar{E}^{\nu}_{\check{Y}_o}(\bar{b}) \; P_\nu \text{ps} .$$

De plus, $\check{Y}$ vérifie la propriété de Markov suivante :

$$(10) \qquad \begin{array}{l} \forall\ \bar{b} \in b(\bar{\underline{\underline{F}}}^{o}_{\infty}) \\ \forall\ T \text{ temps d'arrêt de } (\mathfrak{F}_t) \end{array} , \; E_\nu[\bar{b} \circ \theta_T | \mathfrak{F}_T] = \bar{E}^{\nu P_T}_{\check{Y}_T}(\bar{b}) \, P_\nu \text{ps} .$$

2) Inversement, si $\check{Y}$ vérifie (9), alors :
pour toute $\nu \in M^1_E$, les processus q^ν_t et π^ν_t sont P_ν indistinguables et

$$q^\nu_o = \pi^\nu_o = \pi^\nu_{o-} \quad P_\nu \text{ps} .$$

---

(1) de même que pour le théorème 5, l'énoncé exact du théorème est légèrement différent.

<u>Démonstration</u> : Par hypothèse, on a :

$$\forall\, f \in b(\mathcal{E}),\ E_\nu[f(X_o)|\underline{\underline{\bar{F}}}{}^\circ_\infty] = E_\nu[f(X_o)|\underline{\underline{\check{F}}}{}^\circ_o]\ P_\nu\ ps .$$

On en déduit

(11) $$\forall\, \bar{b} \in b(\underline{\underline{\bar{F}}}{}^\circ_\infty),\ E_{X_o}(\bar{b}) = E_\nu[\bar{b}|\underline{\underline{\check{F}}}{}^\circ_o]\ P_\nu\ ps .$$

En effet, $$E_\nu[f(X_o)\bar{b}] = E_\nu[f(X_o)E_{X_o}(\bar{b})] .$$

D'autre part, $$E_\nu[f(X_o)\bar{b}] = E_\nu[q^\nu_o(f)\bar{b}]$$

$$= E_\nu[\pi^\nu_{o-}(f)\bar{b}] \quad \text{(par hypothèse)}$$

$$= E_\nu[\pi^\nu_{o-}(f)E_\nu[\bar{b}|\underline{\underline{\check{F}}}{}^\circ_o]]$$

$$= E_\nu[f(X_o)E_\nu[\bar{b}|\underline{\underline{\check{F}}}{}^\circ_o]] , \text{ d'où (11).}$$

Il suffit alors de prendre une version conditionnelle régulière de P_ν quand $\check{Y}_o$ pour obtenir (9) à l'aide de la séparabilité de $\underline{\underline{\bar{F}}}{}^\circ_\infty$.
De (9), on déduit : pour tout temps d'arrêt de $\mathcal{F}_t$,

$$E_\nu[E_{X_T}(\bar{b}) = \bar{E}^{\nu P_T}_{\check{Y}_T}(\bar{b})]$$

$$= E_{\nu P_T}[E_{X_o}(\bar{b}) = \bar{E}^{\nu P_T}_{\check{Y}_o}(\bar{b})] = 1 .$$

D'où : $$E_\nu[\bar{b}\circ\theta_T|\mathcal{F}_T] = E_{X_T}(\bar{b}) = \bar{E}^{\nu P_T}_{\check{Y}_T}(\bar{b}) .$$

Inversement, si $\check{Y}$ vérifie (9), il vérifie (10), et donc, si $\bar{b}_t \in \underline{\underline{\bar{F}}}{}^\circ_{t+}$, $\bar{b} \in \underline{\underline{\bar{F}}}{}^\circ_\infty$, on a :

$$E_\nu[f(X_t)\,\bar{b}\circ\theta_t\,\bar{b}_t] = E_\nu[q^\nu_t(f)\,\bar{b}\circ\theta_t\,\bar{b}_t] \quad \text{(définition de } q\text{)}$$

et, d'autre part :

$$E_\nu[f(X_t)\,\bar{b}_t\,\bar{b}\circ\theta_t] = E_\nu[f(X_t)\,\bar{b}_t\,\bar{E}^{\nu P_t}_{\check{Y}_t}(\bar{b})]$$

$$= E_\nu[\pi^\nu_t(f)\,\bar{b}_t\,\bar{E}^{\nu P_t}_{\check{Y}_t}(\bar{b})]$$

$$= E_\nu[\pi^\nu_t(f)\,\bar{b}_t\,\bar{b}\circ\theta_t]\ .$$

Un argument de classe monotone entraîne alors :

$\forall\, t\,,\ \pi^\nu_t = q^\nu_t\ P_\nu$ ps. La continuité à droite des deux processus implique qu'ils sont P_ν indistinguables.

Remarquons enfin que $\bar{\underline{F}}^\circ_{0+} \subset \mathcal{F}^\circ_{0+} \subset \mathcal{F}_0$, par continuité à droite des tribus définitives. On a donc : $E_\nu[\bar{b}\,|\,\bar{\underline{F}}^\circ_{0+}] = \bar{E}^\nu_{Y_0}(\bar{b})\ P_\nu$ ps , ce qui entraîne

$$\overline{\bar{\underline{F}}^\circ_{0+} \vee \mathcal{N}^\nu}^{P_\nu} = \overline{\bar{\underline{F}}^\circ_{0} \vee \mathcal{N}^\nu}^{P_\nu}\ ,\ \text{d'où}\ \ (q^\nu_0 =)\,\pi^\nu_0 = \pi^\nu_{0-}\ P_\nu\,\text{ps}\ .$$

<u>Remarques</u> : <u>5.a.</u> On a dû supposer, dans tout ce paragraphe, la fonction $\varphi : E \to F$ continue, pour pouvoir appliquer le théorème 1 (par l'intermédiaire de la remarque 1.c). Dans le cadre de [11], on peut supprimer cette hypothèse en remplaçant E et F par des compactifiés de Ray convenables (voir [11]).

D'autre part, si φ est seulement supposée mesurable, par exemple de $(E,\mathcal{E})$ dans $([0,1]^n\,,\,\mathcal{B}([0,1]^n))$ (1), on doit alors pour pouvoir appliquer les constructions, remplacer le processus $\check{Y} = \varphi\circ X$ par $Y = \int_0^{\cdot} \check{Y}_s\,ds$ (ce qui fait perdre de l'information sur $\check{Y}$) , puis considérer les images $\hat{P}_\nu$ sur $\hat{\Omega} = \Omega^h_E \times \Omega^a_{\bar{R}^n_+}$ des mesures P_ν sur Ω^h_E par l'application $\omega \to (X_\cdot(\omega)\,,\,Y_\cdot(\omega))$, et appliquer les constructions de <u>2.2</u> relativement à la filtration $\bar{\underline{F}}^\circ_{t+}$.

<u>5.b.</u> Dans le cadre général de ce paragraphe, le processus Y ne vérifie pas pour P_ν et la filtration $\bar{\underline{F}}^\circ_{t+}$, la propriété de Markov, qui est vérifiée par contre par π^ν (théorème 4) ; de plus, on a clairement

(1) On peut remplacer [0,1] par tout espace qui lui soit homéomorphe, en particulier $\bar{R}$.

$\varphi(\pi_t^\nu) \underset{\nu}{=} \varepsilon_{\check{Y}_t}$. Ainsi, le changement de l'espace F en l'espace M_E correspond pour le processus $\check{Y}$ à un grossissement de son espace d'états, et on a pu construire de façon naturelle "au dessus de $\check{Y}$ " un processus de Markov π^ν à valeurs dans ce nouvel espace M_E (voir la fin de l'introduction).

4. ETUDE D'UN EXEMPLE.

Soient $(P_x, x \in R^d)$ les lois sur $\Omega^c = C(R_+, R^d)$ - muni des opérateurs usuels de translation - du mouvement brownien X_t à valeurs dans R^d . Les constructions faites sur Ω_E^h sont a fortiori valables sur Ω^c ; on va étudier ici le processus de filtrage (π_t^ν) de X_t par rapport à $R_t = |X_t|$.

Soit (P_t) le semi-groupe du mouvement brownien à d dimensions ; si $f \in b(R_+)$, l'application $x \to P_t(x; f(|\cdot|))$ ne dépend que de $|x|$: le processus R est donc fortement markovien sous (P_x) , de semi-groupe de transition $\bar{P}_t(|x|; f) = P_t(x; f(|\cdot|))$. D'après le théorème 5, on a donc pour tout $\nu \in \mathcal{M}_+^1(R^d)$, $q_t^\nu \underset{\nu}{=} \pi_t^\nu$, et on utilisera également le résultat $q_o^\nu = \pi_o^\nu = \pi_{o-}^\nu$.

4.1. Calculs explicites de π^ν .

Posons $x = r(x)\xi(x)$, avec $r(x) = |x|$ et $\xi(x) = \frac{x}{|x|} I_{(x \neq o)}$.

Si $\nu \in \mathcal{M}_+^1(R^d)$ on note $p_\nu(r; d\xi)$ la loi conditionnelle de ξ quand r (remarquons que sur $(r \neq 0)$, νps , $p_\nu(r; d\xi)$ est portée par la sphère $S_{d-1} \subset R^d$) si $d = 1$, on notera seulement $p_\nu(r) = \nu[1_{(x>o)} \mid |x| = r]$.

On a le premier résultat suivant :

LEMME 2. - <u>Soit</u> σ_{d-1} <u>la mesure superficielle de masse</u> 1 <u>sur</u> S_{d-1} . <u>Alors</u> : <u>pour</u> $f \in b(R^d)$, $\pi_t^o(\omega; f) = \int f(R_t(\omega)\xi) d\sigma_{d-1}(\xi)$ P_o ps (<u>si</u> $d = 1$, <u>cette formule s'écrit</u> : $\pi_t^o(\omega; dy) = \frac{1}{2}[\varepsilon_{|X_t(\omega)|} + \varepsilon_{-|X_t(\omega)|}]$) .

<u>Démonstration</u> : Soit $\rho \in O(d)$, groupe des transformations linéaires orthogonales de R^d . Alors, si $t_1 < t_2 < \dots < t_n \leq t$, et $f_i \in b(R_+)$, $f \in b(R^d)$

$$E_o[\prod_{i=1}^{n} f_i(|X_{t_i}|)f(\rho X_t)] = E_o[\prod_{i=1}^{n} f_i(|X_{t_i}|)f(X_t)] ,$$

d'où : $$E_o[\prod_{i=1}^{n} f_i(|X_{t_i}|)\pi_t^o(f\circ\rho)] = E_o[\prod_{i=1}^{n} f_i(|X_{t_i}|)\pi_t^o(f)]$$

et donc : $\pi_t^o(f\circ\rho) = \pi_t^o(f)$ P_o ps , par un argument de classe monotone, relation dont découle le lemme.

Il faut maintenant faire les calculs séparément pour $d = 1$ et $d \geq 2$ (ceci est très lié à la propriété : pour le mouvement brownien dans $\mathbb{R}^d$, $d \geq 2$, les points sont polaires).

PROPOSITION 12. - Si $d = 1$, posons $\tau = \text{Inf}\ (t|X_t = 0)$. Alors,

$$\pi_t^\nu(\omega) = 1_{(t<\tau)}\{P_\nu(R_o)\varepsilon_{R_t} + (1-P_\nu(R_o))\varepsilon_{-R_t}\} + 1_{(\tau\leq t)}(\tfrac{1}{2})[\varepsilon_{R_t} + \varepsilon_{-R_t}].$$

Démonstration : τ est évidemment un $\bar{\underline{F}}_{t+}^o$ temps d'arrêt.

Calculons tout d'abord π_t^x $(\nu = \varepsilon_x)$.

Si $x > 0$, on a :

$$\pi_t^x(f)1_{(t<\tau)} = E_x[f(X_t)|\bar{\underline{F}}_{t+}^o]1_{(t<\tau)}$$

$$= E_x[f(|X_t|)1_{(t<\tau)}|\bar{\underline{F}}_{t+}^o]1_{(t<\tau)}$$

$$= f(|X_t|)1_{(t<\tau)} .$$

De même, si $x \leq 0$, $\pi_t^x(f)1_{(t<\tau)} = f(-|X_t|)1_{(t<\tau)}$.

Pour calculer $\pi_t^x(f)1_{(\tau\leq t)}$, il suffit de calculer $E_x[1_{(X_t>0)}|\bar{F}_{t+}^o]1_{(\tau\leq t)}$.

On va utiliser pour cela la formule dite « formule de Dawson » :

Si $F \in b(\mathcal{F}_\infty^o)$, on a pour tout $\mathcal{F}_{t+}^o$ temps d'arrêt T :

$$E_x[F|\mathcal{F}_{T+}^o] = E_{X_T(\omega)}[F(\omega|T(\omega)|.)]\,P_x\,ps .$$

Soient $t_1 < t_2 < \dots < t_n \le t$, $f_i \in b(R_+)$. Alors ,

$$E_x\Big[\prod_{i \le i_o} f_i(|X_{t_i}|) 1_{(t_{i_o} < \tau < t_{i_o+1})} \prod_{j=i_o+1}^{n} f_j(|X_{t_j}|) 1_{(X_t > o)}\Big]$$

$$= E_x\Big[\prod_{i \le i_o} f_i(|X_{t_i}|(\omega) 1_{(t_{i_o} < \tau(\omega) < t_{i_o+1})} E_{X_\tau(\omega)}\Big[\prod_{j=i_o+1}^{n} f_j|X_{t_j-\tau(\omega)}| 1_{(X_{t-\tau(\omega)}} > 0\Big]$$

$$= \tfrac{1}{2} E_x\Big[\prod_{i \le i_o} f_i(|X_{t_i}(\omega)|) 1_{(t_{i_o} < \tau(\omega) < t_{i_o+1})} E_{X_\tau(\omega)}\Big[\prod_{j=i_o+1}^{n} f_j(|X_{t_j-\tau(\omega)}|)\Big]\Big]$$

$$= \tfrac{1}{2} E_x\Big[\prod_{i \le i_o} f_i(|X_{t_i}|) 1_{(t_{i_o} < \tau < t_{i_o+1})} \prod_{j=i_o+1}^{n} f_j(|X_{t_j}|)\Big] ,$$

la seconde égalité provenant de $X_\tau = 0$, et du calcul de π^o fait dans le lemme 2. On en déduit

$$\pi_t^x(\omega) = \tfrac{1}{2}\Big[\varepsilon_{|X_t(\omega)|} + \varepsilon_{-|X_t(\omega)|}\Big] P_x \text{ps sur } (t \le \tau(\omega)) .$$

Soit maintenant $\nu \in \mathcal{M}_+^1(R)$. On a alors :

$$\pi_t^\nu(\omega) = E_\nu[\pi_t^{X_o} | \bar{\underline{F}}^o_{t+}] \; P_\nu \text{ps}$$

$$= 1_{(\tau \le t)} \tfrac{1}{2} (\varepsilon_{R_t} + \varepsilon_{-R_t}) + 1_{(t<\tau)} \{\varepsilon_{R_t} P_\nu(X_o > 0 | \bar{\underline{F}}^o_{t+}) + \varepsilon_{-R_t} P_\nu(X_o \le 0 | \bar{\underline{F}}^o_{t+})\} .$$

Or, on a rappelé que $\pi^\nu_{o-} = q^\nu_o = \pi^\nu_o$, ce qui entraîne :

$$P_\nu(X_o > 0 | \bar{\underline{F}}^o_{t+}) = P_\nu(X_o > 0 | \bar{\underline{F}}^{\nu o}_{o}) = p_\nu(R_o) \text{ , d'où la formule}$$

cherchée.

PROPOSITION 13. - <u>Soit</u> $d = 2$; <u>si l'on note</u> $\ell(t,\omega) = \int_o^t \frac{1}{R_s^2(\omega)} ds$, <u>on a</u> :

$$\pi_t^\nu(f) = 1_{(R_o=o)} \pi_t^o(f) + 1_{(R_o \ne o)} \int_{S^1} P_\nu(R_o; d\xi) \int_R d\theta\, f(R_t e^{i\theta}\xi) e^{-\frac{\theta^2}{2\ell(t)}} \frac{1}{\sqrt{2\pi\ell(t)}} .$$

<u>Démonstration</u> : De même que dans la proposition précédente, on déduit la formule de π^ν de celle de $(\pi^x , x \in R^2)$.

Soit donc $x \neq 0$; notons $(\theta_t \omega, t \geq 0)$ une détermination continue de l'argument de $X_t(\omega)$ (à valeurs dans $R^2 \setminus \{0\} \simeq \mathbb{C} \setminus \{0\}$). On a montré en [16] les propriétés suivantes :

12) $$R(t) = R(0) + \gamma^1(t) + \tfrac{1}{2} \int_0^t \frac{1}{R(s)} ds$$

13) $$\sigma(R_s, s \leq t) \underset{P_x}{=} \sigma(\gamma^1(s), s \leq t)$$

14) $$\theta_t - \theta_0 = \int_0^t \frac{1}{R(s)} d\gamma^2(s)$$

où $\gamma^1(t) = \int_0^t \frac{X_s dX_s + Y_s dY_s}{R_s}$ et $\gamma^2(t) = \int_0^t \frac{Y_s dX_s - X_s dY_s}{R_s}$ sont deux mouvements browniens indépendants.

La loi conditionnelle de $(\theta_t - \theta_0)$ par rapport à $\underline{\underline{F}}^\circ_{t+}$ est, d'après 13) et 14) la loi normale centrée, de variance $\ell(t,\omega)$.

On en déduit pour $f \in b(R^2)$,

$$\pi_t^x(f) = E_x\left[f(R_t e^{i(\theta_t - \theta_0)} \frac{x}{|x|}) | \underline{\underline{F}}^\circ_{t+}\right]$$

$$= \int_R d\theta\, f(R_t(\omega) e^{i\theta} \frac{x}{|x|}) e^{-\frac{\theta^2}{2\ell(t,\omega)}} \frac{1}{\sqrt{2\pi\ell(t,\omega)}} \quad P_x ps,$$

d'où la formule générale.

Le résultat de la proposition 13 s'étend - sous une forme convenable à tout $d \geq 2$: en effet, d'après Ito - Mac Kean ([5], page 270), le mouvement brownien $(X_t$, à valeurs dans $R^d (d \geq 2)$ se factorise en $(R(t), Z_{\ell(t)})$, où $\ell(t) = \int_0^t \frac{1}{R^2(s)} ds$, et Z est un mouvement brownien sur la sphère S_{d-1} indépendant de R. Si $\hat{P}_t(u;d\xi)$ désigne le semi-groupe du mouvement brownien sur S_{d-1}, on a alors :

(15) $$\pi_t^\nu(f) = 1_{(R_0 = 0)} \pi_t^\circ(f) + 1_{(R_0 \neq 0)} \int P_\nu(R_0; du) \int \hat{P}_{\ell(t)}(u, d\xi) f(R_t \xi).$$

Plus généralement, A. Galmarino [17] a montré que toute diffusion isotrope (c'est-à-dire dont le semi-groupe (P_t) vérifie :

$$\forall\ \rho \in O(d)\ ,\ P_t(\rho x; f) = P_t(x; f \circ \rho))$$

à valeurs dans $R^d (d \geq 2)$ se factorise de la même façon que le mouvement brownien à valeurs dans R^d, mais avec $\ell(t)$ fonctionnelle additive de R. Pour une telle diffusion X, le processus $\overset{\vee}{\pi}$ de filtrage de X par rapport à R est encore donné par la formule (15).

4.2. Equations de filtrage.

Dans le cadre de [9], le processus de filtrage de X par rapport à Y est caractérisé comme l'unique solution d'une équation différentielle stochastique. On montre, dans l'exemple considéré précédemment, que le processus de filtrage vérifie deux équations, la première étant analogue à celle obtenue par Fujisaki-Kallianpur-Kunita en [3], la seconde analogue à celle obtenue par Kunita en [9].

La proposition suivante joue un rôle important pour l'obtention de ces équations :

PROPOSITION 14. - *On note* s *l'application définie sur* $\mathbb{R}$ *par*

$$s(x) = \begin{cases} +1 & \text{si } x > 0 \\ 0 & \text{si } x = 0 \\ -1 & \text{si } x < 0 . \end{cases}$$

Soit $x \in R^d$, $x \neq 0$. *Si* $d = 1$, *on pose* $\hat{X}_t = \int_0^t s(X_s) dX_s$, *et si*

$$d \geq 2\ ,\ \hat{X}_t = \int_0^t \frac{1}{R_s} \Big(\sum_{i=1}^{d} X_s^i \, dX_s^i \Big) .$$

Le processus $\hat{X}$ *est un mouvement brownien réel tel que* $\sigma(R_s, s \leq t) \underset{P_x}{=} \sigma(\hat{X}_s, s \leq t)$.

En conséquence, toute $\underline{\underline{F}}_t = \sigma(R_s, s \leq t) \vee \eta^{P_x}$ *martingale locale admet une version continue, et peut s'écrire sous la forme* $\int_0^t H_s \, d\hat{X}_s$, *où* H *est un processus*

$\underline{\underline{F}}_t$ prévisible.

Démonstration : - le processus $\hat{X}$ est un $\mathcal{F}_t$ mouvement brownien réel, car c'est une $\mathcal{F}_t$ martingale locale continue, telle que $<\hat{X},\hat{X}>_t = t$.

- Posons $\hat{\mathcal{F}}_t = \sigma(\hat{X}_s, s \le t) \vee \eta^{P_x}$;

si $d = 1$, d'après la formule de Tanaka ([10]), on a :

$R_t = R_o + \hat{X}_t + \frac{1}{2} L^\circ_t$, où L°_t est le temps local en 0, du mouvement brownien X. On sait que $L^\circ_t = P_x\text{-}\lim\limits_{(\varepsilon \to o)} \frac{1}{2\varepsilon} \int_o^t 1_{(o < R_s < \varepsilon)} ds$, d'où : $\hat{\mathcal{F}}_t \subset \underline{\underline{F}}_t$.

Inversement, le temps local L°_t est aussi donné par la formule

$L^\circ_t = \sup\limits_{(s \le t)} [|x| + \hat{X}_s]^-$ (voir [10]), ce qui entraîne $\underline{\underline{F}}_t \subset \hat{\mathcal{F}}_t$, et finalement $\hat{\mathcal{F}}_t = \underline{\underline{F}}_t$.

La fin de la proposition est une propriété bien connue.

Pour alléger l'écriture, on fixe x, et on ne le mentionne pas dans les formules qui suivent :

PROPOSITION 15. - Soit $f \in C_b^2(\mathbb{R}^d)$. Un a alors,

si $d = 1$

1) $\pi_t(f) = \pi_o(f) + \int_o^t \pi_u(sf')d\hat{X}_u + \frac{1}{2} \int_o^t \pi_u(f'')du$

2) $\pi_t(f) = \pi_o(P_t f) + \int_o^t \pi_u(s(P_{t-u}f)')d\hat{X}_u$.

si $d \ge 2$

1) $\pi_t(f) = \pi_o(f) + \int_o^t \frac{1}{R_u} \pi_u(\sum_{i=1}^d x_i \frac{\partial f}{\partial x_i})d\hat{X}_u + \frac{1}{2} \int_o^t \pi_u(\Delta f)du$

2) $\pi_t(f) = \pi_o(P_t f) + \int_o^t \frac{1}{R_u} \pi_u\left[\sum_{i=1}^d x_i \frac{\partial}{\partial x_i} P_{t-u} f\right] d\hat{X}_u$.

Démonstration : La méthode de démonstration ne dépend pas de la dimension d : on écrira donc seulement la démonstration pour $d \ge 2$ par exemple.

Soit $f \in C_b^2(\mathbb{R}^d)$. D'après la formule de Ito, $f(X_t) - f(X_o) - \frac{1}{2} \int_o^t \Delta f(X_s)du$ est une $\mathcal{F}_t$ martingale. Un calcul facile entraîne que $\pi_t(f) - \pi_o(f) - \frac{1}{2}\int_o^t ds\, \pi_s(\Delta f)$

est une $\bar{F}_t$ martingale, nulle en $t = 0$.

Pour montrer 1), il suffit d'obtenir pour toute martingale M_t, de carré intégrable, et nulle en 0, l'égalité :

$$E\left[(\pi_t(f) - \pi_o(f) - \tfrac{1}{2}\int_o^t \pi_s(\Delta f)ds)M_t\right] = E\left[M_t \int_o^t \frac{1}{R_u}\, \pi_u\left[\sum_{i=1}^d x_i \frac{\partial f}{\partial x_i}\right] d\hat{X}_u\right].$$

Or, d'après la proposition précédente, il existe Φ processus $\underline{\underline{\bar{F}}}_t$ prévisible tel que $M_t = \int_o^t \Phi_u\, d\hat{X}_u$. On a alors :

$$E\left[\pi_t(f) - \pi_o(f) - \tfrac{1}{2}\int_o^t \pi_s(\Delta f)ds)M_t\right]$$

$$= E\left[f(X_t)M_t\right] - \tfrac{1}{2}\int_o^t du\, E\left[(\Delta f)(X_u)M_u\right]$$

$$= E\left[\int_o^t (M_s\, df(X_s) + f(X_s)dM_s) + \langle f(X), M\rangle_t - \tfrac{1}{2}\int_o^t du\, \Delta f(X_u)M_u\right]$$

$$= E\left[\langle f(X), M\rangle_t\right] = E\left[\int_o^t \Phi_u \sum_{i=1}^d \frac{\partial f}{\partial x_i}(X_u) d\langle X^i, \hat{X}\rangle_u\right]$$

$$= E\left[\int_o^t \Phi_u \frac{1}{R_u}\left(\sum_{i=1}^d X_u^i \frac{\partial f}{\partial x_i}(X_u)\right)du\right]$$

$$= E \int_o^t \Phi_u \frac{1}{R_u}\, \pi_u\left\{\sum_{i=1}^d x_i \frac{\partial f}{\partial x_i}\right\} du$$

$$= E\left[M_t \int_o^t \frac{1}{R_u}\, \pi_u\left[\sum_{i=1}^d x_i \frac{\partial f}{\partial x_i}\right] d\hat{X}_u\right].$$

Pour montrer 2), remarquons tout d'abord que si $f \in C_b^2(R^d)$, et $s < t$, on a :

$P_{t-s}f(X_s) = P_t f(X_o) + \int_o^s \sum_{i=1}^d \frac{\partial}{\partial x_i} P_{t-u}f(X_u)dX_i^i$, en appliquant la formule de Ito à $(s,x) \to P_{t-s}f(x)$ (solution de l'équation de la chaleur rétrograde). Si l'on fait tendre s vers t par valeurs inférieures, le membre de gauche converge partout vers $f(X_t)$, et donc dans L^2, ainsi que le membre de droite. On peut donc écrire : $f(X_t) = P_t f(X_o) + \int_o^t \sum_{i=1}^d \frac{\partial}{\partial x_i} P_{t-u}f(X_u)dX_u^i$.

L'égalité 2) sera obtenue si l'on sait montrer pour toute variable $H_t \in L^2(\underline{\underline{F}}_t)$:

$$E\left[(\pi_t(f) - \pi_o(P_t f))H_t\right] = E\left[\int_o^t \frac{1}{R_u} \pi_u\left\{\sum_{i=1}^d x_i \frac{\partial}{\partial x_i} P_{t-u} f\right\} d\hat{X}_u H_t\right].$$

Or, H_t peut s'écrire sous la forme $H_o + \int_o^t \Phi_u \, d\hat{X}_u$, où H_o = cte , et Φ_u est un processus $\underline{\underline{F}}_u$ prévisible.

Le membre de droite est égal à :

$$E\left[\int_o^t du \frac{1}{R_u} \Phi_u\left\{\sum_{i=1}^d X_u^i \frac{\partial}{\partial x_i} P_{t-u} f(X_u)\right\}\right],$$

et le membre de gauche à :

$$E\left[\pi_t(f)(H_t - H_o)\right] = E\, f(X_t) \int_o^t \Phi_u \, d\hat{X}_u$$

$$= E \int_o^t \left(\sum_{i=1}^d dX_u^i \frac{\partial}{\partial x_i} P_{t-u} f(X_u)\right) \int_o^t \Phi_u \, d\hat{X}_u$$

$$= E\left[\int_o^t du \frac{1}{R_u} \Phi_u\left\{\sum_{i=1}^d X_u^i \frac{\partial}{\partial x_i} P_{t-u} f(X_u)\right\}\right].$$

REFERENCES

[1] E. CINLAR — Markov additive processes II. Z. für. Wahr 24(95-121)-1972.

[2] C. DELLACHERIE, P.A. MEYER — Probabilités et potentiels (nouvelle version) Hermann (1975).

[3] M. FUJISAKI, G. KALLIANPUR, H. KUNITA — Stochastic differential equations for the non linear filtering problem. Osaka J. Math. 9, 1 (1972).

[4] R.K. GETOOR — On the construction of kernels. Séminaire de Probabilités IX.

[5] K. ITO, H.P. Mc KEAN — Diffusion processes and their sample paths. Springer-Verlag.

[6] J. JACOD — Générateurs infinitésimaux de processus à accroissements semi-markoviens. Ann. Inst. Henri Poincaré VII (219-233) - 1971.

[7] J. JACOD — Noyaux multiplicatifs d'un processus de Markov. Bull. Soc. Math. France - Mémoire 35 - (81-117) - 1973.

[8] F. KNIGHT — A predictive view on continuous time processes. Annals of Probability. Vol. 3, p. 573-596 (1975)

[9] H. KUNITA — Asymptotic behavior of the non linear filtering errors of Markov processes. J. of Multivariate Analysis. Vol. 1, n° 4, (365-393) 1971.

[10] H.P. Mc KEAN — Stochastic integrals. Academic Press (1969).

[11] P.A. MEYER — Noyaux multiplicatifs. Séminaire de Probabilités VIII.

[12] P.A. MEYER — La théorie de la prédiction de F. Knight. Séminaire de Probabilités X.

[13] P.A. MEYER et M. YOR — Sur la théorie de la prédiction, et le problème de décomposition des tribus $\mathcal{F}^{o}_{t+}$. Séminaire de Probabilités X.

[14] G. RUCKEBUSCH — Représentations markoviennes de processus gaussiens stationnaires. Thèse de 3ème cycle. Université de Paris VI (1975).

[15] T. YAMADA et S. WATANABE — On the uniqueness of solutions of stochastic differential equations. J. Math. Kyoto Univ. Vol. 11, n° 1 (1971).

[16] M. YOR — Formule de Cauchy relative à certains lacets browniens (à paraître au Bull de la S.M.F).

[17] A. GALMARINO — Representation of an isotropic diffusion as a skew product, Z . für Wahr 1 (359-378) (1963).

UNIVERSITE DE PARIS VI
Laboratoire de Probabilités
2, Place Jussieu - Tour 56
75230 PARIS CEDEX 05

SUR L'EXISTENCE D'UN NOYAU INDUISANT UN OPERATEUR SOUS-MARKOVIEN DONNE

(P.A. Zanzotto)

Etant donné un couple d'espaces probabilisés $(E,\underline{\underline{E}},\lambda)$, $(F,\underline{\underline{F}},\mu)$, on énonce des conditions suffisantes pour que tout opérateur sous-markovien appliquant $L^{\infty}(\mu)$ dans $L^{\infty}(\lambda)$ soit induit, au sens de [2], par un noyau sous-markovien (ou sous-probabilité de transition).

L'intérêt (et peut-être la nouveauté) de ces conditions réside dans le fait qu'elles n'imposent aucune espèce de séparabilité à la tribu $\underline{\underline{F}}$. En revanche, elles imposent à la mesure λ d'être complète (ou, plus généralement, telle que l'espace $L^{\infty}(\lambda)$ admette un relèvement linéaire).

Les notations et la terminologie sont essentiellement celles de [3]. Si $(E,\underline{\underline{E}})$ est un espace mesurable, on désigne par $B(\underline{\underline{E}})$ l'espace des fonctions (réelles) mesurables et bornées sur $(E,\underline{\underline{E}})$. Un noyau sous-markovien N relatif au couple d'espaces mesurables $(E,\underline{\underline{E}})$, $(F,\underline{\underline{F}})$ est le plus souvent identifié à une application de $B(\underline{\underline{F}})$ dans $B(\underline{\underline{E}})$. De même un opérateur sous-markovien M relatif au couple d'espaces probabilisés $(E,\underline{\underline{E}},\lambda)$, $(F,\underline{\underline{F}},\mu)$ est considéré comme une application de $L^{\infty}(\mu)$ dans $L^{\infty}(\lambda)$. On dit que l'opérateur M est <u>induit</u> par le noyau N si, pour tout élément f de $B(\underline{\underline{F}})$, la classe d'équivalence déterminée par Nf dans $L^{\infty}(\lambda)$ coïncide avec l'image par M de la classe d'équivalence déterminée par f dans $L^{\infty}(\mu)$. Cette condition se traduit par la commutativité du diagramme suivant

$$\begin{array}{ccc} L^{\infty}(\lambda) & \xleftarrow{\;p\;} & B(\underline{\underline{E}}) \\ {\scriptstyle M}\uparrow & & \uparrow{\scriptstyle N} \\ L^{\infty}(\mu) & \xleftarrow[\;q\;]{} & B(\underline{\underline{F}}) \end{array}$$

où p,q désignent les projections canoniques de $B(\underline{\underline{E}})$, $B(\underline{\underline{F}})$ sur leurs quotients respectifs $L^{\infty}(\lambda)$, $L^{\infty}(\mu)$.

Soit en particulier F un espace topologique séparé, et $\underline{\underline{F}}$ sa tribu borélienne: un noyau N relatif au couple $(E,\underline{\underline{E}})$, $(F,\underline{\underline{F}})$ est alors dit <u>tendu</u> si, pour tout élément x de E, la mesure $N(x,\cdot)$ est tendue (c.-à-d. intérieurement régulière par rapport au pavage des ensembles compacts de F).

Une application linéaire croissante r de $L^{\infty}(\lambda)$ dans $B(\underline{\underline{E}})$, telle que l'on ait $r(1)=1$ et que $p\circ r$ coïncide avec l'application identique de $L^{\infty}(\lambda)$, est appelée un relèvement linéaire de $L^{\infty}(\lambda)$ dans $B(\underline{\underline{E}})$. Pour qu'il existe de telles applications, il suffit que la mesure λ soit complète (cf. [1]).

THEOREME 1. *Soit M un opérateur sous-markovien relatif au couple d'espaces probabilisés* $(E,\underline{\underline{E}},\lambda)$, $(F,\underline{\underline{F}},\mu)$. *Pour qu'il existe un noyau N induisant l'opérateur M, il suffit que les deux conditions suivantes soient remplies:*

(a) *Il existe un relèvement linéaire r de* $L^{\infty}(\lambda)$ *dans* $B(\underline{\underline{E}})$.

(b) *Il existe sur F une topologie séparée, localement compacte, telle que* $\underline{\underline{F}}$ *coïncide avec la tribu borélienne et que la mesure* μ *soit tendue.*

De façon plus précise, si ces deux conditions sont remplies, et si l'on pose

(1) $$L = r\circ M\circ q$$

(où q désigne la projection canonique de $B(\underline{\underline{F}})$ *sur* $L^{\infty}(\mu)$*), il existe un noyau tendu N (unique) tel que l'on ait*

(2) $$Nf = Lf \quad \text{pour tout élément } f \text{ de } C_c(F),$$

(3) $$Nf \sim Lf \pmod{\lambda} \quad \text{pour tout élément } f \text{ de } B(\underline{\underline{F}}).$$

DEMONSTRATION. Pour tout élément x de E, considérons sur F la mesure de Radon (positive et de masse totale inférieure ou égale à 1) $f\longmapsto (Lf)(x)$, et désignons par ν_x la mesure de Borel tendue qui lui est associée. On a donc, par définition,

$$(Lf)(x) = \int f d\nu_x$$

pour tout élément f de $C_c(F)$.

Posons ensuite

$$(Nf)(x) = \int f d\nu_x$$

pour tout élément f de $B(\underline{\underline{F}})$. Le noyau tendu N ainsi obtenu vérifie la condition (2) par définition. Montrons qu'il vérifie aussi la condition (3). Remarquons à cet effet que, si (f_n) est une suite monotone, uniformément bornée, d'éléments de $B(\underline{\underline{F}})$, on a

$$N(\lim_n f_n) = \lim_n Nf_n, \qquad L(\lim_n f_n) \sim \lim_n Lf_n \pmod{\lambda}.$$

Ceci montre que l'espace vectoriel $\underline{\underline{M}}$ constitué par les éléments f de $B(\underline{\underline{F}})$ possédant la propriété $Nf \sim Lf \pmod{\lambda}$ est stable par convergence monotone bornée. D'autre part $\underline{\underline{M}}$ contient $C_c(F)$, car N coïncide avec L sur $C_c(F)$. Il suffit donc de prouver que $\underline{\underline{M}}$ contient toute fonction positive bornée semi-continue inférieurement sur F. Or, si f est une telle fonction, et si l'on pose

$$H = \{ g : g \in C_c(F), \quad 0 \leqslant g \leqslant f \},$$

on a

$$\int f d\mu = \sup_{g \in H} \int g d\mu ,$$

de sorte qu'il existe une suite croissante (g_n) d'éléments de H, telle que l'on ait

$$\int f d\mu = \sup_n \int g_n d\mu ,$$

ou, ce qui revient au même,

(4) $$f \sim \sup_n g_n \pmod{\mu}.$$

Pour tout élément g de H on a alors

$$g \leqslant \sup_n g_n \quad \mu\text{-p.p.},$$

et par conséquent

$$Lg \leqslant L(\sup_n g_n) \quad \text{partout.}$$

Il en résulte

$$\sup_{g \in H} Lg \leqslant L(\sup_n g_n) \sim \sup_n Lg_n \leqslant \sup_{g \in H} Lg ,$$

de sorte que les deux fonctions $\sup_{g \in H} Lg$ et $L(\sup_n g_n)$ sont équivalentes (mod λ).
On a alors (compte tenu du fait que N est tendu)

$$Nf = \sup_{g \in H} Ng = \sup_{g \in H} Lg \sim L(\sup_n g_n) = Lf,$$

où la dernière égalité découle de (4) et de la définition de L.

La fonction f appartient donc à $\underline{\underline{M}}$, ce qui achève la démonstration.

THEOREME 2. <u>Soit</u> M <u>un opérateur sous-markovien relatif au couples d'espaces probabilisés</u> $(E,\underline{\underline{E}},\lambda)$, $(F,\underline{\underline{F}},\mu)$. <u>Pour qu'il existe un noyau</u> N <u>induisant l'opérateur</u> M, il suffit que les deux conditions suivantes soient remplies:

(a) Il existe un relèvement linéaire r de $L^{\infty}(\lambda)$ dans $B(\underline{\underline{E}})$.

(b) Il existe sur F une topologie séparée, localement compacte, telle que $\underline{\underline{F}}$ coïncide avec la tribu de Baire et que F soit une réunion dénombrable d'ensembles compacts.

De façon plus précise, si ces deux conditions sont remplies, il existe un noyau N (unique) vérifiant les relations (2) et (3) (où L est définie par (1)).

DEMONSTRATION. Exactement comme dans la première partie de la démonstration précédente, après avoir défini le noyau N (en remplaçant la locution ''mesure de Borel tendue'' par ''mesure de Baire''), on remarque que l'espace vectoriel

$$\underline{\underline{M}} = \{ f: \ f \in B(\underline{\underline{F}}), \ Nf \sim Lf \ (\mathrm{mod}\, \lambda) \}$$

contient $C_c(F)$ et est stable par convergence monotone bornée. Il en résulte que $\underline{\underline{M}}$ contient toute fonction continue bornée positive (car une telle fonction est, dans nos hypothèses, l'enveloppe supérieure d'une suite croissante de fonctions continues à support compact), de sorte que $\underline{\underline{M}}$ coïncide avec $B(\underline{\underline{F}})$.

THEOREME 3. Soit M un opérateur sous-markovien relatif au couple d'espaces probabilisés $(E,\underline{\underline{E}},\lambda)$, $(F,\underline{\underline{F}},\mu)$. Pour qu'il existe un noyau tendu N induisant l'opérateur M, il suffit que les deux conditions suivantes soient remplies:

(a) Il existe un relèvement linéaire r de $L^{\infty}(\lambda)$ dans $B(\underline{\underline{E}})$.

(b) Il existe sur F une topologie séparée, telle que $\underline{\underline{F}}$ coïncide avec la tribu borélienne et que la mesure μ soit tendue.

DEMONSTRATION. Le théorème a déjà été démontré dans le cas particulier où l'espace F est compact (voir théorème 1). Dans le cas général, considérons une suite croissante (F_n) d'ensembles compacts de F, telle que la mesure μ soit portée par $\bigcup_n F_n$. Pour tout n, désignons par μ_n la restriction de μ à la tribu borélienne $\underline{\underline{F}}_n$ de F_n. A tout élément f de $L^{\infty}(\mu_n)$ associons l'élément de $L^{\infty}(\mu)$ déterminé par la fonction qui coïncide avec f sur F_n et qui est nulle sur $F \setminus F_n$. On obtient ainsi une immersion de $L^{\infty}(\mu_n)$ dans $L^{\infty}(\mu)$. Si on compose cette immersion avec l'opérateur M, on obtient un opérateur sous-markovien M_n appliquant $L^{\infty}(\mu_n)$ dans $L^{\infty}(\lambda)$.

Posons maintenant

(5) $$L_n = r \circ M_n \circ q_n ,$$

où q_n désigne la projection canonique de $B(\underline{\underline{F}}_n)$ sur $L^\infty(\mu_n)$. Il existe alors, d'après le théorème 1, un noyau sous-markovien tendu N_n, appliquant $B(\underline{\underline{F}}_n)$ dans $B(\underline{\underline{E}})$, tel que l'on ait

(6) $$N_n f = L_n f \quad \text{pour tout élément } f \text{ de } C(F_n),$$

(7) $$N_n f \sim L_n f \pmod{\lambda} \quad \text{pour tout élément } f \text{ de } B(\underline{\underline{F}}_n).$$

Désignons par R_n le noyau qui à tout élément f de $B(\underline{\underline{F}})$ associe sa restriction à F_n. Pour tout élément positif f de $B(\underline{\underline{F}})$ on a alors

$$M_n q_n R_n f \leqslant M_{n+1} q_{n+1} R_{n+1} f$$

et par conséquent, en appliquant r aux deux membres (et en tenant compte de (5)),

$$L_n R_n f \leqslant L_{n+1} R_{n+1} f.$$

Si la restriction de f à F_{n+1} est continue, cette dernière inégalité s'écrit aussi, grâce à (6),

(8) $$N_n R_n f \leqslant N_{n+1} R_{n+1} f.$$

Or, si on considère le noyau composé $N_n R_n$, on voit que, pour tout élément x de E, $N_n R_n(x, \cdot)$ est une mesure de Borel tendue sur l'espace F, portée par l'ensemble compact F_n. Par conséquent la relation (8) (valable pour toute fonction f positive dont la restriction à F_{n+1} est continue) entraîne l'inégalité entre noyaux

$$N_n R_n \leqslant N_{n+1} R_{n+1}.$$

Désignons alors par N le noyau $\sup_n N_n R_n$ (qui est encore tendu). Pour tout élément positif f de $B(\underline{\underline{F}})$ et pour tout n, on a, d'après (7),

$$N_n R_n f \sim L_n R_n f = r M_n q_n R_n f \pmod{\lambda}.$$

Il en résulte, par passage à la limite, $Nf \sim rMqf \pmod{\lambda}$, où q désigne la projection canonique de $B(\underline{\underline{F}})$ sur $L^\infty(\mu)$. Cela montre que l'opérateur sous-markovien M est induit par le noyau N.

BIBLIOGRAPHIE

[1] A. and C. IONESCU TULCEA, Topics in the theory of Lifting. Springer (1970).

[2] J. NEVEU, Bases mathématiques du calcul des probabilités. Masson et Cie (1970).

[3] P.A. ZANZOTTO, Nuclei ed operatori markoviani. Rend. Sem. Mat. Padova, 51 (1974).

Université de Strasbourg
Séminaire de Probabilités 1976/77

DECOMPOSITION ATOMIQUE DE MARTINGALES DE LA CLASSE $\mathcal{H}^1$

par

A. BERNARD et B. MAISONNEUVE

§1 - INTRODUCTION.

Nous étudions dans divers cas (martingales continues, martingales "dyadiques", martingales dominées par un processus croissant continu à gauche) la décomposition d'un élément de $\mathcal{H}^1$ en combinaison linéaire d'atomes. L'idée de telles décompositions provient de la lecture de l'article [1] de R. COIFMAN qui l'attribue lui-même à C. HERZ. De telles décompositions ont pour conséquence la mise en dualité de certains sous-espaces de $\mathcal{H}^1$ avec des espaces de martingales "bmo", ce qui, joint à la décomposition de DAVIS, fournit une nouvelle approche, dans le cas général, de la dualité $(\mathcal{H}^1, BMO)$ et des inégalités de DAVIS.

La définition d'un atome est donnée dans le §3. Les §4 et 5 sont consacrés à deux cas particuliers et leur lecture n'est pas indispensable pour la suite. La décomposition en atomes est étudiée dans le §6. La décomposition de DAVIS est rappelée dans le §8. La dualité se développe dans les §7 , 9 et 10 . Le papier se termine (§11) par les inégalités de DAVIS.

§2 - NOTATIONS GENERALES.

$(\Omega, \mathcal{F}, P)$ est un espace probabilisé complet, $(\mathcal{F}_t)_{t\in\mathbb{R}_+}$ une famille croissante et continue à droite de sous-tribus de $\mathcal{F}$. $\mathcal{F}_0$ contient tous les négligeables de $\mathcal{F}$ et $\mathcal{F} = \bigvee_{t\geq 0} \mathcal{F}_t$.

Toutes les martingales envisagées seront supposées relatives à $(\mathcal{F}_t)$, continues à droite, pourvues de limites à gauche et nulles en 0. Pour tout $p \in [1,\infty]$, nous noterons $\mathcal{M}^p$ l'espace des martingales fermées par une variable de L^p. Si $X \in \mathcal{M}^1$, X_∞ désignera sa variable terminale.

Nous désignerons par $\mathcal{H}^1$ l'ensemble des martingales X telles que $X^*_\infty = \sup_{s\geq 0} |X_s|$ soit intégrable. On vérifie facilement que $\mathcal{H}^1$, muni de la norme $\|X\|_{\mathcal{H}^1} = E(X^*_\infty)$, est un espace de Banach et que $\mathcal{M}^2 \subset \mathcal{H}^1 \subset \mathcal{M}^1$. Noter que la définition de $\mathcal{H}^1$ que nous avons choisie n'est pas la définition habituelle. C'est grâce à l'usage de la variable maximale X^*_∞ dans cette définition que nous pourrons effectuer des décompositions "atomiques". Nous poserons aussi, pour toute martingale X, $X^*_t = \sup_{s\leq t} |X_s|$. Pour une martingale $X \in \mathcal{M}^1$ et pour $q \in [1,\infty[$, on pose :

$$\|X\|_{bmo^q} = \sup\{\|X_\infty - X_T\|_q / P\{T<\infty\}^{1/q}\} \qquad (\tfrac{0}{0} = 0)$$

le Sup étant pris sur tous les temps d'arrêt T (de $(\mathcal{F}_t)$). L'espace $bmo^q = \{X \in \mathcal{M}^1 : \|X\|_{bmo^q} < \infty\}$ est alors un espace vectoriel normé. D'après l'inégalité de Hölder on a $\|X\|_{bmo^1} \leq \|X\|_{bmo^q}$ et $bmo^q \subset bmo^1$, $\forall q \geq 1$. Les normes $\|\cdot\|_{bmo^q}$, à la différence des normes $\|\cdot\|_{BMO^q}$ obtenues en remplaçant X_T par X_{T-} dans la définition (on pose $X_{0-} = X_0 = 0$), ne sont en général pas équivalentes, comme le montre l'exemple suivant (qui sera réutilisé dans la suite) :

Un exemple : Prenons comme système de tribus sur $(\Omega, \mathcal{F}, P)$

$\mathcal{F}_t$ = tribu triviale (dûment complétée) si $t < 1$

$\mathcal{F}_t = \mathcal{F}$ si $t \geq 1$.

Il est alors facile de voir que $\|X\|_{bmo^q} = \|X_\infty\|_q$, donc que $bmo = \mathcal{M}^q$ pour tout q.

§3 - MARTINGALES ATOMIQUES (ou ATOMES).

DEFINITION 1. On appelle martingale atomique (ou simplement atome) toute martingale a pour laquelle il existe un temps d'arrêt T tel que

(i) $a_t = 0$ si $t \le T$

(ii) $|a_t| \le \frac{1}{P\{T<\infty\}}$, $\forall t \ge 0$.

On a alors la proposition suivante.

PROPOSITION 1. Tout atome est dans la boule unité de $\mathcal{H}^1$.

Démonstration : Soit a un atome, T un temps d'arrêt associé ; on a $a_\infty^* \le \frac{1}{P\{T<\infty\}}$ et $a_\infty^* = 0$ sur $\{T = +\infty\}$ donc $E(a_\infty^*) \le 1$. ∎

Cette proposition admet trivialement le corollaire suivant.

COROLLAIRE 1. Pour toute suite (a^n) d'atomes, pour toute suite (λ_n) de scalaires tels que $\sum|\lambda_n| < \infty$, la série $\sum \lambda_n a^n$ est normalement convergente dans $\mathcal{H}^1$.

Nous verrons dans le paragraphe 6 quelles sont les martingales de $\mathcal{H}^1$ qui sont susceptibles d'une décomposition $\sum \lambda_n a^n$ du type ci-dessus. L'espace de telles martingales sera mis en dualité (partielle) avec l'espace bmo^1 , résultat que suggère la proposition suivante :

PROPOSITION 2. Pour toute martingale $Y \in \mathcal{M}^1$ on a

$$1/2\, \|Y\|_{bmo^1} \le \operatorname{Sup}\{|E(a_\infty Y_\infty)| \,;\, a \text{ atome}\} \le \|Y\|_{bmo^1} .$$

Démonstration : Soit $Y \in \mathcal{M}^1$.

1) Soit a un atome, soit T un temps d'arrêt associé. On a $|E(a_\infty Y_\infty)| = |E(a_\infty(Y_\infty - Y_T))| \le E[|Y_\infty - Y_T|]/P\{T<\infty\}$ d'où la deuxième inégalité.

2) Soit T un temps d'arrêt quelconque, soit Z_∞ la variable

signe $(Y_\infty - Y_T)$. Notons Z une version cad-lag de $E(Z_\infty|\mathcal{F}_t)$ et a la martingale $\frac{Z-Z^T}{2P\{T<\infty\}}$, où Z^T désigne la martingale stoppée en T . a est un atome et on a

$$E(|Y_\infty - Y_T|) = E[Z_\infty(Y_\infty - Y_T)] = E[(Z_\infty - Z_T)Y_\infty]$$

donc $1/2\, E(|Y_\infty - Y_T|)/P\{T<\infty\} = E(a_\infty Y_\infty)$; d'où la première inégalité. ∎

Les deux paragraphes suivants sont consacrés à des cas particuliers. Leur lecture n'est pas indispensable pour la suite.

§4 - DECOMPOSITION EN ATOMES DES MARTINGALES CONTINUES, RESULTATS DE GETOOR ET SHARPE.

Pour tout espace $\mathcal{E}$ de martingales, on note $\mathcal{E}_c$ l'ensemble des martingales continues de $\mathcal{E}$. $\mathcal{H}^1_c$ est un sous-espace fermé de $\mathcal{H}^1$. Par suite, si dans le corollaire 1, on suppose que les atomes a^n sont continus, alors $\sum\lambda_n a^n$ est en fait un élément de $\mathcal{H}^1_c$. Le théorème qui suit montre qu'on obtient ainsi tous les éléments de $\mathcal{H}^1_c$.

THEOREME 1.

$$\mathcal{H}^1_c = \{\sum\lambda_n a^n : a^n \text{ atomes continus, } \lambda_n \text{ scalaires, } \sum|\lambda_n| < \infty\},$$

<u>plus précisément, pour tout</u> $X \in \mathcal{H}^1_c$, <u>il existe une suite</u> $(a^n)_{n\geq 0}$ <u>d'atomes continus et une suite</u> $(\lambda_n)_{n\geq 0}$ <u>de scalaires telles que</u>

(i) $\forall t \geq 0$, <u>la suite</u> $\sum_{i=0}^{n} \lambda_i a^i_t$ <u>converge ponctuellement vers</u> X_t , <u>en restant dominée en module par</u> $2X^*_t$.

(ii) $\sum_{i=0}^{\infty} |\lambda_i| \leq 6\|X\|_{\mathcal{H}^1}$,

<u>et la série</u> $\sum\lambda_i a^i$ <u>converge alors normalement vers</u> X <u>dans</u> $\mathcal{H}^1$.

<u>Démonstration</u> : Soit $X \in \mathcal{H}^1_c$. Pour tout $p \in \mathbb{Z}$ on définit le temps d'arrêt

$$T_p = \mathrm{Inf}\{t : |X_t| > 2^p\} .$$

L'application $t \to X_t$ étant continue, $\lim\limits_{p\to+\infty} T_p = +\infty$. Par ailleurs $\lim\limits_{p\to-\infty} T_p = T = \inf\{t : X_t \neq 0\}$. Il en résulte que, si $T < t < \infty$, on a

$$X_t = \sum_{-\infty}^{+\infty} (X_{t\wedge T_{p+1}} - X_{t\wedge T_p}) ,$$

égalité qui reste vraie si $t \leq T$, puisque $X_t = 0$ pour $t \leq T$.

Posons alors

$$\mu_p = 3.2^p P\{T_p<\infty\} , \quad b^p = \frac{1}{\mu_p}(X^{T_{p+1}} - X^{T_p}) .$$

On a $\sum_{-\infty}^{+\infty} 2^{p-1} P\{X^*_\infty > 2^p\} \leq E(X^*_\infty)$, et, du fait que $\{T_p<\infty\} = \{X^*_\infty > 2^p\}$, il vient

$$\sum_{-\infty}^{+\infty} |\mu_p| \leq 6E(X^*_\infty) .$$

D'autre part, $b^p_t = 0$ si $t \leq T_p$, et comme $|X_{t\wedge T_p}| \leq 2^p$, il vient $b^p_t \leq \frac{1}{P\{T_p<\infty\}}$, de sorte que b^p est un atome associé à T_p . Pour obtenir des suites (a^n) , (λ_n) indexées par $\mathbb{N}$ et satisfaisant aux conditions (i) , (ii) , il reste à faire une renumérotation des b^p , μ_p . Par exemple on posera

$$a^{2k} = b^k , \quad \lambda_{2k} = \mu_k , \quad k = 0,1,2...$$

$$a^{2k-1} = b^{-k} , \quad \lambda_{2k-1} = \mu_{-k} , \quad k = 1,2.... .$$

La série $\sum \lambda_p a^p$ converge normalement dans $\mathcal{H}^1$, d'après le corollaire 1 . Le fait qu'elle converge vers X dans $\mathcal{H}^1$ résulte de ce que la convergence dans $\mathcal{H}^1$ implique la convergence p. s. pour chaque t , à extraction de sous-suite près.

Nous allons montrer maintenant que le théorème 1 admet comme conséquences la dualité entre $\mathcal{H}^1_c$ et bmo^1_c , le fait que $bmo^1_c = bmo^2_c$, ainsi que les inégalités de DAVIS pour les martingales continues, c'est-à-dire les résultats essentiels de GETOOR et SHARPE [4] , avec une présentation totalement différente.

LEMME 1 (Inégalité de FEFFERMAN). <u>Pour</u> $X \in \mathcal{M}_c^\infty$, $Y \in bmo_c^1$

$$|E(X_\infty Y_\infty)| \le 6\|X\|_{\mathcal{H}^1}\|Y\|_{bmo^1} .$$

Démonstration : D'après le théorème 1, X admet une décomposition $\sum\lambda_n a^n$ possédant les propriétés (i) et (ii) . D'après le théorème de convergence dominée on a

$$E(X_\infty Y_\infty) = \sum \lambda_n E(a^n_\infty Y_\infty) .$$

Donc $|E(X_\infty Y_\infty)| \le \sum|\lambda_n|\|Y\|_{bmo^1}$ et le résultat. On a ici utilisé le fait que pour tout atome a , $|E(a_\infty Y_\infty)| \le \|Y\|_{bmo^1}$ (deuxième inégalité de la proposition 2). ∎

Le lemme 1 permet de plonger bmo_c^1 dans le dual de $\mathcal{H}_c^1$ (d'après le théorème 1, $\mathcal{M}_c^\infty$ est dense dans $\mathcal{H}_c^1$). L'identification du dual de $\mathcal{H}_c^1$ va alors résulter du lemme qui suit, après avoir noté qu'un élément $\ell \in (\mathcal{H}_c^1)'$ définit de manière unique un élément $Y \in \mathcal{M}_c^2$ tel que $\ell(X) = E(X_\infty Y_\infty)$ pour $X \in \mathcal{M}_c^2$.

LEMME 2. <u>Soit</u> $Y \in \mathcal{M}_c^2$ <u>tel que</u>

$$|E(X_\infty Y_\infty)| \le C\|X\|_{\mathcal{H}^1} , \quad X \in \mathcal{M}_c^2 .$$

<u>Alors</u>

$$\|Y\|_{bmo^2} \le 2C$$

<u>donc</u> $Y \in bmo_c^2$ (<u>donc aussi</u> $Y \in bmo_c^1$) .

Démonstration : Soit T un temps d'arrêt. La martingale $X = Y-Y^T$ est dans $\mathcal{M}_c^2$, donc

$$E[(Y_\infty - Y_T)^2] = E(X_\infty Y_\infty) \le C\|X\|_{\mathcal{H}^1} .$$

Mais $X^*_\infty = 0$ si $T = \infty$, donc

$$\|X\|_{\mathcal{H}^1} \le \|X^*_\infty\|_2 P\{T<\infty\}^{1/2} \quad \text{(inégalité de SCHWARZ)}$$

$$\le 2\|X_\infty\|_2 P\{T<\infty\}^{1/2} \quad \text{(inégalité de DOOB)}$$

et comme $X_\infty = Y_\infty - Y_T$, il vient

$$\|Y_\infty - Y_T\|_2 \le 2C P\{T<\infty\}^{1/2}$$

d'où le résultat. ∎

Remarque : La conjonction des lemmes 1 et 2 entraîne que $bmo^1_c = bmo^2_c$ et que sur bmo^1_c les normes $\|.\|_{bmo^1_c}$ et $\|.\|_{bmo^2_c}$ sont équivalentes, ce qui s'obtient aussi comme conséquence des inégalités de JOHN-NIRENBERG.

Enonçons maintenant le théorème de dualité obtenu après avoir posé $bmo_c = bmo^1_c = bmo^2_c$.

THEOREME 2. Pour tout $Y \in bmo_c$, il existe une forme linéaire continue ℓ_Y et une seule, sur $\mathcal{H}^1_c$, telle que pour tout $X \in \mathcal{M}^\infty_c$, $\ell_Y(X) = E(X_\infty Y_\infty)$. L'application $Y \to \ell_Y$ ainsi définie est une bijection bi-continue de bmo_c sur $(\mathcal{H}^1_c)'$, muni de sa norme de dual.

Pour retrouver par cette présentation les résultats essentiels de GETOOR et SHARPE, il nous reste à établir les inégalités de DAVIS.

DEFINITION 2. Pour toute martingale continue X , on note $\langle X,X\rangle$ le processus croissant continu associé et on pose

$$\|X\|_{H^1} = E[\langle X,X\rangle_\infty^{1/2}] .$$

On désigne par H^1_c l'ensemble des martingales continues telles que $\|X\|_{H^1} < \infty$.

Notons que, d'après l'inégalité de SCHWARZ, on a

$$\|X\|_{H^1} \le E[\langle X,X\rangle_\infty]^{1/2}$$

donc $\|X\|_{H^1} \le \|X_\infty\|_2$.

PROPOSITION 3. Tout atome continu est dans la boule unité de H^1_c.

Démonstration : Soit a un atome continu, soit T un temps d'arrêt associé. On a $E[\langle a,a\rangle_T] = E[a^2_T] = 0$. Par suite $\langle a,a\rangle_\infty = 0$ si $T = \infty$ et d'après l'inégalité de SCHWARTZ, il vient

$$\|a\|_{H^1} \le E[\langle a,a\rangle_\infty]^{1/2} P\{T < \infty\}^{1/2}$$

mais $E[\langle a,a\rangle_\infty] = E(a_\infty^2) \leq \frac{1}{P\{T<\infty\}^2} P\{T<\infty\} = \frac{1}{P\{T<\infty\}}$ d'où le résultat. ∎

PROPOSITION 4 (1ère inégalité de DAVIS). <u>Pour toute martingale continue</u>

$$\|X\|_{H^1} \leq 6\|X\|_{\mathcal{H}^1} .$$

<u>Démonstration</u> : Par arrêt on se ramène au cas où X est bornée. Soit $\sum \lambda_n a^n$ une décomposition de X satisfaisant aux conditions (i) et (ii) du théorème 1. La série $\sum \lambda_n a^n$ converge vers X dans $\mathcal{M}^2$, donc aussi dans H^1. Par suite

$$\|X\|_{H^1} \leq \sum |\lambda_i| \|a^i\|_{H^1} \leq \sum |\lambda_i| \leq 6\|X\|_{\mathcal{H}^1} . \blacksquare$$

PROPOSITION 5 (2e inégalité de DAVIS). <u>Pour toute martingale continue</u> X <u>on a</u>

$$\|X\|_{\mathcal{H}^1} \leq 2\sqrt{2}\,\|X\|_{H^1} .$$

<u>Démonstration</u> : Nous reprenons ici sans démonstration l'inégalité de FEFFERMAN pour H^1_c et bmo^2_c (théorème (3.5) de [4]) :

$$|E(X_\infty, Y_\infty)| \leq \sqrt{2}\,\|X\|_{H^1}\|Y\|_{bmo^2} , \quad X \in \mathcal{M}^2_c , \quad Y \in \mathcal{M}^2_c .$$

Soit maintenant $X \in \mathcal{M}^\infty_c$ et soit $\ell \in (\mathcal{H}^1_c)'$, de norme 1, tel que $\ell(X) = \|X\|_{\mathcal{H}^1}$. D'après le théorème 2 et le lemme 2, $\ell = \ell_Y$ avec $\|Y\|_{bmo^2} \leq 2$. Il résulte de l'inégalité ci-dessus que

$$\|X\|_{\mathcal{H}^1} \leq 2\sqrt{2}\,\|X\|_{H^1} . \blacksquare$$

§5 - <u>MARTINGALES DYADIQUES</u>. <u>DECOMPOSITION EN ATOMES</u>. <u>DUALITE AVEC BMO</u> .

Lorsque $\mathcal{H}^1 = \mathcal{H}^1_c$ (cas brownien), il résulte du théorème 1 que toute martingale de $\mathcal{H}^1$ est décomposable en atomes. Nous allons voir que, dans le cas "dyadique" également, toute martingale de $\mathcal{H}^1$ est décomposable en atomes. Cela n'est pas vrai en général, comme nous le verrons plus loin.

Nous supposons dans ce paragraphe que $\Omega = [0,1]$, que $\mathcal{F}$ est la tribu des ensembles mesurables (au sens de LEBESGUE) de $[0,1]$ et que P est la mesure de LEBESGUE de $[0,1]$. On note $\mathcal{F}_n$ la tribu engendrée par les négligeables et les intervalles $[\frac{k}{2^n}, \frac{k+1}{2^n}[$, $k = 0,1,\ldots,2^n-1$. Pour rester avec les notations des paragraphes précédents, on pose aussi $\mathcal{F}_t = \mathcal{F}_{[t]}$ pour tout $t \in \mathbb{R}_+$, de sorte qu'une martingale X est telle que $X_t = X_{[t]}$, $\forall t \geq 0$.

La notion suivante nous permettra d'adapter facilement la démonstration du théorème 1 à la situation présente (les difficultés proviennent des sauts de la martingale X : on n'a plus nécessairement $|X_{t\wedge T_p}| \leq 2^p$) .

DEFINITION 3. Pour tout temps d'arrêt discret T (c'est-à-dire ne prenant p.s. que des valeurs entières) on pose

$$\tilde{T} = \text{Ess Sup}\{S : S \text{ temps d'arrêt discret} < T \text{ p.s.}\} .$$

Le temps d'arrêt $\tilde{T}$ est appelé <u>annonceur</u> de T .

Noter que $\tilde{T} < T$ p.s. sur $\{T<\infty\}$. On peut même expliciter $\tilde{T}$ de la manière suivante. Soit G_n le plus petit ensemble de $\mathcal{F}_{n-1}$ qui contienne $\{T = n\}$. Les G_n ne sont pas nécessairement disjoints. Posons

$$G'_1 = G_1 \quad , \quad G'_2 = G_2 \backslash G_1 , \ldots , G'_n = G_n \backslash G_1 \cup \ldots \cup G_{n-1} .$$

Il est alors facile de vérifier que p.s.

$$\begin{aligned} \tilde{T} &= n-1 \quad \text{sur} \quad G'_n \ , \quad n = 1,2,\ldots \\ &= +\infty \quad \text{sur} \quad \cup G'_n \ . \end{aligned}$$

Il en résulte que

$$P\{\tilde{T}<\infty\} \leq \sum P(G_n) \leq 2\sum P\{T=n\} = 2P\{T<\infty\}$$

et nous avons obtenu la proposition suivante.

PROPOSITION 6. <u>Pour tout temps d'arrêt discret</u> T

$$P(\tilde{T}<\infty) \leq 2P\{T<\infty\} .$$

Nous sommes maintenant en mesure de démontrer le :

THEOREME 3. <u>Dans le cas dyadique</u>

$$\mathcal{H}^1 = \{\sum \lambda_i a^i : a^i \text{ atomes, } \lambda_i \text{ scalaires, } \sum|\lambda_i| < \infty\}$$

<u>plus précisément pour tout</u> $X \in \mathcal{H}^1$ <u>il existe une suite</u> $(a^n)_{n\geq 0}$ <u>d'atomes et une suite</u> $(\lambda_n)_{n\geq 0}$ <u>de scalaires telles que</u>

(i) $\forall t \geq 0$, <u>la suite</u> $\sum_{i=0}^{n} \lambda_i a_t^i$ <u>converge ponctuellement vers</u> X_t , <u>en restant dominée en module par</u> $2X_t^*$.

(ii) $\sum_{i=0}^{\infty} |\lambda_i| \leq 12\|X\|_{\mathcal{H}^1}$,

<u>et la série</u> $\sum \lambda_i a^i$ <u>converge normalement vers</u> X <u>dans</u> $\mathcal{H}^1$.

<u>Démonstration</u> : Soit $X \in \mathcal{H}^1$; on définit la suite $(T_p)_{p\in\mathbb{Z}}$ comme pour le théorème 1. On a $\lim_{p\to+\infty} T_p = +\infty$, et aussi $\lim_{p\to+\infty} \tilde{T}_p = +\infty$, comme on le vérifie aisément. On a donc

$$X_t = \sum_{-\infty}^{+\infty} (X_{t\wedge\tilde{T}_{p+1}} - X_{t\wedge\tilde{T}_p}) .$$

On a aussi $|X_{t\wedge\tilde{T}_p}| \leq 2^p$ p.s., car $\tilde{T}_p < T_p$ p.s. sur $\{T_p < \infty\}$. Ces éléments et la proposition 6 permettent de terminer la démonstration comme pour le théorème 1. ■

Les méthodes du paragraphe précédent permettent de déduire du théorème 3 que, dans le cas particulier dyadique :

$$(\mathcal{H}_1)' = \text{bmo}^1 = \text{bmo}^q , \quad \forall q \in [1,\infty[.$$

Par ailleurs on vérifie facilement que $\text{bmo}^2 = \text{BMO}$.

§6 - MARTINGALES DECOMPOSABLES EN ATOMES : L'ESPACE $\mathcal{H}^1_g$.

DEFINITION 4. Soit $\mathcal{A}^1_g$ l'ensemble des processus croissants A adaptés nuls en 0 , continus à gauche et tels que A_∞ soit intégrable.

Nous désignerons par $\mathcal{H}^1_g$ l'ensemble des martingales X pour lesquelles il existe $A \in \mathcal{A}^1_g$ tel que $\forall t$, $|X_t| \le A_t$ p.s. . $\mathcal{H}^1_g$ est un sous-espace vectoriel de $\mathcal{H}^1$ et

$$\|X\|_{\mathcal{H}^1_g} = \mathrm{Inf}\{ E(A_\infty) : A \in \mathcal{A}^1_g , |X_t| \le A_t , \forall t \text{ p.s.}\}$$

est une norme qui en fait un espace de Banach (vérification simple).

On a évidemment

$$\|X\|_{\mathcal{H}^1} \le \|X\|_{\mathcal{H}^1_g}$$

mais en général ces deux normes ne sont pas équivalentes ; en d'autres termes $\mathcal{H}^1_g$ n'est pas nécessairement fermé dans $\mathcal{H}^1$. En effet, dans l'exemple du paragraphe 2, il est facile de voir que $\mathcal{H}^1 = \mathcal{M}^1$ et $\mathcal{H}^1_g = \mathcal{M}^\infty$. Or en général $\mathcal{M}^\infty \simeq L^\infty_o$ n'est pas fermé dans $\mathcal{M}^1 \simeq L^1_o$ (le o indique que les fonctions sont de moyenne nulle). ▪

$\mathcal{H}^1_c$ est un sous-espace de $\mathcal{H}^1_g$, car si $X \in \mathcal{H}^1_c$ le processus (X^*_t) est dans $\mathcal{A}^1_g$.

$\mathcal{M}^\infty$ est également un sous-espace de $\mathcal{H}^1_g$, car si $X \in \mathcal{M}^\infty$ $\|X_\infty\|_\infty . 1_{t>0} \in \mathcal{A}^1_g$. On montre aisément, par une technique d'arrêt, que $\mathcal{M}^\infty$ est dense dans $\mathcal{H}^1_g$ (cela résultera aussi du théorème 4).

Si a est un atome et T un temps d'arrêt associé, le processus $\|a_\infty\|_\infty . 1_{t>T} \in \mathcal{A}^1_g$ et majore $|a|$, donc a est dans la boule unité de $\mathcal{H}^1_g$. La proposition 1 et le corollaire 1 peuvent ainsi être améliorés en remplaçant $\mathcal{H}^1$ par $\mathcal{H}^1_g$, et on a en fait le théorème suivant :

THEOREME 4. $\mathcal{H}^1_g = \{\sum \lambda_n a^n : a^n \text{ atomes}, \lambda_n \text{ scalaires}, \sum|\lambda_n| < \infty\}$.

Plus précisément, pour toute martingale $X \in \mathcal{H}^1_g$, il existe une suite d'atomes (a^n) et une suite de scalaires (λ_n) telles que

(i) $\forall t \geq 0$, <u>la suite</u> $\sum_0^n \lambda_i a_t^i$ <u>converge ponctuellement vers</u> X_t , <u>en restant dominée en module par</u> $2X_t^*$.

(ii) $\sum_0^\infty |\lambda_i| \leq 12 \|X\|_{\mathcal{H}_g^1}$,

<u>et la série</u> $\sum \lambda_i a^i$ <u>converge normalement vers</u> X <u>dans</u> $\mathcal{H}_g^1$.

<u>Démonstration</u> : Soit $X \in \mathcal{H}_g^1$ et soit $A \in \mathcal{A}_g^1$ majorant $|X|$ et tel que $E(A_\infty) \leq 2\|X\|_{\mathcal{H}_g^1}$. On pose

$$T_p = \inf\{ t : A_t > 2^p \} , \ p \in \mathbb{Z} .$$

On a $\lim_{p\to\infty} T_p = +\infty$, $\lim_{p\to-\infty} T_p = T = \inf\{t : A_t > 0\}$ ce qui permet d'écrire

$$X_t = \sum_{-\infty}^{+\infty} (X_{t\wedge T_{p+1}} - X_{t\wedge T_p}) .$$

On a $A_{T_p} \leq 2^p$ car le processus A est continu à <u>gauche</u>, et par suite $|X_{t\wedge T_p}| \leq 2^p$. La démonstration se termine comme pour le théorème 1, en remplaçant X_∞^* par A_∞ . ∎

§7 - <u>LE DUAL DE</u> $\mathcal{H}_g^1$ <u>ET</u> bmo^1 .

D'après l'exemple du paragraphe 2, il n'est pas question de montrer que $(\mathcal{H}_g^1)' = \text{bmo}^1$! Toutefois, si nous notons $(\mathcal{H}_g^1)'_{m^1}$ le sous-espace de $(\mathcal{H}_g^1)'$ (muni de sa norme de dual) constitué des formes linéaires ℓ pour lesquelles il existe $Y \in \mathcal{M}^1$ (unique) tel que

$$\ell(X) = E(X_\infty Y_\infty) \quad , \ \forall X \in \mathcal{M}^\infty ,$$

alors on peut énoncer le résultat suivant :

THEOREME 5. <u>Pour tout</u> $Y \in \text{bmo}^1$, <u>il existe une forme linéaire continue</u> ℓ_Y , <u>et une seule</u>, <u>sur</u> $\mathcal{H}_g^1$, <u>telle que</u>

$$\ell_Y(X) = E(X_\infty Y_\infty) \ , \quad \forall X \in \mathcal{M}^\infty .$$

<u>L'application</u> $Y \to \ell_Y$ <u>ainsi définie est une bijection bicontinue de</u> bmo^1 <u>sur</u> $(\mathcal{H}_g^1)'_{m^1}$.

Démonstration : Elle repose sur les deux lemmes suivants.

LEMME 3. Soit $Y \in bmo^1$; pour tout $X \in \mathcal{M}^\infty$ on a

$$|E(X_\infty Y_\infty)| \leq 12\|X\|_{H^1_g} \|Y\|_{bmo^1} .$$

La démonstration de ce lemme est identique à celle du lemme 1, en utilisant cette fois le théorème 4. ∎

LEMME 4. Soit $\ell \in (H^1_g)'_{m^1}$, représenté par $Y \in \mathcal{M}^1$. Alors $\|Y\|_{bmo^1} \leq 2\|\ell\|$.

Démonstration : D'après la première inégalité de la proposition 2 du paragraphe 3, on a $\frac{1}{2}\|Y\|_{bmo^1} \leq \|\ell\|$ (les atomes sont dans la boule unité de H^1_g). ∎

Remarque : Dans le cas discret, c'est-à-dire lorsque $\mathcal{F}_t = \mathcal{F}_{[t]}$, $\forall t \geq 0$, on vérifie facilement que H^1_g s'identifie à la classe $\mathcal{P}$ définie par GARSIA ([3] page 91). L'exemple du paragraphe 2 montre qu'on n'a pas toujours $(\mathcal{P})' = bmo^1$, malgré ce qu'affirme un peu rapidement GARSIA dans [3] page 130.

§8 - DECOMPOSITION DE DAVIS : $H^1 = H^1_g + H^1_v$.

En général $H^1_g \neq H^1$, comme nous l'avons vu. Toutefois la décomposition de DAVIS, étendue par MEYER au cas général (voir [5] page 145) permet d'écrire toute martingale de H^1 comme somme d'une martingale de H^1_g et d'une martingale à variation intégrable, avec de bonnes conditions sur leurs normes. Ce résultat remarquable, combiné avec les résultats du §7 et du §9 nous permettra une nouvelle approche de la dualité (H^1, BMO), voir §10.

Pour tout processus cad-lag adapté X on note V_X la variation totale de la trajectoire $t \to X_t$, et on dit que X est à variation intégrable si $E(V_X) < \infty$.

DEFINITION 5. On notera $\mathcal{H}_v^1$ l'ensemble des martingales X à variation intégrable et pour $X \in \mathcal{H}_v^1$ on note :

$$\|X\|_{\mathcal{H}_v^1} = E(V_X) .$$

$\mathcal{H}_v^1$ est un espace vectoriel normé (complet) et on a

$$\mathcal{H}_v^1 \subset \mathcal{H}^1 \quad \text{et} \quad \|X\|_{\mathcal{H}^1} \leq \|X\|_{\mathcal{H}_v^1} .$$

THEOREME 6 (Décomposition de DAVIS). $\mathcal{H}^1 = \mathcal{H}_g^1 + \mathcal{H}_v^1$. Plus précisément pour toute martingale $X \in \mathcal{H}^1$, il existe deux martingales $Y \in \mathcal{H}_g^1$ et $Z \in \mathcal{H}_v^1$ telles que

i) $X = Y+Z$

ii) $\|Y\|_{\mathcal{H}_g^1} \leq 17\|X\|_{\mathcal{H}^1}$

iii) $\|Z\|_{\mathcal{H}_v^1} \leq 8\|X\|_{\mathcal{H}^1}$.

Démonstration : Soit $X \in \mathcal{H}^1$. Posons :

$$Q_t = \sum_{s \leq t} \Delta X_s \cdot 1_{\{X_t^* > 2X_{t-}^*\}} .$$

On définit ainsi un processus adapté cad-lag. Du fait que $X_t^* > 2X_{t-}^*$ entraîne $X_t^* < 2(X_t^* - X_{t-}^*)$ et $(\Delta X_t) \leq 4(X_t^* - X_{t-}^*)$, il vient $V_Q \leq 4X_\infty^*$ et donc $E(V_Q) \leq 4\|X\|_{\mathcal{H}^1}$. Notons alors (Z_t) la martingale compensée de (Q_t) : $Z = Q - \tilde{Q}$, où $\tilde{Q}$ est le processus prévisible, à variation finie, nul en 0 tel que $Q - \tilde{Q}$ soit une martingale. On a $E(V_{\tilde{Q}}) \leq E(V_Q)$, donc $Z \in \mathcal{H}_v^1$ et $\|Z\|_{\mathcal{H}_v^1} \leq 8\|X\|_{\mathcal{H}^1}$.

Posons maintenant $Y = X-Z$. L'argument de MEYER ([6] page 145) convenablement adapté (la décomposition de DAVIS de MEYER n'est pas tout à fait la notre !) montre que $|\Delta Y_t| \leq 8X_{t-}^*$. Mais

$$E(Y_\infty^*) = \|Y\|_{\mathcal{H}^1} \leq \|X\|_{\mathcal{H}^1} + \|Z\|_{\mathcal{H}^1} \leq 9\|X\|_{\mathcal{H}^1} .$$

Donc de $|Y_t| \leq |Y_{t-}| + |\Delta Y_t| \leq Y_{t-}^* + 8X_{t-}^*$ on déduit que $\|Y\|_{\mathcal{H}_v^1} \leq 17\|X\|_{\mathcal{H}^1}$. ∎

Remarque : La décomposition faite dans la démonstration précédente est telle que si on suppose $X \in \mathcal{M}^\infty$, alors Y et $Z \in \mathcal{M}^2$. (En effet, $X \in \mathcal{M}^\infty$ implique Q bornée, puisque $V_Q \leq 4X^*_\infty$, donc $\tilde{Q}_\infty \in L^2$, et donc Z , puis $Y = X-Z$, sont dans $\mathcal{M}^2$) .

§9 - LE DUAL DE $\mathcal{H}^1_v$ ET bj .

Dans ce paragraphe, nous caractérisons une partie "raisonnable" du dual de $\mathcal{H}^1_v$, ce qui, grâce aux deux paragraphes précédentes, nous fournira la dualité $(\mathcal{H}^1, BMO)$.

DEFINITION 6. On dira qu'une martingale X est dans bj (à sauts bornés) si la quantité $\|X\|_{bj}$ définie par

$$\|X\|_{bj} = \operatorname{Sup}\{\|\Delta X_T . I_{\{0<T<\infty\}}\|_\infty \ ;\ T \text{ temps d'arrêt}\}$$

est finie. bj est un espace vectoriel, et $\|X\|_{bj}$ est une semi norme sur cet espace vectoriel.

Nous noterons $(\mathcal{H}^1_v)'_{m^2}$ le sous-espace de $(\mathcal{H}^1_v)'$ constitué des formes linéaires ℓ pour lesquelles il existe $Y \in \mathcal{M}^2$ tel que

$$\forall X \in \mathcal{H}^1_v \cap \mathcal{M}^2 \quad , \quad \ell(X) = E(X_\infty Y_\infty) \ .$$

On a alors le théorème suivant :

THEOREME 7. <u>Pour tout $Y \in bj \cap \mathcal{M}^2$, il existe une forme linéaire continue unique ℓ_Y sur $\mathcal{H}^1_v$ telle que</u>

$$\forall X \in \mathcal{H}^1_v \cap \mathcal{M}^2 \quad , \quad \ell_Y(X) = E(X_\infty Y_\infty) \ .$$

<u>De plus l'application $Y \to \ell_Y$ a pour image $(\mathcal{H}^1_v)'_{m^2}$ et on a :</u>

$$\frac{1}{2}\|Y\|_{bj} \leq \|\ell_Y\|_{(\mathcal{H}^1_v)'} \leq \|Y\|_{bj} \ .$$

Attention : $Y \to \ell_Y$ n'est en général pas injective, de même que $\|Y\|_{bj}$ n'est en général pas une norme.

Pourtant dans le cas discret, on a injectivité, et on peut même vérifier facilement que $(\mathcal{H}^1_v)' = bj$, $\ell_Y(X)$ se définissant quelque soit Y dans bj et X dans $\mathcal{H}^1_v$ par

$$\ell_Y(X) = E(\sum_{\Delta} \Delta X_s . \Delta Y_s) .$$

D. LEPINGLE nous a signalé que ce résultat s'apparentait à un résultat de HERZ de [5], énoncé sous la forme : "le dual de AM est BD".

La démonstration du théorème 7 résulte immédiatement des trois lemmes suivants :

LEMME 5 $(\mathcal{H}^1_v) \cap \mathcal{M}^2$ <u>est dense dans</u> $\mathcal{H}^1_v$.

<u>Démonstration</u> : D'après MEYER [7] IV.8, il suffit de montrer que si $X \in \mathcal{H}^1_v$ et si T réduit fortement X, alors X^T peut être approchée dans $\mathcal{H}^1_v$ par une suite d'éléments de $\mathcal{H}^1_v \cap \mathcal{M}^2$. Notons U la martingale compensée du processus X^{T^-} (défini par $X^{T^-}_t = X_t$ si $t < T$, $X^{T^-}_t = X_{T^-}$ si $t \geq T$) et V la martingale compensée du processus $(\Delta X_T).1_{t \geq T}$. On a bien sûr :

$$X = U + V .$$

Mais $U \in \mathcal{M}^2 \cap \mathcal{H}^1_v$ puisque X^{T^-} est borné et à variation intégrable. Il suffit donc d'approcher V :

Soit Z_n une suite de v.a. $\mathcal{F}_T$-mesurables bornées convergeant vers ΔX_T dans L^1 et soit V_n la compensée du processus $Z_n.1_{t \geq T}$. On a bien $V_n \in \mathcal{M}^2 \cap \mathcal{H}^1_v$ et $V_n \to V$ dans $\mathcal{H}^1_v$. ∎

LEMME 6. <u>Si</u> $X \in \mathcal{H}^1_v \cap \mathcal{M}^2$ <u>et</u> $Y \in bj \cap \mathcal{M}^2$, <u>on a</u>

$$|E(X_\infty Y_\infty)| \leq \|X\|_{\mathcal{H}^1_v} \|Y\|_{bj} .$$

Démonstration : X étant à variation intégrable, on a

$$E(X_\infty Y_\infty) = E(\sum_t (\Delta X_t \cdot \Delta Y_t)$$

d'où le résultat.

LEMME 7. Soit $Y \in \mathcal{M}^2$ tel que

$$\forall X \in \mathcal{H}^1_V \cap \mathcal{M}^2 \,, \; |E(X_\infty Y_\infty)| \leq \|X\|_{\mathcal{H}^1_V} .$$

Alors $Y \in bj$ et $\|Y\|_{bj} \leq 2$.

Démonstration : Nous allons utiliser un argument de MEYER [7] . Il s'agit de voir que, pour tout temps d'arrêt T , $\|\Delta Y_T\|_\infty \leq 2$ (rappelons que $Y_{0-} = 0$) , ou encore que

$$E(\Phi \Delta Y_T) \leq 2$$

pour toute variable Φ bornée, $\mathcal{F}_T$-mesurable, telle que $\|\Phi\|_1 \leq 1$. Envisageons le processus $\Phi_t = \Phi I_{t \geq T}$, puis le processus prévisible, à variation intégrable, $(\tilde{\Phi}_t)$ tel que $X_t = \Phi_t - \tilde{\Phi}_t$ soit une martingale (on suppose aussi que $\tilde{\Phi}_0 = 0$) . Comme Φ est bornée, $X \in \mathcal{M}^2$. On a aussi $\|X\|_V \leq 2\|\Phi\|_1$ et par suite $\|X\|_{\mathcal{H}^1} \leq 2$. D'après [7] II.9, on a $E(\Delta X_T \Delta Y_T) = E(X_\infty Y_\infty)$. Si T est totalement inaccessible, $(\tilde{\Phi}_t)$ est continu et $\Delta X_T = \Phi$, donc par hypothèse

$$|E(\Phi \Delta Y_T)| \leq \|X\|_{\mathcal{H}^1} \leq 2 .$$

Si T est prévisible, $\tilde{\Phi}_t = E(\Phi | \mathcal{F}_{T-}) I_{t \geq T}$ et $\Delta X_T = \Phi - E[\Phi | \mathcal{F}_{T-}]$, et on a encore $E(\Delta X_T \Delta Y_T) = E(\Phi \Delta Y_T)$, d'où la même conclusion. ■

§10 - LE DUAL DE $\mathcal{H}^1$ EST BMO .

DEFINITION 7. BMO est l'ensemble des $X \in \mathcal{M}^1$ telles que $\|X\|_{BMO} < \infty$, où

$$\|X\|_{BMO} = \operatorname{Sup}\{ \|X_\infty - X_{T-}\|_2 \cdot \frac{1}{P(T<\infty)^{1/2}} \;;\; T \text{ temps d'arrêt} \} .$$

Cette définition de BMO est équivalente à celle de MEYER ([6] page 333), d'après les remarques qui suivent cette définition. Toujours d'après ces remarques on a

$$\mathrm{BMO} = \mathrm{bmo}^2 \cap \mathrm{bj}$$

$$\mathrm{Sup}\{\|X\|_{\mathrm{bmo}^2}, \|X\|_{\mathrm{bj}}\} \leq \|X\|_{\mathrm{BMO}} \leq \|X\|_{\mathrm{bmo}^2} + \|X\|_{\mathrm{bj}} .$$

THEOREME 8. Le dual de $\mathcal{H}^1$ est BMO. Plus précisément, pour tout $Y \in \mathrm{BMO}$, il existe un élément unique ℓ_Y de $(\mathcal{H}^1)'$ tel que

$$\forall X \in \mathcal{M}^\infty , \quad \ell_Y(X) = E(X_\infty Y_\infty)$$

et l'application $Y \to \ell_Y$ ainsi définie est une bijection bicontinue de BMO sur $(\mathcal{H}^1)'$.

La démonstration découle immédiatement des trois lemmes suivants :

LEMME 8. $\mathcal{M}^\infty$ est dense dans $\mathcal{H}^1$.

Démonstration : On peut soit adapter l'argument de MEYER ([7], page 339) à notre définition de $\mathcal{H}^1$, soit utiliser la décomposition de DAVIS du §8, la densité de $\mathcal{M}^\infty$ dans $\mathcal{H}^1_g$, et la densité de $\mathcal{H}^1_v \cap \mathcal{M}^2$ dans $\mathcal{H}^1_v$.

LEMME 9 (Inégalité de FEFFERMAN). Soient $X \in \mathcal{M}^\infty$, $Y \in \mathrm{BMO}$. On a :

$$|E(X_\infty Y_\infty)| \leq 212 \|X\|_{\mathcal{H}^1} \|Y\|_{\mathrm{BMO}} .$$

Démonstration : immédiate après le lemme 3, le lemme 6, le théorème 6 et la remarque qui le suit (et $12 \times 17 + 8 = 212$...).

LEMME 10. Soit $Y \in \mathcal{M}^2$ telle que

$$\forall X \in \mathcal{M}^2 , \quad |E(X_\infty Y_\infty)| \leq \|X\|_{\mathcal{H}^1} .$$

Alors $Y \in \mathrm{BMO}$ et $\|Y\|_{\mathrm{BMO}} \leq 4$.

Démonstration : On a $\|Y\|_{\mathrm{bmo}^2} \leq 2$ d'après l'argument du lemme 2, et $\|Y\|_{bj} \leq 2$ d'après le lemme 7. D'où le résultat.

§11 - INEGALITES DE DAVIS.

Avant d'en venir aux inégalités de DAVIS, rappelons la définition de MEYER de l'espace H^1.

DEFINITION 8. Pour toute martingale X on pose

$$[X,X]_t = \langle X^c, X^c\rangle_t + \sum_{s\leq t} (\Delta X_s)^2 ,$$

où X^c désigne la partie martingale locale continue de X,

$$\|X\|_{H^1} = E([X,X]_\infty^{1/2}) .$$

H^1 est l'espace des martingales X telles que $\|X\|_{H^1} < \infty$.

H^1 est un espace vectoriel normé, admettant $\mathcal{M}^\infty$ comme sous-espace dense ([7], V.12). Noter que $X_t^2 - [X,X]_t$ est une martingale si $X \in \mathcal{M}^2$ et que par suite $\|X\|_{H^1} \leq \|X_\infty\|_2$, comme dans le cas continu. Noter aussi que $\|X\|_{H^1} \leq \|X\|_v$, car si $\|X\|_v < \infty$, alors $X^c = 0$ et

$$[X,X]_\infty = \Sigma(\Delta X_s)^2 \leq (\Sigma\,|\Delta X_s|)^2 .$$

PROPOSITION 7. <u>Tout atome est dans la boule unité de</u> H^1.

<u>Démonstration</u> : C'est celle de la proposition 3, à condition de remplacer $\langle a,a\rangle$ par $[a,a]$. ∎

PROPOSITION 8. (1ère inégalité de DAVIS). <u>Pour toute martingale</u> X <u>on a</u>

$$\|X\|_{H^1} \leq 212\,\|X\|_{\mathcal{H}^1} .$$

<u>Démonstration</u> : $\mathcal{M}^\infty$ étant dense dans H^1 et dans $\mathcal{H}^1$, on peut supposer que X est bornée. Soit (Y,Z) la décomposition de DAVIS de X . Y admet une décomposition atomique $\sum\lambda_i a^i$ satisfaisant aux conditions (i) et (ii) du théorème 4. D'après le théorème de convergence dominée, $\sum\lambda_i a^i$ converge vers Y dans $\mathcal{M}^2$, donc aussi dans H^1 . Par suite,

$$\|Y\|_{H^1} \le \sum |\lambda_i| \, \|a^i\|_{H^1} \le \sum |\lambda_i| \le 12 \|P\|_{\mathcal{H}^1_g} \le 12 \times 17 \|X\|_{\mathcal{H}^1} .$$

D'autre part

$$\|Z\|_{H^1} \le \|Z\|_{\mathcal{H}^1_v} \le 8 \|X\|_{\mathcal{H}^1} .$$

D'où le résultat.

PROPOSITION 9. (2e inégalité de DAVIS). <u>Pour toute martingale</u> X <u>on a</u>

$$\|X\|_{\mathcal{H}^1} \le 4\sqrt{2} \|X\|_{H^1} .$$

<u>Démonstration</u> : On reprend l'inégalité de FEFFERMAN pour H^1 et BMO ([7] V.9) et on raisonne comme pour la proposition 5, en utilisant cette fois le théorème 7 et le lemme 7. ∎

REFERENCES

[1] R.R. COIFMAN - A real variable characterization of H^p . Studia Mathematica, T. LI . (1974) pp.

[2] B. DAVIS - On the integrability of the martingale square function. Israel J.M. 8, 187-190. (1970).

[3] A. GARSIA - Martingale Inequalities. Seminar Notes on Recent Progress, Benjamin (1973).

[4] R.K. GETOOR - M.J. SHARPE - Conformal martingales. Invent. Math. 16, 271-308 (1972).

[5] C. HERZ - Bounded mean oscillation and regulated martingales. Trans. Amer. Math. Soc. 193, n°6 (1974).

[6] P.A. MEYER - Le dual de "H^1" est "BMO" . Séminaire de probabilités VII, Lecture Notes in Mathematics 321, Springer (1973).

[7] P.A. MEYER - Un cours sur les intégrales stochastiques. Séminaire de Probabilités X, Lecture Notes in Mathematics 511, Springer (1976).

Septembre 1976

A. BERNARD, Institut Fourier, BP 116, 38402 ST MARTIN D'HERES

B. MAISONNEUVE, I.M.S.S. Université II, 47X - 38040 GRENOBLE Cedex.

COMPLEMENT A L'EXPOSE PRECEDENT

par Alain BERNARD

Gardons les mêmes notations et montrons comment prouver la dernière proposition (proposition 9 : 2e inégalité de DAVIS) sans faire appel à l'inégalité de FEFFERMAN pour H^1 et BMO , ce qui fournit donc par là même une démonstration de cette inégalité de FEFFERMAN à partir de celle pour $\mathcal{H}^1$ et BMO .

Soit donc $X \in H^1$. Nous voulons montrer que $X \in \mathcal{H}^1$ et $\|X\|_{\mathcal{H}^1} \leq c\|X\|_{H^1}$, où c désigne une constante absolue. Pour cela nous allons appliquer à X la décomposition de DAVIS exposée dans MEYER [6], page 145 et qui se présente comme suit :

Notons pour chaque $t > 0$:

$$(\Delta X)_t = X_t - X_{t-}$$

$$(\Delta X)^*_t = \sup\{|(\Delta X)_s| \ ; s \leq t\}$$

$$(\Delta X)^*_{t-} = \sup\{|(\Delta X)_s| \ ; s < t\}$$

et considérons le processus adapté Q défini par :

$$Q_t = \sum_{s \leq t} (\Delta X_s) 1_{\{(\Delta X)^*_s \geq 2(\Delta X)^*_{s-}\}} .$$

Du fait que $(\Delta X)^*_s \geq 2(\Delta X)^*_{s-}$ entraîne $|(\Delta X)_s| \leq 2((\Delta X)^*_s - (\Delta X)^*_{s-})$ on déduit que Q a une variation totale majorée par $2(\Delta X)^*_\infty$, donc par $2[X,X]^{1/2}_\infty$. L'hypothèse $X \in H^1$ entraîne donc, tout d'abord que la variation totale de Q est finie presque sûrement - ce qu'il aurait fallu en toute rigueur signaler préliminairement à la définition de Q ! -, et ensuite que l'espérance de la variation de Q est majorée par $2\|X\|_{H^1}$.

Soit Z la martingale compensée de Q . Z est alors dans $\mathcal{H}^1_v$ et précisément :

$$\|Z\|_{\mathcal{H}^1_v} \leq 4\|X\|_{H^1} .$$

Notons alors $Y = X - Z$: du fait que X et Z sont dans H^1 (Z l'est puisque $Z \in \mathcal{H}^1_v$ et que $\mathcal{H}^1_v \subset \mathcal{H}^1 \subset H^1$) on déduit que Y est dans H^1 (avec $\|Y\|_{H^1} \leq C_1\|X\|_{H^1}$, où C_1 est une constante que l'exposé précédent permet de choisir égale à $1 + 4 \times 212 = 849\ldots$). Mais les sauts de Y satisfont à l'inégalité

$$|(\Delta Y)_t| \leq 4(\Delta X)^*_{t-}$$

et le résultat cherché (la 2e inégalité de DAVIS) résultera donc immédiatement du lemme suivant :

LEMME. <u>Soit</u> Y <u>un élément de</u> H^1 <u>tel que</u>

$$\forall t > 0 \quad |(\Delta Y)_t| \leq \gamma_{t-}$$

<u>où</u> γ_t <u>est un processus croissant cad-lag, adapté, nul en zéro, tel que</u> $E(\gamma_\infty) < \infty$. <u>Alors</u> Y <u>est dans</u> $\mathcal{H}^1$ <u>et on a</u>

$$\|Y\|_{\mathcal{H}^1} \leq 12(\|Y\|_{H^1} + E(\gamma_\infty)) .$$

<u>Démonstration</u> : Elle va consister à faire une décomposition de Y en "<u>2-atomes</u>" (voir plus loin) :

Posons pour chaque $i \in \mathbb{Z}$

$$\tau_i = \inf\{t ; [Y,Y]_t^{1/2} + \gamma_t > 2^i\} .$$

De même que dans la démonstration du théorème 4 de l'exposé précédent on a :

$$Y = \sum_{-\infty}^{+\infty} \frac{Y^{\tau_{i+1}} - Y^{\tau_i}}{2^{i+1}P(\tau_i < \infty)} \times [2^{i+1}P(\tau_i < \infty)]$$

où $\sum_{-\infty}^{+\infty} 2^{i+1}P(\tau_i < \infty) \leq 12(\|Y\|_{H^1} + E(\gamma_\infty))$ et où la martingale a_i définie par

$$a_i = \frac{Y^{\tau_{i+1}} - Y^{\tau_i}}{2^{i+1} P(\tau_i < \infty)}$$

est cette fois un 2-atome au sens de la définition suivante :

DEFINITION. <u>On appelle 2-atome toute martingale</u> a <u>telle qu'il existe un temps d'arrêt</u> T <u>tel que</u>

(i) $a(t) = 0$ si $t \le T$

(ii) $\|a\|_{\mathcal{M}^2} \le \dfrac{1}{P(T<\infty)^{1/2}}$.

Le fait que a_i soit un 2-atome, pour $T = \tau_i$, se vérifie facilement : le point (i) est évident. Pour le point (ii) remarquer que

$$\|Y^{\tau_{i+1}} - Y^{\tau_i}\|^2_{\mathcal{M}^2} = E([Y,Y]_{\tau_{i+1}} - [Y,Y]_{\tau_i})$$

et que

$$[Y,Y]_{\tau_{i+1}} = [Y,Y]_{\tau_{i+1}^-} + |(\Delta Y)_{\tau_{i+1}}|^2 \le 4^{i+1}$$

donc que

$$\|[Y,Y]_{\tau_{i+1}} - [Y,Y]_{\tau_i}\|_\infty \le 4^{i+1} .$$

Mais $[Y,Y]_{\tau_{i+1}} - [Y,Y]_{\tau_i}$ est nulle sur $\tau_i = +\infty$, donc

$$E([Y,Y]_{\tau_{i+1}} - [Y,Y]_{\tau_i}) \le 4^{i+1} P(\tau_i < \infty)$$

d'où l'inégalité (ii).

Il ne reste plus qu'à remarquer que tout 2-atome est dans la boule unité de $\mathcal{H}^1$ et le lemme est démontré, d'où le résultat cherché, avec $C = 10236...$

-:-:-:-

Décembre 1976

A. BERNARD, Institut Fourier, BP 116, 38402 ST MARTIN D'HERES

Université de Strasbourg
Séminaire de Probabilités 1976/77

PROLONGEMENT DE PROCESSUS HOLOMORPHES

CAS "CARRE INTEGRABLE"

par R. Cairoli et J.B. Walsh

1. Résumé

Nous nous proposons de démontrer que, dans le cas "carré intégrable", un processus holomorphe dans un domaine droit se prolonge de manière unique en un processus holomorphe dans une région qui sera appelée, par ses caractéristiques, région d'homolorphie.

2. Notations

Nos notations sont prises de [1]. Si $z = (s,t)$ et $z' = (s',t')$ sont des points de $\mathbb{R}_+^2$, nous désignerons par "$z \prec z'$", "$z \lll z'$" et "$z \curlywedge z'$" les relations "$s \leq s'$ et $t \leq t'$", resp. "$s < s'$ et $t < t'$", "$s \leq s'$ et $t \geq t'$". Si $o \prec z \lll z'$, nous désignerons par $[z,z']$, $[z,z')$ et $[z,\infty)$ les rectangles $\{\zeta : z \prec \zeta \prec z'\}$, resp. $\{\zeta : z \prec \zeta \lll z'\}$, $\{\zeta : z \prec \zeta\}$. Nous écrirons R_z au lieu de $[o,z]$ et poserons $|z| = st$.

Dans toute la suite, $(\Omega, \mathcal{F}, P)$ désigne un espace probabilisé complet et $W = \{W_z, z \in \mathbb{R}_+^2\}$ un processus de Wiener à deux paramètres. La notion de martingale sera toujours entendue relativement à la famille des tribus naturelles de W, c'est-à-dire à $\{\mathcal{F}_z, z \in \mathbb{R}_+^2\}$, où $\mathcal{F}_z$ est la plus petite tribu qui rend mesurables les variables aléatoires (v.a.) W_ζ, $\zeta \prec z$, et qui comprend les ensembles négligeables de $\mathcal{F}$. Nous dirons qu'un processus est adapté s'il est adapté à $\{\mathcal{F}_z, z \in \mathbb{R}_+^2\}$.

Nous désignerons par H_n le n-ème polynôme d'Hermite :

$$H_n(x,t) = \frac{(-t)^n}{n!} e^{x^2/2t} \frac{\partial^n}{\partial x^n} e^{-x^2/2t} \quad (n \geq o, x \in \mathbb{R}, t \in \mathbb{R})$$

Rappelons que H_n satisfait à l'équation de la chaleur rétrospective

$$\frac{1}{2} \frac{\partial^2 f}{\partial x^2} + \frac{\partial f}{\partial t} = o,$$

et que pour tout $t > o$ fixé, $\{H_n(\cdot,t), n \geq o\}$ est un système orthogonal complet dans $L^2(\mathbb{R}, \mu)$, où μ désigne la mesure définie par $d\mu = (2\pi t)^{-1/2} e^{-x^2/2t}\, dx$. Par conséquent, $E\{H_m(W_z,|z|)H_n(W_z,|z|)\} = o$ si $m \neq n$. Si $m = n$, cette espérance est égale à $|z|^n/n!$.

3. Processus holomorphes

Soit Γ un segment de droite horizontal contenu dans $\mathbb{R}_+^2$ d'extrémités z_1 et z_2 et soit Φ un processus défini dans Γ. Nous dirons que Φ possède une dérivée partielle stochastique par rapport à W au long de Γ, s'il existe une processus mesurable adapté ϕ - la dérivée partielle - définie dans Γ, tel que l'on ait

(1) $$\Phi_z = \Phi_{z_1} + \int_{\Gamma_z} \phi \partial W, \text{ pour tout } z \in \Gamma,$$

où $\Gamma_z = \Gamma \cap R_z$.

Naturellement, en écrivant l'intégrale stochastique, mous faisons implicitement l'hypothèse que $\int_\Gamma \phi^2 d|\zeta|$ est fini p.s.

On remarquera que si Φ est une martingale de carré intégrable, il existe, d'après [2], un processus α défini dans $R_{z_2} - R_{z_1}$ tel que $\alpha_{s,t}$ est $\mathcal{F}_{s,t_1}$-mesurable (t_1 est l'ordonnée de z_1),

$$E\{\int_{R_{z_2}-R_{z_1}} \alpha^2 d\zeta\} < \infty \text{ et } \Phi_z = \Phi_{z_1} + \int_{R_z-R_{z_1}} \alpha\, dW \text{ pour tout } z \in \Gamma.$$

Cette représentation étant unique, en la comparant avec (1) il en résulte que $\alpha_{s,t} = \phi_{s,t_1}$ pour presque tout $(s,t) \in R_{z_2} - R_{z_1}$ et donc, en particulier, que

(2) $$E\{\int_\Gamma \phi^2 d|\zeta|\} < \infty,$$

ce qui fait que, pour les martingales de carré intégrable, notre définition de dérivée partielle coïncide avec celle qui figure dans [2].

La notion de dérivée partielle stochastique par rapport à W au long d'un segment de droite vertical est définie de manière analogue.

Soit A un rectangle contenu dans $\mathbb{R}_+^2$. Un processus Φ, défini dans une région contenant A, est dit <u>faiblement holomorphe</u> (resp. <u>holomorphe</u>) dans A, s'il est adapté et s'il existe un processus mesurable adapté ϕ, défini dans A, qui satisfait à (1) pour tout segment de droite horizontal ou vertical $\Gamma\subset A$ (resp. pour tout chemin croissant $\Gamma\subset A$). Le processus ϕ est appelé <u>dérivée</u> de Φ.

Sans la condition (2), l'étude des processus faiblement holomorphes, ou holomorphes, s'est révélée très délicate. Dans ce cas, on est amené tout naturellement à considérer des régions aléatoires, plutôt que fixes. Nous donnerons quelques exemples qui illustrent la situation dans un article qui fait suite au présent. Ici, nous n'aborderons pas ce type de questions et quand nous dirons "holomorphe" nous entendrons toujours "holomorphe" dans le cas <u>"carré intégrable"</u>, c'est-à-dire dans le cas où la condition (2) est remplie. Dans ce cas, nous savons, d'après [1], que les notions d'holomorphie faible et d'holomorphie sont équivalentes.

Rappelons un résultat dont nous aurons besoin par la suite et qui a été démontré dans [1] et [2]. Si Φ est une martingale de carré intégrable définie dans un rectangle [a,b] et possédant des dérivées partielles stochastiques par rapport à W au long du bord supérieur et du bord droit de [a,b], alors Φ est holomorphe dans [a,b] et admet une dérivée qui est elle-même holomorphe dans [a,b).

Une dernière définition : si D est un domaine contenu dans $\mathbb{R}_+^2$ et Φ un processus défini dans une région contenant D, nous dirons que Φ est holomorphe dans D (ou, plus simplement, holomorphe, si le domaine de définition est D), s'il est holomorphe dans tout sous-rectangle de D. Dans ce cas, nous appellerons dérivée de Φ un processus qui est, localement dans D, une dérivée de Φ.

Il est évident que si Φ est un processus défini et holomorphe dans D, alors Φ se prolonge par L^2-continuité (ou par conditionnement) en un processus défini et holomorphe - c'est-à-dire holomorphe dans tout sous-rectangle - dans l'adhérence de D pour la topologie droite de $\mathbb{R}_+^2$, c'est-à-dire la topologie dont la collection des rectangles de la forme $[a,b)$ est une base. Nous appellerons un domaine ainsi fermé domaine droit.

D'après le rappel fait plus haut, il est possible de choisir la dérivée d'un processus holomorphe dans un domaine droit de telle manière qu'elle soit holomorphe. Un tel choix est unique et nous supposerons toujours qu'il ait été fait.

4. Résultats auxiliaires

Dans les lemmes qui suivent, D désigne un domaine droit contenu dans $\mathbb{R}_+^2$ et Φ un processus holomorphe dans D. Nous désignerons les dérivées successives de Φ par $\Phi^{(n)}$, $n \geq 1$. Nous poserons, en outre, $\Phi^{(o)} = \Phi$.

On remarquera que si Γ est une chemin croissant d'extrémités a et b, contenu dans D, alors

$$(3) \qquad E\{\int_\Gamma (\Phi^{(n+1)})^2 d|\zeta|\} < \infty \quad \text{et} \quad \Phi_b^{(n)} = \Phi_a^{(n)} + \int_\Gamma \Phi^{(n+1)} \partial W,$$

pour tout $n \geq o$, ce qui entraîne, en particulier, que $\Phi^{(n)}$ restreint à Γ est une martingale de carré intégrable. En effet, un nombre fini de sous-rectangles de D recouvrent Γ et dans chacun de ces sous-rectangles (3) vaut, par définition, du fait que $\Phi^{(n)}$ est holomorphe et que sa dérivée est $\Phi^{(n+1)}$.

__Lemme 1__. Soit $a \in D$ et soit Γ un chemin croissant d'origine a et contenu dans D. Si pour $z \in \Gamma$, Γ_z désigne le chemin Γ arrêté à z, alors, pour tout $z \in \Gamma$ et tout $n \geq 1$,

$$(4) \qquad E\{\Phi_z^2 | \mathcal{F}_a\} = \sum_{i=o}^{n-1} (\Phi_a^{(i)})^2 \frac{(|z|-|a|)^i}{i!} + r_n(z),$$

où

$$r_n(z) = \begin{cases} \int_{\Gamma_z}\int_{\Gamma_{\zeta_{n-1}}} \cdots \int_{\Gamma_{\zeta_2}}\int_{\Gamma_{\zeta_1}} E\{(\Phi_\zeta^{(n)})^2 | \mathcal{F}_a\} d|\zeta| d|\zeta_1| \ldots d|\zeta_{n-1}|, \text{ si } n \geq 2, \\ \int_{\Gamma_z} E\{(\Phi_\zeta^{(1)})^2 | \mathcal{F}_a\} d|\zeta|, \text{ si } n = 1. \end{cases}$$

Nous omettrons la démonstration de ce lemme, car elle est analogue à celle de la proposition 9.11 de [1].

Lemme 2. Si $a \in D$, alors pour tout z dans un voisinage de a pour la topologie droite,

$$\Phi_z = \sum_{n=o}^{\infty} \Phi_a^{(n)} H_n(W_z - W_a, |z| - |a|), \tag{5}$$

où la série converge dans L^2 et p.s.

Démonstration. Pour $z \prec z'$ désignons par $S_z^{z'}$ le segment de droite d'extrémités z et z'. Posons $A = \{z: z \succ a, S_a^{2z-a} \subset D\}$. Il est clair que A est un voisinage de a pour la topologie droite. Fixons $z \in A$. Le lemme 1, appliqué pour $\Gamma = S_z^{2z-a}$, implique que

$$\sum_{n=o}^{\infty} E\{(\Phi_z^{(n)})^2\} \frac{(|2z-a|-|z|)^n}{n!} < \infty,$$

puisque $r_n \geq o$ p.s. pour tout n, et donc, en particulier, que

$$\lim_{n\to\infty} E\{(\Phi_z^{(n)})^2\} \frac{(|2z-a|-|z|)^n}{n!} = 0. \tag{6}$$

Or, $\Phi^{(n)}$ restreint à Γ est une martingale, donc

$$E\{(\Phi_\zeta^{(n)})^2\} \leq E\{(\Phi_z^{(n)})^2\},$$

si $\zeta, z \in \Gamma$ et $\zeta \prec z$. Par conséquent, en appliquant le théorème de Fubini à l'espérance de l'expression qui définit r_n, nous obtenons

$$E\{r_n(z)\} \leq E\{(\Phi_z^{(n)})^2\} \frac{(|z|-|a|)^n}{n!} ,$$

et par suite, compte tenu de (6) et du fait que $(|z|-|a|)^n \leq (|2z-a|-|z|)^n$,

$$\lim_{n\to\infty} E\{r_n(z)\} = o.$$

Mais alors, d'après le lemme 1, appliqué cette fois-ci pour $\Gamma = S_a^z$,

$$(7) \qquad E\{\Phi_z^2\} = \sum_{n=o}^{\infty} E\{(\Phi_a^{(n)})^2\}\frac{(|z|-|a|)^n}{n!}.$$

Nous en déduisons que la série dans (5) converge dans L^2 pour tout $z\in A$, puisque ses termes sont orthogonaux. Sa somme définit donc un processus holomorphe Ψ tel que $\Psi_a^{(n)} = \Phi_a^{(n)}$, pour tout $n \geq o$ (Proposition 9.3 de [1]). Mais alors, d'après (7), appliquée au processus holomorphe $\Phi - \Psi$ dans A, $E\{(\Phi_z - \Psi_z)^2\} = o$ pour tout z dans un voisinage de a pour la topologie droite et, par conséquent, (5) a lieu pour tout z dans ce voisinage. En vertu d'un résultat dû à Rosenbloom et Widder (voir l'appendice), la série converge également p.s.

Pour énoncer le prochain lemme, nous aurons besoin des deux notations suivantes . Si $a\in D$, D(a) désignera l'ensemble des $z \succ a$ tels qu'il existe un chemin croissant contenu dans D ayant pour extrémités a et z. Nous poserons en outre $\rho_a = \sup\{|z|: z\in D(a)\}$.

<u>Lemme 3</u>. Soit $a\in D$. La série dans (5) converge dans L^2 et p.s. pour tout $z \succ a$ tel que $|z| < \rho_a$ et sa somme définit un processus holomorphe Ψ tel que $\Psi_z = \Phi_z$ pour tout $z\in D(a)$.

Démonstration. Si $z \succ a$ et $|z| < \rho_a$, alors en vertu du lemme 1,

$$\sum_{n=0}^{\infty} E\{(\Phi_a^{(n)})^2\}\frac{(|z|-|a|)^n}{n!} < \infty.$$

Nous avons déjà remarqué que cela implique la convergence dans L^2 et p.s. de la série dans (5) et que la somme de cette série définit un processus Ψ qui est holomorphe. Il ne nous reste donc plus qu'à prouver que Ψ, restreint à D(a), coïncide avec Φ. A cet effet, fixons un $z \in D(a)$ et considérons un chemin croissant Γ d'extrémités a et z et contenu dans D. Désignons par Γ_ζ le chemin Γ arrêté à ζ et posons $\zeta_o = \sup\{\zeta: \zeta \in \Gamma, \Psi_{\zeta'} = \Phi_{\zeta'}$ pour tout $\zeta' \in \Gamma_\zeta\}$. Démontrons que $\Psi_{\zeta_o}^{(n)} = \Phi_{\zeta_o}^{(n)}$ pour tout $n \geq o$. Les deux processus Ψ et Φ étant L^2-continus, $\Psi_{\zeta_o} = \Phi_{\zeta_o}$. D'autre part, si $\Psi_{\zeta_o}^{(n)} = \Phi_{\zeta_o}^{(n)}$, il résulte de (3) que $\Psi_\zeta^{(n+1)} = \Phi_\zeta^{(n+1)}$ $d|\zeta|$ - p.p. sur Γ_{ζ_o}. Mais les deux processus $\Psi^{(n+1)}$ et $\Phi^{(n+1)}$ sont L^2-continus, donc $\Psi_{\zeta_o}^{(n+1)} = \Phi_{\zeta_o}^{(n+1)}$. Nous appliquons maintenant le lemme 2. D'après ce lemme, $\Psi_\zeta = \Phi_\zeta$ dans un voisinage de ζ_o pour la topologie droite. Cela montre que $\zeta_o = z$.

5. Prolongement de processus holomorphes

Nous dirons qu'un domaine droit est une <u>région d'holomorphie</u> s'il est de la forme $\{z: z \succ a, |z| < \rho\}$, où $a \in \mathbb{R}_+^2$ et $|a| < \rho \leq \infty$. Nous appellerons a et ρ respectivement <u>début</u> et <u>paramètre</u> de la région d'holomorphie. Si $D \subset \mathbb{R}_+^2$, nous désignerons par R(D) la plus petite région d'holomorphie contenant D.

En guise de justification de la terminologie employée, nous allons d'abord exiber, pour une région d'holomorphie donnée R, un processus défini et holomorphe dans R qui n'a de prolongement holomorphe dans aucun domaine droit D $\neq$ R contenant R. A cet effet, désignons par a et ρ le début et le paramètre de R. Choisissons en outre une suite $\lambda_o, \lambda_1, \ldots$ de nombres réels telle que $\sum_n \lambda_n^2 t^n/n!$ converge si $o \leq t < \rho$ et diverge si $t > \rho$. Posons, pour $z \in R$,

$$\Phi_z = W_a + \sum_{n=o}^{\infty} \lambda_n H_n(W_z, |z|),$$

la convergence de la série étant prise dans L^2. Si le processus Φ ainsi défini se prolongeait au-delà de $\partial R \cap \{z: |z| = \rho\}$ en un processus holomorphe, alors il en serait de même de $\sum_n \lambda_n H_n(W_z, |z|)$ et le lemme 3 permettrait de conclure que la série $\sum_n \lambda_n^2 t^n/n!$ converge pour des $t > \rho$, ce qui est impossible. Si Φ se prolongeait au-delà de $\partial R - \{z: |z| = \rho\}$, alors le prolongement serait de la forme

$$\Phi_z = E\{\Phi_{a \vee z} | \mathcal{F}_z\} = W_{a \wedge z} + \sum_{n=o}^{\infty} \lambda_n H_n(W_z, |z|),$$

où $\vee$ et $\wedge$ indiquent le supremum et l'infinum pour l'ordre $\prec$. Or, $\{W_{a \wedge z}, z \in \mathbb{R}_+^2\}$ n'est holomorphe dans aucun sous-rectangle de $\{z: z \curlywedge a \text{ ou } a \curlywedge z\}$, d'où la contradiction.

<u>Théorème</u>. Soit D un domaine droit et soit Φ un processus défini et holomorphe dans D. Il existe un prolongement holomorphe

Ψ de Φ à R(D) et ce prolongement est unique. En outre, pour presque tout ω, nous avons pour tout $z \in R(D)$ et tout $n \geq o$,

$$\Psi_z^{(n)}(\omega) = f^{(n)}(W_z(\omega)-W_a(\omega),|z|-|a|;\omega),$$

où a est le début de R(D), $f^{(n)}(x,t;\omega) = \frac{\partial^n}{\partial x^n} f(x,t;\omega)$ et $f(x,t;\omega)$ est la solution de l'équation de la chaleur rétrospective définie, dans la bande $\mathbb{R}\times[o,\rho)$ (ρ paramètre de R(D)), par

$$f(x,t;\omega) = \sum_{n=o}^{\infty} \Psi_a^{(n)}(\omega)H_n(x,t).$$

Démonstration. La deuxième partie du théorème est une conséquence immédiate du lemme 3 et du résultat énoncé dans l'appendice. Pour démontrer la première partie, c'est-à-dire l'existence d'un prolongement, considérons une suite de rectangles $A_n = [a_n,a_n')$, $a_n \ll a_n'$, telle que $(A_1 \cup A_2 \cup \ldots \cup A_n) \cap A_{n+1} \neq \emptyset$ pour tout n et que $D^o \subset \bigcup_n A_n \subset D$. Posons $R_n = R(A_1 \cup A_2 \cup \ldots \cup A_n)$. Nous allons établir l'existence d'une suite de processus $\Psi^1, \Psi^2, \ldots$, où Ψ^n est défini et holomorphe dans R_n et tel que $\Psi_z^n = \Phi_z$ pour tout $z \in A_1 \cup A_2 \cup \ldots \cup A_n$ et $\Psi_z^n = \Psi_z^{n-1}$ pour tout $z \in R_{n-1}$. Nous procéderons par récurrence sur n. L'existence de Ψ^1 découle immédiatement du lemme 3. Supposons l'existence de Ψ^n prouvée et démontrons celle de Ψ^{n+1}. A cet effet, désignons par d et d' les débuts de R_n, resp. R_{n+1}, et posons $b = a_{n+1} \vee d$. Du fait que $(A_1 \cup A_2 \cup \ldots \cup A_n) \cap A_{n+1} \neq \emptyset$, il découle, par conditionnement, que $(\Psi^n)_b^{(i)} = \Phi_b^{(i)}$ pour tout $i \geq o$, ce qui implique, en vertu du lemme 3, que $\Psi_z^n = \Phi_z$ pour tout $z \in R_n \cap A_{n+1}$. Définissons :

$$\Xi_z = \begin{cases} \Psi_z^n & \text{si } z \in R_n, \\ \Phi_z & \text{si } z \in A_{n+1} - R_n, \\ E\{\Phi_b \mid \mathcal{F}_z\} & \text{si } z \in [d', b). \end{cases}$$

En vertu du résultat rappelé au paragraphe 3, selon lequel, pour une martingale de carré intégrable, l'existence de dérivées partielles stochastiques au long du bord supérieur et du bord droit d'un rectangle implique l'holomorphie dans le rectangle, le processus Ξ ainsi défini est holomorphe. Appliquons alors à nouveau le lemme 3 : l'existence de Ψ^{n+1} en découle. Il ne reste maintenant plus qu'à poser $\Psi_z = \Psi_z^n$ si $z \in R_n$ et à prolonger Ψ par L^2-continuité (ou par conditionnement) à $R(D) - \bigcup_n R_n$. Le processus Ψ ainsi défini est unique. En effet, si Ψ' est un deuxième prolongement, nous avons, d'après le lemme 3,

$$\sum_{n=o}^{\infty} E\{(\Psi_a^{(n)} - \Psi'^{(n)}_a)^2\} \frac{(|z|-|a|)^n}{n!} = 0$$

pour tout $z \in \bigcup_n A_n$. Par conséquent, $\Psi_a^{(n)} = \Psi'^{(n)}_a$ pour tout $n \geq o$, ce qui implique, grâce au lemme 3, $\Psi = \Psi'$.

6. Appendice

Nous allons rappeler ici le résultat de Rosenbloom et

Widder utilisé dans le texte qui précède. On en trouvera la démonstration dans [3].

Soit λ_n, $n \geq o$, une suite de nombres réels et soit ρ un nombre réel positif. Si la série $\sum_n \lambda_n^2 t^n/n!$ converge pour $o \leq t < \rho$ et diverge pour $t > \rho$ (autrement dit, si $\limsup_{n\to\infty} (\lambda_n^2/n!)^{1/n} = 1/\rho$), alors la série $\sum_n \lambda_n H_n(x,t)$ converge dans la bande $B = \{(x,t): x\in\mathbb{R}, t\in(-\rho,\rho)\}$ et la convergence a lieu uniformément dans tout compact de cette bande. En outre si B' est une bande telle que $B' \supset B$ et $B' \neq B$, cette série ne converge pas partout dans B'.

Bibliographie

[1] R. Cairoli et J.B. Walsh. Stochastic integrals in the plane. Acta Mathematica, 4 (1975), 111-183.

[2] R. Cairoli et J.B. Walsh. Martingale representations and holomorphic processes. Annals of Probability (à paraître).

[3] P.C. Rosenbloom et D.V. Widder. Expansions im terms of heat polynomials and associated functions. TAMS, 92 (1959), 220-266.

Université de Strasbourg
Séminaire de Probabilités 1976/77

SOME EXAMPLES OF HOLOMORPHIC PROCESSES

by R. Cairoli and J.B. Walsh

We would like to provide some examples which complement the article [3] on holomorphic processes and which give some hints of possible new directions at the same time.

Let $\{W_z, z \in \mathbb{R}_+^2\}$ be the Brownian sheet and let $\mathcal{F}_z$ be the field $\sigma\{W_\zeta, \zeta \prec z\}$, suitably completed. We refer the reader to [3] for the definition of a holomorphic process and for the relevant notation. One comment on this definition is necessary. If Φ is holomorphic in a domain D with derivative ϕ, and if $z_1, z_2 \in D$, then if $\Gamma \subset D$ is a path from z_1 to z_2,

(1) $$\Phi_{z_2} = \Phi_{z_1} + \int_\Gamma \phi \, \partial W.$$

This was only required for increasing paths in [1] and [3], but it really should have been required for a larger class of paths, namely at least for — in the terminology of [1], p. 142 — all piecewise-pure paths. The articles [1] and [3] were only concerned with the square-integrable case, where this distinction makes no difference. Indeed, in this case, once (1) holds for horizontal and vertical paths, it must hold not only for all increasing paths, but for all piecewise-pure paths. It is not clear that this remains true for non-square-integrable processes, as is indicated by example 5. Rather than to redefine holomorphic processes, we will say in this note that a holomorphic process which satisfies (1) for all piecewise-pure Γ is <u>strongly holomorphic</u>.

The only other fact about holomorphic processes we will use is that if f(x,t) satisfies the backward heat equation

$$\tfrac{1}{2} f_{xx} + f_t = 0$$

in the strip $\{(x,t): \alpha < t < \beta\}$, then $\{f(W_z, |z|), \alpha < |z| < \beta\}$ is a strongly holomorphic process with derivative $\{f_x(W_z, |z|), \alpha < |z| < \beta\}$.

So far the only holomorphic processes which have been studied are those which are square-integrable and which are defined on a fixed domain, but the above fact is a simple consequence of Ito's formula for ordinary stochastic integrals (cf. [1]) and has nothing to do with any integrability conditions.

It is clearly of interest to weaken the requirement of square-integrability, but it is perhaps even more important to study random, rather than fixed domains. Consider the following natural example.

<u>Example 1</u>. Let $f(x,t)$ be a function which is defined in $\{|x| < M, t \geq 0\}$ and which solves the backward heat equation there. Then $f(W_z, |z|)$ will be holomorphic in the random region

$$A(\omega) = \{z \in \mathbb{R}^2_+ : |W_z(\omega)| < M\},$$

in the sense that if z_1 and z_2 are in $\mathbb{R}^2_+$ and if Γ is a piecewise-pure path from z_1 to z_2, then

$$f(W_{z_2}, |z_2|) - f(W_{z_1}, |z_1|) = \int_\Gamma f_x(W_\zeta, |\zeta|)\, \partial W_\zeta$$

a.s. on the set $\{\omega: \Gamma \subset A(\omega)\}$.

The set A is open in $\mathbb{R}^2_+$ and adapted, i.e. $\{z \in A\} \in \mathcal{F}_z$ for all $z \in \mathbb{R}^2_+$. A is not connected, however, and a curious fact about it is that its components are not adapted. For instance, let A_o and $(A \cap R_z)_o$ be the connected components of A and $A \cap R_z$ respectively which contain the origin. Then

$$\{z \in A_o\} = \{z \in (A \cap R_z)_o\} \cup \{z \in A_o,\ z \notin (A \cap R_z)_o\}.$$

The first set on the right is in $\mathcal{F}_z$, but the second is not, for it depends on the behavior of W in $\mathbb{R}^2_+ - R_z$.

This might seem to make it awkward to study processes in connected regions, but it is possible to localize as follows. Let $a \in \mathbb{R}^2_+$ and put

$$S_a(\omega) = \bigcup_{z:\ [a,z] \subset A} [a,z].$$

Then $S_a \subset A$, and S_a is simply connected, adapted and measurable. Indeed,

$$\{z \in S_a\} = \{[a,z] \subset A\} \in \mathcal{F}_z.$$

S_a is what is sometimes called a stopping neighborhood of a, and it would seem natural to study holomorphic processes in a stopping neighborhood, such as

$$\{f(W_z, |z|),\ z \in S_a\}.$$

<u>Example 2</u>. To see what might happen if we relax the square-integrability requirement slightly, consider the function $t^{-\frac{1}{2}}\exp(x^2/2t)$. This solves the backward heat equation in $\{(x,t): t > 0\}$, so the process

$$e_z = |z|^{-\frac{1}{2}}\exp(W_z^2/2|z|)$$

is holomorphic, even strongly holomorphic, in $\{z: |z| > 0\}$. Since $e_{s,t}$ tends to infinity as either s or t tends to zero, it can't be extended to be holomorphic on $\mathbb{R}^2_+$.

The process e_z is not square-integrable, but it satisfies the following local square-integrability property: if $a \in \mathbb{R}^2_+$ and $|a| > 0$, then for $z \succ a$, $E\{e_z^2 | \mathcal{F}_a\}$ is a.s. finite if $|z| < 2|a|$. Indeed, if $z \succ a$, then the conditional distribution of W_z given $\mathcal{F}_a$ is Gaussian with mean W_a and variance $|z| - |a|$, so that we have

$$E\{e_z^2|\mathcal{F}_a\} = \left(2\pi|z|^2(|z| - |a|)\right)^{-\frac{1}{2}} \int_{\mathbb{R}} \exp(y^2/|z|)\exp\left(-(y - W_a)^2/2(|z| - |a|)\right)dy.$$

This converges if $|z| < 2|a|$ and diverges if $|z| \geqq 2|a|$. The same cosiderations hold for the derivative e_z'. It is then easy to see that if $M > 0$, the process $\{e_z I_{\{|W_a| < M\}},\ z \succ a,\ |z| < 2|a|\}$ is holomorphic, square-integrable, and, following [1], has an expansion in Hermite polynomials. This expansion will converge on $\{z\colon z \succ a,\ |z| < 2|a|\}$, but will diverge, in general, as soon as the process ceases to be square-integrable, namely for $|z| > 2|a|$. However the process itself can be extended to be holomorphic in all of $\{z\colon z \succ a\}$.

<u>Example 3</u>. The property of local square-integrability seems natural. For instance, if $u(x,t)$ is a positive solution of the backward heat equation in the strip $\{(x,t)\colon 0 \leqq \alpha < t < \beta\}$, it has the representation [4]

$$u(x,t) = (\beta - t)^{-\frac{1}{2}} \int_{\mathbb{R}} \exp\left(-(y - x)^2/2(\beta - t)\right)d\mu(y), \quad \alpha < t < \beta,$$

where μ is a measure for which

$$\int_{\mathbb{R}} \exp\left(-y^2/2(\beta - t)\right)d\mu(y) < \infty, \quad \alpha < t < \beta.$$

Then, just as in example 2, the process

$$\Phi_z = u(W_z, |z|), \quad \alpha < |z| < \beta,$$

is holomorphic. While it may not be square-integrable, an argument similar to the above shows that it satisfies the local square-integrability property of the preceding example.

Example 4. We modify example 2 slightly. Let

$$e_z^\tau = ||z| - \tau|^{-\frac{1}{2}}\exp\left(W_z^2/2(|z| - \tau)\right).$$

Then $\{e_z^\tau, |z| > \tau\}$ is holomorphic and locally square-integrable. It blows up as $|z|$ approaches τ, so it cannot be extended into $\{z: |z| \leqq \tau\}$. Thus $\{z:|z| > \tau\}$ is evidently a region of holomorphy for this process, but it is not one of the regions of holomorphy described in [3]. Thus the regions of holomorphy change when the requirements of square-integrability are relaxed.

Example 5. If we regard e_z^τ for $|z| < \tau$, we get a quite different behavior. The process $\{e_z^\tau, |z| < \tau\}$ can be extended past the hyperbola $|z| = \tau$. Indeed, the function

$$h^\tau(x,t) = \begin{cases} (\tau - t)^{-\frac{1}{2}}\exp\left(x^2/2(t - \tau)\right) & \text{if } t < \tau, \\ 0 & \text{if } t \geqq \tau, \end{cases}$$

satisfies the backward heat equation except at the single point $x = 0$, $t = \tau$. Thus if we set

$$h_z^\tau = h^\tau(W_z, |z|),$$

then h_z^τ will be strongly holomorphic in the non-simply connected random domain $D = \mathbb{R}_+^2 - \{z: |z| = \tau, W_z = 0\}$. Surprisingly enough, h_z^τ is holomorphic on all of $\mathbb{R}_+^2$. Indeed, if Γ is any increasing path, the probability that Γ encounters any singularity of h_z^τ is zero. To see this, just note that if $z_o = \Gamma \cap \{z:|z|=\tau\}$, then h_z^τ is singular at z_o if and only if $W_{z_o} = 0$. Since W_{z_o} is Gaussian with variance τ, $P\{W_{z_o} = 0\} = 0$. It follows that h_z^τ satisfies (1) on Γ. Is h_z^τ strongly holomorphic on all of $\mathbb{R}_+^2$? We do not know the answer to this. We point out that along the path $\{z: |z| = \tau\}$, which is of pure type, the process is identically zero, so that (1) certainly holds. However, it is possible to conceive of more complicated paths of pure type, along which the process may not be continuous.

Example 6. Here is an example which indicates that one should perhaps consider integration along random paths as well as fixed paths when defining holomorphic processes.

Let $h^{\tau}(x,t)$ be the function defined in Example 5, let $T(\omega) = 1+|W_{1,1}(\omega)|$, and define a process Φ by

$$\Phi_z(\omega) = h^{T(\omega)}(W_z(\omega), |z|), \quad z \succ (1,1).$$

This process is locally square-integrable, and the set of its singularities is $S(\omega) = \{z: z \succ (1,1), |z| = T(\omega), W_z(\omega) = 0\}$.

We claim that if $A \subset \mathbb{R}^2_+$ is a set of Lebesgue measure zero, $P\{A \cap S = \emptyset\} = 1$. Indeed, $P\{A \cap S = \emptyset\} = E\{P\{A \cap S = \emptyset | \mathcal{F}_{1,1}\}\}$. Now T is $\mathcal{F}_{1,1}$-measurable and, on the set $\{T = t\}$, $P\{A \cap S = \emptyset | \mathcal{F}_{1,1}\} = 1$ if the Lebesgue measure of $A \cap \{z: |z| = t\}$ is zero. By Fubini, this is true for a.e. (Lebesgue) t, and this implies our claim, since the distribution of T is diffuse.

In particular, the probability that any given piecewise-pure path encounters a singularity of Φ is zero, so that Φ is holomorphic, even strongly holomorphic in $\{z: z \succ (1,1)\}$. However, if we allow random paths, the path $L(\omega) = \{z: |z| = T(\omega)\}$ is a random path of pure type which passes through all the singularities of Φ.

Example 7. In the square-integrable case, we gave an example of a holomorphic process in a domain of holomorphy which couldn't be extended to be square-integrable and holomorphic in any larger domain (cf. [3]). In view of example 2, one might ask whether such a process could be extended to be holomorphic without being square-integrable. We will construct a square-integrable holomorphic process on the domain of holomorphy

$$D = \{z: z \succ z_o, |z| < \tau\},$$

where $z_o \in \mathbb{R}^2_+$ and $\tau > |z_o|$ are given, which cannot be extended to be strongly holomorphic in any larger domain.

Let g be a lower semi-continuous function on $\mathbb{R}$ such that

(a) $\int_{\mathbb{R}} g(x)dx \leqq 1$;

(b) the set $\{x: g(x) = \infty\}$ is dense.

Define, for $t < \tau$,

$$f(x,t) = (\tau - t)^{-\frac{1}{2}} \int_{\mathbb{R}} g(y)\exp\left(-(y - x)^2/2(\tau - t)\right)dy. \tag{2}$$

Then $f(x,t) \leqq (\tau - t)^{-\frac{1}{2}}$ and f satisfies the backward heat equation on $\{(x,t): 0 \leqq t < \tau\}$. Furthermore, for each $x \in \mathbb{R}$,

$$\liminf_{y\to x,\ t\uparrow\tau} f(y,t) \geqq g(x). \tag{3}$$

This can be seen by first noting that if h is bounded and continuous on $\mathbb{R}$ and $0 \leqq h \leqq g$, then $\liminf_{y\to x,\ t\uparrow\tau} f(y,t) \geqq h(x)$, and then using the fact g is an increasing limit of such functions.

Let $L = \{z: |z| = \tau\}$ and $K = \{z: |z| < \tau\}$. The process $\{f(W_z, |z|), z \in K\}$ is square-integrable — even bounded for fixed z — and strongly holomorphic. Furthermore, there exists a dense random subset of $z \in L$ such that

$$\liminf_{\zeta\to z,\ \zeta\in K} f(W_\zeta, |\zeta|) = \infty.$$

This does not quite verify that L is a natural boundary. However, if it is not, there exists an open disc U for which $U \cap L \neq \emptyset$, and a process Φ, strongly holomorphic in U, for which $\Phi_z = f(W_z, |z|)$ if $z \in U \cap K$. Now Φ must be a.s. continuous on a given horizontal line, for it is the stochastic integral of its derivative. Thus, by (3), $\Phi_z \geqq g(W_z)$ a.s. for each $z \in U \cap L$, hence for a.e. ω, $\Phi_z(\omega) \geqq g(W_z(\omega))$ for a.e. $z \in U \cap L$. There is then no way that the equation (1) can hold over any portion Γ of the path of pure type $U \cap L$. Indeed, a stochastic integral is a continuous function of its upper limit, whereas Φ is everywhere discontinuous along L.

We remark in passing that a minor modification of this argument shows that there can be no extension, even to a random neighborhood.

Finally, to get the desired example of a process Ψ which has D as its domain of holomorphy, we need only put

$$\Psi_z = W_{z_0} + f(W_z, |z|), \quad z \in D.$$

Ψ is square-integrable, but can not be extended. Indeed, the boundaries of D are the line L and the horizontal and vertical lines H and V, respectively, which pass through z_0. We have just seen that Ψ can't be extended across L because of the singularities. On the other hand, it can't be extended across either H or V and remain adapted (cf. [3], § 5).

REFERENCES

[1] R. Cairoli and J.B. Walsh. Stochastic integrals in the plane. Acta mathematica, Vol. 134, 1975, p. 111-183.

[2] R. Cairoli and J.B. Walsh. Martingale representations and holomorphic processes. Annals of Probability (to appear).

[3] R. Cairoli and J.B. Walsh. Prolongements de processus holomorphes. Cas "carré intégrable". This Séminaire.

[4] D. V. Widder. Positive temperatures on an infinite rod. TAMS, 55, 1944, p. 85-95.

Université de Strasbourg
Séminaire de Probabilités 1976/77

ON CHANGING TIME

by R. Cairoli and J.B. Walsh

Meyer's section theorem, Skorohod's embedding theorem, and a number of time-change theorems are all aspects of a fundamental principle underlying general theory of processes, to wit : there is a stopping time which will do almost anything one wants it to do*).

The corresponding principle for multiparameter processes operates only at a much-reduced level. It is not that there is any lack of stopping times. To the contrary, there is a great, even confusing, number of analogous objects. It is just that, by and large, they are of limited usefulness. We propose to illustrate one of these limits in this note.

In two-dimensional time, one analogue (there are others) of Brownian motion is the Brownian sheet $\{W_{s,t}, (s,t) \in \mathbb{R}_+^2\}$, which is characterized by the fact that it is a zero-mean Gaussian process with covariance function $\gamma(s,t;u,v) = (s \wedge u)(t \wedge v)$.

Question : can a given two-parameter martingale be time-changed into a Brownian sheet ?

The answer to this in the one-parameter case, given by the Dubins-Schwarz theorem, is "yes", and the time-change can

---

*) Thus, while one can't find a stopping time which will boil an egg, he can find one which will keep the egg from being hard boiled.

be constructed as follows. Let $\{M_t, t \in \mathbb{R}_+\}$ be a continuous martingale with unbounded paths and let $\langle M\rangle_t$ be the continuous increasing process, with $\langle M\rangle_o = o$, for which $M_t^2 - \langle M\rangle_t$ is a martingale. If $T_t = \inf\{s : \langle M\rangle_s > t\}$ is the inverse of $\langle M\rangle_t$, then $\{M_{T_t}, t \in \mathbb{R}_+\}$ is a Brownian motion.

Notice that the time-change depends only on the increasing process. Thus, to make our question more specific, we ask if a given two-parameter martingale can be transformed into a Brownian sheet via a time-change which depends only on the increasing process $\langle M\rangle_{s,t}$. (See [1] for a discussion of the increasing process associated with a two-parameter martingale.)

We will see that the answer to this question is "no", even if we restrict ourselves to strong martingales [1].

Let $\{W_{s,t}, (s,t) \in \mathbb{R}_+^2\}$ be a Brownian sheet, let

$$\phi(s,t) = \begin{cases} 1 & \text{if } st \leq 1, \\ 2 & \text{if } st > 1, \end{cases}$$

and define

(1) $$M_{s,t} = \int_0^s\int_0^t \phi(u,v)\,dW_{u,v}.$$

M is a strong martingale with increasing process

(2) $$\langle M\rangle_{s,t} = \int_0^s\int_0^t \phi^2(u,v)\,du\,dv.$$

This process is deterministic, so that any time-change depending only on it must be deterministic, i.e. of the form $(s,t)\to\Gamma(s,t)$, where Γ is a fixed mapping of $\mathbb{R}_+^2$ onto itself. Thus, the problem reduces to the simpler, but still not quite trivial, one of finding a mapping Γ of the positive quadrant onto itself such that $\{M_{\Gamma(s,t)},(s,t)\in\mathbb{R}_+^2\}$ is a Brownian sheet.

Some notation : S will denote the open quadrant $\{(s,t):s>o,t>o\}$, H_c and S_c the sets $\{(s,t)\in S:\ st = c\}$ and $\{(s,t)\in S:\ st \leq c\}$ respectively $(c > o)$. We say $(s,t) \prec (u,v)$ if $s \leq u$ and $t \leq v$. When we write $z\wedge z'$ and $z\vee z'$ for elements of $\mathbb{R}_+^2$, we mean the inf and sup respectively relative to the partial order "$\prec$". Since all the processes we consider vanish on the axes, we need only consider mappings on the open set S. A mapping Γ of S onto itself is order-preserving if, for $z,z'\in S$, $z \prec z'$ if and only if $\Gamma(z) \prec \Gamma(z')$. An order-preserving map is necessarily one-to-one.

If we speak about a martingale without indicating the σ-fields, it is understood that the natural σ-fields are intended. $\mathcal{F}_z$ will always refer to the σ-fields generated by W, suitably completed. These fields satisfy the conditional independence hypothesis (F4) of [1]:

(F4) For each $(s,t)\in\mathbb{R}_+^2$, the fields $\mathcal{F}_{s,\infty}$ and $\mathcal{F}_{\infty,t}$ are conditionally independent given $\mathcal{F}_{s,t}$.

Lemma 1. Let Γ and Γ' be order-preserving mappings of S onto itself. If $\Gamma(z) = \Gamma'(z)$ for each z in some H_c, then $\Gamma \equiv \Gamma'$.

Proof. If $z \in S$, there are unique $z_1, z_2 \in H_c$ such that either $z = z_1 \vee z_2$ or $z = z_1 \wedge z_2$. If, for instance, $z = z_1 \vee z_2$, then $\Gamma(z) = \Gamma(z_1 \vee z_2) = \Gamma(z_1) \vee \Gamma(z_2)$, since Γ preserves order. But this equals $\Gamma'(z_1) \vee \Gamma'(z_2) = \Gamma'(z_1 \vee z_2) = \Gamma'(z)$.

Lemma 2. Let $\{X_z, \mathcal{G}_z, z \in S\}$ be a martingale whose σ-fields $\mathcal{G}_z$ satisfy (F4), and such that $P\{X_z = X_{z'}\} < 1$ if $z \neq z'$. Then

$$(3) \qquad E\{X_{z'} | X_z\} = X_z \text{ if and only if } z \prec z'.$$

Proof. Note that

$$(4) \qquad E\{X_{z'} | X_z\} = E\{E\{X_{z'} | \mathcal{G}_z\} | X_z\} = E\{X_{z \wedge z'} | X_z\},$$

where we have used (F4) to get the second equality. Suppose $E\{X_{z'} | X_z\} = X_z$. Then

$$(5) \qquad X_z = E\{X_{z \wedge z'} | X_z\}.$$

On the other hand, $z \wedge z' \prec z$ and X is a martingale, so

$$(6) \qquad X_{z \wedge z'} = E\{X_z | X_{z \wedge z'}\}.$$

By p.314 of [2], (5) and (6) together imply that $X_z = X_{z \wedge z'}$. If follows that $z = z \wedge z'$, so that $z \prec z'$. This establishes (3) in one direction. The other direction is clear, so we are done.

Lemma 3. Let $\{X_z, \mathcal{F}_z, z \in S\}$ be a martingale with the property that $P\{X_z = X_{z'}\} < 1$ if $z \neq z'$. Let Γ be a mapping of S onto itself and set $Y_z = X_{\Gamma(z)}$. If $\{Y_z, z \in S\}$ is a martingale with the same property and whose natural σ-fields satisfy (F4), then Γ is order-preserving.

Proof. We apply Lemma 2 to both X and Y :

$$E\{Y_{z'}|Y_z\} = Y_z \text{ if and only if } z \prec z',$$

and

$$E\{X_{\Gamma(z')}|X_{\Gamma(z)}\} = X_{\Gamma(z)} \text{ if and only if } \Gamma(z) \prec \Gamma(z').$$

It follows that

$$z \prec z' \text{ if and only if } \Gamma(z) \prec \Gamma(z').$$

Remarks. 1) The mapping $\Gamma(s,t) = (st,t)$ is not order-preserving, even though $\{W_{\Gamma(z)}, z\in S\}$ is a martingale. Its natural σ-fields do not satisfy (F4), however.

2) Lemmas 1-3 have been stated for the parameter set S for simplicity. They hold, with no change in proof, if the parameter set is some S_c.

Lemma 4. Let $S_\infty = S$ and let $\mathbb{G}_c$ $(o < c \leq \infty)$ be the group of all mappings Γ of S_c onto itself which have the property that $\{W_{\Gamma(z)}, z\in S_c\}$ is a Brownian sheet. Then $\mathbb{G}_c$ is generated by the mappings

$$\Gamma_\lambda : \Gamma_\lambda(s,t) = (\lambda s, \tfrac{t}{\lambda}) \quad (\lambda > o) \text{ and } \Gamma_+ : \Gamma_+(s,t) = (t,s)$$

on S_c, and, consequently, each of its elements can be uniquely extended to an element of $\mathbb{G}_\infty$.

Proof. Let $\mathbb{G}$ be the group generated by the mappings

Γ_λ and Γ_+ on S_c. W is a Gaussian process with covariance function $\gamma(s,t;u,v) = (s\wedge u)(t\wedge v)$. A mapping Γ is in $\mathbb{G}_c$ if and only if it leaves γ invariant on S_c. Γ_λ and Γ_+ do this, so $\mathbb{G} \subset \mathbb{G}_c$. We must show that $\mathbb{G}_c \subset \mathbb{G}$. If $\Gamma \in \mathbb{G}_c$, Γ preserves order (Lemma 3, remark 2) and is determined by its action on any one of the $H_{c'}$, $(c' \leq c, c' < \infty)$ (Lemma 1). Furthermore, $\Gamma(H_{c'}) = H_{c'}$, since, if $\Gamma(s,t) = (s',t')$,

$$st = \gamma(s,t;s,t) = \gamma(s',t';s',t') = s't'.$$

Suppose for simplicity that $H_1 \subset S_c$. Let $o < a < b$, so that $(a,\frac{1}{a})$ and $(b,\frac{1}{b})$ are distinct points of H_1. Let their images be $(a',\frac{1}{a'})$ and $(b',\frac{1}{b'})$ respectively. Since γ is invariant under Γ,

$$(a\wedge b)(\tfrac{1}{a}\wedge\tfrac{1}{b}) = (a'\wedge b')(\tfrac{1}{a'}\wedge\tfrac{1}{b'}). \tag{7}$$

There are two cases, according to whether $a' < b'$ or $b' < a'$.

Case 1 : $a' < b'$. In this case, (7) says that $\frac{a}{b} = \frac{a'}{b'}$, so that, if $\lambda = \frac{a'}{a}$, $\Gamma(a,\frac{1}{a}) = \Gamma_\lambda(a,\frac{1}{a})$ and $\Gamma(b,\frac{1}{b}) = \Gamma_\lambda(b,\frac{1}{b})$. It is not hard to verify that if z is a third point of H_1, $\Gamma(z) = \Gamma_\lambda(z)$, so that $\Gamma = \Gamma_\lambda$ on H_1, and hence, since Γ is determined by its action on H_1, on all of S_c.

Case 2 : $b' < a'$. Then (7) implies that $\frac{a}{b} = \frac{b'}{a'}$, so that, if $\lambda = aa'$, $b' = \lambda\frac{1}{b}$. Thus $\Gamma(a,\frac{1}{a}) = \Gamma_\lambda\Gamma_+(a,\frac{1}{a})$ and $\Gamma(b,\frac{1}{b}) = \Gamma_\lambda\Gamma_+(b,\frac{1}{b})$. It then follows as in case 1 that $\Gamma = \Gamma_\lambda\Gamma_+$ on S_c, and hence that $\Gamma \in \mathbb{G}$.

We can now come to the point. Lemmas 1, 3 and 4 show us that we have very few deterministic time-changes at our disposal, so the following proposition comes as no surprise.

<u>Proposition</u>. The martingale M defined in (1) can not be transformed into a Brownian sheet by any time-change depending only on $\langle M \rangle$.

<u>Proof</u>. As remarked before, $\langle M \rangle$ is deterministic, so that we need only consider deterministic time-changes. Thus, suppose there exists a mapping Γ of S onto itself which transforms M into a Brownian sheet. Now M is already a Brownian sheet on S_1, for $\phi \equiv 1$ there. Thus, by Lemma 4, there is a $\Lambda \in \mathbb{G}_\infty$ for which $\Lambda = \Gamma$ on S_1. Notice that $\Lambda^{-1}\Gamma$ must also transform M into a Brownian sheet. Clearly $P\{M_z = M_{z'}\} < 1$ if $z \neq z'$, so that, by Lemma 3, $\Lambda^{-1}\Gamma$ is order-preserving. But $\Lambda^{-1}\Gamma \equiv I$, the identity, on S_1. By Lemma 1, $\Lambda^{-1}\Gamma \equiv I$, and we are forced to conclude that M itself is already a Brownian sheet. This is a contradiction, and we are done.

<u>References</u>

[1] R. Cairoli and J.B. Walsh. Stochastic integrals in the plane. Acta mathematica, Vol. 134, 1975, p. 111-183.

[2] J.L. Doob. Stochastic processes, John Wiley & Sons, New York, 1953.

LE PROCESSUS DES SAUTS D'UNE MARTINGALE LOCALE

par CHOU Ching-Sung

M. P.A. Meyer a posé la question de savoir si l'on peut construire une martingale locale ayant des sauts donnés. A l'aide des résultats contenus dans le cours [2] et dans la thèse de C. Yoeurp [3], il est très facile de donner une réponse à cette question. Le principal résultat de cette note est le théorème suivant. L'espace $(\Omega,\underline{\underline{F}},P,(\underline{\underline{F}}_t)_{t\geqq 0})$ satisfait aux hypothèses habituelles de [2].

THEOREME 1 . Soit $(\sigma_t)_{t\geqq 0}$ un processus bien-mesurable. Pour qu'il existe une martingale locale $(M_t)_{t\geqq 0}$ telle que les processus (σ_t) et (ΔM_t) soient indistinguables, il faut et il suffit que les conditions suivantes soient satisfaites

1) Pour presque tout ω , l'ensemble $\{ s : \sigma_s(\omega)\neq 0\}$ est dénombrable, et le processus croissant

(1) $$A_t = \sqrt{\sum_{0<s\leqq t} \sigma_s^2}$$

est localement intégrable .

2) Pour tout temps d'arrêt prévisible $T>0$ tel que $E[A_T]<\infty$, on a $E[\sigma_T I_{\{T<\infty\}}|\underline{\underline{F}}_{T-}] = 0$.

De plus, il existe alors une seule martingale locale (M_t) sans partie continue, et telle que $(\Delta M_t)=(\sigma_t)$.

DEMONSTRATION . La relation $(\Delta M_t)=(\sigma_t)$ signifie en particulier que $\Delta M_0 = M_0 = \sigma_0$. On peut se ramener tout de suite au cas où $\sigma_0=0$. Toutes les martingales locales que nous considérerons dans la suite seront nulles en 0.

Les conditions 1) et 2) sont nécessaires. En effet, s'il existe une martingale locale (M_t) nulle en 0 telle que $(\Delta M_t)=(\sigma_t)$, on a

$$[M,M]_t = \langle M^c,M^c\rangle_t + \sum_{s\leqq t} \Delta M_s^2 = \langle M^c,M^c\rangle_t + A_t^2 \qquad ([2], \text{p.}296)$$

Si T est un temps d'arrêt réduisant fortement la martingale locale M ([2], p.293, n°5), alors $[M,M]_T^{1/2}$ est intégrable ([2], p.340, n°15), donc le processus croissant (A_t) est localement intégrable.

Quitte à remplacer M par $M-M^c$, on peut supposer que $[M,M]_t=A_t^2$. Alors si T est un temps d'arrêt prévisible tel que $E[A_T]<\infty$, on a $E[[M,M]_T^{1/2}] < \infty$, ce qui signifie que la martingale locale arrêtée M^T appartient à $\underline{\underline{H}}^1$. Elle est alors uniformément intégrable, et on a

$$E[M_T^T|\underline{\underline{F}}_{T-}] = M_{T-}^T$$

ce qui signifie que $E[\sigma_T I_{\{T<\infty\}}|\underline{\underline{F}}_{T-}]=E[\Delta M_T^T|\underline{\underline{F}}_{T-}] = 0$.

L'unicité est évidente : la différence entre deux solutions est une martingale locale sans partie continue et sans aucun saut, donc nulle.

Nous montrons maintenant que les conditions 1) et 2) sont suffisantes. Nous commençons par remarquer que, puisque le processus croissant (A_t) est localement intégrable, il admet un compensateur prévisible $(\tilde{A}_t)$. Soit alors

$$W_n = \inf \{ t : \tilde{A}_t \geqq n \}$$

W_n est un temps d'arrêt prévisible ([2], p.253, note 9), strictement positif puisque $\tilde{A}_0=0$, donc il existe une suite croissante (W_{np}) de temps d'arrêt prévisibles annonçant W_n ([1], p.73, T12), et on a $\tilde{A}_{W_{np}} \leqq n$ pour tout p. Posons alors $V_n = \sup_{k\leqq n,p\leqq n} W_{kp}$; les temps d'arrêt V_n sont <u>prévisibles</u>, tendent en croissant vers $+\infty$, et on a $\tilde{A}_{V_n} \leqq n$ pour tout n, donc aussi

$$(3) \qquad E[A_{V_n}] = E[\tilde{A}_{V_n}] \leqq n \quad .$$

En effet, si U est un temps d'arrêt réduisant la martingale locale $N=A-\tilde{A}$ nulle en 0, on a $E[A_{V_n\wedge U}-\tilde{A}_{V_n\wedge U}] = E[N_{V_n}^U] = E[N_0^U] = 0$, d'où (3) en faisant tendre U vers $+\infty$.

Désignons maintenant par (σ_t^n) le processus $(\sigma_t I_{\{t \leqq V_n\}})$, et posons $A_t^n = (\sum_{s \leqq t} (\sigma_s^n)^2)^{1/2} = A_{t \wedge T_n}$. Nous avons que

i. (σ_t^n) est bien-mesurable, et $E[A_\infty^n] < +\infty$.

ii. Pour tout temps prévisible T on a $E[|\sigma_T^n|] \leqq E[A_\infty^n] < +\infty$, et $E[\sigma_T^n | \underline{\underline{F}}_{T-}] = 0$.

Cette dernière propriété vient de la propriété 2) de l'énoncé, du fait que $T \wedge V_n$ est <u>prévisible</u> et $E[A_{T \wedge V_n}] < +\infty$.

Supposons alors que nous sachions construire, pour chaque n, une martingale uniformément intégrable M^n sans partie continue telle que $(\Delta M_t^n) = (\sigma_t^n)$. En vertu de l'unicité, les martingales M^n se recolleront bien aux temps d'arrêt V_n, et la martingale locale M obtenue par recollement sera sans partie continue d'après [2], p.296, th.9, et satisfera à $(\Delta M_t) = (\sigma_t)$.

Tout revient donc à résoudre le problème posé dans le cas où le processus (σ_t) possède les propriétés i. et ii. ci dessus, c'est à dire les hypothèses de l'énoncé et en plus l'intégrabilité de A_∞. Cela se fait à la manière de la compensation des sauts dans L^2 : soit (T_n) une suite de temps d'arrêt, soit totalement inaccessibles, soit prévisibles, tous >0, à graphes disjoints, et tels que $\{(t,\omega) : \sigma_t(\omega) \neq 0\}$ soit contenu dans la réunion des graphes $[[T_n]]$ (voir [2], p.265). Posons pour tout n

$$B_t^n = \sigma_{T_n} I_{\{t \geqq T_n\}} \text{ , processus à variation intégrable,}$$

et soient $\widetilde{B}^n$ le compensateur prévisible de B^n, K^n la martingale $B^n - \widetilde{B}^n$. D'après la propriété 2) de l'énoncé - vraie pour tout temps d'arrêt prévisible - on a $\widetilde{B}^n = 0$ lorsque T_n est prévisible, de sorte que dans tous les cas, K^n est une martingale à variation intégrable, sans partie continue par conséquent, admettant un seul saut égal à σ_{T_n} à l'instant T_n. Les graphes $[[T_n]]$ étant disjoints, si l'on pose

$$L^n = \sum_{p \leqq n} K^p$$

on a pour $m \leqq n$ $\quad [L^n - L^m, L^n - L^m]_\infty = \sum_{m < p \leqq n} \sigma_{T_p}^2$. L'hypothèse d'intégrabilité de A_∞ entraîne alors que les L^n forment une suite de Cauchy dans l'espace $\underline{\underline{H}}^1$, et la limite de cette suite est la martingale M cherchée . Cette partie du raisonnement est tout à fait analogue à celle qui figure dans [2], p.265, avec pour seule différence le remplacement de L^2 par $\underline{\underline{H}}^1$. Aussi ne donnons nous pas de détails.

REMARQUE. La martingale locale M étant purement discontinue, on a

$$[M,M]_\infty = \Sigma_s \Delta M_s^2 = \Sigma_{s\leq t} \sigma_s^2 = A_\infty^2$$

D'où l'on déduit des résultats familiers : si A_∞ est intégrable, M appartient à $\underline{\underline{H}}^1$ (cela a déjà été vu plus haut) ; si A_∞ appartient à L^p ($1<p<\infty$), M est bornée dans L^p ; si A_∞ appartient à L^∞, M appartient à $\underline{\underline{BMO}}$.

Le raisonnement que nous avons utilisé dans la première partie de la démonstration conduit au résultat suivant, qui bien que très simple n'a semble t'il jamais été explicité.

PROPOSITION 2. __Si__ (A_t) __est un processus croissant localement intégrable, tel que__ $A_0=0$, __il existe une suite de temps d'arrêt prévisibles__ T_n , __qui tend vers__ $+\infty$ __en croissant__, __telle que pour tout__ n __on ait__ $E[A_{T_n}] < +\infty$.

En fait, la restriction $A_0=0$ est très facile à lever. Nous construisons la suite T_n ci-dessus relative à (A_t-A_0), puis nous posons $T'_n=0$ sur $\{A_0>n\}$, $T'_n=T_n$ sur $\{A_0\leq n\}$: il est clair que $A_{T'_n}I_{\{T'_n>0\}}$ est intégrable.

COROLLAIRE. __Si__ M __est une martingale locale__, __il existe une suite croissante de temps d'arrêt prévisibles__ T_n , __qui tend vers__ $+\infty$ __en croissant__, __telle que pour tout__ n __la martingale locale__ $M^{T_n}I_{\{T_n>0\}}$ __appartienne à__ $\underline{\underline{H}}^1$.

Il suffit d'appliquer la proposition 2 au processus croissant localement intégrable $[M,M]^{1/2}$.

Voici une autre propriété simple des martingales locales, qui n'a peut être, elle non plus, jamais été explicitée :

PROPOSITION 3. Soient M une martingale locale, T un temps d'arrêt prévisible. Alors l'espérance conditionnelle $E[M_T I_{\{0<T<\infty\}} | \underline{\underline{F}}_{T-}]$ existe et vaut $M_{T-} I_{\{0<T<\infty\}}$.

DEMONSTRATION. Soit (T_n) une suite croissante de temps d'arrêt réduisant M, qui tend vers $+\infty$ p.s. (les T_n n'ont pas besoin ici d'être supposés prévisibles). La martingale $M^{T_n} I_{\{T_n>0\}}$ étant uniformément intégrable, $E[|M_{T\wedge T_n}| I_{\{0<T<\infty\}}]$ est finie et $E[M_{T\wedge T_n} I_{\{0<T<\infty\}} | \underline{\underline{F}}_{T-}] = M_{T\wedge T_n -} I_{\{0<T<\infty\}}$. D'autre part, l'ensemble $\{T \leqq T_n\}$, complémentaire de $\{T>T_n\}$, appartient à $\underline{\underline{F}}_{T-}$. Il en résulte que

$M_T I_{\{0<T<\infty\}}$ est intégrable sur chacun des ensembles $\{0<T<\infty, T\leqq T_n\}$, $\{T=0\}$, $\{T=\infty\}$, $\underline{\underline{F}}_{T-}$-mesurables et don la réunion est Ω ; donc l'espérance conditionnelle $E[M_T I_{\{0<T<\infty\}} | \underline{\underline{F}}_{T-}]$ existe ;

$E[M_T I_{\{0<T<\infty\}} | \underline{\underline{F}}_{T-}]$ vaut 0 sur $\{T=0\}$ et $\{T=\infty\}$, M_{T-} sur chacun des ensembles $\{0<T<\infty, T\leqq T_n\}$. C'est bien le résultat annoncé.

COROLLAIRE. Si X est une semimartingale spéciale, admettant la décomposition canonique $X=X_0+M+A$, et si T est un temps d'arrêt prévisible, l'espérance conditionnelle $E[\Delta X_T I_{\{0<T<\infty\}} | \underline{\underline{F}}_{T-}]$ existe et vaut $\Delta A_T I_{\{0<T<\infty\}}$

DEMONSTRATION. On écrit que $\Delta X_T = M_T - M_{T-} + \Delta A_T$, et on remarque que M_{T-} et ΔA_T sont $\underline{\underline{F}}_{T-}$-mesurables sur $\{0<T<\infty\}$, et on applique la proposition 3.

Nous avons écrit ici des espérances conditionnelles généralisées au sens de la nouvelle édition de Probabilités et Potentiel de C. Dellacherie et P.A. Meyer, p.54, n°II.39. Si les espérances conditionnelles existent au sens ordinaire, les résultats s'appliquent bien entendu.

On voit donc que la seconde condition de l'énoncé du théorème 1 aurait pu être remplacée par :

pour tout temps d'arrêt prévisible T, $E[\sigma_T I_{\{0<T<\infty\}} | \underline{\underline{F}}_{T-}]$ existe et est égale à 0 .

BIBLIOGRAPHIE

[1] C. DELLACHERIE. Capacités et processus stochastiques. Springer-Verlag 1972.

[2] P.A. MEYER. Un cours sur les intégrales stochastiques. Séminaire de Probabilités X, Lecture Notes in M. 511, Springer-Verlag 1976.

[3] C. YOEURP. Décompositions des martingales locales et formules exponentielles. Séminaire de probabilités X.

C.S. Chou
Mathematics Department
National Central University
Chung-Li, Taiwan, Republic of China

Nous avons appris par M. P.A. Meyer que le théorème 1 avait été établi indépendamment par M. D. Lepingle.

Université de Strasbourg
Institut de Mathématique
Séminaire de Probabilités 1975/76

SUR LA REGULARISATION DES SURMARTINGALES

par C. Dellacherie

Il est bien connu que, sous les conditions habituelles, une surmartingale quelconque (X_t) admet une modification en une surmartingale continue à droite ssi la fonction $t \to E[X_t]$ est continue à droite. Nous allons montrer que, sans cette dernière hypothèse, toute surmartingale admet une modification en une surmartingale forte. Nous établirons en fait ce résultat sans supposer les conditions habituelles satisfaites.

On se donne au départ une filtration $(\underline{\underline{F}}_t)$ - qui peut n'être ni continue à droite ni augmentée - sur un espace probabilisé $(\Omega,\underline{\underline{F}},P)$. On rappelle qu'une surmartingale (1) $Z = (Z_t)$ est dite forte si Z est un processus optionnel et vérifie le théorème d'arrêt : si S et T sont deux t.d'a. bornés tels que $S \leqq T$, alors Z_S et Z_T sont intégrables et on a $E[Z_S] \geqq E[Z_T]$ (d'ou l'on déduit que $Z_S \geqq E[Z_T | \underline{\underline{F}}_S]$ p.s.). Nous nous donnons maintenant une surmartingale $X = (X_t)$, quelconque à ceci près que nous la supposerons fermable : il existe une v.a. intégrable X_∞ telle que

$$\forall t \quad X_t \geqq E[X_\infty | \underline{\underline{F}}_t] \text{ p.s.}$$

Cela nous permettra de manipuler les t.d'a. sans condition de bornitude, et on sait comment retrouver le cas général en identifiant tout intervalle fini $[0,a]$ à $[0,\infty]$ par un homéomorphisme croissant.

Une première étape est la régularisation de Foellmer (pour une démonstration, voir par exemple l'exposé de Stricker sur la mesure de Foellmer dans le volume IX)

(1) Nous avons appris tout récemment que la théorie des surmartingales fortes a été étudiée indépendamment à Heidelberg par M. Th. EISELE.

THEOREME (Foellmer).- Il existe un processus continu à droite $X^+ = (X_t^+)$ tel que

a) X^+ soit une surmartingale par rapport à $(\underline{\underline{F}}_{t+})$

b) , pour presque tout w , on ait pour tout t

$$X_t^+(w) = \lim_{\substack{s \to t \\ s \text{ rat.} \\ s > t}} X_s(w)$$

c) l'on ait, pour tout t ,

$$X_t \geqq E[X_t^+ | \underline{\underline{F}}_t] \text{ p.s.}$$

Il resulte aisément du lemme de Fatou que l'on peut fermer X^+ par $X_\infty^+ = X_\infty$ et que la fonction décroissante, continue à droite $t \to E[X_t^+]$ est la version continue à droite de la fonction décroissante $t \to E[X_t]$.

La deuxième étape consiste à appliquer le théorème de projection, sous les conditions "inhabituelles" (voir l'exposé de Meyer et moi dans le volume IX), pour obtenir une régularisée qui soit adaptée à $(\underline{\underline{F}}_t)$:

THEOREME.- Il existe une surmartingale forte $Y = (Y_t)$, par rapport à $(\underline{\underline{F}}_t)$, telle que

$$Y_T = E[X_T^+ | \underline{\underline{F}}_T] \text{ p.s.}$$

pour tout t.d'a. fini T de $(\underline{\underline{F}}_t)$. On ferme Y par $Y_\infty = X_\infty$.

D/ Y est la projection optionnelle (pour $(\underline{\underline{F}}_t)$) de X^+. La fortitude de Y résulte immédiatement de celle de X^+ pour $(\underline{\underline{F}}_{t+})$.

Comme $E[Y_t] = E[X_t^+]$ et $X_t \geqq E[X_t^+ | \underline{\underline{F}}_t] = Y_t$ p.s. pour tout t , il resulte aisément de ce qui précède que l'ensemble D des t tels que $X_t \overset{p.s.}{\neq} Y_t$ est au plus dénombrable. Voici alors le résultat final

THEOREME.- Soit X* le processus défini par $X_t^* = X_t$ pour $t \in D$ et $X_t^* = Y_t$ pour $t \notin D$. Alors X* est une modification de X , et c'est une surmartingale forte par rapport à $(\underline{\underline{F}}_t)$.

D/ Il est clair que X* est une modification de X , et est donc une surmartingale. Par ailleurs, si (t_n) est une énumération des points de D , on a

$$X^* = \sum_n X_{t_n} 1_{[[t_n]]} + Y.1_{(\bigcup_n [[t_n]])^c}$$

et donc X* est un processus optionnel par rapport à $(\underline{\underline{F}}_t)$. Maintenant, si S est un t.d'a. , fini ou non - X* étant fermée par X_∞ -, la v.a. X_S^* est intégrable : en effet on a d'une part $X_S^* = Y_S$ sur $\{S \notin D\}$ et Y_S est intégrable, et, d'autre part, $(X_t)_{t\in D}$ est une surmartingale par rapport à $(\underline{\underline{F}}_t)_{t\in D}$, fermée par X_∞, et la restriction de S à $\{S\in D\}$ est un t.d'a. de $(\underline{\underline{F}}_t)_{t\in D}$, d'où X_S^* est aussi intégrable sur $\{S\in D\}$. Par ailleurs on a $X_S^* \geqq Y_S$ p.s. . Il nous reste à montrer que, si S et T sont deux t.d'a. tels que $S \leqq T$, alors $E[X_S^*] \geqq E[X_T^*]$. D'abord, on a

$$E[X_T^*] = E[Y_T.1_{\{T\notin D\}}] + \sum_n E[X_{t_n}.1_{\{T=t_n\}}]$$

Comme X_T^* est intégrable, il suffit donc de montrer que, pour tout entier N, on a

$$E[Y_T.1_{\{T\notin D\}}] + \sum_{n\leqq N} E[X_{t_n}.1_{\{T=t_n\}}] \leqq E[X_S^*]$$

Quitte à remplacer X_{t_n} par Y_{t_n} pour $n > N$, on est donc ramené au cas où D est un ensemble fini, soit $D = t_1,\ldots,t_N$ avec $t_1 < \ldots < t_N$. Posons, pour $i = 1,\ldots,N$,

$$S_i = ((S \vee t_i) \vee (T \wedge t_i)) \wedge T$$

On aura démontré l'inégalité voulue si on démontre la chaine d'inégalités suivante

$$E[X_S^*] \geqq E[X_{S_1}^*] \geqq \ldots \geqq E[X_{S_n}^*] \geqq E[X_T^*]$$

La dernière inégalité ne pose pas de problème : en effet, sur $\{S_n < T\}$, on a $T\notin D$ et donc $X_T^* = Y_T$, et l'inégalité résulte alors de la fortitude de Y. Par conséquent, quitte à appeler S l'un des S_i, ou S, et appeler T le S_{i+1} correspondant, ou S_1, on est ramené au cas suivant : il existe $u\in D$ tel que l'on ait les égalités

$$\{S<T\} \cap \{S<u\} = \{S<T\} \cap \{T \leqq u\} \qquad \{S<T\} \cap \{T\in D\} = \{S<u=T\}$$

(faire un dessin), et, quitte à remplacer S par $S_{\{S<T\}}$ et T par $T_{\{S<T\}}$, on peut supposer que l'on a $S<T$ sur $\{S<+\infty\}$. Sur $\{S \geqq u\}$, on a $X_T^* = Y_T$ et donc, d'après la fortitude de Y, on a $E[X_T^*.1_{\{S\geqq u\}}] \leqq E[X_S^*.1_{\{S\geqq u\}}]$. Choisissons d'autre part une suite croissante (u_n) de points hors de D telle que $\lim u_n = u$. On a

$$\begin{aligned} E[X_T^*.1_{\{S<u\}}] &= \lim_n E[X_T^*.1_{\{T<u_n\}} + X_T^*.1_{\{S<u_n\leqq T\}}] \\ &= \lim_n E[Y_T.1_{\{T<u_n\}} + X_u.1_{\{S<u_n\leqq T\}}] \end{aligned}$$

Compte tenu du fait que les indicatrices dans le second membre sont $\underline{\underline{F}}_{u_n}$-mesurables et que $X_{u_n} = Y_{u_n}$ p.s., le second membre est majoré par $\liminf_n E[Y_{T\wedge u_n}.1_{\{S<u_n\}}]$, lequel est majoré par $E[Y_S.1_{\{S<u\}}]$ d'après la fortitude de Y ... et c'est fini.

REMARQUE. Si l'on a $\underline{\underline{F}}_{t-} = \underline{\underline{F}}_t$ pour tout $t\in D$, il existe une démonstration plus courte en tenant compte du fait que la restriction de T à $\{T\in D\}$ est alors prévisible.

Université de Strasbourg
Institut de Mathématique
Séminaire de Probabilités 1975/76

CHANGEMENTS DE TEMPS ET INTEGRALES STOCHASTIQUES

par C. Dellacherie et C. Stricker

Dans un premier temps, nous prolongeons, sous des hypothèses un peu différentes, le travail de MEYER et YEN sur la génération des tribus optionnelle et prévisible par des processus croissants (cf le volume IX du séminaire) : nous regardons ce que l'on peut dire sous les seules hypothèses habituelles, avec une condition faible de séparabilité de la grosse tribu $\underline{\underline{F}}$, et nous dégageons quelques propriétés intéressantes des changement de temps associés aux processus croissants générateurs. Puis, nous montrons, qu'à l'aide de ces changements de temps, on peut ramener toute intégrale stochastique d'un processus prévisible par rapport à une semimartimgale à une intégrale stochastique d'un processus <u>certain</u>. Considérant alors le cas des intégrales stochastiques par rapport aux martingales de carré intégrable, on montre qu'une bonne partie de cette théorie se ramène par ce biais à la théorie spectrale classique dans un espace de Hilbert. Cela nous permet alors d'appliquer aux intégrales stochastiques par rapport aux martingales de carre intégrable, des théorèmes bien connus de la théorie des algèbres d'opérateurs d'un espace de Hilbert : on montre, par exemple, que l'ensemble des opérateurs "integrales stochastiques" s'identifie avec le bicommutant de l'ensemble des opérateurs "espérances conditionnelles" de la forme $E[.|\underline{\underline{F}}_T]$, où T parcourt l'ensemble des temps d'arrêt. Enfin, on termine en posant quelques problèmes.

GÉNÉRATION DES TRIBUS OPTIONNELLE ET PRÉVISIBLE

Nous nous plaçons sous les conditions habituelles (avec les notations habituelles, sauf que, n'ayant pas de ω sur notre clavier, nous écrirons des "w"), mais nous supposons que $\underline{\underline{F}}$ vérifie la condition de séparabilité suivante : il existe une sous-tribu séparable $\underline{\underline{G}}$ de $\underline{\underline{F}}$ telle que tout élément de $\underline{\underline{F}}$ soit p.s. égal à un élément de $\underline{\underline{G}}$, ce qui revient à dire que l'espace de Banach $L^1(\Omega,\underline{\underline{F}},P)$ est séparable. Alors, tout sous-espace topologique de notre L^1 est aussi séparable, ce qui implique que toute sous-tribu de $\underline{\underline{F}}$ vérifie cette condition de séparabilité. Mais, on a mieux. En effet, par classe monotone, il est facile de voir que la tribu $\underline{\underline{T}} = \underline{\underline{B}}(\mathbb{R}_+) \times \underline{\underline{F}}$ des ensembles mesurables vérifie la propriété (S) suivante : il existe une sous-tribu separable $\underline{\underline{U}}$ de $\underline{\underline{T}}$ (en fait, $\underline{\underline{B}}(\mathbb{R}_+)\times\underline{\underline{G}}$ convient) telle que tout processus $\underline{\underline{T}}$-mesurable soit indistinguable d'un processus $\underline{\underline{U}}$-mesurable. A l'aide des théorèmes de projection, on en déduit, par classe monotone, que les tribus optionnelle et prévisible vérifient aussi cette propriété (S). Cette remarque est en fait bien connue pour la tribu prévisible, mais nous ne l'avons jamais vu faite pour la tribu optionnelle. On en déduit sans peine, par classe monotone, que, de toute famille de générateurs de la tribu optionnelle, ou prévisible, on peut extraire une sous-famille dénombrable telle que tout processus optionnel, ou prévisible, soit indistinguable d'un processus mesurable par rapport à la tribu engendrée par cette sous-famille dénombrable.

Engendrons la tribu optionnelle, considérée sur $[0,+\infty[\times\Omega$, par les intervalles stochastiques de la forme $[\![S,+\infty[\![$ et la tribu prévisible, que nous considérerons sur $]0,+\infty[\times\Omega$ pour éviter ce diable de 0, par les intervalles stochastiques de la forme $]\!]S,+\infty[\![$. Il existe alors une suite de t.d'a. (S_n) telle que la tribu optionnelle, ou prévisible, soit "indistinguable" de la tribu engendrée par les intervalles stochastiques correspondant. On peut bien entendu supposer que les t.d'a. constants à valeurs rationnelles sont nommés dans la suite, ce qui permet, en particulier, de supposer que les S_n sontbornés (par troncage), puis stables pour les sup et inf finis. Définissons alors deux processus engendrant respectivement nos tribus séparables, grâce au truc classique (le "2" a valeur esthétique, pour tomber dans l'ensemble de Cantor) :

$$O_t = \sum_n 2.3^{-n}\, 1_{[\![S_n,+\infty[\![}(t) \qquad P_t = \sum_n 2.3^{-n}\, 1_{]\!] S_n,+\infty[\![}(t)$$

(O_t) est un processus croissant, continu à droite (O_0 peut ne pas être nul), optionnel et (P_t) est sa version continue à gauche ; tous deux sont strictement croissants, pour tout w, et prennent leurs valeurs dans l'ensemble de Cantor. Et, pour tout processus optionnel (resp prévisible) $X = (X_t)$, il existe une fonction borélienne f définie sur l'ensemble de Cantor telle que (X_t) soit indistinguable de $(f\circ O_t)$ (resp $(f\circ P_t)$). Bien entendu, f n'est pas uniquement déterminée, les valeurs prises par (P_t) ou (O_t) ne couvrant pas tout le Cantor en général.

Nous définissons maintenant le changement de temps associé

$$C_t = \inf\{s : O_s > t\} = \inf\{s : O_s \geqq t\} = \sup\{s : P_s < t\} = \sup\{s : P_s \leqq t\}$$
$$= \sup\{s : O_s < t\} = \sup\{s : O_s \leqq t\} = \inf\{s : P_s > t\} = \inf\{s : P_s < t\}$$

Les égalités proviennent du fait de la croissance stricte : il n'y a qu'un changement de temps, pour les deux, et ce changement de temps (C_t) est continu, mais non strictement croissant. Et les C_t sont des t.d'a.bornés pour $t<1$, infinis pour $t\geqq 1$ car nos S_n sont bornés ; d'autre part, lorsque t décrit l'ensemble des extremités des intervalles contigus du Cantor, ensemble qui est dénombrable dense dans le Cantor, les intervalles $[\![C_t,+\infty[\![$ (resp $]\!] C_t,+\infty[\![$) engendrent notre tribu "presque" optionnelle (resp prévisible), et l'on peut montrer, comme dans l'exposé "Deux remarques sur la séparabilité optionnelle" du premier auteur, que la réunion des graphes des C_t (t décrivant l'ensemble de nombres triadiques précité) est égal à la réunion des graphes des S_n *) : on peut donc "presque" engendrer les tribus optionnelle et prévisible par une famille dénombrable d'intervalles stochastiques totalement ordonnée pour l'inclusion. Autre petit miracle : tout t.d'a. T est p.s. égal au temps d'entrée de (P_t) (ou (O_t)) dans un borélien. En effet, il existe une fonction borélienne f telle que $(f\circ P_t)$ soit indistinguable de l'indicatrice de $]\!] T,+\infty[\![$, et T est alors p.s. égal au temps d'entrée de (P_t) dans le borélien $\{f = 1\}$. Par ailleurs, on montre de manière analogue que $\underline{\underline{F}}_T$ est "presque" engendrée par O_T (cf MEYER et YEN) et $\underline{\underline{F}}_{T-}$ par P_{T-} pour tout t.d'a. fini $T>0$.

---

*) on peut montrer que ces C_t forment une sous-famille dénombrable des S_n

INTEGRALE ET CHANGEMENT DE TEMPS

Dans cette section, on désigne par $X = (X_t)$ un processus prévisible fixé, que l'on suppose positif pour éviter les problèmes d'intégration, et on désigne par f une fonction borélienne positive représentant X, i.e. telle que X soit indistinguable de $f \circ P$.

THEOREME 1.- Soit $A = (A_t)$ un processus croissant, continu à droite, mais pas forcément adapté. On a alors

$$\int_0^\infty X_s\, dA_s = \int_0^\infty f(P_s)\, dA_s = \int_0^\infty f(t)\, dA_{C_t} \quad \text{(on intègre sur }]0,\infty[\text{)}$$

la première égalité étant vraie pour presque tout w, la seconde pour tout w.

D/ La première égalité est triviale. Pour démontrer la seconde, il suffit, par classe monotone, de considérer le cas où f est l'indicatrice d'un intervalle de la forme $]u,v]$: les deux intégrales de droite valent alors $A_{C_v} - A_{C_u}$ $(\infty - \infty = 0)$.

COROLLAIRE.- Soit λ la mesure sur $[0,\infty[$ (en fait, portée par le Cantor) dont la fonction de répartition est $t \rightarrow E[A_{C_t}]$. On a alors

$$E[\int_0^\infty X_s\, dA_s] = \int_0^\infty f(t)\, \lambda(dt)$$

REMARQUE.- On a des formules analogues, pour X optionnel - O remplaçant P -, si A est un processus croissant, continu à gauche, en intégrant sur $[0,\infty[$.

Nous fixons maintenant nos notations et conventions quant au changement de temps : pour $t \in [0,1[$, on pose $\underline{\underline{F}}^*_t = \underline{\underline{F}}_{C_t}$, et $Z^*_t = Z_{C_t}$ si (Z_t) est un processus. Lorsqu'on travaille avec des "*", on suppose tacitement $t < 1$ - on aurait pu s'arranger pour que $P_\infty = \infty$ au lieu de 1, mais on aurait perdu le Cantor classique !*) -, ou, plus commodément, on fera tout simplement la convention que $1 = t$ pour tout $t \in [1,\infty]$: il ne se passe rien pour les processus changés de temps sur $[1,\infty]$.

Nous passons maintenant au cas d'une intégrale stochastique par rapport à une martingale locale $M = (M_t)$. On supposera que l'intégrale stochastique $\int_0^\infty X_s\, dM_s$ a un sens : par exemple, que X appartient à $L^2(M)$ si M est une martingale de carré

----

*) plus sérieusement, on aurait obtenu plus loin un opérateur auto-adjoint non borné.

intégrable, ou que X est localement borné et X_t nul pour t suffisamment grand (ce qui revient à intégrer sur un intervalle fini) dans le cas général.

THEOREME 2.- Soit $M = (M_t)$ une martingale locale telle que $M_0 = 0$. Alors

a) $M^* = (M^*_t)$ est une martingale locale par rapport à $(\underline{\underline{F}}^*_t)$; $[M^*,M^*]$ est égal à $[M,M]^*$ et, si $\langle M,M\rangle$ est défini, $\langle M^*,M^*\rangle$ est égal à $\langle M,M\rangle^*$. Si M appartient à $\underline{\underline{M}}$ (i.e. est de carré intégrable), alors M^* appartient à $\underline{\underline{M}}^*$.

b) on a p.s., au sens des intégrales stochastiques,

$$\int_0^\infty X_s \, dM_s = \int_0^\infty f(t) \, dM^*_t$$

et des égalités du même genre pour les crochets divers.

D/ Commençons par a). Soit (T_n) une suite de t.d'a. de $(\underline{\underline{F}}_t)$ réduisant (M_t) et posons, pour tout n, $T^*_n = P_{T_n}$: les T^*_n forment une suite croissante de t.d'a. de $(\underline{\underline{F}}^*_t)$ convergeant vers 1 ($=\infty$!). Comme $M^*_{T^*_n} = M_{T_n}$, on en déduit sans peine que (T^*_n) réduit M^*, qui est donc une martingale locale pour $(\underline{\underline{F}}^*_t)$. Par ailleurs, le crochet $[M,M]$ est uniquement caractérisé par le fait que c'est un processus croissant optionnel, continu à droite, dont la partie purement discontinue est la somme des carrés des sauts de M en ses instants de sauts, et tel que $M^2 - [M,M]$ soit une martingale locale. On en déduit sans peine que $[M,M]^* = [M^*,M^*]$. Nous laissons au lecteur le soin d'achever la démonstration de a), et passons à b). Il nous suffit, pour démontrer l'égalité écrite (les autres sont laissées au lecteur), de montrer que, pour toute martingale bornée $N = (N_t)$, on a

$$E\left[\int_0^\infty X_s \, d[M,N]_s\right] = E\left[\int_0^\infty f(t) \, d[M^*,N^*]_t\right]$$

Or, d'après le théorème 1, on a même l'égalité sans les espérances puisque, d'après a), on a $[M^*,N^*] = [M,N]^*$.

REMARQUE.- Noter que l'on a $E[\int_0^\infty X_s^2 \, d[M,M]_s] = \int_0^\infty f^2(t) \, \lambda(dt)$ où λ est la mesure de répartition $t \longrightarrow E[M^{*2}_t]$. Il y a là sans doute la possibilité de définir l'intégrale stochastique sans avoir recours au théorème de décomposition des surmartingales. Poussant plus loin cette idée, on pourrait se demander si on ne peut pas démontrer ce dernier théorème par une astuce de ce type. Il est vrai que, si $Z = (Z_t)$ est un potentiel de la classe (D), le processus croissant qui l'engendre est uniquement déterminé par la fonction décroissante $t \to E[Z_t^*]$. Mais l'expérience nous a prouvé que l'existence s'atteint difficilement par cette voie, du fait de la non-unicité de la fonction borélienne représentant un processus prévisible.

COROLLAIRE.- <u>Soit</u> $Y = (Y_t)$ <u>une semimartingale. Alors</u> Y^* <u>est une semimartingale par rapport à</u> $(\underline{\underline{F}}_t^*)$, <u>et l'on a</u> (<u>pour</u> X "<u>raisonnable</u>")

$$\int_0^\infty X_s\, dY_s = \int_0^\infty f(t)\, dY_t^*$$

INTEGRALE STOCHASTIQUE ET RESOLUTION SPECTRALE

On considère désormais les processus prévisibles définis aussi pour $t = 0$, mais, pour éviter tout problème en 0 , on suppose que $\underline{\underline{F}}_0$ est essentiellement triviale (on peut toujours se ramener à cette situation par décalage du temps).

Considérons l'espace de Hilbert séparable $\underline{\underline{H}} = L^2(\Omega,\underline{\underline{F}}_\infty,P) = L^2(\Omega,\underline{\underline{F}}_1^*,P)$ - réel - muni du produit scalaire $(x,y) = E[x.y]$ et définissons sur $\underline{\underline{H}}$ une <u>résolution de l'identité</u> $(E_t)_{t\in\mathbb{R}}$ (i.e une suite croissante, continue à droite, de projecteurs orthogonaux telle que $\lim_{t\to-\infty} E_t = 0$ et $\lim_{t\to+\infty} E_t = I$, où 0 est le projecteur nul et I est l'identité) en posant

1) pour $t<0$, $E_t = 0$

2) pour $0\leq t<1$, E_t est l'opérateur d'espérance conditionnelle $E[.|\underline{\underline{F}}_t^*]$. En particulier, $E_0x = E[x]$ puisque $\underline{\underline{F}}_0$ est essentiellement triviale

3) pour $t\geq 1$, $E_t = I$.

Alors (E_t) définit la résolution spectrale de l'opérateur auto-adjoint

$$H = \int_{-\infty}^{+\infty} t\, dE_t = \int_0^1 t\, dE_t$$

qui est en fait un opérateur, positif au sens hilbertien, de norme ≤ 1 puisque son spectre est contenu dans $[0,1]$. On rappelle que, pour $x\in\underline{\underline{H}}$, on a $Hx = \int t\, dE_t x$ - intégrale d'une fonction scalaire par rapport à une mesure vectorielle - ou encore que, pour $x,y\in\underline{\underline{H}}$, on a $(Hx,y) = \int t\, d(E_t x,y) = \int t\, d(x,E_t y) = \int t\, d(E_t x,E_t y)$ - intégrale d'une fonction scalaire par rapport à une mesure scalaire signée.

Soit $\underline{\underline{A}}$ l'algèbre d'opérateurs (linéaires, bornés) engendrée par H . Désignons par $\underline{\underline{A}}^*$ le commutant de $\underline{\underline{A}}$, i.e. l'ensemble des opérateurs commutant avec les éléments de $\underline{\underline{A}}$ (ce sont aussi ceux qui commutent avec H , ou bien avec tous les E_t) et enfin par $\underline{\underline{A}}^{**}$ le bicommutant de $\underline{\underline{A}}$, i.e. le commutant de $\underline{\underline{A}}^*$. On a alors le théorème classique de Von Neumann

THEOREME.- a) Le bicommutant $\underline{\underline{A}}^{**}$ est égal à l'adhérence forte, ou faible (mais pas pour la norme) de $\underline{\underline{A}}$ dans l'algèbre des opérateurs sur $\underline{\underline{H}}$.

b) Un opérateur K appartient à $\underline{\underline{A}}^{**}$ ssi il existe une fonction borélienne bornée f telle que l'on ait $K = \int_{-\infty}^{+\infty} f(t)\, dE_t = f(0)E_0 + \int_0^1 f(t)\, dE_t$

Etant donné le théorème 2 , le lecteur devine sans doute où nous allons en venir maintenant...

Pour rester dans le domaine des opérateurs bornés (notre science en la matière étant limitée), nous nous contenterons de considérer des processus prévisibles bornés. Si $X = (X_t)$ est un tel processus, on lui associe un operateur K_X sur $\underline{\underline{H}}$ comme suit : pour $x \in \underline{\underline{H}}$, on considère la martingale $M \in \underline{\underline{M}}$ définie par $M_t = E[x|\underline{\underline{F}}_t]$ et on pose
$$K_X x = X_0 M_0 + \int_0^\infty X_s\, dM_s$$
On dira que K_X est l'operateur d'intégrale stochastique (en abrégé i.s.) défini par X . Bien entendu, on peut obtenir le même opérateur K pour des processus prévisibles différents X et Y , lesquels sont alors "indistinguables par les martingales" , i.e. tels que $X_0 = Y_0$ et $E[\int_0^\infty (X_s - Y_s)^2\, d\langle M,M\rangle_s] = 0$ pour tout $M \in \underline{\underline{M}}$. Ceci dit, si f est une fonction borélienne bornée représentant X , on a d'après le théorème 2
$$K_X x = f(0)E[M_0] + \int_0^1 f(t)\, dM^*_t$$
ce qui, du point de vue hilbertien, signifie que $K_X = f(H)$. D'où le théorème

THEOREME 3.- a) Soit X un processus prévisible borné. Alors, si f représente X , l'operateur d'i.s. K_X défini par X est égal à f(H).

b) Un opérateur K est un opérateur d'i.s. ssi il "bicommute" avec les opérateurs d'espérances conditionnelles $E[.|\underline{\underline{F}}^*_t] = E[.|\underline{\underline{F}}_{C_t}]$, soit encore ssi il "bicommute" avec les opérateurs d'espérances conditionnelles $E[.|\underline{\underline{F}}_T]$, T parcourant l'ensemble des t.d'a. de $(\underline{\underline{F}}_t)$.

Le lecteur quelque peu familier avec la théorie spectrale aura noté aussi la grande analogie entre la construction d'une intégrale spectrale et celle de l'intégrale stochastique. L'analogie (le mot est faible, vu le théorème 2) se rencontre encore à propos d'autres concepts étudiés dans les deux théories. Par exemple, en théorie hilbertienne, un vecteur x est dit <u>séparateur</u> pour $\underline{\underline{A}}$ (ou $\underline{\underline{A}}^{**}$) si on a $Kx = 0 \Rightarrow K = 0$ pour tout K dans l'algèbre (un tel vecteur existe toujours car $\underline{\underline{H}}$ est séparable) ; cela signifie encore que toutes les mesures $d(E_t y,z)$ sont absolument continues par rapport à $d(E_t x,x)$. En théorie de l'i.s. lui correspond l'existence d'une martingale (M_t) - avec $M_\infty = x$ - telle que tous les crochets $\langle N,N'\rangle$ soient absolument continus par rapport à $\langle M,M\rangle$. Par ailleurs, un vecteur x est dit <u>totalisateur</u> ou cyclique pour $\underline{\underline{A}}$ (ou $\underline{\underline{A}}^{**}$) si l'ensemble des Kx, K parcourant l'algèbre, est dense dans $\underline{\underline{H}}$ (cela existe rarement) ; cela signifie encore (ce n'est pas évident) que $\underline{\underline{A}}^{**}$ est une algèbre abélienne maximale, i.e. $\underline{\underline{A}}^* = \underline{\underline{A}}^{**}$. En théorie de l'i.s. lui correspond (c'est facile à voir) l'existence d'une martingale (M_t) - avec $M_\infty = x$ - telle que toute martingale de $\underline{\underline{M}}$ soit une intégrale stochastique d'un processus prévisible (pas forcément borné) par rapport à M. D'où, étant donné le théorème 3 et un théorème classique sur les processus de Wiener et Poisson,

THEOREME 4.- <u>Supposons que</u> $(\underline{\underline{F}}_t)$ <u>soit la filtration naturelle augmentée d'un Brownien unidimensionnel partant de</u> 0 , <u>ou d'un Poisson. Un opérateur</u> K <u>est un opérateur d'i.s. ssi il commute avec les opérateurs</u> $E[.|\underline{\underline{F}}_T]$, T <u>parcourant l'ensemble des t.d'a. de</u> $(\underline{\underline{F}}_t)$.

Nous arrêterons pratiquement ici nos développements hilbertiens, mais on peut se demander si on ne peut pas obtenir d'autres résultats sur les i.s. à l'aide des techniques hilbertiennes. Par exemple, -H est le générateur infinitésimal d'un semi-groupe markovien $(P_t) = (e^{tH})$ fortement continu sur L^2 : on tombe alors sur la théorie hilbertienne du potentiel de Beurling-Deny. (Incidemment, nous n'avons pas su caractériser, d'une manière simple, les semi-groupes markoviens sur L^2 dont la décomposition spectrale du générateur infinitésimal fournit une filtration $(\underline{\underline{F}}_t)$. Mokobodzki connait des choses sur les résolvantes de ces semi-groupes).

UN PROBLEME D'IDENTIFICATION

On sait bien que, pour tout t.d'a. T, l'opérateur $E[./\underline{\underline{F}}_T]$ est un opérateur d'i.s., ainsi que $E[./\underline{\underline{F}}_{T-}]$ si T est prévisible. D'ou le problème

PROBLEME.- Soit $\underline{\underline{G}}$ une sous-tribu de $\underline{\underline{F}}_\infty$, contenant les ensembles négligeables, telle que $E[./\underline{\underline{G}}]$ soit un opérateur d'i.s. . Est ce que $\underline{\underline{G}}$ est nécessairement de la forme $\underline{\underline{F}}_T$, ou $\underline{\underline{F}}_{T-}$ avec T prévisible ?

D'après le théorème 3, on sait que $\underline{\underline{G}}$ définit un opérateur d'i.s. ssi $E[./\underline{\underline{G}}]$ bicommute avec tous les $E[./\underline{\underline{F}}_T]$. Mais l'expérience nous incline à penser que les techniques hilbertiennes ne sont d'aucun secours pour résoudre ce problème (la fonction borélienne représentant $1_{]0,T]}$ n'est pas en général une indicatrice d'intervalle).

Voici une réponse positive au problème, dans le cas discret

THEOREME 5.- Soit $(\underline{\underline{F}}_n)_{n\in\mathbb{N}}$ une filtration discrète, et soit $\underline{\underline{G}}$ une sous-tribu de $\underline{\underline{F}}_\infty$ telle que $E[./\underline{\underline{G}}]$ soit un opérateur d'i.s. . Il existe alors un t.d'a. S tel que $\underline{\underline{G}}$ soit essentiellement égale à $\underline{\underline{F}}_S$.

D/ Nous désignerons par z un élément >0 de L^∞ engendrant essentiellement $\underline{\underline{F}}_\infty$ (z est donc un vecteur séparateur de $\underline{\underline{A}}$, en hilbertien) et par $Z=(Z_n)$ la martingale correspondante (i.e. $z=Z_\infty$) ; un processus prévisible X est alors "évanescent pour les martingales" si l'intégrale de X^2 par rapport à $\langle Z,Z\rangle$ est p.s. nulle. Soit par ailleurs $V=(V_n)$ un processus prévisible borné tel que, pour tout $M=(M_n)\in\underline{\underline{M}}$, on ait

$$E[M_\infty/\underline{\underline{G}}] = \sum_0^\infty V_k.m_k = K(M_\infty) \quad \text{avec } m_0=M_0 \ , \ m_{k+1}=M_{k+1}-M_k$$

Comme K est idempotent, V est indistinguable de V^2 pour les martingales : on peut donc supposer que V est l'indicatrice d'un ensemble prévisible, et comme on a $E[K(M_\infty)]=E[M_\infty]$, on peut supposer que $V_0=1$. Posons d'autre part $a_0=0$ et, pour tout k, $a_{k+1}=\langle Z,Z\rangle_{k+1}-\langle Z,Z\rangle_k$. Comme V et $\langle Z,Z\rangle$ sont prévisibles, on définit un t.d'a. S en posant

$$S = \inf\{k : V_{k+1}=0 \text{ et } a_{k+1}\neq 0\}$$

et nous allons montrer que V est indistinguable pour les martingales de l'indicatrice de $[0,S]$. Raisonnons par l'absurde. Posons

$$T = \inf \{k > S : V_{k+1} = 1 \text{ et } a_{k+1} \neq 0\}$$

et supposons $P(T < \infty) > 0$. Il existe alors deux entiers m,n tels que $0 \leq m < n$ et $P\{S = m, T = n\} > 0$. On a alors, en posant $z_0 = Z_0$ et $z_{k+1} = Z_{k+1} - Z_k$ pour tout $k \geq 0$: sur $\{S = m\}$, $a_{m+1} = E[z^2_{m+1}/\underline{\underline{F}}_m]$ est >0 , et, sur $\{S = m, T = n\}$, $a_{n+1} = E[z^2_{n+1}/\underline{\underline{F}}_n]$ est >0 . Compte tenu du fait que $\{z_{k+1} > 0\}$ ne contient aucun ensemble non négligeable de $\underline{\underline{F}}_k$, on en déduit que l'ensemble $A = \{S = m, z_{m+1} > 0\}$ n'est pas négligeable et ne contient aucun ensemble non négligeable de $\underline{\underline{F}}_m$ et que $B = \{S = m, z_{m+1} > 0, T = n, z_{n+1} > 0\}$ n'est pas négligeable et ne contient aucun ensemble non négligeable de $\underline{\underline{F}}_n$. Par ailleurs, si $M = (M_k)$ est une martingale telle que M_∞ soit $\underline{\underline{F}}_{n+1}$-mesurable, l'intégrale de V par rapport à M , qui est égale à $E[M_\infty/\underline{\underline{G}}]$, vaut

$$(*) \qquad E[M_{n+1}/\underline{\underline{F}}_m] - E[M_{n+1}/\underline{\underline{F}}_n] + M_{n+1} \quad \underline{\text{sur}} \quad \{S = m, T = n\}$$

Nous allons montrer qu'il existe $C \in \underline{\underline{F}}_{n+1}$ tel que, si on prend $M_\infty = 1_C$, alors l'expression (*) prend, avec une probabilité >0 , des valeurs <0 sur $\{S = m, T = n\}$: on aura ainsi obtenu notre contradiction. Avant de construire C , rappelons un lemme plus ou moins classique : soient $\underline{\underline{S}}$ et $\underline{\underline{T}}$ deux tribus telles que $\underline{\underline{S}} \subset \underline{\underline{T}}$ et soit $D \in \underline{\underline{T}}$; alors $\{P[D/\underline{\underline{S}}] = 1\}$ est la borne essentielle supérieure des éléments de $\underline{\underline{S}}$ contenus dans D et $\{P[D/\underline{\underline{S}}] > 0\}$ est la borne essentielle inférieure des éléments de $\underline{\underline{S}}$ contenant D . Ceci dit, posons

$$C = \{P(B/\underline{\underline{F}}_n) > 0\} - B$$

Comme $B \in \underline{\underline{F}}_{n+1}$ est contenu dans $A \cap \{S = m, T = n\} \in \underline{\underline{F}}_n$ et ne contient pas d'élément non négligeable de $\underline{\underline{F}}_n$, C est contenu dans $A \cap \{S = m, T = n\}$, n'appartient pas à $\underline{\underline{F}}_n$ (mais appartient à $\underline{\underline{F}}_{n+1}$) et l'on a $\{P(C/\underline{\underline{F}}_n) > 0\} = B \cup C$. Regardons alors ce que vaut l'expression (*) sur B lorsque $M_\infty = M_{n+1} = 1_C$: M_{n+1} est nul , $E[M_{n+1}/\underline{\underline{F}}_n]$ est > 0 ; il reste à montrer que $Y = E[M_{n+1}/\underline{\underline{F}}_m] - E[M_{n+1}/\underline{\underline{F}}_n]$ prend des valeurs < 0 avec une probabilité >0 . Hors, comme A ne contient aucun élément non négligeable de $\underline{\underline{F}}_m$, la v.a. Y n'est pas (p.s.) nulle sur Ω ; si on avait $Y \geq 0$ sur B , on aurait aussi $Y \geq 0$ sur $B \cup C$, Y étant $\underline{\underline{F}}_n$-mesurable, et, finalement on aurait $Y \geq 0$ partout puisque $P(C/\underline{\underline{F}}_n)$ est nulle hors de $B \cup C$: Y étant d'espérance nulle, on obtiendrait une contradiction. C'est fini...

Pour finir sur un air hilbertien, voici un corollaire faisant intervenir un cas d'existence, en temps discret, d'un vecteur totalisateur

COROLLAIRE.- Soit (X_n) une suite de v.a. indépendantes à valeurs dans $\{0,1\}$, et soit $(\underline{\underline{F}}_n)$ la filtration naturelle augmentée de (X_n). Une sous-tribu $\underline{\underline{G}}$ de $\underline{\underline{F}}_\infty$ est telle que $E[./\underline{\underline{G}}]$ commute avec tous les $E[./\underline{\underline{F}}_T]$, T parcourant l'ensemble des t.d'a. de $(\underline{\underline{F}}_n)$ ssi $\underline{\underline{G}}$ elle-même est (essentiellement) de la forme $\underline{\underline{F}}_T$.

D/ Si on pose $S_n = X_0 + \ldots + X_n$, puis $M_n = S_n - E[S_n]$, toute martingale bornée par rapport à $(\underline{\underline{F}}_n)$ se représente comme intégrale stochastique par rapport à (M_n). Donc $\underline{\underline{A}}^* = \underline{\underline{A}}^{**}$, et on conclut grâce aux théorèmes 3 et 5.

Université de Strasbourg
Séminaire de Probabilités 1975-76

EQUATIONS DIFFERENTIELLES STOCHASTIQUES

(C. Doléans-Dade et P.A. Meyer)

Les auteurs remercient les organisateurs du congrès de probabilités d'Urbana (Mars 1976) au cours duquel cette note a été rédigée.

Il est bien connu qu'ITO a développé sa théorie des intégrales stochastiques browniennes afin de pouvoir résoudre des équations différentielles stochastiques du type

(1) $dX_t = a(t,X_t)dB_t + b(t,X_t)dt$

où (B_t) est le mouvement brownien. Depuis qu'on sait traiter les intégrales stochastiques par rapport à des martingales locales de types de plus en plus généraux, il a paru naturel de chercher à résoudre des équations différentielles du type

(2) $dX_t = a(t,X_t)dM_t + b(t,X_t)dA_t$

où M est une martingale locale, A un processus à variation finie (et les équations vectorielles analogues). Voir par exemple les jolis résultats de KAZAMAKI, cités dans la bibliographie. La question a aussi été étudiée par PROTTER [4]. Un théorème d'existence et d'unicité de nature tout à fait générale a été établi par C. DOLEANS-DADE, et accepté pour publication dans le Z. f.W-theorie ([1]). Nous avons appris de PROTTER qu'il était parvenu, indépendamment, à un énoncé à peu près analogue en Février 1976.

La raison d'être de la présente rédaction est la suivante : si l'on considère une équation différentielle stochastique mise sous la forme (2), et si l'on remplace la loi P par une loi Q équivalente, M cesse d'être une martingale locale , et l'équation change de forme. Le seul moyen d'éviter cela, et de mettre en évidence l'invariance de l'équation (et de ses solutions) par un tel changement de loi de probabilité, consiste à adopter systématiquement le point de vue des semimartingales. Si l'on procède ainsi, et si l'on raisonne de manière intrinsèque, on s'aperçoit que les démonstrations elles mêmes se simplifient. Ainsi, le contenu de cette note est le même que celui de l'article [1] de C. DOLEANS-DADE, mais la forme nous en semble plus satisfaisante.

L'énoncé suivant ne fait intervenir qu'une semimartingale, mais il est tout aussi facile à démontrer (à la simplicité des notations près) lorsqu'on remplace l'unique intégrale au second membre par une somme finie d'intégrales analogues, relatives à des semimartingales $M^1,\dots,M^k$ - ce qui couvre le cas d'équations différentielles de la forme (2). On peut aussi, si on le désire, traiter le cas où X,H, et les semimartingales $M^1,\dots,M^k$ sont à valeurs dans $\mathbb{R}^n$ ("systèmes" d'équations différentielles).

THEOREME. Soient $(\Omega,\underline{\underline{F}},P)$ un espace probabilisé, muni d'une filtration $(\underline{\underline{F}}_t)$ satisfaisant aux conditions habituelles ; (M_t) une semimartingale nulle en 0 ; (H_t) un processus adapté à trajectoires càdlàg.. Alors l'équation intégrale stochastique

$$(3)\qquad X_t(\omega) = H_t(\omega) + \int_0^t f(\omega,s,X_{s-}(\omega))dM_s(\omega)$$

admet une solution et une seule (X_t) qui est un processus càdlàg. adapté, lorsque la fonction $f(\omega,s,x)$ sur $\Omega\times\mathbb{R}_+\times\mathbb{R}$ satisfait aux conditions suivantes

(L_1) Pour ω,s fixés, $f(\omega,s,.)$ est lipschitzienne de rapport K .

(L_2) Pour s,x fixés, $f(.,s,x)$ est $\underline{\underline{F}}_s$-mesurable .

(L_3) Pour x,ω fixés, $f(\omega,.,x)$ est continue à gauche avec limites à droite.

Avant de démontrer cet énoncé, soulignons quelques points. D'abord, l'unicité est celle qui est de règle en théorie des processus (deux solutions sont indistinguables). Dans le même esprit, tous les ensembles négligeables appartenant à $\underline{\underline{F}}_0$, on doit considérer que deux fonctions $f(\omega,s,x)$ et $\overline{f}(\omega,s,x)$ telles que

$f(\omega,.,.) = \overline{f}(\omega,.,.)$ sauf pour des ω qui appartiennent à un ensemble P-négligeable

définissent la même équation différentielle, et l'on peut affaiblir légèrement (L_1) et (L_3) en permettant un ensemble négligeable de valeurs de ω pour lesquelles ces conditions ne sont pas satisfaites.

Ensuite, l'équation considérée est plus générale que les équations usuelles, de deux manières : les "conditions initiales" sont remplacées par un processus H ; la fonction f dépend des trois variables ω,s,x, et non seulement de s,x . Il faut souligner que ce gain en généralité permet de simplifier les démonstrations (et non de les compliquer, comme les esprits inquiets pourraient le craindre).

Enfin et surtout, quel est le sens de l'équation (3) ? Le lemme suivant est inséparable de l'énoncé, puisqu'il donne un sens à l'intégrale stochastique qui y figure.

LEMME 1 . Si X est adapté càdlàg., le processus $(s,\omega)\mapsto f(\omega,s,X_{s-}(\omega))$ est adapté, continu à gauche avec limites à droite (donc prévisible localement borné).

DEMONSTRATION. Pour t fixé, la fonction $(\omega,x)\mapsto f(\omega,t,x)$ est $\underline{\underline{F}}_t\times\underline{\underline{B}}(\mathbb{R})$-mesurable ($\underline{\underline{F}}_t$-mesurable lorsque x est fixé (L_1), continue en x pour ω fixé (L_2)). Par composition, $f(\omega,t,X_{t-}(\omega))$ est $\underline{\underline{F}}_t$-mesurable.

L'existence de limites à droite est un peu plus délicate que la continuité à gauche, aussi est-ce elle que nous établirons. D'après (L_3), nous pouvons introduire les quantités finies $f(\omega,t+,x)$, limites à droite de $f(\omega,s,x)$ lorsque $s\downarrow\downarrow t$. Nous écrivons alors pour $s>t$

$$|f(\omega,s,X_{s-}(\omega))-f(\omega,t+,X_t(\omega))| \leqq |f(\omega,s,X_{s-}(\omega))-f(\omega,s,X_t(\omega))| + |f(\omega,s,X_t(\omega) - f(\omega,t+,X_t(\omega))|$$

le premier terme est majoré par $K|X_{s-}(\omega)-X_t(\omega)|$, il tend vers 0 lorsque $s\downarrow\downarrow t$. Le second tend vers 0 aussi par définition de $f(\omega,t+,x)$.

Une dernière remarque avant la démonstration du théorème. L'exemple le plus simple d'équation différentielle du type (3) - et le seul qui ait vraiment été appliqué jusqu'à maintenant - est celui de l'exponentielle, où $f(\omega,s,x)=x$. Le théorème recouvre donc l'ancien théorème d' existence et d'unicité de l'exponentielle (mais il n'en donne pas la forme explicite) .

DEMONSTRATION DU THEOREME : PREMIERE ETAPE

Nous nous ramenons à une classe plus simple de semimartingales M .

LEMME 2. Supposons que pour tout K il existe un $a>0$ tel que l'existence et l'unicité aient lieu sous l'hypothèse supplémentaire suivante

Les sauts de la semimartingale M sont $\leqq a$.

Alors l'existence et l'unicité ont lieu sans restriction.

Le point important est ici le fait que $\underline{a}$ a le droit de dépendre de la constante de Lipschitz K de f .

DEMONSTRATION. Soient $T_1,\ldots,T_n,\ldots$ les instants successifs auxquels ont lieu les sauts de M d'amplitude $>a$. Considérons la surmartingale

$$M^1_t = M_t I_{\{t<T_1\}} + M_{T_1-} I_{\{t\geqq T_1\}}$$

dont les sauts sont $\leqq a$. Considérons aussi le processus càdlàg. adapté $H^1_t = H_t I_{\{t<T_1\}} + H_{T_1-} I_{\{t\geqq T_1\}}$. Alors le processus (X_t) satisfait à (3) sur l'intervalle $[0,T_1[$ si et seulement si le processus $X^1_t = X_t I_{\{t<T_1\}}+$

$+ X_{T_1-} I_{\{t \geq T_1\}}$ satisfait à l'équation

$$X_t^1 = H_t^1 + \int_0^t f(.,s,X_{s-}^1)dM_s^1 \quad \text{sur } [0,\infty[$$

qui admet par hypothèse une solution et une seule. D'autre part, si (X_t) est solution de (3) sur $[0,T_1[$, nous savons aussitôt (et de manière unique) la prolonger en une solution sur $[0,T_1]$, car (3) nous donne

$$\Delta X_{T_1} = \Delta H_{T_1} + f(.,T_1, X_{T_1-})\Delta M_{T_1}$$

d'où l'existence et l'unicité de la solution de (3) sur $[0,T_1]$. On déplace alors l'origine en T_1 et on recommence sur $[T_1,T_2]$, etc.

LEMME 3. Supposons que pour tout K il existe un b>0 tel que l'existence et l'unicité aient lieu pour toute f de rapport K, tout H, et toute M de la forme N+A, où

- N est une martingale de carré intégrable nulle en 0, et $[N,N]_\infty \leq b$,
- A est à variation finie prévisible nul en 0, et $\int_0^\infty |dA_s| \leq b$

Alors l'existence et l'unicité ont lieu sans restriction.

DEMONSTRATION. Nous pouvons supposer que $b \leq 1$. Nous allons établir l'existence et l'unicité pour toute semimartingale M dont les sauts sont majorés par a=b/4, nulle en 0, et nous appliquerons alors le lemme 2.

La démonstration repose sur la même idée que celle du lemme 2 : l'existence et l'unicité sont des propriétés "locales" (et il suffit même de considérer des intervalles de la forme [[). Une semimartingale M à sauts majorés par b/4 , nulle en 0, est spéciale, et admet donc une décomposition de la forme M=N+A, où N est une martingale locale, A un processus à variation finie prévisible, nuls en 0 tous deux. Les sauts de M étant majorés par b/4, on vérifie sans peine[1] que les sauts de N et A sont majorés par b/2.

Définissons des temps d'arrêt T_n par récurrence : $T_0=0$, puis

$$T_n = \inf \{ t>T_{n-1} , [N,N]_t-[N,N]_{T_{n-1}} \geq b/2 \text{ ou } \int_{T_{n-1}}^t |dA_s| \geq b/2 \}$$

Comme les sauts de [N,N] valent au plus $(b/2)^2 \leq b/2$, ceux de A au plus b/2, on a aussi

1. Pour démontrer cela, on se ramène par arrêt au cas où N est uniformément intégrable, M bornée. En un temps T totalement inaccessible, on a $\Delta A_T=0$, $|\Delta M_T|=|\Delta N_T| \leq b/4$. En un temps T prévisible on a $|\Delta N_T| = |\Delta M_T - E[\Delta M_T|\underline{\underline{F}}_{T-}]| \leq b/2$, $|\Delta A_T| = |E[\Delta M_T|\underline{\underline{F}}_{T-}]| \leq b/2$.

$$[N,N]_{T_n} - [N,N]_{T_{n-1}} \leq b \quad , \quad \int_{T_{n-1}}^{T_n} |dA_s| \leq b$$

Alors (X_t) est une solution de (3) sur $[0,T_1]$ si et seulement si l'on a sur $[0,\infty[$

$$X_t^1 = H_t^1 + \int_0^t f(.,s,X_{s-}^1)dM_s^1$$

où X^1, H^1, M^1 désignent les processus X,H,M arrêtés à T_1 . Comme M^1 admet une décomposition du type considéré dans l'énoncé, il y a existence et unicité de la solution de cette équation, puis l'on transporte l'origine en T_1 et l'on recommence sur $[T_1,T_2]$, etc.

Le nombre b sera choisi plus loin ($b < 1 \wedge 1/3K^2$). Nous supposons désormais que M satisfait aux conditions de l'énoncé du lemme 2, et nous nous ramenons au cas où H = 0 .

LEMME 4. Si le résultat d'existence et d'unicité est vrai lorsque H=0, il est vrai dans le cas général.

DEMONSTRATION . Le processus X est solution de (3) si et seulement si $\overline{X}$=X-H est solution de

$(\overline{3})$ $\quad \overline{X}_t = \int_0^t \overline{f}(.,s,\overline{X}_{s-})dM_s$ (sans processus càdlàg. $\overline{H}$)

avec $\overline{f}(\omega,s,x)=f(\omega,s,x+H_s(\omega))$. Noter que la semimartingale est la même pour (3) et $(\overline{3})$, et que f et $\overline{f}$ ont la même constante de Lipschitz K, de sorte que les conditions du lemme 3 sont encore satisfaites.

REMARQUE. Si nous n'avions pas eu de H dans les lemmes précédents, nos "recollements" auraient été plus difficiles à exprimer ; si nous n'avions pas permis à f de dépendre de ω, nous n'aurions pu faire disparaître H à cette étape-ci.

Enfin, une dernière simplification

LEMME 5. Si le résultat d'existence et d'unicité est vrai lorsque (en plus des conditions précédentes) f satisfait à une condition du type

$$|f(\omega,s,0)| \leq c ,$$

alors il est vrai dans le cas général .

DEMONSTRATION. Introduisons les temps d'arrêt $T_n(\omega)= \inf \{t : |f(\omega,t,0)| \geq n\}$ et posons (en rappelant que $f(\omega,.,x)$ est continue à gauche)

$$f^n(\omega,s,x) = f(\omega,s,x)I_{\{0<s\leq T_n(\omega)\}}$$
$$X_t^n(\omega) = X_{t\wedge T_n}(\omega) \ , \ M_t^n(\omega) = M_{t\wedge T_n}(\omega)$$

Alors X satisfait à (3) si et seulement si l'on a pour tout n

$$X_t^n = \int_0^t f^n(.,s,X_{s-}^n)dM_s^n$$

Comme $f^n(\omega,s,0)$ est bornée par n, ces équations ont une solution et une seule.

Récapitulons donc :

- f satisfait aux conditions L_1,L_2,L_3 , et $|f(\omega,s,0)| \leqq c$
- $M=N+A$, $[N,N]_\infty \leqq b$, $\int_0^\infty |dA_s| \leqq b$, avec $b < 1 \wedge \frac{1}{3K^2}$, ce qui entraîne

(4) $$h = K(2\sqrt{b} + b\ ) < 1$$

DEUXIEME PARTIE : APPROXIMATIONS SUCCESSIVES

Soit $\underline{\underline{H}}$ l'ensemble de tous les processus càdlàg. adaptés X tels que $X^* = \sup_t |X_t|$ appartienne à L^2, et que $X_0=0$, avec la norme $[\![X]\!] = \|X^*\|_2$. Nous allons résoudre l'équation (3) dans $\underline{\underline{H}}$. Etant donné $X \in \underline{\underline{H}}$, nous posons

(5) $$(WX)_t = \int_0^t f(.,s,X_{s-})dM_s$$

et nous montrons que l'opérateur non linéaire W satisfait à

(6) $$X\in\underline{\underline{H}} \Rightarrow WX\in\underline{\underline{H}}$$
$$X\in\underline{\underline{H}}, Y\in\underline{\underline{H}} \Rightarrow [\![WX-WY]\!] \leqq h[\![X-Y]\!]$$

Comme h<1 d'après (4), il est bien connu qu'alors l'équation WX=X admet une solution et une seule dans $\underline{\underline{H}}$.

Il nous suffit en fait de prouver la seconde propriété. En effet, la première s'en déduit en prenant Y=0, et en remarquant que

$$WO_t = \int_0^t f(.,s,0)dN_s + \int_0^t f(.,s,0)dA_s$$

Le premier terme est une martingale locale L_t, et l'on a

$$[L,L]_\omega = \int_0^\infty f^2(\omega,s,0)d[N,N]_s \leqq c^2 b \quad (|f(\omega,s,0)| \leqq c,\ [N,N]_\infty \leqq b\ )$$

donc $\|L^*\|_2^2 \leqq 4c^2b$ (inégalité de DOOB). Le second terme est un processus B à variation finie, et l'on a

$$B^* \leqq \int_0^\infty |dB_s| = \int_0^\infty |f(.,s,0)||dA_s| \leqq cb$$

donc aussi $\|B^*\|_2 \leqq cb$. On conclut en remarquant que $(WO)^* \leqq L^*+B^*$.

Passons donc à la seconde relation. Nous avons

$$WX_t-WY_t = \int_0^t (f(.,s,X_{s-})-f(.,s,Y_{s-}))dN_s + \int_0^t (f(.,s,X_{s-})-f(.,s,Y_{s-}))dA_s$$

Posons Z=X-Y. Le premier terme est à nouveau une martingale locale L, et on a

$$[L,L]_\infty = \int_0^\infty (\quad)^2 d[N,N]_s \leqq \int_0^\infty K^2 Z_s^2 d[N,N]_s \leqq K^2 b Z^*$$

donc (inégalité de DOOB)

$$\|L^*\|_2 \leq 2(E[[L,L]_\infty])^{1/2} \leq 2K\sqrt{b}\,\|Z\|$$

Le second terme est un processus B à variation finie, et l'on a comme ci-dessus

$$B^* \leq \int_0^\infty K|Z_s||dA_s| \leq KbZ^* \text{ , donc B } \|B^*\|_2 \leq Kb\|Z\|$$

d'où finalement

$$\|WX-WY\| \leq K\|Z\|(2\sqrt{b} + b) \leq h\|Z\|$$

ce qui achève de prouver (6).

Nous avons l'existence et l'unicité dans $\underline{\underline{H}}$. Mais peut il exister une solution X n'appartenant pas à $\underline{\underline{H}}$? Nous avons $X_0=0$

(7) $$X_t = \int_0^t f(.,s,X_{s-})dM_s$$

Soit $T = \inf \{ t : |X_t| \geq m \}$. On a $|X_s| \leq m$ sur $[0,T[$, et d'autre part $|X_T| \leq |X_{T-}| + |f(.,T,X_{T-})||\Delta M_T|$. Or $|X_{T-}| \leq m$, $|f(.,T,X_{T-})| \leq |f(.,T,0)| + K|X_{T-}| \leq c+mK$, enfin $|\Delta M_T| \leq |\Delta A_T| + |\Delta N_T| \leq b+\sqrt{b}$, d'où l'on déduit que le processus arrêté X^T est borné, donc appartient à $\underline{\underline{H}}$. Comme il est solution de l'équation

(8) $$Y_t = \int_0^t f(.,s,Y_{s-})dM_s^T$$

et comme M^T satisfait aux mêmes hypothèses que M, X^T est l'<u>unique</u> solution de l'équation (8) qui appartient à $\underline{\underline{H}}$. Mais alors X est uniquement déterminé jusqu'à l'instant T, et en particulier coïncide jusqu'à l'instant T avec la solution de (7) qui appartient à $\underline{\underline{H}}$, et dont l'existence a été établie plus haut. On conclut en faisant tendre m et T vers $+\infty$.

BIBLIOGRAPHIE

[1] C. DOLEANS-DADE. Existence and unicity of solutions of stochastic differential equations. Z für W-theorie, 1976, tome 36, p. 93-102.

[2] N. KAZAMAKI. On a stochastic integral equation with respect to a weak martingale. Tohoku M.J., 26, 1974, p. 53-63

[3] N. KAZAMAKI. Note on a stochastic integral equation. Sém. de Prob.VI, 1972 , p.105-108 . Lecture Notes n°258.

[4] Ph.E. PROTTER. On the existence, uniqueness, convergence, and explosions of solutions of systems of stochastic integral equations. à paraître dans les Ann. Prob.. PROTTER vient de nous communiquer un autre travail, Right continuous solutions of stochastic integral equations (à paraître dans le J. of Multivariate Analysis), qui contient un résultat très proche de celui qui est exposé ici.

Université de Strasbourg
Séminaire de Probabilités 1975/76

UNE CARACTERISATION DE $\underline{\underline{BMO}}$

par C. Doléans-Dade et P.A. Meyer

Ce travail est étroitement lié à un autre article fait en commun, où nous étudions les "inégalités de normes avec poids" pour les martingales continues à droite, et qui paraîtra ultérieurement. Nous étendons ici aux martingales continues à droite un critère d'appartenance à $\underline{\underline{BMO}}$ établi par KAZAMAKI [2] pour les martingales continues. Au lieu de le présenter sous la forme d'une "condition de MUCKENHOUPT", nous l'énonçons ainsi : pour qu'une martingale locale M appartienne à $\underline{\underline{BMO}}$, il faut et il suffit que l'exponentielle stochastique $\mathcal{E}(\lambda M)$ soit, pour λ assez petit en valeur absolue, un processus strictement positif et multiplicativement borné.

NOTATIONS ET RAPPELS

Soit $(\Omega,\underline{\underline{F}},P)$ un espace probabilisé complet, muni d'une famille croissante $(\underline{\underline{F}}_t)_{t\geq 0}$ de sous-tribus de $\underline{\underline{F}}$, satisfaisant aux conditions habituelles (la famille est continue à droite, et $\underline{\underline{F}}_0$ contient tous les ensembles P-négligeables).

Soit M une martingale locale nulle en 0 . L'équation intégrale stochastique $Z_t = 1 + \lambda\int_0^t Z_{s-}dM_s$ admet, pour tout λ réel, une solution unique $Z=\mathcal{E}(\lambda M)$ dont l'expression explicite est bien connue

$$(1) \qquad Z_t = \exp(\lambda M_t - \frac{\lambda^2}{2} \langle M^c,M^c\rangle_t) \prod_{s\leq t} (1+\lambda\Delta M_s)e^{-\lambda\Delta M_s}$$

Si nécessaire, nous écrirons Z_t^λ pour mettre en évidence le rôle de λ.

Désignons par m la norme $\|M\|_{\underline{\underline{BMO}}}$, de sorte que l'on a

$$(2) \qquad E[[M,M]_{T-}^{\infty}|\underline{\underline{F}}_T] \leq m^2 \text{ pour tout temps d'arrêt T}$$

(noter l'abréviation pour $[M,M]_\infty-[M,M]_{T-}$, qui sera utilisée plus loin). Le processus $|\Delta M_s|=|M_s-M_{s-}|$ est borné par m. Rappelons aussi l'inégalité de JOHN-NIRENBERG ([1], p.79 ; voir aussi [3], p.348, mais la constante n'y est pas donnée explicitement[1])

---

1. La constante 8 de [1] est relative à la norme $\underline{\underline{BMO}}_1$, plus petite que la norme usuelle. Elle vaut à plus forte raison pour celle-ci.

(3) Si $m=\|M\|_{\underline{\underline{BMO}}} <1/8$, on a $E[e^{M^*}] \leq \frac{1}{1-8m}$

Comme d'habitude, M^* désigne $\sup_t |M_t|$.

Nous utiliserons aussi les inégalités suivantes relatives à la fonction exponentielle

(4) $\frac{1}{e}x^2 \leq e^x-1-x \leq (e-2)x^2$ si $|x|\leq 1$

Voir [4], p.67 . En fait, l'inégalité de gauche vaut pour $x\geq -1$, celle de droite pour $x\leq 1$.

Enfin, rappelons la définition des processus multiplicativement bornés, extraite de l'article sur les inégalités de normes avec poids .

DEFINITION. <u>Soit</u> (X_t) <u>un processus adapté strictement positif</u>, <u>à trajectoires càdlàg</u>. <u>Nous disons que</u> (X_t) <u>est multiplicativement borné s'il existe une constante</u> K <u>telle que</u>

(5a) $\frac{1}{K} \leq \frac{X_{s-}}{X_s} \leq K$ <u>hors d'une partie évanescente de</u> $]0,\infty[\times\Omega$

(5b) $\frac{1}{K}X_s \leq E[X_t|\underline{\underline{F}}_s] \leq KX_s$ <u>p.s.</u> $(s\leq t)$

(5c) $\frac{1}{KX_s} \leq E[\frac{1}{X_t}|\underline{\underline{F}}_s] \leq K\frac{1}{X_s}$ <u>p.s.</u> $(s\leq t)$

Nous introduisons aussi dans la note VI la condition suivante, où θ est un nombre réel $\neq 0$

(6) b_θ : $\frac{1}{K}X_s \leq E[X_t^\theta|\underline{\underline{F}}_s]^{1/\theta} \leq KX_s$ <u>p.s.</u>

de sorte que (5b) est la condition b_1 , et (5c) la condition b_{-1} . Et nous montrons divers petits résultats, par exemple que si pour t fixé b_θ est satisfaite p.s. pour chaque $s\leq t$, alors on a pour tout couple (S,T) de temps d'arrêt, tel que $S\leq T\leq t$

(7) $\frac{1}{K^2}X_S \leq E[X_T^\theta|\underline{\underline{F}}_S]^{1/\theta} \leq K^2X_S$ p.s.

Les processus que nous considérerons plus loin auront une limite à l'infini, et nous nous bornerons alors à vérifier (5b), (5c) ou (6) pour les couples de la forme (s,∞), et à appliquer (7).

Nous montrons dans l'autre article (n°5) que si un processus $(X_t)_{0\leq t\leq\infty}$ est multiplicativement borné, alors la martingale $(E[X_\infty|\underline{\underline{F}}_t])$ l'est également.

EXEMPLES DE PROCESSUS MULTIPLICATIVEMENT BORNES

Avant de nous occuper de l'exponentielle stochastique, donnons des exemples plus classiques.

1. Soit M une martingale locale nulle en 0, telle que $m=\|M\|_{\underline{\underline{BMO}}} < \infty$. et soit $X_t=e^{\lambda M_t}$. Montrons que X est multiplicativement borné si $|\lambda|$ est assez petit (inversement, si cette propriété est satisfaite pour une valeur de λ, on peut montrer que M appartient à $\underline{\underline{BMO}}$: voir la note VI, n°8). Il en résultera aussi que la martingale $E[X_\infty|\underline{\underline{F}}_t]$ est un processus multiplicativement borné pour $|\lambda|$ assez petit.

i) Nous savons que $|M_s-M_{s-}| \leqq m = \|M\|_{\underline{\underline{BMO}}}$. Donc X_s/X_{s-} est compris entre e^{-m} et e^m, et la condition (5a) est satisfaite.

ii) Les fonctions $e^{\lambda x}$, $e^{-\lambda x}$ sont convexes. Par conséquent si $s\leqq t\leqq +\infty$

$$e^{\pm\lambda M_s} \leqq E[e^{\pm\lambda M_t}|\underline{\underline{F}}_s] \text{ p.s.}$$

Nous avons donc les deux moitiés gauches de (5b), (5c).

iii) L'inégalité (3) de John-Nirenberg nous dit que pour $|\lambda|<1/8m$

$$E[\exp(|\lambda|\sup_{r\geqq s}|M_r-M_s|)|\underline{\underline{F}}_s] \leqq C = \frac{1}{1-8m|\lambda|}$$

Nous avons donc aussi

$$E[\,e^{\pm\lambda(M_t-M_s)}|\underline{\underline{F}}_s] \leqq C$$

ce qui nous donne les deux moitiés droites de (5b), (5c).

2. De même, nous allons montrer que le processus $e^{\lambda[M,M]_t}$ est multiplicativement borné si $|\lambda|$ est assez petit. Les sauts de [M,M] étant bornés par m^2, la condition (5a) est satisfaite comme ci-dessus. Les conditions (5b) et (5c) seront établies si nous prouvons pour $\lambda>0$ assez petit

$$\exp(\lambda[M,M]_s) \leqq E[\exp(\lambda[M,M]_t)|\underline{\underline{F}}_s] \leqq K\exp(\lambda[M,M]_s)$$
$$K\exp(-\lambda[M,M]_s) \leqq E[\exp(-\lambda[M,M]_t)|\underline{\underline{F}}_s] \leqq \exp(-\lambda[M,M]_s)$$

L'inégalité de gauche de la première ligne et celle de droite sur la seconde ligne résultent de la croissance de [M,M]. Il est facile de déduire le côté gauche de la seconde ligne du côté droit de la première, grâce à la convexité de la fonction 1/x. Ainsi, tout découle du lemme suivant, un peu plus fort que la moitié droite de la première ligne :

LEMME 1. <u>Si</u> $0<\lambda<1/m^2$ <u>on a pour tout temps d'arrêt</u> T

(8) $$E[\exp(\lambda[M,M]^{\infty}_{T-})|\underline{\underline{F}}_T] \leqq 1/(1-\lambda m^2) \text{ p.s.}$$.

DEMONSTRATION. Quitte à remplacer M par $\lambda^{1/2}M$, on se ramène au cas où $\lambda=1$, $m<1$. <u>Nous ne supposons pas ici que</u> $M_0=0$. Considérons le processus croissant $A_t=[M,M]_t$ ($A_{0-}=0$, $A_0=M_0^2$). L'appartenance de M à $\underline{\underline{BMO}}$ s'écrit

$$E[A_\infty - A_{T-}|\underline{\underline{F}}_T] \leq m^2 \text{ pour tout temps d'arrêt } T$$

et il est alors bien connu que l'on a ([3], n° 23-24 p. 346)

$$E[A_\infty^p|\underline{\underline{F}}_0] \leq m^{2p}\, p! \quad \text{donc } E[\exp(A_\infty)|\underline{\underline{F}}_0] \leq 1/1-m^2$$

C'est à dire (8) lorsque T=0. Pour passer de là au cas général, on applique ce qui précède à la martingale $M'_t=M_{T+t}-M_{T-}$, par rapport à la famille de tribus $\underline{\underline{F}}'_t=\underline{\underline{F}}_{T+t}$ et à la loi P' obtenue par restriction de P à $\{T<\infty\}$.

REMARQUE. Inversement, si pour un $\mu>0$ on a

$$E[\exp(\mu([M,M]_\infty-[M,M]_{T-}))|\underline{\underline{F}}_T] \leq c \quad \text{pour tout } T$$

alors M appartient à $\underline{\underline{BMO}}$. En effet, d'après l'inégalité de Jensen

$$E[[M,M]_\infty-[M,M]_{T-}|\underline{\underline{F}}_T] \leq \frac{1}{\mu}\log E[\exp(\mu([M,M]_\infty-[M,M]_{T-}))|\underline{\underline{F}}_T]$$
$$\leq (\log c)/\mu \ .$$

PARTIE DIRECTE

THEOREME 1. <u>Soit</u> M <u>une martingale nulle en</u> 0, <u>telle que</u> $m=\|M\|_{\underline{\underline{BMO}}} < 1/8$. <u>Alors</u> $Z=\mathcal{E}(\lambda M)$ <u>est un processus strictement positif et multiplicativement borné si</u> $|\lambda|<1/2$.

Tout d'abord, nous avons $|\Delta M| \leq m$, donc Z est strictement positive pour $|\lambda|<8$, et le rapport $Z_s/Z_{s-} = (1+\lambda\Delta M_s)e^{-\lambda\Delta M_s}$ est borné supérieurement et inférieurement pour $|\lambda|<8$.

Nous vérifions ensuite (5b). Z est une martingale locale positive, et l'inégalité $e^x\geq 1+x$ pour tout x entraîne que tous les facteurs du produit infini dans (1) sont compris entre 0 et 1. Nous avons donc

$$0 \leq Z_t \leq \exp(|\lambda M_t|) \leq \exp(|\lambda|M^*)$$

D'après l'inégalité de JOHN-NIRENBERG (3), si $|\lambda|\leq 1$ la v.a. $e^{|\lambda|M^*}$ est intégrable, la martingale locale (Z_t) est donc dominée dans L^1, c'est donc une vraie martingale, et (5b) est vraie avec K=1.

On en déduit aussitôt la moitié gauche de (5c), toujours pour $|\lambda|\leq 1$. La fonction 1/x étant convexe sur $]0,\infty[$, (5b) nous donne

$$E[\frac{1}{Z_t}|\underline{\underline{F}}_s] \geq \frac{1}{E[Z_t|\underline{\underline{F}}_s]} = \frac{1}{Z_s} \ .$$

Reste la moitié droite de (5c). Nous avons pour $|\lambda|< 1/2$

$$0 \leqq \frac{1}{Z_\infty} \leqq \exp(|\lambda|M^*)\exp(\frac{\lambda^2}{2}\langle M^c,M^c\rangle_\infty)\prod_s \frac{e^{\lambda\Delta M_s}}{1+\lambda\Delta M_s}$$

Posons $x=\lambda\Delta M_s$, de sorte que $|x|<1/16$. Alors d'après (4) nous avons

$$\frac{e^x}{1+x} \leqq 1+ \frac{x^2(e-2)}{1+x} \leqq 1+x^2 \leqq e^{x^2}$$

Donc

$$0 \leqq \frac{1}{Z_\infty} \leqq \exp(|\lambda|M^*)\exp(\frac{\lambda^2}{2}\langle M^c,M^c\rangle_\infty)\exp(\lambda^2\sum_s \Delta M_s^2)$$

$$\leqq \exp(|\lambda|M^*)\exp(\lambda^2[M,M]_\infty)$$

Comme $\lambda<1/2$, la formule (3) appliquée à la martingale $(2\lambda M_t)$ montre que $\exp(|\lambda|M^*)$ appartient à L^2 , avec une norme au plus égale à $(1-16|\lambda|m)^{-\frac{1}{2}}$ De même, on a $2\lambda m^2<1$, donc (lemme 1) $\exp(\lambda^2[M,M]_\infty)$ appartient à L^2, avec une norme au plus égale à $(1-2\lambda^2m^2)^{-1/2}$. Donc $1/Z_\infty$ appartient à L^1, avec une majoration explicite de la norme qu'il est inutile d'écrire.

Ce même raisonnement permet en fait de majorer, non pas $E[1/Z_\infty]$ seulement, mais $E[1/Z_\infty|\underline{\underline{F}}_0]$. Appliquant alors ce résultat à la martingale $M'_t=M_{t+s}-M_s$ par rapport à la famille $\underline{\underline{F}}'_t=\underline{\underline{F}}_{s+t}$, on établit la moitié droite de (5c) pour s quelconque, $t=+\infty$. Nous avons fait remarquer au début que cela entraîne le cas général.

VARIANTE. L'article [2] de KAZAMAKI ne parle pas de processus multiplicativement bornés, mais de la condition A_p de MUCKENHOUPT. Il n'est pas nécessaire ici de savoir en quoi cela consiste, car nous montrons dans la note VI qu'elle équivaut à la condition b_θ que nous avons écrite plus haut (6) avec $\theta = -1/p-1$. Nous allons donc montrer que

<u>Quel que soit</u> $\theta < 0$, $Z=\mathcal{E}(\lambda M)$ <u>satisfait à</u> (b_θ) <u>dès que</u> $|\lambda|$ <u>est petit</u>

Nous continuons à supposer que $m<1/8$, $\lambda<1/2$, de sorte que tout le calcul précédent reste valable, et nous avons en posant $\theta=-c$, $c>0$

$$0\leqq Z_\infty^\theta = (1/Z_\infty)^c \leqq \exp(c|\lambda|M^*)\exp(c\lambda^2[M,M]_\infty)$$

et il reste donc à écrire que $2c|\lambda|m<1/8$, $2c\lambda^2m^2<1$ pour pouvoir appliquer (3) et (8) comme on l'a fait plus haut, et obtenir une majoration de la forme $E[Z_\infty^\theta]\leqq f(\lambda,m,c)$. Par restriction à un élément de $\underline{\underline{F}}_0$, cela devient $E[Z_\infty^\theta|\underline{\underline{F}}_0]\leqq f(\lambda,m,c)$, puis par translation comme plus haut, à $E[Z_\infty^\theta/Z_s^\theta|\underline{\underline{F}}_s] \leqq f(\lambda,m,c)$, et on en déduit finalement la moitié droite de (6). La moitié gauche est une simple inégalité de convexité, puisque Z est une vraie martingale.

Nous ne nous occuperons pas du résultat analogue pour les valeurs positives de Θ, bien qu'il soit vrai (utiliser l'inégalité $(1+x)e^{-x} \leq e^{x^2}$ pour $|x|<1/2$). En effet, le principal intérêt du résultat précédent lui vient de son rapport avec la condition de MUCKENHOUPT lorsque Θ est négatif.

Il faut noter d'ailleurs que les résultats analogues sont vrais (et plus faciles) pour l'exponentielle ordinaire. Ce sont alors des conséquences immédiates de l'inégalité de JOHN-NIRENBERG.

PARTIE RECIPROQUE

THEOREME 2. Supposons que pour une valeur non nulle de λ, $Z=\mathcal{E}(\lambda M)$ soit un processus strictement positif et multiplicativement borné. Alors M appartient à $\underline{\underline{BMO}}$.

DEMONSTRATION. Nous pouvons nous ramener au cas où $\lambda=1$. Le fait que $Z=\mathcal{E}(M)$ soit strictement positive entraîne que $\Delta M_s > -1$ pour tout s. La condition (5a) pour Z entraîne que les sauts de M sont bornés supérieurement par une constante H (dépendant seulement de la constante K de (5a)) que l'on peut supposer ≥ 1. Ecrivons la partie droite de (5c) : si $s\leq t$

$$K \geq E[\frac{Z_s}{Z_t} \mid \underline{\underline{F}}_s] = E[\exp(M_s-M_t+\frac{1}{2}<M^c,M^c>_s^t)\prod_{s<u\leq t}\frac{e^{\Delta M_u}}{1+\Delta M_u} \mid \underline{\underline{F}}_s]$$

L'inégalité $e^x-1-x \geq x^2/e$ vaut pour tout $x\geq -1$; on a donc pour $x=\Delta M_s$ appartenant à l'intervalle $]-1,H]$

$$\frac{e^x}{1+x} \geq 1+\frac{x^2}{e(1+x)} \geq 1+x^2/c \geq e^{ax^2} \qquad (c=e(1+H),\ a>0)$$

car si $y=x^2/c$, $b=H^2/c$, on a $0\leq y\leq b$ donc (concavité du log) $\log(1+y) \geq \frac{y}{b}\log(1+b)$, et finalement $a=\log(1+b)/bc$. Quitte à diminuer a, on peut supposer $a\leq 1/2$. Alors

$$K \geq E[Z_s/Z_t|\underline{\underline{F}}_s] \geq E[\exp(M_s-M_t+a<M^c,M^c>_s^t +a\Sigma_{s<u\leq t}\ \Delta M_u^2)|\underline{\underline{F}}_s]$$

$$= E[\exp(M_s-M_t+a[M,M]_s^t)|\underline{\underline{F}}_s]$$

Supposons pour un instant que M soit une vraie martingale. Appliquons l'inégalité de Jensen :

$$K \geq \exp(E[M_s-M_t+a[M,M]_s^t|\underline{\underline{F}}_s]) = \exp(E[a[M,M]_s^t|\underline{\underline{F}}_s])$$

et donc $E[[M,M]_s^t|\underline{\underline{F}}_s]$ est borné ; M ayant des sauts bornés, cela entraîne que M appartient à $\underline{\underline{BMO}}$. Maintenant, si M n'est pas une vraie martingale, nous appliquons ce résultat à la martingale arrêtée M^T, où T =

inf $\{ t : |M_t| \geqq n \}$; comme M a des sauts bornés, M^T est une vraie martingale bornée. D'autre part nous avons signalé (cf. (7)) que la propriété (5c) passe aux processus arrêtés , au prix du remplacement de K par K^2. Ainsi les martingales M^T appartiennent à la même boule de $\underline{\underline{BMO}}$, et il ne reste plus qu'à faire tendre vers l'infini n et T.

VARIANTE. Soit M une martingale locale nulle en 0, et soit $Z=\mathcal{E}(M)$. Supposons que Z soit strictement positive et satisfasse à (5a) (de sorte que les sauts de M appartiennent à un intervalle $]-1,H]$ comme ci-dessus) et supposons que Z satisfasse à une condition b_θ , avec $\theta<0$. <u>Alors</u> M <u>appartient à</u> $\underline{\underline{BMO}}$. C'est la forme que prend la partie réciproque du théorème de KAZAMAKI, pour des martingales locales continues à droite.

Reprenons la démonstration précédente, en posant $\theta = -c$. Nous avons

$$K^c \geqq E[\frac{Z_s^c}{Z_t^c}|\underline{\underline{F}}_s] = E[\exp(c(M_s-M_t+\frac{1}{2}\langle M^c,M^c\rangle_s^t))\prod_{s<u\leqq t}(\frac{e^{\Delta M_u}}{1+\Delta M_u})^c\ |\underline{\underline{F}}_s]$$

$$\geqq E[\exp(c(M_s-M_t)+\frac{1}{2}\langle M^c,M^c\rangle_s^t))\exp(\Sigma_{s<u\leqq t}\ ac\Delta M_u^2\ )|\underline{\underline{F}}_s]$$

$$\geqq E[\exp(c(M_s-M_t+a[M,M]_s^t))|\underline{\underline{F}}_s]$$

et on conclut comme plus haut.

REFERENCES

[1] A. GARSIA. Martingale inequalities. Seminar notes on recent progress. Benjamin, Reading 1973.

[2] N. KAZAMAKI. A characterization of BMO martingales. Séminaire de probabilités X, université de Strasbourg. Lecture Notes in M. 511, Springer-Verlag 1976.

[3] P.A.MEYER . Un cours sur les intégrales stochastiques. Séminaire de probabilités X, université de Strasbourg. Lecture Notes in M. 511, Springer-Verlag 1976.

[4] P.A. MEYER. Martingales and stochastic integrals I. Lecture Notes in M. 284, Springer-Verlag 1972 .

SUR LA CONSTRUCTION DES INTEGRALES STOCHASTIQUES ET LES SOUS-ESPACES STABLES DE MARTINGALES

Jean JACOD

Nous proposons ici une méthode de construction de l'intégrale stochastique par rapport à une martingale ou une semi-martingale. Cette méthode s'appuie sur un théorème caractérisant les "sauts" d'une martingale locale, théorème dû à Chou et Lépingle, et ne suppose connue que l'intégrale stochastique par rapport à une martingale locale continue, ce qui est bien classique.

Après un paragraphe consacré aux préliminaires, ce texte présente deux parties assez disparates, et qui sont indépendantes entre elles. Dans la première partie, on s'intéresse aux intégrales par rapport à une martingale locale: on retrouve d'abord l'intégrale prévisible de Meyer [6], puis on construit une intégrale optionnelle un peu plus générale que dans [6], ce qui permet d'étudier les sous-espaces stables et "fortement stables" de martingales; on retrouve notamment un certain nombre de résultats bien connus dans des cas particuliers (voir par exemple Pratelli [8], Yen et Yoeurp [9]). On compare également l'intégrale optionnelle à l'intégrale par rapport à une mesure aléatoire [3]. Dans la seconde partie, on construit les intégrales par rapport à une semi-martingale: d'abord l'intégrale prévisible, pour ce qui nous semble être la classe la plus vaste de processus "raisonnables", puis pour certains processus optionnels, de façon à ce que l'intégrale stochastique coïncide avec l'intégrale par trajectoires lorsque cette dernière existe.

1 - PRELIMINAIRES

On part d'un espace $(\Omega,\mathcal{F},(\mathcal{F}_t)_{t\geq 0},P)$ vérifiant les "conditions habituelles" [2], et on note $\mathcal{P}$ et $\mathcal{O}$ les tribus prévisible et optionnelle sur $\Omega\times[0,\infty[$. On identifie toujours deux processus indistinguables, et martingales et processus à variation finie sont toujours supposés continus à droite et nuls en 0 . A cette nuance près, on suit les notations de Meyer [6], avec les espaces $\underline{\underline{L}}$ (martingales locales), $\underline{\underline{L}}^c$ (martingales locales continues), $\underline{\underline{M}}$ (martingales de carré intégrable), $\underline{\underline{A}}$ (processus adaptés à variation intégrable), $\underline{\underline{V}}$ (processus adaptés à variation finie)... A toute classe $\underline{\underline{C}}$ de processus on associe la classe $\underline{\underline{C}}_{loc}$ "localisée" de $\underline{\underline{C}}$ par les temps d'arrêt, i.e. l'ensembles des X pour lesquels il existe une suite (T_n) de temps d'arrêt croissant P-ps vers $+\infty$ et telle que les processus arrêtés $X_t^{T_n} = X_{T_n \wedge t}$ soient dans $\underline{\underline{C}}$.

Si $A \in \underline{\underline{A}}_{loc}$ on note A^p sa projection prévisible duale, tandis que ${}^pX$ désigne la projection prévisible du processus X (définie par ${}^pX = {}^p(X^+) - {}^p(X^-)$ lorsque ces deux processus ne sont pas infinis en même temps, ${}^pX = +\infty$ sinon). On rappelle que tout élément prévisible de $\underline{\underline{V}}$ est dans $\underline{\underline{A}}_{loc}$.

Deux éléments de $\underline{\underline{L}}$ sont dits <u>orthogonaux</u> si leur produit appartient à $\underline{\underline{L}}$. Tout $M \in \underline{\underline{L}}$ se décompose de manière unique en $M = M^c + M^d$ où $M^c \in \underline{\underline{L}}^c$ et où M^d est orthogonale à $\underline{\underline{L}}^c$. On note $\underline{\underline{L}}^d$ l'ensemble des $M \in \underline{\underline{L}}$ telles que $M^c = 0$ ("sommes compensées de sauts"). Si $M,N \in \underline{\underline{L}}^c$ on connait le processus $\langle M,N\rangle$; si $M,N \in \underline{\underline{L}}$ on pose classiquement $[M,N] = \langle M^c, N^c\rangle + \sum_{s\leq .} \Delta M_s \Delta N_s$, ce qui définit un élément de $\underline{\underline{V}}$; M et N sont orthogonales si et seulement si $[M,N] \in \underline{\underline{L}}$. On note $\underline{\underline{H}}^1$ l'ensemble des $M \in \underline{\underline{L}}$ tels que $[M,M]^{1/2} \in \underline{\underline{A}}$, et on a $\underline{\underline{H}}^1_{loc} = \underline{\underline{L}}$. Enfin on rappelle qu'un élément de $\underline{\underline{L}}^d$ est entièrement caractérisé par ses sauts.

On suppose connue l'intégrale stochastique (optionnelle ou prévisible: c'est la même chose) par rapport à $M \in \underline{\underline{L}}^c$: si $L^2(M) = \{H$ optionnel: $H^2 \cdot \langle M,M\rangle \in \underline{\underline{A}}\}$ et si $H \in L^2_{loc}(M)$, $H \cdot M$ est l'unique élément de $\underline{\underline{L}}^c$ tel que $\langle H\cdot M, N\rangle = H \cdot \langle M,N\rangle$ pour tout $N \in \underline{\underline{L}}^c$ (comme d'habitude, si $A \in \underline{\underline{V}}$, $H \cdot A$ désigne l'intégrale de Stieltjes $H\cdot A_t = \int_0^t H_s dA_s$ lorsqu'elle existe). On sait que si $H \in L^2_{loc}(M)$, alors ${}^pH \in L^2_{loc}(M)$ et $H \cdot M = ({}^pH)\cdot M$.

Pour tout processus X on pose

$$a(X)_t = \begin{cases} \sum_{s\leq t} X_s & \text{si } \sum_{s\leq t} |X_s| < \infty \\ +\infty & \text{sinon,} \end{cases} \qquad b(X) = \left(\sum_{s\leq .} X_s^2\right)^{1/2} = (a(X^2))^{1/2} .$$

Bien entendu, on n'utilisera $a(X)$ et $b(X)$ que lorsque le support $\mathcal{S}(X) = \{X \neq 0\}$ est mince, i.e. à coupes dénombrables dans $[0,\infty[$. Si tel est le cas, on sait que $\mathcal{S}(X) = \mathcal{S}^i(X) + \mathcal{S}^a(X)$, où $\mathcal{S}^i(X)$ (resp.

$\delta^a(X)$) est une réunion dénombrable de graphes de temps d'arrêt totalement inaccessibles (resp. accessibles), et on note $\delta^p(X)$ le plus petit ensemble prévisible contenant $\delta^a(X)$: c'est lui-même une réunion dénombrable de graphes de temps d'arrêt prévisibles (cf. [2]).

LEMME 1: (a) <u>On a</u> $b(X+Y) \leq b(X)+b(Y)$.

(b) $a(X) \in \underline{\underline{V}}$ (<u>resp.</u> $\underline{\underline{A}}_{loc}$) $\Rightarrow b(X) \in \underline{\underline{V}}$ (<u>resp.</u> $\underline{\underline{A}}_{loc}$).

(c) $a(X) \in \underline{\underline{V}}$ <u>et</u> $b(X) \in \underline{\underline{A}}_{loc} \Rightarrow a(X) \in \underline{\underline{A}}_{loc}$.

(d) $a(X) \in \underline{\underline{A}}_{loc} \Rightarrow a({}^pX) \in \underline{\underline{A}}_{loc}$.

(e) $b(X) \in \underline{\underline{A}}_{loc} \Rightarrow b({}^pX) \in \underline{\underline{A}}_{loc}$.

<u>Démonstration</u>: Seules les assertions (d) et (e) ne sont pas tout-à-fait évidentes. Dans les deux cas, $\delta(X)$ est mince, donc ${}^pX = 0$ en dehors de $\delta^p(X)$. Comme $|{}^pX_T| \leq E(|X_T| \,|\, \mathcal{F}_{T-})$ pour tout temps prévisible T et comme $a(|X|) \in \underline{\underline{A}}_{loc}$, on a (d).

Supposons $b(X) \in \underline{\underline{A}}_{loc}$. Soient $X' = X1_{\{|X|>1\}}$, $X'' = X - X'$. On a $b(X')$, $b(X'') \in \underline{\underline{A}}_{loc}$. Comme $\delta(X')$ est discret, $a(X') \in \underline{\underline{V}}$ et d'après (c), $a(X') \in \underline{\underline{A}}_{loc}$; mais alors $a({}^pX') \in \underline{\underline{A}}_{loc}$, donc $b({}^pX') \in \underline{\underline{A}}_{loc}$. Par ailleurs $b(X'')$ est localement borné, donc $b(X'')^2 = a(X''^2) \in \underline{\underline{A}}_{loc}$; donc $a[{}^p(X''^2)] \in \underline{\underline{A}}_{loc}$ et comme $({}^pX'')^2 \leq {}^p(X''^2)$ on a $b({}^pX'')^2 = a[({}^pX'')^2] \leq a[{}^p(X''^2)] \in \underline{\underline{A}}_{loc}$, d'où a-fortiori $b({}^pX'') \in \underline{\underline{A}}_{loc}$. ∎

Terminons cette partie par le théorème qui nous servira de base pour tout ce qui suit.

THEOREME 1: <u>Soit</u> Y <u>un processus optionnel. Pour qu'il existe</u> $X \in \underline{\underline{L}}$ <u>avec</u> $\Delta X = Y$, <u>il faut et il suffit que</u> ${}^pY = 0$ <u>et que</u> $b(Y) \in \underline{\underline{A}}_{loc}$.

Ce théorème, dû à Chou, Meyer et Lépingle, n'a pas encore été publié; aussi nous en donnons une <u>esquisse</u> de démonstration, en suivant [5]. D'abord la condition est trivialement nécessaire (on sait que ${}^p(\Delta X) = 0$, $b(\Delta X) \leq [X,X]^{1/2}$ et $\underline{\underline{H}}^1_{loc} = \underline{\underline{L}}$). Passons à la réciproque, qu'il suffit par localisation d'établir lorsque $b(Y) \in \underline{\underline{A}}$. Soient (S_n) (resp. (T_n)) une suite de temps d'arrêt totalement inaccessibles(resp. prévisibles) de graphes disjoints, dont la réunion des graphes égale $\delta^i(Y)$ (resp. $\delta^p(Y)$); on note $M(n)$ la somme compensée du processus $Y_{S_n} 1_{\{S_n \leq t\}}$ et $N(n) = Y_{T_n} 1_{\{T_n \leq t\}}$: si $X(n) = \sum_{p \leq n} (M(p) + N(p))$ on vérifie que $b(\Delta X(n))$ croit vers $b(Y)$: donc $X(n)$ est une suite de Cauchy dans $\underline{\underline{H}}^1$, qui est complet. Si X désigne la limite de

$X(n)$, on a $E(\sup_{(t)}|X(n)_t - X_t|) \to 0$, donc $\Delta X = Y$. Ce théorème fait donc appel à la complétude de $\underline{\underline{H}}^1$, ce qui n'est pas un résultat facile; cependant, ce résultat peut se montrer sans utiliser les intégrales stochastiques (voir par exemple Bernard et Maisonneuve [1]).

2 - MARTINGALES LOCALES ET ESPACES STABLES

a - Intégrales prévisibles.

Soit $X \in \underline{\underline{L}}$. On va construire, dans un ordre croissant de généralité, diverses intégrales stochastiques par rapport à X . Commençons par l'intégrale prévisible. On pose

$$^pL(X) = \{H \text{ prévisible: } (H^2 \cdot [X,X])^{1/2} \in \underline{\underline{A}}\}.$$

Dans [6] il est montré qu'on peut intégrer les éléments de $^pL_{loc}(X)$, et qu'on obtient ainsi la classe "la plus générale" de processus prévisibles intégrables. Voici une autre construction de cette intégrale, un peu plus rapide qu'en [6].

Soit donc $H \in {}^pL_{loc}(X)$. On a $^p(H\Delta X) = H\,^p(\Delta X) = 0$ et $H^2 \cdot [X,X] = H^2 \cdot \langle X^c, X^c\rangle + b(H\Delta X)^2$: donc d'une part $H \in L^2_{loc}(X^c)$, d'autre part il existe une $X' \in \underline{\underline{L}}^d$ unique avec $\Delta X' = H\Delta X$, et on pose

$$H \cdot X = H \cdot X^c + X'.$$

Il est immédiat de vérifier que $[H \cdot X, Y] = H \cdot [X,Y]$, $\forall Y \in \underline{\underline{L}}$; on a donc bien construit <u>la même intégrale stochastique qu'en [6]</u>. Soulignons que $H \cdot X$ coïncide avec l'intégrale de Stieltjes lorsque $X \in \underline{\underline{L}} \cap \underline{\underline{A}}_{loc}$. Enfin le résultat suivant est montré dans [10]:

PROPOSITION 1: <u>L'espace</u> $^p\underline{\underline{L}}(X) = \{H \cdot X : H \in {}^pL(X)\}$ <u>est fermé dans</u> $\underline{\underline{H}}^1$.

On dit qu'un sous-espace $\underline{\underline{N}}$ de $\underline{\underline{L}}$ est <u>stable</u> si $\underline{\underline{N}} \cap \underline{\underline{H}}^1$ est fermé dans $\underline{\underline{H}}^1$, et si pour tout $X \in \underline{\underline{N}}$ et tout $H \in {}^pL_{loc}(X)$, on a $H \cdot X \in \underline{\underline{N}}$. Il découle immédiatement de la proposition:

COROLLAIRE: <u>Si</u> $X \in \underline{\underline{L}}$, <u>l'espace stable engendré par</u> X <u>est</u> $^p\underline{\underline{L}}_{loc}(X)$.

Il est classique que si $\underline{\underline{N}}$ est un espace stable et si $Y \in \underline{\underline{M}}_{loc}$, alors Y s'écrit de manière unique comme un élément de $\underline{\underline{N}} \cap \underline{\underline{M}}_{loc}$, plus un élément de $\underline{\underline{M}}_{loc}$ orthogonal à $\underline{\underline{N}} \cap \underline{\underline{M}}_{loc}$. En particulier si $X, Y \in \underline{\underline{M}}_{loc}$, on a

$$(1) \qquad Y = H \cdot X + Y'$$

où $H \cdot X \in {}^{p}\underline{\underline{L}}_{loc}(X) \cap \underline{\underline{M}}_{loc}$ et Y' est orthogonale à X.

Dans le cas général, on n'a plus de décomposition (1), comme le montre le contre-exemple suivant: supposons que $\mathcal{F} = \mathcal{F}_1$, tandis que $\mathcal{F}_t$ est triviale pour tout $t < 1$; soient U et V deux variables $\mathcal{F}$-mesurables, telles que $E(U) = E(V) = 0$, que V soit bornée et que $E(U^2) = \infty$. Considérons les martingales $X_t = U1_{\{1 \leq t\}}$ et $Y_t = V1_{\{1 \leq t\}}$; si on a une décomposition (1), il existe une constante h $(= H_1)$ telle que $V = hU + V'$ et que $E(V'U) = 0$; or, $V'U = VU - hU^2$, ce qui conduit à une impossibilité si on n'a pas $E(UV) = 0$.

b - Intégrales optionnelles.

Passons maintenant à un premier type d'intégrales optionnelles. On pose

$$L(X) = \{H \text{ optionnel}: \sqrt{H^2 \cdot \langle X^c, X^c \rangle} + b(H\Delta X - {}^{p}(H\Delta X)) \in \underline{\underline{A}}\}$$

$$L'(X) = \{H \text{ optionnel}: \sqrt{H^2 \cdot \langle X^c, X^c \rangle} + b(H\Delta X) \in \underline{\underline{A}}\}$$
$$= \{H \text{ optionnel}: (H^2 \cdot [X,X])^{1/2} \in \underline{\underline{A}}\}.$$

Etant donné le lemme 1-(e), on a les inclusions:

$$\begin{cases} {}^{p}L(X) \subset L'(X), \qquad L'_{loc}(X) \subset L_{loc}(X). \\ X \text{ quasi-continu à gauche} \Rightarrow L'(X) = L(X). \end{cases}$$

Si $H \in L_{loc}(X)$, il existe un $X' \in \underline{\underline{L}}^d$ et un seul tel que $\Delta X' = H\Delta X - {}^{p}(H\Delta X)$. On pose alors

$$H \odot X = H \cdot X^c + X',$$

qui est "l'intégrale stochastique" de H par rapport à X. On utilise la notations "$H \odot X$" pour bien marquer le fait que cette intégrale <u>ne coïncide pas</u> avec l'intégrale de Stieltjes lorsque $X \in \underline{\underline{L}} \cap \underline{\underline{A}}_{loc}$ (même quand X est quasi-continue à gauche). Cependant si $H \in {}^{p}L_{loc}(X)$, on a bien-sûr $H \odot X = H \cdot X$.

Lorsque $H \in L'_{loc}(X)$, $H \odot X$ n'est autre que l'intégrale construite en [6] (et notée $H \cdot X$), mais évidemment il n'y a pas de raisons de se limiter à $L'_{loc}(X)$. Remarquons que

$$[H\odot X, H\odot X] = H^2 \bullet \langle X^c, X^c\rangle + b(H\Delta X - {}^p(H\Delta X))^2,$$

donc si $H \in L_{loc}(X)$, on a $H\odot X \in \underline{\underline{H}}^1$ si et seulement si $H \in L(X)$.

Nous aurons besoin d'un <u>second type</u> d'intégrales optionnelles. Posons

$$\tilde{L}(X) = \{H \text{ optionnel: } {}^p(H1_{\delta^p(\Delta X)\setminus\delta(\Delta X)}) = 0,$$
$$\sqrt{H^2 \bullet \langle X^c, X^c\rangle} + b(H\Delta X - {}^p(H\Delta X) + H1_{\delta^p(\Delta X)\setminus\delta(\Delta X)}) \in \underline{\underline{A}}\}.$$

Si $H \in L_{loc}(X)$ il existe un $X' \in \underline{\underline{L}}^d$ et un seul tel que $\Delta X' = H\Delta X - {}^p(H\Delta X) + H1_{\delta^p(\Delta X)\setminus\delta(\Delta X)}$, et on pose

$$H \circledast X = H \bullet X^c + X'.$$

Remarquons que $L(X) \not\subset \tilde{L}(X)$ en général; cependant si $H \in L(X)$, alors $\tilde{H} = H1_{(\delta^p(\Delta X)\setminus\delta(\Delta X))^c}$ est dans $\tilde{L}(X)$ et $\tilde{H}\circledast X = H\odot X$: donc l'ensemble $\tilde{\underline{\underline{L}}}(X) = \{H\circledast X : H \in \tilde{L}(X)\}$ contient l'ensemble $\underline{\underline{L}}(X) = \{H\odot X : H \in L(X)\}$. En fait on a $\tilde{\underline{\underline{L}}}(X) = \underline{\underline{L}}(X) + \hat{\underline{\underline{L}}}(\delta^p(\Delta X)\setminus\delta(\Delta X))$, où $\hat{\underline{\underline{L}}}(D)$ désigne l'ensemble des éléments $Y \in \underline{\underline{H}}^1$ vérifiant $Y^c = 0$ et $\Delta Y = 0$ en dehors de D. Remarquons que si X est quasi-continu à gauche, $\tilde{L}(X) = L(X)$ et $\tilde{\underline{\underline{L}}}(X) = \underline{\underline{L}}(X)$.

La terminologie "intégrale stochastique" pour désigner $H\circledast X$ est sans doute un peu tirée par les cheveux; malgré tout, nous allons voir que cette intégrale stochastique présente de meilleure propriétés de stabilité que l'intégrale $H\odot X$. Par exemple, on va lui associer une notion "d'orthogonalité" comme suit:

On dit que $X, Y \in \underline{\underline{L}}$ sont <u>fortement orthogonales</u> (Pratelli [8]) si $\langle X^c, Y^c\rangle = 0$, et si les ensembles $\delta(\Delta X)\cup\delta^p(\Delta X)$ et $\delta(\Delta Y)\cup\delta^p(\Delta Y)$ sont disjoints (il suffit d'ailleurs pour cela que, par exemple, $\Delta Y = 0$ sur $\delta(\Delta X)\cup\delta^p(\Delta X)$). La première partie de la proposition suivante est montrée dans [8], du moins lorsque les martingales locales sont dans $\underline{\underline{M}}_{loc}$.

PROPOSITION 2: <u>Pour que</u> X <u>et</u> Y <u>soient fortement orthogonales, il faut et il suffit que</u> $[H\odot X, Y] = 0$ <u>pour tout</u> $H \in L_{loc}(X)$. <u>Dans ce cas,</u> $H\circledast X$ <u>et</u> $K\circledast Y$ <u>sont fortement orthogonales pour tous</u> $H \in \tilde{L}_{loc}(X)$ <u>et</u> $K \in \tilde{L}_{loc}(Y)$, <u>et en particulier</u> $[H\circledast X, K\circledast Y] = 0$.

<u>Démonstration</u>: Soient X et Y fortement orthogonales, et $H \in \tilde{L}_{loc}(X)$, $K \in \tilde{L}_{loc}(Y)$. On a $\langle (H\circledast X)^c, (K\circledast Y)^c\rangle = HK \bullet \langle X^c, Y^c\rangle = 0$; de plus

$\delta[\Delta(H\circledast X)]\bigcup\delta^p[\Delta(H\circledast X)]\subset\delta(\Delta X)\bigcup\delta^p(\Delta X)$, et on a une relation analogue pour $K\circledast Y$, d'où on déduit l'orthogonalité forte de $H\circledast X$ et $K\circledast Y$.

Supposons inversement que $[H\odot X,Y]=0$ pour tout $H\in L_{loc}(X)$. Alors $\langle X^c,Y^c\rangle=0$ et $\delta(\Delta X)\bigcap\delta(\Delta Y)=\emptyset$ (car $[X,Y]=0$). Soit T un temps prévisible tel que $[\![T]\!]\subset\delta^p(\Delta X)$, et $H=1_{[\![T]\!]}1_{\delta(\Delta X)}\frac{1}{\Delta X}$: on a $H\Delta X-{}^p(H\Delta X)=1_{[\![T]\!]}(1_{\delta(\Delta X)}-P(\Delta X_T\neq 0|\mathcal{F}_{T-}))$, donc $H\in L(X)$ et $N=H\odot X$ vérifie $\Delta N_T=-P(\Delta X_T\neq 0|\mathcal{F}_{T-})<0$ sur $\{T\in\delta^p(\Delta X)\setminus\delta(\Delta X)\}$. Comme $[N,Y]=0$, on a $\Delta Y_T=0$, et finalement $\Delta Y=0$ sur $\delta^p(\Delta X)\setminus\delta(\Delta X)$. ∎

On dit qu'un sous-espace $\underline{\underline{N}}$ de $\underline{\underline{L}}$ est <u>fortement stable</u> (resp. <u>très fortement stable</u>) si $\underline{\underline{N}}\bigcap\underline{\underline{H}}^1$ est fermé dans $\underline{\underline{H}}^1$, et si pour tout $X\in\underline{\underline{N}}$ et tout $H\in L_{loc}(X)$ (resp. $\tilde{L}_{loc}(X)$), on a $H\odot X\in\underline{\underline{N}}$ (resp. $H\circledast X\in\underline{\underline{N}}$).

PROPOSITION 3: <u>Tout sous-espace fortement stable est très fortement stable.</u>

<u>Démonstration</u>: Etant donné que $\tilde{\underline{\underline{L}}}_{loc}(X)=\underline{\underline{L}}_{loc}(X)+\hat{\underline{\underline{L}}}_{loc}(D)$, où $D=\delta^p(\Delta X)\setminus\delta(\Delta X)$, il suffit de montrer que tout $Z\in\hat{\underline{\underline{L}}}_{loc}(D)$ peut s'écrire $Z=K\odot(H\odot X)$ où $H\in L_{loc}(X)$ et $K\in L_{loc}(H\odot X)$. Posons $a={}^p(1_{\delta(\Delta X)})$, qui vérifie $0<a<1$ sur D. Il est facile de trouver un processus prévisible strictement positif F tel que $b(F(1_{\delta(\Delta X)}-a))\in\underline{\underline{A}}_{loc}$. On pose alors $H=1_{\delta(\Delta X)}\frac{F}{\Delta X}\in L_{loc}(X)$ puisque $H\Delta X-{}^p(H\Delta X)=F(1_{\delta(\Delta X)}-a)$. Soient $Y=H\odot X$ et $K=-1_D\frac{\Delta Z}{aF}$: on a $K\Delta Y=1_D\Delta Z=\Delta Z$, ${}^p(K\Delta Y)=0$, donc $K\in L_{loc}(Y)$ et $K\odot Y=Z$, d'où le résultat. ∎

Nous allons maintenant passer à l'étude d'un autre type d'intégrales stochastiques: les intégrales par rapport à une mesure aléatoire, introduites en [3]. En effet la décomposition obtenue en [3] permet de démontrer sans trop d'efforts certains résultats intéressants sur les intégrales optionnelles précédentes. Mais auparavant, et afin de motiver à la poursuite de la lecture, nous énonçons un théorème (qui sera démontré plus tard):

THEOREME 2: (a) <u>Si</u> $X\in\underline{\underline{L}}$, $\underline{\underline{L}}(X)$ <u>et</u> $\tilde{\underline{\underline{L}}}(X)$ <u>sont fermés dans</u> $\underline{\underline{H}}^1$, <u>et</u> $\tilde{\underline{\underline{L}}}_{loc}(X)$ <u>est l'espace fortement stable engendré par</u> X.

(b) <u>Si</u> $X,Y\in L$, <u>on a la décomposition unique suivante</u>:

(2) $$Y=H\odot X+Y',\quad H\in L_{loc}(X),\quad [Y',X]=0.$$

(c) <u>Si</u> $X, Y \in \underline{\underline{L}}$, <u>on a la décomposition unique suivante</u>:

(3) $Y = H \bullet X + Y'$, $H \in \tilde{L}_{loc}(X)$, X <u>et</u> Y' <u>fortement orthogonales</u>.

c - Intégrales par rapport à une mesure aléatoire.

Soit $(E,\mathcal{E})$ un espace lusinien muni de ses boréliens. Soient $\tilde{\Omega} = \Omega \times [0,\infty[\times E$, et $\tilde{\mathcal{O}} = \mathcal{O} \otimes \mathcal{E}$, $\tilde{\mathcal{P}} = \mathcal{P} \otimes \mathcal{E}$. Une <u>mesure aléatoire</u> est une mesure de transition positive $\mu(\omega;dt,dx)$ de $(\Omega,\mathcal{F})$ dans $(]0,\infty[\times E, \mathcal{B}(]0,\infty[) \otimes \mathcal{E})$ et pour toute application $W : \tilde{\Omega} \longrightarrow \mathbb{R}$ on définit le processus $W * \mu$ par $W * \mu_t(\omega) = \int_0^t \int_E W(\omega,s,x)\mu(\omega;ds,dx)$ (=+∞ si cette expression n'a pas de sens). On dit que μ est <u>prévisible</u> si $W * \mu$ est prévisible pour tout $W \geq 0$, $\tilde{\mathcal{P}}$-mesurable. La formule $M_\mu(W) = E(W * \mu_\infty)$ définit une mesure positive sur $(\tilde{\Omega},\tilde{\mathcal{O}})$. On note $\mathcal{X}(\mu)$ l'ensemble des fonctions $\tilde{\mathcal{O}}$-mesurables W telles que la mesure $W.M_\mu$ soit $\tilde{\mathcal{P}}$-σ-finie: si $W \in \mathcal{X}(\mu)$ on peut évidemment prendre "l'espérance conditionnelle" $M_\mu(W|\tilde{\mathcal{P}})$.

On considère alors une mesure μ de la forme

$$\mu(\omega;dt,dx) = \sum_{(s)} 1_D(\omega,s)\varepsilon_{(s,\alpha_s(\omega))}(dt,dx),$$

où $D \in \mathcal{O}$, où α est un processus optionnel à valeurs dans E, et telle que M_μ soit $\tilde{\mathcal{P}}$-σ-finie: on dit que μ est une <u>mesure à valeurs entières</u>. De même que pour $\delta(X)$, on définit les parties "accessible" D^a et "totalement inaccessible" D^i de l'ensemble mince D, ainsi que la plus petite partie prévisible D^p contenant D^a.

On sait qu'il existe une mesure prévisible unique ν, dite <u>projection prévisible duale</u> de μ, telle que les mesures M_μ et M_ν coïncident sur $(\tilde{\Omega},\tilde{\mathcal{P}})$. Afin d'alléger les notations, on pose

$$\hat{W}_t(\omega) = \int_E W(\omega,t,x)\nu(\omega,\{t\},dx), \qquad a_t(\omega) = \nu(\omega;\{t\}\times E) \ (= \hat{1}_t(\omega))$$

dès que cette expression a un sens. On sait que $D^p = \{a > 0\}$, tandis que $D^p \setminus D = \{0 < a < 1\}$. Par ailleurs si W est $\tilde{\mathcal{P}}$-mesurable, on a

$$\hat{W}_T = E(1_D(T)W(T,\alpha_T)|\mathcal{F}_{T-}) \quad \text{sur} \quad \{T < \infty\}$$

pour tout temps prévisible.

Voici alors comment, en suivant [3], on construit deux types d'intégrales stochastiques par rapport à μ :

(i)- Si W est une fonction $\tilde{\mathcal{P}}$-mesurable, on pose

$W' = (W-\hat{W})1_{\{|W-\hat{W}|>1\}} + \hat{W}1_{\{|\hat{W}|>1\}}$, $\quad W'' = W - W'$,

$$C(W) = (1_{\{a=0\}}(|W'| + W''^2))*\nu + \sum_{s\leq .} ((\widehat{W''^2})_s - (\widehat{W''_s})^2 + \widehat{|W'-\hat{W}'|}_s + (1-a_s)|\hat{W}'_s|),$$

en faisant la convention $C_t(W) = +\infty$ dès que l'un des termes ci-dessus n'est pas défini. Soit $\mathcal{G}_{loc}(\mu)$ l'ensemble des fonctions $\tilde{\mathcal{P}}$-mesurables W telles que $C(W) \in \underline{\underline{A}}_{loc}$. Si $W \in \mathcal{G}_{loc}(\mu)$ il existe un élément et un seul de $\underline{\underline{L}}^d$, noté $W*(\mu-\nu)$, tel que

(4) $$\Delta(W*(\mu-\nu))_t = 1_D(t)W(t,\alpha_t) - \hat{W}_t .$$

(ii)- Si $V \in \mathcal{K}(\mu)$ vérifie $M_\mu(V|\tilde{\mathcal{P}}) = 0$, on pose

$$V' = V1_{\{|V|>1\}} - M_\mu(V1_{\{|V|>1\}}|\tilde{\mathcal{P}}), \quad V'' = V - V'.$$

On note $\mathcal{H}_{loc}(\mu)$ l'ensemble des $V \in \mathcal{K}(\mu)$ tels que $M_\mu(V|\tilde{\mathcal{P}}) = 0$ et que $(V''^2 + |V'|)*\mu \in \underline{\underline{A}}_{loc}$, et si $V \in \mathcal{H}_{loc}(\mu)$ il existe un élément et un seul de $\underline{\underline{L}}^d$, noté $V*\mu$, tel que

(5) $$\Delta(V*\mu)_t = 1_D(t)V(t,\alpha_t) .$$

De plus, dans les deux cas (i) et (ii), l'intégrale stochastique coïncide avec "l'intégrale par trajectoire" lorsque cette dernière existe.

<u>Remarque</u>: Là encore, on pourrait définir directement $W*(\mu-\nu)$ et $V*\mu$ à l'aide du théorème 1, en utilisant (4) et (5). Soit donc Y le processus défini par le second membre de (4) (resp. (5)): il faut montrer que ${}^pY = 0$ (ce qui n'est pas difficile), et que $b(Y) \in \underline{\underline{A}}_{loc}$. Dans le cas (ii) il est facile de voir que $\mathcal{H}_{loc}(\mu)$ est exactement l'ensemble des V tels que $M_\mu(V|\tilde{\mathcal{P}}) = 0$ et $b(Y) \in \underline{\underline{A}}_{loc}$. Dans le cas (i) par contre, montrer que $b(Y) \in \underline{\underline{A}}_{loc}$ revient en gros à recopier la construction de [3]: cependant on verra que, là encore, $\mathcal{G}_{loc}(\mu)$ est l'ensemble des W tels que $b(Y) \in \underline{\underline{A}}_{loc}$. ■

Le théorème suivant, montré dans [3], joue un rôle essentiel:

THEOREME 3: <u>Soit</u> $X \in \underline{\underline{L}}$. <u>Alors</u> $\Delta X \in \mathcal{K}(\mu)$ <u>et si</u> $U = M_\mu(\Delta X|\tilde{\mathcal{P}})$, $V = \Delta X - U$ <u>et</u> $W = U + \frac{\hat{U}}{1-a}1_{\{a<1\}}$ <u>on a</u> $V \in \mathcal{H}_{loc}(\mu)$, $W \in \mathcal{G}_{loc}(\mu)$, <u>et</u>

(6) $$X = W*(\mu-\nu) + V*\mu + Y ,$$

<u>où</u> $Y \in \underline{\underline{L}}$ <u>vérifie</u> $\Delta Y = 0$ <u>sur</u> D.

On note $\underline{\underline{L}}^1(\mu)$ (resp. $\underline{\underline{L}}^2(\mu)$) l'ensemble des $W*(\mu-\nu)$ (resp. $V*\mu$) appartenant à $\underline{\underline{H}}^1$, avec $W \in \mathcal{G}_{loc}(\mu)$ (resp. $V \in \mathcal{H}_{loc}(\mu)$).

Soient également $\mathbb{L}^3(\mu)$ (resp. $\mathbb{L}^4(\mu)$) l'ensemble des $X \in \mathbb{H}^1 \cap \mathbb{L}^d$ (resp. $\mathbb{H}^1$) vérifiant $\Delta X = 0$ sur $(D^p \setminus D)^c$ (resp. sur $D^p \cup D$). Remarquons que $\mathbb{L}^3(\mu)$ et $\mathbb{L}^4(\mu)$ ne dépendent en réalité que de D, et avec les notations du paragraphe précédent, on a $\mathbb{L}^3(\mu) = \hat{\mathbb{L}}(D^p \setminus D)$. Plus que par les espaces $\mathbb{L}^i(\mu)$ eux-mêmes, nous seront en fait intéressés par $\mathbb{L}(\mu) = \mathbb{L}^1(\mu) + \mathbb{L}^2(\mu)$ et $\tilde{\mathbb{L}}(\mu) = \mathbb{L}(\mu) + \mathbb{L}^3(\mu)$.

<u>Remarque</u>: On pourrait donner une définition directe de $\mathbb{L}(\mu)$: c'est l'ensemble des $X \in \mathbb{H}^1 \cap \mathbb{L}^d$ caractérisés par $\Delta X_t = 1_D(t) U(t, \alpha_t) - \hat{U}_t$, où $U \in \mathcal{X}(\mu)$ vérifie $M_\mu(U|\tilde{\mathcal{P}}) \in \mathcal{G}_{loc}(\mu)$ et $U - M_\mu(U|\tilde{\mathcal{P}}) \in \mathcal{H}_{loc}(\mu)$. ∎

On peut alors préciser le théorème 3 de la manière suivante:

THEOREME 4: (a) <u>Les espaces</u> $\mathbb{L}^i(\mu)$, $i \leq 4$, <u>sont fermés dans</u> $\mathbb{H}^1$.

(b) <u>Tout</u> $X \in \mathbb{L}$ <u>s'écrit de manière unique comme</u>

$$X = X^1 + X^2 + X^3 + X^4, \qquad X^i \in \mathbb{L}^i_{loc}(\mu). \tag{7}$$

<u>Remarque</u>: En d'autres termes, $\mathbb{L}$ est la somme directe des espaces $\mathbb{L}^i_{loc}(\mu)$. On ne sait pas montrer la même chose pour $\mathbb{H}^1$ et les $\mathbb{L}^i(\mu)$: plus précisément si $X \in \mathbb{H}^1$, on vérifie aisément que sa décomposition (7) satisfait $X^2 \in \mathbb{L}^2(\mu)$ et $X^4 \in \mathbb{L}^4(\mu)$; par contre on ne sait pas montrer que $X^1 \in \mathbb{L}^1(\mu)$ et $X^3 \in \mathbb{L}^3(\mu)$.

Dans le même ordre d'idées, il est facile de voir que les espaces $\tilde{\mathbb{L}}_{loc}(\mu)$ et $\mathbb{L}^4_{loc}(\mu)$ sont orthogonaux (et même fortement orthogonaux), et de même les espaces $\mathbb{L}^3_{loc}(\mu)$ et $\mathbb{L}^2_{loc}(\mu)$. Dans [3] il est également montré que $\mathbb{L}^1_{loc}(\mu) \cap \mathbb{M}_{loc}$ est orthogonal aux espaces $\mathbb{L}^2_{loc}(\mu) \cap \mathbb{M}_{loc}$ et $\mathbb{L}^3_{loc}(\mu) \cap \mathbb{M}_{loc}$; mais nous ne savons pas montrer que $\mathbb{L}^1_{loc}(\mu)$ est orthogonal à $\mathbb{L}^2_{loc}(\mu)$ et $\mathbb{L}^3_{loc}(\mu)$. ∎

<u>Démonstration</u>: (i) Soit $X \in \mathbb{L}$. On a la décomposition (6) et ${}^p(1_{D^p \setminus D} \Delta Y) = {}^p(1_{D^p} \Delta Y) = 1_{D^p}\, {}^p(\Delta Y) = 0$, tandis que $b(1_{D^p \setminus D} \Delta Y) \leq b(\Delta Y) \in \mathbb{A}_{loc}$: donc il existe $X^3 \in \mathbb{L}^d$ unique tel que $X^3 = 1_{D^p \setminus D} \Delta Y$, et il reste à poser $X^1 = W * (\mu - \nu)$, $X^2 = V * \mu$ et $X^4 = Y - X^3$ pour obtenir la formule (7).

(ii) Montrons maintenant que les $\mathbb{L}^i(\mu)$ sont fermés. Si $X(n)$ tend vers X dans $\mathbb{H}^1$ on sait qu'on peut extraire une sous-suite, notée encore $X(n)$, telle que $\Delta X(n)_T \longrightarrow \Delta X_T$ P-ps et dans L^1 pour tout temps d'arrêt: il est très facile d'en déduire que $\underline{\underline{L}}^3(\mu)$ et $\underline{\underline{L}}^4(\mu)$ sont fermés dans $\underline{\underline{H}}^1$, et que dans la décomposition (7) de X on a $X^4 = 0$ si $X(n) \in \tilde{\underline{\underline{L}}}(\mu)$ pour tout n. Il nous reste à vérifier que si $X(n) \in \underline{\underline{L}}^1(\mu)$ (resp. $\underline{\underline{L}}^2(\mu)$) pour tout n, alors $X = X^1$ (resp. $X = X^2$) et donc, par localisation, on peut supposer que X^1, X^2, $X^3 \in \underline{\underline{H}}^1$. On note enfin $X^1 = W*(\mu - \nu)$ et $X^2 = V*\mu$.

Supposons d'abord que $X(n) = W(n)*(\mu - \nu)$. Les sauts de M^3 peu-être épuisés par une suite de temps d'arrêt prévisibles T tels que $[T] \subset D^p$ et $a_T < 1$ sur $\{T < \infty\}$; soit T un tel temps d'arrêt: on a $\Delta X^3_T = 1_{\{T \notin D\}}(\hat{W}_T - \lim \hat{W}(n)_T)$, la limite étant P-ps et dans L^1; en conditionnant par rapport à $\mathcal{F}_{T-}$, on trouve $0 = (1 - a_T)(\hat{W}_T - \lim \hat{W}(n)_T)$. Par suite $\hat{W}(n)_T$ tend vers $\hat{W}_T$ et $\Delta X^3_T = 0$, ce qui implique $X^3 = 0$. Mais alors pour tout temps d'arrêt T, $\lim (1_D(T)W(n)(T,\alpha_T) - \hat{W}(n)_T) = 1_D(T)(W(T,\alpha_T) + V(T,\alpha_T)) - \hat{W}_T$, ce qui montre que $W(n) - \hat{W}(n)$ tend M_μ-ps vers $W + V - \hat{W}$; mais alors V est mesurable par rapport à la complétée de $\tilde{\mathcal{P}}$ pour M_μ, alors que $M_\mu(V|\tilde{\mathcal{P}}) = 0$: donc $V = 0$ M_μ-ps, $X^2 = 0$ et $X = X^1$.

Supposons maintenant que $X(n) = V(n)*\mu$. Si T est prévisible et vérifie $a_T < 1$ sur $\{T < \infty\}$, on a $0 = \lim 1_{\{T \notin D\}}\Delta X(n)_T = 1_{\{T \notin D\}}(\Delta X^3_T - \hat{W}_T)$, d'où, comme ci-dessus, $\Delta X^3_T = 0$; par suite $X^3 = 0$. Par ailleurs (cf. [3], proposition (2.4)) il existe une suite (S_p) de temps d'arrêt telle que $D = \bigcup [\![S_p]\!]$ et $E[\Delta X(n)_{S_p} | \mathcal{F}_{S_p -} \vee \sigma(\alpha_{S_p})] = 0$ puisque $X(n) \in \underline{\underline{L}}^2(\mu)$. Donc $E[\Delta X_{S_p} | \mathcal{F}_{S_p -} \vee \sigma(\alpha_{S_p})] = 0^p$ et on en déduit (toujours d'après [3]) que $W*(\mu - \nu) = 0$: donc $X^1 = 0$ et $X = X^2$.

(iii) Il faut maintenant montrer l'unicité de la décomposition (7), c'est-à-dire que $X^i = 0$ $\forall i \leq 4$ si $X = \sum X^i = 0$. Mais alors $(X^4)^c = X^c = 0$ et $\Delta X^4 = 0$, donc $X^4 = 0$. Si on reprend la preuve de la fermeture de $\underline{\underline{L}}^1(\mu)$, par exemple, en posant $X(n) = 0 \in \underline{\underline{L}}^1(\mu)$ pour tout n, on voit d'abord que $X^3 = X^2 = 0$, puis $X^1 = X = 0$. ∎

PROPOSITION 4: <u>L'espace $\tilde{\underline{\underline{L}}}_{loc}(\mu)$ est fortement stable</u>.

<u>Démonstration</u>: Si $X(n) \in \tilde{\underline{\underline{L}}}(\mu)$ tend vers X on a $X^c = 0$ et $\Delta X = 0$ en dehors de $D \cup D^p$, donc le terme X^4 de la décomposition (7) de X est nul et $X \in \tilde{\underline{\underline{L}}}(\mu)$. Soit maintenant $X \in \tilde{\underline{\underline{L}}}_{loc}(\mu)$, $H \in \tilde{L}_{loc}(X)$ et $Y = H \circledast X$. On a $Y^c = H \cdot X^c = 0$, tandis que $\Delta Y = 0$ en dehors de $D \cup D^p$, donc là encore le terme Y^4 de la décomposition (7) de Y est nul, et $Y \in \tilde{\underline{\underline{L}}}_{loc}(\mu)$. ∎

d - Espaces fortement stables de martingales.

Soit $X \in \underline{\underline{L}}$. On sait que ${}^p\underline{\underline{L}}(X^c) = \underline{\underline{L}}(X^c) = \tilde{\underline{\underline{L}}}(X^c)$, donc il nous reste à étudier ${}^p\underline{\underline{L}}(X^d)$, $\underline{\underline{L}}(X^d)$ et $\tilde{\underline{\underline{L}}}(X^d)$. De même si $X \in \underline{\underline{L}}^c$ on sait que tout $Y \in \underline{\underline{L}}$ admet des décompositions (1), (2) et (3), ces décompositions étant d'ailleurs identiques (il suffit en effet de décomposer Y^c selon X). Enfin si $\underline{\underline{N}} \subset \underline{\underline{L}}$, soient $\underline{\underline{N}}^c = \{N^c : N \in \underline{\underline{N}}\}$ et $\underline{\underline{N}}^d = \{N^d : N \in \underline{\underline{N}}\}$; il est facile de voir que les espaces (fortement) stables engendrés par $\underline{\underline{N}}^c$ et $\underline{\underline{N}}^d$ sont fortement orthogonaux et que leur somme directe égale l'espace (fortement) stable engendré par $\underline{\underline{N}}$; par ailleurs les espaces stable et fortement stable engendrés par $\underline{\underline{N}}^c$ sont égaux, et leur structure est bien connue (voir par exemple Meyer [7]). Autrement dit, il reste à étudier les éléments de $\underline{\underline{L}}^d$ et les espaces fortement stables qu'ils engendrent.

Commençons par le cas d'une martingale locale X. On pose

$$(8) \qquad \mu(\omega;dt,dx) = \sum_{(s)} 1_{\{\Delta X_s(\omega) \neq 0\}} \varepsilon_{(s,\Delta X_s(\omega))}(dt,dx),$$

ce qui définit une mesure aléatoire à valeurs entières (avec $D = \delta(\Delta X)$ et $\alpha = \Delta X$), sur $E = \mathbb{R} \setminus \{0\}$. La proposition suivante montre qu'il est équivalent de parler d'intégrale optionnelle par rapport à $X \in \underline{\underline{L}}^d$, ou d'intégrale stochastique par rapport à la mesure μ qui lui est associée par (8).

PROPOSITION 5: <u>On a</u> $\underline{\underline{L}}(X^d) = \underline{\underline{L}}(\mu)$ <u>et</u> $\tilde{\underline{\underline{L}}}(X^d) = \tilde{\underline{\underline{L}}}(\mu)$ (et donc, $\underline{\underline{L}}(X)$ et $\tilde{\underline{\underline{L}}}(X)$ sont respectivement les sommes directes $\underline{\underline{L}}(\mu) + {}^p\underline{\underline{L}}(X^c)$ et $\tilde{\underline{\underline{L}}}(\mu) + {}^p\underline{\underline{L}}(X^c)$).

<u>Démonstration</u>: Comme $D = \delta(\Delta X)$, il suffit en fait de montrer que $\underline{\underline{L}}(X^d) = \underline{\underline{L}}(\mu)$. Soit $Y = W*(\mu - \nu) + V*\mu \in \underline{\underline{L}}_{loc}(\mu)$; si $H_t = 1_D(t)(W(t,\Delta X_t) + V(t,\Delta X_t))/\Delta X_t$, on a $\Delta Y = H\Delta X - {}^p(H\Delta X)$ d'après (4) et (5), donc $H \in L_{loc}(X)$ et $Y = H \circledcirc X \in \underline{\underline{L}}_{loc}(X)$.

Soit inversement $Y = H \circledcirc X \in \underline{\underline{L}}_{loc}(X^d)$. Si $Y = \sum Y^i$ est la décomposition (7) de Y, on aura terminé si on prouve que $Y^3 = Y^4 = 0$. Or $(Y^4)^c = Y^c = 0$, tandis que $\Delta Y^4 = 1_{(D^P \cup D)^c} \Delta Y = 0$, donc $Y^4 = 0$. Soit T un temps prévisible tel que $a_T < 1$ sur $\{T < \infty\}$: on a $\Delta Y^3_T = 1_{\{T \notin D\}}(\Delta Y_T - \Delta Y^1_T) = 1_{\{T \notin D\}}({}^p(H\Delta X)_T + \hat{W}_T)$ si $Y^1 = W*(\mu - \nu)$; en conditionnant par rapport à $\mathcal{F}_{T-}$ on obtient $0 = (1 - a_T)({}^p(H\Delta X)_T + \hat{W}_T)$, d'où l'on déduit $\Delta Y^3_T = 0$; par suite $Y^3 = 0$. ∎

COROLLAIRE: <u>Les espaces $\underline{\underline{L}}(X)$ et $\underline{\underline{\tilde{L}}}(X)$ sont fermés dans $\underline{\underline{H}}^1$.</u>

Passons maintenant au cas d'une famille $\underline{\underline{N}} \subset \underline{\underline{L}}$. On suppose que $\underline{\underline{N}} = (N(i))_{i \in I}$ est une famille <u>finie ou dénombrable</u> d'éléments de $\underline{\underline{L}}$. Soit $E = \mathbb{R}^I \setminus \{0\}$, muni de la tribu $E \cap (\mathcal{R}^{I\otimes})$. On considère le processus $\Delta\tilde{N}$, à valeurs dans $\mathbb{R}^I$, de coordonnées $\Delta\tilde{N}(i) = \Delta N(i)$. Soit $D = \{\Delta\tilde{N} \neq 0\}$. La formule suivante définit une mesure à valeurs entières:

$$\mu(\omega;dt,dx) = \sum_{(s)} 1_D(\omega,s)\,\varepsilon_{(s,\Delta\tilde{N}_s(\omega))}(dt,dx). \tag{9}$$

On note ${}^p\underline{\underline{L}}^s_{loc}(\underline{\underline{N}})$ (resp. $\tilde{\underline{\underline{L}}}^s_{loc}(\underline{\underline{N}})$) l'espace stable (resp. fortement stable) engendré par $\underline{\underline{N}}$ (le lecteur est prié d'excuser cette notation barbare !)

THEOREME 5: (a) <u>On a $\tilde{\underline{\underline{L}}}^s_{loc}(\underline{\underline{N}}^d) = \tilde{\underline{\underline{L}}}_{loc}(\mu)$ et $\tilde{\underline{\underline{L}}}^s_{loc}(\underline{\underline{N}})$ est la somme directe ${}^p\underline{\underline{L}}^s_{loc}(\underline{\underline{N}}^c) + \tilde{\underline{\underline{L}}}_{loc}(\mu)$.</u>

(b) <u>Tout $X \in \underline{\underline{L}}$ admet une décomposition unique $X = X' + X''$ avec $X' \in \tilde{\underline{\underline{L}}}^s_{loc}(\underline{\underline{N}})$ et X'' fortement orthogonal à $\tilde{\underline{\underline{L}}}^s_{loc}(\underline{\underline{N}})$.</u>

<u>Démonstration</u>: Soit $X \in \underline{\underline{L}}$. On sait qu'il existe une décomposition unique $X^c = X'^c + X''^c$ avec $X'^c \in {}^p\underline{\underline{L}}^s_{loc}(\underline{\underline{N}}^c)$ et X''^c orthogonal (donc fortement orthogonal) à cet espace. Supposons alors $X \in \underline{\underline{L}}^d$, et soit $X = \sum X^i$ sa décomposition (7). Si on pose $X' = X^1 + X^2 + X^3$ et $X'' = X^4$ on a $X' \in \tilde{\underline{\underline{L}}}_{loc}(\mu)$ et X'' est fortement orthogonal à $\tilde{\underline{\underline{L}}}_{loc}(\mu)$; enfin l'unicité de (7) entraine l'unicité de cette décomposition $X = X' + X''$. Il nous reste alors à prouver (a).

Posons alors $U^i(\omega,t,x) = x^i$ ($i^{\text{ème}}$ coordonnée de $x \in E$). Il est clair que $\Delta N(i) = U^i$ M_μ-ps et $\hat{U}^i = {}^p(\Delta N(i)) = 0$, donc $U^i \in \mathcal{G}_{loc}(\mu)$ et $N(i)^d = U^i * (\mu - \nu)$ d'après le théorème 3. Donc $N(i) \in \tilde{\underline{\underline{L}}}_{loc}(\mu)$ et d'après la proposition 4, on a $\tilde{\underline{\underline{L}}}^s_{loc}(\underline{\underline{N}}^d) \subset \tilde{\underline{\underline{L}}}_{loc}(\mu)$.

Lorsque $\underline{\underline{N}}$ n'est constitué que d'un seul élément N, la proposition 5 entraine $\tilde{\underline{\underline{L}}}_{loc}(\mu) = \tilde{\underline{\underline{L}}}_{loc}(N^d) = \tilde{\underline{\underline{L}}}^s_{loc}(\underline{\underline{N}}^d)$ et la démonstration est terminée. Passons au cas général: à chaque $N(i)$ on associe par (8) une mesure μ^i, et on pose $F_i = [\delta(\Delta N(i)) \cup \delta^p(\Delta N(i))]^c$ et $G_i = \bigcap_{j \leq i} F_i$. On a $\tilde{\underline{\underline{L}}}_{loc}(\mu^i) = \tilde{\underline{\underline{L}}}_{loc}(N(i)^d) \subset \tilde{\underline{\underline{L}}}^s_{loc}(\underline{\underline{N}}^d) \subset \tilde{\underline{\underline{L}}}_{loc}(\mu)$. Soit $X \in \tilde{\underline{\underline{L}}}_{loc}(\mu)$. D'après la première partie de la démonstration on a une décomposition $X = X'(1) + X''(1)$ avec $X'(1) \in \tilde{\underline{\underline{L}}}_{loc}(\mu^1)$ et $\Delta X''(1) = 1_{F_1}\Delta X$, $X''(1) = X - X'(1) \in \tilde{\underline{\underline{L}}}_{loc}(\mu)$. Par récurrence on construit une suite $(X'(i), X''(i))$ ainsi: si $X''(i) \in \tilde{\underline{\underline{L}}}_{loc}(\mu)$ vérifie $\Delta X''(i) = 1_{G_i}\Delta X$ on a $X''(i) =$

$X'(i+1) + X''(i+1)$ avec $X'(i+1) \in \underline{\underline{\tilde{L}}}_{loc}(\mu^{i+1})$ et $\Delta X''(i+1) = 1_{F_{i+1}} \Delta X''(i) = 1_{G_{i+1}} \Delta X$. Si $Y(i) = \sum_{j \leq i} X'(j)$ on a $Y(i) \in \underline{\underline{\tilde{L}}}^s_{loc}(\underline{\underline{N}}^d)$, tandis que

$$[Y(i) - X, Y(i) - X] = 1_{G_i} \cdot [X,X].$$

Comme $\underline{\underline{\tilde{L}}}^s_{loc} \cap \underline{\underline{H}}^1$ est fermé et comme $\bigcap G_i = (D \cup D^p)^c$ alors que $[X,X] = 1_{D \cup D^p} \cdot [X,X]$ puisque $X \in \underline{\underline{\tilde{L}}}_{loc}(\mu)$, on en déduit facilement que $X \in \underline{\underline{\tilde{L}}}^s_{loc}(\underline{\underline{N}}^d)$, achevant ainsi la démonstration.■

Jusqu'à présent, on a montré les parties (a) et (c) du théorème 2. Il nous reste à montrer la partie (b):

PROPOSITION 6: <u>Si $X, Y \in \underline{\underline{L}}$ on a la décomposition unique suivante</u>

$$Y = H \circ X + Y', \quad H \in L_{loc}(X), \quad [X, Y'] = 0.$$

<u>Démonstration</u>: On sait qu'il existe $H' \in L^2_{loc}(X^c)$ tel que $Y^c = H' \cdot X^c + Y'^c$ avec $\langle X^c, Y'^c \rangle = 0$ et $H' = 0$ sur $\delta(\Delta X) \cup \delta^p(\Delta X)$. μ étant définie par (8) on considère la décomposition (7) $Y^d = \sum Y^i$ de Y^d. D'après la proposition 5 il existe $H'' \in L_{loc}(X^d)$ tel que $H'' = 0$ en dehors de $\delta(\Delta X) \cup \delta^p(\Delta X)$ et que $Y^1 + Y^2 = H'' \circ X^d$. Il reste à poser $H = H' + H''$, l'unicité provenant de l'unicité de la décomposition (7).■

<u>Remarque</u>: On pourrait montrer ce résultat (ainsi d'ailleurs que (3)) sans passer par l'intermédiaire du théorème 4 (et donc des mesures aléatoires). Le problème revient alors à choisir H. On peut prendre

$$H = 1_{\delta(\Delta X)^c} \frac{d\langle Y^c, X^c \rangle}{d\langle X^c, X^c \rangle} + 1_{\delta(\Delta X)} \frac{1}{\Delta X}\left(\Delta Y + 1_{\{a<1\}} \frac{{}^p(\Delta Y 1_{\delta(\Delta X)})}{1-a}\right),$$

où $a = {}^p(1_{\delta(\Delta X)})$ (on remarque qu'on a alors $a_t = \nu(\{t\} \times E)$, si ν est la projection prévisible duale de la mesure μ associée à X). Mais, montrer que $H \in L_{loc}(X)$ revient en fait à recopier la démonstration (assez longue) du théorème 3.■

<u>3 - SEMI-MARTINGALES</u>

<u>a - Caractérisation des sauts d'une semi-martingale.</u>

On note $\underline{\underline{S}}$ l'ensemble des semi-martingales nulles à l'origine (i.e. des sommes $X = M + A$ où $M \in \underline{\underline{L}}$ et $A \in \underline{\underline{V}}$), et $\underline{\underline{S}}_s$ l'ensemble des semi-martingales <u>spéciales</u>, c'est-à-dire qui admettent une décomposition

$X = M + A$ avec $M \in \underline{\underline{L}}$ et $A \in \underline{\underline{A}}_{loc}$. On sait (cf. par exemple [6]) que tout $X \in \underline{\underline{S}}_s$ admet une décomposition et une seule, dite <u>canonique</u>, $X = M + A$ avec $M \in \underline{\underline{L}}$ et $A \in \underline{\underline{A}}_{loc}$ <u>prévisible</u>, et on note $\check{X}$ la "partie continue" du processus à variation finie A. Si $X \in \underline{\underline{S}}$ on connait également la partie "martingale continue" X^c de X, et on pose

$$\underline{\underline{D}}(X) = \{D \in \mathcal{O} : a(1_D \Delta X) \in \underline{\underline{V}},\ X^D = X - a(1_D \Delta X) \in \underline{\underline{S}}_s\}.$$

On sait [4] que pour tout $c > 0$, $\{|\Delta X| > c\} \in \underline{\underline{D}}(X)$.

Par ailleurs pour tout processus optionnel Y on pose

$$\underline{\underline{E}}(Y) = \{D \in \mathcal{O} : a(1_D Y) \in \underline{\underline{V}},\ b(Y 1_{D^c}) \in \underline{\underline{A}}_{loc},\ a({}^p(Y 1_{D^c})) \in \underline{\underline{V}}\}$$

et on note $\underline{\underline{K}}$ l'ensemble des processus optionnels Y tels que $\underline{\underline{E}}(Y) \neq \emptyset$. Le théorème suivant jouera vis-à-vis de l'intégrale stochastique par rapport à une semi-martingale le même rôle que le théorème 1 dans la partie 2.

THEOREME 6: (a) <u>Soit</u> Y <u>un processus optionnel. Pour qu'il existe</u> $X \in \underline{\underline{S}}$ <u>avec</u> $\Delta X = Y$, <u>il faut et il suffit qu'il appartienne à</u> $\underline{\underline{K}}$, <u>et dans ce cas on a</u> $\underline{\underline{E}}(Y) = \underline{\underline{D}}(\Delta X)$.

(b) <u>Soient</u> $Y \in \underline{\underline{K}}$, $N \in \underline{\underline{L}}^c$, $A \in \underline{\underline{V}}^c$. <u>Pour tout</u> $D \in \underline{\underline{E}}(Y)$ <u>il existe un</u> $X \in \underline{\underline{S}}$ <u>et un seul tel que</u> $\Delta X = Y$, $X^c = N$, $\check{X}^D = A$ (rappelons que $\check{X}^D$ est la partie continue du processus prévisible de $\underline{\underline{V}}$ intervenant dans la décomposition canonique de la semi-martingale spéciale X^D).

<u>Démonstration</u>: (i) Soient $X \in \underline{\underline{S}}$, $Y = \Delta X$, $D \in \underline{\underline{D}}(X)$. On a $a(1_D Y) \in \underline{\underline{V}}$. Soit $X^D = M + A$ la décomposition canonique de X^D. D'une part $a(\Delta A) \in \underline{\underline{A}}_{loc}$, d'autre part $b(\Delta M) \in \underline{\underline{A}}_{loc}$ d'après le théorème 1, donc le lemme 1 entraine $b(\Delta X^D) = b(Y 1_{D^c}) \in \underline{\underline{A}}_{loc}$. Par ailleurs ${}^p(\Delta X^D) = \Delta A$ donc $a({}^p(Y 1_{D^c})) \in \underline{\underline{V}}$. On a donc $D \in \underline{\underline{E}}(Y)$ et $Y \in \underline{\underline{K}}$.

(ii) Soient $X \in \underline{\underline{S}}$, $Y = \Delta X$, $D \in \underline{\underline{E}}(Y)$. On a $a(Y 1_D) = a(1_D \Delta X) \in \underline{\underline{V}}$ et $X^D \in \underline{\underline{S}}$. Soit $X^D = M + A$ une décomposition où $M \in \underline{\underline{L}}$ et $A \in \underline{\underline{V}}$. Si (T_n) est une suite localisante à la fois pour M et pour le processus à variation localement intégrable $b(Y 1_{D^c})$, et si $R_n = \inf(t : |X^D|_t \geq n)$, on a $E(\int_0^{T_n \wedge R_n} |dA_s|) < \infty$, d'où l'on déduit $A \in \underline{\underline{A}}_{loc}$. Par suite $X^D \in \underline{\underline{S}}_s$ et $D \in \underline{\underline{D}}(X)$.

(iii) Soient $N \in \underline{\underline{L}}^c$, $Y \in \underline{\underline{K}}$, $A \in \underline{\underline{V}}^c$ et $D \in \underline{\underline{E}}(Y)$. Comme $a({}^p(Y 1_{D^c})) \in \underline{\underline{A}}_{loc}$ on a $b({}^p(Y 1_{D^c})) \in \underline{\underline{A}}_{loc}$ et si $Z = Y 1_{D^c} - {}^p(Y 1_{D^c})$, on a ${}^p Z = 0$

et $b(Z) \in \underline{\underline{A}}_{loc}$. Le théorème 1 entraine l'existence de $M \in \underline{\underline{L}}^d$ avec $\Delta M = Z$. Soit

$$X = M + N + a({}^p(Y1_{D^c})) + a(Y1_D) ;$$

il est clair que X est une semi-martingale vérifiant $X^c = N$, $\Delta X = Y$ et $\check{X}^D = A$. Enfin l'unicité d'un tel X est évidente.∎

COROLLAIRE 1: <u>Soient</u> $Y \in \underline{\underline{K}}$, $D, D' \in \underline{\underline{E}}(Y)$. <u>Alors</u> $a(Y(1_D - 1_{D'})) \in \underline{\underline{A}}_{loc}$. <u>Si de plus</u> $X \in \underline{\underline{S}}$ <u>vérifie</u> $\Delta X = Y$, <u>on a</u> $\check{X}^D - \check{X}^{D'} = a(1_{\delta^i(Y)} Y(1_{D'} - 1_D))^p$.

<u>Démonstration</u>: Comme $Y \in \underline{\underline{K}}$ il existe $X \in \underline{\underline{S}}$ avec $\Delta X = Y$. Soient $X^D = M + A$ et $X^{D'} = M' + A'$ les décompositions canoniques de X^D et $X^{D'}$. On a $X^D - X^{D'} = a(Y(1_{D'} - 1_D))$, donc $M - M' = A' - A + a(Y(1_{D'} - 1_D)) \in \underline{\underline{L}} \cap \underline{\underline{V}} = \underline{\underline{L}} \cap \underline{\underline{A}}_{loc}$: on en déduit la première partie de l'énoncé. On en déduit également que $A - A' = a(Y(1_{D'} - 1_D))^p$; comme $\check{X}^D - \check{X}^{D'}$ est la partie continue de $A - A'$, on obtient ainsi la fin du corollaire.∎

COROLLAIRE 2: <u>Si</u> $(Y_i)_{i \leq n}$ <u>est une famille d'éléments de</u> $\underline{\underline{K}}$ <u>et si</u> $c_i > 0$ <u>pour tout</u> i , <u>on a</u> $\bigcup_{(i)} \{|Y_i| > c_i\} \in \bigcap_{(i)} \underline{\underline{E}}(Y_i)$.

<u>Démonstration</u>: Soit $D_i = \{|Y_i| > c_i\}$. D'après le théorème 6 on a $D_i \in \underline{\underline{E}}(Y_i)$. Mais si $D = \bigcup D_i$, il est facile de voir que presque toutes les coupes de D sont discrètes dans $[0,\infty[$ et donc $a(Y_i 1_D) \in \underline{\underline{V}}$; comme $D_i \subset D$ il est facile d'en déduire que $D \in \underline{\underline{E}}(Y_i)$.∎

<u>b - Intégrales prévisibles.</u>

Soit $X \in \underline{\underline{S}}$. On cherche à construire l'intégrale stochastique $H \cdot X$ pour des processus prévisibles H les plus généraux possibles. Il est naturel de considérer une décomposition $X = M + A$ avec $M \in \underline{\underline{L}}$ et $A \in \underline{\underline{V}}$, et dans ce cas on impose $H \in {}^pL_{loc}(M)$ et l'intégrabilité de H par rapport à A , i.e. $H \cdot A \in \underline{\underline{V}}$; on pose alors $H \cdot X = H \cdot M + H \cdot A$, mais il faut vérifier que ce processus ne dépend pas de la décomposition de X choisie, ce qui est par exemple le cas lorsque H est localement borné [6]. Il se peut également que cette construction marche pour certaines décompositions et pas pour d'autres. Enfin on veut que $H \cdot X \in \underline{\underline{S}}$ et que $\Delta H \cdot X = H \Delta X$, donc d'après le corollaire 2 ci-dessus on a $\underline{\underline{E}}(\Delta X) \cap \underline{\underline{E}}(H \Delta X) \neq \emptyset$.

Compte tenu de ces remarques, il est naturel de poser:

$^{p}\mathcal{L}(X) = \{H \text{ prévisible: } H^2 \cdot \langle X^c, X^c \rangle \in \underline{\underline{V}},\ H\Delta X \in \underline{\underline{K}},\ \exists\, D \in \underline{\underline{E}}(\Delta X) \cap \underline{\underline{E}}(H\Delta X)$
avec $H \cdot \check{X}^D \in \underline{\underline{V}}\}$.

Soient alors $H \in {}^{p}\mathcal{L}(X)$ et $D \in \underline{\underline{E}}(\Delta X) \cap \underline{\underline{E}}(H\Delta X)$ tel que $H \cdot \check{X}^D \in \underline{\underline{V}}$; d'après le théorème 6 il existe un $Y \in \underline{\underline{S}}$ et un seul vérifiant

$$Y^c = H \cdot X^c, \quad \Delta Y = H\Delta X, \quad \check{Y}^D = H \cdot \check{X}^D,$$

et on note $H \overset{D}{*} X$ cette semi-martingale.

PROPOSITION 7: <u>Soient</u> $X \in \underline{\underline{S}}$ <u>et</u> $H \in {}^{p}\mathcal{L}(X)$. <u>On a</u> $H \cdot \check{X}^D \in \underline{\underline{V}}$ <u>pour tout</u> $D \in \underline{\underline{E}}(\Delta X) \cap \underline{\underline{E}}(H\Delta X)$ <u>et les processus</u> $H \overset{D}{*} X$ <u>prennent une valeur commune, notée</u> $H*X$, <u>lorsque</u> D <u>parcourt</u> $\underline{\underline{E}}(\Delta X) \cap \underline{\underline{E}}(H\Delta X)$.

<u>Démonstration</u>: On fixe $D \in \underline{\underline{E}}(\Delta X) \cap \underline{\underline{E}}(H\Delta X)$ tel que $H \cdot \check{X}^D \in \underline{\underline{V}}$ et on pose $Y = H \overset{D}{*} X$. Soit $D' \in \underline{\underline{E}}(\Delta X) \cap \underline{\underline{E}}(H\Delta X)$. Il nous faut montrer que $H \cdot \check{X}^{D'} \in \underline{\underline{V}}$ et que $Y' = H \overset{D'}{*} X$ vérifie $Y' = Y$.

Posons $C = a(1_{\delta i(\Delta X)} X(1_{D'} - 1_D))$. D'après le corollaire 1 appliqué à ΔX et à $H\Delta X$ on voit que $C \in \underline{\underline{A}}_{loc}$ et $H \cdot C \in \underline{\underline{A}}_{loc}$, donc $(H \cdot C)^p = H \cdot C^p \in \underline{\underline{A}}_{loc}$. Mais $\check{X}^D - \check{X}^{D'} = C^p$, d'où il découle que $H \cdot \check{X}^{D'} \in \underline{\underline{A}}_{loc}$ et Y est bien défini. Etant donné le théorème 6-(b) il nous suffit de vérifier que $\check{Y}^{D'} = \check{Y}'^{D'}$. Mais en utilisant les définitions de ces processus, le fait que $1_{\delta i(H\Delta X)} H\Delta X = 1_{\delta i(\Delta X)} H\Delta X$ et le corollaire 1 pour X et Y, on obtient

$$\check{Y}^{D'} = \check{Y}^D - (H \cdot C)^p = H \cdot (\check{X}^{D'} + C^p) - H \cdot C^p = H \cdot \check{X}^{D'} = \check{Y}'^{D'}. \blacksquare$$

En utilisant cette proposition et le corollaire 2, il est très facile de vérifier que

- $H, H' \in {}^{p}\mathcal{L}(X) \Rightarrow H + H' \in {}^{p}\mathcal{L}(X)$ et $(H + H')*X = H*X + H'*X$,
- $H \in {}^{p}\mathcal{L}(X) \cap {}^{p}\mathcal{L}(X') \Rightarrow H \in {}^{p}\mathcal{L}(X+X')$ et $H*(X + X') = H*X + H*X'$.

PROPOSITION 8: (a) <u>Soient</u> $X \in \underline{\underline{V}}$ <u>et</u> H <u>prévisible tel que</u> $H \cdot X \in \underline{\underline{V}}$. <u>Alors</u> $H \in {}^{p}\mathcal{L}(X)$ <u>et</u> $H*X = H \cdot X$.

(b) <u>Soient</u> $X \in \underline{\underline{L}}$ <u>et</u> $H \in {}^{p}L_{loc}(X)$. <u>Alors</u> $H \in {}^{p}\mathcal{L}(X)$ <u>et</u> $H*X = H \cdot X$.

(c) <u>Soient</u> $X \in \underline{\underline{S}}$ <u>et</u> H <u>prévisible localement borné. Alors</u> $H \in {}^{p}\mathcal{L}(X)$ <u>et</u> $H*X = H \cdot X$ (où $H \cdot X$ est l'intégrale définie en [6]).

<u>Démonstration</u>: (a) Si $X \in \underline{\underline{V}}$ et $H \cdot X \in \underline{\underline{V}}$ il est clair que $\hat{\Omega} = \Omega \times [0, \infty[\, \in \underline{\underline{E}}(\Delta X) \cap \underline{\underline{E}}(H\Delta X)$; comme $X^{\hat{\Omega}} = \check{X}^{\hat{\Omega}}$ est la "partie continue" du processus à variation finie X, on a également $H \cdot \check{X}^{\hat{\Omega}} \in \underline{\underline{A}}_{loc}$. Par suite $H \in {}^{p}\mathcal{L}(X)$ et $H \cdot X$ satisfait clairement les relations de définition de $H*X$.

(b) Si $H \in {}^{p}L_{loc}(X)$ on a $H^2 \cdot \langle X^c, X^c\rangle \in \underline{\underline{V}}$ et $b(H\Delta X) \in \underline{\underline{A}}_{loc}$, donc $\emptyset \in \underline{\underline{E}}(H\Delta X)$. On a également $\emptyset \in \underline{\underline{E}}(\Delta X)$ et $X^{\emptyset} = 0$, donc $\check{X}^{\emptyset} = 0$. Par suite $H \in {}^{p}\mathcal{Y}(X)$. Enfin $H \cdot X$ vérifie clairement les relations de définition de $H * X$ avec $D = \emptyset$.

(c) Soit $D \in \underline{\underline{E}}(\Delta X)$; comme H est localement borné, il est clair que $H^2 \cdot \langle X^c, X^c\rangle \in \underline{\underline{V}}$, que $D \in \underline{\underline{E}}(H\Delta X)$ et que $H \cdot \check{X}^D \in \underline{\underline{V}}$, donc $H \in {}^{p}\mathcal{Y}(X)$. Enfin là encore, $H \cdot X$ vérifie les relations de définition de $H * X$. ∎

Compte tenu de cette proposition, on écrira désormais $H \cdot X$ au lieu de $H * X$.

c - Intégrales optionnelles.

On va maintenant généraliser le paragraphe précédent, en définissant une intégrale optionnelle $H \cdot X$ pour certains processus H, de sorte que cette intégrale coïncide avec l'intégrale de Stieltjes lorsque cette dernière existe: il ne s'agit donc pas d'une généralisation des intégrales optionnelles $H \odot X$ et $H \circledast X$ lorsque $X \in \underline{\underline{L}}$.

On considère l'espace $\underline{\underline{A}}'$ des mesures aléatoires $\mu(\omega, dt)$ sur $]0, \infty[$ pour lesquelles il existe une partition prévisible (A_n) de $\hat{\Omega} = \Omega \times]0, \infty[$ telle que chaque processus $\int_0^t 1_{A_n}(s)\mu(ds)$ appartienne à $\underline{\underline{A}}$ (ou $\underline{\underline{A}}_{loc}$). Si $\mu \in \underline{\underline{A}}'$ on définit sa projection prévisible duale μ^p comme l'unique mesure telle que $\int_0^t 1_{A_n}(s)\mu^p(ds)$ soit la projection prévisible duale de $\int_0^t 1_{A_n}(s)\mu(ds)$ pour chaque n : l'ensemble $\underline{\underline{A}}'$ n'est autre que l'ensemble des mesures aléatoires (signées) définies au paragraphe 2-c, lorsque l'espace E est réduit à un point, et telles que M_μ soit $\tilde{\mathcal{P}}$-σ-finie; μ^p est alors la projection prévisible duale de μ au sens de ce paragraphe 2-c. On notera $H \cdot d\mu$ la mesure aléatoire $\mu(\omega, dt)H(\omega, t)$; lorsque le processus $\mu(]0,t])$ appartient à $\underline{\underline{V}}$ ou à $\underline{\underline{A}}$, on écrit simplement $\mu \in \underline{\underline{V}}$ ou $\mu \in \underline{\underline{A}}$; inversement si $A \in \underline{\underline{V}}$ on note dA la mesure $\mu(\omega, dt) = dA_t(\omega)$.

Soient $X \in \underline{\underline{S}}$ et H optionnel tel que $H\Delta X \in \underline{\underline{K}}$. Si $D \in \underline{\underline{E}}(\Delta X) \cap \underline{\underline{E}}(H\Delta X)$ il est clair que $H \cdot d\check{X}^D \in \underline{\underline{A}}'$ (prendre $A_n = \{n-1 \leq |{}^{p}H| < n\}$) et $(H \cdot d\check{X}^D)^p = H \cdot d\check{X}^D$. Par ailleurs on considère la mesure aléatoire

$$\alpha(dt) = \sum_{(s)} 1_{\delta^{1}(\Delta X_s)} \Delta X_s \, \varepsilon_s(dt) .$$

Posons:

$$\underline{\underline{G}}(X,H) = \{D \in \underline{\underline{E}}(\Delta X) \cap \underline{\underline{E}}(H\Delta X) : 1_{D^c}(H-{}^pH)\cdot d\alpha \in \underline{\underline{A}}', \\ H\cdot d\check{X}^D + (1_{D^c}(H-{}^pH)\cdot d\alpha)^p \in \underline{\underline{V}}\}.$$

LEMME 2: (a) Si $\underline{\underline{G}}(X,H) \neq \emptyset$ on a $\underline{\underline{G}}(X,H) = \underline{\underline{E}}(\Delta X) \cap \underline{\underline{E}}(H\Delta X)$.

(b) Si D, $D' \in \underline{\underline{G}}(X,H)$ on a

$$(10) \quad H\cdot d\check{X}^{D'} + (1_{D'^c}(H-{}^pH)\cdot d\alpha)^p = H\cdot d\check{X}^D + (1_{D^c}(H-{}^pH)\cdot d\alpha)^p - ((1_D - 1_{D'})H\cdot d\alpha)^p$$

(on rappelle que d'après le corollaire 1, $(1_{D'}-1_D)H\cdot d\alpha \in \underline{\underline{A}}_{loc}$; si H est prévisible, ce lemme est une partie de la proposition 7).

Démonstration: Soient $D \in \underline{\underline{G}}(X,H)$ et $D' \in \underline{\underline{E}}(\Delta X) \cap \underline{\underline{E}}(H\Delta X)$. Soit $dC = (1_{D'}-1_D)\cdot d\alpha$. D'après le corollaire 1, $C \in \underline{\underline{A}}_{loc}$ et $H\cdot dC \in \underline{\underline{A}}_{loc}$, tandis que $\check{X}^D = \check{X}^{D'} + C^p$. Pour simplifier, on pose $d\beta = 1_{D^c}(H-{}^pH)\cdot d\alpha$ et $d\beta' = 1_{D'^c}(H-{}^pH)\cdot d\alpha$. On a alors $d\beta' = d\beta + (1_D - 1_{D'})(H-{}^pH)\cdot d\alpha = d\beta + {}^pH\cdot dC - H\cdot dC$. Mais $d\beta \in \underline{\underline{A}}'$ par hypothèse, $H\cdot dC \in \underline{\underline{A}}_{loc}$ et ${}^pH.dC \in \underline{\underline{A}}'$: par suite $d\beta' \in \underline{\underline{A}}'$ et on a

$$d\beta'^p = d\beta^p + {}^pH\cdot dC^p - (H\cdot dC)^p = d\beta^p + H\cdot dC^p - (H\cdot dC)^p,$$

ce qui n'est autre que (10). Par ailleurs le second membre de (10) est dans $\underline{\underline{A}}_{loc}$ puisque $D \in \underline{\underline{G}}(X,H)$ et $H\cdot dC \in \underline{\underline{A}}_{loc}$: donc $d\beta'^p + H\cdot d\check{X}^{D'} \in \underline{\underline{A}}_{loc}$ et $D' \in \underline{\underline{G}}(X,H)$. ∎

Soit alors

$$\mathcal{L}(X) = \{H \text{ optionnel: } H^2\cdot\langle X^c,X^c\rangle \in \underline{\underline{V}},\ H\Delta X \in \underline{\underline{K}},\ \underline{\underline{G}}(X,H) \neq \emptyset\}.$$

Si $H \in \mathcal{L}(X)$ et $D \in \underline{\underline{E}}(\Delta X) \cap \underline{\underline{E}}(H\Delta X)$ $(= \underline{\underline{G}}(X,H))$ on considère la semimartingale $Y(D)$ caractérisée par

$$Y(D)^c = H\cdot X^c, \quad \Delta Y(D) = H\Delta X, \quad d\check{Y}(D)^D = H\cdot d\check{X}^D + (1_{D^c}(H-{}^pH)\cdot d\alpha)^p.$$

Si $D' \in \underline{\underline{G}}(X,H)$ on a encore $Y(D')^c = H\cdot X^c$ et $\Delta Y(D') = H\Delta X$. De plus d'après (10) et le corollaire 1 on a

$$d\check{Y}(D')^D = d\check{Y}(D')^{D'} + ((1_{D'}-1_D)H\cdot d\alpha)^p \\ = H\cdot d\check{X}^{D'} + (1_{D'^c}(H-{}^pH)\cdot d\alpha)^p + ((1_{D'}-1_D)H\cdot d\alpha)^p = d\check{Y}(D)^D.$$

Par suite $Y(D') = Y(D)$ et on note $H\cdot X$ <u>la valeur commune des</u> $Y(D)$ <u>lorsque</u> D <u>parcourt</u> $\underline{\underline{E}}(\Delta X) \cap \underline{\underline{E}}(H\Delta X)$.

On remarque immédiatement que ${}^p\mathcal{L}(X) = \{H \in \mathcal{L}(X),\ H \text{ prévisible}\}$ et si $H \in {}^p\mathcal{L}(X)$, $H\cdot X$ n'est autre que l'intégrale définie au paragraphe précédent. Etant donnés le corollaire 2 et le lemme 2-(a), il est facile de vérifier que

$$(11)\quad \begin{array}{l} - H,H'\in\mathcal{L}(X) \Rightarrow H+H'\in\mathcal{L}(X) \quad \text{et} \quad (H+H')\cdot X = H\cdot X + H'\cdot X\,, \\ - H\in\mathcal{L}(X)\cap\mathcal{L}(X') \Rightarrow H\in\mathcal{L}(X+X') \quad \text{et} \quad H\cdot(X+X') = H\cdot X + H\cdot X'\,. \end{array}$$

PROPOSITION 9: Si $X\in\underline{\underline{V}}$ et si H est un processus optionnel tel que $\int_0^t H_s dX_s \in \underline{\underline{V}}$, alors $H\in\mathcal{L}(X)$ et l'intégrale stochastique $H\cdot X_t$ égale l'intégrale de Stieltjes $\int_0^t H_s dX_s$.

Démonstration: Par hypothèse, $a(H\Delta X)\in\underline{\underline{V}}$ et $a(\Delta X)\in\underline{\underline{V}}$, donc $\hat{\Omega}\in \underline{\underline{E}}(\Delta X)\cap\underline{\underline{E}}(H\Delta X)$. De plus $\check{X}^{\hat{\Omega}}$ est la "partie continue" du processus à variation finie X, donc $H\cdot\check{X}^{\hat{\Omega}}\in\underline{\underline{A}}_{loc}$. Par suite $\hat{\Omega}\in\underline{\underline{G}}(X,H)$ et $H\in\mathcal{L}(X)$. Enfin il est clair que l'intégrale de Stieltjes vérifie les relations de définition de $H\cdot X$ avec $D=\hat{\Omega}$. ∎

Remarque: Il semblerait plus naturel, à première vue, de définir l'intégrale stochastique pour les processus optionnels H appartenant à

$$\mathcal{L}'(X) = \{H \text{ optionnel: } H^2\cdot\langle X^c,X^c\rangle\in\underline{\underline{V}},\ H\Delta X\in\underline{\underline{K}},\ \exists D\in\underline{\underline{E}}(\Delta X)\cap\underline{\underline{E}}(H\Delta X) \text{ avec } H\cdot\check{X}^D\in\underline{\underline{V}} \text{ et } a(1_{S^1(\Delta X)}1_{D^c}X(H-{}^pH))\in\underline{\underline{A}}_{loc}\}.$$

On a $\mathcal{L}'(X)\subset\mathcal{L}(X)$. Mais les espaces $\mathcal{L}'(X)$ ne vérifie pas les relations (11) en général, ce qui est ennuyeux pour des espaces de fonctions intégrables. On peut également considérer les ensembles

$$\mathcal{L}''(X) = \{H \text{ optionnel: } H^2\cdot\langle X^c,X^c\rangle\in\underline{\underline{V}},\ H\Delta X\in\underline{\underline{K}},\ \exists D\in\underline{\underline{E}}(\Delta X)\cap\underline{\underline{E}}(H\Delta X) \text{ à coupes discrètes dans } [0,\infty[\text{ et tel que } H\cdot\check{X}^D\in\underline{\underline{V}} \text{ et } a(1_{S^1(\Delta X)}1_{D^c}X(H-{}^pH))\in\underline{\underline{A}}_{loc}\}.$$

Cette fois-ci, $\mathcal{L}''(X)$ vérifie bien les relations (11), ainsi que les inclusions ${}^p\mathcal{L}(X)\subset\mathcal{L}''(X)\subset\mathcal{L}'(X)\subset\mathcal{L}(X)$; mais par contre la proposition 9 n'est plus valide pour $\mathcal{L}''(X)$.

REFERENCES

1 BERNARD A., MAISONNEUVE B.: Décomposition atomique de martingales de la classe $\mathcal{H}^1$. A paraitre, 1976.

2 DELLACHERIE C.: Capacités et processus stochastiques. Springer Verlag, Berlin, 1972.

3 JACOD J.: Un théorème de représentation pour les martingales discontinues. Z. Wahr. 34, 225-244, 1976.

4 JACOD J; MEMIN J.: Caractéristiques locales et condition de continuité absolue pour les semi-martingales. Z. Wahr. 35, 1-37, 1976.

5 LEPINGLE D.: Sur la représentation des sauts des martingales. A paraitre, 1976.

6 MEYER P.A.: Un cours sur les intégrales stochastiques. Sém. Proba. Strasbourg X, Lect. Notes Math. 511, Springer Verlag, Berlin, 1976.

7 MEYER P.A.: Notes sur les intégrales stochastiques, I- intégrales hilbertiennes. A paraitre, 1976.

8 PRATELLI M.: Espaces fortement stables de martingales de carré intégrable. Sém. Proba. Strasbourg X, Lect. Notes Math. 511, Springer Verlag, Berlin, 1976.

9 YEN K.A., YOEURP C.: Représentation des martingales comme intégrales stochastiques de processus optionnels. Sém. Proba. Starsbourg X, Lect. Notes Math. 511, Springer Verlag, Berlin, 1976.

10 YOR M.: Représentation intégrale des martingales, étude des distributions extrémales. Article de Thèse, Paris, 1976.

Université de Strasbourg
Séminaire de Probabilités 1975/76

IMAGES D'EQUATIONS DIFFERENTIELLES STOCHASTIQUES

par Maurice Koskas

Dans l'article [1], Yamada et Watanabe utilisent l'argument suivant. Considérons sur un espace probabilisé $(\Omega,\underline{\underline{F}},P)$ muni d'une famille de tribus $(\underline{\underline{F}}_t)_{t\geq 0}$ continue à droite, un mouvement brownien $(B_t)_{t\geq 0}$ par rapport à la famille $(\underline{\underline{F}}_t)$, et un processus adapté continu (X_t) satisfaisant à une équation différentielle stochastique

$$(1) \qquad X_0=x \qquad dX_t = \sigma(X_t)dB_t + b(X_t)dt \qquad (\text{ P-p.s. })$$

où σ et b sont des fonctions boréliennes bornées sur $\mathbb{R}$. Transportons nous maintenant sur un espace canonique, c'est à dire considérons l'espace $W=\underline{\underline{C}}(\mathbb{R}_+,\mathbb{R}^2)$, avec sa tribu borélienne usuelle $\underline{\underline{G}}$, avec ses applications coordonnées d'indice t que nous noterons (β_t,ξ_t). Nous désignons aussi par $(\underline{\underline{G}}_t^o)$ la famille de tribus naturelle (non rendue continue à droite) du processus (β_t,ξ_t) à valeurs dans $\mathbb{R}^2$. Enfin, désignons par π l'application de Ω dans W qui à $\omega\in\Omega$ associe la trajectoire $(B_.(\omega),X_.(\omega))$ de sorte que $\beta_t\circ\pi = B_t$, $\xi_t\circ\pi = X_t$; nous transportons sur W la loi P en posant $Q=\pi(P)$.

Dans ces conditions, Yamada et Watanabe considèrent comme évident que (ξ_t) est, sur W, solution de l'équation différentielle stochastique

$$(2) \qquad \xi_0=x \qquad d\xi_t = \sigma(\xi_t)d\beta_t + b(\xi_t)dt \qquad (\text{ Q-p.s.})$$

A la lecture de l'article, ce point nous a un peu arrêtés. Il mérite une démonstration - bien qu'en fait il ne soit pas difficile. Nous allons d'abord nous occuper de ce cas concret, puis passer à une situation plus générale (en suivant une suggestion de P.A. Meyer).

I. Nous désignons par $(\underline{\underline{G}}_t)$ la famille de tribus $(\underline{\underline{G}}_t^o)$, rendue continue à droite et complétée. Nous vérifions d'abord que (β_t) est un mouvement brownien par rapport à $(\underline{\underline{G}}_t)$. C'est très facile : les processus B_t et B_t^2-t étant des martingales par rapport à $(\underline{\underline{F}}_t)$, il résulte du théorème des lois images, et du fait que $\pi^{-1}(\underline{\underline{G}}_t)\subset\underline{\underline{F}}_t$, que les processus β_t et β_t^2-t sont des martingales continues par rapport à $(\underline{\underline{G}}_t)$ donc que (β_t) est un mouvement brownien pour cette famille de tribus.

Considérons ensuite les processus

$$\eta_t = \xi_t - \xi_0 - \int_0^t b(\xi_s)ds \qquad Y_t = X_t - X_0 - \int_0^t b(X_s)ds$$

$$\zeta_t = \int_0^t \kappa_s d\beta_s \quad \text{où } \kappa_s=\sigma(\xi_s) \qquad Z_t = \int_0^t K_s dB_s \quad \text{où } K_s=\sigma(X_s)$$

Nous avons $Y=\eta\circ\pi$, $K=\kappa\circ\pi$, et (1) nous dit que $Y_t=Z_t$ p.s.. D'après le théorème des lois images, nous en déduirons que $\eta_t=\zeta_t$ p.s. si nous prouvons que $Z=\zeta\circ\pi$, c'est à dire le lemme suivant :

LEMME 1 . Si (κ_t) est un processus prévisible borné par rapport à la famille $(\underline{\underline{G}}_t)$, et si (K_t) est le processus $(\kappa_t\circ\pi)$ sur Ω, alors ce processus est prévisible par rapport à la famille $(\underline{\underline{F}}_t)$ et les intégrales stochastiques $\zeta_t=\int_0^t \kappa_s d\beta_s$ et $Z_t=\int_0^t K_s dB_s$ sont liées par la relation $Z_t=\zeta_t\circ\pi$

Une fois mis sous cette forme générale, le lemme est évident : on commence par l'établir pour les processus prévisibles élémentaires, puis on fait le passage à la limite usuel par classes monotones sur φ, correspondant à une convergence en probabilité (ici, dans L^2) des intégrales stochastiques ζ_t et Z_t .

II. Nous passons maintenant à une situation beaucoup plus générale. Nous considérons deux espaces probabilisés $(\Omega,\underline{\underline{F}},P)$, $(W,\underline{\underline{G}},Q)$, avec une application mesurable $\pi : (\Omega,\underline{\underline{F}}) \mapsto (W,\underline{\underline{G}})$ telle que $Q=\pi(P)$. Nous supposons ces deux espaces complets, et sur chacun d'eux nous nous donnons une famille croissante de tribus, $(\underline{\underline{F}}_t)$ sur Ω , $(\underline{\underline{G}}_t)$ sur W , satisfaisant aux conditions habituelles, et telles que $\pi^{-1}(\underline{\underline{G}}_t)\subset \underline{\underline{F}}_t$ pour tout t.

Donnons nous maintenant des processus càdlàg. (μ_t^i) sur W, adaptés à $(\underline{\underline{G}}_t)$ ($1\leq i\leq n$), et des processus (κ_t^i) prévisibles localement bornés sur W . Introduisons les processus $M_t^i=\mu_t^i\circ\pi$ (manifestement càdlàg. sur Ω et adaptés à $(\underline{\underline{F}}_t)$), et les processus $K_t^i=\kappa_t^i\circ\pi$ (manifestement prévisibles localement bornés par rapport à $(\underline{\underline{F}}_t)$. Le petit résultat de transport que nous avons vu plus haut se généralise de la manière suivante :

THEOREME . Supposons que sur Ω les M^i soient des semimartingales par rapport à $(\underline{\underline{F}}_t)$, et satisfassent à l'équation de liaison stochastique

(3) $$\Sigma_i \; K_t^i dM_t^i = 0 \qquad P\text{-p.s.}$$

Alors les μ^i sont des semimartingales sur W et satisfont à

(4) $$\Sigma_i \; \kappa_t^i d\mu_t^i = 0 \qquad Q\text{-p.s.}$$

Admettons d'abord que les μ^i soient des semimartingales. Alors un argument de classes monotones identique à celui du lemme 1 montre que si κ^i est prévisible borné par rapport à $(\underline{\underline{G}}_t)$, si $K_t^i = \kappa_t^i \circ \pi$, $\zeta_t^i = \int_0^t \kappa_s^i d\mu_s^i$, $Z_t^i = \int_0^t K_s^i dM_s^i$, alors $Z_t^i = \zeta_t^i \circ \pi$. On passe de là aussitôt, par arrêt, au cas où κ^i est prévisible localement borné. Dans ces conditions, la relation (3) s'écrit $\Sigma_i Z_t^i = 0$ P-p.s., et elle entraîne $\Sigma_i \zeta_t^i = 0$ Q-p.s..

Le seul point à vérifier est donc le fait que les μ^i soient des semimartingales. Nous pouvons nous débarrasser de l'indice i . Introduisons la famille de tribus $\underline{\underline{H}}_t = \pi^{-1}(\underline{\underline{G}}_t)$, qui satisfait elle aussi aux conditions habituelles et qui est contenue dans $(\underline{\underline{F}}_t)$. Par hypothèse le processus $M_t = \mu_t \circ \pi$ est une semimartingale par rapport à $(\underline{\underline{F}}_t)$, adaptée à $(\underline{\underline{H}}_t)$. D'après un théorème tout récent de C. Stricker, (M_t) <u>est alors une semimartingale par rapport à</u> $(\underline{\underline{H}}_t)$. Admettons pour un instant le lemme suivant :

LEMME 2 . a) <u>Soit</u> T <u>un temps d'arrêt de</u> $(\underline{\underline{H}}_t)$. <u>Il existe alors un temps d'arrêt</u> τ <u>de</u> $(\underline{\underline{G}}_t)$ <u>tel que</u> $T = \tau \circ \pi$ <u>p.s.</u>.

b) <u>Soit</u> (X_t) <u>un processus adapté à</u> $(\underline{\underline{H}}_t)$ <u>à trajectoires càdlàg.</u>. <u>Il existe un processus</u> (ξ_t) <u>à trajectoires càdlàg.</u>, <u>adapté à</u> $(\underline{\underline{G}}_t)$, <u>tel que</u> $X_t = \xi_t \circ \pi$ <u>-p.s. pour tout</u> t .

D'après la définition des semimartingales, M peut s'écrire L+A, où L est une martingale locale par rapport à $(\underline{\underline{H}}_t)$, A un processus dont les trajectoires sont p.s. à variation finie sur tout intervalle compact. On peut supposer aussi que $L_0 = 0$. D'après le lemme 2, il existe des processus càdlàg. (λ_t), (α_t), adaptés à $(\underline{\underline{G}}_t)$, tels que $L_t = \lambda_t \circ \pi$ p.s., $A_t = \alpha_t \circ \pi$ p.s. sur Ω .

i) Nous avons $M_t = L_t + A_t$ P-p.s. ; d'après le théorème des lois images, nous avons $\mu_t = \lambda_t + \alpha_t$ Q-p.s.. Comme les trois processus sont continus à droite, ils sont Q-indistinguables, et il nous suffit de démontrer que les trajectoires de (α_t) sont Q-p.s. à variation finie, et que (λ_t) est une martingale locale.

ii) Comme le processus (α_t) est continu à droite, il nous suffit de vérifier que pour tout $n \in \mathbb{N}$, la v.a.

$$\lim_m \Sigma_i |\alpha_{s_{i+1}}(w) - \alpha_{s_i}(w)| \quad \text{où } s_i = in2^{-m} \text{ , } 0 \leq i < 2^m$$

est Q-p.s. finie. D'après le théorème des lois images, cela résulte du fait que la v.a.

$$\lim_m \Sigma_i |A_{s_{i+1}}(\omega) - A_{s_i}(\omega)|$$

est P-p.s. finie sur Ω .

iii) Il existe des temps d'arrêt T_n de la famille $(\underline{\underline{H}}_t)$, tendant vers $+\infty$ en croissant, tels que les processus arrêtés $L_t^n = L_{t\wedge T_n}$ soient des martingales uniformément intégrables par rapport à $(\underline{\underline{F}}_t)$. D'après le lemme 2, a), il existe des temps d'arrêt τ_n de la famille $(\underline{\underline{G}}_t)$ tels que $T_n = \tau_n \circ \pi$ p.s.. Il résulte du théorème des lois images que τ_n tend Q-p.s. vers l'infini en croissant. Posons alors $\lambda_t^n = \lambda_{t\wedge\tau_n}$; nous avons $L_t^n = \lambda_t^n \circ \pi$ p.s., donc λ_t^n est Q-intégrable pour tout t fini (théorème des lois images). Soient s,t tels que s<t, et $U \in \underline{\underline{G}}_s$. Nous avons d'après le théorème des lois images

$$\int_U (\lambda_t^n - \lambda_s^n) Q = \int_{\pi^{-1}(U)} (L_t^n - L_s^n) P = 0$$

et par conséquent (λ_t^n) est une martingale. Donc (λ_t) est une martingale locale, et la démonstration est achevée - à cela près que nous devons nous occuper du lemme 2 .

<u>Démonstration du lemme 2</u> .

a) Lorsque T est un temps d'arrêt étagé, le résultat est à peu près évident. On en déduit le cas général par passage à la limite.

b) Pour t rationnel, choisissons une v.a. η_t , $\underline{\underline{G}}_t$-mesurable et telle que $\eta_t \circ \pi = X_t$ (une telle fonction existe, puisque $\underline{\underline{H}}_t = \pi^{-1}(\underline{\underline{G}}_t)$), et soit U l'ensemble des $w \in W$ tels que l'application $t \mapsto \eta_t(w)$ soit restriction aux rationnels d'une fonction càdlàg. sur $\mathbb{R}_+$. D'après C. Dellacherie et P.A. Meyer, Probabilités et potentiel, chap.IV th. 18 (p. 145), U est $\underline{\underline{G}}$-mesurable, donc $Q(U) = P(\pi^{-1}(U))$, et comme (X_t) est un processus càdlàg. sur Ω, cette dernière probabilité est égale à 1. Comme $\underline{\underline{G}}_0$ contient les ensembles Q-négligeables, on a $U \in \underline{\underline{G}}_0$ et si l'on pose

$$\text{pour } w \notin U \text{ , } \xi_t(w) = 0$$

$$\text{pour } w \in U \text{ , } \xi_t(w) = \lim_{\substack{s \downarrow t \\ s \in \mathbb{Q}}} \eta_s(w)$$

on obtient un processus càdlàg. adapté. Il est clair que $\xi_t \circ \pi = X_t$ p.s..

REFERENCES

[1]. T. YAMADA et S. WATANABE. On the uniqueness of solutions of stochastic differential equations. J. Math. Kyoto Univ. 11, 1971, p. 155-167.

[2]. C. STRICKER. Semimartingales, quasi-martingales, martingales locales et filtrations naturelles. A paraître.

Université de Strasbourg
Séminaire de Probabilités 1976/77

UNE CARACTERISATION DES PROCESSUS PREVISIBLES

(E. LENGLART)

Soit $(\Omega,\underline{\underline{F}},\underline{\underline{F}}_t,P)$ un espace probabilisé filtré satisfaisant aux conditions habituelles. On appelle $\underline{\underline{W}}$ (resp. $\underline{\underline{W}}_0$) l'espace des martingales càdlàg. à variation intégrable (resp. à v.i. nulles en 0).

Si X est un processus mesurable brut (i.e. non nécessairement adapté) on note X^o sa projection optionnelle et X^p sa projection prévisible quand elles existent. On appelle $\underline{\underline{V}}$ l'espace des processus à variation intégrable adaptés à trajectoires càdlàg. Si A appartient à $\underline{\underline{V}}$ on note $\tilde{A}$ sa projection duale prévisible et $\overset{c}{A}$ sa compensée $A-\tilde{A}$.

On sait que si un processus X est prévisible borné et si M appartient à $\underline{\underline{W}}$, le processus $(X\cdot M)_t = \int_0^t X_s dM_s$ (intégrale de Stieltjes) est encore une martingale. Nous allons étudier le problème de la réciproque.

DEFINITION. Un processus brut $(X_t)_{t\leq+\infty}$ est dit <u>innovant</u> si, pour tout temps d'arrêt T, X_T est intégrable et $E[X_T]=E[X_0]$.

Cela revient à dire que $E[X_\infty - X_T|\underline{\underline{F}}_T] = 0$ p.s. pour tout t. d'a. T.

Remarquons que (X innovant et adapté) <=> (X est une martingale uniformément intégrable).

THEOREME 1. <u>Soit</u> X <u>un processus brut</u> (<u>mesurable</u>) <u>borné</u>. <u>Les conditions suivantes sont équivalentes</u> :

1) $\forall\, M\in\underline{\underline{W}}_0$, $X\cdot M$ <u>est innovant</u> .
2) $X^o=X^p$ (<u>i.e.</u> $\forall$ T <u>t. d'a.</u>, $E[X_T I_{\{T<+\infty\}}|\underline{\underline{F}}_T]=X^p_T I_{\{T<+\infty\}}$ <u>p.s.</u>).

DEMONSTRATION. a) => b) : Soit $A\in\underline{\underline{V}}$; on a $\overset{c}{A}\in\underline{\underline{W}}_0$ donc $E[\int_0^\infty X_s d\overset{c}{A}_s]=0$. X^p étant prévisible borné $X^p.A^c\in\underline{\underline{W}}_0$ et donc $E[\int_0^\infty X^p_s d\overset{c}{A}_s]=0$. Par différence $E[\int_0^\infty (X_s-X^p_s)d\overset{c}{A}_s]=0$. D'autre part, $\tilde{A}$ étant prévisible on a $E[\int_0^\infty (X_s-X^p_s)d\tilde{A}_s] =0$, donc en ajoutant $E[\int_0^\infty (X_s-X^p_s)dA_s]=0$. Enfin, prenant une projection optionnelle et notant que $(X^p)^o=X^p$, on a

$$E[\int_0^\infty (X^o_s-X^p_s)dA_s] = 0 \quad \text{pour tout } A\in\underline{\underline{V}} .$$

Mais parmi les éléments de $\underline{\underline{V}}$ figurent les processus $A_t=fI_{\{t\geq T\}}$, où T est un t.a. et f est une v.a. bornée $\underline{\underline{F}}_T$-mesurable. On a donc $E[X^o_T-X^p_T|\underline{\underline{F}}_T]=0$, puis $X^o_T=X^p_T$ p.s., et comme ces deux processus sont optionnels, ils sont indistinguables.

b)=>a). Soient $M \in \underline{\underline{W}}_0$, T un temps d'arrêt ; soit M^T le processus $(M_{T\wedge t})$ qui appartient à $\underline{\underline{W}}_0$. On a

$$E[(X\cdot M)_T] = E[\int_0^T X_s dM_s] = E[\int_0^\infty X_s dM_s^T] = E[\int_0^\infty X_s^o dM_s^T] = E[\int_0^\infty X_s^p dM_s^T] = 0 .$$

Par suite X·M est innovant.

COROLLAIRE. Soit X un processus optionnel borné. Les conditions suivantes sont équivalentes :

a) $\forall\, M \in \underline{\underline{W}}_0$, X.M est une martingale.

b) X est prévisible.

Ces résultats sont globaux. Soient maintenant X un processus optionnel borné et $M \in \underline{\underline{W}}$; il est intéressant de chercher une condition nécessaire et suffisante pour que X·M soit une martingale. On a alors le théorème suivant (qui implique d'ailleurs le corollaire précédent) :

THEOREME 2. Soient $M \in \underline{\underline{W}}$ et X un processus optionnel borné[1]. Les deux conditions suivantes sont équivalentes

a) X·M est une martingale.

b) $N_t = \Sigma_{s\leq t} (X_s - X_s^p) \Delta M_s$ est une martingale.

DEMONSTRATION. Remarquons que l'on peut supposer $M_0=0$. Soit alors $A_t = \Sigma_{s\leq t} \Delta M_s$; on sait que $M = \overset{c}{A}$. Alors

$$X\cdot M = X^p\cdot M + (X-X^p)\cdot M = X^p\cdot M - (X-X^p)\cdot\tilde{A} + N$$

Pour tout temps d'arrêt T, on a $E[(X^p\cdot M)_T]=0$ car X^p est prévisible, et $E[((X-X^p)\cdot\tilde{A})_T] = E[\int_0^\infty (X_s - X_s^p) d\tilde{A}_s^T] = 0$ car $\tilde{A}^T$ est prévisible. Donc

$$E[(X\cdot M)_T] = E[N_T] \quad \text{pour tout } T$$

et l'on voit que a)<=>b).

Remarquons que si X est supposé seulement mesurable, on a le même théorème à condition de remplacer partout le mot martingale par le mot innovant.

Pour terminer, traitons le problème dual du théorème 1 :

THEOREME 3 . Soit $M \in \underline{\underline{W}}_0$. Les deux conditions suivantes sont équivalentes :

a) $\forall$ X optionnel borné X·M est une martingale.

b) M=0

---

1. Cette condition peut être affaiblie : il suffit que X^p existe et que l'on ait $E[\int_0^\infty |X_s||dM_s|]<+\infty$, $E[\int_0^\infty |X_s^p||dM_s|]<+\infty$.

DEMONSTRATION. Soit μ la mesure sur $\underline{\underline{B}}_{\mathbb{R}_+} \times \underline{\underline{F}}$ associée à M. a) signifie que $\mu=0$ sur la tribu des optionnels. Soit X un processus mesurable borné ; M étant optionnelle on a $\mu(X)=\mu(X^o)=0$, par suite $\mu=0$ et M=0.

REFERENCES

C.DELLACHERIE. Capacités et processus stochastiques. Ergebnisse der M. 67. Springer-Verlag 1972.

P.A.MEYER. Un cours sur les intégrales stochastiques. Lecture Notes in M. 511. Séminaire de Probabilités X. Springer-Verlag 1976.

E. Lenglart
Université de Rouen
Département de Mathématique
76130 Mont Saint Aignan

Université de Strasbourg
Séminaire de Probabilités 1976/77

SUR LA REPRESENTATION DES SAUTS DES MARTINGALES

par D. LEPINGLE

Récemment, divers auteurs ([3], [4]) ont cherché à représenter les martingales discontinues comme intégrales stochastiques par rapport à une mesure aléatoire à valeurs entières. Il faut alors intégrer non plus des fonctions sur $\Omega \times \mathbb{R}_+$, mais des fonctions sur $\Omega \times \mathbb{R}_+ \times \mathbb{R}^*$, "prévisibles" au sens où elles sont mesurables par rapport à $\mathcal{P} \otimes \mathcal{B}(\mathbb{R}^*)$, où $\mathcal{P}$ est la tribu prévisible. En fait, ainsi qu'il a été remarqué dans [5], il s'agit plus ou moins d'intégrales stochastiques optionnelles au sens de [6].

En utilisant en partie l'intégration optionnelle, nous allons reprendre un problème abordé dans [4] à l'aide des mesures aléatoires : si l'on se donne une martingale locale M et un ensemble D de $\Omega \times \mathbb{R}_+$ optionnel à coupes dénombrables, comment peut-on décomposer M en une martingale locale purement discontinue dont les instants de saut sont contenus dans D et une martingale locale continue sur D ? En général, le problème n'admet pas de solution, mais nous allons décrire ce qui se passe et obtenir ainsi plusieurs décompositions intéressantes de M.

1. NOTATIONS ET RAPPELS

Les notations, définitions et propriétés utilisées dans les paragraphes suivants sont tirées de [2] et [6]. Nous rappelons ici quelques points particuliers.

Soit $(\Omega, \mathcal{F}, P)$ un espace probabilisé complet muni d'une filtration $(\mathcal{F}_t)_{t\geq 0}$ satisfaisant aux hypothèses habituelles de continuité à droite et de complétude. Nous ne distinguerons pas les ensembles évanescents de la partie vide de $\Omega \times \mathbb{R}_+$. Les martingales locales que nous rencontrerons seront toutes supposées pour simplifier nulles en $t = 0$, à trajectoires réelles continues à droite et pourvues de limites à gauche. Nous poserons

$$\Delta M_t = 0 \qquad \text{si } t = 0 \text{ ou } t = \infty$$

$$\Delta M_t = M_t - M_{t-} \qquad \text{si } 0 < t < \infty.$$

Nous utiliserons les trois espaces de Banach de martingales définis par les conditions

$$M \in \underline{\underline{M}} \quad \text{si } (E[(M_\infty)^2])^{1/2} < \infty$$

$$M \in \underline{\underline{W}} \quad \text{si } E\left[\int_0^\infty |dM_s|\right] < \infty$$

$$M \in \underline{\underline{H}}^1 \quad \text{si } E\left[[M,M]_\infty^{1/2}\right] < \infty$$

avec les normes indiquées. Rappelons que $\underline{\underline{M}} \subset \underline{\underline{H}}^1$, $\underline{\underline{W}} \subset \underline{\underline{H}}^1$, et que toute martingale locale est localement dans $\underline{\underline{M}} + \underline{\underline{W}}$, donc dans $\underline{\underline{H}}^1$.

De la théorie de l'intégrale stochastique optionnelle nous retiendrons notamment que $\| H . M \|_{\underline{\underline{H}}^1} \leq c\, E\left[\left(\int_0^\infty H_s^2\, d[M, M]_s\right)^{1/2}\right]$

$$(H . M)^c = H . M^c$$

$$\Delta(H . M)_T = H_T\, \Delta M_T - E\left[H_T\, \Delta M_T | \mathcal{F}_{T-}\right] \quad \text{si T est un temps prévisible}$$

$$\Delta(H . M)_T = H_T\, \Delta M_T \quad \text{si T est un temps totalement inaccessible.}$$

Nous dirons que deux martingales locales M et N sont orthogonales si leur produit MN est une martingale locale. Nous dirons que M et N sont fortement orthogonales si pour tous processus bornés optionnels H et K, nous avons $[H \cdot M, K \cdot N] = 0$ (voir [7]).

Si X est un processus mesurable positif, il existe un processus prévisible positif unique, appelé projection prévisible de X et noté $\dot{X}$, tel que pour tout temps d'arrêt prévisible T,

$$E[\dot{X}_T \, 1_{\{T<\infty\}}] = E[X_T \, 1_{\{T<\infty\}}],$$

et alors

$$\dot{X}_T \, 1_{\{T<\infty\}} = E[X_T \, 1_{\{T<\infty\}} | \mathcal{F}_{T-}].$$

Cette définition s'étend naturellement aux processus mesurables tels que $\dot{\widehat{|X|}}$ soit fini. On vérifie que pour tout processus Y prévisible, si $\dot{X}$ existe,

$$\dot{\widehat{XY}} = \dot{X}Y ;$$

par conséquent, pour tout temps d'arrêt S,

$$\dot{\widehat{X^S}} = \dot{X} \text{ sur } [\![0, S]\!] .$$

Enfin, nous dirons qu'une partie D de $\Omega \times \mathbb{R}_+$ est mince si pour tout $\omega \in \Omega$, l'ensemble $\{t : (\omega,t) \in D\}$ est dénombrable. Si D est une partie mince optionnelle, il existe une partition unique de D en D_1 et D_2 telle que

D_1 est réunion dénombrable de graphes disjoints de temps d'arrêt totalement inaccessibles;

D_2 est accessible et contenu dans un ensemble mince prévisible, ce dernier étant réunion dénombrable de graphes disjoints de temps d'arrêt prévisibles ; D_2 est appelé la partie accessible de D.

Voici un exemple de partie mince optionnelle : l'ensemble $\{X \neq \dot{X}\}$, où X est un processus optionnel de projection prévisible $\dot{X}$.

2. LE PROCESSUS DES SAUTS D'UNE MARTINGALE LOCALE

Nous allons pour commencer caractériser les processus qui représentent les sauts des martingales locales en établissant une proposition démontrée indépendamment par C.-S. Chou [1]. Comme notre formulation est un peu différente, nous en donnons la démonstration.

PROPOSITION 1. *Soit* X *un processus mesurable. Pour qu'on puisse lui associer une martingale locale* M *vérifiant* $\Delta M = X$, *il faut et il suffit que*

a/ X *soit optionnel*

b/ $\dot{X} = 0$

c/ $(\sum_{s\leq t} X_s^2)^{1/2}$ *soit localement intégrable.*

PREUVE.

i/ Montrons la nécessité. C'est clair pour a/, car M et M- sont optionnels.

Si M est uniformément intégrable et si T est prévisible,

$$E\,[\Delta M_T\,1_{\{T<\infty\}}|\mathcal{F}_{T-}] = E\,[\Delta M_T|\mathcal{F}_{T-}] = 0,$$

d'où $\dot{\widehat{\Delta M}} = 0$, ce qui est encore vrai par arrêt pour toute martingale locale. Enfin, $(\sum_{s\leq t} \Delta M_s^2)^{1/2}$ est majoré par $[M, M]_t^{1/2}$, processus localement intégrable.

ii/ Supposons X optionnel et $\dot{X} = 0$. En considérant pour tout $A \in \mathcal{F}_0$ le temps d'arrêt prévisible T_A nul sur A, infini sur A^c, il vient

$$E\,[X_0\,1_A] = E\,[\dot{X}_0\,1_A] = 0,$$

d'où $X_0 = 0$. L'ensemble $\{X \neq \dot{X}\} = \{X \neq 0\}$ est mince optionnel ; il existe donc une suite (S_q) de temps d'arrêt totalement inaccessibles de graphes disjoints et une suite (R_p) de temps d'arrêt prévisibles de graphes disjoints telles que

$$\{X \neq 0\} \subset (\bigcup_q [\![S_q]\!]) \cup (\bigcup_p [\![R_p]\!]).$$

Supposons que

$$E\left[\left(\sum_t X_t^2\right)^{1/2}\right] < \infty \quad ;$$

pour tout $q \geq 1$, notons $M^{1,q}$ la martingale compensée du processus $X_{S_q} 1_{\{S_q \leq t\}}$ et pour tout $p \geq 1$, notons $M^{2,p}$ la martingale $X_{R_p} 1_{\{R_p \leq t\}}$. Alors, pour tout $n \geq 1$, la somme

$$\sum_{q=1}^{n} M^{1,q} + \sum_{p=1}^{n} M^{2,p}$$

est une martingale à variation intégrable, et quand n tend vers l'infini ces martingales convergent dans $\underline{H}^1$ vers une martingale M purement discontinue M, somme compensée de ses sauts $\Delta M = X$. Dans le cas général où $\left(\sum_{s \leq t} X_s^2\right)^{1/2}$ est localement intégrable, nous obtenons par arrêt et recollement une martingale locale purement discontinue unique telle que $\Delta M = X$.

3. LES SAUTS D'UNE MARTINGALE SUR UN ENSEMBLE

Donnons-nous maintenant une martingale locale M et un ensemble mince optionnel D quelconques. Pouvons-nous trouver une décomposition $M = N + N'$ qui sépare les sauts de M sur D et les sauts de M en dehors de D ?

a/ <u>Une condition nécessaire et suffisante</u>

PROPOSITION 2. *Soient* M *une martingale locale et* D *un ensemble mince optionnel de partie accessible* D_2. *Pour qu'il existe deux martingales locales* N *et* N' *de somme* M, *où* N *a ses instants de saut contenus dans* D *et où* N' *est continue sur* D, *il faut et il suffit que*

$$\widehat{1_D \, \dot{\Delta M}} = \widehat{1_{D_2} \, \dot{\Delta M}} = 0,$$

et alors la décomposition est unique si l'on impose à N *d'être purement discontinue.*

PREUVE. Nous devons avoir

$$1_D \, \Delta M = 1_D \, \Delta N = \Delta N,$$

d'où d'après la proposition 1 la condition nécessaire et suffisante

$$\widehat{1_D \, \dot{\Delta M}} = 0.$$

Si $D = D_1 \cup D_2$ et si T est prévisible, $1_{D_1}(T) = 0$, par conséquent

$\widehat{1_{D_1} \, \dot{\Delta M}} = 0$; la condition se ramène ainsi à $\widehat{1_{D_2} \, \dot{\Delta M}} = 0$.

Voici deux cas où la condition est réalisée :

- D_2 est prévisible ;
- ΔM est nul sur D_2.

Nous allons maintenant nous placer dans le cas général où $\widehat{\dot{1}_D \Delta M} = \widehat{\dot{1}_{D_2} \Delta M}$ n'est pas nécessairement nul. Nous obtiendrons alors plusieurs décompositions différentes $M = N + N'$ ayant chacune leur intérêt.

b/ Première décomposition

DEFINITION. On appelle somme compensée des sauts de la martingale locale M sur l'ensemble mince optionnel D l'intégrale stochastique optionnelle $N = 1_D \cdot M$.

Des propriétés de l'intégration optionnelle il résulte que N est une martingale locale purement discontinue et que

$$\Delta N = 1_D \, \Delta M - \widehat{\dot{1}_D \, \Delta M}.$$

Cette martingale locale est obtenue de façon très simple, mais en général les sauts de M ne sont pas contenus dans D, et de même $N' = M - N$ n'est pas continue sur D. Essayons cependant de circonscrire l'ensemble $\{\Delta N \neq 0\}$.

PROPOSITION 3. *Si* D *est un ensemble mince accessible, l'ensemble* $\hat{D} = \{\dot{\hat{1}}_D > 0\}$ *est un ensemble mince, et c'est le plus petit ensemble prévisible contenant* D.

PREUVE. Il existe une suite (T_n) de temps d'arrêt prévisibles à graphes disjoints tels que $D \subset \bigcup_n [\![T_n]\!]$. Si, pour tout n, S_n est le temps d'arrêt prévisible défini par $[\![S_n]\!] = [\![T_n]\!] \cap \hat{D}^c$, alors

$$D \cap \hat{D}^c \subset \bigcup_n [\![S_n]\!].$$

De l'égalité

$$E\left[1_D(S_n)\right] = E\left[\dot{1}_D(S_n)\ 1_{\{S_n<\infty\}}\right] = 0$$

nous tirons $[\![S_n]\!] \cap D = \emptyset$, donc $D \subset \hat{D}$. Si F est un ensemble prévisible contenant D et T un temps d'arrêt prévisible tel que $[\![T]\!] \subset F^c \cap \hat{D}$, alors

$$E\left[\dot{1}_D(T)\ 1_{\{T<\infty\}}\right] = E\left[1_D(T)\right] = 0,$$

d'où $P(T<\infty) = 0$, ce qui entraîne d'après le théorème de section des ensembles prévisibles que $\hat{D}$ est contenu dans F. Enfin, il suffit de choisir $F = \bigcup_n [\![T_n]\!]$ pour voir que D est mince.

Revenant au cas où D est mince optionnel et $D = D_1 \cup D_2$, posons $\hat{D} = D_1 \cup \hat{D}_2$.

PROPOSITION 4. *Si* N *est la somme compensée des sauts de* M *sur* D, *alors* $\{\Delta N \neq 0\} \subset \hat{D}$.

PREUVE. Le complémentaire $\hat{D}_2^{\,c}$ de $\hat{D}_2$ étant prévisible, il en résulte que

$$1_{\hat{D}_2^{\,c}}\ \widehat{\dot{1}_{D_2}\Delta M} = \widehat{1_{\hat{D}_2^{\,c}}\ \dot{1}_{D_2}\Delta M} = 0,$$

donc $\widehat{\dot{1}_D\Delta M}$ et ΔN sont nuls sur $\hat{D}^c \subset \hat{D}_2^{\,c}$.

c/ Deuxième décomposition

Nous avons remarqué que la compensation des sauts de M sur D est simple si D_2 est prévisible. Il est alors tentant de remplacer D_2 par $\hat{D}_2$, d'où une deuxième décomposition.

PROPOSITION 5. *Soient* M *une martingale locale et* D *un ensemble mince optionnel. L'intégrale stochastique optionnelle* $N = 1_{\hat{D}}.M$ *a ses instants de saut contenus dans* $\hat{D}$ *, elle est purement discontinue et fortement orthogonale à toutes les martingales locales continues sur* $\hat{D}$*, ce qui est en particulier le cas de* $N' = M - N$.

PREUVE. Comme $\hat{D}_2$ est prévisible,

$$\Delta N = 1_{\hat{D}} \Delta M$$

$$\Delta N' = 1_{\hat{D}^c} \Delta M.$$

Si H et K sont deux processus optionnels bornés, H.N est purement discontinue et

$$\begin{aligned}\Delta (H.N) &= H \ \Delta N - \dot{\widehat{H\Delta N}} \\ &= 1_{\hat{D}} H \Delta M - 1_{\hat{D}_2} \dot{\widehat{H \ \Delta M}}\end{aligned}$$

et par conséquent H.N a ses instants de saut contenus dans $\hat{D}$; de même, les instants de saut totalement inaccessibles de K.N' sont contenus dans les instants de saut totalement inaccessibles de N', donc dans $\hat{D}^c$, tandis que les instants de saut prévisibles de K.N' sont contenus dans l'ensemble prévisible $\hat{D}_2{}^c$, donc dans $\hat{D}^c = \hat{D}_2^c \setminus D_1$. Cela entraîne l'orthogonalité forte (voir la remarque 3 de [7]).

d/ Troisième décomposition

Nous allons maintenant voir une troisième décomposition $M = N + N'$; c'est celle à laquelle parvient Jacod dans [4]. Elle est plus complexe que les précédentes, mais dotée d'une belle propriété d'orthogonalité.

PROPOSITION 6. *Soient* M *une martingale locale et* D *un ensemble mince optionnel. La martingale locale purement discontinue* N *déterminée par le processus de ses sauts*

$$\Delta N = 1_D \, \Delta M + 1_{D^c} \frac{\widehat{1_{D^c} \Delta M}}{\dot{1}_{D^c}}$$

est orthogonale à toutes les martingales locales localement bornées continues sur D , *et* N' = M - N *est continue sur* D. *Si* M *est de carré intégrable,* N' *est la projection de* M *sur le sous-espace stable des martingales de carré intégrable continues sur* D.

PREUVE. i/ Donnons tout d'abord un sens à l'expression ΔN ci-dessus en montrant que $\widehat{1_{D^c} \Delta M} = 0$ sur $\{\dot{1}_{D^c} = 0\}$.

Soit T un temps d'arrêt prévisible tel que

$$[\![T]\!] \subset \{\dot{1}_{D_2^c} = 0\}.$$

Nous avons

$$E\,[1_{D_2^c}(T)] = 0,$$

donc $[\![T]\!] \subset D_2$ et $\widehat{1_{D_2^c} \Delta M}(T) = 0$. L'ensemble

$$\{\widehat{1_{D_2^c} \Delta M} \neq 0\} \cap \{\dot{1}_{D_2^c} = 0\}$$

ne contient aucun graphe non vide de temps d'arrêt prévisible, et le théorème de section nous permet de conclure qu'il est vide. On en déduit le résultat cherché si l'on remarque en outre que

$$\widehat{1_{D_1} \Delta M} = \dot{1}_{D_1} = 0.$$

ii/ Calculons la projection prévisible de l'expression donnée ΔN

$$\widehat{\dot{\Delta N}} = \widehat{1_D \dot{\Delta M}} + \dot{1}_{D^c} \frac{\widehat{1_{D^c} \dot{\Delta M}}}{\dot{1}_{D^c}}$$

$$= \widehat{\dot{\Delta M}} = 0.$$

iii/ Remarquons que

$$\widehat{1_{D^c} \dot{\Delta M}} = \widehat{1_{D_2^c} \dot{\Delta M}} = 1_{\widehat{D}_2} \widehat{1_{D_2^c} \dot{\Delta M}} + \widehat{1_{\widehat{D}_2^c} \Delta M} = 1_{\widehat{D}_2} \widehat{1_{D^c} \dot{\Delta M}}$$

Nous en déduisons que $\{\Delta N \neq 0\} \subset \widehat{D}$.

iv/ Vérifions que $(\sum_{s \leqslant t} \Delta N_s^2)^{1/2}$ est localement intégrable. Il n'y a pas de problème pour

$$(\sum_{s \leqslant t} 1_{D_1}(s)\, \Delta N_s^2)^{1/2} = (\sum_{s \leqslant t} 1_{D_1}(s)\, \Delta M_s^2)^{1/2}.$$

Pour $(\sum_{s \leqslant t} 1_{D_2}(s)\, \Delta N_s^2)^{1/2}$, nous savons que M est localement dans $\underline{M} + \underline{W}$.

Si $M \in \underline{M}$ et si T est prévisible,

$$\Delta N_T^2 = 1_D(T)\, \Delta M_T^2 + 1_{D^c}(T) \left(\frac{E\,[1_{D^c}(T)\, \Delta M_T \mid \mathcal{F}_{T-}]}{E\,[1_{D^c}(T) \mid \mathcal{F}_{T-}]} \right)^2$$

$$\leqslant 1_D(T)\, \Delta M_T^2 + 1_{D^c}(T) \frac{E\,[1_{D^c}(T)\, \Delta M_T^2 \mid \mathcal{F}_{T-}]}{E\,[1_{D^c}(T) \mid \mathcal{F}_{T-}]}$$

d'où

$$E\,[\Delta N_T^2 \mid \mathcal{F}_{T-}] \leqslant E\,[\Delta M_T^2 \mid \mathcal{F}_{T-}]$$

et si $\widehat{D}_2$ est la réunion disjointe des $[\![R_p]\!]$,

$$E\,[\sum_t 1_{\widehat{D}_2}(t)\, \Delta N_t^2] = E\,[\sum_p \Delta N_{R_p}^2] \leqslant E\,[M_\infty^2] < \infty.$$

Si $M \in \underline{\underline{W}}$ et si T est prévisible,

$$E\,[|\Delta N_T|\,|\mathcal{F}_{T-}] \leq E\,[|\Delta M_T|\,|\mathcal{F}_{T-}]$$

$$E\,[\sum_t 1_{\hat{D}_2}(t)\,|\Delta N_t|\,] = E\,[\sum_p |\Delta N_{R_p}|] \leq E\,[\sum_t |\Delta M_t|] < \infty\,.$$

Si M est dans $\underline{\underline{M}} + \underline{\underline{W}}$, nous obtenons ainsi que

$$(\sum_t 1_{\hat{D}_2}(t)\,\Delta N_t^2)^{1/2}$$

est intégrable. Nous avons donc prouvé qu'il existe une martingale locale N purement discontinue dont les sauts sont ceux de la formule donnant ΔN, et elle est unique.

v/ Si $N' = M - N$, l'égalité

$$\Delta N' = \Delta M - 1_D\,\Delta M - 1_{D^c}\,\frac{\widehat{1_{D^c}\,\Delta M}}{\dot{1}_{D^c}}$$

nous permet de vérifier que N' est continue sur D.

vi/ Soit N" une martingale bornée continue sur D. Vérifions que $[N, N'']_t = \sum_{s \leq t} \Delta N_s\,\Delta N''_s$ est une martingale locale, ce qui entraînera l'orthogonalité de N et N". Comme $[N, N'']$ est purement discontinu et a ses instants de saut prévisibles, il suffit de vérifier que $\Delta N\,\Delta N''$ représente les sauts d'une martingale locale. Or

$$\widehat{\Delta N\ \Delta N''} = \frac{\widehat{1_{D^c}\,\Delta M}}{\dot{1}_{D^c}}\ \widehat{1_{D^c}\,\Delta N''} = 0,$$

et si N" est bornée par K,

$$(\sum_{s \leq t} \Delta N_s^2\,(\Delta N''_s)^2)^{1/2} \leq 2\,K\,(\sum_{s \leq t} \Delta N_s^2)^{1/2},$$

ce dernier membre étant localement intégrable d'après iv/.

vii/ Si M est dans $\underline{\underline{M}}$, la démonstration du iv/ montre que N est aussi dans $\underline{\underline{M}}$, ainsi que M − N = N'. Si N" est dans $\underline{\underline{M}}$ et continue sur D, alors comme en vi/ $\widehat{\Delta N \cdot \Delta N''} = 0$, et l'inégalité

$$E\ [\sum_t |\Delta N_t\ \Delta N''_t|] \leq (E\ [\sum_t \Delta N_t^2])^{1/2}\ (E\ [\sum_t (\Delta N''_t)^2])^{1/2} < \infty$$

montre que [N, N"] est une martingale à variation intégrable ; cela prouve que N est orthogonale à toutes les martingales de $\underline{\underline{M}}$ continues sur D, et en particulier à N'.

e/ Deux autres décompositions

Nous avons obtenu les deux dernières décompositions en élargissant l'ensemble D à $\hat{D}$. Nous arrivons à des résultats tout à fait analogues en restreignant l'ensemble D, et les démonstrations sont laissées au lecteur.

PROPOSITION 7. *Si* D *est un ensemble mince accessible, l'ensemble* $\check{D} = \{\dot{i}_{D^c} = 0\}$ *est le plus grand ensemble prévisible contenu dans* D, *et il est mince.*

Lorsque D est un ensemble mince optionnel, nous posons $\check{D} = D_1 \cup \check{D}_2$.

PROPOSITION 8. *Soient* M *une martingale locale et* D *un ensemble mince optionnel. Si* N *est la somme compensée des sauts de* M *sur* D *et si* N' = M − N, *alors* $\{\Delta N' \neq 0\} \cap \check{D} = \emptyset$.

PROPOSITION 9. *Sous les mêmes hypothèses, l'intégrale stochastique optionnelle* $N = 1_{\check{D}} M$ *a ses instants de saut contenus dans* $\check{D}$, *elle est purement discontinue et fortement orthogonale à toutes les martingales locales continues sur* $\check{D}$, *ce qui est en particulier le cas de* $N' = M - N$.

PROPOSITION 10. *Sous les mêmes hypothèses, la martingale locale purement discontinue* N *déterminée par le processus de ses sauts*

$$\Delta N = 1_D \, \Delta M - 1_D \, \frac{\widehat{1_D \, \Delta M}}{\hat{1}_D}$$

est continue en dehors de D, *et* $N' = M - N$ *est orthogonale à toutes les martingales locales purement discontinues localement bornées continues en dehors de* D. *Si* M *est de carré intégrable,* N *est la projection de* M *sur le sous-espace stable des martingales de carré intégrable purement discontinues en dehors de* D.

f/ Un cas particulier

Il est naturel de regarder ce qu'il advient lorsque $D = \{\Delta M \neq 0\}$.

PROPOSITION 11. *Si* $D = \{\Delta M \neq 0\}$, *toutes les décompositions précédentes, à l'exception de celle où* $N = 1_{\check{D}} \cdot M$, *coïncident avec la décomposition suivante :*

$$N = M^d \quad \textit{partie purement discontinue de } M$$

$$N' = M^c \quad \textit{partie continue de } M\ .$$

PREUVE. En effet,

$$\widehat{\dot{1_D \Delta M}} = - \widehat{\dot{1_{D^c} \Delta M}} = 0,$$

d'où pour les quatre décompositions

$$\Delta N = 1_D\ \Delta M = 1_{\hat{D}}\,\Delta M = \Delta M.$$

g/ Un exemple

Regardons sur un exemple élémentaire en quoi les trois premières décompositions peuvent différer. Soient

$$\Omega = \{\omega_1,\ \omega_2,\ \omega_3\}$$

$$\mathcal{F}_t = (\emptyset,\ \Omega) \quad \text{pour } 0 \leqslant t < 1$$

$$\mathcal{F}_t = \mathcal{P}(\Omega) \quad \text{pour } t \geqslant 1$$

$$P(\{\omega_1\}) = P(\{\omega_2\}) = P(\{\omega_3\}) = \frac{1}{3}.$$

$$M_t = 0 \quad \text{pour } 0 \leqslant t < 1$$

$$= a\, 1_{\{\omega_1\}} + b\, 1_{\{\omega_2\}} + c\, 1_{\{\omega_3\}} \quad \text{pour } t \geqslant 1,$$

avec $a\,b\,c \neq 0$, $a + b + c = 0$. Prenons $D = \{\omega_1\} \times \{1\}$. Alors D est accessible et $\hat{D} = \Omega \times \{1\}$. Nous obtenons pour $t \geq 1$:

- première décomposition $N_t = \frac{2a}{3}\, 1_{\{\omega_1\}} - \frac{a}{3}\, 1_{\{\omega_2,\omega_3\}}$

- deuxième décomposition $N_t = 0$

- troisième décomposition $N_t = a\; 1_{\{\omega_1\}} + \frac{b + c}{2}\; 1_{\{\omega_2,\omega_3\}}$

B I B L I O G R A P H I E

-:-:-:-:-:-:-:-:-:-:-:-:-

[1] C.-S. CHOU. Notes sur les intégrales stochastiques. VII. Le processus des sauts d'une martingale locale. Séminaire de Probabilités XI.

[2] C. DELLACHERIE. Capacités et processus stochastiques. Springer 1972

[3] N. EL KAROUI et J.P. LEPELTIER. Représentation des processus ponctuels multivariés à l'aide d'un processus de Poisson. A paraître.

[4] J. JACOD. Un théorème de représentation pour les martingales discontinues Z. Wahrscheinlichkeitstheorie 34, 225-244 (1976)

[5] J. JACOD et M. YOR. Etude des solutions extrémales et représentation intégrale des solutions pour certains problèmes de martingales. A paraître.

[6] P.-A. MEYER. Un cours sur les intégrales stochastiques. Séminaire de Probabilités X. Lecture Notes n° 511. Springer 1976.

[7] M. PRATELLI. Espaces fortement stables de martingales de carré intégrable. Séminaire de Probabilités X. Lecture Notes n° 511. Springer 1976.

UNE MISE AU POINT SUR LES MARTINGALES LOCALES CONTINUES DEFINIES SUR UN INTERVALLE STOCHASTIQUE

par Bernard Maisonneuve

Nous nous proposons ici de faire une mise au point sur un résultat "classique" : si M est une martingale locale continue sur $[0,T[$, les ensembles $\{ M_{T-}$ existe dans $\mathbb{R} \}$ et $\{ \langle M,M\rangle_{T-} < \infty \}$ sont p.s. égaux. Un tel résultat entraîne en particulier que, si u est une fonction harmonique dans un ouvert U de $\mathbb{R}^n$ et si (X_t) est le mouvement brownien à n dimensions, on a p.s. l'équivalence suivante

$$\lim_{t \uparrow T} u(X_t) \text{ existe dans } \mathbb{R} \iff \int_0^T \text{grad}^2 u(X_s)ds < \infty$$

où $T = \inf\{ t : X_t \notin U \}$.

Les démonstrations données par GETOOR et SHARPE [2] et par KUNITA [4] de ce résultat nous semblent incorrectes, à cause d'une définition trop restrictive de la notion de martingale locale sur $[0,T[$. En effet, ces auteurs supposent que T est un temps d'arrêt prévisible ou accessible. Or si (τ_t) est l'inverse continu à droite de $\langle M,M\rangle$, la variable $\langle M,M\rangle_{T-}$ n'est pas nécessairement un temps d'arrêt accessible[1] de la famille $(\mathcal{F}_{\tau_t})$, ce qui interdit de considérer le processus changé de temps (M_{τ_t}) comme une martingale locale sur $[0, \langle M,M\rangle_{T-}[$, et est à l'origine des erreurs signalées. Cette remarque nous amènera à étendre la notion de martingale locale[2] sur $[0,T[$ au cas où T est un temps d'arrêt quelconque. Pour $T = \infty$, la définition que nous donnons est voisine de celle des "weak martingales" de N. KAZAMAKI [3].

1. Notations, Généralités.

(1.1) $(\Omega,\mathcal{F},P)$ est un espace probabilisé complet et $(\mathcal{F}_t)$ une famille croissante de sous-tribus de $\mathcal{F}$, continue à droite et complète ($A \in \mathcal{F}$, $P(A)=0 \Rightarrow A \in \mathcal{F}_0$) . Etant donnée une partie $A \in \mathcal{F}$, nous appellerons variable aléatoire sur A une application de A dans $\mathbb{R}$ qui est mesurable

2. Il s'agira toujours de martingales locales continues.
1. Il en est ainsi, toutefois, lorsque $< M,M >$ est strictement croissant, ce qui fournit un moyen élémentaire de démonstration du résultat analytique ($\text{grad}^2 u$ est p.p. strictement positif si u n'est pas constante).

pour la tribu $A\cap \mathcal{F} = \{ A\cap B : B\in \mathcal{F}\}$.

Si X est une variable sur A, la variable sur Ω qui vaut X sur A, 0 sur A^c sera notée XI_A .

(1.2) T est un temps d'arrêt fixé de $(\mathcal{F}_t)$. Nous appellerons <u>processus sur</u> $[0,T[$ une famille $(X_t)_{t\geqq 0}$, où pour tout t X_t est une variable aléatoire sur $\{t<T\}$. Le processus (X_t) sera dit <u>adapté</u> si X_t est $\{t<T\}\cap \mathcal{F}_t$ - mesurable pour tout t ; il est dit continu, continu à gauche, croissant,... si pour tout $\omega\in\Omega$ l'application $t\mapsto X_t(\omega)$ de $[0,T(\omega)[$ dans $\mathbb{R}$ est continue, continue à gauche, croissante,...

2. <u>Martingales locales continues sur</u> $[0,T[$.

(2.1) <u>Définition</u>. Un processus M sur $[0,T[$ est appelé <u>martingale locale continue</u> sur $[0,T[$ s'il existe une suite $T_n\uparrow T$ de temps d'arrêt <u>réduisant</u> M au sens suivant : pour tout n il existe une martingale <u>continue</u> $(M^n_t)_{t\in \mathbb{R}_+}$ telle que $M_t=M^n_t$ sur $\{t<T_n\}$. On note $\mathcal{L}_c[0,T[$ l'ensemble des martingales locales continues sur $[0,T[$.

Il faut prendre garde à cette définition : les mots " martingale locale" et "continue" ne peuvent être séparés. Supposons que l'on définisse les <u>martingales locales</u> sur $[0,T[$ comme ci-dessus, en supprimant partout le mot "continue" . Alors une martingale locale sur $[0,T[$, qui est un processus continu sur $[0,T[$, n'est pas nécessairement une martingale continue sur $[0,T[$ au sens de la définition précédente (par exemple, si T est un temps totalement inaccessible, et si $A_t=I_{\{t\geqq T\}}$, on peut définir la martingale uniformément intégrable (M_t) compensée de (A_t) ; la restriction de M à $[0,T[$ est continue sur $[0,T[$, et n'est pas une martingale continue sur $[0,T[$).

Quitte à remplacer M^n_t par $M^n_{t\wedge T_n} I_{\{T>0\}}$, on peut toujours supposer, et c'est ce que nous ferons dans toute la suite, que <u>la martingale</u> M^n <u>associée au temps</u> T_n <u>est constante après</u> T_n <u>et nulle sur</u> $\{T=0\}$.

(2.2) <u>Remarques</u>. 1) Si $M \in \mathcal{L}_c[0,T[$, la restriction de M à $[0,S[$ appartient à $\mathcal{L}_c[0,S[$, pour tout temps d'arrêt $S \leqq T$.

2) Une martingale locale continue sur $[0,T[$ M est un processus adapté, car $M_t = \lim_n M^n_t$ sur $\{t<T\}$.

3) A la différence de M_0^n, la variable $M_0 I_{\{T>0\}}$ n'est pas nécessairement intégrable.

(2.3) Pour définir le processus croissant $< M,M >$ d'un élément M de $\mathcal{L}_c[0,T[$, on envisage une suite (T_n) réduisant M et la suite (M^n) de martingales associées, et on pose

$$< M,M >_t \;=\; \sup_n < M^n,M^n >_t \;, \quad t \in \mathbb{R}_+ .$$

Le processus $< M,M >$ ainsi défini sur $[0,\infty[$ prend ses valeurs dans $\overline{\mathbb{R}}_+$, il est adapté à $(\mathcal{F}_t)$, croissant, continu, constant après T, nul en 0 ($< M^n,M^n >_0 = 0$ par convention) et nul sur $\{T=0\}$. La restriction de $< M,M >$ à $[0,T[$ est l'unique processus sur $[0,T[$ qui soit fini, continu, croissant, nul en 0 sur $\{T>0\}$, adapté et tel que $M^2 - < M,M >$ appartienne à $\mathcal{L}_c[0,T[$.

(2.4) <u>Proposition</u>. <u>Soit</u> $M \in \mathcal{L}_c[0,T[$. <u>Sur</u> $[0,T[$, <u>les applications</u> $t \mapsto M_t$ <u>et</u> $t \mapsto < M,M >_t$ <u>ont p.s. les mêmes intervalles de constance</u>.

<u>Démonstration</u>. Par localisation, puis par arrêt, on est ramené à montrer que pour une martingale continue bornée M, de processus croissant A, les applications $t \mapsto M_t$ et $t \mapsto A_t$ ont p.s. les mêmes intervalles de constance. Ceci est un résultat classique, dont voici une démonstration élémentaire.

a) Pour tout rationnel r, soit $\sigma_r = \inf \{ t \geq r : M_t \neq M_r \}$. On a $M_{t\wedge\sigma_r} = M_{t\wedge r}$, donc si l'on pose $N_t = M_t^2 - A_t$ il vient

$$N_{t\wedge\sigma_r} - N_{t\wedge r} \;=\; -A_{t\wedge\sigma_r} + A_{t\wedge r} \;.$$

Le processus croissant $(A_{t\wedge\sigma_r} - A_{t\wedge r})$ est donc une martingale nulle en 0, par suite, ce processus est p.s. nul, et il en résulte que les intervalles de constance de l'application $t \mapsto M_t$ sont p.s. des intervalles de constance de l'application $t \mapsto A_t$.

b) Pour tout rationnel r, soit $\tau_r = \inf \{ t : A_t > A_r \}$. On a

$$E[(M_{\tau_r} - M_r)^2] = E[M_{\tau_r}^2] - E[M_r^2] = E[A_{\tau_r} - A_r] = 0 ,$$

donc $M_r = M_{\tau_r}$ p.s.. Par suite $M_q = M_{\tau_r}$ p.s. sur $\{\tau_q = \tau_r\}$, pour tout couple de rationnels (q,r), ce qui montre que les intervalles de constance de l'application $t \mapsto A_t$ sont p.s. des intervalles de constance de l'application $t \mapsto M_t$.

(2.5) Proposition. Soit $M \in \mathcal{L}_c[0,T[$. Posons $A = \langle M,M \rangle$ et $\tau_t = \inf\{ s : A_s > t \}$ pour tout $t \geq 0$. Alors le processus (M_{τ_t}) défini sur $[0,A_T[$ est une martingale locale continue sur $[0,A_T[$ relativement à la famille $(\mathcal{F}_{\tau_t})$, de processus croissant $(t \wedge A_T)$.

Démonstration. Remarquons d'abord que, pour tout temps d'arrêt S, la variable A_S est un temps d'arrêt de $(\mathcal{F}_{\tau_t})$. En effet $\{ A_S \leq t \} = \{ S \leq \tau_t \} \in \mathcal{F}_{\tau_t}$ pour tout t . Soit (T_n) une suite réduisant M, et soit (M^n) la suite de martingales associée. (A_{T_n}) est une suite croissante de temps d'arrêt de $(\mathcal{F}_{\tau_t})$, de limite A_T. Quitte à changer de suite (T_n), on peut supposer les M^n bornées (il suffit en fait qu'elles soient uniformément intégrables), et $(M^n_{\tau_t})$ est alors, pour chaque n, une martingale relative à $(\mathcal{F}_{\tau_t})$, égale à (M_{τ_t}) sur $[0,A_{T_n}[$. Cette martingale est en plus continue, car les intervalles de constance de l'application $t \mapsto A_t$ sont aussi des intervalles de constance de l'application $t \mapsto M^n_t$, en raison de la proposition (2.4). Par suite (M_{τ_t}) est une martingale locale continue sur $[0,A_T[$, réduite par la suite (A_{T_n}). Son processus croissant est égal à $\sup_n t \wedge A_{T_n} = t \wedge A_T$.

3. Convergence en T et prolongement d'une martingale locale continue sur [0,T[.

(3.1) Proposition. Soit M un élément de $\mathcal{L}_c[0,T[$ tel que $E[\sup_{t<T} |M_t|] < \infty$. et soit (T_n) une suite réduisant M, (M^n) la suite des martingales correspondantes. Alors M_{T-} existe dans $\mathbb{R}$ p.s. sur $\{T>0\}$. Si l'on pose $M_t = M_{T-} I_{\{T>0\}}$ pour $t \geq T$, le processus $(M_t)_{t \in \mathbb{R}_+}$ est alors une martingale continue, fermée dans L^1 par la variable $M_{T-} I_{\{T>0\}}$.

Démonstration. Soit (T_n) une suite réduisant M, et soit (M^n) la suite de martingales associée. La suite de variables $(M^n_{T_n})$ est une martingale uniformément intégrable. En effet, la relation $M_t = M^n_t$ pour $t < T_n$ entraîne (en vertu de la continuité de M^n) $|M^n_{T_n}| = |M^n_{T_n -}| \leq \sup_{t<T} |M_t|$. L'intégrabilité étant établie, on a alors

$$E[M^{n+1}_{T_{n+1}} | \mathcal{F}_{T_n}] = M^{n+1}_{T_n} = M^{n+1}_{T_n -} = \lim_{s \uparrow T_n} M_s = M^n_{T_n -} = M^n_{T_n}$$

c'est à dire la propriété de martingale. La suite $(M^n_{T_n})$ converge p.s. vers une variable intégrable Y . Comme Y est $\mathcal{F}_T$-mesurable, on a

$$E[Y|\mathcal{F}_t] = E[Y|\mathcal{F}_t]I_{\{t<T\}} + YI_{\{t\geqq T\}}$$

Le premier terme du second membre vaut $\lim_n E[M^n_{T_n}|\mathcal{F}_t]I_{\{t<T\}} = \lim_n M^n_{t\wedge T_n}I_{\{t<T\}} = M_tI_{\{t<T\}}$, donc le processus $(M_tI_{\{t<T\}}+YI_{\{t\geqq T\}})$ est une martingale continue à droite fermée dans L^1 par la variable Y. Ceci entraîne l'existence de M_{T-} p.s. sur $\{T>0\}$. Il reste à remarquer que $Y=M_{T-}$ p.s. sur $\{T>0\}$ et que $Y=0$ sur $\{T=0\}$, puisque M^n est nulle sur $\{T=0\}$ pour tout n.

(3.2) Corollaire. Soit $M\in\mathcal{L}_c[0,T[$ telle que $M_0=0$ sur $\{T>0\}$ et $E[<M,M>_T] < \infty$. Alors M peut être prolongée en une martingale continue (fermée dans L^1).

Démonstration . D'après la proposition précédente, il nous suffit de montrer que $E[\sup_{t<T} M_t^2] < \infty$. Soit (T_n) une suite réduisant M, choisie de manière telle que les martingales associées M^n soient bornées. D'après une inégalité de DOOB, on a

$$E[\sup_t (M^n_t)^2] \leqq 4E[(M^n_\infty)^2]$$

Le premier membre vaut $E[\sup_{t<T_n} M_t^2]$, car M^n est nulle sur $\{T=0\}$, arrêtée à l'instant T_n, et continue à cet instant. D'autre part, $E[(M^n_\infty)^2] = E[<M,M>_{T_n}]$, car $M^n_0=0$. Par passage à la limite, il vient donc

$$E[\sup_{t<T} M_t^2] \leqq 4E[<M,M>_T] < \infty .$$

(3.3) Proposition . Soit M un élément de $\mathcal{L}_c[0,T[$, de processus croissant $(t\wedge T)$.

1) M_{T-} existe dans $\mathbb{R}$ p.s. sur $\{0<T<\infty\}$; si l'on pose $M_t=M_{T-}I_{\{0<T<\infty\}}$ pour $t\geqq T$, le processus $(M_t-M_0)_{t\in\mathbb{R}_+}$ est une martingale continue de processus croissant $(t\wedge T)$.

2) Si B est un mouvement brownien indépendant de T et M, le processus $(W_t) = (M_t+B_t-B_{t\wedge T})_{t\in\mathbb{R}_+}$ est un mouvement brownien .

Démonstration . Nous pouvons sans inconvénient supposer que $M_0=0$ sur $\{T>0\}$. Le corollaire (3.2) appliqué à la restriction de M à $[0,T\wedge n[$ montre alors que M_{T-} est p.s. défini sur $\{0<T\leqq n\}$, pour tout n. Donc M_{T-} est p.s. défini sur $\{0<T<\infty\}$. Si l'on pose $M_t=M_{T-}I_{\{0<T<\infty\}}$ pour $t\geqq T$, le processus (M_t) est alors une martingale continue de processus croissant $(t\wedge T)$, donc de carré intégrable.

Pour démontrer 2), posons $\underline{\underline{M}}_t^o = \underline{\underline{T}}\{ M_s, \{T\leq s\}, s\leq t \}$, $\underline{\underline{B}}_t^o = \underline{\underline{T}}\{B_s, s\leq t \}$, $\underline{\underline{G}}_t^o = \underline{\underline{M}}_t^o \vee \underline{\underline{B}}_t^o$. Les tribus $\underline{\underline{M}}_t^o$ et $\underline{\underline{B}}_t^o$ sont indépendantes par hypothèse, et cela entraîne immédiatement que M, B et MB sont des martingales relatives à $(\underline{\underline{G}}_t^o)$, pourvu que $M_0=B_0=0$ (sinon on raisonnerait sur $M-M_0$ et $B-B_0$). Comme T est un temps d'arrêt de (G_t^o), et M est arrêtée à T, le processus $(M_t B_{t\wedge T})$ est également une martingale. Par suite le processus $W_t=M_t+B_t-B_{t\wedge T}$ est une martingale , (M_t) et $(B_t-B_{t\wedge T})$ sont orthogonales, et le processus croissant $\langle W,W\rangle$ est égal à $t\wedge T + (t-t\wedge T) = t$. D'après un résultat classique, W est un brownien.

(3.4) Remarque . On aurait pu définir un autre brownien prolongeant M en posant $W_t = M_t + B_{(t-T)^+}$. Le raisonnement est analogue à celui qui précède, mais avec des calculs un peu plus compliqués.

(3.5). Théorème . *Soit* $M\in\mathcal{L}_c[0,T[$. *On pose* $A_t=\langle M,M\rangle_t$ *et* $\tau_t=\inf\{s : A_s>t\}$ *pour tout* $t\geq 0$.

1) *Sur l'ensemble* $\{T>0\}$ *on a p.s. les équivalences suivantes*

$$M_{T-} \text{ existe dans } \mathbb{R} \iff \sup_{t<T} |M_t|<\infty \iff A_T < \infty .$$

2) *Si* B *est un mouvement brownien indépendant de* T *et* M, *le processus* W *défini par*

$$W_t = M_{\tau_t} \text{ si } t<A_T \text{ , } W_t = M_{T-}I_{\{T>0,\ A_T<\infty\}} + B_t-B_{A_T} \text{ si } t\geq A_T$$

est un mouvement brownien.

Démonstration. Posons $\tilde{T} = A_T$, $\tilde{M}_t = M_{\tau_t}$ pour $t<\tilde{T}$. D'après la proposition (2.5), $\tilde{M}$ est une martingale locale continue sur $[0,\tilde{T}[$, de processus croissant $(t\wedge\tilde{T})$. D'après la proposition (3.3), $\tilde{M}_{\tilde{T}-}$ existe p.s. sur $\{0<\tilde{T}<\infty\}$. Il est facile de voir que M_{T-} aussi existe p.s. sur $\{0<\tilde{T}<\infty\}$ et que $M_{T-} = \tilde{M}_{\tilde{T}-}$. Sur $\{T>0, A_T=0\}$, l'application $t\mapsto M_t$ est constante, donc M_{T-} existe et vaut M_0. Finalement M_{T-} existe p.s. sur $\{T>0,A_T<\infty\}$.

Si B est un brownien indépendant de T et de M, il résulte encore de la proposition (3.3) que le processus W défini dans l'énoncé du théorème est un brownien. Les équivalences énoncées en 1) en découlent immédiatement. Si l'on ne dispose pas sur $(\Omega,\mathcal{F},P)$ d'un brownien indépendant de T et de M, on utilise un espace auxiliaire, et cela fournit encore les équivalences cherchées.

Le théorème (3.5) se généralise immédiatement de la manière suivante

(3.6). Théorème. Soit M une martingale locale continue sur $[0,T[$ à valeurs dans $\mathbb{R}^n$ (i.e. ses composantes $M^1,\ldots,M^n$ sont des éléments de $\mathcal{L}_c[0,T[$). On suppose que $< M^i,M^i >$ est un processus croissant indépendant de i, soit A, et que $< M^i,M^j > = 0$ pour $i\neq j$.

1) Sur $\{T>0\}$ on a p.s. les équivalences suivantes :

M^i_{T-} existe $\iff$ M^j_{T-} existe $\iff$ $A_T < \infty$ pour tous i,j , $1\leq^i_{j}\leq n$.

2) Si B est un mouvement brownien à n dimensions indépendant de T et M, le processus W défini par

$$W_t = M_{\tau_t} \text{ si } t<A_T \ , \quad W_t= M_{T-}I_{\{T>0,A_T<\infty\}} + B_t-B_{A_T} \text{ si } t\geq A_T$$

est un mouvement brownien à n dimensions.

Le crochet $< M,N >$ de deux éléments de $\mathcal{L}_c[0,T[$ est un processus sur $[0,T[$, défini par polarisation de la manière habituelle. Il faut noter qu'à la différence de $<M,M>$, le processus $<M,N>$ n'admet pas de prolongement naturel à $[0,\infty[$, la limite $<M,N>_{T-}$ n'étant pas nécessairement définie.

4. Applications

Soit $(\Omega,\mathcal{F},\mathcal{F}_t , X_t,P^x)$ la réalisation canonique du semi-groupe de Wiener sur $\mathbb{R}^n$. Soit U un ouvert de $\mathbb{R}^n$. On note F la frontière de U et l'on pose

$$T = \operatorname{Inf} \{ t : X_t\in F \}$$

On fixe aussi un point x de U. Dans la suite, " p.s. ", $\mathcal{L}_c[0,T[$, etc réfèrent à P^x . Noter que l'on a p.s. $T>0$.

(4.1) Soit u une fonction réelle, harmonique dans U . Le processus $(u(X_t))_{t<T}$ est alors un élément de $\mathcal{L}_c[0,T[$, de processus croissant $A_t = \int_0^{t\wedge T} \operatorname{grad}^2u(X_s)ds$, et il résulte du théorème (3.5) que p.s.

$$\lim_{t\uparrow T} u(X_t) \text{ existe } \iff \int_0^T \operatorname{grad}^2u(X_s)ds < \infty \ .$$

On en déduit par exemple le résultat suivant : soit v une fonction réelle borélienne sur F, telle que $v(X_T)I_{\{T<\infty\}}$ soit intégrable pour toute mesure P^y, $y\in U$. Alors, pour la fonction $u = E^{\cdot}[v(X_T)I_{\{T<\infty\}}]$ on a $\int_0^T \operatorname{grad}^2u(X_s)ds < \infty$ p.s.. En effet, u est harmonique dans U, et d'après un résultat connu on a $\lim_{t\uparrow T} u(X_t) = v(X_T)I_{\{T<\infty\}}$ p.s. .

(4.2) Si n=2 et si $f=u+i\tilde{u}$ est une fonction <u>holomorphe</u> dans U, les processus $\{u(X_t),t<T\}$ et $\{\tilde{u}(X_t),\ t<T\}$ sont des éléments orthogonaux de $\mathcal{L}_c[0,T[$, tous deux ayant pour processus croissant $A_t=\int_0^{t\wedge T}|f'(X_s)|^2ds$ (en effet, les relations de Cauchy entraînent que le produit scalaire $\operatorname{grad}u.\operatorname{grad}\tilde{u}$ est identiquement nul, tandis que $\operatorname{grad}^2u=\operatorname{grad}^2\tilde{u}=|f'|^2$). Il résulte alors du théorème (3.6) que l'on a p.s. les équivalences

$$\lim_{t\uparrow T} u(X_t) \text{ existe} \iff \lim_{t\uparrow T} \tilde{u}(X_t) \text{ existe} \iff \int_0^T|f'(X_s)|^2ds<\infty$$

Si U est borné, on a $T<\infty$ p.s. et le processus $B_t=X_{T+t}-X_T$ est un brownien à 2 dimensions indépendant de $\mathcal{F}_T$. Si l'on pose $\tau_t=\inf\{s:A_s>t\}$, il résulte alors du théorème (3.6) que le processus W défini par

$$W_t = f(X_{\tau_t}) \quad \text{si } t<A_T$$
$$= \lim_{t\uparrow T} f(X_t) + B_t-B_{A_T} \quad \text{si } t\geqq A_T$$

est un mouvement brownien, et l'on a $W_0=f(x)$ p.s. du fait que $|f'|$ est presque partout >0 si f n'est pas constante (ou en vertu de la défini-tion de W_t et de la proposition (2.4))

(4.3) Nous allons maintenant utiliser ces éléments pour démontrer de manière probabiliste un résultat de STEIN et WEISS, en suivant une belle idée de B. DAVIS [1].

Nous conservons les notations précédentes, en supposant que n=2 et que U est le disque $\{ z\in\mathbb{C} : |z|<1 \}$. F est alors le cercle unité, que l'on munit de la probabilité uniforme, notée σ . Etant donnée une fonction u harmonique dans U, on note $\tilde{u}$ la fonction harmonique conjuguée de u : $u+i\tilde{u}$ est holomorphe dans U et $\tilde{u}(0)=0$. Si v désigne alors un élément de $L^2(F)$, et $u=Pv$ est le prolongement harmonique de v à U par le noyau de Poisson P, il existe un unique élément de $L^2(F)$, que nous noterons $\tilde{v}$, tel que $\tilde{u}=P\tilde{v}$. Dans ces conditions on a le théorème :

(4.4). <u>Théorème. Soit</u> E <u>un borélien du cercle unité</u> F <u>et soit</u> $v=I_E$. <u>Alors la loi de</u> $\tilde{v}$ <u>pour la mesure</u> P^0 <u>ne dépend que de</u> $\sigma(E)$.

<u>Démonstration</u>. Nous avons $u=Pv=E^{\cdot}[v(X_T)]$, $\tilde{u}=P\tilde{v}=E^{\cdot}[\tilde{v}(X_T)]$; posons $f=u+i\tilde{u}$. La fonction f est holomorphe dans U, et l'on a $0\leqq u\leqq 1$, $f(0)=u(0)=\sigma(E)$. Si $\sigma(E)=0$ ou 1, le théorème est évident. Supposons donc que $0<\sigma(E)<1$, et introduisons les processus (A_t) et (W_t) définis en (4.2). On a $\lim_{t\uparrow T} u(X_t)=v(X_T)$ et $\lim_{t\uparrow T} \tilde{u}(X_t)=\tilde{v}(X_T)$ p.s..(4.2) entraîne que

$A_T<\infty$ p.s. , et $W_{A_T}=(v+i\tilde{v})\circ X_T$ p.s.. Comme par ailleurs $W_t=(u+i\tilde{u})\circ X_{\tau_t}$ si $t<A_T$, on constate que $0<\Re W_t<1$ pour $t<A_T$, tandis que $\Re W_t=0$ ou 1 p.s. pour $t=A_T$. Ainsi A_T apparaît comme le temps de sortie de la bande $\{0<\Re z<1\}$ pour le processus W_t, qui est un mouvement brownien issu du point $(\sigma(E),0)$. La loi de W_{A_T} (pour P^0) ne dépend donc que de $\sigma(E)$. Il

Il reste à remarquer que la loi de $\tilde{v}$ (pour σ) est la loi de $\tilde{v}(X_T)$ (pour P^0), et que $\tilde{v}(X_T)=\Im m W_{A_T}$.

Remarque. Le même raisonnement s'applique à un ouvert borné U simplement connexe quelconque, et à un point $x\in U$ fixé quelconque, à condition de désigner par $\tilde{u}$ la fonction conjuguée de u qui s'annule en x, et par σ la mesure harmonique sur la frontière correspondant au point x . Le résultat n'est pas réellement plus général, puisqu'il existe une représentation conforme de U sur le disque unité qui applique x sur 0, mais la méthode probabiliste s'applique directement (et par ailleurs le comportement de la représentation conforme à la frontière ne figure pas dans les exposés classiques du théorème de Riemann).

5. Intégration stochastique sur $[0,T[$.

Ce paragraphe fournit quelques remarques sur l'intégrale stochastique par rapport à un élément de $\mathcal{L}_c[0,T[$.

(5.1) Notons d'abord qu'un processus (X_t) sur $[0,T[$ peut aussi être considéré comme une application X de $[\![0,T[\![= \{(t,\omega) : 0\leqq t<T(\omega)\}$ dans $\mathbb{R}$. Sur $[\![0,T[\![$ on définit la tribu des ensembles prévisibles (resp. bien-mesurables) comme étant engendrée par les processus sur $[0,T[$ qui sont adaptés et continus à gauche (resp. à droite). D'où les notions de processus prévisible et de processus bien-mesurable sur $[0,T[$.

(5.2) Remarque. Un processus sur $[0,T[$ est bien-mesurable si et seulement s'il existe un processus bien-mesurable sur $[0,\infty[$ dont il est la trace sur $[0,T[$. On n'a pas d'énoncé analogue pour les processus prévisibles sur $[0,T[$, à moins que le temps d'arrêt T ne soit prévisible.

(5.3) Intégrale stochastique .

Soit $M\in\mathcal{L}_c[0,T[$, et soit $A=\langle M,M\rangle$. On note $L^2_{loc}(A)$ l'ensemble des processus Φ prévisibles sur $[0,T[$ tels que l'on ait pour tout t $\int_0^t \Phi_s^2 dA_s<\infty$ p.s. sur $\{t<T\}$. Pour $\Phi\in L^2_{loc}(A)$, on définit l'intégrale stochastique $\int\Phi dM$ comme l'unique élément L de $\mathcal{L}_c[0,T[$, nul en 0, tel

que l'on ait pour tout $N\in\mathcal{L}_c[0,T[$

$$<L,N>_t = \int_0^t \Phi_s d<M,N>_s \quad \text{sur } \{t<T\}$$

(rappelons que le crochet de deux éléments de $\mathcal{L}_c[0,T[$ est un processus sur $[0,T[$, défini par polarisation de la manière usuelle).

La forme suivante de la formule d'ITO nous paraît particulièrement commode dans beaucoup de circonstances, car elle évite des passages à la limite fastidieux. La démonstration se fait par localisation de la manière évidente.

(5.4) Théorème. Soit X une semimartingale locale continue sur $[0,T[$ à valeurs dans $\mathbb{R}^n$, c.à.d. un processus dont les composantes s'écrivent $X^i=M^i+V^i$, avec $M^i\in\mathcal{L}_c[0,T[$, et V^i étant adapté, continu sur $[0,T[$ et à variation localement bornée sur $[0,T[$. Supposons que X prenne ses valeurs dans un ouvert U, et que F soit une application de classe C^2 de U dans $\mathbb{R}$. On a alors p.s. sur $\{t<T\}$

$$F(X_t) = F(X_0) + \Sigma_{i=1}^n \int_0^t D_iF(X_s)dX_s^i + \frac{1}{2}\Sigma_{i,j} \int_0^t D_iD_jF(X_s)d<M^i,M^j>_s .$$

Voici deux exemples où cette forme de la formule d'ITO s'applique directement.

(5.5) Plaçons-nous dans le cadre du paragraphe 4. Alors le théorème précédent montre que, si u est harmonique dans U, on a $u(X_t) = \Sigma_{i=1}^n \int_0^t D_iu(X_s)dX_s^i$ sur $[0,T[$, de sorte que $\{u(X_t),\ t<T\}$ est un élément de $\mathcal{L}_c[0,T[$, de processus croissant $\int_0^{t\wedge T} \mathrm{grad}^2u(X_s)ds$. Ainsi se trouve justifié un résultat donné sans démonstration au paragraphe (4.1), et qui est à la base de la démonstration probabiliste de certaines inégalités de LITTLEWOOD-PALEY donnée par MEYER ([5] p.130).

(5.6) Soit $M\in\mathcal{L}_c[0,T[$ telle que $M_0=0$ sur $\{T>0\}$. Alors $Z=\exp(M-\frac{1}{2}<M,M>)$ appartient à $\mathcal{L}_c[0,T[$ et vérifie l'équation

$$Z_t = 1 + \int_0^t Z_s dM_s \quad \text{pour } t<T$$

dont elle est l'unique solution dans $\mathcal{L}_c[0,T[$.

Les propriétés de Z résultent immédiatement du théorème (5.4) pour $n=1$, $U=\mathbb{R}$, $X=M-\frac{1}{2}<M,M>$, $F(x)=e^x$. Pour l'unicité, on envisage une autre solution Z' et on applique le théorème (5.4) avec $n=2$, $U=\{(x,y) : x\neq 0\}$, $X=(Z,Z')$, $F(x,y)=y/x$. Un calcul simple montre que $Z'_t/Z_t=1$ sur $\{t<T\}$.

Références

[1]. B. DAVIS . On the distributions of conjugates functions of nonnegative measures. Duke Math. J. 40 (1973), 695-700.

[2]. R.K. GETOOR et M.J. SHARPE. Conformal martingales. Inventiones Math. 16 (1972), 271-308.

[3]. N. KAZAMAKI. Changes of time, stochastic integrals and weak martingales. Z.f.W. 22 (1972), 25-32.

[4]. H. KUNITA. Cours de 3e cycle de l'Université de Paris, 1974-75.

[5]. P.A. MEYER. Démonstration probabiliste de certaines inégalités de LITTLEWOOD-PALEY. I. Séminaire de Probabilités X, Springer 1976.

Université de Strasbourg
Séminaire de Probabilités 1975-76

NOTES SUR LES INTEGRALES STOCHASTIQUES . I
INTEGRALES HILBERTIENNES

(P.A. Meyer)

Après le cours sur les intégrales stochastiques de l'an dernier, le sujet est très loin d'être épuisé, mais il devient impossible de présenter les diverses questions dans un ordre rationnel. C'est pourquoi les chapitres seront remplacés par des "notes" plus ou moins longues, couvrant chacune un seul sujet.

J'avais résolu de ne jamais parler du cas vectoriel, pensant que le cas de la dimension finie était évident, et le cas de la dimension infinie trop difficile pour moi. Mais en Octobre 1975, un exposé de L. GALTCHOUK au séminaire de Strasbourg nous a persuadés que, si M est une martingale à valeurs dans $\mathbb{R}^n$, X un processus prévisible à valeurs dans $\mathbb{R}^n$, on doit définir l'intégrale stochastique $\int_0^t X_s \cdot dM_s$ d'une manière qui n'exige pas l'existence des termes de la somme $\int_0^t X_s^1 dM_{1s} + \ldots + \int_0^t X_s^n dM_{ns}$. Le joli théorème de représentation obtenu par GALTCHOUK fournit donc la motivation de cet exposé.

Cependant, je profite de cette occasion pour exposer un peu de la théorie des intégrales stochastiques en dimension infinie (je me borne au cas hilbertien, bien que METIVIER[1] ait abordé le cas banachique). J'essaie d'utiliser aussi peu d'analyse fonctionnelle que possible, et surtout de rester aussi près que possible de notre langage habituel.

NOTATIONS

Nous désignons par H un espace de Hilbert séparable, par $\|.\|$ la norme, par $(.|.)$ le produit scalaire. Bien que celui-ci permette d'identifier H et H', il est commode de garder la distinction présente à l'esprit, et en particulier de considérer nos martingales comme des processus à valeurs dans H' (dans la notation du produit scalaire, les bra-ket des physiciens, les martingales figureront en position "ket" : $(.|M_t)$). Je trouve en effet que l'espace B(H,H) des formes bilinéaires sur H (avec sa norme usuelle , aussi notée $\|\|$),

1.Toutes les références figurent à la fin du texte.

est un objet moins impressionnant que H⊗H avec ses diverses complétions. Nous verrons que si les martingales sont à valeurs dans H', on peut se servir de B(H,H) comme sac où fourrer tous les calculs.

Soit $(X,\mathcal{X})$ un espace mesurable, et soit B un espace de Banach. Nous disons que $f : X \to B$ est $\mathcal{X}$-mesurable si l'image réciproque de toute boule appartient à $\mathcal{X}$: c'est la définition usuelle. Nous dirons que f est <u>fortement</u> $\mathcal{X}$-mesurable si f est $\mathcal{X}$-mesurable, et f(X) est une partie séparable de B. Lorsque B=H, il n'y a pas lieu de distinguer les deux notions, puisque H est séparable, mais il y aura un endroit où la distinction interviendra, et il faut rappeler que les limites de fonctions étagées mesurables sont les fonctions <u>fortement</u> mesurables, de sorte qu'on ne sait pas intégrer les autres par la méthode de BOCHNER.

MARTINGALES ET PROCESSUS CROISSANT SCALAIRE

Nous considérons un espace probabilisé $(\Omega,\mathcal{F},P)$, muni d'une famille de tribus $(\mathcal{F}_t)$ satisfaisant aux conditions habituelles, et une martingale (M_t) à valeurs dans H', nulle en 0. Qu'est ce que cela signifie ?

- Pour chaque t, M_t est une application $\mathcal{F}_t$-mesurable de Ω dans H',
- Pour chaque t, $E[|M_t|] < \infty$, i.e. M_t est intégrable,
- Pour $s \leqq t$, $A \in \mathcal{F}_s$, on a $\int_A M_s P = \int_A M_t P$.

Si l'on prend une base orthonormale (e_i), (M_t) apparaît tout simplement comme une suite de martingales réelles $M_{it} = (e_i|M_t)$, relatives à la même famille $(\mathcal{F}_t)$, et assujetties à la seule condition que $(\Sigma_i M_{it}^2)^{1/2}$ soit intégrable. L'objet n'a donc rien de mystérieux.

Le processus $\| M_t \|$ est une sousmartingale réelle positive, à laquelle s'appliquent les inégalités de DOOB, et un raisonnement tout à fait classique montre que (M_t) admet une version càdlàg.

En fait, nous ne dirons rien des martingales générales : toutes les martingales considérées ci-dessous seront <u>de carré intégrable</u>. Je suis persuadé, cependant, que la théorie fine des martingales hilbertiennes (en particulier celle de l'espace $\underline{\underline{H}}^1$) mérite d'être étudiée.

DEFINITION. On appelle <u>processus croissant scalaire</u> associé à M, et on note $\langle\!\langle M,M \rangle\!\rangle$, le processus croissant prévisible intervenant dans la décomposition de la sousmartingale $\| M_t \|^2$.

Cette définition innocente cache un petit piège : tel qu'il est défini, le processus croissant scalaire existe pour des martingales de carré intégrable à valeurs dans un Banach, mais on ne sait rien en faire, car la relation

$$E[\|M_t\|^2-\|M_s\|^2|\mathcal{F}_s] = E[\langle\!\langle M,M\rangle\!\rangle_t-\langle\!\langle M,M\rangle\!\rangle_s|\mathcal{F}_s]$$

n'entraîne la relation fondamentale

(1) $$E[\|M_t-M_s\|^2|\mathcal{F}_s] = E[\langle\!\langle M,M\rangle\!\rangle_t - \langle\!\langle M,M\rangle\!\rangle_s|\mathcal{F}_s]$$

que dans le cas hilbertien. C'est la première difficulté du cas banachique !

UNE INTEGRALE STOCHASTIQUE TRIVIALE

La définition du processus croissant scalaire permet aussitôt de définir une classe simple d'intégrales stochastiques. Soit (X_s) un processus prévisible réel étagé (comme $M_0=0$, on peut supposer que $X_0 = 0$ aussi)

(2) $$X_t = \Sigma_k A_k I_{]t_k,t_{k+1}]}(t)$$

où $0=t_1<t_2\dots<t_n=\infty$ est une subdivision finie de la droite, où chaque A_i est une v.a. réelle bornée $\mathcal{F}_{t_k}$-mesurable, et $A_{n-1}=0$ de sorte que $X_t=0$ pour $t>t_{n-1}$. Nous pouvons définir

$$\int_0^\infty X_s dM_s = \Sigma_k A_k(M_{t_{k+1}}-M_{t_k})$$

vérifier que

(3) $$E[\|\int_0^\infty X_s dM_s\|^2] = E[\int_0^\infty X_s^2 d\langle\!\langle M,M\rangle\!\rangle_s]$$

et prolonger à tous les processus prévisibles réels tels que le second membre de (3) soit fini. Cela revient en fait à prendre une intégrale stochastique composante par composante, et ne présente pas d'intérêt spécial, que d'éclairer le rôle du processus croissant scalaire.

La remarque suivante est peut être plus intéressante. Soit L une martingale <u>réelle</u> de carré intégrable . Nous allons montrer qu'il existe un processus prévisible (A_t) à valeurs dans H', à trajectoires càdlàg. et à variation bornée au sens suivant :

pour tout t $\sup_\tau \Sigma_k\|A_{t_{k+1}}-A_{t_k}\| = \int_0^t\|dA_s\|$ est p.s. fini, et même intégrable

le sup étant calculé pour toutes les subdivisions finies $\tau=0<t_1..<t_n=t$ de $[0,t]$, et tel (la phrase n'est pas finie !) que pour tout $x\in H$

$$\int_0^t d\langle L, (x|M)\rangle_s = (x|A_t) .$$

Pour prouver cela, nous prenons une base orthonormale (e_i), la base duale (e^i) de H', et nous posons $A_{it} = \langle L,(e_i|M)\rangle_t$. Soit $A_t^n = \Sigma_1^n A_{it}e^i$. Nous avons pour $u<v$, hors d'un ensemble négligeable fixe, indépendant de u et v, d'après l'inégalité de KUNITA-WATANABE

$$\|A_v^n - A_u^n\| = (\Sigma_1^n (\langle L,(e_i|M)\rangle_u^v)^2)^{1/2} \leqq (\Sigma_1^n \langle L,L\rangle_u^v \langle (e_i|M),(e_i|M)\rangle_u^v)^{1/2}$$
$$\leqq (\langle L,L\rangle_u^v \langle\!\langle M,M\rangle\!\rangle_u^v)^{1/2}$$

Première conséquence : prenant $u=0$, $v=t$, nous trouvons que $E[\|A_t^n\|]$ reste borné par $(E[\langle L,L\rangle_t])^{1/2}(E[\langle\!\langle M,M\rangle\!\rangle_t])^{1/2}$, donc la série $\Sigma A_{it}e^i$ converge p.s. dans H'. Nous avons alors, en notant A_t sa somme

$$\|A_v - A_u\| \leqq (\langle L,L\rangle_u^v \langle\!\langle M,M\rangle\!\rangle_u^v)^{1/2} \quad \text{p.s.}$$

d'où la continuité à droite de (A_t). Appliquant ce résultat à des intervalles $(u,v) = (t_k,t_{k+1})$ formant une subdivision finie de $[0,t]$, sommant et appliquant l'inégalité de Schwarz, nous obtenons

$$\Sigma_k \|A_{t_{k+1}} - A_{t_k}\| \leqq (\langle L,L\rangle_t)^{1/2}(\langle\!\langle M,M\rangle\!\rangle_t)^{1/2}$$

d'où il résulte, en passant au sup sur les subdivisions

(4) $$\int_0^t \|dA_s\| \leqq (\langle L,L\rangle_t)^{1/2}(\langle\!\langle M,M\rangle\!\rangle_t)^{1/2} \quad \text{p.s.}$$

forme vectorielle de l'inégalité de K-W. Il est naturel de noter $\langle L, (.|M)\rangle$ le processus (A_t), mais plus suggestif de noter sa différentielle comme $\langle dL_s , (.|dM_s)\rangle$, avec la possibilité de faire apparaître ω : $\langle dL_s(\omega), (.|dM_s(\omega))\rangle$. Remarquer qu'une martingale hilbertienne telle que $\langle L,(.|M)\rangle = 0$ pour toute martingale réelle L (de carré intégrable) a toutes ses composantes nulles, et donc est nulle.

L'intégrale stochastique $H_t = \int_0^t X_s dM_s$ définie plus haut admet des caractérisations à la KUNITA-WATANABE, soit par la relation

$$\langle\!\langle H,N\rangle\!\rangle_t = \int_0^t X_s d\langle\!\langle M,N\rangle\!\rangle_s$$ pour toute martingale hilbertienne de carré intégrable N

soit par la relation

$$\langle L, (.|H)\rangle_t = \int_0^t X_s d\langle L, (.|M)\rangle_s$$ pour toute martingale réelle de carré intégrable L .

LE PROCESSUS CROISSANT ASSOCIE A M

Prenons l'exemple de la dimension finie : M_t ayant des composantes M_{it} dans une base orthonormale, le véritable "processus croissant" est la matrice des crochets $\langle M_i, M_j\rangle_t$. Nous étendons cela :

PROPOSITION 1. Il existe un processus prévisible[1] (σ_t) sur Ω, à valeurs dans $B(H,H)$, possédant les propriétés suivantes

1) Pour tout (s,ω), $\sigma_s(\omega)$ est symétrique positive, de norme ≤ 1.
2) Pour tout (s,ω), toute base orthonormale (e_i) de H, on a

$$\Sigma_i\ \sigma_s(\omega\ ;\ e_i,e_i) \leq 1$$

3) Quels que soient $x\in H$, $y\in H$, le crochet des deux martingales réelles $(x|M_t)$ et $(y|M_t)$ est

$$(5)\qquad <(x|M),(y|M)>_t = \int_0^t \sigma_s(x,y)d\langle\!\langle M,M\rangle\!\rangle_s$$

DEMONSTRATION. Soit D un espace vectoriel sur les rationnels, dénombrable, dense dans H. Nous savons d'après l'inégalité de KUNITA-WATANABE que

$$\text{(p.s.)}\ \int_u^v |d<(x|M),(y|M)>_s| \leq \left(\int_u^v d<(x|M),(x|M)>_s\right)^{\frac{1}{2}}\left(\int_u^v d<(y|M),(y|M)>_s\right)^{\frac{1}{2}}$$
$$\leq \int_u^v d\langle\!\langle M,M\rangle\!\rangle_s \quad \text{si } \|x\|\leq 1,\ \|y\|\leq 1 .$$

Ceci, parce que $\|M_t\|^2 - (x|M_t)^2$, $\|M_t\|^2 - (y|M_t)^2$ sont des sousmartingales si $\|x\|\leq 1$, $\|y\|\leq 1$. Nous pouvons donc choisir une densité prévisible $\sigma_s(x,y)$ de $d<(x|M),(y|M)>_t$ par rapport à $d\langle\!\langle M,M\rangle\!\rangle_t$.

Ce choix étant fait arbitrairement pour $x,y \in D$, nous décidons de remplacer par 0 la fonction $\sigma_s(\omega\ ;\ .,.)$ sur $D\times D$ si

a) $\sigma_s(\omega\ ;\ x,y)$ n'est pas une fonction Q-bilinéaire sur $D\times D$,

b) $\sigma_s(\omega\ ;\ x,x)$ n'est pas positive sur D, et majorée par $\|x\|^2$.

Comme nous ne modifions σ que sur une réunion dénombrable d'ensembles négligeables pour la mesure $d\langle\!\langle M,M\rangle\!\rangle_s$, et d'ailleurs prévisibles, nous avons encore une densité, et la propriété a) est alors vérifiée partout sur $D\times D$. Alors $\sigma_s(\omega)$ se prolonge par continuité à $H\times H$, et 1) et 3) se vérifient sans aucune peine sur H entier.

1. $B(H,H)$ n'est pas séparable, et nous établissons ici la prévisibilité ordinaire. La prévisibilité forte sera prouvée plus loin.

Passons à 2). Fixons un entier n , et désignons par $e_1,\dots,e_n$ un système orthonormal à n éléments. Le processus $\|M_t\|^2 - \Sigma_i(e_i|M_t)^2$ étant une sousmartingale, nous avons $\langle\!\langle M,M\rangle\!\rangle_t \geqq \Sigma_i\langle(e_i|M),(e_i|M)\rangle_t$, ce qui s'écrit $\Sigma_i\ \sigma_s(e_i,e_i) \leqq 1$ p.p. pour la mesure $d\langle\!\langle M,M\rangle\!\rangle$. L'ensemble des systèmes orthonormaux à n éléments étant séparable (pour la topologie de H^n) et σ_s étant de norme ≤ 1, nous pouvons en remplaçant σ_s par 0 sur une réunion dénombrable d'ensembles (prévisibles) de mesure nulle dans $\mathbb{R}_+\times\Omega$, assurer que $\Sigma_i\ \sigma_s(e_i,e_i) \leqq 1$ identiquement pour tout système orthonormal à n éléments, puis faire tendre n vers l'infini, d'où 2) identiquement. ▯

REMARQUE. Comme $\langle\!\langle M,M\rangle\!\rangle = \Sigma_i\langle(e_i|M),(e_i|M)\rangle$, on peut supposer (quitte à modifier σ sur un ensemble de mesure nulle) que l'on a identiquement $\Sigma_i\ \sigma_s(\omega\ ;\ e_i,e_i) = 1$.

FORMES NUCLEAIRES, PREVISIBILITE FORTE DE σ

Nous établissons maintenant, pour être complets, une série de résultats très faciles d'analyse fonctionnelle. La conséquence en sera la prévisibilité forte du processus qu'on vient de construire.

Soit σ une forme bilinéaire continue sur H, et soit u l'opérateur associé ($\sigma(x,y) = (u(x)|y)$). Nous supposons pour commencer que σ est symétrique et positive.

a) Supposons que H soit de dimension finie, et soit (e_i) une base orthonormale de H. Alors $\Sigma_i\ \sigma(e_i,e_i) = \mathrm{Tr}(u)$ ne dépend pas de la base. En considérant une base orthonormale formée de vecteurs propres de u, on vérifie que $\sigma(x,x) \leq \|x\|^2\mathrm{Tr}(u)$ pour tout $x\in H$.

b) Maintenant, passons en dimension infinie, soit toujours (e_i) une base orthonormale, désignons par H_n l'espace engendré par les n premiers vecteurs, par p_n le projecteur orthogonal correspondant. Nous supposons que $\Sigma_i\ \sigma(e_i,e_i) = 1$, et posons $r_n = \Sigma_{n+1}^{\infty}\ \sigma(e_i,e_i)$, $\sigma_n(x,y) = \sigma(p_n(x),p_n(y))$. Notre premier travail va consister à montrer que $\sigma_n \to \sigma$ <u>en norme</u> dans B(H,H) lorsque $n\to\infty$. Comme les formes symétriques positives de rang fini σ_n appartiennent manifestement à un sous-espace <u>séparable</u> de B(H,H), nous aurons établi la prévisibilité forte du processus (σ_t) .

Considérons deux vecteurs x,y de H, de norme ≤ 1. Supposons d'abord qu'ils appartiennent à H_m , avec m>n . Alors, d'après a) ci-dessus

$$\sigma(x,x) \leqq \|x\|^2\Sigma_1^m \sigma(e_i,e_i) \leqq 1, \text{ et de même pour } \sigma(y,y)$$

De même, en calculant dans $H_m \Theta H_n$

$$\sigma(x-p_nx,x-p_nx) \leqq \|x\|^2\Sigma_{n+1}^m \sigma(e_i,e_i) \leqq r_n \quad (\text{ de même pour } y\ )$$

Comme σ est positive, l'inégalité de Minkowski nous permet de majorer $\sigma(x,y-p_ny)$, etc. Nous en déduisons

$$|\sigma(x,y)-\sigma_n(x,y)| = |\sigma(x,y-p_ny)+\sigma(x-p_nx,p_ny)| \leqq 2\sqrt{r_n}$$

Ceci, pour x et y appartenant à H_m , mais l'extension lorsque $m \to \infty$ est immédiate, et on a le résultat désiré.

c) Remarquer un résultat très simple : il résulte de a) ci-dessus que pour tout système orthonormal fini (f_k) contenu dans l'un des H_m on a $\Sigma_k\sigma(f_k,f_k) \leqq 1$. Mais tout système orthonormal fini peut être approché par un système orthonormal contenu dans H_m si m est grand. On en déduit que $\Sigma_k \sigma(f_k,f_k) \leqq 1$ pour <u>tout</u> système orthonormal fini, puis pour toute base orthonormale. Ainsi, si σ est une forme symétrique $\geqq 0$ on a $\Sigma_k \sigma(f_k,f_k) \leqq \Sigma_i \sigma(e_i,e_i)$ pour tout couple de bases orthonormales. Il y a alors égalité, et la valeur commune de toutes ces sommes est notée $Tr(\sigma)$, ou $Tr(u)$ (on parle de formes ou opérateurs <u>à trace</u>, ou <u>nucléaires</u>).

d) La forme σ est limite en norme de formes de rang fini, l'opérateur u limite en norme d'opérateurs de rang fini . Donc u est compact (sur σ , cela se traduit de la manière suivante : si des x_α convergent faiblement vers x, leurs normes restant bornées, et si des y_α convergent de même vers y, alors $\sigma(x_\alpha.y_\alpha) \to \sigma(x,y)$). Il existe donc une base orthonormale formée de vecteurs propres pour u, et dans cette base (e_i), σ s'écrit

$$\sigma(x,y) = \Sigma_i \lambda_i(x|e_i)(y|e_i) \quad , \text{ avec } \lambda_i \geqq 0,\ \Sigma_i\lambda_i = Tr(\sigma)$$

Plus généralement, soient σ une forme bilinéaire bornée (non nécessairement symétrique, ni positive). On dit que σ est <u>nucléaire</u> s'il existe des vecteurs x_i et y_i de norme $\leqq 1$, des coefficients λ_i , tels que

$$\sigma(x,y) = \Sigma_i \lambda_i(x|x_i)(y|y_i) \quad , \Sigma_i |\lambda_i| < \infty$$

et l'on désigne par $|\sigma|_1$ la borne inférieure des $\Sigma_i|\lambda_i|$ relatives à toutes les décompositions possibles. On vérifie sans peine que $|\sigma| \leqq |\sigma|_1$, que $|\ |_1$ est une norme sur l'espace des formes linéaires, pour laquelle celui-ci est complet, que toute forme nucléaire est compacte. En fait, nous n'aurons jamais à nous servir des formes nucléaires non symétriques.

Lorsque σ est nucléaire et symétrique, il existe une base orthonormale (e_i) dans laquelle $\sigma(x,y)$ s'écrit $\Sigma_i \lambda_i(x|e_i)(y|e_i)$, et il est assez facile de voir (se reporter aux pages 10 et 11) qu'alors $|\sigma|_1 = \Sigma_i|\lambda_i|$. En particulier, si σ est positive, on a $|\sigma|_1=\mathrm{Tr}(\sigma)$.

Abandonnons un peu l'analyse fonctionnelle élémentaire pour revenir aux martingales.

LE PROCESSUS CROISSANT ASSOCIE A M (SUITE)

DEFINITION. Nous notons $<(x|M),(y|M)>_t$ l'intégrale $\int_0^t \sigma_s(x,y)d[\![M,M]\!]_s$, relative aux versions de (σ_t) construites plus haut.

Le processus $<(.|M),(.|M)>$ ainsi construit, à valeurs dans $B(H,H)$, est appelé le <u>processus croissant associé</u> à M.

Comme nous l'avons dit plus haut pour $< L, (.|M) >$, nous utiliserons souvent des notations plus suggestives, telles que $< (x|dM_s),(y|dM_s)>$ pour $d<(x|M),(y|M)>_s$. Les remarques suivantes justifient la terminologie utilisée, et montrent combien le cas hilbertien ressemble au cas réel. Le processus $<(.|M),(.|N)>$ qui y apparaît est défini par polarisation, comme dans le cas réel.

- D'abord, $<(.|M),(.|M)>$ est <u>vraiment</u> un processus croissant, à valeurs dans $B(H,H)$, ordonné par le cône des formes bilinéaires positives. Il prend en fait ses valeurs dans le cône positif $\mathfrak{S}^+$ de l'espace $\mathfrak{S}$ des formes bilinéaires symétriques nucléaires, muni de la norme $|\ |_1$, et l'on a

$$\mathrm{Tr}(<(.|M),(.|M)>_t) = [\![M,M]\!]_t$$

et plus généralement

$$|<(.|M),(.|M)>_t-<(.|M),(.|M)>_s|_1 = [\![M,M]\!]_t - [\![M,M]\!]_s$$

l'application de $\mathbb{R}_+$ dans $\mathfrak{S}$ qui à t associe $\int_0^t <(.|dM_s(\omega)),(.|dM_s(\omega))>$ est donc à variation bornée (pour la norme $|\ |_1$), et sa variation totale est le processus croissant scalaire $\int_0^t [\![dM_s(\omega),dM_s(\omega)]\!]$.

Cela n'a rien de profond, bien sûr : c'est juste le fait que < , > nous est donné comme une intégrale par rapport à $\nleftarrow$, $\nrightarrow$ (fait qui entraîne aussi, de manière évidente, le caractère càdlàg. des trajectoires dans la topologie de $\mathfrak{S}$).

- Maintenant, regardons le processus $M_t^{\otimes 2} = M_t \otimes M_t$ à valeurs dans $B(H,H)$ - c'est la première fois que nous utilisons un signe $\otimes$ dans cet exposé, et nous le faisons au sens le plus banal, où si f désigne une fonction réelle sur F, g une fonction réelle sur G, $f\otimes g$ désigne la fonction $(x,y) \longmapsto f(x)g(y)$ sur $F\times G$; ici $M_t(\omega) \in H'$ est une forme linéaire sur H, et $M_t(\omega)\otimes M_t(\omega)$ une forme bilinéaire sur $H\times H$. Ce processus prend en fait ses valeurs dans $\mathfrak{S}$, il est càdlàg. pour la topologie de la norme $|\ |_1$, et c'est une <u>sousmartingale</u>. En effet, si l'on a $s<t$, $A\in\mathcal{F}_s$, la forme bilinéaire symétrique

$$\int_A (M_t^{\otimes 2} - M_s^{\otimes 2})P$$

est positive, sa valeur en (x,x) étant $\int_A ((x|M_t)^2-(x|M_s)^2)P$. Ce que nous avons fait, c'est réaliser la <u>décomposition de cette sousmartingale</u> , $<(.|M),(.|M)>$ étant le processus croissant correspondant. Bien entendu, nous avons fait cela à la main, car nous ne disposons pas d'une théorie générale des sousmartingales à valeurs dans les Banach ordonnés.

- Nous terminons sur un résultat que nous recommandons d'omettre en première lecture, et pour lequel il nous faut quelques considérations d'analyse fonctionnelle élémentaire. Soit σ une forme bilinéaire symétrique (mais non positive) nucléaire. Soit une représentation de σ sous la forme

$$\sigma(x,y) = \Sigma_j\ \mu_j(x|x_j)(y|y_j) \quad (\|x_j\|\leq 1,\ \|y_j\|\leq 1\ ,\ \Sigma_j|\mu_j|<\infty)$$

Soit (e_i) une base orthonormale de H. Nous avons

$$\Sigma_i|\sigma(e_i,e_i)| \leq \Sigma_i\Sigma_j|\mu_j||(e_i|x_j)||(e_i|y_j)| = \Sigma_j\Sigma_i$$

$$\leq \Sigma_j\ |\mu_j|(\Sigma_i(e_i|x_j)^2)^{1/2}(\Sigma_i(e_i|y_j)^2)^{1/2} \leq \Sigma_j|\mu_j|$$

En passant à l'inf sur la droite, on obtient $\Sigma_i|\sigma(e_i,e_i)| \leq |\sigma|_1$. Mais en prenant pour (e_i) une base orthonormale de vecteurs propres pour u, on a $\sigma(x,y) = \Sigma_i\ \lambda_i(x|e_i)(y|e_i)$, avec $\lambda_i = \Sigma_i\sigma(e_i,e_i)$, et par définition de $|\sigma|_1$, nous avons $|\sigma|_1 \leq \Sigma_i|\lambda_i|$. D'où finalement

Si σ est nucléaire symétrique, $|\sigma|_1$ est le sup des $\Sigma_1^n|\sigma(e_i,e_i)|$ pour tous les systèmes orthonormaux $(e_1,\ldots,e_n)$ finis.

En fait, on peut se borner à un système dénombrable de tels systèmes orthonormaux finis. Maintenant, considérons deux martingales hilbertiennes M et N. Nous avons pour presque tout ω , d'après l'inégalité de KUNITA-WATANABE

$$|\int_u^v <(e_i|dM_s(\omega)),(e_i|dN_s(\omega))>| \leqq (\int_u^v <(e_i|dM_s(\omega)),(e_i|dM_s(\omega))>)^{1/2}.(\quad)^{1/2}$$

où la dernière parenthèse est le terme analogue relatif à N. Sommant sur i et appliquant l'inégalité de Schwarz, puis passant au sup sur les systèmes orthonormaux finis, nous obtenons

$$| <(.|M),(.|N)>_u^v|_1 \leqq (\langle\!\langle M,M\rangle\!\rangle_u^v)^{1/2}(\langle\!\langle N,N\rangle\!\rangle_u^v)^{1/2} \quad \text{p.s.}$$

Nous savons que le processus $<(.|M),(.|N)>_t$ à **valeurs dans** $\mathfrak{S}$ a des trajectoires à variation bornée - cela résulte de sa construction par polarisation. En appliquant l'inégalité précédente à des intervalles de subdivision de $[0,t]$ et en passant au sup, nous avons que

$$\int_0^t |d<(.|M),(.|N)>|_1 \quad \text{(c'est à dire la variation totale de la trajectoire sur } [0,t])$$

$$(6) \qquad \leqq (\langle\!\langle M,M\rangle\!\rangle_t)^{1/2}(\langle\!\langle N,N\rangle\!\rangle_t)^{1/2}$$

c'est à dire, une seconde généralisation vectorielle de l'inégalité de KUNITA-WATANABE.

INTEGRALES STOCHASTIQUES RELATIVES AU PRODUIT SCALAIRE

Reprenons le processus prévisible étagé donné par la formule (2), mais cette fois, avec des variables aléatoires A à valeurs dans H, non dans $\mathbb{R}$, et définissons

$$\int_0^\infty (X_s|dM_s) = \Sigma_k \ (A_k|M_{t_{k+1}}-M_{t_k})$$

On vérifie sans aucune peine la formule

$$(7) \quad E[\|\int_0^\infty (X_s|dM_s)\|^2] = E[\int_0^\infty <(X_s|dM_s),(X_s|dM_s)>]$$
$$= E[\int_0^\infty \sigma_s(X_s,X_s)\, d\langle\!\langle M,M\rangle\!\rangle_s] \ .$$

et un raisonnement familier permet d'étendre l'intégrale stochastique à tous les processus prévisibles X tels que le second membre de (7) soit fini. On définit $\int_0^t (X_s|dM_s)$ pour t fini comme d'habitude.

Cette intégrale stochastique admet une caractérisation à la KUNITA-WATANABE : posons

$$J_t = \int_0^t (X_s|dM_s)$$

martingale réelle de carré intégrable, et soit (L_t) une martingale réelle de carré intégrable. Notons (A_t) le processus à variation finie à valeurs dans H' construit plus haut

$$A_t = \int_0^t < dL_s, (.|dM_s) >$$

Alors nous avons $<L,J>_t = \int_0^t (X_s|dA_s)$ p.s., et la validité de cette relation pour tout L caractérise (J_t).

INTEGRALES STOCHASTIQUES D'OPERATEURS

Nous ne nous proposons pas ici de faire une théorie très générale, et nous nous bornerons à intégrer des opérateurs de norme ≤ 1 .

Supposons d'abord que H soit un espace hilbertien de dimension finie, avec une base orthonormale (e_i), la base duale (e^i). Nous poserons comme plus haut $< dM_{is},dM_{js}> = \sigma_{ijs}d\langle\langle M,M\rangle\rangle_s$. Soit (A_s) un processus prévisible à valeurs dans l'ensemble des opérateurs linéaires de norme ≤ 1, c'est à dire tel que les coefficients de la matrice de A_s

$$A_s(\omega)e_i = \Sigma_j a^j_{is}(\omega)e_j$$

soient des processus prévisibles réels. Nous pouvons définir de manière évidente la martingale de carré intégrable[1] à valeurs dans H'

$$N_t = \int_0^t |A^*_s dM_s) = \Sigma_k (\Sigma_i \int_0^t a^i_{ks}dM_{is})e^k$$

et nous vérifions les propriétés suivantes : d'abord, pour tout processus prévisible borné (X_s) à valeurs dans H

$$(8) \quad \int_0^t (X_s|dN_s) = \int_0^t (A_sX_s|dM_s)$$

En effet, comme X et A sont bornés, cela se ramène à un calcul immédiat sur les composantes. On a aussi

$$< dN_{ks}, dN_{\ell s} > = \Sigma_{ij} a^i_{ks}a^j_{\ell s}\sigma_{ijs} d\langle\langle M,M\rangle\rangle_s$$

ce qui s'écrit de manière intrinsèque

$$(9) \quad <(x|dN_s),(y|dN_s)> = \sigma_s(A_sx,A_sy)d\langle\langle M,M\rangle\rangle_s$$

1. De carré intégrable, parce que toutes ses composantes le sont, les coefficients a^i_{js} étant bornés.

et aussi

(10) $$d\langle\!\langle N,N\rangle\!\rangle_s = \mathrm{Tr}(\sigma_s(A_s.,A_s.))d\langle\!\langle M,M\rangle\!\rangle_s \quad .$$

Nous passons en dimension infinie. La chose à ne pas faire , comme l'ont remarqué les Rennais, consiste à partir des processus prévisibles étagés, puis à passer à la limite : en effet, l'espace des opérateurs linéaires bornés de H dans H n'est pas séparable, et le passage à la limite donnera beaucoup trop peu de processus. Soit (A_s) un processus prévisible à valeur dans l'ensemble des opérateurs de norme 1, prévisible signifiant simplement que pour tout couple (x,y) le processus réel $(A_s x|y)$ est prévisible, ou encore que les coefficients a^j_{is} de la matrice de A_s dans une base orthonormale (e_i) sont prévisibles. Pour tout i, nous définissons la martingale réelle

$$N_{it} = \int_0^t (A_s e_i | dM_s)$$

$$< N_i, N_i >_t = \int_0^t \sigma_s(A_s e_i, A_s e_i) d\langle\!\langle M,M\rangle\!\rangle_s$$

Il nous faut maintenant un petit résultat d'analyse fonctionnelle : soit σ une forme bilinéaire symétrique positive de trace 1, et soit A un opérateur de norme $\leqq 1$. Soit τ la forme symétrique positive $(x,y) \mapsto \sigma(Ax,Ay)$. Choisissons une base de vecteurs propres (f_i) pour σ

$$\sigma(x,y) = \Sigma_i \ \lambda_i(x|f_i)(y|f_i), \text{ avec } \lambda_i \geq 0, \ \Sigma_i \lambda_i = 1$$

alors τ admet la représentation

$$\tau(x,y) = \Sigma_i \ \lambda_i(x|A^* f_i)(y|A^* f_i)$$

et comme $\|A^* f_i\| \leqq 1$, nous avons vu plus haut que $\mathrm{Tr}(\tau) \leqq \Sigma_i |\lambda_i|$ - si la norme de A n'était pas $\leqq 1$, nous aurions $\mathrm{Tr}(\tau) \leqq \|A\|^2 \mathrm{Tr}(\sigma)$. En sommant sur i, nous avons

$$E[\ \Sigma_i < N_i, N_i >_t] \leqq E[\int_0^t \mathrm{Tr}(\sigma_s(A_s.,A_s.))d\langle\!\langle M,M\rangle\!\rangle_s\ ] \leqq E[\langle\!\langle M,M\rangle\!\rangle_t]$$

Donc il existe une martingale hilbertienne (càdlàg.) (N_t) de composantes (N_{it}), et elle satisfait à (10). Il est alors très facile - nous laisserons les détails au lecteur - de vérifier qu'elle satisfait à (8) , ce qui en montre le caractère intrinsèque, puis à (9).

Le petit résultat sur la trace que l'on vient d'utiliser nous donne, à partir de (10)

(11) $$\langle\!\langle N,N\rangle\!\rangle_t \leqq \int_0^t \|A_s\|^2 d\langle\!\langle M,M\rangle\!\rangle_s$$

qui est souvent précieuse, lorsqu'on ne fait pas la restriction que les A_s ont une norme uniformément bornée.

Une dernière remarque : soit (B_s) un second processus prévisible à valeurs dans les opérateurs de norme ≤ 1 . Le processus $C_s = A_s B_s$ est alors prévisible, et on a $\int_0^t |B_s^* dN_s) = \int_0^t |C_s dM_s)$.

DIAGONALISATION D'UNE MARTINGALE HILBERTIENNE

Nous disons que la martingale hilbertienne M est <u>diagonale</u> - dans une base orthonormale (e_i) donnée[1] - si les composantes M_{it} et M_{jt} sont orthogonales pour $i \neq j$, ou encore si toutes les formes bilinéaires σ_{ijs} sont diagonales. Notre but consiste à démontrer le théorème suivant, dû à GALTCHOUK . Nous fixons une base (e_i) :

THEOREME 1. <u>Il existe un processus prévisible</u> (T_s) <u>à valeurs dans l'ensemble des opérateurs unitaires, tel que la martingale</u>

$$N_t = \int_0^t |T_s^* dM_s) \tag{12}$$

<u>soit diagonale dans la base</u> (e_i).

Le principe est simple. Considérons une base orthonormale (f_i) comme un élément de $H^{\mathbb{N}}$: cela permet de définir une structure mesurable sur l'ensemble des bases. Supposons établi le résultat suivant :

<u>Il existe une application mesurable associant à toute forme bilinéaire symétrique compacte</u> σ <u>une base orthonormale</u> $F(\sigma)$, <u>dans laquelle</u> σ <u>est diagonale</u>.

La structure mesurable sur l'ensemble des formes bilinéaires est ici engendrée par les applications $\sigma \mapsto \sigma(x,y)$, $x \in H$, $y \in H$. Il n'y a aucune difficulté à montrer que sur l'ensemble des formes symétriques positives de trace 1, elle coïncide avec la structure borélienne associée à la distance $\| \ \|$ ou $| \ |_1$.

Ce théorème sera établi en appendice, après la bibliographie de l'exposé. Déduisons le théorème 1 . Soit T_s la matrice unitaire de passage de la base (e_i) à la base $F(\sigma_s) = (f_{si})$. Ce processus est prévisible, nous définissons (N_t) par (12) et nous avons

$$N_{it} = (e_i | N_t) = \int_0^t (e_i | T_s^* dM_s) = \int_0^t (T_s e_i | dM_s) = \int_0^t (f_{is} | dM_s)$$

et par conséquent, pour $i \neq j$

$$\langle N_i, N_j \rangle_t = \int_0^t \sigma_s(f_{is}, f_{js}) d\langle\langle M,M \rangle\rangle_s = 0$$

---

1. En réalité, une martingale diagonale possède des propriétés intrinsèques (commutation des opérateurs associés aux formes σ_s).

et la martingale N est bien diagonale. Noter qu'on a alors aussi

(13) $$M_t = \int_0^t | T_s^{*-1} dN_s) [= \int_0^t | T_s dN_s) \text{ si l'on identifie } H \text{ et } H'].$$

Nous en déduisons le théorème de GALTCHOUK, qui donne un résultat pleinement satisfaisant sur les sous-espaces stables .

THEOREME 2. <u>Soient</u> $M_1,\ldots,M_k$ <u>des martingales de carré intégrable en nombre fini</u>, M <u>la martingale</u> $(M_1,\ldots,M_k)$ <u>à valeurs dans</u> $\mathbb{R}^k$, U <u>une martingale de carré intégrable à valeurs réelles, appartenant au sous-espace stable engendré par</u> $(M_1,\ldots,M_k)$. <u>Il existe alors un processus prévisible</u> X <u>à valeurs dans</u> $\mathbb{R}^k$ <u>tel que l'on ait</u>

(14) $$U_t = \int_0^t (X_s | dM_s) .$$

DEMONSTRATION. Nous introduisons la martingale N construite dans la démonstration précédente : N est diagonale et

$$M_t = \int_0^t | T_s dN_s) \quad , \qquad N_t = \int_0^t | T_s^* dM_s)$$

Les M_i étant des intégrales stochastiques par rapport aux N_i, U appartient au sous-espace stable engendré par les N_i. Comme N est diagonale, U est la somme de ses projections sur les composantes N_i, soit

$$U_t = \int_0^t Y_s^1 dN_{1s} + \ \ldots \ + \int_0^t Y_s^k dN_{ks}$$

où Y_s^i est un processus prévisible tel que $E[\int_0^t Y_s^{i2} d\langle N_{is}, N_{is}\rangle] < \infty$ pour tout t. Cela s'écrit aussi

$$U_t = \int_0^t (Y_s | dN_s)$$

où Y_s est un processus prévisible vectoriel tel que l'on ait pour tout t $E[\int_0^t \langle (Y_s|dN_s),(Y_s|dN_s)\rangle] < \infty$. On a alors aussi $U_t = \int_0^t (X_s | dM_s)$ avec $X_s = T_s Y_s$, processus prévisible tel que $E[\int_0^t \langle (X_s|dM_s),(X_s|dM_s)\rangle] < \infty$ pour tout t . Seulement, cette condition n'entraîne pas que $E[\int_0^t X_s^{i2} d\langle M_i, M_i\rangle_s] < \infty$ pour tout i, et on ne peut décomposer l'intégrale vectorielle $\int (X_s | dM_s)$ en une somme d'intégrales stochastiques suivant les composantes, comme dans le cas diagonal.

Il y a une extension triviale en dimension infinie, mais je ne suis pas sûr qu'elle soit intéressante.

BIBLIOGRAPHIE

Comme je l'ai dit dans l'introduction, la motivation de cet exposé vient d'un travail de L.I. GAL'TCHOUK : Structure de certaines martingales, paru dans les Proceedings de l'Ecole-Séminaire sur la théorie des processus aléatoires, Drusnininkai 1974, vol.1, p. 7-32. La démonstration du théorème qui nous intéresse ici comporte une erreur, malheureusement, et je ne pense pas que GALTCHOUK ait publié la démonstration nouvelle qu'il nous a exposée à Strasbourg.

L'article le plus ancien sur les martingales hilbertiennes est dû à KUNITA : Stochastic integrals based on martingales taking values in Hilbert spaces, Nagoya M.J., 38, 1970, p.41-52.

Après cela, je dois citer la thèse de 3e Cycle de Marc YOR (Paris VI, 1973), qui réfère aussi à un cours de 3e Cycle de NEVEU de 1972. L'accent y est mis plutôt sur les mouvements browniens hilbertiens, à ce qu'il semble (je n'ai pas vu le cours de NEVEU), et je n'ai pas directement utilisé ces travaux pour la rédaction de l'exposé. En revanche, j'ai consulté une série de travaux Rennais, que METIVIER m'a aimablement communiqués (je n'ai pas vu [3] ci-dessous : METIVIER y réfère pourtant au sujet de la remarque fondamentale, suivant laquelle l'intégrale stochastique opératorielle doit sortir du champ des processus <u>fortement</u> prévisibles, et je pense que l'effort " pédagogique" de [3] doit être voisin de celui de cet exposé).

[1]. PELLAUMAIL (J.). Sur l'intégrale stochastique et la décomposition de Doob-Meyer. Astérisque 9, 1973, 125 pages.

[2]. METIVIER (M.). Notes aux C.R. sur les intégrales hilbertiennes. t.276 (1973) , p.939 et 1009, et t.277 (1973), p.809.

[3]. PISTONE (G.). Thèse de 3e cycle (Rennes), non publiée.

[4]. METIVIER (M.) et PISTONE (G.). Une formule d'isométrie pour l' i.s. hilbertienne et équations d'évolution linéaires stochastiques. Z.f.W. 33, 1975, p.1-18.

[5]. METIVIER (M.). I.s. par rapport à des martingales à valeurs dans des espaces de Banach réflexifs. Teoriia Ver. 19, 1974.

Parmi les problèmes étudiés dans ces articles, et non abordés ici, on peut citer : la convergence de sommes de " carrés " d'accroissements vers la variation quadratique, le second processus croissant, et la localisation ([2] ci-dessus), et la formule d'ITO ([4]).

Du point de vue de la présentation, ces travaux ont en commun l'idée de base de METIVIER (exposée et développée par PELLAUMAIL dans [1]) suivant laquelle les intégrales stochastiques sont des intégrales par rapport à de vraies mesures vectorielles. Je suis persuadé que c'est un point de vue intéressant et fructueux, mais il y a certainement peu de gens qui connaissent à la fois la théorie générale des processus et la théorie des mesures vectorielles. C'est pourquoi, précisément, j'ai essayé de retraduire dans notre langage une partie des résultats de ces articles.

APPENDICE : UN LEMME D'ANALYSE FONCTIONNELLE

Nous démontrons le lemme figurant dans la démonstration du théorème 1. Il est plus agréable de travailler sur l'ensemble C des opérateurs symétriques compacts, et positifs[1].

Soit $\lambda_1(u) = \sup_{\|x\|\leq 1}(u(x)|x)$: c'est une fonction borélienne sur C , la plus grande valeur propre de u. Nous savons d'après la théorie de RIESZ que si $\lambda_1(u) \neq 0$, alors le sous-espace propre correspondant est de dimension finie (et non nulle).

Soit B_1 l'ensemble des (u,x) tels que $u \in C$, $\|x\|=1$, $\lambda_1(u)\neq 0$, $u(x)=\lambda_1(u)x$. C'est un borélien de $C\times H$, et la coupe de B_1 par tout u tel que $\lambda_1(u)\neq 0$ est compacte. D'après un marteau pilon de théorie de la mesure[2] (voir dans le séminaire de l'an dernier l'exposé de DELLACHERIE sur les ensembles analytiques), il existe une fonction borélienne $\varepsilon_1(u)$ définie sur l'ensemble des u tels que $\lambda_1(u)\neq 0$, et telle que $(u,\varepsilon_1(u))\in B_1$ pour tout u tel que $\lambda_1(u)\neq 0$. Si $\lambda_1(u)=0$, nous prendrons $\varepsilon_1(u)=0$. ε_1 est une fonction borélienne sur C.

Soit $\lambda_2(u) = \sup_{\|x\|\leq 1,\ x\perp\varepsilon_1(u)} (u(x)|x)$, fonction borélienne sur C, et soit B_2 l'ensemble des (u,x) tels que $u\in C$, $\|x\|=1$, $x\perp\varepsilon_1(u)$, $\lambda_2(u)\neq 0$ $u(x)=\lambda_2(u)x$. D'après le même raisonnement, nous pouvons construire une section $\varepsilon_2(u)$ de B_2 , et la prolonger par 0 si $\lambda_2(u)=0$. Nous continuons ainsi par récurrence à définir $\lambda_n(u)$ et $\varepsilon_n(u)$.

Maintenant, nous savons d'après la théorie de RIESZ que les $\lambda_n(u)$ tendent vers 0, et que $u(x) = \Sigma_n \lambda_n(u)(x|\varepsilon_n(u))\varepsilon_n(u)$. Nous distinguons trois cas.

a) Les u tels que les $\varepsilon_n(u)$ forment une base de H forment un ensemble borélien dans C. Supposant par exemple H de dimension infinie, cela signifie en effet que $x=\Sigma_n (x|\varepsilon_n(u))\varepsilon_n(u)$, x parcourant H ou un ensemble dénombrable dense. Sur cet ensemble, le problème est résolu.

b) Les u tels que $\varepsilon_n(u)=0$ pour n assez grand (i.e. $\lambda_n(u)=0$ pour n grand) forment un ensemble borélien. Soit $p(x) = x-\Sigma_i(x|\varepsilon_n(u))\varepsilon_n(u)$. En appliquant le procédé d'orthogonalisation aux $e_i-p(e_i)$ non nuls nous complétons le système fini des $\varepsilon_k(u)$ non nuls en une base, qui est celle que nous cherchons.

c) Les u tels que $\varepsilon_n(u)\neq 0$ pour tout n, mais que les $\varepsilon_n(u)$ ne forment pas une base, se traitent de la même manière, mais il faut ranger les deux systèmes obtenus en une seule suite par entrelacement.

1. Nous n'avons à diagonaliser que des formes positives.
2. On peut s'en passer de manière élémentaire.

Université de Strasbourg
Séminaire de Probabilités 1975-76

NOTES SUR LES INTEGRALES STOCHASTIQUES . II

LE THEOREME FONDAMENTAL SUR LES MARTINGALES LOCALES

(P.A. Meyer)

Toute la théorie des intégrales stochastiques repose sur une seule propriété des martingales locales (voir le cours sur les I.S., chap. IV, n°8 , p.294-295) : le fait que celles-ci se décomposent localement en somme d'une martingale de carré intégrable, et d'une martingale à variation intégrable. Le but de cette note est de donner une démonstration de ce résultat qui m'a été communiquée dans une lettre de K.A.YEN, et qui est bien meilleure que celle du cours. YEN l'a publiée, mais en chinois.

Considérons une martingale locale M nulle en 0, et considérons le processus croissant

(1) $$\alpha_t = \sum_{s \leqq t} |\Delta M_s| I_{\{|\Delta M_s| \geqq 1\}}$$

Nous allons montrer

LEMME 1. α <u>est localement intégrable</u>.

Admettons le lemme 1 pour un instant (la démonstration est très simple). Nous pouvons définir le processus à variation localement intégrable

(2) $$A_t = \sum_{s \leqq t} \Delta M_s I_{\{|\Delta M_s| \geqq 1\}}$$

et son compensateur prévisible $\tilde{A}$, puis poser

(3) $$M = (A-\tilde{A}) + N$$

où N est une martingale locale. Nous allons prouver (très simplement aussi)

LEMME 2. <u>Les sauts de</u> N <u>sont bornés par</u> 2.

Dans ces conditions, le "théorème fondamental" est établi. Soit en effet (R_n) une suite croissante de temps d'arrêt telle que $R_n \uparrow +\infty$ et que $E[\int_0^{R_n} |dA_s|+|d\tilde{A}_s|] < \infty$; soit $S_n = \inf \{ t : |N_t| \leqq n \}$, de sorte que $|N_t| \leqq n+2$ sur $[0,S_n]$; soit enfin $T_n = R_n \wedge S_n$. Alors la martingale locale arrêtée M^{T_n} est somme de $(A-\tilde{A})^{T_n}$ (à variation intégrable), et de N^{T_n}

(martingale bornée[1]). C'est la conclusion désirée.

Passons à la démonstration des deux lemmes. D'après la définition même d'une martingale locale, nous pouvons nous ramener par arrêt au cas où M est une martingale uniformément intégrable nulle en 0 .

DEMONSTRATION DU LEMME 1. Comme il n'y a qu'un nombre fini de sauts ≥ 1 sur tout intervalle fini, le processus croissant α est à valeurs finies. Soit $U_n = \inf \{ s : \alpha_s \geq n \text{ ou } |M_s| \geq n \}$. Nous avons $|\Delta M_{U_n}| \leq |M_{U_n}| + |M_{U_n -}| \leq |M_{U_n}| + n$, puis $\alpha_{U_n} \leq \alpha_{U_n -} + |\Delta M_{U_n}| \leq |M_{U_n}| + 2n$, qui appartient à L^1 du fait que (M étant uniformément intégrable) M_{U_n} est intégrable. Comme $U_n \uparrow \infty$, on voit que α est localement intégrable.

DEMONSTRATION DU LEMME 2. Quitte à arrêter encore M à l'un des temps d'arrêt précédents U_n , on peut supposer que M est uniformément intégrable, A à variation intégrable. Alors $\tilde{A}$ est aussi à variation intégrable, et N est une martingale uniformément intégrable.

En un temps totalement inaccessible T nous avons $\Delta\tilde{A}_T = 0$, donc $\Delta N_T = \Delta M_T - \Delta A_T = \Delta M_T I_{\{|\Delta M_T| \leq 1\}}$, et par conséquent $|\Delta N_T| \leq 1$.

En un temps prévisible T nous avons $\Delta\tilde{A}_T = E[\Delta A_T | \underline{\underline{F}}_{T-}]$, tandis que $E[\Delta M_T | \underline{\underline{F}}_{T-}] = 0$. Donc $\Delta N_T = \Delta M_T - E[\Delta M_T | \underline{\underline{F}}_{T-}] - (\Delta A_T - E[\Delta A_T | \underline{\underline{F}}_{T-}]) = \Delta(M-A)_T - E[\Delta(M-A)_T | \underline{\underline{F}}_{T-}]$. Cette différence est ≤ 2 en valeur absolue, car $|\Delta(M-A)_T| \leq 1$.

1. Dans le cours sur les i.s., on n'indique pas de décomposition au moyen d'une telle martingale bornée. Mais on en indique une (V,5) au moyen d'une martingale de $\underline{\underline{BMO}}$, et toute martingale de $\underline{\underline{BMO}}$ est localement bornée (à sauts bornés). La nouveauté est plutôt ici le fait que la décomposition $M=(A-\tilde{A})+N$ est "globale" (et la simplicité de la démonstration).

Université de Strasbourg
Séminaire de Probabilités 1975-76

NOTES SUR LES INTEGRALES STOCHASTIQUES . III
SUR UN THEOREME DE C. HERZ ET D. LEPINGLE

(P.A. Meyer)

Commençons par rappeler quelques résultats du cours sur les i.s. (chap. V, n°29 ; chap. VI n°29) .

D'abord, le fait que l'espace $\underline{\underline{H}}^1$ admet <u>deux</u> caractérisations : soit comme l'espace des martingales locales M telles que $[M,M]_\infty^{1/2} \in L^1$ (nous parlerons alors de $\underline{\underline{H}}_q^1$, q pour <u>quadratique</u>), soit comme l'espace des martingales M telles que $M^* \in L^1$ (noté H_m^1 , m pour <u>maximal</u>). Dans le cours, on prouve que le dual de $\underline{\underline{H}}_q^1$ est $\underline{\underline{BMO}}$, puis on démontre que $\underline{\underline{H}}_q^1 = \underline{\underline{H}}_m^1$.

Ensuite, le théorème de représentation de $\underline{\underline{BMO}}$: si une martingale M appartient à $\underline{\underline{BMO}}$, il existe deux processus à variation intégrable A'_t , A''_t , le premier adapté, le second prévisible, tels que $M_\infty = A'_\infty + A''_\infty$ et que l'on ait , pour tout temps d'arrêt T

$$(1) \qquad E[\int_{[T,\infty[} |dA'_s| + \int_{]T,\infty]} |dA''_s| \,|\underline{\underline{F}}_T] \leq c\|M\|_{\underline{\underline{BMO}}}$$

Plus précisément, $\underline{\underline{BMO}}$ étant le dual de $\underline{\underline{H}}^1$ peut être, lui aussi, muni de deux normes équivalentes, provenant des normes "q" et "m" sur $\underline{\underline{H}}^1$. Si la norme choisie est la norme "m", alors on a c=1. En fait, la démonstration de ce résultat n'utilise absolument pas l'aspect "quadratique" de la théorie de $\underline{\underline{H}}^1$-$\underline{\underline{BMO}}$.

Le but de cette note est de présenter les progrès récents sur ces deux questions : théorie de $\underline{\underline{H}}_m^1$, représentation de $\underline{\underline{BMO}}$. Il me semble que l'on comprend bien mieux, à présent, ce qui se passe.

1. Nous commençons par une remarque de D. LEPINGLE. Soit (B_t) un processus croissant prévisible, pouvant présenter un saut à l'infini, tel que $B_0=0$ et que $E[B_\infty - B_t|\underline{\underline{F}}_t] = X_t \leq 1$. Alors on a aussi $E[B_\infty - B_{T-}|\underline{\underline{F}}_T] \leq 2$. Autrement dit, le second type de processus à variation intégrable considéré dans (1) est un cas particulier du premier, et il existe <u>une représentation de la forme</u> $M_\infty = A'_\infty$, <u>où apparaît un seul processus à variation intégrable</u> (du type adapté à potentiel gauche borné). En un certain sens, cette représentation est moins bonne que (1), car la constante c n'est plus égale à 1 lorsque $\|\;\|_{\underline{\underline{BMO}}}$ est la norme "m" ; mais elle est aussi plus simple.

Démontrons la propriété annoncée. En un temps d'arrêt totalement inaccessible T on a $\Delta B_T=0$, puisque B est prévisible. En un temps d'arrêt prévisible T on a $\Delta B_T=-E[\Delta X_T|\underline{\underline{F}}_{T-}] \leqq 1$, puisque (X_t) est compris entre 0 et 1. Ainsi le <u>processus</u> ΔB est compris entre 0 et 1. Mais alors on a en tout temps d'arrêt T $E[B_\infty-B_{T-}|\underline{\underline{F}}_T] = E[B_\infty-B_T|\underline{\underline{F}}_T]+\Delta B_T= X_T+\Delta B_T \leqq 2$.

2. Nous passons à une démonstration directe du théorème de représentation de $\underline{\underline{BMO}}$ sous cette forme (i.e. au moyen d'un seul processus **adapté** à variation intégrable). Cette démonstration n'utilise pas le fait que le dual de $\underline{\underline{H}}^1$ est $\underline{\underline{BMO}}$: elle part d'une martingale de $\underline{\underline{BMO}}$, non d'une forme linéaire continue sur $\underline{\underline{H}}^1_m$. Elle a été établie par C. HERZ, dans un cours non publié, antérieurement à celle du chap.VI n°29, et redécouverte[1] indépendamment par D. LEPINGLE au cours de l'hiver 1976.

Nous partons d'une martingale $M=(M_t)$, appartenant à $\underline{\underline{BMO}}$. Précisément, nous écrivons que

(2) $\quad E[|M_\infty - M_t||\underline{\underline{F}}_t] \leqq 1$ pour tout t

et que les sauts de M sont bornés (y compris $\Delta M_0=M_0$)

(3) $\quad |\Delta M| \leqq a$

Nous choisissons une constante c>1, et nous définissons par récurrence une suite (T_n) de temps d'arrêt par $T_{-1}=0-$ $(M_{0-}=0)$ et

(4) $\quad T_{n+1} = \inf \{ t>T_n : |M_t-M_{T_n}| > c \}$

puis nous définissons les v.a. $H_n=P\{T_{n+1}<\infty |\underline{\underline{F}}_{T_n}\}$, et

(5) $$K_n = \frac{I_{\{T_n<\infty ,T_{n+1}=\infty \}}}{1 - H_n} (M_{T_n}-M_{T_{n-1}}) \quad (n\geqq 0)$$

nous remarquons que, pour tout ω , $K_.(\omega)$ n'est $\neq 0$ que pour une valeur de n au plus (le dernier n tel que $T_n(\omega)<\infty$). D'autre part, nous avons

$$|M_{T_n-} - M_{T_{n-1}}| \leqq c \quad , \text{ donc } |M_{T_n}-M_{T_{n-1}}| \leqq c+a \text{ d'après (3)}$$

L'inégalité $cI_{\{T_{n+1}<\infty\}} \leqq |M_{T_{n+1}}-M_{T_n}|$ nous donne en conditionnant par rapport à $\underline{\underline{F}}_{T_n}$ $\quad cH_n \leqq E[|M_{T_{n+1}}-M_{T_n}||\underline{\underline{F}}_{T_n}] = E[|E[M_\infty-M_{T_n}|\underline{\underline{F}}_{T_{n+1}}]||\underline{\underline{F}}_{T_n}]$ $\leqq E[|M_\infty-M_{T_n}||\underline{\underline{F}}_{T_n}] \leqq 1$, donc $H_n \leqq 1/c$ et finalement

$$K_n \leqq c(c+a)/c-1$$

1. C'est la forme de HERZ que nous suivons ici mot à mot. Celle de LEPINGLE est la même en substance, mais plus compliquée.

Nous considérons alors le processus à variation finie non adapté

(6) $$U_t = \sum_0^{\infty} K_n I_{\{t \geq T_n\}}$$

sa variation totale est au plus

(7) $$\int_{0-}^{\infty} |dU_s| \leq \frac{c(c+a)}{c-1} .$$

Son compensateur adapté est le processus

(8) $$\bar{U}_t = \sum_0^{\infty} E[K_n|\mathcal{F}_{T_n}] I_{\{t \geq T_n\}}$$

Or on a $E[K_n|\mathcal{F}_{T_n}] = (M_{T_n} - M_{T_{n-1}}) I_{\{T_n < \infty\}}$, et par conséquent

(9) $$\bar{U}_{\infty} = M_L \text{ où } L \text{ est le dernier des } T_n < \infty$$

Par définition des T_n on a $|M_{\infty} - M_L| \leq c$. Si donc nous définissons

(10) $$V_t = U_t \text{ pour } t < \infty \quad , \quad V_{\infty} = U_{\infty} + (M_{\infty} - M_L)$$

nous avons un processus à variation intégrable non adapté, présentant au plus deux sauts (dont l'un est à l'infini), et ayant une variation totale bornée par c(2c+a-1)/c-1. Sa projection duale optionnelle

(11) $$\bar{V}_t = \bar{U}_t \text{ pour } t < \infty \quad , \quad \bar{V}_{\infty} = \bar{U}_{\infty} + M_{\infty} - M_L = M_{\infty}$$

est telle que $E[\int_{[T,\infty]} d\bar{V}_s|\mathcal{F}_T] \leq c(2c+a-1)/c-1$, et que $\bar{V}_{\infty} = M_{\infty}$, et nous avons obtenu la représentation désirée pour M_{∞} (avec une intéressante précision quant à la structure de V).

3. A partir de ce théorème nous pouvons - en suivant LEPINGLE - démontrer directement que le dual de H^1_m est BMO, sans jamais parler de variation quadratique. Nous définissons BMO comme nous l'avons fait plus haut : une martingale M appartient à BMO si $E[|M_{\infty} - M_{T-}||\mathcal{F}_T]$ est uniformément borné (indépendamment du temps d'arrêt T). Ou encore, si $E[|M_{\infty} - M_t|\mathcal{F}_t]$ est uniformément borné et les sauts de M sont bornés. Le résultat de HERZ-LEPINGLE peut s'énoncer de la manière suivante (nous utilisons la notation $\bar{V}$, comme au n°2 ci-dessus, pour désigner la projection duale optionnelle d'un processus à variation intégrable V).

(12) M appartient à BMO $\Leftrightarrow M_t = E[\bar{V}_{\infty}|\mathcal{F}_t]$, où V est un processus à variation intégrable (non adapté, pouvant présenter des sauts en 0 et en $+\infty$) tel que $\int_{[0,\infty]} |dV_s| \leq c$

et la plus petite constante c possible définit une norme équivalente à la norme BMO . L'implication $\Rightarrow$ fait l'objet du n°2, tandis que $\Leftarrow$ est très facile.

Il est bien connu que, dans la représentation (12), la v.a. $\int_{[0,\infty]} |d\bar{V}_s|$ appartient à L^2 (même à tout L^p, $p<\infty$). Il en résulte en particulier que si X est une martingale de carré intégrable, on a

$$(13) \qquad E[X_\infty M_\infty] = E[X_\infty \bar{V}_\infty] = E[\int_{[0,\infty]} X_\infty d\bar{V}_s] \underset{a}{=} E[\int_{[0,\infty]} X_s d\bar{V}_s]$$

$$\underset{b}{=} E[\int_{[0,\infty]} X_s dV_s]$$

(a, parce que X est projection optionnelle du processus constant égal à X_∞ ; b, parce que X est optionnel, et $\bar{V}$ projection duale optionnelle de V). Nous en déduisons en particulier une "inégalité de FEFFERMAN"

$$(14) \quad |E[X_\infty M_\infty]| \leq E[\int_{[0,\infty]} |X_s||dV_s|] \leq E[X^* \int_{[0,\infty]} |dV_s|] \leq cE[X^*]$$

$$\leq K.\|X\|_{\underline{\underline{H}}^1_m} \|M\|_{\underline{\underline{BMO}}} .$$

Les martingales de carré intégrable forment un sous-espace dense de $\underline{\underline{H}}^1_m$ (cf. le cours sur les i.s., V.12, p.339 : la démonstration s'applique aussi bien à la norme de $\underline{\underline{H}}^1_m$, et s'appliquerait d'ailleurs aussi à l' espace des martingales bornées). On en déduit que l'application $X \mapsto E[\int X_s dV_s]$ est l'unique prolongement continu, à $\underline{\underline{H}}^1_m$ entier, de $X \mapsto E[X_\infty M_\infty]$. En particulier, elle ne dépend pas du choix de V, et l'on a une autre expression "explicite" de la forme linéaire sur $\underline{\underline{H}}^1$ associée à un élément de $\underline{\underline{BMO}}$.

Montrons maintenant que toute forme linéaire continue sur $\underline{\underline{H}}^1_m$ s'écrit de cette manière. Comme l'espace $\underline{\underline{M}}$ des martingales de carré intégrable est un sous-espace de $\underline{\underline{H}}^1_m$, avec une norme plus forte, toute forme linéaire continue φ sur $\underline{\underline{H}}^1_m$ <u>peut s'écrire sur</u> $\underline{\underline{M}}$ sous la forme

$\varphi(X) = E[X_\infty M_\infty]$, où M est une martingale de carré intégrable,

et tout revient à montrer que M appartient à $\underline{\underline{BMO}}$.

1) Soit T un temps d'arrêt, et soit $U \in L^2(\underline{\underline{F}}_T)$. Soit X la martingale $A-\tilde{A}$, compensée de $A_t = UI_{\{t \geq T\}}$. On a $E[X^*] \leq 2E[|U|]$, et d'autre part si T est soit prévisible, soit totalement inaccessible

$$\varphi(X) = E[X_\infty M_\infty] = E[\Delta X_T \Delta M_T] = E[U \Delta M_T]$$

l'inégalité $|\varphi(X)| \leq cE[X^*]$ nous donne donc ici $|E[U\Delta M_T]| \leq 2cE[|U|]$, et par conséquent $|\Delta M_T| \leq 2c$ p.s.. On en déduit que M <u>est une martingale à sauts bornés par</u> 2c.

2) Soient $A \in \underline{\underline{F}}_t$, et Y une v.a. $\underline{\underline{F}}$-mesurable dominée par I_A en valeur absolue. Soit $X_s = E[X_\infty | \underline{\underline{F}}_s]$, où $X_\infty = Y - E[Y|\underline{\underline{F}}_t]$; nous avons $X^* \leq 2I_A$,

donc

$$|\varphi(X)| \leqq cE[X^*] \leqq 2cP(A) .$$

Mais d'autre part $\varphi(X)=E[X_\infty M_\infty] = E[Y(M_\infty - M_t)]$. Prenant $Y=I_A.\mathrm{sgn}(M_\infty - M_t)$ il vient

$$\int_A |M_\infty - M_t| P \leqq 2cP(A)$$

et comme A est arbitraire, $E[|M_\infty - M_t||\underline{\underline{F}}_t] \leqq 2c$.

Les deux résultats mis ensemble signifient que M appartient à $\underline{\underline{BMO}}$.

Ce théorème de représentation de $\underline{\underline{BMO}}$ tient lieu plus ou moins, en probabilités, d'une représentation analytique due à CARLESON. Il reste à faire le pont entre cet aspect de la théorie de $\underline{\underline{BMO}}$-$\underline{\underline{H}}^1$ et l'aspect "quadratique".

Université de Strasbourg
Séminaire de Probabilités 1976/77

NOTES SUR LES INTEGRALES STOCHASTIQUES . IV

CARACTERISATION DE BMO PAR UN OPERATEUR MAXIMAL

par P.A. Meyer

A la fin de l'article " Factorization theorems for Hardy spaces in several variables" , de COIFMAN, ROCHBERG et WEISS, figurent deux théorèmes qui se traduisent immédiatement du langage analytique en langage probabiliste. La forme probabiliste obtenue est même légèrement plus précise que la forme analytique. Je ne sais pas à quoi peuvent servir ces deux théorèmes, mais je pense qu'il faut tenir à jour le dictionnaire "Analyse-Probabilités ; Probabilités-Analyse", et c'est pourquoi la démonstration en figure ici[1]. Il y a aussi un théorème 3.

Les notations $\Omega, \underline{\underline{F}}, P, (\underline{\underline{F}}_t)$ ont leurs significations usuelles , ainsi que la notation * pour désigner une fonction maximale. On suppose $\underline{\underline{F}}=\underline{\underline{F}}_\infty$.

THEOREME 1 . Soit B une variable aléatoire intégrable, et soit (B_t) la martingale continue à droite $(E[B|\underline{\underline{F}}_t])$ ($B=B_\infty$)

1) Supposons que B appartienne à BMO . Alors on a pour toute martingale (X_t), tout $p\in[1,\infty[$

$$(1) \qquad \| \sup_t X_t^* |B_\infty - B_{t-}| \|_p \leq c_p \|X^*\|_p$$

où $c_p = d_p \|B\|_{BMO}$, d_p étant une constante universelle.

2) Inversement, l'inégalité plus faible

$$(2) \qquad \| \sup_t |X_t(B_\infty - B_{t-})| \|_p \leq c_p \|X^*\|_p$$

entraîne que B appartient à BMO.

DEMONSTRATION. Nous commençons par la seconde partie, avec $1<p<\infty$ d'abord. Soient T un temps d'arrêt, A un élément de $\underline{\underline{F}}_T$, (X_t) la martingale $E[I_A|\underline{\underline{F}}_t]$, comprise entre 0 et 1, et telle que $X_T=I_A$. Nous savons d'après l'inégalité de DOOB que $\| X^* \|_p \leq qP(A)^{1/p}$. Alors

$$\int_A |B_\infty - B_{T-}|^p = E[X_T^p |B_\infty - B_{T-}|^p] \leq E[(\sup_t \ldots)^p] \leq c_p^p E[X^{*p}] \leq c_p^p q^p P(A)$$

Cela signifie que $E[|B_\infty - B_{T-}|^p|\underline{\underline{F}}_T] \leq q^p c_p^p$, et B appartient à BMO .

Le cas p=1 est... évident, car l'inégalité (2) avec p=1 entraîne (2)

---

1. Cette rédaction est le résultat d'une discussion avec R. Coifman aux journées d'Analyse Harmonique du Clébard en Juin 1976, et je profite de cette occasion pour remercier les organisateurs, J.Faraut et P. Eymard, ainsi que R. Coifman lui même.

avec p=2 .

Nous passons à la première partie , qui est plus intéressante. Nous pouvons nous ramener au cas où $\|B\|_{\underline{\underline{BMO}}}=1$, et nous utilisons les notations c, c_p pour désigner une constante qui peut changer de valeur de place en place. Nous utilisons le théorème de HERZ-LEPINGLE (cf. la note IV) pour représenter B comme $U_\infty - V_\infty$, où (U_t) et (V_t) sont deux processus croissants adaptés, tels que $U_{0-}=V_{0-}=0$ et que

$$E[U_\infty - U_{T-}|\underline{\underline{F}}_T],\ E[V_\infty - V_{T-}|\underline{\underline{F}}_T] \leq c \text{ pour tout t.d'a. } T .$$

et il nous suffit évidemment de nous occuper du premier et de démontrer que, si l'on pose $u_t = E[U_\infty|\underline{\underline{F}}_t]$

$$\| \sup_t X_t^*|U_\infty - u_{t-}| \|_p \leq c_p \|X^*\|_p$$

Seulement, l'inégalité $E[U_\infty - U_{T-}|\underline{\underline{F}}_T] \leq c$ s'écrit aussi $|u_T - U_{T-}| \leq c$ pour tout temps d'arrêt, d'où par section optionnelle $|u_t - U_{t-}| \leq c$ identiquement, puis par limites à gauche $|u_{t-} - U_{t-}| \leq c$, puis comme les sauts de U sont bornés par c , $|u_{t-} - U_t| \leq 2c$. Pour finir, il nous suffit de montrer

(3) $$\| \sup_t X_t^*(U_\infty - U_t) \|_p \leq c_p \|X^*\|_p$$

Introduisons le processus croissant $A_t = X_t^*$ ($A_{0-}=0$), le processus décroissant non adapté $D_t = (U_\infty - U_t)^p$, qui satisfait à $E[D_T|\underline{\underline{F}}_T] \leq c_p$ pour tout temps d'arrêt T d'après l'inégalité de John-Nirenberg. Nous avons

$$A_t D_t = A_{0-}D_{0-} + \int_0^t A_{s-}dD_s + \int_0^t D_s dA_s \leq \int_0^t D_s dA_s \leq \int_0^\infty D_s dA_s$$

$$E[\sup_t A_t D_t] \leq E[\int_0^\infty D_s dA_s] \leq c_p E[\int_0^\infty dA_s] = c_p E[X^{*p}]$$

puisque la projection optionnelle de (D_t) est majorée par c_p. Le théorème est établi.

REMARQUE. On a établi en fait un résultat un peu plus fort ! on a

$$\| \sup_t (\sup_{s\leq t} |X_s|)(\sup_{s\geq t} |B_\infty - B_{s-}|) \|_p \leq c_p \|X^*\|_p$$

La démonstration du résultat analogue en analyse laisse échapper, semble t'il, le cas p=1 , et d'autre part ne donne qu'une inégalité du type (2), avec $|X_t|$ au lieu de X_t^* . Je pense qu'il serait assez facile de retrouver ces deux petits raffinements. Noter toutefois que le résultat probabiliste concernerait une fonction maximale évaluée au moyen de partitions dyadiques, et le résultat analytique une fonction maximale du type HARDY-LITTLEWOOD, évaluée sur tous les cubes contenant un point.

REMARQUE. Le mélange de t et de t- dans la formule (1) peut paraître bizarre. En fait, par passage à la limite à droite ou à la limite à gauche, on se trouve avoir majoré aussi

$$\sup_t X_t^* |B_\infty - B_t| \quad \text{et} \quad \sup_t X_{t-}^* |B_\infty - B_{t-}|$$

mais j'ignore si les inégalités ainsi obtenues caractérisent $\underline{\underline{BMO}}$. Je ne le pense pas : cela ressemble plutôt aux espaces $\underline{\underline{bmo}}_p$.

Dans le travail analytique, le second théorème précède le premier . Il me semble que l'ordre inverse est avantageux, car le second théorème n'est probablement pas vrai pour p=1.

THEOREME 2. Avec les mêmes notations on a, pour $1<p<\infty$

$$(4) \qquad \| \sup_t | E[B_\infty X_\infty | \underline{\underline{F}}_t] - B_\infty X_t | \|_p \leq c_p \|X_\infty\|_p$$

où $c_p = d_p \|B\|_{\underline{\underline{BMO}}}$, et d_p est une constante universelle.

DEMONSTRATION. Nous rappelons d'abord que pour $p>1$, les normes $\|X^*\|_p$ et $\|X_\infty\|_p$ sont équivalentes. Puis nous écrivons

$$E[B_\infty X_\infty | \underline{\underline{F}}_t] - B_\infty X_t = (E[B_\infty X_\infty | \underline{\underline{F}}_t] - B_{t-} X_t) - (B_\infty - B_{t-}) X_t$$

et la dernière parenthèse est majorée par le sup qui figure dans (1). D'après le théorème 1, nous n'avons pas à nous en occuper.

Comme X est bornée dans L^p $(p>1)$ et B appartient à $\underline{\underline{BMO}}$, $B_t X_t - [B,X]_t$ est une martingale uniformément intégrable, et l'on a

$$E[B_\infty X_\infty | \underline{\underline{F}}_t] = B_t X_t + E[[B,X]_\infty | \underline{\underline{F}}_t] - [B,X]_t$$

Donc la première parenthèse au second membre s'écrit

$$X_t \Delta B_t + E[[B,X]_\infty - [B,X]_t | \underline{\underline{F}}_t]$$

Comme les sauts de B sont bornés par $2\|B\|_{\underline{\underline{BMO}}}$, et $|X_t|$ par X^* , le premier terme se majore immédiatement . Pour le second terme, nous écrivons l'inégalité de FEFFERMAN sous sa forme conditionnelle

$$|E[[B,X]_\infty - [B,X]_t | \underline{\underline{F}}_t]| \leq E[\int_t^\infty |d[B,X]_s| \, | \underline{\underline{F}}_t] \leq$$

$$\leq c \| B \|_{\underline{\underline{BMO}}} E[\sqrt{[X,X]_\infty - [X,X]_t} \, | \underline{\underline{F}}_t] \leq c \|B\|_{\underline{\underline{BMO}}} E[\sqrt{[X,X]_\infty} \, | \underline{\underline{F}}_t]$$

Maintenant, nous passons au sup en t . A droite nous avons une martingale , donc $\| \sup_t E[[X,X]_\infty^{1/2} | \underline{\underline{F}}_t] \|_p \leq q E[[X,X]_\infty^{1/2} \|_p$ (DOOB) $\leq c_p \|X_\infty\|_p$ (BURKHOLDER) et le théorème est établi.

REMARQUE. L'un des buts de l'article de COIFMAN, ROCHBERG et WEISS est la démonstration de théorèmes sur les commutateurs d'opérateurs intégraux singuliers et d'opérateurs de multiplication. Le théorème 2 (comme le théorème analytique analogue) est un théorème de commutateurs : soient

β l'opérateur de multiplication par B : $\beta(X)=BX$; cet opérateur n'est borné sur L^p que si $\beta\in L^\infty$

a_S l'opérateur qui - S étant une v.a. positive , non nécessairement un temps d'arrêt - associe à X la valeur à l'instant S de la martingale continue à droite $E[X|\underline{\underline{F}}_t]$; cet opérateur est borné sur L^p.

Alors le théorème 2 nous dit que l'opérateur $a_S\beta-\beta a_S$ est borné dans L^p, avec une norme majorée par $d_p\|B\|_{\underline{\underline{BMO}}}$, indépendante de S.

Dans le contexte probabiliste, le problème de commutateurs le plus naturel concerne l'opérateur d'intégrales stochastiques :

(5) $$J(X) = \int_0^\infty H_s dX_s \quad \text{où } X_t=E[X|\underline{\underline{F}}_t] \text{ , et H est prévisible, } |H|\leq 1 \text{ .}$$

Nous allons commencer par calculer le commutateur $J\beta-\beta J$. Nous introduisons les processus suivants

(6) $$Y_t=E[B_\infty X_\infty|\underline{\underline{F}}_t] \qquad Z_t=E[[B,X]_\infty-[B,X]_t|\underline{\underline{F}}_t]$$

Nous avons , $B_tX_t-[B,X]_t$ étant une martingale uniformément intégrable si B appartient à $\underline{\underline{BMO}}$ et X est bornée dans L^p, p>1

(7) $$Y_t = B_tX_t + Z_t = \int_0^t B_{s-}dX_s + \int_0^t X_{s-}dB_s + \int_0^t d[B,X]_s + Z_t$$

donc

(8) $$J\beta(X) = \int_0^\infty H_sB_{s-}dX_s + \int_0^\infty H_sX_{s-}dB_s + \int_0^\infty H_s d[B,X]_s + \int_0^\infty H_s dZ_s$$

D'autre part, soit $X'=H\cdot X$, et soit $Z'_t=E[[B,X']_\infty-[B,X']_t|\underline{\underline{F}}_t]$. Nous avons d'après (7) appliquée à $X'=J(X)$

(9) $$\beta J(X) = \int_0^\infty B_{s-}dX'_s + \int_0^\infty X'_{s-}dB_s + \int_0^\infty d[B,X']_s + Z'_\infty$$

$$= \int_0^\infty H_sB_{s-}dX_s + \int_0^\infty X'_{s-}dB_s + \int_0^\infty H_s d[B,X]_s + Z'_\infty$$

d'où pour finir l'expression du commutateur :

(10) $$J\beta(X)-\beta J(X) = \int_0^\infty (H_sX_{s-}-X'_{s-})dB_s + \int_0^\infty H_s dZ_s - Z'_\infty$$

Ce calcul étant fait, nous démontrons :

THEOREME 3. Le commutateur $J\beta-\beta J$ est un opérateur borné dans L^p $(1<p<\infty)$ avec une norme majorée par $d_p\|B\|_{\underline{BMO}}$, d_p étant une constante universelle.

DEMONSTRATION. Posons $b=\|B\|_{\underline{BMO}}$. Nous avons trois termes à majorer. Nous regardons d'abord le processus

$$Z_t = E[[B,X]_\infty - [B,X]_t | \underline{F}_t]$$

Décomposons $[B,X]_t$ en différence de deux processus croissants adaptés A_t^+ et A_t^- ; l'inégalité de FEFFERMAN sous sa forme conditionnelle nous dit que

$$E[\int_{T-}^{\infty} |d[B,X]|_s | \underline{F}_T] \leq c\|B\|_{\underline{BMO}} E[\sqrt{[X,X]_\infty - [X,X]_{T-}} | \underline{F}_T]$$

Le côté gauche s'écrit comme la somme de $E[A_\infty^+ - A_{T-}^+ | \underline{F}_T]$ et de $E[A_\infty^- - A_{T-}^- | \underline{F}_T]$ D'après le lemme de GARSIA (cours sur les i.s., sém. X p.346) nous avons

$$\|A_\infty^+ + A_\infty^-\|_p \leq c_p b \|[X,X]_\infty^{1/2}\|_p \leq c_p b \|X_\infty\|_p \quad \text{(BURKHOLDER)}$$

Décomposons Z en $Z^+ - Z^-$, où $Z^\pm = E[A_\infty^\pm | \underline{F}_t] - A_t^\pm = M_t^\pm - A_t^\pm$. Alors

$$\int_0^\infty H_s dZ_s^\pm = \int_0^\infty H_s dM_s^\pm - \int_0^\infty H_s dA_s^\pm$$

La martingale $M^\pm$ est bornée dans L^p, donc (BURKHOLDER) il en est de même de $H \cdot M^\pm$. Quant à $\int_0^\infty H_s dA_s^\pm$, il est majoré en valeur absolue par $A_\infty^\pm$, que nous avons borné plus haut dans L^p.

Nous avons donc borné dans L^p le second terme de (10). Le troisième est borné du même coup, car Z' n'est autre que le processus Z relatif à X' au lieu de X, et $\|X'_\infty\|_p \leq c_p \|X_\infty\|_p$ (BURKHOLDER).

Il nous reste à étudier le premier terme. Nous ne restreignons pas la généralité en supposant que le processus prévisible (H_s) est borné par 1 et continu à gauche. Nous ferons ensuite un raisonnement de classes monotones pour atteindre le cas général. Le processus

(11) $$K_t = H_s X_{s-} - X'_{s-}$$

est alors continu à gauche, le processus

(12) $$K_{t-}^* = \sup_{s<t} |K_s|$$

est croissant et continu à gauche, et nous désignons par K_t^* sa limite à droite. Nous avons $\|K_\infty^*\|_p \leq \|X_\infty\|_p + \|X'_\infty\|_p \leq c_p \|X_\infty\|_p$ (BURKHOLDER) . Notre problème est d'évaluer $\|U_\infty\|_p$, où U est la martingale

(13) $$U_t = \int_0^t K_s dB_s$$

Nous avons pour tout temps d'arrêt T

$$E[[U,U]^{\infty}_{T-}|\underline{\underline{F}}_T] = E[\int_{T-}^{\infty} K_s^2\, d[B,B]_s|\underline{\underline{F}}_T] \leqq E[\int_{T-}^{\infty} K_s^{*2} d[B,B]_s|\underline{\underline{F}}_T]$$

$$= E[\int_{T-}^{\infty} ([B,B]_{\infty}-[B,B]_{s-})dK_s^{*2}|\underline{\underline{F}}_T\ ]$$

Le processus $([B,B]^{\infty}_{s-})$ a une projection optionnelle $\leqq b$, donc ceci est majoré par

$$bE[\int_{T-}^{\infty} dK_s^{*2}|\underline{\underline{F}}_T] \leqq bE[K_{\infty}^{*2}|\underline{\underline{F}}_T]$$

<u>Supposons alors</u> $p\geqq 2$. Le lemme de GARSIA nous dit que

$$E[[U,U]_{\infty}^{p/2}] \leqq c_p E[(K_{\infty}^{*2})^{p/2}] \leqq c_p E[\,|X_{\infty}|^p]$$

l'inégalité de droite ayant été vue au bas de la page précédente. D'autre part, les inégalités de BURKHOLDER nous permettent de passer de $E[[U,U]_{\infty}^{p/2}]$ à $E[|U_{\infty}|^p]$, c'est à dire au résultat désiré. Celui-ci n'est établi que pour $p\geqq 2$, mais le commutateur est un opérateur autoadjoint, et un raisonnement familier permet d'en déduire le cas $p\leqq 2$.

Les deux parties de la démonstration sont semblables aux preuves du théorème 2 et du théorème 1 respectivement.

Considérons maintenant $U\in L^p$, $V\in L^q$ (l'exposant conjugué de p), et soit $B\in L^{\infty}$. Nous avons $\|BJU-JBU\|_p \leqq c_p\|B\|_{\underline{\underline{BMO}}}\|U\|_p$, donc

$$|\int VB.JU - \int V.J(BU)| = |\int B(V.JU-JV.U)| \leqq c_p\|B\|_{\underline{\underline{BMO}}}\|U\|_p\|V\|_q$$

Passons au sup sur les $B\in L^{\infty}$, de norme $\underline{\underline{BMO}} \leqq 1$, il vient

COROLLAIRE. <u>Si</u> J <u>est l'opérateur d'intégrale stochastique par</u> H <u>prévisible</u>, $|H|\leq 1$, <u>on a</u>

(14) $$\|U.JV - JV.U\|_{\underline{\underline{H}}^1} \leqq c_p\|U\|_p\|V\|_q$$

Cette jolie démonstration est transposée, elle aussi, de COIFMAN, ROCHBERG et WEISS.

Université de Strasbourg
Séminaire de Probabilités 1975/76

NOTES SUR LES INTEGRALES STOCHASTIQUES . V

RETOUR SUR LA REPRESENTATION DE BMO

(P.A. Meyer)

On montre en analyse qu'une fonction f appartient à $\underline{\underline{BMO}}(\mathbb{R}^d)$ si et seulement si elle peut s'écrire $g + \Sigma_1^d R_i g_i$, où les R_i sont les transformations de Riesz, et où les fonctions g, g_i sont bornées. Nous allons prouver ici le théorème suivant.

THEOREME. Une martingale (M_t) appartient à BMO si et seulement si elle admet une représentation de la forme

(1) $$M = \Sigma_1^{\infty} \lambda_i H_i \cdot N_i$$

où les processus N_i sont des martingales bornées par 1 en valeur absolue, les processus H_i sont prévisibles bornés par 1 en valeur absolue, et la suite (λ_i) est sommable. Plus précisément, il existe une représentation (1) satisfaisant à l'inégalité $\Sigma_i |\lambda_i| \leq c \|M\|_{BMO}$, où c est une constante universelle.

Ce théorème figure déjà, en fait, dans le séminaire de l'an dernier, p.392-394, mais il n'est pas énoncé de façon aussi nette : on y prouve seulement que si l'on désigne par K l'ensemble des intégrales stochastiques H·N , où N est une martingale dominée par 1, H un processus prévisible dominé par 1, alors l'enveloppe convexe fermée de K dans BMO contient une boule $B_{1/c}$ de BMO . Lors d'un passage à Strasbourg, Alain BERNARD a trouvé là une occasion de se moquer de l'ignorance des probabilistes en matière d'espaces de Banach. En effet, tous les mathématiciens qui ont fréquenté les espaces de Banach connaissent le petit lemme suivant (que l'on cache soigneusement aux étudiants). On y a fait un léger changement de notation, en écrivant K au lieu de cK .

LEMME. Soient V un espace de Banach, K une partie de V dont l'enveloppe convexe contient la boule unité B_1 de V. Soit $\varepsilon>0$. Tout élément x de B_1 admet une représentation

(2) $$x = \Sigma_1^{\infty} \lambda_i k_i \quad (k_i \in K \ ; \ \Sigma_1^{\infty}|\lambda_i| \leq 1+\varepsilon \ )$$

La démonstration se fait à la main. Comme $x=x_0$ appartient à l'enveloppe convexe fermée de K, il existe des t_i^0 positifs en nombre fini, tels que $\Sigma\, t_i^0 = 1$, et des $k_i^0 \in K$, tels que $\| x - \Sigma_i t_i^0 k_i^0 \| < \varepsilon/2$. Désignons par x_1 ce vecteur . Comme $\|x_1\| < \varepsilon/2$ il existe des t_i^1 positifs en nombre fini, tels que $\Sigma_i\ t_i^1 = \varepsilon/2$, et des $k_i^1 \in K$, tels que $\| x_1 - \Sigma_i\ t_i^1 k_i^1 \| < \varepsilon/4$. Désignons par x_2 ce vecteur, etc... Puis rangeons tous les k_i^o, k_i^1,... par ordre d'entrée en scène, en une seule suite k_i , et les t_i^o, t_i^1,... en une seule suite λ_i ; nous avons $x=\Sigma_i\ \lambda_i k_i$, et les λ_i sont positifs avec $\Sigma_i\ \lambda_i \leqq 1+\varepsilon$.

Ce lemme explique aussi, par exemple, comment l'on peut déduire de la dualité entre $\underline{\underline{H}}^1$ et $\underline{\underline{BMO}}$ la décomposition des éléments de $\underline{\underline{H}}^1$ en sommes d'atomes bien choisis (je n'avais jamais compris auparavant pourquoi COIFMAN, par exemple, affirmait que la décomposition atomique de $\underline{\underline{H}}^1$ était équivalente au théorème de FEFFERMAN : la dernière fois que j'avais posé la question à un analyste, il avait grommelé quelque chose sur le produit $\otimes_\pi$ et la thèse de GROTHENDIECK).

Université de Strasbourg
Séminaire de Probabilités 1976/77

NOTES SUR LES INTEGRALES STOCHASTIQUES. VI

QUELQUES CORRECTIONS AU "COURS SUR LES INTEGRALES STOCHASTIQUES"

par P.A. Meyer

1. FORMULE EXPONENTIELLE

On m'a signalé de divers côtés que le théorème d'existence et d'unicité de l'exponentielle de C. Doléans-Dade est énoncé de manière incompréhensible (p. 304, th. 25).

Donnons nous une semimartingale X (avec la convention $X_{0-}=0$, habituelle en théorie "additive"). Alors la semimartingale

$$(1) \qquad Z_t=\mathcal{E}(X_t)= \exp(X_t - \tfrac{1}{2}<X^c,X^c>_t)\prod_{0\leq s\leq t} (1+\Delta X_s)e^{-\Delta X_s}$$

est l'unique solution de l'équation différentielle stochastique

$$(2) \qquad Z_t = 1 + \int_{[0,t]} Z_{s-}dX_s \qquad (Z_{0-} = 1 \text{ par convention })$$

Vérifions que l'on a bien la propriété qu'il faut en 0 : dans (2), on voit que $Z_0=1+\Delta X_0 =1+X_0$, tandis que dans (1) on a compte tenu du fait que $<X^c,X^c>_0 = 0$ (tout processus croissant continu est nul en 0 par convention)

$$Z_0 = e^{X_0}(1+\Delta X_0)e^{-\Delta X_0} = 1+\Delta X_0$$

Et l'égalité est satisfaite ; l'équation $dZ_s=Z_{s-}dX_s$ est satisfaite en 0 aussi ($\Delta Z_0 =Z_0-1 = Z_{0-}\Delta X_0 = X_0$).

Maintenant, donnons nous une v.a. U $\underline{\underline{F}}_{0-}$-mesurable . La semimartingale $Z_t=U\mathcal{E}(X)_t$ est l'unique solution de l'équation différentielle

$$(3) \qquad Z_t = U + \int_{[0,t]} Z_{s-}dX_s \qquad (Z_{0-}=U \text{ par convention })$$

Ce qui rend l'énoncé incompréhensible, c'est d'avoir tout de suite appelé Z_{0-} la v.a. U , sans avoir dit qu'il s'agissait d'une donnée du problème.

2. INTEGRALES MULTIPLES

J. de Sam Lazaro m'a fait remarquer que les deux dernières lignes de la page 328 " l'orthogonalité des intégrales stochastiques d'ordres différents s'étend sans modification" sont manifestement fausses. Il est montré au n°49, par exemple, que toute intégrale d'ordre 4 est une intégrale d'ordre 2 (de processus prévisible). L'assertion fausse (laissée au lecteur) entraînerait qu'elle est nulle.

3. SUR LE THEOREME DE JOHN-NIRENBERG

Il ne s'agit pas à proprement parler d'une erreur, mais d'un oubli un peu scandaleux au n°27 de la p. 348. Nous y montrons que si (X_t) est un processus càdlàg. adapté , donné sur $[0,\infty]$ fermé, et si

(4) $E[|X_\infty - X_{T-}||\underline{\underline{F}}_T] \leq r$ pour tout temps d'arrêt T $(X_{0-}=0)$

alors nous avons d'après (27.2)

(5) $P\{X^* \geq 4rn\} \leq 2^{-n+1}$

D'où il résulte que si $\lambda<1$

$$E[2^{\lambda X^*/4r}] \leq \sum_0^\infty 2^{\lambda(n+1)} P\{n \leq \frac{X^*}{4r} \leq n+1\} \leq 4\sum_0^\infty 2^{-(1-\lambda)n} < \infty$$

et finalement $E[e^{\lambda X^*}] < C(\lambda,r) < \infty$ pour $\lambda < \log 2/4r$. Cela se trouve indiqué dans le texte (sans détails), mais il faut ajouter les points suivants. D'abord, l'inégalité peut se conditionner par $\underline{\underline{F}}_0$

(6) $E[e^{\lambda X^*}|\underline{\underline{F}}_0] \leq C(\lambda,r)$ si $\lambda<\lambda_0 = \frac{1}{4r}\log 2$

Puis elle peut s'appliquer au processus $(X_{T+t}-X_{T-})_{t\geq 0}$ relativement à la famille $(\underline{\underline{F}}_{T+t})$, de sorte que

(7) $E[\exp(\lambda \sup_{t\geq T} |X_t - X_{T-}|)|\underline{\underline{F}}_T] \leq C(\lambda,r)$ si $\lambda<\lambda_0$

et en particulier en négligeant le sup et prenant $t=+\infty$

(8) $E[\exp(\lambda|X_\infty - X_{T-}|)|\underline{\underline{F}}_T] \leq C(\lambda,r)$ pour $\lambda<\lambda_0$

d'où résulte sans peine que pour tout p fini > 1

(9) $E[|X_\infty - X_{T-}|^p|\underline{\underline{F}}_T] \leq c_p r^p$

(se ramener par homogénéité au cas où r=1). Ainsi l'inégalité (4) entraîne des inégalités en apparence beaucoup plus fortes. C'est (8) qui est la véritable inégalité de John-Nirenberg.

Reste l'application aux martingales : si (X_t) est une <u>martingale</u> uniformément intégrable qui satisfait à (4), l'inégalité (9) pour p=2 signifie que (X_t) appartient à $\underline{\underline{BMO}}$; d'autre part, les martingales de $\underline{\underline{BMO}}$ satisfont à (4), donc aussi à (8) et à (9) pour tout p.

Je ne comprends plus ce que veut dire la remarque des trois dernières lignes.

4. SUR L'INTEGRALE OPTIONNELLE

Il faut se rappeler un grand principe heuristique : <u>l'intégrale optionnelle est un être mathématique intéressant seulement lorsqu'on travaille sur une filtration quasi-continue à gauche</u>.

Nous avons défini l'intégrale optionnelle H·M d'un processus H (optionnel !) localement borné par rapport à une martingale locale M. En général, on ne peut espérer définir l'intégrale H·X de H par rapport à une semimartingale X=M+A comme H·X=H·M+H·A , en raison de l'ambiguïté de la décomposition X=M+A : si l'on fait passer des termes à variation intégrable du côté "martingale locale" au côté "variation finie", l'intégrale optionnelle H•X change, car l'intégrale optionnelle ne coincide pas avec l'intégrale de Stieltjes.

Si X est une semimartingale spéciale , on peut tourner cette difficulté, en définissant H•X=H•M+H•A , où X=M+A est la décomposition canonique de X (A prévisible). Toutefois, cette notion n'est pas satisfaisante, car H•A est un processus à variation localement intégrable non prévisible en général, et on n'aboutit donc pas à la décomposition canonique de H•X.

Et voici la raison de cette petite note : si la famille ($\underline{\underline{F}}_t$) est quasi-continue à gauche, et si A est prévisible , H•A n'admet pas de sauts totalement inaccessibles, donc est prévisible, et on a bien que la semimartingale H•M+H•A est décomposée canoniquement. La définition de H•X est donc raisonnable.

5. UN POINT DE PRIORITE

Je me suis aperçu qu'une bonne partie des résultats du § VI, p.364-370 , concernant les temps locaux des semimartingales, se trouve déjà (avec la même démonstration) dans un article de P.W. Millar : stochastic integrals and processes with stationary independent increments, Proc. VI-th Berkeley Symposium, vol.III, p. 307-332 .

6. SUR LE THEOREME DE GIRSANOV

Si l'on examine le § IV du dernier chapitre du cours (p.376), on s'aperçoit que les questions suivantes y sont traitées : soit ($\Omega,\underline{\underline{F}}$,P) un espace probabilisé complet muni d'une filtration qui satisfait aux conditions habituelles, et soit Q une loi équivalente à P. Alors il s'agit

a) de montrer que toute semimartingale/P est une semimartingale/Q,

b) étant donnée une semimartingale/P explicitement décomposée en X=M+A, de donner une décomposition explicite X=M'+A' de X relativement à Q. Comme d'habitude, M,M' sont ici des martingales locales...

Lorsque Q est seulement absolument continue par rapport à P, le problème a) a été résolu par Jacod et Mémin (Z.f.W. 35, 1976, p.1), ainsi que le problème b) sous des hypothèses correspondant à celles du théorème de Girsanov "usuel" (existence d'un crochet oblique, cf. le n°24 du cours). L'analogue du théorème 24, sans aucune condition particulière, vient d'être traité par E. Lenglart, dans un travail à paraître.

Nous allons traiter ici rapidement le problème a), car le résultat est vraiment intéressant, et la démonstration est assez courte.

1) Nous désignons par M_{∞} une densité Q/P et introduisons la martingale fondamentale

$$M_t = E_P[M_{\infty}|\underline{\underline{F}}_t] \quad (\text{ martingale/P})$$

Soit $R = \inf\{t : M_t=0 \text{ ou } M_{t-}=0\}$. D'après un théorème bien connu sur les martingales positives, on a P-p.s. $M_t=0$ sur $\{t\geq R\}$ (Probabilités et potentiels, 1e éd. chap.VI, th.15), donc aussi Q-p.s.. D'autre part on a $Q\{M_t=0\} = \int_{\{M_t=0\}} M_t P = 0$. Par conséquent $R=+\infty$ Q-p.s., et les ensembles $\{(t,\omega): M_t(\omega)=0\}$, $\{(t,\omega) : M_{t-}(\omega)=0\}$ sont Q-évanescents. En particulier le processus 1/M est Q-indistinguable d'un processus càdlàg. fini.

2) Soit X une surmartingale/P positive. Alors X/M (qui est un processus càdlàg. pour la loi Q d'après ce qui précède) est une surmartingale/Q (donc une semimartingale/Q).

En effet, si $A\in\underline{\underline{F}}_s$, $s<t$

$$\int_A \frac{X_s}{M_s} Q = \int_A X_s I_{\{M_s>0\}} P \geqq \int_A X_t I_{\{M_s>0\}} P \geqq \int_A X_t I_{\{M_t>0\}} P = \int_A \frac{X_t}{M_t} Q .$$

3) Soit X une martingale locale/P . Alors X/M est une semimartingale/Q.

En effet, si X est une martingale/P uniformément intégrable, X est différence de deux martingales/P positives, et on peut appliquer 2). On se ramène à ce cas par arrêt à des temps d'arrêt T_n qui croissent vers l'infini P-p.s., donc aussi Q-p.s..

4) Soit X une semimartingale/P . Alors X/M est une semimartingale/Q.

En effet, écrivons X=L+A, où L est une martingale locale/P, A un processus à variation finie. L/M est une semimartingale/Q d'après 3), et A/M est le produit des deux semimartingales/Q A (à variation finie) et 1/M (cf. 2)).

5) Finalement, si X est une semimartingale/P, XM est une semimartingale/P, donc X=XM/M est une semimartingale/Q .

Cette démonstration est due à E. Lenglart. Il est peut être intéressant de noter que M est une <u>sous</u>martingale/Q : si $A\in\underline{\underline{F}}_s$, $s<t$

$$\int_A M_s Q = \int_A M_s^2 P \leqq \int_A M_t^2 P = \int_A M_t Q$$

Mais on ne peut pas en déduire directement que M est une semimartingale/Q (ce qui est vrai d'après 5) !), parce que M ne possède a priori aucune propriété d'intégrabilité raisonnable. Si M est localement de carré intégrable par rapport à P, M est une semimartingale spéciale par rapport à Q .

Université de Strasbourg
Séminaire de Probabilités 1976/77

SUR UN THEOREME DE C. STRICKER

par P.A. Meyer

L'espace probabilisé filtré $(\Omega,\underline{\underline{F}},P,(\underline{\underline{F}}_t)_{t\geq 0})$ satisfait aux conditions habituelles. Soit $(\underline{\underline{G}}_t)$ une filtration contenue dans $(\underline{\underline{F}}_t)$, continue à droite et contenant, elle aussi, tous les ensembles P-négligeables. Stricker vient de démontrer le remarquable théorème suivant, qu'il publiera ailleurs :

Si (X_t) est une semimartingale par rapport à $(\underline{\underline{F}}_t)$ adaptée à $(\underline{\underline{G}}_t)$, alors (X_t) est une semimartingale par rapport à $(\underline{\underline{G}}_t)$.

Le but de cette note est d'énoncer sous une forme explicite un résultat de changement de mesure, qui est implicitement démontré dans le travail de Stricker. Le tout est de choisir une terminologie adéquate ! Il nous faut pour cela deux définitions

DEFINITION 1. *Soit (X_t) une semimartingale. Nous dirons que X appartient à $\underline{\underline{H}}^1$ si X s'écrit M+A, où M est une martingale de la classe $\underline{\underline{H}}^1$ et A est un processus à variation intégrable.*

Cette classe a été étudiée dans le dernier chapitre du cours de l'an dernier sur les intégrales stochastiques, où l'on se proposait de montrer que l'ensemble des intégrales stochastiques $\Phi\cdot X$, Φ parcourant l'ensemble des processus prévisibles bornés par 1 en module, possède certaines propriétés d'intégrabilité uniforme si et seulement si X appartient à la classe $\underline{\underline{H}}^1$.

Pour la seconde définition, nous poserons $h(t)=t/1-t$ pour $0\leq t<1$, et

(1) $$\overline{\underline{\underline{F}}}_t = \underline{\underline{F}}_{h(t)} \text{ pour } 0\leq t<1 \quad , \quad \overline{\underline{\underline{F}}}_t=\underline{\underline{F}}_{\infty-} \text{ si } t\geq 1$$

DEFINITION 2. *Un processus (X_t) est une semimartingale sur $[0,\infty]$ s'il existe une semimartingale $(\overline{X}_t)$ de la famille $(\overline{\underline{\underline{F}}}_t)$ telle que $\overline{X}_t=X_{h(t)}$ pour $0\leq t<1$.*

Si X est une semimartingale sur $[0,\infty]$, X admet p.s. une limite finie $X_{\infty-} = \lim_t X_t$, et l'on peut alors choisir $\overline{X}_t=X_{h(t)}$ pour $0\leq t<1$, $\overline{X}_t = X_{\infty-}$ pour $t\geq 1$. Il est clair que cette notion est invariante par changement de mesure (dans la classe d'équivalence de P), comme la notion même de semimartingale. D'autre part, une semimartingale de la classe $\underline{\underline{H}}^1$ est une semimartingale sur $[0,\infty]$.

Nous pouvons maintenant expliciter le théorème de Stricker :

THEOREME. <u>Si</u> (X_t) <u>est une semimartingale sur</u> $[0,\infty]$, <u>il existe une loi</u> Q <u>équivalente à</u> P <u>telle que</u> (X_t) <u>soit, pour la loi</u> Q, <u>une semimartingale de la classe</u> $\underline{\underline{H}}^1$.

DEMONSTRATION. Nous considérons la semimartingale$(\bar{X}_t)$ obtenue en prolongeant $(X_{h(t)})_{0\leq t<1}$ par $X_{\infty-}$ sur $[1,\infty[$. La v.a. $[\bar{X},\bar{X}]_\infty=[\bar{X},\bar{X}]_1$ est p.s. finie ; au moyen d'un premier changement de mesure nous la rendons intégrable, si nécessaire, sans changer de notation. Alors $(\bar{X}_t)$ est une semimartingale spéciale, et peut s'écrire $\bar{X}_t=\bar{M}_t+\bar{A}_t$, où $\bar{M}$ est une martingale locale, $\bar{A}$ un processus à variation finie prévisible. Comme la v.a. $\int_0^1|d\bar{A}_s|$ est p.s. finie, nous voyons que (après un premier changement de mesure, rappelons le) $X_t=M_t+A_t$, où M est une martingale locale, et A est prévisible, <u>à variation p.s. finie sur</u> $[0,\infty]$ <u>entier</u>.

Maintenant, nous utilisons le fait que $E[[X,X]_\infty]<\infty$. En tout temps d'arrêt prévisible S nous avons $|\Delta X_S|\in L^1$, $\Delta A_S=E[\Delta X_S|\underline{\underline{F}}_{S-}]$, donc $E[\Delta A_S^2] \leq E[\Delta X_S^2]$, et finalement, en sommant sur des temps d'arrêt prévisibles à graphes disjoints épuisant les sauts de A, $E[[A,A]_\infty]\leq E[[X,X]_\infty] < \infty$. Comme $[M,M] \leq 2([X,X]+[A,A])$, nous avons aussi $E[[M,M]_\infty] <\infty$, et la martingale M appartient à $\underline{\underline{M}}^2$. Je suis passé un peu rapidement ici sur les détails, mais ceux-ci figurent dans le travail de Stricker.

Nous posons $Q=N.P$, où N est bornée, strictement positive, d'intégrale 1, et telle que $E[N.\int_0^\infty|dA_s|] < \infty$; nous introduisons la martingale strictement positive $N_t=E[N|\underline{\underline{F}}_t]$. Le théorème de Girsanov nous donne alors la décomposition canonique de la semimartingale X pour la loi Q :

$$X_t = M'_t+A'_t = (M_t - \int_0^t \frac{d\langle M,N\rangle_s}{N_{s-}}) + (\int_0^t \frac{d\langle M,N\rangle_s}{N_{s-}} +A_t)$$

Nous avons

1) $E_Q[\int_0^\infty|dA_s|] = E_P[N.\int_0^\infty|dA_s|] < \infty$ parce que N est bornée.

2) $E_Q[\int_0^\infty \frac{|d\langle M,N\rangle_s|}{N_{s-}}] = E_P[\int_0^\infty \frac{N}{N_{s-}}|d\langle M,N\rangle_s] \stackrel{1}{=} E_P[\int_0^\infty|d\langle M,N\rangle|_s] \stackrel{2}{\leq} \|M\|_2\|N\|_2<\infty$

L'égalité $\stackrel{1}{=}$ vient du fait que le processus $\int_0^t|d\langle M,N\rangle_s|$ est prévisible, et que la projection prévisible du processus N/N_{s-} est égale à 1 . L'inégalité $\stackrel{2}{\leq}$ est l'inégalité de Kunita-Watanabe ; M est bornée dans L^2 et N est bornée.

Il résulte de 1) et 2) que $E_Q[\int^\infty|dA'_s|]<\infty$. D'autre part, nous avons $E_Q[M'^*] \leq E_Q[M^*] + E_Q[\int_0^\infty|d\langle M,N\rangle_s|/N_{s-}]$. Nous avons déjà vu en 2) que la dernière espérance est finie. Quant à $E_Q[M^*]$, c'est $E_P[NM^*]$ qui est finie, car N est bornée et M^* appartient à $L^2(P)$ puisque M est bornée dans L^2 (inégalité de Doob). Donc M' appartient bien à la classe $\underline{\underline{H}}^1$ pour la loi Q, et le théorème est établi.

Avant de donner une application de ce théorème, voici quelques compléments. Soit X un processus càdlàg. adapté. Si X n'est pas une semimartingale de la classe $\underline{\underline{H}}^1$, nous poserons $\|X\|_{\underline{\underline{H}}^1} = +\infty$. Si X appartient à la classe $\underline{\underline{H}}^1$, nous considérons la décomposition canonique X=M+A (M martingale, A processus à variation intégrable prévisible nul en 0) et nous posons

$$(2) \qquad \|X\|_{\underline{\underline{H}}^1} = \|M\|_{\underline{\underline{H}}^1} + E[\int_0^\infty |dA_s|]$$

Considérons d'autre part une subdivision finie $\tau=(t_0,\dots,t_n)$ avec $0\leq t_0 < t_1 \dots < t_n < \infty$. Si les variables aléatoires X_{t_i} ne sont pas toutes intégrables, nous posons $Var_\tau(X)=+\infty$. Si elles sont toutes intégrables, nous posons

$$(3) \qquad Var_\tau(X) = E[\,\Sigma_{i<n} |E[X_{t_{i+1}} - X_{t_i} \,|\, \underline{\underline{F}}_{t_i}]| + |X_{t_n}|\,]$$

et nous disons que X est une <u>quasimartingale</u> si $Var(X)=\sup_\tau Var_\tau(X) < \infty$. Un théorème classique (Fisk, Orey, Rao...) affirme qu'une quasimartingale est différence de deux surmartingales positives, et donc est une semimartingale (en fait, une semimartingale jusqu'à l'infini). Nous aurons besoin de la remarque évidente que $Var(X) \leq \|X\|_{\underline{\underline{H}}^1}$ pour tout processus X comme ci-dessus.

APPLICATION A UN THEOREME DE JACOD

Considérons un espace mesurable $(\Omega,\underline{\underline{F}}^\circ)$, une famille croissante de tribus $(\underline{\underline{F}}^\circ_t)$, continue à droite (mais non complétée, puisqu'il n'y a pas de mesure), et un processus càdlàg. adapté (X_t). Nous laissons ce processus fixé dans toute la suite, et nous disons brièvement qu'une loi P sur $(\Omega,\underline{\underline{F}}^\circ)$ est une <u>loi de semimartingale</u> pour exprimer que (X_t) est une semimartingale par rapport à la famille complétée habituelle $(\underline{\underline{F}}^P_t)$, et pour la loi P. Un remarquable théorème de Jacod affirme que

<u>L'ensemble des lois de semimartingales est convexe</u> .

J'ai eu connaissance de ce théorème par Yor, et je remercie J. Jacod de m'avoir autorisé à en publier ici une démonstration rapide au moyen du théorème de Stricker. Une esquisse de la démonstration originale de Jacod paraîtra dans un article de J. Mémin, C.R. des journées de Metz sur le contrôle, à paraître aux Lecture Notes in M.

Nous allons prouver en fait un résultat plus fort :

<u>Soit</u> (P_n) <u>une suite de lois de semimartingales, et soit</u> P <u>une loi absolument continue par rapport à la mesure</u> $\Sigma_n P_n$; <u>alors</u> P <u>est une loi de semimartingale</u>.

Quitte à arrêter X à t fini, nous pouvons supposer que X est une martingale jusqu'à l'infini pour les lois P_n . Nous ne changeons rien à l'énoncé en remplaçant P_n par une loi équivalente, donc le théorème de Stricker nous permet de supposer que X appartient à la classe $\underline{\underline{H}}^1$ pour chacune des lois P_n . La variation totale Var (X,P_n) de X pour la loi P_n est donc finie. Choisissons des coefficients $\lambda_n>0$ tels que

$$\Sigma_n \lambda_n=1 \quad , \quad \Sigma_n \lambda_n \mathrm{Var}(X,P_n) < \infty$$

et posons $P=\Sigma_n \lambda_n P_n$. Nous allons montrer que $\mathrm{Var}(X,P)<\infty$, et cela établira le théorème. En effet, X sera une quasimartingale pour la loi P, donc une semimartingale jusqu'à l'infini pour la loi P, donc aussi (d'après Jacod-Mémin, Z. für W-theorie, 35, 1976, p.1-37 ; voir aussi dans ce volume les << compléments au cours sur les i.s.>>) pour toute loi Q absolument continue par rapport à P. Après quoi, on se rappelle qu'on a arrêté X à t fini sans changer de notation, et l'on fait tendre t vers l'infini.

Soit f^n_t une densité de P_n sur $\underline{\underline{F}}^o_t$ par rapport à P sur $\underline{\underline{F}}^o_t$. Nous avons $E_n[|X_t|] \leq \mathrm{Var}(X,P_n)$, donc $\Sigma_n \lambda_n E_n[|X_t|] < \infty$, et X_t est P-intégrable pour tout t. Ensuite, nous avons pour toute v.a. Z positive

$$E[Z|\underline{\underline{F}}^o_t] = \Sigma_n \lambda_n f^n_t E_n[Z|\underline{\underline{F}}^o_t]$$

donc aussi pour Z P-intégrable, par différence

$$|E[Z|\underline{\underline{F}}^o_t]| \leq \Sigma_n \lambda_n f^n_t |E_n[Z|\underline{\underline{F}}^o_t]|$$

et en intégrant

$$E[|E[Z|\underline{\underline{F}}^o_t]|] \leq \Sigma_n \lambda_n E_n[|E_n[Z|\underline{\underline{F}}^o_t]|]$$

Mais alors on en déduit $\mathrm{Var}(X,P) \leq \Sigma_n \lambda_n \mathrm{Var}(X,P_n)<\infty$, et nous avons terminé.

EXTENSION DU THEOREME DE JACOD AUX SOMMES CONTINUES

Soit $(I,\underline{\underline{I}},\mu)$ un espace probabilisé complet, et soit $(P_\iota)_{\iota\in I}$ une famille mesurable de lois de semimartingales. Peut on affirmer que toute loi absolument continue par rapport à $\int P_\iota \mu(d\iota)$ est une loi de semimartingale ? Il est bien clair que la démonstration précédente doit s'étendre, à condition de savoir choisir mesurablement une mesure $\overline{P}_\iota$ équivalente à P_ι pour laquelle X appartient à la classe $\underline{\underline{H}}^1$. Il est clair aussi que cela exige de la technique de théorie de la mesure : nous allons utiliser les limites médiales de Mokobodzki, présentées dans le séminaire VII, p.198-204[1].

Nous allons supposer que pour tout t>0 la tribu $\underline{\underline{F}}^o_{t-}$ est séparable .

---

1. Je profite de cette occasion pour corriger plusieurs petites erreurs: p.198 ligne 6 du texte, après Notations et rappels , ajouter convexe compact métrisable ; p.199 ligne 9, supprimer s.c.s. , ligne 17 remplacer atomique par absolument continue.

Nous désignons par $(t_i^n)=\tau_n$ la n-ième subdivision dyadique de $\overline{\mathbb{R}}$, dont les points sont $t_i^n = i2^{-n}$ pour $i=0,1,\ldots 2^{2n}$, et $t_i^n=+\infty$ pour $i>2^{2n}$. Nous supposons enfin que X est une semimartingale jusqu'à l'infini, ce qui n'est pas une restriction : on peut toujours se ramener à ce cas par arrêt à t fini.

Pour tout $\iota\in I$, le processus X étant une semimartingale pour P_ι, les sommes

$$S_n = \sum_i (X_{t_{i+1}^n} - X_{t_i^n})^2$$

ont une limite en probabilité pour la loi P_ι, qui est une version de $[X,X]_\infty$. Si nous posons sur Ω

$$[X,X]_\infty = \lim\,\text{méd}_{n\to\infty} S_n$$

nous obtenons une fonction universellement mesurable sur $(\Omega,\underline{\underline{F}}^o)$, qui pour chaque ι est une version de $[X,X]_\infty$ au sens usuel pour la mesure P_ι. Dans ces conditions, nous pouvons faire un premier changement de loi en remplaçant P_ι par

$$P_\iota^1 = \frac{N_\iota}{1+X^*+[X,X]_\infty} P_\iota$$

où N_ι est une constante de normalisation, et cette famille de lois est toujours $\underline{\underline{I}}$-mesurable.

Ensuite, nous pouvons décomposer X relativement à la loi P_ι^1 en

$$X = M^\iota + A^\iota$$

où M^ι est une martingale de carré intégrable pour P_ι^1 et A^ι est un processus prévisible nul en 0, à variation finie sur $[0,+\infty]$ entier. Tout le problème consiste à démontrer que la mesure positive σ-finie sur $\underline{\underline{F}}^o_{\infty-}$

$$\mu_\iota(B) = E_\iota^1[I_B.\int_0^\infty |dA_s^\iota|]$$

dépend mesurablement du paramètre ι. Car la tribu $\underline{\underline{F}}^o_{\infty-}$ étant séparable, nous choisirons alors une version de la densité

$$\alpha_\iota = \mu_\iota/P_\iota^1 \quad \text{sur } \underline{\underline{F}}^o_{\infty-}$$

dépendant mesurablement de (ι,ω), de sorte que nous aurons $\alpha_\iota=\int_0^\infty |dA_s^\iota|$ P_ι^1-p.s. pour tout ι, et il nous restera seulement à poser

$$\overline{P}_\iota = \frac{N_\iota^1}{1+\alpha_\iota} P_\iota^1 \qquad (N_\iota^1 \text{ constante de normalisation })$$

pour obtenir des lois équivalentes aux P_ι, dépendant mesurablement de ι, et pour lesquelles X appartient à la classe $\underline{\underline{H}}^1$. De plus, si nous considérons la nouvelle décomposition de X par rapport à $\overline{P}_\iota$

$$X = \overline{M}^\iota + \overline{A}^\iota$$

nous avons
$$\mathrm{Var}(X,\overline{\mathbb{P}}_\iota) = \overline{\mathbb{E}}_\iota[\int|d\overline{A}_s^\iota|]$$
et le même résultat que nous avons utilisé ci-dessus - et que nous démontrerons un peu plus loin - entraîne que $\mathrm{Var}(X,P_\iota) = v_\iota$ dépend mesurablement de ι. Nous choisissons alors une fonction mesurable $\lambda_\iota>0$ sur I, telle que
$$\int\lambda_\iota\mu(d\iota) = 1 \quad , \quad \int\lambda_\iota v_\iota\mu(d\iota) < \infty$$
et nous posons $Q=\int\lambda_\iota\overline{P}_\iota\mu(d\iota)$; cette mesure est équivalente à $\int P_\iota\mu(d\iota)$, X est une quasi-martingale pour Q, donc une semimartingale pour Q, et enfin une semimartingale pour P.

<u>Il reste donc seulement à vérifier que, pour</u> $B\in\underline{\underline{F}}^o_{\infty-}$
$$(4) \qquad \iota \longmapsto E_\iota^1[I_B.\int_0^\infty|dA_s^\iota|]$$
<u>est fonction</u> $\underline{\underline{I}}$<u>-mesurable de</u> ι.

<u>Nous allons commencer par traiter le cas où</u> $B=\Omega$. Nous omettons l'indice ι, considérons une semimartingale X pour une loi P, qui s'écrit X=M+A où M est une martingale uniformément intégrable, A un processus prévisible à variation finie sur tout $[0,\infty]$, nul en 0, et tel que A_t soit intégrable pour tout t. Montrons que
$$(5) \qquad E[\int_0^\infty|dA_s|] = \mathrm{Var}_-(X,P) \underset{\text{déf.}}{=} \sup_n E[\sum_i|E[X_{t_{i+1}^n}-X_{t_i^n}|\underline{\underline{F}}^o_{t_i^n-}]|]^1$$
A cet effet, nous considérons sur $\mathbb{R}_+^*\times\Omega$ la tribu $\mathcal{P}_n^o$ engendrée par les processus (Y_t) de la forme
$$(6) \qquad Y_t(\omega) = \sum_i Y^i(\omega)I_{]t_i^n,t_{i+1}^n]}(t), \quad Y^i \ \underline{\underline{F}}^o_{t_i^n-}\text{-mesurable}$$
Les tribus $\mathcal{P}_n^o$ croissent, et engendrent la tribu $\mathcal{P}^o$ engendrée aussi par les processus (Y_t) sur $\mathbb{R}_+^*\times\Omega$, adaptés à la famille $(\underline{\underline{F}}^o_{t-})$ et continus à gauche. Nous considérons la mesure sur $\mathcal{P}^o$
$$\mu(Y) = E[\int_0^\infty Y_s|dA_s|\ ] \qquad (\ Y\ \mathcal{P}^o\text{-mesurable et } \geq 0\ )$$
qui est positive et σ-finie,[2] et la mesure non positive, dominée par μ
$$\lambda(Y) = E[\int_0^\infty Y_s dA_s\ ]$$

---

1. On convient que $X_\infty=0$. On notera la légère différence entre $\mathrm{Var}_-(X)$ et $\mathrm{Var}(X)$, le remplacement de $\underline{\underline{F}}^o_t$ par $\underline{\underline{F}}^o_{t-}$ étant rendu nécessaire par le fait que ce sont les tribus $\underline{\underline{F}}^o_{t-}$ qui sont séparables. Mais nous verrons en fait que $\mathrm{Var}(X)=\mathrm{Var}_-(X)$.

2. Du fait que le processus $\int_0^t|dA_s|$ est prévisible. D'ailleurs cela ne servira pas.

Supposons d'abord que $E[\int|dA_s|]<\infty$, i.e. que λ soit bornée. Il existe une densité prévisible des mesures dA_s par rapport aux mesures $|dA_s|$, prenant ses valeurs dans l'ensemble $\{-1,1\}$, et que l'on peut supposer $\mathcal{P}^o$-mesurable. Notons la Δ ; on a $\lambda=\Delta.\mu$. Soit aussi Δ_n la densité de λ par rapport à μ sur la tribu $\mathcal{P}^o_n$. D'après le théorème de convergence des martingales, les Δ_n forment une martingale qui converge vers Δ p.s. et dans L^1 . Donc les $|\Delta_n|$ forment une sousmartingale qui converge vers $1=|\Delta|$ μ-p.s. et dans $L^1(\mu)$, donc $\int|\Delta_n|\mu$ tend en croissant vers $\int\mu = E[\int|dA_s|]$. Or qu'est ce que $\int|\Delta_n|\mu$? On a

$$(\Delta_n)_t = E[A_{t^n_{i+1}} - A_{t^n_i}|\underline{\underline{F}}_{t^n_i-}]/E[\int_{t^n_i+}^{t^n_{i+1}}|dA_s||\underline{\underline{F}}_{t^n_i-}] \text{ si } t^n_i<t\leq t^n_{i+1}$$

et l'on peut remplacer A par X puisque M est une martingale. Donc $\int|\Delta_n|\mu$ est exactement la somme figurant dans (5), et l'on voit que celle ci croît en n (on pourrait donc remplacer $\sup_n$ par $\lim_n$) et que sa limite est $E[\int|dA_s|]$

Si l'on avait remplacé $\mathcal{P}^o_n$ par une tribu un peu plus grande, en exigeant dans (6) que Y^i soit $\underline{\underline{F}}^o_{t^n_i}$ -mesurable, le résultat aurait été le même, mais on aurait obtenu les sommes définissant Var(X) et non $\mathrm{Var}_-(X)$.

Il nous reste à exclure la possibilité que $E[\int|dA_s|]=+\infty$, $\mathrm{Var}_-(X) < \infty$. Or c'est très simple : en reprenant le raisonnement classique pour Var(X), mais qui marche aussi bien pour $\mathrm{Var}_-(X)$, on voit que si $\mathrm{Var}_-(X)<\infty$, X est différence de deux surmartingales positives, donc le processus prévisible de sa décomposition canonique est intégrable.

Passons maintenant à la formule (4), dans le cas général. Introduisons la martingale positive bornée par 1

(7) $$b^\iota_t = E^1_\iota[I_B|\underline{\underline{F}}^o_t]$$

- pour l'instant nous laissons ι fixe, nous n'avons pas à choisir de version bien définie. La mesure associée à $|dA^\iota_s|$ commutant avec la projection prévisible, nous avons

$$E^1_\iota[I_B.\int|dA^\iota_s|] = E^1_\iota[\int b^\iota_{s-}|dA^\iota_s|]=E^1_\iota[\int|b^\iota_{s-}dA^\iota_s|]$$

Introduisons la semimartingale

(8) $$Y^\iota_t = \int_0^t b^\iota_{s-}dX_s \quad \text{(intégrale stochastique}/P^1_\iota)$$

et rappelons nous que pour la mesure P^1_ι , X s'écrit $M^\iota+A^\iota$, où la martingale M^ι est de carré intégrable ; donc $b^\iota_-.Y^\iota$ admet la décomposition canonique $b^\iota_-.M^\iota+ b^\iota_-.A^\iota$, et nous pouvons lui appliquer la discussion précédente , ce qui nous donne

$$E^1_\iota[I_B.\int|dA^\iota_s|] = \sup_n E^1_\iota[\textstyle\sum_i |E^1_\iota[Y^\iota_{t^n_{i+1}} - Y^\iota_{t^n_i}|\underline{\underline{F}}^o_{t^n_i-}]|\ ]$$

Maintenant, nous sommes pratiquement au bout :

a) Comme les tribus $\underline{\underline{F}}^o_{t-}$ sont séparables, nous construisons pour s rationnel une version β^ι_s de $E^1_\iota[I_B|\underline{\underline{F}}^o_{s-}]$, fonction mesurable de (ι,ω), puis nous posons (t>0)

$$\beta^{\iota n}_t = \beta^\iota_{t^n_i} \quad \text{où } t^n_i \text{ est le dernier point de } \tau_n \text{ tel que } t^n_i<t$$

$$b^\iota_{t-} = \lim\sup_n \beta^{\iota n}_t \quad ; \text{ nous poserons } b^\iota_{t-}=H^\iota_t .$$

b) Au moyen d'un argument de classes monotones , nous démontrons que si $(\iota,(t,\omega)) \longmapsto H^\iota_t(\omega)$ est une fonction réelle bornée, $\underline{\underline{I}}\times P^o$-mesurable, comme celle que l'on vient de construire ci-dessus, alors il existe pour tout t une fonction $(\iota,\omega)\longmapsto Y^\iota_t(\omega)$ possédant les propriétés suivantes :

- pour tout ι, on a $Y^\iota_t = \int_0^t H^\iota_t dX_\iota \quad P^1_\iota$-p.s.
- $(\iota,\omega)\longmapsto Y^\iota_t(\omega)$ est mesurable pour la complétion universelle de $\underline{\underline{I}}\times\underline{\underline{F}}^o_t$

[C'est évident pour les processus de la forme $a(\iota)b(t,\omega)$, où b est prévisible élémentaire ; ensuite, il faut utiliser les limites médiales à chaque étape du raisonnement par classes monotones].

c) Laissons fixes n et i, et posons $Z^\iota = Y^\iota_{t^n_{i+1}} - Y^\iota_{t^n_i}$. Alors la famille de mesures $\iota\longmapsto Z^\iota.P^1_\iota$ est $\underline{\underline{I}}$-mesurable. Je laisse les détails de côté.

d) Il existe alors (par le théorème de Doob sur les densités, la tribu $\underline{\underline{F}}^o_{t^n_i-}$ étant séparable) une version U^ι de $E^1_\iota[Z^\iota|\underline{\underline{F}}^o_{t^n_i-}]$ qui est mesurable en (ι,ω) .

e) Alors $\iota\longmapsto E^1_\iota[|U^\iota|]$ est $\underline{\underline{I}}$-mesurable. Nous revenons à (9), et c'est fini.

Ces techniques sont incroyablement lourdes et ennuyeuses. Pourtant, il faudra bien revoir un jour tout cela en détail, afin d'étendre aux semimartingales la théorie des intégrales stochastiques dépendant d'un paramètre, qui a été développée par Catherine Doléans-Dade autrefois dans le cas des <u>martingales</u>.

A PROPERTY OF CONFORMAL MARTINGALES

by

John B. WALSH

Let Z be a complex-valued process and let X and Y be its real and imaginary parts respectively, so that $Z = X + iY$. Let $\{\mathcal{F}_t, t \geq o\}$ be an increasing family of complete σ-fields. We say that $\{Z_t, \mathcal{F}_t, t \geq o\}$ is a <u>conformal martingale</u> if both X and Y are continuous local martingales relative to $\{\mathcal{F}_t\}$, such that $\langle X,Y\rangle_t \equiv o$ and $\langle X,X\rangle_t \equiv \langle Y,Y\rangle_t$. If the point $t=o$ is not included in the parameter set, we will say that $\{Z_t, \mathcal{F}_t, t>o\}$ is a conformal martingale if for all $\delta>o$, $\{Z_t, \mathcal{F}_t, t\geq\delta\}$ is a conformal martingale. We refer the reader to (1) for the properties of conformal martingales. We want to call attention to the following property which, though elementary, is still curious.

<u>Proposition</u> : Let $\{Z_t, \mathcal{F}_t, t>o\}$ be a conformal martingale. Then, for a.e. ω, one of the following happens.

Either (i) $\lim_{t\to o} X_t(\omega)$ exists in the Riemann sphere,

or (ii) for each $\delta>o$, $\{X_t(\omega), o<t<\delta\}$ is dense in $\mathbb{C}$.

Remark : Both possibilities can occur. Indeed, if B_t is a complex Brownian motion from o and if f is holomorphic in $\mathbb{C} - \{o\}$, then $\{f(B_t) , t > o\}$ is a conformal martingale. If o is a removable singularity, $\lim_{t \to o} f(B_t)$ exists. If it is a pole, $\lim_{t \to o} f(B_t) = \infty$, and if it is an essential singularity, $\{f(B_t) , o<t<\delta\}$ is dense in $\mathbb{C}$ for each $\delta>o$. Thus the above proposition is the analogue for conformal martingales of Weierstrass' theorem.

Proof : All we must show is that if (i) doesn't happen , (ii) does. The only fact about conformal martingales we will need is that if $\{Z_t , t \geq t_o\}$ is a conformal martingale, it can be time-changed into a complex Brownian motion with a possibly finite lifetime([1] or [2] , p. 384). Thus all hitting probabilities for Z are dominated by those of Brownian motion.

Suppose (i) doesn't happen. Then there exist concentric circles C_1 , C_2 with a rational center z_o and rational radii $r_1 < r_2$ respectively, such that the number of incrossings of (C_1 , C_2) by $Z_t(\omega)$ is infinite. Here, the number of incrossings $\nu_{a,b}(\omega)$ of (C_1 , C_2) in (a,b) is defined to be the number of downcrossings (in the usual sense) of the interval $[r_1 , r_2]$ by the process $\{|Z_t(\omega) - z_o| , a<t<b\}$. Let D be a disc.

Suppose that D is not entirely contained in the interior of C_1 . (If it is, we merely talk about outcrossings rather that incrossings in what follows.) The proposition will be proved if we can show that for any $\delta>o$, $T_D < \delta$ a.s. on the set $\{\nu_{o\delta} = \infty\}$, where $T_D = \inf\{t > o : Z_t \in D\}$.

Let N be an integer.

$$(1) \quad P\{\nu_{o\delta} = \infty , T_D > \delta\} \leq \lim_{n\to\infty} \{\nu_{\frac{1}{n}\delta} > N , T_D > \delta\}$$

$$= \lim_{n\to\infty} P\{T_D > \delta | \nu_{\frac{1}{n}\delta} > N\} P\{\nu_{\frac{1}{n}\delta} > N\}$$

$$\leq \lim_{n\to\infty} P\{T_D > \delta | \nu_{\frac{1}{n}\delta} > N\} .$$

But this last probability involves only hitting probabilities, and hence can be dominated by the corresponding probability for Brownian motion. If P_B^z is the probability measure of Brownian motion starting from z, let :

$$\rho = \sup_{z \in C_2} P_B^z \{T_D < T_{C_1}\} < 1 .$$

It is easy to see, using the strong Markov property, that

$$P_B^z\{B_t \notin D , \forall t \in (\tfrac{1}{n} , \delta) | \nu_{\frac{1}{n}\delta} \geq N\} \leq \rho^{N-1}$$

Thus, from (1) we have :

$$(2) \qquad P\{\nu_{o\delta} = \infty , T_D < \delta\} \leq \rho^{N-1} \to 0 \text{ as } N \to \infty ,$$

and we are done.

References :

(1) R.K. GETOOR and M.J. SHARPE : Conformal martingales , Invent. Math. 16 , pp. 271-308 (1972).

(2) J.L. DOOB : Stochastic Processes , John Wiley and Sons , New York , 1953.

Université de Strasbourg
Séminaire de Probabilités 1975/76

A PROPOS D'UN LEMME DE Ch. YOEURP

Marc YOR

L'utilisation, en [3] en particulier, d'un lemme dû à Ch. YOEURP, s'est montrée très féconde (1). En fait, ce lemme n'est qu'une autre formulation d'un résultat classique de la théorie générale des processus. Ce résultat joue d'ailleurs un rôle central dans toutes les questions de projection duale prévisible.

0. - Soit $(\Omega,\mathcal{F},\mathcal{F}_t,P)$ espace de probabilité filtré, vérifiant les conditions habituelles. $\underline{\underline{L}}$ désigne l'ensemble des martingales locales, $\underline{\underline{V}}$ (resp. $\underline{\underline{V}}_p$) l'ensemble des processus continus à droite et limités à gauche, adaptés (resp. prévisibles), à variation finie sur tout compact, $\underline{\underline{S}}$ (resp. $\underline{\underline{S}}_p$) l'ensemble des semi martingales (resp. spéciales) ([2]) .

Signalons les caractérisations suivantes des éléments de $\underline{\underline{S}}_p$:

<u>LEMME</u> : Soit $X\in\underline{\underline{S}}$. Les propriétés suivantes sont équivalentes

1) $X\in\underline{\underline{S}}_p$, c'est-à-dire $X = X_o + M + A$, où $M\in\underline{\underline{L}}$, $A\in\underline{\underline{V}}_p$

2) Le processus $\left(\sum_{0<s\leq .} (\Delta X_s)^2\right)^{1/2}$ est localement intégrable.

3) Le processus $X^* = \sup_{s\leq .} |X_s|$ est localement intégrable.

4) Si $X = X_o + N + B$, où $N\in\underline{\underline{L}}$, $B\in\underline{\underline{V}}$, le processus B^* est localement intégrable.

---

(1) C'est également le point crucial de la démonstration donnée par J. VAN SCHUPPEN et E. WONG du théorème de Girsanov généralisé.

<u>Démonstration</u> :

1) <=> 2) figure en [2]

2) ==> 3) On a $(\Delta X)^* \leq (\sum_{0<s\leq .} (\Delta X_s)^2)^{1/2}$ ce qui entraîne que $(\Delta X)^*$ est localement intégrable.

D'autre part, $X^* \leq (\Delta X)^* + (X_-)^*$. Or, le processus X_- est localement borné : si $T_n = \mathrm{Inf}(t \geq 0, |X_t| \geq n)$, $|X_{(t\wedge T_n)^-}| \leq n$, et les temps d'arrêt T_n croissent vers $+\infty$ P p.s.

3) ==> 2) On a l'inégalité :

$$(\sum_{0<s\leq t} (\Delta X_s)^2)^{1/2} \leq (\sum_{0\leq s<t} (\Delta X_s)^2)^{1/2} + 2\, X_t^* .$$

Le processus croissant $(\sum_{0\leq s<t} (\Delta X_s)^2)^{1/2}$ est prévisible, et donc localement borné, d'où 2).

3) <=> 4) : pour toute $N \in \underline{\underline{L}}$, le processus N^* est localement intégrable.

1. - On rappelle, par la proposition suivante, que les processus prévisibles à variation finie sont naturels (selon l'ancienne terminologie) ([1], T27, p. 105).

La notation H.U (resp. H*U) désigne l'intégrale stochastique (resp. de Stieltjes) de H par rapport à U .

<u>Proposition 1</u> : Soit M martingale bornée, et $A \in \underline{\underline{V}}_p$.

Alors, $(M*A)^3 = M_-*A$

Démonstration :

${}^3M = M_-$ et $(M*A)^3 = {}^3M*A$.

De là, découle le lemme de Yoeurp :

Proposition 2 : Soit $M \in \underline{\underline{L}}$, $A \in \underline{\underline{V}}_p$.

Alors, $[M,A] \in \underline{\underline{L}}$ et $[M,A] = \Delta A.M$.

Démonstration :-Si M est une martingale bornée, on a, d'après la proposition 1 : $(\Delta M*A)^3 = 0$, c'est-à-dire que $[M,A] = \Delta M*A$ est une martingale locale (d'ailleurs localement bornée).

-Pour toute $M \in \underline{\underline{L}}$, on a, d'après l'inégalité de Schwarz : $|[M,A]| < [M,M]^{1/2} [A,A]^{1/2}$.

Par arrêt, on peut supposer $M \in \underline{\underline{H}}^1$, et $\int_0^\infty |dA_s|$ borné (car le processus $\int_0^\cdot |dA_s|$ est prévisible). Il existe alors une suite de martingales bornées $M^{(n)}$ convergeant dans $\underline{\underline{H}}^1$ vers M , et donc les variables $[M^{(n)},A]_t$ convergent dans L^1 , uniformément en t , vers $[M,A]_t$: $[M,A]$ est donc une martingale locale si $M \in \underline{\underline{L}}$.

-Enfin, les deux martingales locales $[M,A]$ et $\Delta A.M$, sont sommes compensées de sauts, ont même sauts, et sont donc égales.

De plus, la proposition 2 permet de caractériser les processus de $\underline{\underline{V}}_p$ parmi les semi-martingales (spéciales).

Cela nécessite tout d'abord quelques remarques sur la définition d'intégrales stochastiques optionnelles par rapport à une semimartingale.

Soit $U \in \underline{\underline{S}}$, nulle en 0 , et admettant les décompositions (non canoniques) $U = M' + A' = M'' + A''$, où $M', M'' \in \underline{\underline{L}}$, et $A', A'' \in \underline{\underline{V}}$.

Si H est un processus optionnel localement borné, on peut définir tout aussi naturellement $(H.U)' = H.M' + H*A'$

$$(H.U)'' = H.M'' + H*A''$$

Remarquons que $A'' - A' = M' - M'' \in \underline{\underline{L}}$ et que :

$$(H.U)' - (H.U)'' = H.(M'-M'') + H*(A'-A'') \\ = H.(M'-M'') - H*(M'-M'').$$

Or, d'après [2] (ou [3], proposition 3),

$$H.(M'-M'') = H*(M'-M'') - (H*(M'-M''))^3$$

D'où : $(H.U)' - (H.U)'' = (H*(M'-M''))^3$.

Si l'on note H.U l'un quelconque des processus du type $(H.U)'$ (ou $(H.U)''$) obtenus précédemment à partir d'une décomposition de U , H.U est donc défini à un processus de $\underline{\underline{V}}_p$ près. En utilisant cette notation (d'application multivoque), remarquons que si N est une martingale locale,

$[H.U,N] - H* [U,N] \in \underline{\underline{L}}$: en effet,

$[(H.U)',N] = [H.M',N] + H*[A',N]$, et

$[H.M',N] - H*[M',N] \in \underline{\underline{L}}$.

Enfin, si la filtration $(\mathcal{F}_t)$ est quasi-continue à gauche, on a :

$$\Delta(H.U) = H \times \Delta U \text{ , et donc } [H.U \,;\, H.U] = H^2*[U,U].$$

<u>Proposition 3</u> : Les seules semi-martingales spéciales U , nulles en 0 , telles que : pour toute M martingale bornée, $[U,M] \in \underline{\underline{L}}$, sont les processus de $\underline{\underline{V}}_p$.

De plus, si la filtration $(\mathcal{F}_t)$ est quasi-continue à gauche, on peut supprimer l'adjectif "spéciales".

<u>Démonstration</u> :

- Soit $U = N+B$ la décomposition canonique de $U \in \underline{\underline{S}}_p$ $(N \in \underline{\underline{L}}$, $B \in \underline{\underline{V}}_p)$ vérifiant la condition. Si $M \in \underline{\underline{L}}$, $[U,M] = [N,M] + [B,M]$. D'après la proposition 2, si M est une martingale bornée, on a donc $[N,M] \in \underline{\underline{L}}$; ceci est encore vrai si M est localement bornée, donc pour $M = N^{(n)} = 1_{|\Delta N|<n} . N$ (martingale locale dont les sauts sont bornés). Or, $[N,N^{(n)}]$ et $1_{|\Delta N|<n} * [N,N]$ diffèrent d'une martingale locale. $1_{|\Delta N|<n} * [N,N]$ est donc une surmartingale positive, nulle en 0, donc nulle. En faisant tendre n vers $+\infty$, on en déduit $N = 0$, et donc $U = B \in \underline{\underline{V}}_p$.

- Supposons maintenant la filtration $(\mathcal{F}_t)$ quasi-continue à gauche et $U \in \underline{\underline{S}}$ vérifiant la condition. On a alors, pour tout $k > 0$, si M est une martingale bornée :

$$[1_{|\Delta U| \leq k} . U \; ; \; M] \; (= 1_{|\Delta U| \leq k} * [U,M]) = [U \; ; \; 1_{|\Delta U| \leq k} . M] \in \underline{\underline{L}} \quad \text{(1)}$$

Or, d'après le rappel sur les semi-martingales spéciales, $U^{(k)} = 1_{|\Delta U|<k} . U$ est une semi-martingale spéciale, et donc d'après le début de la démonstration $U^{(k)} \in \underline{\underline{V}}_p$, ainsi que $[U,U] = \lim\uparrow_k [U^{(k)},U^{(k)}]$, qui est donc un processus localement borné. Toujours d'après le début de la démonstration, $U \in \underline{\underline{S}}_p$ implique alors $U \in \underline{\underline{V}}_p$.

---

(1) Je remercie Ch. Yoeurp de m'avoir signalé l'utilisation abusive, dans une première rédaction, de la notation $1_{|\Delta U| \leq k} . U$.

2. - Remarquons qu'une fois de plus, l'hypothèse de quasi-continuité à gauche (faite sur un processus, ou une filtration) permet d'améliorer un résultat. Indiquons au passage quelques conséquences d'une telle hypothèse :

Proposition 4 : Soit $X = X_o + M + A$ la décomposition canonique d'une semi-martingale spéciale.

X est quasi-continue à gauche si, et seulement si, M l'est et A est continu.

Démonstration : Par arrêt, on peut supposer M^* et $\int_0^\infty |dA_s|$ intégrables. Soit T temps d'arrêt prévisible. Alors, si X est quasi-continu à gauche, on a

$$0 = E(\Delta X_T | \mathcal{F}_{T-}) = \Delta A_T \quad \text{sur} \quad (T < \infty) .$$

Ceci entraîne la continuité de A, et donc la quasi-continuité à gauche de M. Inversement, le résultat découle de l'égalité $\Delta X = \Delta M$ •

Cette proposition permet d'étendre la formule d'Ito obtenue en (3) à toute $X \in \underline{\underline{S}}_p$, quasi-continue à gauche, et vérifiant la propriété d'intégrabilité voulue.

Une remarque voisine m'a été signalée par P.A. MEYER : Si la filtration $(\mathcal{F}_t)$ est quasi-continue à gauche, l'intégration stochastique optionnelle laisse stable l'espace $\underline{\underline{S}}_p$, et transforme une décomposition canonique en décomposition canonique, c'est-à-dire que si $X = X_o + M + A \in \underline{\underline{S}}_p$ $(M \in \underline{\underline{L}}, A \in \underline{\underline{V}}_p)$, et H est un processus optionnel localement borné, $H.X = H_o.X_o + H.M + H*A$ est la décomposition canonique de $H.X \in \underline{\underline{S}}_p$. Il suffit de montrer que le processus $H*A$ est prévisible. Or, c'est un processus cadlag, adapté, n'admettant que des temps de saut prévisibles, et tel que $(H*A)_T I_{(T<\infty)} \in \mathcal{F}_{T-}$ si T est prévisible. D'après T.31, p.85, de [1], $H*A$ est prévisible.

3. - On revient maintenant à la proposition 3. On va montrer qu'elle "contient" la notion de projection duale prévisible d'un processus $A \in \underline{\underline{V}}$: ceci ne constitue aucunement une reconstruction de A^3 (car on a utilisé plus ou moins explicitement l'existence de projections duales prévisibles pour obtenir la proposition 3), mais montre bien, à mon avis, l'importance du lemme de Ch. Yoeurp (proposition 2).

Soit donc $A \in \underline{\underline{V}}$, tel que $E(\int_0^\infty |dA_s|)^2 < \infty$. L'application $M \to E(\sum_{s>0} (\Delta M_s)(\Delta A_s))$ est alors continue sur $\underline{\underline{M}}_2$ (espace de Hilbert des martingales de carré intégrable, nulles en 0), car

$$|E(\sum_{s>0} (\Delta M_s)(\Delta A_s))| \leq E(M_\infty^2)^{1/2} (E(\sum_{s>0} (\Delta A_s)^2))^{1/2} .$$

Il existe donc $\tilde{A} \in \underline{\underline{M}}_2$ telle que :

$$\forall M \in \underline{\underline{M}}_2 , \quad E([M,A]_\infty) = E([M,\tilde{A}]_\infty) .$$

En remplaçant M par $H.M$, avec $H = \phi_s 1_{]s,t]}$, $\phi_s \in b(\mathcal{F}_s)$ et $s < t$, on déduit que $[M, A - \tilde{A}]$ est une martingale pour toute $M \in \underline{\underline{M}}_2$. D'après la première partie de la proposition 3, on a donc $\hat{A} = A - \tilde{A} \in \underline{\underline{V}}_p$, et donc $A - \hat{A} = \tilde{A} \in \underline{\underline{M}}$, propriété caractéristique de la projection duale prévisible de A. D'où $\hat{A} = A^3$.

4. - On donne maintenant une dernière application du lemme de Yoeurp, en présentant une construction du type Lebesgue de l'intégrale stochastique optionnelle (au lieu d'une présentation par dualité)[1].

1. J'ai appris de P.A.Meyer que K.A.Yen est parvenu à une construction analogue.

Soit $M \in \underline{\underline{H}}^1$. - Si T est un temps d'arrêt, on définit :

(1) $$1_{[\![0,T[\![}.M = M_{t\wedge T} - \left((\Delta M_T)\, 1_{(T\leq t)} - B_t\right)$$

où $B = ((\Delta M_T)\, 1_{T\leq .})^3$.

D'après le lemme de Yoeurp, pour toute martingale bornée N ,

$[1_{[\![0,T[\![}.M,N] - 1_{[\![0,T[\![}*[M,N] = [B,N]$ est une martingale locale, et

$1_{[\![0,T[\![}.M$ est donc l'intégrale stochastique optionnelle de P.A. MEYER.

La formule (1) a d'ailleurs été obtenue par M. Pratelli ([4], p. 416).

- La définition de H.M s'étend par linéarité à tout processus

$$H = \sum_{i=1}^{n} 1_{A_i}\, 1_{[\![S_i,S_{i+1}[\![} = \sum_{i=1}^{n} 1_{[\![(S_i)_{A_i},(S_{i+1})_{A_i}[\![}$$

où les S_i sont des t.a., $S_i \leq S_{i+1}$, et $A_i \in \mathcal{F}_{S_i}$.

- En utilisant pour ces processus optionnels élémentaires l'inégalité obtenue en [2] (p. 343) (par dualité!)

$$||H.M||_{\underline{\underline{H}}^1} \leq c\, E(\int_0^\infty H_s^2\, d[M,M]_s)^{1/2} \text{ , avec } c \text{ constante}$$

universelle, la définition de H.M se prolonge par densité et continuité

à tout H optionnel tel que $E(\int_0^\infty H_s^2\, d[M,M]_s)^{1/2} < \infty$.

REFERENCES

(1) C. DELLACHERIE
Capacités et processus stochastiques. Springer.

(2) P.A. MEYER
Un cours sur les intégrales stochastiques.
Séminaire de Probabilités X - Springer.

(3) M. YOR
Sur les intégrales stochastiques optionnelles et une suite remarquable de formules exponentielles.
Séminaire de Probabilités X - Springer.

(4) M. PRATELLI
Espaces fortement stables de martingales de carré intégrable.
Séminaire de Probabilités X - Springer.

REMARQUES SUR LA REPRESENTATION DES MARTINGALES COMME INTEGRALES STOCHASTIQUES

par

Marc YOR

INTRODUCTION

Soit $(\mathcal{F}_t, t \geq 0)$ une filtration continue à droite sur $(\Omega,\mathcal{F})$, et X un (resp : $\mathcal{N}$ une famille de processus) réel(s) càdlàg, $\mathcal{F}_t$ - adapté(s). L'un des principaux objets de [4] est de caractériser les probabilités P sur $(\Omega,\mathcal{F})$ faisant de X une martingale (locale) et telle que toute $(\mathcal{F}_t,P)$ martingale (locale) s'écrive comme intégrale stochastique d'un processus prévisible par rapport à X.

Le théorème obtenu (pour une famille quelconque $\mathcal{N}$) est rappelé au paragraphe 1, ainsi que l'une de ses conséquences pour les problèmes de martingales posés par STROOCK-VARADHAN. En particulier, on en déduit immédiatement des théorèmes de représentation des martingales pour les processus homogènes à accroissements indépendants (P.A.I).

Au paragraphe 2, on obtient, à partir du travail [6] de DELLACHERIE-STRICKER (figurant dans ce volume), une condition nécessaire et suffisante pour qu'il existe une martingale de carré intégrable ayant la propriété de représentation indiquée précédemment.

Au paragraphe 3, on montre qu'une étude directe permet de parvenir au théorème de représentation des martingales pour les P.A.I.

NOTATIONS :

$(\Omega,\mathcal{F},P)$ est un espace de probabilité muni d'une filtration $(\mathcal{F}_t)$ vérifiant (pour simplicité) les conditions habituelles. $\mathcal{P}$ est la tribu prévisible sur $\Omega \times \mathbb{R}_+$, associée à $(\mathcal{F}_t)$. Si $\mathcal{C}$ est une classe de processus, on note $\mathcal{C}_{loc}$ la classe locale associée à $\mathcal{C}$: $A \in \mathcal{C}_{loc}$ si, et seulement si, il existe une suite T_n de t.a.

croissant P ps vers $+\infty$, et telle que $A^{T_n} = A_{.\wedge T_n} \in \mathcal{C}$, pour tout n.

De plus, $\mathcal{C}^o = \{C \in \mathcal{C} \mid C_o = 0\}$. $\mathcal{M}$ (resp : $\mathcal{M}^2$) désigne la classe des martingales uniformément intégrables (resp : de carré intégrable). Si $\mathcal{N}$ est une famille de martingales localement dans $H^p (1 \leq p < \infty)$, on note $\mathcal{L}^p(\mathcal{N})$ le plus petit sous espace fermé de $(H^p)^o$ et stable par arrêt, contenant les processus $(N-N_o)^T$ qui appartiennent à H^p.

Enfin, dans tout le travail, la notation $\int_S^T$, pour S et T t.a., signifie $\int_{]S,T]}$.

I - QUELQUES THEOREMES GENERAUX

On se fixe une fois pour toutes une famille $\mathcal{N}$ de P.martingales locales (ou : une famille de versions de ces martingales locales).

Soit $\mathcal{M}_{\mathcal{N}} = \{P' \in \mathcal{M}^1_+(\Omega, \mathcal{F}) \mid \forall N \in \mathcal{N},\ N \in \mathcal{M}_{loc}(P')\}$

D'après [4] (théorème 1.5), on a le :

<u>Théorème 1</u> : <u>Les assertions suivantes sont équivalentes</u> :

a). P <u>est un point extrémal de</u> $\mathcal{M}_{\mathcal{N}}$

b). $\mathcal{F}_o$ <u>est P.triviale et</u> $\mathcal{M}^o_{loc}(P) = \mathcal{L}^1_{loc}(\mathcal{N})$.

Remarquons que le choix initial des P.versions des éléments de $\mathcal{N}$ est indifférent car a) est identique à :

a'). P est un point extrémal de $\mathcal{M}^P_{\mathcal{N}} = \{P' \in \mathcal{M}_{\mathcal{N}} \mid P' << P\}$.

Le cas où $\mathcal{N}$ est réduit à un seul élément X est particulièrement important, à cause de l'énoncé suivant (voir [4], proposition 1.2):

<u>Théorème 2</u> : <u>Les assertions suivantes sont équivalentes</u> :

a). P <u>est un point extrémal de</u> $\mathcal{M}_{\{X\}}$

b'). $\mathcal{F}_o$ <u>est</u> P.<u>triviale et toute martingale bornée</u> L, <u>nulle en</u> 0 <u>peut s'écrire</u> L = u.X, <u>avec</u> u <u>processus prévisible</u>.

b"). Même énoncé que b'), en remplaçant "bornée" par "locale".

Si l'une de ces assertions est vérifiée, on dit que X a la propriété de représentation prévisible (pour($\mathcal{F}_t$,P)).

Applications :

1). Si ($\mathcal{F}_t$) est la filtration complétée d'un mouvement brownien X, réel, avec $X_o = x$, la propriété de représentation b'), ou b"), est vérifiée.

Ce résultat classique découle immédiatement du théorème 2 : en effet, si $P = \alpha P_1 + (1-\alpha) P_2$, avec $P_1, P_2 \in \mathcal{M}_{\{X\}}$, $\alpha \in]0,1[$, le processus croissant sous P_1 (ou P_2) << P, de la martingale continue X est t (à cause de l'approximation de $<X,X>^{P_i}$ par les variations quadratiques $\Sigma(X_{t_{j+1}} - X_{t_j})^2$, et donc $P_1 = P_2 = P$ est la mesure de Wiener W_x.

L'orthogonalité (en tant que martingales) des différentes coordonnées d'un mouvement brownien vectoriel permet d'étendre de manière évidente cette méthode au cas vectoriel.

Remarquons que c'est l'absolue continuité des P_i par rapport à P qui a mené au résultat. L'idée de DELLACHERIE [1] pour obtenir la propriété de représentation pour le mouvement brownien ou la martingale compensée du processus de Poisson, idée développée par YEN et YOEURP en [2], est de montrer que si $P \in \mathcal{M}_{\{X\}}$, alors $\mathcal{M}^P_{\{X\}} = \{Q \in \mathcal{M}_{\{X\}}, Q<<P\}$ est constitué d'un seul point (qui est donc P). Enfin, le lien entre tous ces résultats est l'équivalence suivante : si $P \in \mathcal{M}_{\{X\}}$, alors
$P \in ext(\mathcal{M}_{\{X\}}) \Longleftrightarrow \{P\} = \mathcal{M}^P_{\{X\}}$ ([4], théorème 2.5).

2). Le théorème 1 permet d'obtenir en [4] un théorème de représentation des martingales pour certaines solutions des problèmes de martingales (posés par STROOCK-VARADHAN) associés aux opérateurs intégro-différentiels $\mathcal{L} = L+K : C^\infty_c(\mathbb{R}^d) \longrightarrow C_b(\mathbb{R}^d)$ définis par

$$Lf(x) = \frac{1}{2} \sum_{i,j \leq d} a_{ij}(x) \frac{\partial^2 f}{\partial x_i \partial x_j} + \sum_{i \leq d} b_i(x) \frac{\partial f}{\partial x_i}(x)$$

$$Kf(x) = \int S(x,dy) \left[f(x+y) - f(x) - \left(\sum_{i \leq d} y_i \frac{\partial f}{\partial x_i}(x) \right) \frac{1}{1+|y|^2} \right]$$

où :

- les coefficients (a_{ij}) sont bornés, continus, et pour tout x, la matrice $a(x) = (a_{ij}(x))$ est semi-définie positive (éventuellement dégénérée) ;

- les coefficients (b_i) sont bornés, continus ;

- S est une mesure de transition positive de $(\mathbb{R}^d, \mathcal{B}(\mathbb{R}^d))$ dans $(\mathbb{R}^d \setminus \{0\}, \mathcal{B}(\mathbb{R}^d \setminus \{0\})$ telle que

$$\forall f \in C_b(\mathbb{R}^d),\ \int \frac{|y|^2}{1+|y|^2} f(y)\, S(.,dy) \in C_b(\mathbb{R}^d)$$

et

$$\sup_{(x)} \int (|y|^2\, 1_{|y| \leq 1} + |y|\, 1_{|y|>1})\, S(x,dy) < \infty$$

Dans ce qui suit, Ω est l'espace des fonctions continues à droite et limitées à gauche : $\mathbb{R}_+ \to \mathbb{R}^d$, X est le processus canonique défini sur Ω et $\mathcal{F}^o_t = \sigma\{X_s, s \leq t\}$. On note $\mathcal{S}_x(\mathcal{L})$ l'ensemble des lois P sur $(\Omega, \mathcal{F}^o_\infty)$ telles que $P(X_o = x) = 1$ et
$\forall f \in C^\infty_c(\mathbb{R}^d)$, $C^f_t = f(X_t) - f(X_o) - \int_o^t \mathcal{L}f(X_s)ds$ est une martingale pour P.

$\mathcal{S}_x(\mathcal{L})$ est un ensemble convexe, dont on va donner une caractérisation de l'ensemble de ses points extrémaux $\mathcal{E}_x(\mathcal{L})$. Auparavant, on rappelle que, si $P \in \mathcal{S}_x(\mathcal{L})$, X est une semi-martingale vectorielle et, de plus, la P.projection prévisible duale de la mesure aléatoire
$\mu(\omega; dt \times dx) = \sum_{s>o} \varepsilon_{(s,\Delta X_s(\omega))}(dt \times dx)\ I_{(\Delta X_s \neq 0)}$ (sur $\widetilde{\mathcal{P}} = \mathcal{P} \otimes \mathcal{B}(\mathbb{R}^d \setminus \{0\})$)
est $\nu(\omega; dt \times dx) = dt S(X_{t^-}(\omega)\,;\,dx)$. On utilise dans le théorème suivant, les notations usuelles de JACOD (voir, par exemple [3]).

<u>Théorème 3</u> : <u>Soit</u> $P \in \mathcal{S}_x(\mathcal{L})$. <u>Alors</u>, $P \in \mathcal{E}_x(\mathcal{L})$ <u>si, et seulement si, on a:</u>

(i) $\mathcal{L}^2_{loc}((X^j)^c,\ 1 \leq j \leq d) = \mathcal{M}^{c,o}_{loc}(P)$.

(ii) Toute somme compensée de sauts $M \in \mathcal{M}^{o}_{loc}(P)$ s'écrit $M = W * (\mu-\nu)$, avec $W \in \mathcal{G}_{loc}(\mu,P)$

(iii) $\mathcal{F}_o$ est P-triviale.

De plus, dans le cas où la matrice a est partout non dégénérée, on peut remplacer (i) par

(i') Toute $M \in \mathcal{M}^{c,o}_{loc}(P)$ s'écrit $M = \sum_{i \leq d} u_i . (X^i)^c$, avec $u_i \in \mathcal{P}$ ∎

Signalons ici que, dans tous les cas, le théorème de GALTCHOUK (présenté en [11]) permet d'écrire (i) de façon analogue à (ii) :

Toute martingale locale continue, nulle en 0, peut s'écrire

(i) $$M_t = \int_0^t (u_s \mid d X^c_s),$$

où $u = (u_j)_{j \leq d} \in \mathcal{P}^d$ est tel que le processus

$$\int_0^t \sum_{i,j} u^i_s u^j_s \, d < (X^i)^c, (X^j)^c >_s$$ soit p.s fini pour tout t.

Remarque : Il semble paradoxal de présenter le théorème 3, où interviennent des intégrales stochastiques optionnelles (les martingales locales $W * (\mu-\nu)$) comme conséquence du théorème 1, qui est un théorème de représentation prévisible. Cependant, ce paradoxe n'est qu'apparent, et provient de ce que, si $P \in \mathcal{S}_x(\mathcal{L})$, la mesure $\mu-\nu$ (sur $\tilde{\mathcal{P}}$) est une P-mesure aléatoire-martingale, c'est à dire : si $W \in \tilde{\mathcal{P}}$ est convenablement intégrable, $\int W 1_{]0,.]} d\mu - \int W 1_{]0,.]} d\nu \in \mathcal{M}^{o}_{loc}(P)$.

Un cas particulier d'application du théorème 3 est celui où $\mathcal{S}_x(\mathcal{L})$ est constitué d'un seul point $P_{x,\mathcal{L}}$ (ce n'est pas toujours le cas, voir [4]) : donc, le théorème 3 s'applique aux P.A.I homogènes (voir aussi le paragraphe 3) et également lorsque la matrice $a(x)$ est définie positive en tout x et que S vérifie une condition supplémentaire de continuité (voir, STROOCK [12]).

2 - INTEGRALES STOCHASTIQUES ET ALGEBRES DE VON NEUMANN

On adopte le langage, et les notations de DELLACHERIE - STRICKER [6], sans modifier, pour l'instant, notre donnée de base $(\Omega, \mathcal{F}, \mathcal{F}_t, P)$: en particulier,

- Les opérateurs K qui interviennent par la suite sont des opérateurs continus sur $L^2(\Omega, \mathcal{F}_\infty, P)$
- à tout processus prévisible borné f, on associe l'opérateur d'intégrale stochastique (i.s) K_f défini par :

$$U \in L^2(\mathcal{F}_\infty) \to K_f(U) = f(0)\, U_0 + \int_{]0,\infty]} f(s) dU_s$$

$$= \int_{[0,\infty]} f(s) d\, U_s \quad \text{(avec les notations de [9])},$$

où $(U_s,\ s \in \mathbb{R}_+)$ est l'élément de $\mathcal{M}^2$ tel que $U_\infty = U$.

S'il existe $X \in \mathcal{M}^2$ vérifiant les assertions équivalentes du théorème 2, on dit que X est une martingale totalisatrice (l'existence d'une telle martingale implique en particulier que $\mathcal{F}_0$ est P triviale).

Voici une démonstration directe du théorème 4 de [6] :

Théorème 4 : Supposons qu'il existe une martingale totalisatrice $X \in \mathcal{M}^2$ Alors, les seuls opérateurs bornés sur $L^2(\Omega, \mathcal{F}_\infty, P)$ qui commutent avec les opérateurs $(E(.|\mathcal{F}_T)$, T t.a de $(\mathcal{F}_t))$ sont les opérateurs d'i.s.

Démonstration :

- Il est évident (sans aucune hypothèse) qu'un opérateur d'i.s commute avec les opérateurs $(E(.|\mathcal{F}_T)$, T t.a)
- Inversement, soit K un opérateur qui commute avec les $(E(.|\mathcal{F}_T)$, T t.a).

Toute variable $U \in L^2(\mathcal{F}_\infty)$ se représente comme :

$$U = c + \int_0^\infty u_s\, dX_s$$

avec $c \in \mathbb{R}$, et $u \in L^2(\mathcal{P}, d\langle X,X\rangle dP)$.

Comme K commute avec $E(.|\mathcal{F}_o) = E(.)$, on en déduit l'existence d'une constante $k=K1$, et d'un opérateur continu $u \to \hat{u}$ de $\Lambda = L^2(\mathcal{P}, d<X,X>dP)$ dans lui-même (la continuité de $u \to \hat{u}$ provient de la continuité de K) tels que : $KU = c\,k + \int_o^\infty \hat{u}_s \, dX_s$. K commutant aux $E(.\,|\,\mathcal{F}_T)$, on a :

$$(1) \qquad \forall u \in \Lambda, \ \forall T \text{ t.a}, \ \widehat{u 1_{]0,T]}} = \hat{u}\, 1_{]0,T]}, d<X,X>dP \quad \text{ps}$$

La tribu $\mathcal{F}_o$ étant P.triviale, $\mathcal{P}$ est engendrée par les intervalles $1_{]0,T]}$. A l'aide du théorème de classe monotone, et de la continuité de $u \to \hat{u}$, on déduit de (1) :

$$(2) \qquad \begin{array}{l} \forall u \in \Lambda, \\ \forall v \in \mathcal{P}, \end{array} \quad \widehat{uv} = \hat{u}\, v, d<X,X>dP \quad \text{ps},$$

puis, les processus prévisibles bornés appartenant à Λ, et étant denses dans cet espace:

$$(3) \qquad \begin{array}{l} \forall u \in \mathcal{P}, \ u \text{ borné} \\ \forall v \in \Lambda, \end{array} \quad \widehat{uv} = \hat{u}\, v, d<X,X>dP \quad \text{ps}.$$

En appliquant (3) à $u=1$, on a donc :

$$\forall v \in \Lambda, \quad \hat{v} = \hat{1}\, v, d<X,X>dP \quad \text{ps}.$$

De plus, si $\mathcal{H}_o$ est l'orthogonal de $\mathbb{R}$ dans $L^2(\mathcal{F}_\infty)$, on déduit de la continuité de $K|_{\mathcal{H}_o}$ l'existence d'une constante c telle que :

$$\forall u \in \Lambda, \ E\left(\int_o^\infty (\hat{1})_s^2 \, u_s^2 \, d<X,X>_s\right) \leq c\, E\left(\int_o^\infty u_s^2 \, d<X,X>_s\right)$$

donc $(\hat{1})^2 \in (L^1(\mathcal{P}, d<X,X>dP))' = L^\infty(\mathcal{P}, d<X,X>dP)$.

Finalement, on a :

$$\forall U \in L^2(\mathcal{F}_\infty), \ KU = k\, E(U) + \int_o^\infty \hat{1}_s \, dU_s, \text{ et donc}$$

$K = K_f$ (avec $f(0) = k$ et $f = \hat{1}$ sur $\mathbb{R}_+ \setminus \{0\}$) est un opérateur d'i.s. ∎

Si l'on avait supposé uniquement que l'opérateur K commute aux $(E(.|\mathcal{F}_t), t \in \mathbb{R}_+)$, la même démonstration (où T est remplacé par t)

montrerait que K est égal à K_f seulement (a priori) sur le sous-espace fermé de $L^2(\mathcal{F}_\infty,P)$ engendré par $(X_t,\ t\in\mathbb{R}_+)$. De plus, avec nos notations, l'égalité (2) serait seulement valable pour v fonction déterministe bornée, et $u\in\Lambda$.

A la suite de cette remarque, il est naturel de se demander sous quelles conditions minimales un opérateur commute aux $(E(.|\mathcal{F}_T),\ T$ t.a).

Nous répondons à cette question par le lemme suivant :

<u>Lemme 1</u> : <u>Pour qu'un opérateur commute aux</u> $(E(.|\mathcal{F}_T),\ T$ <u>t.a), il (faut et il) suffit qu'il commute aux</u> $E(.|\mathcal{F}_{t_A})$, où $t\in\mathbb{R}_+$, $A\in\mathcal{F}_t$ <u>(rappelons que</u> $t_A=t$ <u>sur</u> A, $+\infty$ <u>sur</u> A^c). <u>Alors, il commute aux opérateurs d'i.s.</u>

<u>Démonstration</u> : Soit K opérateur commutant aux $E(.|\mathcal{F}_{t_A})$. Alors on a l'égalité :

$$K\left(\int_{[0,\infty]} f\,dU\right)=\int_{[0,\infty]} f\,d(KU)$$

pour $U\in L^2(\mathcal{F}_\infty,P)$, $f=1_{0_A}$, $A\in\mathcal{F}_0$, ou $f=1_{]s_B,t_B]}$, $s<t$, $B\in\mathcal{F}_s$. Or, d'après [13] (page 79), ces processus f engendrent la tribu prévisible, et donc par continuité de K, on déduit :

$$K\,K_f\,U=K_f\,KU \quad \text{pour tout processus prévisible borné } f.$$

Donc, K commute aux opérateurs d'i.s., et donc aux $(E(.|\mathcal{F}_T),\ T$ t.a) (on prend $f=1_{]0,T]}$) ∎

Sous les hypothèses faibles suivantes (que nous supposerons jusqu'à la fin du paragraphe 2) :

c). $L^1(\Omega,\mathcal{F}_\infty,P)$ est séparable (cf. [6])

d). $\mathcal{F}_0$ est P triviale,

nous allons montrer la réciproque du théorème 4.

Observons que, d'après c), il existe une martingale séparatrice $Z\in\mathcal{M}^2$, c'est à dire telle que : $\forall U\in\mathcal{M}^2$, $d\langle U,U\rangle \ll d\langle Z,Z\rangle$

D'autre part, toute martingale totalisatrice (s'il en existe) est séparatrice et inversement, s'il existe une martingale totalisatrice, toute martingale séparatrice est elle-même totalisatrice. Ces remarques nous conduisent naturellement à la démonstration du :

Théorème 5 :

Si, outre les hypothèses c) et d), on suppose que les seuls opérateurs qui commutent aux $(E(.|\mathcal{F}_T)$, T t.a) sont des opérateurs d'i.s, alors il existe une martingale totalisatrice.

Démonstration : Soit $Z \in \mathcal{M}^2$, nulle en 0, qui soit une martingale séparatrice. On note K l'opérateur de projection des variables de carré intégrable, $\mathcal{F}_\infty$ mesurables, sur l'orthogonal (fort) de Z (dans $\mathcal{M}^2$, et non pas dans $\mathcal{M}^{2,0}$). Cet opérateur commute aux $E(.|\mathcal{F}_T)$, et donc par hypothèse il existe $f \in \mathcal{P}$, borné, tel que :

$$\forall U \in L^2(\mathcal{F}_\infty),\ KU = E(U) + \int_0^\infty f(u)\, dU_u .$$

Remarquons que, par définition de K, on a : KZ = 0, donc : $\int_0^\infty f(u)dZ_u = 0$, ce qui équivaut à $\int_0^\infty f^2(u)d\langle Z,Z\rangle_u = 0$; or, Z étant séparatrice, on a pour tout $U \in \mathcal{M}^2$, $d\langle U,U\rangle \ll d\langle Z,Z\rangle$, et donc $\int_0^\infty f^2(u)d\langle U,U\rangle = 0$, d'où : $\int_0^\infty f(u)\, dU_u = 0$. On en déduit $KU = E(U)$, c'est à dire que Z est totalisatrice. ∎

Notons que la démonstration précédente fournit, dans le cas où il n'y a pas de martingale totalisatrice, un exemple naturel d'opérateur qui commute aux $E(.|\mathcal{F}_T)$, et qui n'est pas opérateur d'i.s : le projecteur sur l'orthogonal (fort) d'une martingale séparatrice.

Encore quelques remarques :

- d'après le théorème 1, la recherche d'une martingale totalisatrice a une solution si, et seulement si, $P \in \bigcup_{X \in \mathcal{M}^2} \mathrm{ext}(\mathcal{M}_{\{X\}})$

- en [6] , l'étude précédente est menée à l'aide de la théorie des algèbres de Von Neumann. Or, il existe une caractérisation des algèbres de Von Neumann commutatives qui admettent un vecteur totalisateur, caractérisation qui est très opératoire dans cette théorie (celle des algèbres de Von Neumann). Rappelons le :

Théorème 6 : ([7] , théorème 1, page 208)

Soient $\mathcal{H}$ un espace hilbertien séparable, et $\mathfrak{Z}$ une algèbre de Von Neumann commutative, constituée d'opérateurs bornés de $\mathcal{H}$.

Alors, il existe un espace mesurable $(S,\mathcal{A})$, une mesure positive bornée m sur $(S,\mathcal{A})$, un champ mesurable $\zeta \to \mathcal{H}(\zeta)$ d'espaces hilbertiens non nuls sur S, et un isomorphisme de $\mathcal{H}$ sur $\hat{\mathcal{H}} = \int^{\oplus} \mathcal{H}(\zeta)\, dm(\zeta)$ qui transforme $\mathcal{Z}$ en l'algèbre $\hat{\mathcal{Z}}$ des opérateurs diagonalisables (c'est à dire des opérateurs $T = \int^{\oplus} t(\zeta)\, Id_{\mathcal{H}(\zeta)}\, dm(\zeta)$, où $t \in L^{\infty}(S,\mathcal{A},m)$).

Ainsi que son :

Corollaire :

Avec les notations précédentes, $\mathcal{Z}$ possède un vecteur totalisateur si, et seulement si : $\dim(\mathcal{H}(\zeta)) = 1$ m ps.

Démonstration : On peut travailler d'emblée avec $\hat{\mathcal{Z}}$ sur $\hat{\mathcal{H}}$. Dire que $\hat{\mathcal{Z}}$ possède un vecteur totalisateur $x = \int^{\oplus} x(\zeta)\, dm(\zeta)$ est équivalent à :

$$\left[y \in \mathcal{H} \quad \text{vérifie} \quad (Tx,y) = 0,\ \forall T \in \hat{\mathcal{Z}} \iff y = 0\right].$$

Or, on a :

$$\int t(\zeta)\, (x(\zeta),\, y(\zeta)))_{\zeta}\, dm(\zeta) = 0 \quad \forall t \in L^{\infty}(S,m) \iff (x(\zeta),\, y(\zeta))_{\zeta} = 0, m \ \text{ps}$$

d'où l'on déduit : x est totalisateur pour $\hat{\mathcal{Z}}$ si, et seulement si, m ps, $x(\zeta)$ est une base de $\mathcal{H}(\zeta)$, d'où le résultat ∎

Il peut être intéressant en soi d'expliciter, dans notre cadre, les objets figurant dans le théorème 6 : nos données de base sont

$$\mathcal{H} = L^2(\Omega,\mathcal{F}_{\infty},P) \quad \text{et} \quad \mathcal{Z} = \{K_f \ ;\ f \in \mathcal{P},\ \ f \ \text{borné}\}$$

On confond toujours maintenant une martingale de $\mathcal{M}^2$ avec sa variable terminale.

Si $X \in L^2(\Omega,\mathcal{F}_{\infty},P)$ est séparateur (i.e : la martingale associée est séparatrice), on pose : $S = \Omega \times \mathbb{R}_+$, $\mathcal{A} = \mathcal{P}$, et $dm(s,\omega) = d\langle X,X\rangle_s(\omega)\, dP(\omega)$. Pour $U,V \in \mathcal{H}$, on note $h_{U,V}(s,\omega)$ une version de $\frac{d\langle U,V\rangle}{d\langle X,X\rangle}(s,\omega)$ (la mesure spectrale $\nu_{U,V}$ associée à (U,V) est $d\langle U,V\rangle_s(\omega)\, dP(\omega)$). Soit $\mathcal{H}'$ un sous-$\mathbb{Q}$ espace vectoriel dénombrable de $\mathcal{H}$, dense dans $\mathcal{H}$. Il existe une partie m-négligeable $N \subset S$ telle que, pour tout $(s,\omega) \notin N$, la fonction $h^{s,\omega} : (U,V) \to h_{U,V}(s,\omega)$ soit une forme bilinéaire, symétrique, positive sur $\mathcal{H}'$, et que l'espace hilbertien $\mathcal{H}(s,\omega)$

déduit de $(\mathcal{H}', h^{s,\omega})$ par passage au quotient et complétion soit non nul. On définit ensuite arbitrairement $\mathcal{H}(s,\omega) \neq 0$, pour $(s,\omega) \in N$, et on munit les $\mathcal{H}(s,\omega)$ d'une structure de champ mesurable.

Ceci étant, le corollaire précédent s'énonce, pour nous, sous la forme "triviale" suivante :

Proposition : $\mathcal{M}^2$ admet une martingale totalisatrice si, et seulement si, X étant une martingale séparatrice, il existe une application linéaire $j : U \to u$ de $\mathcal{H}^o$ (l'orthogonal de $\mathbb{R}$ dans $\mathcal{H}$) dans $L^2(\Omega \times \mathbb{R}, \mathcal{P}, d<X,X>dP)$ telle que :

$$j(X) = 1 \qquad \text{et} \qquad d<U,U> = u^2\, d<X,X>.$$

Démonstration :

- la condition nécessaire est immédiate si, l'on rappelle que, s'il existe une martingale totalisatrice, alors toute martingale séparatrice est totalisatrice.

- inversement, j étant linéaire, on a, par polarisation : $d<U,U> = uv\, d<X,X>$, et donc $d<U,X> = u\, d<X,X>$, ce qui entraîne finalement $U = P_{\mathcal{L}^2(X)}(U)$. ∎

Le fait que cette proposition (évidente) soit la traduction du corollaire du théorème 6 (non évident) corrobore l'opinion de DELLACHERIE, selon laquelle on n'obtiendra (malheureusement) pas grand-chose de profond de la confrontation i.s-algèbres de Von Neumann.

3 - REPRESENTATION DES MARTINGALES D'UN P A I

Soit $(X_t, t \in \mathbb{R}_+)$ un P.A.I, homogène, à valeurs dans $\mathbb{R}^d$, à trajectoires càdlàg, et issu de $x_o = 0$ (on peut toujours se ramener à ce cas). Sa loi P est caractérisée par la célèbre formule de Lévy-Khintchine :

$$(4) \qquad \forall x \in \mathbb{R}^d, \; E\left[e^{i(x,X_t)}\right] = e^{-t\psi(x)}$$

avec $\psi(x) = i(a,x) + \frac{1}{2}(Sx,x) + \int m(dy)\, \{1 - e^{i(x,y)} + \frac{i(x,y)}{1+|y|^2}\}$

où $a = (a_i) \in \mathbb{R}^d$, $S = (s_{ij})$ est une matrice semi-définie positive, et m une mesure de Radon sur $\mathbb{R}^d \setminus \{0\}$ telle que :

$$(5) \qquad \int \frac{|x|^2}{1+|x|^2}\, m(dx) < \infty$$

Le processus (X_t) est un processus fortement markovien, de générateur $\mathcal{L}_\psi$, dont le domaine contient $C_c^\infty(\mathbb{R}^d)$, avec :

$$\forall f \in C_c(\mathbb{R}^d), \mathcal{L}_\psi f(x) = \frac{1}{2} \sum_{i,j} \frac{\partial^2 f}{\partial x_i \partial x_j}(x) + \sum_i a_i \frac{\partial f}{\partial x_i}(x)$$

$$+ \int m(dy) \left[f(x+y) - f(x) - \left(\sum_i y_i \frac{\partial f}{\partial x_i}(x) \right) \frac{1}{1+|y|^2} \right]$$

$\mathcal{S}_o(\mathcal{L}_\psi)$ comprenant la seule loi P, le théorème 3 s'applique.

Nous donnons maintenant une démonstration directe de ce théorème pour les P.A.I.

On veut donc montrer :

(i) $\quad (\mathcal{M}_{loc}^c)^o(P) = \mathcal{L}^2_{loc}((X^i)^c ; 1 \leq i \leq d)$

(ii) Toute somme compensée de sauts $M \in \mathcal{M}^o_{loc}(P)$ s'écrit

$$M = W * (\mu - \nu) \quad (\text{avec } W \in \tilde{\mathcal{P}})$$

Tout d'abord, énonçons le :

<u>Lemme 2</u> : L'espace vectoriel $\mathcal{W} = \{W * (\mu-\nu) \in H^1 \mid W \in \tilde{\mathcal{P}}\}$ est un sous-espace fermé de H^1.

<u>Démonstration</u> : X étant quasi-continu à gauche, on a, pour toute martingale $W * (\mu-\nu) \in H^1$, l'égalité :

$$||W * (\mu-\nu)||_{H^1} = E\left(\int W^2\, d\mu\right)^{1/2}.$$

Or, l'espace $\tilde{\mathcal{W}} = \{W \in \tilde{\mathcal{P}} \mid \ ||W|| = E(\int W^2 d\mu)^{1/2} < \infty\}$ est un espace de Banach isomorphe à $(\mathcal{W}, ||.||_{H^1})$ ∎

On procède maintenant par étapes :

<u>Première étape</u> :

Les propriétés (i) et (ii) sont respectivement équivalentes à :

(j) $\quad (\mathcal{M}^{2,c})^o(P) = \mathcal{L}^2((X^i)^c \; ; 1 \leq i \leq d)$

(car $\mathcal{L}^2(X^i \; ; 1 \leq i \leq d)$ est fermé dans $\mathcal{M}^{2,c}(P)$).

et

(jj) $\quad (\mathcal{M}^{2,d})^o(P) = \{W * (\mu-\nu) \in \mathcal{M}^2 \mid W \in \tilde{\mathcal{P}}\}$

Montrons (jj) $\Longrightarrow$ (ii). Soit $M \in \mathcal{M}^o_{loc}(P)$ qui soit, de plus, somme compensée de sauts. On peut la supposer dans $H^1(P)$ (car elle y appartient localement, cf [9]). Elle est donc, dans cet espace, la limite d'une suite $M^n = (M^n)^c + W^n * (\mu-\nu)$ de martingales de carré intégrable. La suite $(M^n)^c$ converge dans H^1 vers $M^c = 0$, et donc $W^n * (\mu-\nu) \xrightarrow[H^1]{(n \to \infty)} M$. D'après le lemme 2, il existe donc $W \in \tilde{\mathcal{P}}$ tel que $M = W * (\mu-\nu)$, et (ii) est vérifiée.

Deuxième étape :

Notons Δ l'ensemble des fonctions étagées $\alpha = \sum_{i=1}^{n} \lambda_i 1_{]t_i,t_{i+1}]}$ ($\lambda_i \in \mathbb{R}^d$, $t_i \in \mathbb{R}_+$). Les variables ($U^\alpha_\infty = \exp\{ i \int_0^\infty (\alpha_s, dX_s) + \int_0^\infty \psi(\alpha_s)ds\}$, $\alpha \in \Delta$) sont totales dans $L^2(\mathcal{F}_\infty, P)$: en effet, si $Y \in L^2(\mathcal{F}_\infty, P)$ est orthogonal à ces variables, elle est aussi orthogonale aux variables ($e^{i \int_0^\infty (\alpha_s, dX_s)}$, $\alpha \in \Delta$) qui sont clairement totales dans $L^2(\mathcal{F}_\infty, P)$, et donc $Y=0$.

Soulignons au passage que ce raisonnement est spécifique aux PAI.

Troisième étape :

Le résultat précédent entraîne la totalité des martingales (U^α, $\alpha \in \Delta$) dans $\mathcal{M}^2(P)$, où l'on pose :

$$U^\alpha_t = \exp\{i \int_0^t (\alpha_s, dX_s) + \int_0^t \psi(\alpha_s)ds\}$$

(noter que $U^\alpha_t = U_\infty^{\alpha 1_{]0,t]}}$, et que U^α est une martingale, d'après la formule (4)). Les martingales $\{(U^\alpha)^c, \alpha \in \Delta\}$ (resp. $(U^\alpha)^d$, $\alpha \in \Delta$) sont donc totales dans $(\mathcal{M}^{2,c})^o(P)$ (resp : $(\mathcal{M}^{2,d})^o(P)$). Donc, pour montrer (j) et (jj), il suffit de montrer que, pour tout $\alpha \in \Delta$, on a :

(k) $\quad (U^\alpha)^c \in \mathcal{L}^2((X^i)^c, 1 \leq i \leq d)$

(kk) $\quad (U^\alpha)^d = W^\alpha * (\mu-\nu) \qquad (W^\alpha \in \widetilde{\mathcal{P}})$

Dernière étape :

Fixons maintenant $\alpha \in \Delta$, et posons :

$$U_t = U_t^\alpha = e^{V_t}, \text{ avec } V_t = i \int_0^t (\alpha_s, dX_s) + \int_0^t \psi(\alpha_s) ds$$

En appliquant la formule d'Ito à e^{V_t}, il vient :

$$U_t = 1 + \int_0^t U_{s-} dV_s + \frac{1}{2} \int_0^t U_s \, d < V^c, V^c >_s$$

$$+ \sum_{s \leq t} \{U_s - U_{s-} - U_{s-} \Delta V_s\}$$

On a donc :

$$U_t^c = \int_0^t U_{s-} i (\alpha_s, dX_s^c), \text{ d'où (k).}$$

D'autre part, les martingales-sommes compensées de sauts, U_t^d et $\int_0^t \int_{\mathbb{R}^d \setminus \{0\}} U_{s-} (e^{i(\alpha_s, x)} - 1) (\mu-\nu) (ds \times dx)$ ont même processus de saut : $U_{s-} (e^{i(\alpha_s, \Delta X_s)} - 1)$ et sont donc égales, d'où (kk) (on a obtenu, en outre, la formule explicite :

$$U_t = 1 + \int_0^t U_{s-} i(\alpha_s, dX_s^c) + \int_0^t \int_{\mathbb{R}^d \setminus \{0\}} U_{s-} (e^{i(\alpha_s, x)} - 1)(\mu-\nu) (ds \times dx)) \blacksquare$$

En particulier, pour $d=1$, si X_t est intégrable pour tout t (avec $E(X_t) = at$), alors $Y_t = X_t - at$ est une martingale, et les propriétés (i) et (ii) peuvent être résumées en :

Toute martingale locale $(M_t, t \geq 0)$ admet une représentation comme :

(6) $$M_t = E(M_o) + \int_0^t u_s \, d Y_s^c + \int_0^t W(s, \Delta Y_s) dY_s^d$$

(où $u \in \mathcal{P}$, $W \in \widetilde{\mathcal{P}}$; noter que $\Delta Y = \Delta X$).

Cette représentation permet, à mon avis, de mieux comprendre l'appendice de [10]: il y est démontré que toute martingale (locale) pour la filtration d'un P A I réel X se représente comme i.s par rapport à une seule martingale si, et seulement si, X est un mouvement brownien (de covariance $\sigma^2 t$) ou un processus de Poisson, de sauts d'amplitude γ, c'est à dire : soit $U^d=0$, soit $U^c=0$, et alors $\Delta X = \gamma I_{(\Delta X \neq 0)}$.

Ce résultat admet la généralisation suivante, démontrée en [4] (théorème 3) ou [5] (corollaire 2.6) : sur un espace filtré $(\Omega, \mathcal{F}, \mathcal{F}_t, P)$, soit Y martingale localement de carré intégrable (pour simplifier - voir les références pour le cas général), et quasi-continue à gauche, telle que toute martingale (locale) $(M_t, t \geq 0)$ se représente à l'aide de la formule (6).

Alors, toute martingale locale $(M_t, t \geq 0)$ admet une représentation prévisible $M_t = E(M_o) + \int_o^t v_s \, dY_s$ $(v \in \mathcal{P})$ si, et seulement si :

e). les mesures prévisibles $d < Y^c, Y^c >$ et $d < Y^d, Y^d >$ sont étrangères.

f). il existe un processus prévisible f tel que $\Delta Y = f \, I_{(\Delta Y \neq 0)}$.

<u>Nota bene</u> -

La démonstration ci-dessus du théorème de représentation des martingales (locales) d'un P A I n'est pas originale : c'est la généralisation naturelle de celle présentée par NEVEU ([8]) et MEYER [9] pour le mouvement brownien. Nous ignorons l'origine précise de cette méthode, qui doit être assez ancienne.

Cependant, le précédent exposé nous semble aussi complet que possible (puisque l'on obtient la représentation des martingales <u>locales</u>) ce qui nous paraît justifier sa publication.

REFERENCES

[1] C. DELLACHERIE : "Intégrales stochastiques par rapport aux processus de Wiener et de Poisson". Séminaire Proba. VIII, Lecture Notes in Math. 381, Springer, Berlin (1974).

[2] K.A. YEN & Ch. YOEURP : "Représentation des martingales comme intégrales stochastiques de processus optionnels". Séminaire Proba. X, Lecture Notes in Math. 511, Springer Berlin (1976).

[3] J. JACOD : "A general theorem of representation for martingales". A.M.S. Meeting (à paraître).

[4] J. JACOD & M. YOR : "Etude des solutions extrémales et représentation intégrale des solutions pour certains problèmes de martingales". (A paraître au Z. für Wahr.).

[5] M. YOR : "Représentation intégrale des martingales, étude des distributions extrémales". Article de Thèse, 1976.

[6] C. DELLACHERIE, C. STRICKER : "Changements de temps et intégrales stochastiques". (Dans ce volume).

[7] J. DIXMIER : "<u>Les algèbres d'opérateurs dans l'espace Hilbertien</u>" (algèbres de Von Neumann) Seconde édition, Gauthier-Villars, 1969.

[8] J. NEVEU : Notes sur l'intégrale stochastique. Cours de 3ème cycle (1972). Lab. de Probabilités, Paris VI.

[9] P.A. MEYER : Un cours sur les intégrales stochastiques. Séminaire Proba. X, Lecture Notes in Math. 511, Springer Berlin (1976).

[10] C.S. CHOU & P.A. MEYER : "Sur la représentation des martingales comme intégrales stochastiques dans les processus ponctuels". Séminaire Proba. IX, Lecture Notes in Math. 465, Springer Berlin (1975).

[11] P.A. MEYER : Notes sur les intégrales stochastiques. I Intégrales hilbertiennes. (Dans ce volume)

[12] D.W. STROOCK : "Diffusion processes associated with Lévy generators". Z. für. Wahr. <u>32</u>, 209-244, 1975.

[13] C. DELLACHERIE : "<u>Capacités et Processus stochastiques</u>" Springer-Verlag, Berlin, 1972.

Université de Strasbourg 1975/76
Séminaire de Probabilités

SUR QUELQUES APPROXIMATIONS D'INTEGRALES STOCHASTIQUES.

par

Marc YOR

INTRODUCTION :

On développe ci-dessous quelques procédés d'approximation de certaines intégrales stochastiques, qui englobent en particulier l'approximation de Stratonovitch, et l'approximation à l'aide d'intégrales de Riemann ([4],[5]). On obtient en conséquence une généralisation de la formule de Ito. Ces résultats étendent ceux de la première partie de [5].

1. CADRE GENERAL ET PRELIMINAIRES.

Soit $(\Omega,\mathcal{F},P)$ espace de probabilité complet, muni d'une filtration $(\mathcal{F}_t, t\geq 0)$ de sous-tribus de $\mathcal{F}$, vérifiant les conditions habituelles. $\underline{\underline{S}}_c$ est l'ensemble des semi-martingales locales continues. D'après [2] (chapitre VI) tout processus $X\in\underline{\underline{S}}_c$ se décompose de façon unique en X_o+M+A où M (resp A) est une martingale locale continue (resp : un processus à variation bornée, continu), ces deux processus étant de plus nuls en 0 (on dit que $X=X_o+M+A$ est la décomposition canonique de X). On note $|A|$ le processus $\int_o^{\cdot}|dA_s|$.

Soit $t\in\mathbb{R}_+$. On appelle suite standard de subdivisions de $[0,t]$ toute suite $\tau_n = (0 = t_o^n < t_1^n < \dots < t_{p_n}^n = t)$ de subdivisions de plus en plus fines dont le pas $\phi(\tau_n) = \sup|t^n_{i+1} - t^n_i|$ décroit vers 0 lorsque $(n \to \infty)$.

Le lemme suivant sera très utile par la suite :

LEMME. - Soient $t \in \mathbb{R}_+$, et $0 < \lambda \leq 1$.

$(\tau_n, n \in \mathbb{N})$ une suite de subdivisions standard de $[0,t]$ que l'on pointe par $t^\lambda_i = t_i + \lambda(t_{i+1} - t_i)$

$X = X_o + M + A$, $Y = Y_o + N + B$

les décompositions canoniques de deux semi-martingales continues telles que $M, |A|, N, |B|$ soient des processus bornés. On note $\langle X,Y\rangle = \langle M,N\rangle = U$ et $(f(u,\omega), u \geq 0)$ un processus $\mathcal{F}_u$ adapté, continu, et borné.

Alors,

1) la suite $\sup\limits_{\lambda \in [0,1]} E\left[\left(\sum\limits_{\tau_n} f(t_i)(X_{t^\lambda_i} - X_{t_i})(Y_{t^\lambda_i} - Y_{t_i}) - \sum\limits_{\tau_n} f(t_i)(U_{t^\lambda_i} - U_{t_i})\right)^2\right]$

converge vers 0 lorsque $n \to \infty$.

2) si $\lambda = 1$, ou si U - en tant que mesure aléatoire sur $\mathbb{R}_+$ - est presque sûrement absolument continu par rapport à la mesure de Lebesgue, on a :

$$\sum_{\tau_n} f(t_i)(X_{t^\lambda_i} - X_{t_i})(Y_{t^\lambda_i} - Y_{t_i}) \xrightarrow[L^2(\Omega,\mathcal{F},P)]{(n \to \infty)} \lambda \int_0^t f(s)\,dU_s$$

uniformément en $\lambda \in [0,1]$.

Démonstration : On montre facilement qu'il suffit de démontrer le lemme lorsque $X = Y = M$.

Rappelons que si $s < t$, $E^{\mathcal{F}_s}((M_t - M_s)^2) = E^{\mathcal{F}_s}(U_t - U_s)$.

D'autre part ,

$$E\Big[\Big\{\sum_{\tau_n} f(t_i)\big((M_{t_i^\lambda}-M_{t_i})^2 - E^{\mathcal{F}_{t_i}}(M_{t_i^\lambda}-M_{t_i})^2\big)\Big\}^2\Big]$$

$$= E\Big[\sum_{\tau_n} f(t_i)^2\big((M_{t_i^\lambda}-M_{t_i})^2 - E^{\mathcal{F}_{t_i}}(M_{t_i^\lambda}-M_{t_i})^2\big)^2\Big]$$

$$\leq 2\|f\|_\infty^2 \; E\Big[\sum_{\tau_n} (M_{t_i^\lambda}-M_{t_i})^4\Big]$$

$$\leq 2\|f\|_\infty^2 \; E\Big[\sum_{\tau_n} (M_{t_{i+1}}-M_{t_i})^4\Big] \quad (\text{car } M_{t_i^\lambda}-M_{t_i} = E(M_{t_{i+1}}-M_{t_i}|\mathcal{F}_{t_i^\lambda}))$$

et cette dernière expression converge vers 0, à l'aide du théorème de convergence dominé, car $\sum_{\tau_n}(M_{t_{i+1}}-M_{t_i})^4 \leq \sup_{\tau_n}(M_{t_{i+1}}-M_{t_i})^2 \times \Big[\sum_{\tau_n}(M_{t_{i+1}}-M_{t_i})^2\Big]$.

Il est ensuite facile de montrer que

$$\sup_{\lambda\in[0,1]} E\Big[\sum_{\tau_n} f(t_i)\big((U_{t_i^\lambda}-U_{t_i}) - E^{\mathcal{F}_{t_i}}(U_{t_i^\lambda}-U_{t_i})\big)^2\Big]$$

converge vers 0 lorsque $n\to\infty$, et la première partie du lemme est démontrée.

Si $\lambda = 1$, 2) est immédiat, le processus f étant continu.

Sinon, on déduit 2) de l'hypothèse d'absolue continuité, et des remarques suivantes : . si a est une fonction continue sur $[0,t]$,

$$\Big|\sum_{\tau_n} \int_{t_i}^{t_i^\lambda} a(s)ds - \sum_{\tau_n} a(t_i)\lambda(t_{i+1}-t_i)\Big| \leq \sum_{\tau_n} \int_{t_i}^{t_i^\lambda} |a(s)-a(t_i)|ds \xrightarrow[(n\to\infty)]{} 0$$

et donc $\displaystyle\sum_{\tau_n} \int_{t_i}^{t_i^\lambda} a(s)ds \xrightarrow[(n\to\infty)]{} \lambda\int_o^t a(s)ds$ uniformément en λ.

. les fonctions continues étant denses dans $L^1([0,t],ds)$, le même résultat est vrai pour $a\in L^1([0,t],ds)$ □

Soit μ mesure de probabilité sur $([0,1],\mathcal{B}[0,1])$, $f\in\mathcal{B}(\mathbb{R})$, et τ subdivision de $[0,t]$.

Si X et Y sont deux semi-martingales continues, on considère les sommes suivantes :

$$^{+}S^{\mu}_{\tau} = \sum_{\tau} \int_{0}^{1} f(X_{t_i} + s(X_{t_{i+1}} - X_{t_i}))d\mu(s)\ (Y_{t_{i+1}} - Y_{t_i})$$

$$(^{+}S_{\mu})_{\tau} = \sum_{\tau} \int_{0}^{1} f(X_{t_i + s(t_{i+1} - t_i)})d\mu(s)(Y_{t_{i+1}} - Y_{t_i})$$

(on pourrait, pour désigner ces expressions, appeler la première (resp : seconde) somme μ. "approximation" spatiale (resp : temporelle) de $\int_0^t f(X_s)dY_s$ le long de τ). On étudie, au paragraphe 2, la convergence de $^{+}S^{\mu}_{\tau_n}$, où $(^{+}S_{\mu})_{\tau_n}$ lorsque (τ_n) est une suite de subdivisions standard de $[0,t]$, et $n \to \infty$.

2. RESULTATS DE CONVERGENCE.

Notons $\mu_1 = \int_0^1 \lambda d\mu(\lambda)$.

THEOREME 1. - <u>Soient</u> $X, Y \in \underline{\underline{S}}_c$, $f \in C^1(R)$, <u>et</u> (τ_n) <u>suite de subdivisions standard de</u> $[0,t]$. <u>Alors,</u>

1) $$^{+}S^{\mu}_{\tau_n} \xrightarrow[(P)]{(n\to\infty)} \mu.\int_0^t f(X_s)dY_s = \int_0^t f(X_s)dY_s + \mu_1 \int_0^t f'(X_s)d\langle X,Y\rangle_s$$

2) <u>si la mesure</u> $d_s\langle X,Y\rangle_s(\omega)$ <u>est presque sûrement absolument continue par rapport à la mesure de Lebesgue,</u>

$$(^{+}S_{\mu})_{\tau_n} \xrightarrow[(P)]{(n\to\infty)} \mu.\int_0^t f(X_s)dY_s .$$

<u>Démonstration</u> : Soient $X = X_0 + M + A$, $Y = Y_0 + N + B$ les décompositions canoniques de X et Y (A et B sont les processus prévisibles à variation bornée).

Dans les deux cas, on peut supposer que Y est une martingale locale, car $\sum_{\tau_n} \int_0^1 f(X_{t_i} + s(X_{t_{i+1}} - X_{t_i}))d\mu(s)(B_{t_{i+1}} - B_{t_i})$ converge presque sûrement vers $\int_0^t f(X_s)dB_s$ (et de même pour les μ. approximations temporelles).

- De plus, il suffit de montrer que les convergences ont lieu dans L^2, lorsque $M, |A|, Y$ sont bornées, et f est une fonction de classe C^1, bornée, ainsi que sa dérivée. En effet, soit $T_p = \text{Inf}(t \mid |M_t| \wedge |A|_t \wedge |Y_t| \geq p)$,

et $f_p \in C^1(\mathbb{R})$, $f_p \equiv f$ sur $[-p,+p]$, $f_p \equiv 0$ hors de $[-p-1,p+1]$.

Alors, en remplaçant la notation $({}^+S_\mu)_\tau$ par $({}^+S_\mu)_\tau(f)$, on a, pour $\alpha > 0$,

$$P[|({}^+S_\mu)_{\tau_n}(f) - \mu.\int_0^t f(X_s)dY_s| > \alpha]$$

$$\leq P[T_p \leq t] + \frac{1}{\alpha}(E\{({}^+S_\mu)_{\tau_n}(f_p) - \mu.\int_0^t f_p(X_s)dY_s\}^2)^{\frac{1}{2}},$$

et les temps d'arrêt (T_p) croissent P ps vers $+\infty$.

- Soient donc $M, |A|, Y$ bornés et $f \in C_b^1(\mathbb{R})$. On a :

$${}^+S^\mu_{\tau_n} = \sum_{\tau_n} f(X_{t_i})(Y_{t_{i+1}} - Y_{t_i})$$

$$+ \sum_{\tau_n} \int_0^1 d\mu(\lambda)\{f(X_{t_i} + \lambda(X_{t_{i+1}} - X_{t_i})) - f(X_{t_i})\}(Y_{t_{i+1}} - Y_{t_i}).$$

Le premier terme converge dans L^2 vers $\int_0^t f(X_s)dY_s$.

Ecrivons le second comme

$$\sum_{\tau_n} \int_0^1 \lambda d\mu(\lambda) \int_0^1 ds\, f'[X_{t_i} + \lambda s(X_{t_{i+1}} - X_{t_i})](X_{t_{i+1}} - X_{t_i})(Y_{t_{i+1}} - Y_{t_i})$$

$$= \mu_1 \sum_{\tau_n} f'(X_{t_i})(X_{t_{i+1}} - X_{t_i})(Y_{t_{i+1}} - Y_{t_i}) + J_{\tau_n}.$$

D'après le lemme, le premier terme converge dans L^2 vers $\mu_1 \int_0^t f'(X_s)d\langle X,Y\rangle_s$.

D'autre part, on a, en posant

$$F'_{\tau_n}(\omega) = \sup_{t_i \in \tau_n} \sup_{u \in [0,1]} |f'(X_{t_i}+u(X_{t_{i+1}}-X_{t_i}))-f'(X_{t_i})|$$

et $U = X+Y$, $V = X-Y$:

$$|J_{\tau_n}| \le F'_{\tau_n} \sum_{\tau_n} |(X_{t_{i+1}}-X_{t_i})(Y_{t_{i+1}}-Y_{t_i})|$$

$$\le \tfrac{1}{4} F'_{\tau_n} \sum_{\tau_n} [(U_{t_{i+1}}-U_{t_i})^2 + (V_{t_{i+1}}-V_{t_i})^2] .$$

D'après la convergence vers 0 , lorsque $n \to \infty$, de F'_{τ_n} , et le lemme, on a donc :

$$J_{\tau_n} \xrightarrow[L^2]{n\to\infty} 0$$

- Sous les mêmes conditions, décomposons également $({}^{+}S_{\mu})_{\tau_n}$:

$$({}^{+}S_{\mu})_{\tau_n} = \sum_{\tau_n} f(X_{t_i})(Y_{t_{i+1}}-Y_{t_i})$$

$$+ \sum_{\tau_n} \int_0^1 d\mu(\lambda) f'(X_{t_i})(X_{t_i^\lambda}-X_{t_i})(Y_{t_{i+1}}-Y_{t_i})$$

$$+ \sum_{\tau_n} \int_0^1 d\mu(\lambda) \int_0^1 ds[f'(X_{t_i}+s(X_{t_i^\lambda}-X_{t_i})) - f'(X_{t_i})](X_{t_i^\lambda}-X_{t_i})(Y_{t_{i+1}}-Y_{t_i}) .$$

Le premier terme converge dans L^2 vers $\int_0^t f(X_s)dY_s$.

Le second se décompose en : $I'_{\tau_n} + J'_{\tau_n}$, où :

$$I'_{\tau_n} = \sum_{\tau_n} \int_0^1 d\mu(\lambda) f'(X_{t_i})(X_{t_i^\lambda}-X_{t_i})(Y_{t_i^\lambda}-Y_{t_i})$$

$$J'_{\tau_n} = \sum_{\tau_n} \int_0^1 d\mu(\lambda) f'(X_{t_i})(X_{t_i^\lambda}-X_{t_i})(Y_{t_{i+1}}-Y_{t_i^\lambda}) .$$

D'après l'hypothèse d'absolue continuité, et la seconde partie du lemme, on a :

$$E[(I'_{\tau_n} - \mu_1 \int_o^t f'(X_s)d<X,Y>_s)^2]$$

$$\leq \int_o^1 d\mu(\lambda)E(\sum_{\tau_n} f'(X_{t_i})(X_{t_i^\lambda}-X_{t_i})(Y_{t_i^\lambda}-Y_{t_i}) - \lambda \int_o^t f'(X_s)d<X,Y>_s)^2$$

expression convergeant vers 0 , lorsque $n\to\infty$. D'autre part,

$$E[(J'_{\tau_n})^2] \leq \int_o^1 d\mu(\lambda) \sum_{\tau_n} E[f'(X_{t_i})^2(X_{t_i^\lambda}-X_{t_i})^2(<Y,Y>_{t_{i+1}} - <Y,Y>_{t_i})]$$

expression qui converge vers 0 , d'après la continuité de X .

Enfin, la convergence vers 0 dans L^2 du troisème terme qui intervient dans le développement de $({}^+S_\mu)_{\tau_n}$ se montre de même que pour J_{τ_n} précédemment □

Remarquons ici que si $\mu = \varepsilon_o$, $\mu.\int_o^t f(X_s)dY_s$ est l'intégrale d'Ito, si $\mu = \varepsilon_{\frac{1}{2}}$, $\mu.\int_o^t f(X_s)dY_s$ est l'intégrale de Stratonovitch, obtenue par limite de $({}^+S_{\varepsilon_{\frac{1}{2}}})_{\tau_n}$, si $d_s<X,Y>_s(\omega)$ est absolument continue. Montrons, par un contre exemple, que cette condition est nécessaire pour obtenir la limite $\varepsilon_{\frac{1}{2}}.\int_o^t (f(X_s)dY_s$, définie précédemment : en [3] (pages 48-49)(1) , Riesz et Nagy construisent une fonction $F:[0,1]\to[0,1]$ continue, croissante, presque partout dérivable, et telle que la dérivée $F'(x)$ - lorsqu'elle existe - soit nulle.

Voici cette construction : Soit $0<u<1$ et $\tau_n = \{t_k^n = \frac{k}{2^n}\ ;\ 0\leq k\leq 2^n\}$ la suite des subdivisions dyadiques de $[0;1]$.

Définissons $F_o(x) = x$, et pour $n\in\mathbb{N}^*$, le graphe de F_n comme la ligne brisée dont les sommets sont $(\frac{k}{2^n}, F_n(\frac{k}{2^n}))$. La suite $F_n(\frac{k}{2^n})$ est déterminée par les

---

(1) Cette référence m'a été fournie par J. de Sam Lazaro.

relations de récurrence :

$$F_{n+1}\left(\frac{2k}{2^{n+1}}\right) = F_n\left(\frac{k}{2^n}\right)$$

$$(0 \leq k \leq 2^n)$$

$$F_{n+1}\left(\frac{2k+1}{2^{n+1}}\right) = \frac{1-u}{2} F_n\left(\frac{k}{2^n}\right) + \frac{1+u}{2} F_n\left(\frac{k+1}{2^n}\right)$$

La suite F_n est croissante en n , et $F = \lim F_n$ vérifie les propriétés énoncées.

Revenons à l'intégrale de Stratonovitch : si B est un $(\mathcal{F}_t)$ mouvement brownien réel, posons $X_t = B_{F(t)}$; c'est une $\mathcal{F}_{F(t)}$ martingale continue, de processus croissant $F(t)$. On a l'égalité suivante :

$$\sum_{\tau_n} X_{\frac{t_{i+1}+t_i}{2}} (X_{t_{i+1}} - X_{t_i}) = \sum_{\tau_n} X_{t_i} (X_{t_{i+1}} - X_{t_i}) + \sum_{\tau_n} (X_{\frac{t_{i+1}+t_i}{2}} - X_{t_i})^2$$

$$+ \sum_{\tau_n} (X_{\frac{t_{i+1}+t_i}{2}} - X_{t_i})(X_{t_{i+1}} - X_{\frac{t_{i+1}+t_i}{2}}) .$$

Dans le membre de droite, le premier terme converge dans L^2 vers $\int_0^1 X_s dX_s$, le second a , d'après la première partie du lemme, même limite que

$$\sum_{\tau_n} (F(\frac{t_{i+1}+t_i}{2}) - F(t_i)) = \frac{1+u}{2} \sum_{\tau_n} F(t_{i+1}) - F(t_i)$$

$$= \frac{1+u}{2} F(1) = \frac{1+u}{2}$$

d'après les relations de récurrence vérifiées par (F_n) sur les dyadiques.

Enfin, le troisième terme converge vers 0 dans L^2 ; ainsi la limite dans L^2 de $\sum_{\tau_n} X_{\frac{t_{i+1}+t_i}{2}} (X_{t_{i+1}} - X_{t_i})$ est $\int_0^1 X_s dX_s + \frac{1+u}{2} \langle X,X \rangle_1$, expression différente de $\varepsilon_{\frac{1}{2}} \cdot \int_0^1 X_s dX_s$, puisque $u \neq 0$.

Signalons également que les approximations $({}^+S^\mu)_{\tau_n}$ sont utilisées en

[4] et [5] lorsque μ est la mesure de Lebesgue sur $[0,1]$.

Faisons une seconde remarque : il est naturel d'écrire ${}^{+}S^{\mu}_{\tau} = \int_0^t H^{\mu,\tau}_s \, dY_s$ (et une notation analogue pour $({}^{+}S_{\mu})_{\tau})$, où :

$$H^{\mu,\tau}_s = \sum_{\tau} \int_0^1 f(X_{t_i} + u(X_{t_{i+1}} - X_{t_i}))d\mu(u) 1_{]t_i, t_{i+1}]}(s) .$$

Le processus $H^{\mu,\tau}$ n'est pas adapté à $(\mathcal{F}_t)$ (les approximations ${}^{+}S^{\mu}$ sont en avance, ou avancées), ce qui crée les quelques difficultés rencontrées auparavant. Par contre, si l'on définit les approximations retardées

$$^{-}S^{\mu}_{\tau} = \sum_{\tau} \int_0^1 d\mu(s) f(X_{t_i} + s(X_{t_{i-1}} - X_{t_i}))(Y_{t_{i+1}} - Y_{t_i}) ,$$

on obtient aisément la convergence en probabilité de ${}^{-}S^{\mu}_{\tau_n}$ (ou $({}^{-}S_{\mu})_{\tau_n}$) vers $\int_0^t f(X_s)dY_s$.

3. UNE EXTENSION DE LA FORMULE D'ITO.

La partie 1) du théorème 1 s'étend aisément au cas où les semi-martingales continues X et Y sont à valeurs dans $\mathbb{R}^d$, ce qui permet d'obtenir la généralisation suivante de la formule d'Ito (pour les semi-martingales continues) :

THEOREME 2. - Soit $\pi = \sum_{i=1}^{d} f_i(x_1, \text{—}, x_d)dx_i$ une forme différentielle fermée de classe C^1 sur U ouvert de $\mathbb{R}^d$, et X semi-martingale continue à valeurs dans U (c'est-à-dire $P[\exists\, t , X_t \notin U] = 0)$.

On a alors l'égalité :

$$(*) \qquad \int_{X_{(o,t)}(\omega)} \pi = \int_0^t \sum_{i=1}^{d} f_i(X_s)dX^i_s + \frac{1}{2} \sum_{i,j} \int_0^t \frac{\partial f_i}{\partial x_j}(X_s) d\langle X^i, X^j\rangle_s ,$$

où $X_{(o,t)}(\omega)$ désigne le chemin continu $(X_s(\omega), 0 \le s \le t)$.

Remarque : rappelons que si $\gamma : [0,1] \to U$ est un chemin seulement supposé continu, $\int_\gamma \pi$ est défini par $\hat{\pi}(\gamma(1)) - \hat{\pi}(\gamma(0))$, où $\hat{\pi}$ désigne une primitive continue de π le long d'une chaîne formée de boules recouvrant le graphe de γ .
En particulier, si π est une forme exacte dans U , $\hat{\pi}$ désigne une primitive de π dans U .

Démonstration : La formule (*) découle du théorème 1, et de :

$$\int_{X_{(o,t)}(\omega)} \pi = \lim_{n\to\infty} p.s \sum_{\tau_n} \int_o^1 \sum_{j=1}^d f_j(X_{t_i} + s(X_{t_{i+1}} - X_{t_i}))ds(X^j_{t_{i+1}} - X^j_{t_i})$$

où (τ_n) est une suite de subdivisions standard de $[0,t]$ □

En particulier, si $Z = X + iY$ est une martingale locale conforme continue, à valeurs dans U ouvert de C ([1]) (c'est-à-dire : $<X,X> = <Y,Y>$ et $<X,Y> = 0$) et si $f : U \to C$ est une fonction holomorphe, on a :

$$\int_{Z_{(o,t)}(\omega)} f(z)dz = \int_o^t f(Z_s)dZ_s(ps) .$$

Cette égalité a été obtenue directement à l'aide de la formule d'Ito usuelle pour $f(z) = \frac{1}{z}$ et $U = C\setminus\{0\}$ si $P(Z_o = 0) = 0$ par R. Getoor et M. Sharpe en [1].

REFERENCES

[1] R. GETOOR et M. SHARPE — Conformal martingales. Inventiones Mathematicae (16) (271-308) - 1972.

[2] P.A. MEYER — Un cours sur les intégrales stochastiques. Séminaire de Probabilités X.

[3] F. RIESZ et B. NAGY — Leçons d'analyse fonctionnelle. Gauthier-Villars.

[4] E. WONG et M. ZAKAI — Riemann-Stieltjes approximations of stochastic integrals. Z. Wahr. 12(87-97) (1969).

[5] M. YOR — Formule de Cauchy relative à certains lacets browniens. (à paraître au Bulletin de la S.M.F)

UNIVERSITE DE PARIS VI
Laboratoire de Probabilités
2, Place Jussieu - Tour 56
75230 PARIS CEDEX 05

Université de Strasbourg
Séminaire de Probabilités 1976/77

CHANGEMENT DE TEMPS D'UN PROCESSUS MARKOVIEN ADDITIF

par B. Maisonneuve

Soit (X,S) un processus markovien additif (CINLAR [2]) dont la composante additive S est positive, et soit $C_t = \inf\{r : S_r > t\}$. Dans son article [4], CINLAR exprime la loi du quadruplet

$$Z_t = (X_{C_t-},\ t-S_{C_t-}\ ,\ X_{C_t}\ ,\ S_{C_t}-t\ )$$

en fonction d'un système de Lévy de (X,S) et du potentiel de (X,S).

Nous nous proposons d'abord de donner une démonstration simplifiée des résultats de CINLAR. Nous montrerons ensuite que les processus markoviens additifs fournissent des exemples de systèmes régénératifs (dans un sens légérement élargi) et nous en tirerons la conséquence suivante : si l'ensemble aléatoire $S_{\mathbb{R}_+}$ est p.s. sans point isolé, le processus $(X_{C_t}, S_{C_t}-t)$ est fortement markovien ; lorsque S est une fonctionnelle additive continue du processus X, la composante $S_{C_t}-t$ est nulle si $C_t<\infty$, et on retrouve un résultat connu, à savoir que le processus (X_{C_t}) est fortement markovien. Le paragraphe III est consacré à quelques formules concernant les subordinateurs, et est traité de manière indépendante du reste.

I. DEFINITIONS . HYPOTHESES

1. Soit $(X,S) = (\Omega,\underline{\underline{M}},\underline{\underline{M}}_t,X_t,S_t,\theta_t,P^x)$ un processus markovien additif (P.M.A.) au sens de CINLAR [2]. On suppose que $X=(\Omega,\underline{\underline{M}},\underline{\underline{M}}_t,X_t,\theta_t,P^x)$ est un processus de Hunt, à valeurs dans un espace E et à durée de vie infinie. La famille $(\underline{\underline{M}}_t)$ peut être plus grosse que la famille naturelle (dûment complétée) du processus (X_t). On suppose que la quasi-continuité à gauche de X a lieu pour les temps d'arrêt de la famille $(\underline{\underline{M}}_t)$. S est une fonctionnelle additive parfaite à valeurs dans $\overline{\mathbb{R}}_+$ et adaptée à $(\underline{\underline{M}}_t)$. Pour tout temps d'arrêt T de $(\underline{\underline{M}}_t)$, tout $t\in\mathbb{R}_+$, toute fonction borélienne positive f sur $E\times\overline{\mathbb{R}}_+$ et tout $x\in E$ on suppose que l'on a

$$E^x[\ f(X_t,S_t)\circ\theta_T \mid \underline{\underline{M}}_T\ ] = E^{X_T}[f(X_t,S_t)] \text{ sur } \{T<\infty\}$$

égalité qui reste vraie si l'on remplace $f(X_t,S_t)$ par une fonction de toute la trajectoire du processus $(X_t,S_t)_{t\geq 0}$.

2. Nous supposerons que le processus S est quasi-continu à gauche par rapport à la famille $(\underline{\underline{M}}_t)$. D'après CINLAR [3], il existe alors un <u>système de Lévy</u> (H,L) pour le P.M.A. $(X,S)^{(*)}$: H est une fonctionnelle additive continue de X (i.e. adaptée à la famille de tribus $(\underline{\underline{F}}_t)$ associée au processus X seul), et L est un noyau de E dans $E\times\overline{\mathbb{R}}_+$; pour toute fonction F borélienne positive sur $E\times\mathbb{R}_+\times E\times\overline{\mathbb{R}}_+$ on a, en posant $J=\{t>0 : X_{t-}\neq X_t \text{ ou } S_{t-}\neq S_t\}$

$$(1) \qquad E^x\Big[\sum_{\substack{s\in J\\ s\leq t}} F(X_{s-},S_{s-},X_s,S_s) \Big]$$

$$= E^x\Big[\int_0^t dH_s \int_{E\times]0,\infty]} L(X_s,dz,du)F(X_s,S_s,z,S_s+u) \Big]$$

Dans cette égalité nous avons posé $F(y,u,y',u')=0$ si $u=+\infty$. D'une manière générale, les fonctions f sur $E\times\mathbb{R}_+$ considérées par la suite seront étendues à $E\times\overline{\mathbb{R}}_+$ en posant $f(y,u)=0$ si $u=+\infty$.

3. Soit A la partie <u>continue</u> de S. D'après CINLAR [3], A est une fonctionnelle additive de X. Quitte à remplacer H_t par H_t+A_t+t et à modifier le noyau L, nous pouvons supposer que $A\leq H$, donc que $dA_t=a(X_t)dH_t$ où a est une fonction borélienne sur E comprise entre 0 et 1. Quitte ensuite à effectuer le changement de temps strictement croissant $\tau_t=H_t^{-1}$ sur le processus (X,S), on peut supposer que $H_t=t$. Ce changement de temps n'affecte pas le quadruplet

$$(X_{C_t-} , S_{C_t-} , X_{C_t} , S_{C_t})$$

où $C_t=\inf\{r : S_r>t\}$, et où par convention $X_{\infty-} = X_\infty = \partial$, ∂ étant un point hors de E. Nous poserons $E_\partial = E\cup\{\partial\}$.

4. Pour en finir avec les notations, nous définissons le <u>potentiel</u> de (X,S) :

$$U(x,f) = E^x\Big[\int_0^\infty f(X_t,S_t)dt \Big] , \ x\in E$$

pour toute fonction f borélienne positive sur $E\times\mathbb{R}_+$ (rappelons que par convention $f(x,+\infty)=0$). Pour $t=+\infty$ la formule (1) peut donc s'écrire

$$(2) \qquad E^x\Big[\sum_{s\in J} F(X_{s-},S_{s-},X_s,S_s)\Big]$$

$$= \int_{E\times\mathbb{R}_+} U(x,dy,ds)\int_{E\times]0,\infty]} L(y,dz,du)F(y,s,z,s+u).$$

(*) On trouvera en appendice une nouvelle démonstration de ce résultat.

II. LOI DU QUADRUPLET $Z_t=(X_{C_t-},t-S_{C_t-},X_{C_t},S_{C_t}-t)$.

<u>Proposition 1</u> . <u>Pour tout</u> $x\in E$, <u>tout</u> $t\geqq 0$ <u>et toute fonction borélienne positive</u> f <u>sur</u> $E\times\mathbb{R}_+\times E\times\overline{\mathbb{R}}_+$ <u>on a</u>

$$(3)\quad E^x[f(Z_t)I_{\{S_{C_t}>t\}}] =$$

$$= \int_{E\times[0,t]} U(x,dy,ds)\int_{E\times]t-s,\infty]} L(y,dz,du)f(y,t-s,z,s+u-t)$$

<u>Démonstration</u>. Sur $\{S_{C_t}>t\}$ on a $C_t>0$, car $S_0=0$, et on a aussi $C_t<\infty$, de sorte que le premier membre de (3) est bien défini. On a

$$f(\dot{Z}_t)I_{\{S_{C_t}>t\}} = \sum_{s\in J} f(X_{s-},t-S_{s-},X_s,S_s-t)I_{\{S_{s-}\leqq t,S_s>t\}} \quad .$$

En effet, tous les termes de la sommation sont nuls, sauf si $S_{s-}\leqq t$ et $S_s>t$, c'est à dire si $s=C_t$ et si $S_{C_t}>t$. L'égalité (3) n'est autre que l'égalité (2) écrite pour $F(y,s,y',s')=f(y,t-s,y',s'-t)I_{\{s\leqq t,s'>t\}}$.

C.Q.F.D.

<u>Remarque</u>. Le même argument permet d'établir que

$$E^x[f(Z_t)I_{\{S_{C_t-}<t\}}]=\int_{E\times[0,t[} U(x,dy,ds)\int_{E\times[t-s,\infty]} L(y,dz,du)f(y,t-s,z,s+u-t)$$

(on convient que $f(y,s,\partial,s')=0$, de sorte que $f(Z_t)=0$ si $C_t=+\infty$).

Au paragraphe III nous déduirons de la proposition 1 quelques formules concernant les subordinateurs. La proposition 2 qui suit renseigne sur ce qui se passe sur l'ensemble $\{S_{C_t}=t\}$. Rappelons que a désigne la densité de $A=S^c$ par rapport à $(H_t)=(t)$.

<u>Proposition</u> 2. <u>Soit</u> x <u>un point de</u> E.

1) <u>Pour toute fonction</u> g <u>positive bornée sur</u> E, <u>la mesure</u> $U(x,ag,.)$ (c'est à dire l'application $B\mapsto\int U(x,dy,dt)a(y)g(y)I_B(t)$) <u>est absolument continue par rapport à la mesure de Lebesgue et admet pour densité</u>

$$(4)\quad u_t(x,g) = E^x[g(X_{C_t})I_{\{S_{C_t}=t\}}] \qquad (g(\partial)=0) \quad .$$

2) <u>Pour presque tout</u> t (au sens de Lebesgue) <u>on a</u> $X_{C_t-}=X_{C_t}\in\{a>0\}\cup\{\partial\}$ <u>et</u> $S_{C_t-} = t$ P^x<u>-p.s. sur l'ensemble</u> $\{S_{C_t}=t\}$.

<u>Démonstration</u> . Soit G une fonction positive sur $E\times E$ et soit h une fonction positive sur $\mathbb{R}_+$. On a

$$\int_0^\infty a(X_s)G(X_s,X_s)h(S_s)ds = \int_0^\infty G(X_{s-},X_s)h(S_s)dA_s$$

$$= \int_0^\infty G(X_{s-},X_s)h(S_s)I_{\{\Delta S_s=0\}}dS_s \quad (\Delta S_s=S_s-S_{s-})$$

$$= \int_{S_0}^{S_\infty} G(X_{C_t-},X_{C_t})h(S_{C_t})I_{\{\Delta S_{C_t}=0\}}dt \quad .$$

Dans cette dernière intégrale on peut remplacer S_∞ par $+\infty$ car $C_t=+\infty$ pour $t\geqq S_\infty$ et $G(\partial,\partial)=0$ par convention ; on peut aussi remplacer la condition $\Delta S_{C_t}=0$ par $S_{C_t}=t$, car il n'y a qu'un ensemble dénombrable de t pour lesquels les deux conditions diffèrent. D'autre part $S_0=0$, donc en prenant les espérances des membres extrêmes, il vient

$$(5)\quad \int_{E\times\bar{\mathbb{R}}_+} U(x,dy,dt)a(y)G(y,y)h(t)=\int_0^\infty h(t)dtE^x[G(X_{C_t-},X_{C_t})I_{\{S_{C_t}=t\}}]$$

En prenant $G(y,y')=g(y')$ dans (5), on trouve que $U(x,ag,dt)=u_t(x,g)dt$ Il résulte aussi de (5) que, pour presque tout t, $X_{C_t-}=X_{C_t}\in\{a>0\}\cup\{\partial\}$ P^x-p.s. sur $\{S_{C_t}=t\}$. On a aussi, pour presque tout t, $S_{C_t-}=t$ P^x-p.s. sur $\{S_{C_t}=t\}$ à cause du théorème de Fubini et du fait que $\{t : S_{C_t-}<t, S_{C_t}=t\}$ est dénombrable. C.Q.F.D.

Des propositions 1 et 2 découle le théorème suivant, qui constitue le résultat principal de CINLAR [4].

<u>Théorème</u> 1. <u>Pour tout</u> $x\in E$, <u>on a pour presque tout</u> $t\geqq 0$ <u>et toute fonction</u> f <u>borélienne positive sur</u> $E\times\bar{\mathbb{R}}_+\times E\times\bar{\mathbb{R}}_+$

$$(6)\quad E^x[f(Z_t)] = \int_{\{a>0\}} u_t(x,dy)f(y,0,y,0)$$
$$+ \int_{E\times[0,t[} U(x,dy,ds)\int_{E\times]t-s,\infty]} L(y,dz,du)f(y,t-s,z,s+u-t)$$

<u>De plus cette égalité vaut pour tout</u> t <u>si</u> $f(.,.,.,0)\equiv 0$.

<u>Démonstration</u>. D'après la proposition 2 on a pour presque tout t

$$E^x[f(Z_t)I_{\{S_{C_t}=t\}}] = E^x[f(X_{C_t},0,X_{C_t},0)I_{\{a>0\}}(X_{C_t})I_{\{S_{C_t}=t\}}]$$
$$= \int_{\{a>0\}} u_t(x,dy)f(y,0,y,0) .$$

L'égalité (6) résulte alors de la proposition 1. Si $f(.,.,.,0)\equiv 0$ $E^x[f(Z_t)]=E^x[f(Z_t)I_{\{S_{C_t}>t\}}]$ et d'après la proposition 1 l'égalité (6) a lieu pour tout t. C.Q.F.D.

Nous prions le lecteur de se reporter à l'article de CINLAR pour la question"from almost all to all", à laquelle est fournie une réponse dans certains cas particuliers.

III. SUBORDINATEURS

Lorsque la composante S du processus (X,S) est croissante et que sa composante X est constante, le processus S est un processus à accroissements indépendants et positifs, c'est à dire un subordinateur. Les formules que nous allons présenter ici pour les subordinateurs découlent immédiatement de la proposition 1 précédente ou de la proposition (5.4) de [9]. Nous préférons en donner une démonstration directe, étant donnée la simplicité de celle-ci.

Soit donc S un subordinateur défini sur un espace $(\Omega,\underline{\underline{F}},P)$. On suppose que $S_0=0$ et que S n'est pas identiquement nul. On note λ la mesure de Lévy de S et U le potentiel de S : $Uf = E[\int_0^\infty f(S_t)dt]$ ($f\geq 0$, $f(+\infty)=0$). On note M le fermé droit aléatoire $S_{\mathbb{R}_+}$ et pour tout $t\geq 0$ on pose

$$D_t = \inf\{s>t : s\in M\}, \quad R_t=D_t-t$$

$$G_t = \sup\{s\leq t : s\in M\}, \quad A_t=t-G_t$$

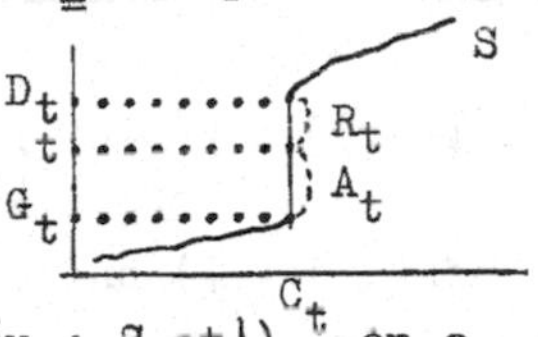

Avec la même notation C_t que précédemment ($C_t=\inf\{u : S_u>t\}$), on a $D_t=S_{C_t}$ si $C_t<\infty$, donc p.s. (car $S_\infty = +\infty$ p.s.) et $G_t=S_{C_t-}$ si $R_t>0$, tandis que $G_t=t$ si $R_t=0$. La distribution du couple (A_t,R_t) est fournie par le théorème suivant.

<u>Théorème</u> 2. <u>Pour tout</u> $t\geq 0$ <u>et toute fonction</u> f <u>borélienne positive sur</u> $\mathbb{R}_+\times\mathbb{R}_+$

$$E[f(A_t,R_t)] = f(0,0)\left(1 - \int_{[0,t]} U(ds)\lambda(]t-s,\infty])\right) + \int_{[0,t]} U(ds)\int_{]t-s,\infty]} \lambda(du)f(t-s,s+u-t) . \tag{7}$$

<u>Démonstration</u>. Sur l'ensemble $\{S_{C_t}>t\}$, C_t est un instant de saut de S : c'est l'instant s tel que $S_{s-}\leq t$ et $S_s>t$. Par suite (c'est l'argument de la proposition 1)

$$\begin{aligned} E[f(A_t,R_t)I_{\{R_t>0\}}] &= E[f(t-S_{C_t-},S_{C_t}-t)I_{\{S_{C_t}>t\}}] \\ &= E[\sum_s f(t-S_{s-},S_s-t)I_{\{S_{s-}\leq t,S_s>t\}}] \\ &= E[\int_0^\infty ds \int_{]0,\infty]} \lambda(du)f(t-S_s,S_s+u-t)I_{\{S_s\leq t,S_s+u>t\}}] \end{aligned}$$

$$= \int_{[0,t]} U(ds) \int_{]t-s,\infty]} \lambda(du) f(t-s, s+u-t).$$

Pour $f\equiv 1$ cette égalité montre que

(8) $$P\{R_t=0\} = 1 - \int_{[0,t[} U(ds)\lambda(]t-s,\infty]) .$$

On en déduit (7), en remarquant que $A_t=0$ p.s. sur $\{R_t=0\}$.

L'argument précédent fournit une démonstration rapide de la formule (8), qui figure dans le travail de MEYER sur le problème de convolution de CHUNG [10] . En prenant dans le théorème 2 une fonction f ne dépendant que de la première variable, on obtient aussi le résultat suivant, dû à HOROWITZ [6] :

Corollaire 1 . *Pour tout* $t\geq 0$ *et toute fonction* f *borélienne positive sur* $\mathbb{R}_+$ *on a*

(8) $$E[f(A_t)] = f(0)(1-\int_{[0,t]} U(ds)\lambda(]t-s,\infty])+\int_{[0,t]} U(ds)f(t-s)\lambda(]t-s,\infty]).$$

Enfin, de (7) on déduit facilement la formule de KINGMAN exprimant l'intégrale

$$\int_0^{\infty} e^{-qt} E[e^{-aA_t - rR_t}]dt \qquad (a,r,q > 0\ )$$

en fonction uniquement de la transformée de Laplace de S_1 (voir [7] ; voir également GETOOR [5] pour une démonstration plus probabiliste de cette formule).

IV. PROCESSUS MARKOVIENS ADDITIFS ET SYSTEMES REGENERATIFS

Revenons à la situation générale d'un P.M.A. (X,S) dont la composante S est croissante. Nous utiliserons les notations du paragraphe I, ainsi que les notations $M=S_{\mathbb{R}_+}$, D_t, R_t du paragraphe III. Nous poserons aussi

$$\hat{X}_t = (X_{C_t}, R_t\ ) \quad , \quad \hat{E} = (E\times\mathbb{R}_+)\cup(E_\partial\times\{+\infty\})$$

Le processus $\hat{X}$ prend ses valeurs dans $\hat{E}$. On a alors le résultat suivant:

Théorème 3 . *Si l'ensemble* M *est p.s. sans point isolé, les noyaux* $\hat{P}_t$ *définis sur* $\hat{E}$ *par*

$$\hat{P}_t((x,r),f) = f(x,r-t) \quad \textit{si } t<r \quad , \quad \hat{P}_t((x,r),f) = E^x[f(\hat{X}_{t-r})] \ \textit{si } t\geq r$$

forment un semi-groupe de Markov et le processus $\hat{X}$ est fortement markovien relativement à la famille $(\underline{\underline{M}}_{C_t})$ et au semi-groupe $(\hat{P}_t)$, pour chaque mesure P^x.

Remarque. L'hypothèse " M est p.s. sans point isolé" est satisfaite si le processus S est continu. Alors $S_{C_t}=t$ si $C_t<\infty$ et le théorème précédent se réduit au caractère fortement markovien du processus changé de temps (X_{C_t}). L'hypothèse est également satisfaite si S est strictement croissant sur $[0,C_\infty[$. On peut aussi avoir un mélange de ces deux situations.

Démonstration. Rappelons d'abord que si S est continu on a $C_{t+s} = C_t + C_s\circ\theta_{C_t}$ sur $\{C_t<\infty\}$ (ce qui implique $X_{C_{t+s}} = X_{C_s}\circ\theta_{C_t}$ sur $\{C_t<\infty\}$ et la propriété de Markov de (X_{C_t})). Mais dans le cas général, l'égalité $C_{t+s} = C_t + C_s\circ\theta_{C_t}$ ne vaut que si $R_t=0$, de sorte que les propriétés d'homogénéité

$$X_{C_{t+s}} = X_{C_s}\circ\theta_{C_t} \quad , \quad \theta_{C_{t+s}} = \theta_{C_s}\circ\theta_{C_t} \quad , \quad M_{t+s} = M_s\circ\theta_{C_t}$$

ne valent que sur $\{R_t=0\}$. On a posé $M_t=1$ si $t\in M$, 0 sinon. Par ailleurs, pour tout temps d'arrêt T de la famille $(\underline{\underline{M}}_{C_t})$, C_T est un temps d'arrêt de (M_t) et l'on a

$$E[f\circ\theta_{C_t} \mid \underline{\underline{M}}_{C_T}] = E^{X_{C_T}}[f] \quad \text{p.s. sur } \{C_T<\infty\} ,$$

donc p.s. sur $\{R_T=0\}$, pour toute fonction f mesurable positive de la trajectoire du processus (X,S).

Si l'ensemble M est p.s. sans point isolé, on a p.s. $M = \{ t : S_{C_t}=t\}$, de sorte que M est progressivement mesurable par rapport à la famille $(\underline{\underline{M}}_{C_t})$. De plus, l'ensemble $\{ t : R_t=0\}$ est, dans ce cas, le fermé droit minimal d'adhérence $\overline{M}$. Le système $(\Omega,\underline{\underline{M}},\underline{\underline{M}}_{C_t},X_{C_t},\theta_{C_t},P^x ; M)$ est alors un système régénaratif dans un sens élargi (les propriétés d'homogénéité n'ont lieu qu'en des instants privilégiés). Le théorème II.1 de [8] s'étend facilement à de tels systèmes et montre que le processus $(X_{C_{D_t}},R_t) = (X_{C_t},R_t)$ est fortement markovien, de semi-groupe $(\hat{P}_t)$.

V. APPENDICE

Dans ce paragraphe, nous allons montrer que, convenablement adaptée, la méthode de BENVENISTE et JACOD [1] permet d'obtenir facilement l'existence d'un système de Lévy pour un processus markovien additif (X,S). Nous continuerons de faire les mêmes hypothèses sur (X,S), bien que la positivité de S n'ait plus ici d'importance (nous pourrions même supposer que S est à valeurs dans $\mathbb{R}^n$).

Pour toute fonction f mesurable positive sur $E\times E\times\overline{\mathbb{R}}_+$ définissons la fonctionnelle additive A^f en posant

$$A_t^f = \sum_{0<s\leq t} f(X_{s-},X_s,\Delta S_s) .$$

La première étape consiste à montrer qu'<u>il existe une fonction</u> φ <u>sur</u> $E\times E\times\overline{\mathbb{R}}_+$, <u>strictement positive sur l'ensemble</u> $D=\{(x,y,u) : x\neq y \text{ ou } u>0\}$ <u>telle que</u> A^φ <u>ait un 1-potentiel borné</u> (le 1-potentiel de A^φ est par définition $E^\cdot[\int_0^\infty e^{-t}dA_t^\varphi]$).

Posons (d est une distance sur E compatible avec la topologie)

$$D_n = \{(x,y,u) : d(x,y)\geq 1/n \text{ ou } u\geq 1/n\} , \quad n\geq 1 ,$$

$$T_n = \mathrm{Inf}\{t>0 : (X_{t-},X_t,\Delta S_t)\in D_n\} , \quad T_n^k = \text{k-ième itéré de } T_n ,$$

$$D_{nm} = D_n\cap\{(x,y,u) : E^y[e^{-T_n}] \leq 1-1/m\} , \quad n,m\geq 1 ,$$

$$T_{nm} = \inf\{t>0 : (X_{t-},X_t,\Delta S_t)\in D_{nm}\} , \quad T_{nm}^k = \text{k-ième itéré de } T_{nm} .$$

Les T_n^k , T_{nm}^k sont des temps d'arrêt de $(\underline{\underline{M}}_t)$. On a

$$E^\cdot[e^{-T_{nm}^{k+1}}] \leq E^\cdot[e^{-T_{nm}^k}e^{-T_n\circ\theta_{T_{nm}^k}}] = E^\cdot[e^{-T_{nm}^k}E^{X_{T_{nm}^k}}[e^{-T_n}]]$$

$$\leq (1-\frac{1}{m})E^\cdot[e^{-T_{nm}^k}]$$

Par suite le 1-potentiel de $A^{I_{D_{nm}}}$, qui s'écrit $\sum_{k=1}^\infty E^\cdot[e^{-T_{nm}^k}]$, est borné. Pour un choix convenable des constantes strictement positives a_{nm}, la fonction $\varphi = \sum_{n,m} a_{nm}I_{D_{nm}}$ possède les propriétés désirées (x).

Pour une fonction g borélienne positive et bornée sur $E\times\mathbb{R}_+$, on note K^g la fonctionnelle additive définie par

(x) Cette méthode est empruntée à des notes non publiées de BENVENISTE et JACOD sur les systèmes de Lévy des processus de Markov.

$$K_t^g = \sum_{\substack{s\in J\\ s\leq t}} \varphi(X_{s-},X_s,\Delta S_s)g(X_s,\Delta S_s) .$$

K^g est une fonctionnelle additive quasi-continue à gauche relativement à la famille $(\underline{\underline{M}}_t)$, compte tenu des hypothèses de quasi-continuité à gauche faites sur (X,S) ; son 1-potentiel est borné. Notons H^g la projection duale prévisible de K^g, relativement à la famille $(\underline{\underline{F}}_t)$: H^g est une fonctionnelle additive de X, continue, de 1-potentiel borné. Par définition on a pour tout processus $(\underline{\underline{F}}_t)$-prévisible et positif Z

$$E^{\cdot}[\sum_{s\in J} Z_s\varphi(X_{s-},X_s,\Delta S_s)g(X_s,\Delta S_s)] = E^{\cdot}[\int_0^{\infty} Z_s dH_s^g] .$$

En prenant Z_s de la forme $h(X_{s-})$ dans cette égalité, on voit que $H^g \ll H = H^1$ (grâce au fait que $\varphi>0$ sur D). D'où l'existence d'une fonction borélienne bornée L_g^* telle que $H^g = L_g^* \cdot H$. Par un argument classique on obtient un noyau L^* de E dans $E\times\overline{\mathbb{R}}_+$ tel que $L^*g = L^*g$ H-p.p. pour tout g. Il suffit alors de poser

$$L(x,dy,du) = \frac{1}{\varphi(x,y,u)} L^*(x,dy,du) \quad \text{si } (x,y,u)\in D ,$$
$$= 0 \text{ sinon} .$$

Le couple (H,L) est un système de Lévy de (X,S).

REFERENCES

[1] A. BENVENISTE, J. JACOD. Systèmes de Lévy des processus de Markov. Invent. Math. 21, 183-198 (1973).

[2] E. CINLAR. Markov additive processes II. Z. Wahrsch. verw. Geb. 24, 94-121 (1972).

[3] E. CINLAR. Lévy systems of Markov additive processes. Z. Warsch. verw. Geb. 31, 175-185 (1975).

[4] E. CINLAR. Entrance-exit distributions for Markov additive processes. Stochastic systems : Modeling, Identification and Optimization. Ed. R. Wets, North-Holland Co, 1976.

[5] R.K. GETOOR. Some remarks on a paper of Kingman. Adv. Appl. Prob. 6, 757-767 (1974).

[6] J. HOROWITZ. Semilinear Markov processes, subordinators and renewal theory. Z. Wahrsch. verw. Geb. 24 (1972).

[7] J.F.C. KINGMAN. Homecomings of Markov processes. Adv. Appl. Prob. 5, 66-102 (1973).

[8] B. MAISONNEUVE. Systèmes régénératifs. Astérisque 15, Soc. Math. de France (1974).

[9] B. MAISONNEUVE. Entrance-exit results for semi-regenerative processes. Z. Warsch. verw. Geb. 32, 81-94 (1975).

[10] P.A. MEYER. Processus à accroissements indépendants et positifs. Séminaire de probabilités III, Lecture Notes in Math. 88, Springer (1969).

aboratoire de Probabilités
ssocié au C.N.R.S. N° 224

DESINTEGRATION D'UNE PROBABILITE,

STATISTIQUES EXHAUSTIVES

par

A. TORTRAT

1. Introduction.

Ce texte est surtout didactique. Tout en essayant de donner une vue relativement complète du problème de la désintégration en liaison avec "mesures parfaites", "mesures compactes au sens abstrait", et la construction de mesures sur les espaces produits, il vise à montrer qu'il y a deux théorèmes (pas très différents) de désintégration, qui contiennent l'essentiel du sujet.

Le plus simple des deux suffit déjà à presque tous les besoins et date de 1954 [1]. Le deuxième, suivant une étude assez fournie de M. Valadier (cf.[9]) est de 1971 (cf.[6]) . Mentionnons l'exposé qu'en fait M. Chatterji dans [1] , et notons, pour exemple, l'extension (légère) de [8] .

Les éléments des n°s 2 à 5 sont dans [5], mais paraissent encore peu connus. Il nous semble utile de les reprendre (avec du recul) sous une forme plus complète [1].

---

(1) L'article [7] est paru en Russe (traduit à l'Institut Henri Poincaré). Nous en avons dans [5] simplifié la présentation qui faisait appel à un double encadrement, inutile dans le cas d'une algèbre. Ce théorème est rarement donné dans sa généralité. Le fait (conséquence de la preuve) que la même classe compacte $\mathcal{C}$, dénombrable, approche une algèbre dénombrable - pour la loi désintégrée et ses désintégrées - (donc $\mathcal{C}_\delta$ de même pour la tribu) est important, et il est légitime d'attribuer à Jirina la part essentielle qui lui revient, sans la tronquer.

Notre point de vue est qu'on doit utiliser beaucoup plus systématiquement les "vraies" probabilités conditionnelles, en statistique en particulier (cf. le § 9) : elles existent en général à condition de ne pas vouloir poser les définitions sur un triplet $(\Omega,\mathcal{A},P)$ informel, beaucoup trop fruste (cf. le § 7).

2. Position des problèmes.

Le problème de la désintégration n'a un sens concret, le plus souvent, que posé dans le cadre d'un espace produit $\mathcal{T} \times \mathcal{Y}$ (muni de la tribu produit $\mathcal{E} \times \mathcal{B}$, pour l'instant). La question est alors exactement d'étendre la formule d'intégrations successives (intégrale double de Fubini), c'est à dire d'écrire la probabilité élémentaire

$$P(dt \times dy) = P(dt)\, P_t(dy). \tag{1}$$

Dans (1) $P(dt)$ est la loi marginale (de la v.a. T, à valeurs dans l'espace $\mathcal{T}$), et $P_t(.)$ (2) une famille de lois sur $\mathcal{B}$, dépendant mesurablement de t, en ce sens que chaque $P_t(B)$, $B \in \mathcal{B}$ est une fonction $\mathcal{E}$ - mesurable de t.

On peut bien sûr, penser les v.a. T et Y comme des fonctions à valeurs dans un $(\Omega,\mathcal{A},P)$ abstrait (c.à.d. inconnu, n'ayant d'autre propriété que la σ-additivité de P sur $\mathcal{A}$). En fait dans tout problème "concret" la probabilité P est transportée dans un espace produit (défini par toutes les v.a. considérées (3)) puis réduite à un sous-espace de bonnes trajectoires, spécialement lorsque le produit en question est non dénombrable : à ce 2ème stade on peut retrouver des difficultés, mais seulement si cet espace n'est pas polonais.

(2) Il n'est légitime (et encore) de les appeler probabilités de transition que si $\mathcal{T}$ et $\mathcal{Y}$ sont les mêmes. Ce sont les lois conditionnelles des $(Y|t)$, notées $(Y|t)$.

(3) ou par une "base linéaire" de l'ensemble de ces v.a., par exemple, si celles-ci sont réelles.

T est la v.a. de conditionnement; ce peut être une fonction de la v.a. échantillon Y , alors T s'appelle une statistique et la considération de la loi $(Y|t)$ de Y conditionnée par $\{T=t\}$ est habituelle en statistique appliquée (dans le cas ici précisé : pour la définition des statistiques exhaustives).

Sous la forme (1) nous désintégrons en fait la loi de Y . Si $E \in \mathcal{C} \times \mathcal{B}$, on a

$$(2) \qquad PE = \int P(dt)\, P_t(E_t) \;, \quad E_t \text{ section de } E \text{ par } t \;,$$

comme on le prouve immédiatement par le même raisonnement que pour la preuve du théorème de Fubini. Suivant (2), on peut écrire

$$(2') \qquad P(E|t) = P_t(E_t) \;.$$

C'est dire que la seule désintégration de la loi de Y , par rapport à t fournit celle de P elle-même (dans $\mathcal{T} \times \mathcal{Y}$) , et que $P(E|t)$ ne dépend en fait que de la section de E par t .

Le problème abstrait, de désintégration de P sur $(\Omega,\mathcal{A})$, par rapport à la v.a. T (à valeurs dans un espace quelconque) se ramène au précédent en transportant P dans $\mathcal{T} \times \Omega$, sur la tribu $\mathcal{C} \times \mathcal{A}$. Comme lorsque T est une fonction de la seule v.a. Y (ici de ω) se pose l'exigence qui en général ne peut être satisfaite : que P_t soit portée par l'ensemble $\{\omega : T(\omega) = t\}$ (cf. la proposition 5).

La désintégration de Y par rapport à T se posera, abstraitement, dans Ω , sous la forme de la définition d'une famille P_t de lois sur la sous-tribu $\mathcal{B}$ liée à Y , soit $\overline{\omega}(A,\omega)$; qui soit $\mathcal{A}_T$ - mesurable en ω , en désignant ici par $\mathcal{A}_T$ et $\mathcal{A}_Y$ les sous-tribus de $\mathcal{A}$ images inverses (pour T et Y respectivement) dans Ω des tribus $\mathcal{C}$ et $\mathcal{B}$ dans les espaces $\mathcal{T}$ et $\mathcal{Y}$. $\overline{\omega}(A,\omega)$ ne dépend donc que de $T(\omega)$, si $\mathcal{A}_T$ est liée à une v.a. T (dès qu'une tribu $\mathcal{A}'$ est à base dénombrable on peut la rattacher à une v.a. réelle).

3. Théorème 1 : Si dans $(\Omega,\mathcal{A},P)$, $\mathcal{A}'\subset\mathcal{A}$ est engendrée par $\{A_i\}$, algèbre dénombrable séparant les points de Ω , il n'existe de probabilité conditionnelle, par rapport à $\mathcal{A}'$, sur aucune sur-tribu vraie de $\mathcal{A}'$, c.à.d. sur aucune tribu $\mathcal{B}\supset\mathcal{A}'$, qui ne soit pas contenue dans $\mathcal{A}'_p$ tribu complétée de $\mathcal{A}'$ par rapport à P .

Preuve : Soit $\overline{\omega}(\omega,.)$ une famille $\mathcal{A}_T$-mesurable de lois sur $\mathcal{B}$. Hors un $N\in\mathcal{A}_T$, P-nul, on a $\overline{\omega}(\omega,A_i) = 1_{A_i}(\omega)$ (puisque $P^{\mathcal{A}'} A_i \equiv 1_{A_i}$ vu $A_i\in\mathcal{A}'$) . Pour ces $\omega\notin N$, la loi $\overline{\omega}(\omega,.)$ est définie sur $\mathcal{A}'$ par ses valeurs sur l'algèbre $\{A_i\}$, et comme $\mathcal{A}'$ sépare les points de $\Omega(\{\omega\}\in\mathcal{A}')$, c'est $\delta(\omega)$. C'est donc aussi $\delta(\omega)$ sur $\mathcal{B}$, soit

(3) $$\overline{\omega}(\omega,B) = 1_B(\omega) \quad , \quad \text{tout } \omega\notin N \text{ , tout } B\in\mathcal{B} .$$

Ce serait dire, puisque $\overline{\omega}(\omega,B)$ est $\mathcal{A}'$-mesurable que B équivaut à un élément de $\mathcal{A}'$, modulo un N , P-nul, de $\mathcal{A}'_p\big(B-N) + \{\omega : \omega\in N,\overline{\omega}(\omega,B) = 1\}\in\mathcal{A}'_p\big)$. ■

Corollaire 1 : On suppose que pour toute sous-tribu $\mathcal{A}'$, il existe une désintégration $\overline{\omega}(\omega,.)$ sur $\mathcal{A}$ par rapport à $\mathcal{A}'$. Alors, s'il existe dans $\mathcal{A}$ une partie dénombrable $\{A_i\}$ séparant les points ω , cette partie engendre $\mathcal{A}$: engendre $\mathcal{A}'_p$ contenant $\mathcal{A}$. En effet prenant $\mathcal{A}'$ engendrée par ces A_i , et $\mathcal{B} = \mathcal{A}$, le théorème assure $\mathcal{B}\subset\mathcal{A}'_p$.

Remarque 1 : Le théorème ci-dessus formalise l'exemple dû à Dieudonné (cf. [5] p.232), antérieur au théorème qui suit. Des conséquences en seront tirées après ce théorème (de Jirina).

4. Théorème 2 (Jirina) : Soit dans $(\Omega,\mathcal{A},P)$, $\mathcal{A}_o$ une sous-tribu engendrée par l'algèbre dénombrable $\mathcal{Q}_o = \{A_n\}$; on suppose P compacte sur $\mathcal{A}_o$ (au sens abstrait, c'est-à-dire qu'il existe $\mathcal{C} \subset \mathcal{A}_o$, classe compacte approchant $\mathcal{A}_o$ p.r. à $P : A \in \mathcal{A}_o \Rightarrow PA = \sup_{C \subset A} PC)$.

a) Alors pour toute sous-tribu $\mathcal{B}$ de $\mathcal{A}$, il existe une désintégration, par rapport à $\mathcal{B}$, de P sur $\mathcal{A}_o$.

b) Les $\overline{\omega}(\omega,A)$ (famille $\mathcal{B}$-mesurable de lois sur $\mathcal{A}_o$) sont toutes compactes, avec la même classe $\mathcal{C}$ (si $\mathcal{C} = \mathcal{C}_\delta$: est stable pour les intersections dénombrables, ce qu'on peut toujours supposer).

a')Si $\mathcal{C}$ est seulement dans $\mathcal{A}$, la conclusion a) subsiste, mais non b).

Preuve.1 : Soit $PA_n = \lim \uparrow PC_{ni}$ avec $C_{ni} \uparrow$, $C_{ni} \subset A_n$, $C_{ni} \in \mathcal{C}$.

Soit $\mathcal{Q}$ l'algèbre (dénombrable) engendrée par $\mathcal{Q}_o$ et l'ensemble des C_{ni} , et $\overline{\omega}(\omega,A)$ un choix de $P^{\mathcal{B}}(A)$ fait pour tout $A \in \mathcal{Q}$ (valant 1 pour $A = \Omega$, 0 pour $A = \emptyset$) .

On voit aisément que, hors d'un N élément P-nul de $\mathcal{B}$, les $\overline{\omega}(\omega,A)$ sont additives sur $\mathcal{Q}$ et satisfont à

(4) $$\sup_i \overline{\omega}(\omega,C_{ni}) = \overline{\omega}(\omega,A_n) \quad , \quad \text{tout } n .$$

En effet, posant

$$\lim_{i\uparrow\infty} \uparrow \overline{\omega}(\omega,C_{ni}) = \overline{\omega}'(\omega,A_n) \leqq \overline{\omega}(\omega,A_n) ,$$

on a

$$\int \overline{\omega}'(\omega,A_n)\, dP = \lim \uparrow PC_{ni} = PA_n = \int \overline{\omega}(\omega,A_n)\, dP .$$

(4) assure la σ-additivité sur $\mathcal{Q}_o$ de ces $\overline{\omega}(\omega,.)$ ($\omega \notin N$), donc leur prolongement à $\mathcal{A}_o$.

Pour $\omega \in N$, on posera (par exemple, c'est indifférent) $\overline{\omega}(\omega,.) = P$. Cela assure a'). En effet la formule (les $\overline{\omega}(\omega,A)$, $A \in \mathcal{A}_o$ sont $\mathcal{C}$ -mesurables si elles le sont pour $A \in \mathcal{Q}_o$)

$$\mu(AB) = \int_B \overline{\omega}(\omega,A)\, dP \ , \ B \in \mathcal{C} \ , A \in \mathcal{A}_o \ ,$$

définit pour tout $B \in \mathcal{C}$ fixé, une fonction σ-additive de $A \in \mathcal{C}_o$ qui égale $P(AB)$ sur $\mathcal{Q}_o$ donc aussi sur $\mathcal{A}_o$. $\overline{\omega}(\omega,.)$ est bien la désintégration cherchée.

2 : Supposons $\mathcal{C} \subset \mathcal{A}_o$. Alors (il est classique que) $\mathcal{C}_\delta$ ($= \mathcal{C}$ par hypothèse) approche $\mathcal{A}_o$ relativement à chaque $\overline{\omega}(\omega,.)$ (tout $\omega \notin N$) , puisque $\mathcal{C}$ approche $\mathcal{Q}_o$.

Soit en effet (ω fixé) B de $\mathcal{A}_o$, et $A = \bigcap_j A^j$, $A^j \in \mathcal{Q}_o$ tel que $\overline{\omega}A > \overline{\omega}B - \varepsilon$ et $A \supset B$.

Si $\overline{\omega}C^j > \overline{\omega}A^j - \varepsilon/2^j$ avec $C^j \subset A^j$,

on a $C = \bigcap_j C_j \subset B$ et $\overline{\omega}C > \overline{\omega}B - 2\varepsilon$. ∎

<u>Corollaire 2</u> : Pour désintégrer P sur $(\mathcal{T},\mathcal{C}) \times (\mathcal{E},\mathcal{B})$ par rapport à $\mathcal{C}$, il suffit que $\mathcal{B}$ soit à base dénombrable et que la loi P (marginale) sur $\mathcal{B}$, soit compacte.

<u>Remarque 2</u> : Pour $\mathcal{Y} = R^{\mathbb{N}}$, une preuve directe est plus simple, se ramène à $Y = R$. Cette preuve directe vaut encore pour $\mathcal{Y}$ polonais, car $\mathcal{Y}$ est alors identifiable (topologiquement à un G_δ de $R^{\mathbb{N}}$: une intersection dénombrable d'ouverts de $R^{\mathbb{N}}$) . (Cf. le § 8).

5. Mesures parfaites.

Définition 1 : Une probabilité (ou mesure ≥ 0 , bornée, sur une tribu) est dite parfaite si elle est compacte sur toute sous-tribu à base dénombrable.

Corollaire 3 (du théorème de Jirina) : Dans Ω , espace métrique séparable, une loi P définie sur une tribu $\mathcal{A}$ contenant les ouverts n'est parfaite que si $\mathcal{A} \subset \mathcal{B}_p$ tribu borélienne complétée. Il en est de même si $(\Omega,\mathcal{A})$ étant quelconque, il existe $\mathcal{B}$ à base dénombrable séparant les points de Ω .

Preuve : Soit $A \in \mathcal{A} - \mathcal{B}_p$, et $\mathcal{A}_o = \sigma(A,\mathcal{B})$, tribu engendrée par A et $\mathcal{B}$.

Suivant le théorème, $\overline{\omega}(\omega,.)$ existerait sur $\mathcal{A}_o$, désintégration de P par rapport à $\mathcal{B}$, contredisant le théorème 1 (pour $\mathcal{A}' = \mathcal{B}$, $\mathcal{A}_o$ surtribu vraie de $\mathcal{A}'$) .

Lemme 1 : Si P est parfaite sur $(\Omega,\mathcal{A})$, toute v.a. X à valeurs dans $\mathcal{X}$, induit sur la tribu image $X\mathcal{A}$ une loi μ image de P , qui est parfaite. En particulier, si X est mesurable pour une tribu $\mathcal{B}$ de $\mathcal{X}$ séparant les points et à base dénombrable, alors on a $X\mathcal{A} \subset \mathcal{B}_\mu$, vu le corollaire qui précède.

Preuve : Soit $\mathcal{A}' \subset X\mathcal{A}$, à base dénombrable, et $\mathcal{E} \subset X^{-1}\mathcal{A}'$ une classe compacte approchant $X^{-1}\mathcal{A}' \subset \mathcal{A}$ ($X^{-1}\mathcal{A}'$ est à base dénombrable avec $\mathcal{A}'$) p.r. à P (suivant l'hypothèse P parfaite). La classe $\mathcal{E}'$ image de $\mathcal{E}$, par X , approche $\mathcal{A}'$ p.r. à μ et est compacte :

$$\text{si } \bigcap_1^\infty C'_i = \emptyset \;,\quad C_i = X^{-1} C'_i \in \mathscr{C} \quad \text{et } \bigcap_1^\infty C_i = \emptyset \;,$$

$$\text{donc une } \bigcap_I C_i \text{ est vide (I fini) et } \bigcap_I C'_i = \emptyset \;. \;\blacksquare$$

On notera que les C_i sont saturés (pour $X(\omega)$) et que $\mathscr{C}'$ est l'image directe de $\mathscr{C}$ (contrairement à $X\mathscr{A}$) : $\mathscr{C}'$ est dans $X\Omega$ et $\mathscr{C}' \subset X\mathscr{A}$.

<u>Proposition 1</u> : P sur $(\Omega,\mathscr{A})$ est parfaite si et seulement si $X\Omega \in \mathscr{B}_\mu$ pour <u>toute</u> v.a. réelle X .

P est compacte sur $(\Omega,\mathscr{A}_o)$, $\mathscr{A}_o$ à base dénombrable, si cette condition est vraie pour <u>une</u> v.a. X réelle, ou à valeurs dans un espace polonais, engendrant $\mathscr{A}_o$.

<u>Preuve</u> : Soit $\{A_i\}$ une partie dénombrable de $\mathscr{A}$, engendrant la tribu $\mathscr{A}_o$ et X la v.a.

(5) $$X(\omega) = 2 \sum_1^\infty 1_{A_i} / 3^i \;.$$

X prend ses valeurs dans l'ensemble de Cantor habituel C , du segment $[0,1]$, et $\mathscr{A}_o$ est en correspondance biunivoque avec la trace $\mathscr{B}_E$ de $\mathscr{B}(R)$ sur l'image $E = X\Omega$ (et égale $X^{-1}\mathscr{B}$) . <u>Suivant le lemme 1</u>, $E \in \mathscr{B}_\mu$ est condition nécessaire de "P parfaite". <u>Si inversement</u> $E \in \mathscr{B}_\mu$, (pour une X réelle quelconque engendrant $\mathscr{A}_o$) on a $E \supset E_o$, $E_o \in \mathscr{B}$, $\mu(E-E_o) = 0$, et $\mathscr{B}_E$ est approchée par la classe $\mathscr{C}'$ des compacts $\subset E_o$, relativement à μ . La classe $\mathscr{C} = X^{-1}\mathscr{C}'$ est dans $\mathscr{A}_o$, approche $\mathscr{A}_o$ p.r. à P et est compacte : si $\bigcap C_i = \emptyset$ et $C_i = X^{-1} K_i$, $\bigcap K_i = \emptyset$, <u>car</u> ces K sont dans E , donc une même intersection finie de C_i et K_i est vide. La preuve est identique dans le cas où X prend ses valeurs dans un espace polonais.

<u>Corollaire 4</u> (Sazonov) : Si Ω est métrique séparable, $\mathcal{A}$ sa tribu borélienne, P parfaite sur $(\Omega,\mathcal{A})$ est de Radon : $\mathcal{A}$ est approchée (relativement à P) par la classe (compacte) des compacts de Ω .

<u>Preuve</u> : Suivant le lemme 1, appliqué au plongement de Ω dans son complété $\hat{\Omega}$, on a $\Omega \in \hat{\mathcal{A}}_{\hat{P}}$, où $\hat{P}$ est la loi induite par P sur la tribu borélienne $\hat{\mathcal{A}}$ de $\hat{\Omega}$.

$\hat{\Omega}$ étant polonais, $\hat{P}$ est, on le sait de Radon, et (comme ci-dessus pour E), c'est dire que $\mathcal{A}$ étant la trace de $\hat{\mathcal{A}}$ sur Ω , et Ω approché par des compacts K_ε de $\hat{\Omega}$ (donc compacts dans Ω) relativement à $\hat{P}$, P est de Radon.

<u>Remarque 3</u> : Il n'est pas évident qu'une mesure compacte est parfaite, même si $\mathcal{A}$ est à base dénombrable, car si $\mathcal{C}$ approche $\mathcal{A}$, cela n'assure pas que les éléments de $\mathcal{C}$ approchant ceux de $\mathcal{A}_0$ à base dénombrable $\subset \mathcal{A}$, sont (peuvent être choisis) dans $\mathcal{A}_0$. <u>Ce qui suit le montrera</u>, et fournira aussi une preuve de la proposition de Sazonov et de la proposition 1, indépendante de la précédente (qui utilisait le théorème de Jirina, par le lemme 1).

<u>Proposition 2</u> : Si P sur $(\Omega,\mathcal{A})$ est compacte, ou parfaite, elle est quasi-compacte, c'est-à-dire que pour toute suite A_n de $\mathcal{A}$, et tout $\eta > 0$, il existe A (de $\mathcal{A}$) tel que :

(6) $\quad PA > 1-\eta$ et la classe $\{AA_n\}$ est compacte.

<u>Preuve</u> : Soit $C_n \subset A_n$ avec $\mu(A_n - C_n) < \eta/2^{n+1}$. Ces C_n sont pris dans la classe $\mathcal{C}$ relative à P et soit à $\mathcal{A}$ (si P est compacte) soit à la tribu engendrée par les A_n si P est parfaite.

De même on approche les A_n^c par C'_n (4) :

$$C_n C'_n = \emptyset \quad \text{et} \quad P\{\Gamma_n = C_n + C'_n\} > 1 - \eta/2^n .$$

On a donc

$$P(\Gamma \cup \Gamma_n^c) < \eta \Rightarrow P(A = \bigcap \Gamma_n) > 1 - \eta \ .$$

A répond à la proposition car $A_n C'_n = \emptyset \Rightarrow A_n A \subset A_n C_n \subset C_n \subset A_n$ et

$$(7) \qquad C_n A \subset A_n A \subset C_n A \Rightarrow AA_n = C_n \bigcap_{i \neq n} (C_i + C'_i) \ .$$

(7) assure la compacité de $\{AA_n\}$ partie de $\mathcal{E}_{s\delta}$ (ensemble des $\bigcap$ dénombrables d'unions finies d'éléments de $\mathcal{E}$) . ∎

<u>Proposition 3</u> : Si P sur $(\Omega, \mathcal{A})$ est quasi-compacte elle satisfait au critère de la proposition 1 donc est parfaite. Ainsi si $\mathcal{A}$ est à base dénombrable, "P compacte" équivaut à "P parfaite".

<u>Preuve</u> : Soit $\{I_n\}$ l'ensemble des intervalles ouverts de R à extrémités dyadiques, et $X(\omega)$ une v.a. réelle. Associons aux η_i d'une suite $\downarrow 0$, les A de la proposition 2 , notés A^i , relatifs aux $A_n = X^{-1} I_n$. <u>Chaque</u> XA^i <u>est fermé</u> car si a est un réel, adhérent à XA^i , $a = \lim \downarrow I_{n_k}$ (pour une sous-suite convenable $\{n_k\}$), avec $I_{n_k} \cap XA^i \neq \emptyset$ pour tout k . Les $A_{n_k} A^i \downarrow$ (avec $1/k$) étant non vides, $\bigcap_k A_{n_k}$ coupe A^i (car pour i fixé, la classe $A_n A^i$ est compacte) donc $a \in XA^i$. Puisque $\bigcup_i XA^i$ est un borélien dans R de μ-mesure 1 (μ image de P), on a bien $X\Omega \in \mathcal{B}_\mu$. ∎

---

(4) L'intersection est parfois notée par l'absence de signe, lorsqu'il n'y a pas ambiguité. + désigne une réunion à éléments disjoints, - une différence (propre ou non).

<u>Preuve directe du théorème de Sazonov</u> : Soit $\Omega = \sum_{i=1}^{\infty} A_{ni}$ un partage de Ω en boréliens de diamètres $< 2^{-n}$, et A'_k un ordre de l'ensemble des A_{ni}. Soit $X(\omega)$ l'application (5) définie par les A'_k, de Ω dans l'ensemble C de Cantor (dans $[0,1]$).

Si P est <u>compacte</u> sur la tribu borélienne de Ω, on a $E = X\Omega \in \mathcal{B}_\mu$ (vu les propositions 2 et 3). Mais X^{-1} est continue sur E car si $a_n \to a$, dans E, pour $n \geq N_K$, les coordonnées triadiques correspondantes sont égales jusqu'au rang K. Si $X^{-1} a \in A_{\ell i_\ell}$ (pour tout ℓ), $X^{-1} a_n$ y appartient aussi (tout $n \geq N_K$) pour les $\ell = 1,2,\ldots \ell_o$ tels que les $A_{\ell i_\ell}$ soient des A'_k de rang $\leq K$. Puisque $\ell_o \uparrow \infty$ avec K, cela prouve la continuité de X^{-1}. La classe compacte de la proposition 1 (image par X^{-1} de compacts $\subset E$) est donc formée de compacts de Ω. ■

<u>Proposition 4</u> : Une condition nécessaire et suffisante pour qu'il existe sur la tribu borélienne $\mathcal{A}$ de Ω métrique séparable une loi non compacte est que Ω ne soit pas universellement mesurable dans son complété $\hat{\Omega}$, c'est-à-dire qu'il existe une loi μ sur la tribu borélienne $\mathcal{A}$ de $\hat{\Omega}$ telle que $\Omega \notin \hat{\mathcal{A}}_\mu$.

<u>Preuve</u> : Si la trace P de μ sur $(\Omega, \mathcal{A})$ était compacte, on devrait avoir suivant la proposition 3, $\Omega \in \hat{\mathcal{A}}_\mu$, donc la condition de l'énoncé suffit. Elle est nécessaire, car si $\Omega \in \hat{\mathcal{A}}_\mu$, μ est de Radon (suivant la première preuve du théorème de Sazonov).

<u>Remarque 4</u> : La séparabilité de Ω dans le théorème de Sazonov peut être remplacée par l'hypothèse P τ-régulière, qui dans un espace métrique (et sur la tribu borélienne $\mathcal{A}$) équivaut à "le support-topologique, toujours séparable de P est de P-mesure 1 ".

En fait toute loi sur un tel $(\Omega,\mathcal{A})$ est τ-régulière (moyennant les axiomes, qu'on sait admissibles, du choix, du continu, et d'accessibilité de tout cardinal). Ainsi sur $\mathcal{A}$ tribu borélienne d'un espace métrique, la compacité "abstraite" de P équivaut à sa compacité au sens "de Radon".

Remarque 5 : Le théorème de Jirina est simple, et essentiel. On ne peut faire beaucoup mieux, seulement lever l'hypothèse $\mathcal{A}_o$ à base dénombrable en (renforçant) remplaçant P compacte, sur $\mathcal{A}_o$, par P de Radon. Nous donnons ce théorème dans le cadre d'un espace produit (auquel on peut toujours se ramener) pour la clarté.

L'hypothèse "P compacte sur $\mathcal{A}_o$" (du théorème de Jirina) ou celle, plus forte "P parfaite sur $\mathcal{A}$" ne peut être levée, comme le montre le théorème 1 (avec Ω métrique séparable, a fortiori si Ω est abstrait), même si $\mathcal{A}_o$ est liée à une v.a. réelle Y (ce qui est réalisable pour $\mathcal{A}_o$ à base dénombrable, suivant (5)). Ainsi la désintégration dans l'espace $\mathcal{T} \times R$, R portant Y, de la loi de Y ne peut se transporter dans Ω, cf. le § 7.

6. Le théorème "savant" de désintégration.

Théorème : Soit P une probabilité dans l'espace $\mathcal{T} \times \mathcal{Y}$, sur la tribu produit $\mathcal{C} \times \mathcal{B}$. Notons μ et ν les lois marginales P_T et P_Y, et supposons $\mathcal{Y}$ espace topologique, $\mathcal{B}$ sa tribu borélienne, ν de Radon et $\mathcal{C}$ complète (pour μ).

Alors il existe une désintégration de ν en la famille ν_t de lois de Radon

(8) $$P(dt \times dy) = \mu(dt)\ \nu_t(dy)\ .$$

Preuve : Choisissant des compacts K_i disjoints dans Y , portant ν , on voit qu'il suffit de prouver le théorème pour Y compact (et les $\nu_t K_i$ seront égales à νK_i , dans le cas général).

A. Soit $f \in \mathcal{C}^+ = \mathcal{C}^+(Y)$, c'est-à-dire continue ≥ 0 sur Y .

$P(1_A f) = \int_{A\times\mathcal{Y}} f(y)\, P(dt\times dy)$, $A \in \mathcal{T}$, est une mesure sur $\mathcal{C}$ majorée par νf . Elle admet une densité p.r. à μ , bornée par νf , soit $h_f(t)$ de $\mathcal{L}^\infty(\mathcal{T},\mathcal{C})$. Soit $h \to \tilde{h}$ un relèvement de $\mathcal{L}^\infty$ (5) . Puisque $h \underset{p.s.}{\leq} h' \Rightarrow \tilde{h} \leq \tilde{h}'$ partout, $\tilde{h}_f(t)$ est, pour chaque t , une fonction linéaire positive sur $\mathcal{C}^+$, ainsi est défini l'opérateur linéaire ν_t sur $\mathcal{C}(Y)$ (mesure de Radon au sens de Bourbaki) désintégrant les νf :

(9) $\nu f = \int_{\mathcal{T}} \nu_t f\, \mu(dt)$, (9') $\tilde{h}_f(t) = \nu_t\, f$,

$$P(1_A\, f) = \int_A \nu_t\, f \, . \, \mu(dt) .$$

Le problème qui demeure est d'étendre (9), aux ouverts $\mathcal{O}$ dans Y , puis (c'est élémentaire) aux boréliens.

B. Soit $\mathcal{O}$ un ouvert dans Y et $0 \leq f_\alpha \uparrow 1_{\mathcal{O}}$, une famille filtrante $\uparrow$ de $\mathcal{C}^+$ d'enveloppe $1_{\mathcal{O}}$.

Posons $h_\alpha(t) = \nu_t\, f_\alpha$ $\left(h_\alpha = \tilde{h}_\alpha\right)$ et $h_\alpha(t) \uparrow \nu_t \mathcal{O} = h(t) \leq 1$.

---

(5) Cf. [3] . Un relèvement linéaire suffirait ; rappelons qu'à la classe d'équivalence de h on fait correspondre un élément $\tilde{h}$ de cette classe, à 1 correspond 1 , à $h \geq 0$ p.s. correspond $\tilde{h} \geq 0$, et $ah + bh'$ se relève en $a\tilde{h} + b\tilde{h}'$.

Nous ne savons pas encore h mesurable. Mais considérons les mesures

$$P(1_A f_\alpha) = \mu_\alpha A = \int_A h_\alpha \, d\mu \leq \mu A \quad , \quad A \in \mathcal{C} .$$

On sait (et il est nécessaire de le prouver) que la borne supérieure des μ_α , comme fonction additive sur $\mathcal{C}$, des μ_α additives (borne éventuellement infinie pour une famille μ_α quelconque)

i) est définie par $\mu_o A = \sup_{A=\Sigma_I A_i} \Sigma_I \mu_{\alpha_i} A_i$ ($\{A_i\}$ décomposition finie de A) ;

ii) si la famille μ_α est (comme ici) filtrante $\uparrow$ (pour l'ordre naturel) $\mu_o A = \sup \mu_\alpha A$;

iii) si les μ_α sont σ-additives μ l'est.

Ici il est évident que $\mu_o \leq \mu$, donc que μ_o est σ-additive.

Ainsi il existe une densité $h_o = d\mu_o/d\mu \overset{\text{p.s.}}{\geq}$ chaque h_α (et ici ≤ 1) , dite sup ess h_α .

C. h_o égale p.s. h . En effet la preuve habituelle du théorème de Radon-Nicodym (faite avec toutes les mesures $\leq \mu_o$ et $\ll P$, valable aussi bien avec la famille filtrante μ_α) montre qu'on peut prendre $h_o = \lim \uparrow \sup (h_1,\ldots,h_n)$, définie par une <u>suite</u> de h_α , pour sup ess h_α : si on choisit h_n de sorte que

$$\int_{\mathcal{T}} h_n \, d = \mu_n \mathcal{T} \uparrow \sup \mu_\alpha \mathcal{T} = \mu_o \mathcal{T} ,$$

et pose $h'_o = \lim \uparrow h_n$, on a

$$\mu'_o \leq \mu_o \quad \text{et} \quad (\mu_o - \mu'_o)\mathcal{T} = 0 \quad \text{donc} \quad \mu'_o = \mu_o .$$

Ainsi $h_o \overset{p.s.}{\leq} h$. Alors $\tilde{h}_o \leq \tilde{h}$ et $\tilde{h}_o \geq$ chaque h_α donc à h assurent $h \sim h_o$. On a bien h $\mathcal{C}$-mesurable, car $\mathcal{C}$ est μ complète. Mais $P(A\times B)$ est pour A fixé de Radon ($K \subset B$ et $\nu(B-K) < \varepsilon \Rightarrow P\{A\times(B-K)\} < \varepsilon$) . On a donc (par τ-régularité)

$$P(A\times\theta) = \sup \int_A h_\alpha(t)\mu(dt) = \sup \mu_\alpha A = \mu_o A = \int_A h(t)\, dt \ , \ A\in\mathcal{C} \ ,$$

avec $h(t) = \sup \nu_t f_\alpha = \nu_t \theta$.

Alors la formule $P'(E) = \int_T \nu_t(E_t)\, d\mu$ définit sur $\mathcal{C}\times\mathcal{B}$ une loi qui coïncide avec P sur les $A\times\theta$, donc lui est identique.∎

Corollaire 5 (de forme analogue au théorème de Jirina) : Soit $(\Omega,\mathcal{B},P)$ une probabilité de Radon, $\mathcal{C}$ une tribu dans Ω complète (pour elle-même p.r. à P)(6), P ayant une extension à une tribu $\mathcal{A}$ contenant $\mathcal{C}$ et $\mathcal{B}$.

Alors il existe une famille $P(\omega,.)$ de lois de Radon sur $\mathcal{B}$, désintégrant P par rapport à $\mathcal{C}$.

Preuve : Appliquer (Ω,P) dans $(\Omega,\mathcal{C})\times(\Omega,\mathcal{B})$. La désintégration dans cet espace produit (de l'image de P), du théorème précédent, fournit la solution :

$$P(A\cap B) = \int_A P(d\omega)\overline{\omega}(\omega,B) \ , \quad \text{avec } \overline{\omega}(\omega,.) = \nu_\omega(.) \text{ du théorème.}$$

---

(6) Il n'est pas nécessaire que $\mathcal{C}$ contienne tous les nuls de $\mathcal{B}_P$. Il suffit que $\mathcal{C}$ soit la complétée d'une sous-tribu, par exemple celle liée à une v.a. T .

La proposition suivante répond au souci, lorsque $\mathcal{C}$ est liée à la v.a. $T(\omega)$, que ν_ω (qui ne dépend que de t) soit portée par $\{\omega : T(\omega) = t\}$. Cette réponse est extrêmement restrictive.

<u>Proposition 5</u> : Soit $(\Omega,\mathcal{B},P)$ une probabilité de Radon ($\mathcal{B}$ tribu borélienne de Ω espace topologique), sous tendue par des compacts métrisables (à moins que $\mathcal{T}$ ci-après ne soit à base dénombrable). On suppose que $\omega \to t(\omega)$ est une application Lusin-mesurable dans l'espace topologique T , de tribu borélienne $\mathcal{C}$ (: mesurable suffit, si T est métrique séparable).

Alors les lois P_t désintégrant P par rapport à la v.a. $t(\omega)$ sont "bien portées" : portées par $\{\omega : t(\omega) = t\}$.

<u>Preuve</u> : Soit ψ l'application $\omega \to t(\omega) \times \omega$ dans $T \times \Omega$. Par définition de la Lusin-mesurabilité (conséquence de la mesurabilité lorsque T est métrique séparable), il existe des compacts K_ε dans Ω , sur lesquels $t(.)$ est continue ($PK_\varepsilon > 1-\varepsilon$). ψ est donc aussi continue sur ces K_ε et $\psi K = K'_\varepsilon$ est un compact de $\mathcal{T} \times \Omega$.

Soit $\Omega_o = \bigcup K_\varepsilon$ (une suite $\varepsilon_i \downarrow 0$) , et $\mathcal{B}_o = \mathcal{B}(\Omega_o)$. Dès que $\mathcal{T}$ ou Ω_o (c.à.d. les K_ε) est à base dénombrable de voisinages, tout ouvert de $T \times \Omega_o$ est réunion dénombrable de pavés ouverts, donc $\mathcal{C} \times \mathcal{B}_o$ est la tribu borélienne de $\mathcal{T} \times \Omega_o$, donc contient les K'_ε .

Ainsi $E = \psi\,\Omega \supset E_o \in \mathcal{C} \times \mathcal{B}$ (E_o équivalent à E), et la désintégration de l'image P' de P dans $T \times \Omega$ (du corollaire ci-dessus - on complètera $\mathcal{C}$) donne

$$P'\,E_o^c = 0 = \int_{\mathcal{T}} P'\,E_{0t}^c\,P'(dt) \Longrightarrow P'_t\,E_{0t} = 1 \quad \text{p.s.}$$

Ainsi pour chaque t, P'_t est portée par $\{\omega : T(\omega) = t\}$, et c'est, dans Ω, la famille P_t cherchée.

On notera qu'en général $E = \psi\Omega$ est seulement, pour P', de probabilité extérieure $P'^* E = 1$ pour P', ce qui ne donne pas de renseignements sur les $P'^*_t E_t$.

7. Discussion de ces résultats.

Soit T sur $(\Omega,\mathcal{A},P)$ une v.a. à valeurs dans un espace quelconque $\mathcal{T}$, de tribu $\mathcal{E}$, et Y une v.a. à valeurs dans $\mathcal{Y}$ muni d'une tribu $\mathcal{B}$ à base dénombrable et séparant les points (de $\mathcal{Y}$).

a) Si $\mathcal{Y}$ est polonais (et $\mathcal{B}$ sa tribu borélienne), une famille $(Y|t)$ de lois désintégrant la loi de Y par rapport à t existe toujours, dans $\mathcal{T} \times \mathcal{Y}$, mais pour obtenir, dans Ω, sur $\mathcal{A}_Y = Y^{-1}\mathcal{B}$, une famille $\mathcal{A}_T$-mesurable $P(.|T(\omega)) = \overline{\omega}(\omega,.)$, on doit

i) supposer P compacte sur $\mathcal{A}_Y$ (pour utiliser le théorème 2)

ou

ii) supposer que $Y\Omega \in \mathcal{B}_P$ (tribu $\mathcal{B}$ complétée pour P sur $\mathcal{B}$).

En effet dans ce dernier cas, on a $Y\Omega \supset E_o$, avec $E_o \in \mathcal{B}$, $P\,E_o = 1$. Ainsi

$$(10) \qquad P\,E_o = \int_{\mathcal{T}} P_t\,E_o\,P(dt) = 1 \Rightarrow P_t\,E_o = 1 \quad \text{p.s.}$$

La désintégration dans $\mathcal{T} \times \mathcal{Y}$ peut se transporter dans Ω, et cela donne les conclusions du th.2, pour $\mathcal{A}_o = \mathcal{A}_Y$ ($\mathcal{E}$ devenant $\mathcal{A}_T$).

On notera que suivant la proposition 1, les conditions i) et ii) sont équivalentes.

b) Cette équivalence, <u>et</u> ce transport de la désintégration, de $\mathcal{T} \times \mathcal{Y}$ dans Ω , vaut encore si, $\mathcal{Y}$ étant quelconque (mais sa tribu $\mathcal{B}$ séparante et à base dénombrable), on remplace ii) par ii') $Y\Omega \in \mathcal{B}_P$ <u>et</u> P est compacte sur $\mathcal{B}$.

En effet, suivant le lemme 1, i) implique ii') .

Que ii) entraine i) a la même preuve qu'en a) à ceci près que la classe $\mathcal{E}_E$ restriction de $\mathcal{E} \subset \mathcal{B}$ ($\mathcal{E}$ approchant $\mathcal{B}$ par rapport à P) à $E_o \in \mathcal{B}$, n'est plus formée de compacts (son image par Y^{-1} assure toujours i) , et (10) assure le transport des P_t en les $P_{T(\omega)}(.) = \overline{\omega}(\omega,.)$ sur $\mathcal{A}_Y$). En fait le cas le plus important est celui où $\mathcal{B}$ est la tribu borélienne de $\mathcal{Y}$ métrique séparable, alors, suivant le corollaire 3, $\mathcal{E}$ est en fait formée de compacts (peut être choisie telle). Il reste que, contrairement au cas a), il <u>faut</u> supposer P compacte (donc en fait de Radon) sur $\mathcal{B}$, pour désintégrer dans $\mathcal{T} \times \mathcal{Y}$.

Ainsi dans ces deux cas, a) ou b), il est équivalent de démontrer le théorème de Jirina dans $\mathcal{T} \times \mathcal{Y}$, ou dans Ω (avec les sous-tribus $\mathcal{A}_T$ et $\mathcal{A}_Y$), dès que $\mathcal{B}$ (nécessairement à base dénombrable) sépare les points de $\mathcal{Y}$.

Mais <u>l'existence de cette désintégration dans</u> $\mathcal{T} \times \mathcal{Y}$ <u>ne requière aucune condition</u> si $\mathcal{Y}$ est polonais, et seulement que P soit de Radon dans $\mathcal{Y}$, si $\mathcal{Y}$ est métrique séparable, alors que, même si T et Y sont réelles, il "faut" P compacte sur $\mathcal{A}_Y$. Cela tient à ce que pour tirer parti de la seule connaissance $P^*(Y\Omega) = 1$, après la désintégration de P dans $\mathcal{T} \times \mathcal{Y}$, il faudrait prendre en considération <u>tous</u> les $B \in \mathcal{B}$, ne coupant pas $Y\Omega$ et P-nuls, qui sont en quantité non dénombrable.

c) Si Y réelle est intégrable, on a $(A \in \mathscr{C}$, A représente l'événement $T \in A)$

$$\int_A P(dt) \int_{\mathscr{Y}} y\, P_t(dy) = \int_{\mathscr{T} \times \mathscr{Y}} Y\, 1_A\, dP \ , \quad \text{espérance de} \quad (Y|A).$$

Ainsi $\int_{\mathscr{Y}} y\, dP_{T(\omega)}(y) = E^{\mathscr{A}_T} Y$ est, dans Ω , "une densité de Radon Nicodym" de la mesure signée $\nu A = \int_{T^{-1}A} Y(\omega)\, dP$ " , une $\mathscr{A}_T$-régularisée" de la v.a. $Y(\omega)$. Il serait préférable de se limiter à une de ces deux expressions pour désigner $E^{\mathscr{A}_T} Y$, si on ne veut pas définir ses valeurs comme de vraies espérances, de vraies intégrales. Elles le sont pourtant, à condition qu'on ne veuille pas considérer $(\Omega, \mathscr{A}, P)$ comme un support unique de l'épreuve aléatoire considérée, mais seulement comme une désignation formelle commode de tous les supports équivalents : on ne perd aucune information concernant les v.a. étudiées en transportant P dans un espace produit où elles sont représentées (le plan R^2 s'il s'agit des seules v.a. T et Y réelles). Les propriétés d'une suite $E^{\mathscr{A}_T} Y_n$ se ramènent à celles des intégrales des Y_n pour les $P_t(dy)$, avec $y = \prod_1^{\infty} y_n \in R^{\mathbb{N}}$.

d) Dans $\mathscr{T} \times \mathscr{Y}$, le problème des P_t bien portées ne se pose pas. A supposer que les P_t existent dans Ω , la proposition 5 assure que les P_t sont, dans Ω , portées par $\{\omega : T(\omega) = t\}$. Elle n'a d'intérêt que par exemple, dans les conditions qui suivent.

Supposons (cf. le § 2) que Y soit un échantillon, fini ou dénombrable de v.a. à valeurs dans $\mathscr{Y}_0$ polonais. Alors Y prend ses valeurs dans un $\mathscr{Y}$ polonais lui aussi. Soit T une fonction (certaine) de Y . Si T est mesurable comme v.a. à valeurs dans $\mathcal{T}$ métrique séparable, alors la désintégration (dans $\mathcal{Y}$ ou dans $\mathcal{T} \times \mathcal{Y}$ par rapport à $T^{-1}\mathcal{E}$, ou $\mathcal{E}$, c'est-à-dire p.r. à) (existe toujours et) est bien portée.

On notera que le passage par la proposition 5 est inutile si on peut paramètrer les "surfaces" $\{y : T(y) = t\}$ de sorte que $\mathcal{Y}$ s'identifie à $\mathcal{T} \times \mathcal{Y}'$ (ce qui en pratique sera souvent réalisable).

Pourquoi, alors, ne pas définir d'emblée "T exhaustive pour le paramètre θ" indexant la famille P_θ de lois de l'échantillon Y par :

"Il existe un choix, en t , des lois $P_\theta(Y|t)$, indépendant de θ " (soit $P_t(dy)$) , ?

Des exemples élémentaires (comme la loi de Bernoulli, θ décrivant $[0,1]$) illustrent cette définition de façon éclatante, et celle-ci est naturelle puisque, en introduisant une loi a priori $G(d\theta)$, quelconque, pour le paramètre θ (qui devient valeur de la v.a. Θ) , on voit aisément, puisque

(11) $$G(d\theta)\, P_\theta(dy) = G(d\theta)\, P_\theta(dt)\, P_t(dy) \Rightarrow P(dy) = P(dt)\, P_t(dy)$$

pour les lois marginales de T et Y , qu'on a

(12) $$P(d\theta|y) = G(d\theta)\, P_\theta(dt)/P(dt) = P(d\theta|t) .$$

Pour assurer la désintégration (12) on supposera Θ à valeurs dans un espace polonais. Puisque la loi a postériori $P(d\theta|y)$ porte toute l'information donnée par y (: l'échantillon), (12) exprime l'idée, évidente dès (11), que la connaissance de t suffit, que celle de y n'apporte plus d'information concernant θ .

e) Lorsqu'on utilise que le théorème 2, la désintégration est unique à une équivalence près ; deux systèmes $\overline{\omega}(\ ,.)$ et $\overline{\omega}'(\ ,.)$ désintégrant P sur $\mathcal{A}_o$ p.r. à la tribu $\mathcal{E}$, sont p.s. identiques sur l'algèbre dénombrable $\mathcal{Q}_o$, donc également sur $\mathcal{A}_o$.

8. Le théorème de Tulcea contient le théorème de Kolmogorov-Marcewsky (cf.[2] et [5]) .

Soit $\mathcal{X} = \prod_T \mathcal{X}_t$ un produit quelconque, indexé par $t \in T$, d'espaces $\mathcal{X}_t$ munis de tribus $\mathcal{B}_t$ et $\mathcal{A}$ l'algèbre $\bigcup_I \mathcal{B}^I$ où $\mathcal{B}^I = \underset{t \in I}{} \mathcal{B}_t$ est la tribu produit, limitée à I partie finie de T .

$\mathcal{A}$ engendre la tribu produit des $\mathcal{B}_t$ (t décrivant T) .

Supposons que la fonction P sur $\mathcal{A}$ soit σ-additive sur chaque $\mathcal{B}^I$, et que les lois marginales P_t soient parfaites. Prouvons, sans utiliser la méthode directe, que μ est σ-additive sur $\mathcal{A}$ (ce qui constitue le théorème de Kolmogorov-Marcewsky).

Soit $D = \{t_1,\ldots,t_n,\ldots\}$ une partie dénombrable de T . D'après le théorème de Jirina, les lois $P_{t_1 \ldots t_n}(dx)$ désintégrant $P_{t_{n+1}}$ par rapport à $x_{t_1} \ \ldots \ x_{t_n}$ existent sur toute $\mathcal{B}'_{t_{n+1}}$ à base dénombrable. Le théorème de Tulcea (cf.[2] p.614) assure la σ-additivité de P sur $\bigcup_{n=1}^{\infty} \mathcal{B}'_{t_1 \ldots t_n})$ pour tout choix de $\mathcal{B}'_{t_n}$ dans $\mathcal{B}_{t_n}$, donc aussi lorsque ces choix, et celui de D , varient, c'est-à-dire sur $\mathcal{A}$ elle-même.

Autre application du théorème de Tulcea :

Revenons à la remarque 2. Si la v.a. Y égale $\prod_{1}^{\infty} Y_i$ (Y_i réelles), et si on choisit successivement les systèmes de lois $P_t(dy_1), P_{ty_1}(dy_2), \ldots, P_{ty_1 \ldots y_I}(dy_{I+1})$, le théorème de Tulcea assure que pour chaque t fixé, l'ensemble des $P_{ty_1 \ldots y_I}(dy_{I+1})$ définit une loi P_t dans $\mathcal{Y}$, donc que $P(dt)\, P_t(dy)$ coïncide avec la probabilité donnée sur $\mathcal{C} \times \mathcal{B}$ puisqu'elle coïncide sur $\mathcal{C} \times \mathcal{A}$.

Si Y est portée par $E = \bigcap_{1}^{\infty} \mathcal{O}_n$, les $P_t(dy)$ le sont également puisque E mesurable entraine $P_t\, E = 1$ p.s.

9. Les statistiques exhaustives.

Lemme 2 : Soit Ω un espace polonais de tribu borélienne $\mathcal{B}$. Il existe dans $\mathcal{B}$ une algèbre dénombrable $\mathcal{A}$ (engendrant $\mathcal{B}$) et dans $\mathcal{A}$ une infinité de suites $C_{nk} \underset{k\uparrow\infty}{\uparrow} C_n$ (avec $C_n \in \mathcal{A}$, telles que les relations

$$P\, C_{nk} \underset{k\uparrow\infty}{\uparrow} P\, C_n \quad , \quad n = 1,2,\ldots \quad ,$$

soient (nécessaires et) suffisantes pour assurer la σ-additivité sur $\mathcal{A}$ de n'importe quelle fonction P (≥ 0 , bornée, par exemple $P \;\; = 1$) additive sur $\mathcal{A}$.

Remarque 6 : Ce lemme très important est dû à Harris (cf. [4] p.111) et a été prouvé par lui sous la seule hypothèse de (monotonie et) sous-additivité (alors la conclusion est $A_n \uparrow A \Rightarrow P\, A_n \uparrow PA$) , et étendu à n'importe quelle mesure (: fonction additive de $\mathcal{A}$ dans $[0,\infty)$) par Acquaviva. Nous en donnons une preuve simplifiée dont le principe parait n'être pas valable pour une mesure non bornée.

Preuve a) : Nous identifions Ω avec une $\lim \downarrow \mathcal{O}_n$, $\mathcal{O}_n$ ouvert de $\mathcal{Y} = [0,1]^{\mathbb{N}}$, et considérons dans $\mathcal{Y}$ l'algèbre $\tilde{\mathcal{A}}$ cylindrique engendrée par les pavés (k,ℓ entiers, y_i coordonnées de y)

$$(13)\quad \prod_1^I \Delta_i \ , \text{ où } \Delta_i = \{y_i : y_i < \frac{k_i}{2^{\ell_i}}\} \quad \text{ou} \quad \{y_i \leq \frac{k_i}{2^{\ell_i}}\} \ .$$

Dans Ω nous prenons pour $\mathcal{A}$ l'algèbre trace $\tilde{\mathcal{A}} \cap \Omega$. Les cyclindres (13) à Δ_i tous ouverts étant numérotés de 1 à ∞ (: on ordonne l'ensemble des $\{I, k_i, \ell_i$, i = 1,... I}) par n , sont désignés par $\tilde{C}_n$, les $\tilde{C}_n\Omega$ par C_n et C_{nk} (k = 1,2,...) est pour chaque n une suite tirée de $\{C_n\}$ et croissant vers C_n . $\mathcal{O}_n$ étant ouvert est une réunion (dénombrable) de cyclindres ouverts, chacun d'eux est une limite $\uparrow$ de cyclindres compacts (choisir la base compacte, et multiplier par $\prod_{I+1}^{\infty} [0,1]_i$ si la base est dans $\prod_1^I [0,1]_i$) de $\tilde{\mathcal{A}}$. On en déduit des K_{nk} de $\tilde{\mathcal{A}}$ qui $\uparrow \mathcal{O}_n$ lorsque $k \uparrow \infty$. On ajoute les suites $K_{nk}\Omega$ aux précédentes ; obtenant la classe dénombrable $\mathcal{C}$.

b) Donnons nous m additive (≥ 0, $m\,\Omega = 1$) sur $\mathcal{A}$, et posons

$$\tilde{m}\,\tilde{A} = m(\tilde{A}\,\Omega) \quad , \qquad \tilde{A} \in \tilde{\mathcal{A}} \ .$$

La σ-additivité supposée de m sur les suites $C_{nk} \uparrow C_n$, assure la définition par $\tilde{m}$ d'une P probabilité sur $\mathcal{Y}$ (par le système cohérent de ses fonctions de répartition). Si nous prouvons que $P\,\Omega = 1$, cela démontrera que la restriction de P à Ω coïncide avec m sur $\mathcal{A}$: m est σ-additive sur $\mathcal{A}$.

c) Prouvons que $m(K_{nk}\,\Omega) \leq P(K_{nk})$, en nous plaçant dans le produit $[0,1]^I$ où un tel $K = K_{nk}$ a sa base. On a $K = \lim \downarrow \tilde{A}_\ell$, où $\tilde{A}_\ell$ est une somme de pavés "semi-ouverts à droite", donc appartenant à l'anneau $\mathcal{A}_o$ sur lequel P égale $\tilde{m}$. D'où $PK = \lim \downarrow P\,\tilde{A}_\ell = \lim \downarrow m(\tilde{A}_\ell\,\Omega) \geq mK\Omega$. Considérons un $\mathcal{O}_n = \mathcal{O}$ fixé. Il existe un $\tilde{A} = \bigcap_1^\infty \tilde{A}_k$, avec $\tilde{A}_k \downarrow$ et compact, tel que

$$P\,\tilde{A} > P\,\mathcal{O}^c - \varepsilon\ ,$$

et pour chaque $K_i = K_{ni}$, $\tilde{A}\,K_i = \emptyset \Rightarrow A_k\,K_i$ vide pour tout $k \geq K(n,i)$, d'où

$$m(K_i\,\Omega) \uparrow 1 \Rightarrow P\,K_i^c \downarrow 0 \Rightarrow P\,\tilde{A}_k \downarrow 0 \Rightarrow P\,\mathcal{O}_n^c = 0 \Rightarrow P\,\Omega = 1\ .$$

Remarque 4 : Il faut noter que l'utilisation de cette représentation de Ω polonais est un peu délicate, et, peut être, artificielle car Ω n'est pas complet dans $\mathcal{Y}$ n'y étant pas fermé (s'il n'est pas compact) : une structure uniforme sur Ω (pratiquement celle définie par sa distance) ne peut être la trace de celle de $\mathcal{Y}$, sur les bords de Ω elle est nécessairement plus fine que celle définie par $\mathcal{Y}$.

Théorème 4 : Soit P_θ une famille de probabilités dans l'espace polonais $\mathcal{Y}$ (ce peut être l'espace de représentation d'un échantillon dénombrable $Y = \{Y_1, Y_2, \ldots, Y_n, \ldots\}$ pour une v.a. à valeurs dans un espace polonais $\mathcal{Y}_o$: $\mathcal{Y} = \mathcal{Y}_o^{\mathbb{N}}$).

Soit T une fonction (certaine) de Y , qu'on peut toujours supposer mesurable en mettant, dans l'espace $\mathcal{T} = T\mathcal{Y}$ la tribu image $\mathcal{E} = T\mathcal{B}$ (En pratique on se placera dans les conditions de la proposition 5 assurant des p(A,t) bien portées).

Pour que T soit exhaustive (pour le paramètre θ , cf. le § 7-d)), il suffit que pour chaque C de la famille dénombrable $\mathcal{C}$ définie au lemme 2 il existe (dans l'espace $\mathcal{T} \times \mathcal{Y}$ ou dans $\mathcal{Y}$ avec la sous-tribu $\mathcal{B}_T = T^{-1}\mathcal{E}$), des "densités" p(A,t) , espérances conditionnelles $P_\theta^{\mathcal{E}} A$, indépendantes de θ :

$$(14)\qquad B \in \mathcal{B}_T \Rightarrow P_\theta(A\,B) = \int_B p(A,t)\; P_\theta(dt) .$$

<u>Preuve</u> : Elle est la même que celle du théorème de Jirina : les couples (A,A') (A et A' disjoints) de l'algèbre $\mathcal{A}$ du lemme 2 sont dénombrables et

$$P_\theta\{B(A+A') = P_\theta BA + P_\theta BA' \Rightarrow P_\theta\{t : p(A+A',t) \neq p(A,t)+p(A',t)\} = 0 \quad \text{pour tout } \theta .$$

De même, pour chaque suite $C_{nk} \uparrow C_n$ de $\mathcal{C}$ (incluant les $K_{nk}\Omega$ du lemme 2), la relation

$$P_\theta\, C_{nk} = \int p(C_{nk},t)\; P_\theta(dt) \uparrow \int p(C_n,t)\; P_\theta(dt) = P_\theta\, C_n ,$$

donne

$$P_\theta\{t : p(C_{nk},t) \underset{k\to\infty}{\not\to} p(C_n,t)\} = 0 \quad \text{pour tout } \theta .$$

Ainsi, en réunissant tous ces ensembles P_θ-nuls (<u>pour tout</u> θ) on obtient N également nul, tel que pour $t \notin N$, p(A,t) soit σ-additive sur $\mathcal{A}$ (suivant le lemme 2) et définisse (pour $t \in N$ on posera P(.,t) égale à une loi constante, quelconque) une désintégration des P_θ dans $\mathcal{Y}$, par rapport à la v.a. T , qui ne dépend pas de θ :

$$\int_{B_1 \in \mathcal{B}_T} p(B,t)\, P_\theta(dt) = P'(B\, B_1) ,$$

avec $P'(B\, B_1) = P(B\, B_1)$ pour tous $B \in \mathcal{A}$, $B_1 \in \mathcal{B}_T$,

donc tous B , B_1 .

Remarque 6 : Deux familles $p(A,t)$ et $p'(A,t)$, désintégrations indépendantes de θ sont égales sauf sur un $N \in \mathcal{C}$, nul pour toute P_θ , puisqu'il en est ainsi sur $\mathcal{A}$ pour chaque A , donc sur $\mathcal{B}$.

Remarque 7 : Il ne semble pas qu'on puisse rattacher le lemme 2 à l'existence d'une classe compacte fixe (ne dépendant pas de la probabilité) et dénombrable. Dans $R^{\mathbb{N}}$ une telle classe existe : celle des cylindres à base compacte (somme finie de pavés fermés dyadiques), dans $[0,1]^{\mathbb{N}}$ ce sont des compacts, mais cette propriété ne passe pas à la restriction à $\Omega = \bigcap \mathcal{O}_n$.

Pour terminer, recommandons la preuve incomparable, par Hansel, du théorème de relèvement, et remercions M. Valadier de nous avoir adressé son travail [9] , et M. P.A. Meyer d'accueillir ce texte dans un environnement beaucoup plus savant.

BIBLIOGRAPHIE

(1) CHATTERJI S.D. : Les martingales et leurs applications analytiques. Ecole d'été de St Flour (1971) . Lecture notes n°307.

(2) DOOB J.L. : Stochastic processes. Ed. Wiley (1953).

(3) HANSEL G. : Le théorème de relèvement. Ann. Inst. H. Poincaré VIII-4 (1972).

(4) HARRIS T.E. : Counting measures, Monotone random Set Functions. Zeitschrift W. 10 (1968) , 102-119.

(5) HENNEQUIN et TORTRAT : Théorie des probabilités et quelques applications. Ed. Masson 1965.

(6) HOFFMANN - JORGENSEN J. : Existence of conditional probabilities. Math. Scand. 28 (1971) 257-264.

(7) JIRINA M. : Probabilités conditionnelles sur des algèbres à base dénombrable. Czechosloviak Math. J., 4 (1954) pp. 372-380.

(8) MOKOBODSKY : Relèvement borélien compatible avec une classe d'ensembles négligeables. Application à la désintégration de mesures. Séminaire de Probabilités IX (1973-4) p. 442 Strasbourg, Lecture notes n° 465.

(9) VALADIER : Comparaison de trois théorèmes de désintégration. Séminaire d'analyse convexe (n°10) Montpellier 1972.

Université de Strasbourg

Séminaire de Probabilités

INFORMATION ASSOCIEE A UN SEMIGROUPE

par

M. EMERY

L'objet de cet exposé est un théorème de Donsker et Varadhan (M. DONSKER et S.R.S. VARADHAN, Asymptotic evaluation of certain Markov process expectations for large time, Comm. Pure and Applied Math., 1975).

On considère un espace mesurable $(E,\mathcal{E})$ sur lequel opère un semigroupe $(P_t, t\geq 0)$ de noyaux markoviens. On désigne par B l'espace des fonctions mesurables bornées sur $(E,\mathcal{E})$, par B_o le sous-espace de B formé des fonctions f telles que, lorsque t tend vers zéro, $P_t f$ tend vers f uniformément sur E, par A le générateur infinitésimal de P_t, dont le domaine D_A est dense dans B_o. On note B^+ (respectivement B_o^+, D_A^+) le sous-ensemble de B (respectivement B_o, D_A) formé des fonctions dont la borne inférieure est strictement positive.

Pour toute probabilité μ sur $(E,\mathcal{E})$, on pose

$$I_t(\mu) = -\inf_{f\in B^+}\int_E \operatorname{Log}\frac{P_t f}{f}\,d\mu\ ;$$

$$I'(\mu) = -\inf_{f\in D_A^+}\int_E \frac{Af}{f}\,d\mu\ .$$

Ces deux quantités sont à valeurs dans $[0,\infty]$; pour tous t et s, $I_{t+s}(\mu)\leq I_t(\mu)+I_s(\mu)$.

PROPOSITION 1. <u>Etant donnés</u> t <u>et</u> μ , <u>une fonction</u> f <u>de</u> B^+ <u>vérifie</u> $I_t(\mu) = -\int_E \text{Log}\,\frac{P_t f}{f}\,d\mu$ <u>si et seulement si</u> $\frac{1}{f}\cdot\mu = (\frac{1}{P_t f}\cdot\mu)P_t$.

<u>Démonstration</u> : (L'indice t est omis.)

Si $I(\mu) = \int_E \text{Log}\,\frac{f}{Pf}\,d\mu$, alors, pour toute fonction g de B^+ ,

$$\int_E \text{Log}\,\frac{f}{Pf}\,d\mu \geq \int_E \text{Log}\,\frac{g}{Pg}\,d\mu .$$

Pour $h \in B$ telle que $\sup_E |h| \leq \frac{1}{2} \inf_E f$, $f + xh$ est dans B^+ pour tout x de $]-1,1[$, donc

$$\int_E \text{Log}\,\frac{Pf + xPh}{f + xh}\,d\mu \geq \int_E \text{Log}\,\frac{Pf}{f}\,d\mu .$$

Mais, pour $|x| < 1$, $|\frac{h}{f + xh}| \leq 1$ et $|\frac{Ph}{Pf + xPh}| \leq 1$, d'où, par dérivation sous le signe somme,

$$\frac{d}{dx}\int_E \text{Log}\,\frac{Pf + xPh}{f + xh}\,d\mu = \int_E \left(\frac{Ph}{Pf + xPh} - \frac{h}{f + xh}\right)d\mu .$$

La dérivée doit s'annuler pour $x = 0$, et $\int_E \frac{Ph}{Pf}\,d\mu = \int_E \frac{h}{f}\,d\mu$. Ceci, ayant lieu pour toute fonction borélienne bornée h , entraîne l'égalité des mesures $\frac{1}{g}\cdot\mu$ et $(\frac{1}{Pf}\cdot\mu)P$. Réciproquement, si ces deux mesures sont égales, soit $g \in B^+$. L'application $(x,y) \to x\,\text{Log}\,\frac{y}{x}$ étant concave sur $\mathbb{R}_+^* \times \mathbb{R}_+^*$, on peut écrire, pour toute probabilité ν sur $(E,\mathcal{E})$

$$\int_E f\,\text{Log}\,\frac{g}{f}\,d\nu \leq \int_E f\,d\nu\,\text{Log}\,\frac{\int_E g\,d\nu}{\int_E f\,d\nu} .$$

En prenant pour ν la probabilité $P(x,.)$, on obtient

$$P\,(f\,\text{Log}\,\frac{g}{f}) \leq P\,f\,\text{Log}\,\frac{P\,g}{P\,f} ,$$

d'où

$$\int_E \frac{P\,(f\,\text{Log}\,\frac{g}{f})}{P\,f}\,d\mu \leq \int_E \text{Log}\,\frac{P\,g}{P\,f}\,d\mu .$$

Mais, par hypothèse, le premier membre vaut

$$\int_E f \operatorname{Log} \frac{g}{f} \, d[(\frac{1}{P f}\cdot\mu)P\,] = \int_E f \operatorname{Log} \frac{g}{f} \, d(\frac{1}{f}\cdot\mu) = \int_E \operatorname{Log} \frac{g}{f} \, d\mu \ ,$$

et donc, pour tout $g \in B^+$,

$$\int_E \operatorname{Log} \frac{P\,g}{g} \, d\mu \geq \int_E \operatorname{Log} \frac{P\,f}{f} \, d\mu \ ,$$

ce qui achève la démonstration.

PROPOSITION 2. Soit, pour $x \in [0,1]$, $\varphi(x) = \operatorname{Log} \frac{1}{1-x} - x$. Alors, pour tout $F \in \mathcal{E}$, $I_t(\mu) \geq \varphi(|\mu P_t(F) - \mu(F)|)$. En particulier, $I_t(\mu) = 0$ si et seulement si $\mu P_t = \mu$.

Démonstration : (On ommet encore l'indice t .)

Posant $x = \mu(F) - \mu P(F)$, on peut supposer $x > 0$ (le cas $x = 0$ est trivial ; si $x < 0$, remplacer F par son complémentaire). Soit $f = 1 + \alpha I_F \in B^+$, où la constante $\alpha > 0$ sera fixée plus tard.

$$I(\mu) = \sup_{g \in B^+} \int_E \operatorname{Log} \frac{g}{Pg} \, d\mu \geq \int_E \operatorname{Log} \frac{f}{Pf} \, d\mu$$

$$\geq \operatorname{Log}(1+\alpha) \ \mu(F) - \int_E \operatorname{Log}(1 + \alpha P(.,F)) d\mu$$

$$\geq \operatorname{Log}(1+\alpha) \ \mu(F) - \alpha \ \mu P(F) \ .$$

Si $\mu P(F) = 0$, $I(\mu) \geq \operatorname{Log}(1+\alpha) \ \mu(F)$ pour tout $\alpha > 0$, donc $I(\mu) = +\infty$ et il n'y a rien à démontrer.

Si $\mu P(F) > 0$, prenons $\alpha = \frac{x}{\mu P(F)}$.

$$I(\mu) \geq \operatorname{Log}(1 + \frac{x}{\mu P(F)}) \ \mu(F) - x = \operatorname{Log}(1 + \frac{x}{\mu P(F)})(\mu P(F) + x) - x$$

$$\geq \inf_{0 \leq y \leq 1-x} [\operatorname{Log}(1 + \frac{x}{y})(x+y) - x] \ .$$

C'est une fonction décroissante de y (dérivée : $\operatorname{Log}(1+\frac{x}{y}) - \frac{x}{y} \leq 0$). L' inf est obtenu pour $y = 1-x$:

$$I(\mu) \geq \operatorname{Log}(1 + \frac{x}{1-x}) - x = \varphi(x) \ .$$

La deuxième partie de la proposition en découle, car si $\mu P_t = \mu$, la proposition 1 entraîne que $I_t(\mu) = -\int_E \text{Log}\, \frac{P_t 1}{1}\, d\mu = 0$. Cette dernière proposition éclaire le rôle de I_t : intuitivement, $I_t(\mu)$ contrôle le gain d'information entre μ et μP_t .

On suppose maintenant vérifiée la condition suivante :

(a) Pour toute probabilité ν sur $(E,\mathcal{E})$ et toute fonction $f \in B$, il existe une suite $(f_n)_{n\in\mathbb{N}}$ d'éléments de B_o telle que $\|f_n\|_B \leq \|f\|_B$ et que

$$\lim_n f_n = f \quad \nu\text{-presque partout.}$$

THEOREME 1. <u>Lorsque la condition</u> (a) <u>est satisfaite, alors, pour tout</u> t , $I_t(\mu) \leq tI'(\mu)$; <u>plus précisément,</u> $I'(\mu)$ <u>est la dérivée à droite en zéro de</u> $I_t(\mu)$.

<u>Démonstration</u> : Soit $f \in D_A^+$; si l'on pose $\psi(t) = \int_E \text{Log}\, \frac{P_t f}{f}\, d\mu$, par dérivation sous le signe somme, $\psi'(t) = \int_E \frac{AP_t f}{P_t f}\, d\mu$, et $\psi'(t) \geq -I'(\mu)$.

$$\int_E \text{Log}\, \frac{P_t f}{f}\, d\mu = \psi(t) = \int_0^t \psi'(s)ds \geq \int_0^t -I'(\mu)ds = -tI'(\mu) .$$

Ceci reste vrai pour f dans B_o^+ puisque D_A est dense dans B_o . Pour $f \in B^+$, il existe une suite (f_n) de fonction de B_o^+ , ayant au plus la norme de f , qui tendent vers f μ-presque partout et μP_t-presque partout. Par convergence dominée, on a encore

$$\int_E \text{Log}\, \frac{P_t f}{f}\, d\mu \geq -tI'(\mu) ,$$

d'où $I_t(\mu) \leq tI'(\mu)$.

Ensuite, pour $f \in D_A^+$, $\frac{1}{t} I_t(\mu) \geq -\frac{1}{t}\int_E \text{Log}\, \frac{P_t f}{f}\, d\mu$. Mais $P_t f = f + tAf + o(t)$, où $\frac{o(t)}{t}$ tend vers zéro dans B lorsque t tend vers zéro. Donc $\text{Log}\, \frac{P_t f}{f} = t\, \frac{Af}{f} + o(t)$, et

$$\frac{1}{t} I_t(\mu) \geq \int_E -\left(\frac{Af}{f} + \frac{o(t)}{t}\right) d\mu$$

$$\liminf_{t\to 0^+} \frac{1}{t} I_t(\mu) \geq -\int_E \frac{Af}{f}\, d\mu$$

$$\liminf \frac{1}{t} I_t(\mu) \geq I'(\mu) .$$

Ceci établit le théorème.

COROLLAIRE. Sous les hypothèses du thoérème, si μ est une probabilité telle que $I'(\mu) < \infty$, alors, uniformément en $F \in \mathcal{E}$, $\mu P_t(F)$ tend vers $\mu(F)$ lorsque t tend vers zéro.

Démonstration :

$$\tfrac{1}{2}[\mu P_t(F) - \mu(F)]^2 \leq \varphi(|\mu P_t(F) - \mu(F)|) \leq I_t(\mu) \leq tI'(\mu) .$$

Dans le cas auto-adjoint, il est possible de préciser la valeur de $I(\mu)$: nous supposons maintenant, outre la condition (a), que

(b) $P_t(x,dy) = p_t(x,y)\ \lambda(dy)$, où λ est une mesure positive σ-finie sur E, , et où les fonctions p_t sont mesurables et symétriques sur $E \times E$.

(c) Le sous-espace de $L^2(\lambda)$ formé des éléments dont un représentant est dans B_o est dense dans $L^2(\lambda)$.

Sous ces conditions, le semigroupe P_t opère dans L^2 . C'est un semi-groupe fortement continu, à contraction, auto-adjoint, admettant un générateur infinitésimal $\tilde{A}$ auto-adjoint négatif. Soient $\sqrt{-\tilde{A}}$ la racine carrée positive de $-\tilde{A}$ et $D_{\sqrt{-\tilde{A}}}$ son domaine.

THEOREME 2. Sous les condition (a), (b), (c) , soit μ une probabilité sur $(E,\mathcal{E})$. Alors $I'(\mu)$ est fini si et seulement si μ est absolument continue par rapport à λ , avec

$$g = \sqrt{\frac{d\mu}{d\lambda}} \in D_{\sqrt{-\tilde{A}}} .$$

Lorsque c'est le cas, $I'(\mu) = \|\sqrt{-\tilde{A}}\, g\|^2$.

Démonstration :

$$\text{i)}\quad I'(\mu) < \infty \Rightarrow \begin{cases} \mu = g^2.\lambda \\ g \in D_{\sqrt{-\tilde{A}}} \\ \|\sqrt{-\tilde{A}}\, g\|^2 \leq I'(\mu) \end{cases}$$

$$\text{ii)}\quad \left.\begin{array}{l} \mu = g^2.\lambda \\ g \in D_{\sqrt{-\tilde{A}}} \end{array}\right\} \Rightarrow \|\sqrt{-\tilde{A}}\, g\|^2 \geq I'(\mu) .$$

i) On suppose $I'(\mu)$ fini. Soit F tel que $\mu(F) > 0$. Pour t assez petit, $\mu P_t(F) > 0$, d'où $\mu \ll \lambda$. Soit $g = \sqrt{\frac{d\mu}{d\lambda}} \in L^2(\lambda)$. Pour toute fonction $f \in B^+$, on peut écrire

$$\int_E \frac{f - P_t f}{f}\, d\mu \leq \int_E -\mathrm{Log}\, \frac{P_t f}{f}\, d\mu \leq I_t(\mu) \leq tI'(\mu) .$$

En particulier, pour $g_n = \inf(g,n)$,

$$\int_E \frac{(I - P_t)g_n}{g_n + \varepsilon}\, g^2\, d\lambda \leq tI'(\mu) ,$$

et, à la limite,

$$\int_E \frac{(I - P_t)g}{g + \varepsilon}\, g^2\, d\lambda \leq tI'(\varepsilon)$$

$$\int_E (I - P_t)g\; g\; d\lambda \leq tI'(\mu) .$$

Si H_x est le sous-espace où $(-\tilde{A} - xI)^+$ est nul, et E_x l'opérateur de projection sur H_x , on a les décompositions spectrales

$$-\tilde{A} = \int_0^\infty x\, dE_x \;;\; P_t = \int_0^\infty e^{-tx}\, dE_x .$$

En notant sur la mesure sur R_+ telle que

$$m([0,x[) = \langle E_x g, g \rangle ,$$

il vient $\int_0^\infty (1 - e^{-tx})dm(x) \leq tI'(\mu)$.

Mais, lorsque t décroît vers zéro, $\frac{1}{t}(1-e^{-tx})$ croît vers x , et $\int_0^\infty x\,dm(x) \le I'(\mu)$, c'est-à-dire $g \in D_{\sqrt{-\tilde{A}}}$ avec $\|\sqrt{-\tilde{A}}\,g\|^2 \le I(\mu)$.

ii) On suppose $\mu = g^2.\lambda$, où $g \in D_{\sqrt{-\tilde{A}}}$. Il s'agit de démontrer que, pour $u \in D_A^+$,

$$\int_E -\frac{Au}{u}\, g^2\, d\lambda \le \langle -\tilde{A}\,g, g \rangle ,$$

ou encore, en notant $\bar{A}$ l'opérateur de L^2 défini par

$$\bar{A}h(x) = \tilde{A}h(x) - \frac{Au(x)}{u(x)}\, h(x) ,$$

que $\bar{A}$ est de type négatif.

Les notations E^x et X_t se référant au processus de Markov associé au semigroupe P_t , les processus

$$M_t = \int_0^t Au(X_s)ds \quad \text{et} \quad N_t = \int_0^t \frac{1}{u(X_s)}\, dM_s$$

sont des martingales pour les lois P^x .

La formule d'Ito

$$\text{Log } Y_t = \text{Log } Y_o + \int_0^t \frac{dY_s}{Y_s} - \frac{1}{2}\int_0^t \frac{1}{Y_s^2}\, d\langle Y^c, Y^c\rangle_s$$

appliquée à $Y_t = u(X_t)$ fournit, P^x-presque sûrement,

$$\exp\left(-\int_0^t \frac{Au}{u}(X_s)ds\right) = \frac{u(X_o)}{u(X_t)}\, e^{-N_t - \frac{1}{2}\langle N^c, N^c\rangle_t}$$

$$\le \frac{\sup u}{\inf u}\, e^{-N_t - \frac{1}{2}\langle N^c, N^c\rangle_t}$$

d'où $\sup_t \sup_x E^x\left[\exp\left(-\int_0^t \frac{Au}{u}(X_s)ds\right)\right] \le \frac{\sup u}{\inf u} = C < \infty$.

Ceci étant, les opérateurs P_t^u définis par

$$P_t^u f(x) = E^x\left[f(X_t)\, \exp\left(-\int_0^t \frac{Au}{u}(X_s)ds\right)\right]$$

forment un semigroupe auto-adjoint qui opère dans $L^2(\lambda)$ et dont le générateur infinitésimal n'est autre que $\overline{A}$. L'inégalité de Schwarz entraîne

$$(P_t^u f)^2(x) \leq E^x[\exp(-\int_0^t \frac{Au}{u}(X_s)ds)]\, E^x[f^2(X_t) \exp(-\int_0^t \frac{Au}{u}(X_s)ds)]$$

$$\leq C\, P_t^u f^2(x)$$

$$\|P_t^u f\|^2 \leq C < P_t^u f^2, 1 > = C < f^2, P_t^u 1 > \leq C^2 \|f\|^2$$

d'où $K_t = \|P_t^u\| \leq C$.

Mais comme en outre

$$\|P_t^u f\|^2 = < P_t^u f, P_t^u f > = < P_{2t}^u f, f > \leq K_{2t} \|f\|^2 ,$$

$$K_t \leq \sqrt{K_{2t}} \text{ , et, en fin de compte, } \|P_t^u\| \leq 1 .$$

Le générateur infinitésimal $\overline{A}$ est de type négatif, ce qui termine la démonstration.

ɔl. 460: O. Loos, Jordan Pairs. XVI, 218 pages. 1975.

ɔl. 461: Computational Mechanics. Proceedings 1974. Edited by T. Oden. VII, 328 pages. 1975.

ɔl. 462: P. Gérardin, Construction de Séries Discrètes p-adiques. ›ur les séries discrètes non ramifiées des groupes réductifs éployés p-adiques«. III, 180 pages. 1975.

ol. 463: H.-H. Kuo, Gaussian Measures in Banach Spaces. VI, 24 pages. 1975.

ɔl. 464: C. Rockland, Hypoellipticity and Eigenvalue Asymptotics. , 171 pages. 1975.

ɔl. 465: Séminaire de Probabilités IX. Proceedings 1973/74. Edité ar P. A. Meyer. IV, 589 pages. 1975.

ɔl. 466: Non-Commutative Harmonic Analysis. Proceedings 1974. dited by J. Carmona, J. Dixmier and M. Vergne. VI, 231 pages. 1975.

ol. 467: M. R. Essén, The Cos $\pi\lambda$ Theorem. With a paper by hrister Borell. VII, 112 pages. 1975.

ol. 468: Dynamical Systems – Warwick 1974. Proceedings 1973/74. dited by A. Manning. X, 405 pages. 1975.

ɔl. 469: E. Binz, Continuous Convergence on C(X). IX, 140 pages. 975.

ɔl. 470: R. Bowen, Equilibrium States and the Ergodic Theory of nosov Diffeomorphisms. III, 108 pages. 1975.

ɔl. 471: R. S. Hamilton, Harmonic Maps of Manifolds with Boundary. , 168 pages. 1975.

ɔl. 472: Probability-Winter School. Proceedings 1975. Edited by Ciesielski, K. Urbanik, and W. A. Woyczyński. VI, 283 pages. 975.

ɔl. 473: D. Burghelea, R. Lashof, and M. Rothenberg, Groups of utomorphisms of Manifolds. (with an appendix by E. Pedersen) I, 156 pages. 1975.

ɔl. 474: Séminaire Pierre Lelong (Analyse) Année 1973/74. Edité ar P. Lelong. VI, 182 pages. 1975.

ɔl. 475: Répartition Modulo 1. Actes du Colloque de Marseille-uminy, 4 au 7 Juin 1974. Edité par G. Rauzy. V, 258 pages. 1975. 975.

ɔl. 476: Modular Functions of One Variable IV. Proceedings 1972. dited by B. J. Birch and W. Kuyk. V, 151 pages. 1975.

ɔl. 477: Optimization and Optimal Control. Proceedings 1974. dited by R. Bulirsch, W. Oettli, and J. Stoer. VII, 294 pages. 1975.

ɔl. 478: G. Schober, Univalent Functions – Selected Topics. V, 00 pages. 1975.

ol. 479: S. D. Fisher and J. W. Jerome, Minimum Norm Extremals Function Spaces. With Applications to Classical and Modern nalysis. VIII, 209 pages. 1975.

ol. 480: X. M. Fernique, J. P. Conze et J. Gani, Ecole d'Eté de robabilités de Saint-Flour IV-1974. Edité par P.-L. Hennequin. I, 293 pages. 1975.

ol. 481: M. de Guzmán, Differentiation of Integrals in R^n. XII, 226 ages. 1975.

ol. 482: Fonctions de Plusieurs Variables Complexes II. Séminaire rançois Norguet 1974–1975. IX, 367 pages. 1975.

ɔl. 483: R. D. M. Accola, Riemann Surfaces, Theta Functions, and belian Automorphisms Groups. III, 105 pages. 1975.

ol. 484: Differential Topology and Geometry. Proceedings 1974. dited by G. P. Joubert, R. P. Moussu, and R. H. Roussarie. IX, 87 pages. 1975.

'ol. 485: J. Diestel, Geometry of Banach Spaces – Selected Topics. I, 282 pages. 1975.

ol. 486: S. Stratila and D. Voiculescu, Representations of AF-lgebras and of the Group U (∞). IX, 169 pages. 1975.

'ol. 487: H. M. Reimann und T. Rychener, Funktionen beschränkter nittlerer Oszillation. VI, 141 Seiten. 1975.

'ol. 488: Representations of Algebras, Ottawa 1974. Proceedings 974. Edited by V. Dlab and P. Gabriel. XII, 378 pages. 1975.

Vol. 489: J. Bair and R. Fourneau, Etude Géométrique des Espaces Vectoriels. Une Introduction. VII, 185 pages. 1975.

Vol. 490: The Geometry of Metric and Linear Spaces. Proceedings 1974. Edited by L. M. Kelly. X, 244 pages. 1975.

Vol. 491: K. A. Broughan, Invariants for Real-Generated Uniform Topological and Algebraic Categories. X, 197 pages. 1975.

Vol. 492: Infinitary Logic: In Memoriam Carol Karp. Edited by D. W. Kueker. VI, 206 pages. 1975.

Vol. 493: F. W. Kamber and P. Tondeur, Foliated Bundles and Characteristic Classes. XIII, 208 pages. 1975.

Vol. 494: A Cornea and G. Licea. Order and Potential Resolvent Families of Kernels. IV, 154 pages. 1975.

Vol. 495: A. Kerber, Representations of Permutation Groups II. V, 175 pages. 1975.

Vol. 496: L. H. Hodgkin and V. P. Snaith, Topics in K-Theory. Two Independent Contributions. III, 294 pages. 1975.

Vol. 497: Analyse Harmonique sur les Groupes de Lie. Proceedings 1973–75. Edité par P. Eymard et al. VI, 710 pages. 1975.

Vol. 498: Model Theory and Algebra. A Memorial Tribute to Abraham Robinson. Edited by D. H. Saracino and V. B. Weispfenning. X, 463 pages. 1975.

Vol. 499: Logic Conference, Kiel 1974. Proceedings. Edited by G. H. Müller, A. Oberschelp, and K. Potthoff. V, 651 pages 1975.

Vol. 500: Proof Theory Symposion, Kiel 1974. Proceedings. Edited by J. Diller and G. H. Müller. VIII, 383 pages. 1975.

Vol. 501: Spline Functions, Karlsruhe 1975. Proceedings. Edited by K. Böhmer, G. Meinardus, and W. Schempp. VI, 421 pages. 1976.

Vol. 502: János Galambos, Representations of Real Numbers by Infinite Series. VI, 146 pages. 1976.

Vol. 503: Applications of Methods of Functional Analysis to Problems in Mechanics. Proceedings 1975. Edited by P. Germain and B. Nayroles. XIX, 531 pages. 1976.

Vol. 504: S. Lang and H. F. Trotter, Frobenius Distributions in GL_2-Extensions. III, 274 pages. 1976.

Vol. 505: Advances in Complex Function Theory. Proceedings 1973/74. Edited by W. E. Kirwan and L. Zalcman. VIII, 203 pages. 1976.

Vol. 506: Numerical Analysis, Dundee 1975. Proceedings. Edited by G. A. Watson. X, 201 pages. 1976.

Vol. 507: M. C. Reed, Abstract Non-Linear Wave Equations. VI, 128 pages. 1976.

Vol. 508: E. Seneta, Regularly Varying Functions. V, 112 pages. 1976.

Vol. 509: D. E. Blair, Contact Manifolds in Riemannian Geometry. VI, 146 pages. 1976.

Vol. 510: V. Poènaru, Singularités C^∞ en Présence de Symétrie. V, 174 pages. 1976.

Vol. 511: Séminaire de Probabilités X. Proceedings 1974/75. Edité par P. A. Meyer. VI, 593 pages. 1976.

Vol. 512: Spaces of Analytic Functions, Kristiansand, Norway 1975. Proceedings. Edited by O. B. Bekken, B. K. Øksendal, and A. Stray. VIII, 204 pages. 1976.

Vol. 513: R. B. Warfield, Jr. Nilpotent Groups. VIII, 115 pages. 1976.

Vol. 514: Séminaire Bourbaki vol. 1974/75. Exposés 453 – 470. IV, 276 pages. 1976.

Vol. 515: Bäcklund Transformations. Nashville, Tennessee 1974. Proceedings. Edited by R. M. Miura. VIII, 295 pages. 1976.

Vol. 516: M. L. Silverstein, Boundary Theory for Symmetric Markov Processes. XVI, 314 pages. 1976.

Vol. 517: S. Glasner, Proximal Flows. VIII, 153 pages. 1976.

Vol. 518: Séminaire de Théorie du Potentiel, Proceedings Paris 1972–1974. Edité par F. Hirsch et G. Mokobodzki. VI, 275 pages. 1976.

Vol. 519: J. Schmets, Espaces de Fonctions Continues. XII, 150 pages. 1976.

Vol. 520: R. H. Farrell, Techniques of Multivariate Calculation. X, 337 pages. 1976.

Vol. 521: G. Cherlin, Model Theoretic Algebra – Selected Topics. IV, 234 pages. 1976.

Vol. 522: C. O. Bloom and N. D. Kazarinoff, Short Wave Radiation Problems in Inhomogeneous Media: Asymptotic Solutions. V. 104 pages. 1976.

Vol. 523: S. A. Albeverio and R. J. Høegh-Krohn, Mathematical Theory of Feynman Path Integrals. IV, 139 pages. 1976.

Vol. 524: Séminaire Pierre Lelong (Analyse) Année 1974/75. Edité par P. Lelong. V, 222 pages. 1976.

Vol. 525: Structural Stability, the Theory of Catastrophes, and Applications in the Sciences. Proceedings 1975. Edited by P. Hilton. VI, 408 pages. 1976.

Vol. 526: Probability in Banach Spaces. Proceedings 1975. Edited by A. Beck. VI, 290 pages. 1976.

Vol. 527: M. Denker, Ch. Grillenberger, and K. Sigmund, Ergodic Theory on Compact Spaces. IV, 360 pages. 1976.

Vol. 528: J. E. Humphreys, Ordinary and Modular Representations of Chevalley Groups. III, 127 pages. 1976.

Vol. 529: J. Grandell, Doubly Stochastic Poisson Processes. X, 234 pages. 1976.

Vol. 530: S. S. Gelbart, Weil's Representation and the Spectrum of the Metaplectic Group. VII, 140 pages. 1976.

Vol. 531: Y.-C. Wong, The Topology of Uniform Convergence on Order-Bounded Sets. VI, 163 pages. 1976.

Vol. 532: Théorie Ergodique. Proceedings 1973/1974. Edité par J.-P. Conze and M. S. Keane. VIII, 227 pages. 1976.

Vol. 533: F. R. Cohen, T. J. Lada, and J. P. May, The Homology of Iterated Loop Spaces. IX, 490 pages. 1976.

Vol. 534: C. Preston, Random Fields. V, 200 pages. 1976.

Vol. 535: Singularités d'Applications Differentiables. Plans-sur-Bex. 1975. Edité par O. Burlet et F. Ronga. V, 253 pages. 1976.

Vol. 536: W. M. Schmidt, Equations over Finite Fields. An Elementary Approach. IX, 267 pages. 1976.

Vol. 537: Set Theory and Hierarchy Theory. Bierutowice, Poland 1975. A Memorial Tribute to Andrzej Mostowski. Edited by W. Marek, M. Srebrny and A. Zarach. XIII, 345 pages. 1976.

Vol. 538: G. Fischer, Complex Analytic Geometry. VII, 201 pages. 1976.

Vol. 539: A. Badrikian, J. F. C. Kingman et J. Kuelbs, Ecole d'Eté de Probabilités de Saint Flour V-1975. Edité par P.-L. Hennequin. IX, 314 pages. 1976.

Vol. 540: Categorical Topology, Proceedings 1975. Edited by E. Binz and H. Herrlich. XV, 719 pages. 1976.

Vol. 541: Measure Theory, Oberwolfach 1975. Proceedings. Edited by A. Bellow and D. Kölzow. XIV, 430 pages. 1976.

Vol. 542: D. A. Edwards and H. M. Hastings, Čech and Steenrod Homotopy Theories with Applications to Geometric Topology. VII, 296 pages. 1976.

Vol. 543: Nonlinear Operators and the Calculus of Variations, Bruxelles 1975. Edited by J. P. Gossez, E. J. Lami Dozo, J. Mawhin, and L. Waelbroeck, VII, 237 pages. 1976.

Vol. 544: Robert P. Langlands, On the Functional Equations Satisfied by Eisenstein Series. VII, 337 pages. 1976.

Vol. 545: Noncommutative Ring Theory. Kent State 1975. Edited by J. H. Cozzens and F. L. Sandomierski. V, 212 pages. 1976.

Vol. 546: K. Mahler, Lectures on Transcendental Numbers. Edited and Completed by B. Diviš and W. J. Le Veque. XXI, 254 pages. 1976.

Vol. 547: A. Mukherjea and N. A. Tserpes, Measures on Topological Semigroups: Convolution Products and Random Walks. V, 197 pages. 1976.

Vol. 548: D. A. Hejhal, The Selberg Trace Formula for PSL (2, ℝ). Volume I. VI, 516 pages. 1976.

Vol. 549: Brauer Groups, Evanston 1975. Proceedings. Edited by D. Zelinsky. V, 187 pages. 1976.

Vol. 550: Proceedings of the Third Japan – USSR Symposium on Probability Theory. Edited by G. Maruyama and J. V. Prokhorov. VI, 722 pages. 1976.

Vol. 551: Algebraic K-Theory, Evanston 1976. Proceedings. Edite by M. R. Stein. XI, 409 pages. 1976.

Vol. 552: C. G. Gibson, K. Wirthmüller, A. A. du Plessis an E. J. N. Looijenga. Topological Stability of Smooth Mappings. 155 pages. 1976.

Vol. 553: M. Petrich, Categories of Algebraic Systems. Vector an Projective Spaces, Semigroups, Rings and Lattices. VIII, 217 page 1976.

Vol. 554: J. D. H. Smith, Mal'cev Varieties. VIII, 158 pages. 197

Vol. 555: M. Ishida, The Genus Fields of Algebraic Number Field VII, 116 pages. 1976.

Vol. 556: Approximation Theory. Bonn 1976. Proceedings. Edited b R. Schaback and K. Scherer. VII, 466 pages. 1976.

Vol. 557: W. Iberkleid and T. Petrie, Smooth S^1 Manifolds. I 163 pages. 1976.

Vol. 558: B. Weisfeiler, On Construction and Identification of Graph XIV, 237 pages. 1976.

Vol. 559: J.-P. Caubet, Le Mouvement Brownien Relativiste. I 212 pages. 1976.

Vol. 560: Combinatorial Mathematics, IV, Proceedings 1975. Edite by L. R. A. Casse and W. D. Wallis. VII, 249 pages. 1976.

Vol. 561: Function Theoretic Methods for Partial Differential Equation Darmstadt 1976. Proceedings. Edited by V. E. Meister, N. Wec and W. L. Wendland. XVIII, 520 pages. 1976.

Vol. 562: R. W. Goodman, Nilpotent Lie Groups: Structure an Applications to Analysis. X, 210 pages. 1976.

Vol. 563: Séminaire de Théorie du Potentiel. Paris, No. 2. Proceeding 1975–1976. Edited by F. Hirsch and G. Mokobodzki. VI, 292 page 1976.

Vol. 564: Ordinary and Partial Differential Equations, Dundee 197 Proceedings. Edited by W. N. Everitt and B. D. Sleeman. XVIII, 55 pages. 1976.

Vol. 565: Turbulence and Navier Stokes Equations. Proceeding 1975. Edited by R. Temam. IX, 194 pages. 1976.

Vol. 566: Empirical Distributions and Processes. Oberwolfach 197 Proceedings. Edited by P. Gaenssler and P. Révész. VII, 146 page 1976.

Vol. 567: Séminaire Bourbaki vol. 1975/76. Exposés 471–488. I 303 pages. 1977.

Vol. 568: R. E. Gaines and J. L. Mawhin, Coincidence Degree, an Nonlinear Differential Equations. V, 262 pages. 1977.

Vol. 569: Cohomologie Etale SGA 4½. Séminaire de Géométri Algébrique du Bois-Marie. Edité par P. Deligne. V, 312 pages. 1977

Vol. 570: Differential Geometrical Methods in Mathematical Physics Bonn 1975. Proceedings. Edited by K. Bleuler and A. Reetz. VII 576 pages. 1977.

Vol. 571: Constructive Theory of Functions of Several Variables Oberwolfach 1976. Proceedings. Edited by W. Schempp and K. Ze ler. VI, 290 pages. 1977

Vol. 572: Sparse Matrix Techniques, Copenhagen 1976. Edited b V. A. Barker. V, 184 pages. 1977.

Vol. 573: Group Theory, Canberra 1975. Proceedings. Edited b R. A. Bryce, J. Cossey and M. F. Newman. VII, 146 pages. 1977

Vol. 574: J. Moldestad, Computations in Higher Types. IV, 20 pages. 1977.

Vol. 575: K-Theory and Operator Algebras, Athens, Georgia 197 Edited by B. B. Morrel and I. M. Singer. VI, 191 pages. 1977.

Vol. 577: J. P. May, E_∞ Ring Spaces and E_∞ Ring Spectra. I 268 pages. 1977.

Vol. 579: Combinatoire et Représentation du Groupe Symétrique Strasbourg 1976. Proceedings 1976. Edité par D. Faota. IV, 33 pages. 1977.

Vol. 580: C. Castaing and M. Valadier, Convex Analysis and Meas urable Multifunctions. VIII, 278 pages. 1977.